バイオデモグラフィ

ヒトと動植物の人口学

高田壮則・西村欣也［訳］

BIODEMOGRAPHY

An Introduction to Concepts and Methods

JAMES R. CAREY
AND
DEBORAH A. ROACH

朝倉書店

BIODEMOGRAPHY by James R. Carey and Deborah A. Roach
Copyright © 2020 by Princeton University Press
Japanese translation published by arrangement with Princeton University Press
through The English Agency (Japan) Ltd.

訳者まえがき

2023 年 10 月下旬，イチョウ並木の黄葉を見に訪れた観光客でごった返している北大構内では，北海道のヒグマの個体群管理に関するシンポジウムが開催された．このシンポジウムは，現在進行形で増大するヒグマの市街地出没・農業被害という社会的問題を受けて，喫緊の課題の現状を把握するために企画された．観光地の賑わいをよそに少子高齢化に悩む日本，ヒグマの個体数増加に悩む北海道．いずれも，demography の問題である．

「デモグラフィ (demography)」という用語は一般には「人口学」と訳され，多くの方々には，ヒト集団の個体数を研究・分析・予測する学問であると考えられていることだろう．しかし，この英単語にひとたび接頭辞 bio が付くと，それは，数百万種と言われる現存する生物種全体を対象とする学問を意味する用語に変わる．それらの生物種の生涯は想像を遥かに超えるほど多様で，興味深く複雑である．「バイオデモグラフィ」=「生物人口学 (biodemography)」とは，それらの多様かつ複雑な生涯を記述し，分析し，個体数の変化を予測する学問である．この分野は，ヒトの人口学の発展に連動しながら生物学の中の生態学分野で発展し，100 年以上も前から集団動態を解析する数多くの研究がなされてきたが，biodemography という学問名そのものがタイトルである本は初めてである．この本がヒトの人口学研究と生物の生態学研究を結びつける架け橋になればと願っている．

この本は 400 頁を超す大著で，ヒトのために構築された理論体系を生物全般に応用するための概念と手法を紹介することを目的としている．そのため，前半は人口学の基礎的な概念と手法の紹介にあてられ，20 世紀のヒトの人口学理論の歴史も振り返ることができる歴史書の様相を呈している．それはまた，著者らの研究の歴史物語でもある．後半では，それらの理論を実際の生物やヒトに応用した事例や，生物個体に模した都市などより抽象的な対象に応用した事例が最近のものも含めて紹介され，その内容は多岐にわたる．とにかく話題が多種多様かつ豊富で，生き物以外の対象も視野にあり，人口学の手法が様々な話題に応用可能であることを私たちに教えてくれる魅力的な本である．基礎理論やその応用には，多くの数理的手法が使われているが，数学が不得手な読者であれば，数式部分を読み飛ばしても楽しんでもらえると思う．

ヒトから生物一般へと展開するこの本の構成のゆえに，この本を翻訳するにあたって最も悩んだことは，人口学で確立された学術用語と生態学で確立された学術用語の間で訳語の不一致があることであった．例えば，cohort という英単語は生態学では「コホート」，人口学では「コウホート」あるいは，「コーホート」が使われているが，この本では生態学の使用法に準じた．また，population という英単語は生態学の文脈では「個体群」であり，人口学の文脈では「集団」である．誤解を与えない限り，文脈に合わせて訳語を変えて翻訳した．また，理解が難しいと思われる箇所では，適宜，脚注にて訳注を添えることもあれば，原文の翻訳に加筆・修正を行った．これらの脚注・加筆・修正については，ひとえに翻訳者の責任である．

ほとんどの学術用語が英語由来であるため，重要な学術用語には，邦訳と共に括弧付きで英単語を添えた．邦訳された用語のなかには英語をそのままカタカナにしたものもあり，専門の人でなければ本来の意味すら探れないものもあった．また，広く合意された日本語の学術用語が定まっていないものもあった．それらについては，脚注や加筆によって説明を入れたり新たな訳語を当てたりした．邦訳と共に英語を添えることで，その用語が元々どのような英語のニュアンスを持っているかを読者に知ってもらい，読者が英文論文や英文の教科書を読む際の理解を促進する一助になればと考えた．最重要な用語の場合，忘れないように各章の初出の箇所で，繰り返し英単語を付した．人名については，ダーウィン，マルサス，ナポレオンなど著名な人物以外すべてアルファベットで表記した．この本では，様々な国の方々の研究が紹介されており，その正しい発音をカタカナ表記にすることに無理があると考えたからである．また，数多くの論文や著作の内容が紹介・引用され，巻末にはおよそ 700 件の文献リストがある．そのリストは原語表記の名前によってアルファベット順に掲載されているため，文献リストとの対応関係を容易にするためにも，原語表記が適切であると考えた．

原著者のケイリーとローチに最初にお会いしたのは数年前に開催された国際学会であったが，2019 年にマイアミ大学で開催された国際学会でケイリーがこの本の目次を紹介していた時には，ぜひ読んでみたいと思っていた．翻訳の途上，疑問点が出てきた時には彼らに直接質問をして疑問を解決し，時には内容の変更・修正を提案することもあったが，お二人とも邦訳本の出版を心から喜び，全面的に協力してくれた．心から感謝を申し上げたい．

また，この本の翻訳の提案をしていただいた朝倉書店並びに翻訳原稿の細かいチェック作業をしてくださった編集部の方々には本当に頭が上がらない．翻訳作業の遅滞にもかかわらず，辛抱強くお待ちいただき，励ましていただいた．この翻訳作業の間に，コロナ禍に直面し，個人的にも大変な出来事があったが，ようやくこの大部の翻訳を完成させることができた．朝倉書店の方々の尽力なしにこの訳本の完成はありえなかった．ここに，改めて感謝の意を表したいと思う．

この本は，幅広い学問分野にわたる内容が満載の本であった．そのため，翻訳の途上で様々な分野の方に訳語や内容について相談し，ご教示をいただいた．最後になったが，気軽に相談にのり，適切なアドバイスをくださった以下の方々にお礼申し上げる．中澤港，Richard Shefferson, 加茂将史，関元秀，内田健太，別所和博，井辻一雅，三觜慶諸氏らの各分野の内容に関する専門的な助言に大変助けられた．また，本当に残念なことに，原著版の「出版によせて」を執筆された J. Vaupel 氏が原書の翻訳中に逝去された．この場を借りて深い哀悼の意を表したい．

2025 年 2 月

高田　壮則・西村　広也

出版によせて

James W. Vaupel

人口学は学際的な研究分野である．実際，人口学は学際研究の典型であり，数学や統計学，社会科学，生物科学，健康科学，工学，文化研究，政策分析の研究に貢献し，それらの研究から学びを得ている．

"Biodemography: An Introduction to Concepts and Methods" というタイトルのこの本は，生物人口学という発展中の分野に大きな貢献を果たす，刺激的な入門書たるにふさわしいわかりやすく読みやすい本である．また，多数の実例を用いながら概念と方法を解説することに焦点を絞った，好奇心をそそる示唆に富む本である．過去により専門的で高度な書籍の中で扱われていた題材について，理解できるように組み立て誘導しながら，生物人口学の広い範囲の内容をカバーしている．

さらに，この本は，人口学という学際分野の中で，現時点で最も大きい部分を占めているヒトの人口学の基本概念と方法を読者に紹介している．著者のジェームズ・ケイリーとデボラ・ローチが述べているように，他にも優れた入門書は存在しているが，この本は最近の発展について言及し，斬新な図を提示している今までになかった入門書となっている．

この本は，一つの学際分野としての人口学の全体像を示しており，過去に先例がない素晴らしい著作である．社会科学，自然科学，健康科学の例を引き合いに出しながら，数学や統計学の概念・方法が目白押しである．また，政策学，信頼性工学，寿命予測，文化研究などの多様な分野との新しいつながりを作り出している．さらに，どんな種類の集団を研究する時にも，言い換えると，ヒトやヒト以外の生きている個体の集団だけではなく，組織や他の非生物的対象の集団や，階層構造や家族構造をもつ集団を研究する時にも，人口学の概念・方法が使えることを示す適切な例を提供している．

人口学は，数学と統計学というしっかりした基礎科学によって支えられているため，この本では数学や統計学の重要な概念・方法が巧みに説明されている．ケイリーとローチ，2人の著者は生物人口学の研究を通じて，これらの概念・方法の案内人たるにふさわしい数十年の経験を有している．ケイリーは，個体が死亡するまでの時間に関するデータから齢分布を推定する方法や，個体がどのようにその一生を複数の生活史段階に振り分けているかを知るために，各生活史段階の滞在時間を求める方法など，新しく独創的な方法を提案してきた．また，ケイリーとローチはどちらも，出生力，死亡率，罹患率の齢別データに重要な新しい情報を付け加えてきたパイオニアである：ケイリーは，チチュウカイミバエ，メキシコミバエ，カゲロウ，寄生蜂や他の昆虫の研究による膨大なデータを，ローチは，他に類を見ない圃場実験によって，20 年以上にわたりオオバコ (*Plantago lanceolata*) の何千もの個体のデータを収集してきた．

このような確固たる基礎データの保証があってこそ，人口学者は，雰囲気に流されやすく内容のない公共政策論議の高台に，影響力のある視点と事実に基づく知見を提供することができる．その重要な役割については，この本の中で，特に第 10 章の生物的防除，集団の収獲，保全生物学に関する議論で，何度も触れている．第 10 章における喫緊の公共政策問題の論じ方は公平かつ詳細で，問題点を明確にする際の人口学の概念や研究成果の有用性がわかるように説得力をもって議論が展開されている．それは，例えば，カリフォルニアでチチュウカイミバエがどのように制御されるべきか，南アフリカでゾウの個体群がどのように間引きされるべきか，という公開討論によく見られる熱気あふれる議論や乱暴な誇張とは対照的である．

この本の主目的は，生物人口学という分野を前進させることにある．生物人口学は，人口学の中に深い歴史的ルーツをもち，成長の兆し著しく，人口学の中の社会科学的要素と同じくらい重要な構成要素になると思われる分野である．ドブジャンスキーは，どの生物現象も，進化的視点で考えることなく説明することはできないと喝破した．進化は出生率や死亡率によって引き起こされ，逆に出生率や死亡率に影響を与えるので，どの進化現象も人口学的視点を抜きにして説明することはできないということも同じように成立する．かなりの程度までその逆も同様であり，ほとんどの人口学的現象，特に出生力や死亡率の齢別分布は進化という観点から考えて初めて意味をもつ．人口学と生物学が交差する領域では，2 つのタイプの研究がカギを握る．ヒト以外の生物集団は，ヒトの集団を研究する時にも用いられる概念・方法を用いて研究することが可能であり，人間も含めた生き物の一生をつかさどる種間に共通した基本則と種間の重要な違いを明らかにするために，様々な種を広く分析することができる．特定の種に関する知見と全体に共通するパターンに関する知見は，基本的な進化の過程を明らかにするために用いることができる．まさにこれが基礎科学である．その一方で，それらの知見の組み合わせは保全生物学や絶滅危惧種の保護を進めるためにも用いることができる．これは応用科学である．ケイリーとローチによってなされた研究の範囲は，特定の種の研究，多数種の比較研究，進化プロセスの研究，生物種を管理し絶滅を回避するための実用的に重要な研究に及んでいる．

この数十年間，生物科学においては分子生物学の台頭がますます際立っている．人口学者が分子や細胞の集団の研究に貢献することも可能であり，例えば，あるゲンの発生や成長に関する研究についていえば，すでに人口学者による研究が始まっている．歴史を遡れば，集団生物学 (生態学や生活史研究を含む) はより強い絆で人口学と結びついている．これらの分野の先駆者であるアリストテレスとダーウィンは今でも生物学のヒーローである．集団の研究に対する関心が間違いなく増大しつつあるこの時代に，この本は集団を解析するためのツールである概念と方法を教えてくれる．生物学における集団研究のルネッサンスを思わせる一つの兆候として，「進化人口学学会 (Evolutionary Demography Society)」が数年前に設立されたが，ローチはその学会の前会長である．

生物人口学 (biodemography) という用語は，ときおり 2 つの異なる研究分野，すでに述べてきた生物の人口学と，ヒトの健康を研究対象にしている生体医療人口学 (biomedical demography) を指すために使われる．この本は生物の人口学により目を向けているが，生体医療人口学を無視しているわけではない．特に，第 8 章の 2 つの節では，健康人口学の基礎的な問題，活動寿命と多要因生命表について触れている．健康人口学への目配りは第 10 章にも続いているが，そこではヒト以外の種の健康に重点を置いている．生体医療人口学の他の話題についても，疫学に関する例が第 11 章でいくつか紹介されている．

この本の大きな強みは図表の豊富さで，その数は 200 を超える．著者たちは概念と方法に関する説明がわかりやすくなるようにこれらの図を注意深く考えて選別し，説明された題材を理解するためだけではなく，人口情報の可視化の定石を説明するためにも役立つような多彩なグラフと概念図を使っている．付録 I「人口データの可視化」，付録 III「可視化のための十の経験則」の内容は，人口情報を可視化する方法の核心をついている．

この本のもう一つの大きな強みは，具体例の選び方が巧みなことである．すでに述べたように，これらの具体例の範囲の広さにはとても感銘を受けるが，より重要と思われるのは，ほとんどすべての例が面白く，刺激的で示唆に富むことである．第 11 章は，寿命を延ばす錠剤の話から法医昆虫学の話題まで 87 の簡単な具体例が並ぶ力作である．

非常に楽しくこの本の草稿を読ませていただいた．というのも，章を読み進むにつれて面白くなっていったからである．前半の何章かで扱われている題材は非常に巧みに説明されている．基礎的なことがうまく説明されると，より革新的で創造的なトピックを紹介することができる．この本の前半部分で伝えられている基礎知識はとても充実しており，後半部分で開拓された新たな地平は刺激的である．前半部分はどの人口学者も知っておくべき標準的な題材を単に紹介しているだけにとどまらない．影響力が大きいにもかかわらず，普通の概説では扱われない基本的な概念・方法がいくつか紹介されている．

例えば，第3章では集団の不均一性について解説がなされている．すべての集団は不均一であり，同性同齢で同じ場所にいる個体でも全く異なる繁殖機会や死亡リスクに直面するかもしれない．ある事象を経験して非常に大きいリスクにさらされた個体が抜け落ちていくにつれて，生き残った集団は変容していく．そのため，個体で観察される人口学的事象の根底にあるパターンは，その集団に残っている個体たちで観察されるパターンとは定性的に異なっている．人口学者は，繁殖の機会や死亡リスクが個体の加齢にともなってどのように変化するかを知りたいと思っているが，実は変化しつつある集団の変化を観察することしかできない．これがケイリーやローチが取り組んだ人口分析の根本的な問題である．

また，著者たちは，人口学や集団生物学のほとんどの教科書では扱われないトピックについても触れている．そのトピックには，ステージ構造をもつ集団，確率的個体群成長率，両性モデル，親族関係，余命時間人口学などがある．

各章に散りばめられている重要な概念・方法の本質を捉えた短いコメントは，まるで宝石が満載の宝箱のようにこの本のすべての章の価値を高めている．一つ優れた例を紹介すると，齢依存的な死亡パターンを研究するほとんどの生物学者によって現在使われている齢別生存率という指標と，人口学者が使っている齢別死亡率という指標を対比する第3章の冒頭の議論がある．そこでは，生物学者が齢別生存率を使うのをやめて，齢別死亡率を使い始めるべきである理由について説明している．簡にして要を得た文章を使って，齢別生存率を使うすべての生物学者に読んでほしい自らの考えを主張している．

総じて言えば，印象に残る本である．著者たちは「啓発・刺激」することを目指し，非常に独創的な方法によってその目標を叶えている．この本は信頼に足るが，型にはまってはいない．標準的な題材が紹介されているが，紹介の仕方が斬新である．人口学や集団生物学の他の教科書には見られない貴重な題材は斬新である．思考法，説明の仕方，具体例，グラフを使った説明はいずれも独特で，ほとんどすべてのページでその独創性が輝きを放っている．

まえがき

この本のねらい

人口学は，数多くの枝からなる「学際木」の主根にあたり，枝となる人口学的話題は，健康，疾病，婚姻，出生力から文化人類学，集団生物学，古生物学，歴史，教育の話題にまで広がっている．私たちは今ここでその学際木に新しい枝である「生物人口学」を付け加えようとしている．

この本には大切な目標が２つある．第一の目標は，人口学に関連する２つの学問領域の主要な研究成果を比較し，組み合わせ，まとめ上げ，統合することである．一番目の学問領域は，主根そのもの，すなわち人口学の本流である．この学問領域は社会科学と数学，統計学などの形式科学の両方にまたがる１つの分野を構成し，私たちの本で学ぶべき重要な基礎部分である．二番目の学問領域は，この本を生物人口学たらしめる人口学の新たな枝である．生態学や動植物の個体群生態学，老年学，疫学，生医学だけではなく，野生生物学，侵入生物学，有害生物管理，保全生態学のようなより応用的な分野も含めた生物学でなされてきた人口学的概念に関係する研究成果がその枝にあたる．

第二の目標は，この本の副題，「**概念と方法の紹介**」に明らかである．それは，人口学で使われるすべての**方法**の土台となっている**概念**をこの本で紹介することである．概念を説明する部分は，基本的な考え方を伝える役割を果たし，その考え方を人口学の文脈の中に位置付ける．その一方で，方法に関する部分は，概念理解の助けになる作業上の枠組みを与える．例えば，生命表という方法はコホートの保健数理的特性をまとめるのに便利である．しかし，死亡，生存，リスク，生存年数，余命という言葉の背景にある考え方についてより深く理解することがなければ，生命表それ自体は，よくても無味乾燥な計算ツールであり，悪くすれば単にノウハウを伝える説明書である．同じように，レズリー行列によって集団動態の計算を行い，安定集団理論のエルゴード性を示す動態をよく調べると，形式数学によって証明されるこの動態計算の背景にある性質についてより深く理解することができる．

私たちは，あまたある実に素晴らしい人口学の教科書や参考書，ハンドブック，シリーズ本で展開される範囲の広さや数学的緻密さに張り合おうとか，ましてや取って代わることをこの本で目指しているわけではない．むしろ読者には，人口学の概念・方法に関する知識を深め広げるために，以下の出版物を探し求めてほしいと強く願っている．人口学に関する情報を求めるなら，特に詳しい情報源としては，圧倒されるほどの140章，4巻からなるシリーズもの，Graziella Caselli, Jacques Vallin, and Guillaume Wunsch による“*Demography: Analysis and Synthesis—A Treatise in Population*”(2006a) がある．人口学の概念，モデル，方法に関する他の優れた著作としては，2つの教科書が挙げられる．一つは，2001年に出版された Samuel Preston, Patrick Heuveline, Michel Guillot による“*Demography: Measuring and Modeling Population Processes*”であり，もう一つは2010年に出版された Dudley Poston, Leon Bouvier による“*Population and Society: An Introduction to Demography*”である．2014年に出版された Kenneth Wachter による“*Essential Demographic Methods*”は，人口学で使われる基本概念をわかりやすく簡潔に紹介している優れた書物である．Hal Caswell と共著で2010年に出版された Naythan Keyfitz の“*Applied Mathematical Demography*” (第3版) は人口学のモデルと考え方がぎっしりと詰まった宝箱である．人口学に関する優れた編集本には，Jacob Siegel と David Swanson による22章立ての“*The Methods and Material of Demography*” (2004) や，Dudley Poston と Michael Micklin が編集した28章立ての“*Handbook of Population*” (2005) がある．また，Kenneth Land が編集したより専門的な“*Demographic Methods and Population Analysis*”というシュプリンガー (Springer) シリーズ中の1冊，Frans Willekens 著“*Multistate Analysis of Life Histories with R*” (2014) もお勧めである．

■ この本の構成について

この本は11章からなり，2つの部分に分かれている．第1部 (第1〜7章) は，人口学本流の人たちに乗り物の普通運賃のように考えられている，生物学指向ではあるがより伝統的な人口学の内容を扱う章で構成されている．第1章にはライフコース，率やレキシス図のような人口学の基礎知識や基本概念が，第2章には，期間，コホートや簡易生命表の作成などの生命表に関する概念・方法が盛り込まれている．第3章では，人口学における死亡率の重要性，ハザード関数 (死力) の導出，死亡率に関する指標，主要な死亡モデル，人口学的不均一性や人口学的選択などの，死亡に関する基礎知識を扱っている．第4章には，齢別および生涯の出生力を示す指標から繁殖の不均一性，出産進展率，繁殖力を表す数理モデルに至るまで，繁殖に関する基礎情報が含まれている．第5〜7章では集団の概念や方法について述べている．まず初めに，ロトカやレズリーのモデルなどの安定集団理論を紹介し，次にレフコビッチモデルなどのステージ構造をもつ行列モデルを紹介し，生命表と安定理論の関係について考え，最後に両性モデルや確率論的モデルのような安定理論の拡張について考える．

第 2 部 (第 8～11 章) では，人口学の基礎概念から離れて，より専門的な分野，生物学に関連する分野，新奇性のある分野，ちょっと変わった分野に話題を移す．例えば，ヒトの人口学に関する内容を紹介する第 8 章には，ヒトの人口学の多様な側面について概説するとともに，家族人口学や親族関係のような，一般の人口学の教科書では扱われないことが多い話題が入っている．次に，応用人口学に関する第 9，10 章が続いている．第 11 章では，私たちが「生物人口学小話」と名付けた人口学の様々な問題や話題について，その答えや説明が概説されている．これらの小話では，斬新かつ発見的で，それ自体が面白く示唆に富んでいる人口学の概念を幅広く紹介している．他の章に比べて数学的に難しいものもあるが，それらの小話は私たちのより大きな目標に関係している．

最後に 4 つの付録をもってこの本を締めくくる．人口データの可視化の方法を説明した付録 I，人口学に関するストーリーテリングを紹介した付録 II，可視化の十の経験則を紹介する付録 III，データ管理に関する付録 IV がある．

編 集 方 針

この本を作成する際の編集上の課題として，(1) 生物学および人口学という 2 つの基盤となる研究分野のそれぞれからどの題材を盛り込むべきか，(2) 題材に関する情報をどのように対比し，まとめ上げ，統合するのがベストか，(3) 概念・方法を説明する最善のやり方は何か，を決めるために，技術的な問題，哲学的な問題および認識論的な問題があった．この節の目的はこの問題に対処した時の経緯と背景を伝えることにある．

データ選び―技術的な問題 1

人口学の概念・方法やモデルの豊富さを説明するには実際のデータを用いるのがベストであることから，ヒト以外の生物種における上質のデータベースの不足は，私たちにとって乗り越えなければいけないとても大きな課題であった．何千万人とまではいかなくても，何万人もの詳細な人口情報を保有するデータベースを利用できる人口学本流の研究者に当たり前だと思われていることは，ヒト以外の種の研究をする科学者にとっては幻想に過ぎない．ヒトの研究で利用可能なデータベースの量・質に匹敵するようなデータベースは生物学では存在しない．

それに関連するもう一つの課題は，ほとんどの人口学のモデルはヒトによって動機付けられ，ヒトのために発展し，ヒトに応用されてきた結果であるということである．実際，ヒトの人口学では，ホモ・サピエンスの生活史の大枠に基づいて様々な問いかけがなされ，問いに答えるための数学モデルが作られた．例えば，ヒトは有性生殖を行い，雌雄同体でもなければ，自殖もせず，不妊カーストも生産しない．また，継続的に成長し，休眠することもなければ成長パターンに明瞭な季節性もない．さらに，極端に長い寿命であるから，100 以上の齢階級をもつ可能性がある．多くの場合単胎出産であり，胎児や卵を同時に 2 つ以上産むこともなければ，クローンや集合果実を作ることもない．もともとこのような生活史をもつヒトのために開発された数理モデル群を生物人口学で用いるためには，程度の差こそあれ，界・門・綱・科・属という様々な分類群内・間の生物種を含む生物全体を対象に，非常に多様な生活史に人口学由来の数理モデルを当てはめなければならない．

モデルの応用可能性，生物の人口データの利用可能性という課題とこの本の包括的な目標を考慮して，以下の 3 つの目的にかなう人口データを用いるというデータ利用戦略を考案した．

(1) **人口学概念の解説**：生命表，死亡率，繁殖や安定集団理論などの生物人口学の基礎を理解するためには，注意深く管理された条件下で維持・観察された個体(数万とまではいかなくても，数千個体) に関する詳細な情報を含むデータベースを使う必要があると私たちは信じている．この条件にかなう研究は数十，おそらく数百程度は存在するが，各個体の齢別出生数のような必須のデータについて言えば，多くの研究でデータ数は不十分であり，生データは少ない．そのため，最初の 5 つの章の概念・方法を解説するために，著者の一人であるケイリーのミバエのデータベースを重点的に使用する．

(2) **ヒトの人口学の紹介**：ヒトの人口学は，人口学に対する読者の見方を広げるだけではなく，人口学がもつ深さや広がりを教えてくれるので，ヒトの人口学の内容を含めることが重要であると感じてきた．ヒトの人口学には，その分野では普通に使われるが，ヒト以外の種の生物人口学の文脈では用いられない多要因生命表，家族人口学，レキシス図のような概念・方法がたくさんある．

(3) **応用生物人口学の解説**：集団生物学者や応用生態学者は，一世紀以上にわたりモデルを考案し使用してきたため，ヒト以外の種に関する多くのモデルやデータベースは，提案されたモデルを実際にパラメータ値を決めるために使用した文献を見ると利用することができる．この本では，ミバエやヒトのデータベースを用いて基礎概念を数多く説明する一方で，鳥類，哺乳類，爬虫類，植物などの他の種を用いた応用的な内容を数多く解説する．

表作成と可視化―技術的な問題 2

データの可視化や図を使った説明は教育や学習の現場で力を発揮すると固く信じている人のように，私たちが採用したもう一つの編集方針は，概念・方法のわかりやすさを増すために表やグラフ，概念図を豊富に使用することであった．内容の違いを勘案していくつかのタイプに分類分けすると，この本の中で私たちが考案・使用する図表には，以下の 4 つのタイプがある：

(1) 発見的モデル：数学的な概念を解説するために用いられる仮想的データを使った小さく簡単な表 (統計学者が「おもちゃモデル (**toy model**)」と呼ぶものに似ている)

(2) 完全データ：種のすべての齢階級に対して与えられる情報．その情報でに，概念や方法を説明するために，すべての齢階級でのパターンや数量に関する詳細が必要である．

(3) 簡易的データ：普通は，モデルや方法の説明で用いられる齢別データを示す表のこと．その表では，完全データのような詳細な齢情報はあまり必要とにされない．

(4) 要約情報：普通は年齢に関係しない情報がまとめられている表．

この本で採用した可視化戦略に従って，人口情報を可視化する際の定石を概説するための付録も含め，多様なデータのグラフや概念図を本全体で数多く利用する．Few が 2013 年に言及しているように，図が適切に示されていると，情報は非常にわかりやすく効率的に見る者に伝わっていく．実際，情報デザインや印刷の体裁に関する定石は，作者や発表者にとって最も大事な財産である読者や視聴者の関心を保つのに役立つため，とても重要である (Few 2013; Butterick 2015).

概念とモデルの関係―哲学的な問題

進化，老化や人口学などの広範囲にわたる大学の講義科目を長く担当してきた講師たちとは違って，数学的基礎のような基礎概念のわかりやすい説明や，仮想例あるいは実例の使用が大変重要であると声高に語ることはできないが，生命表を例にして概念とモデルの関係について考えてみよう．生命表は保険数理上の情報を年齢順に並べるための重要なツールである．しかし，保険数理の文脈や集団動態という文脈で死亡率を考える時，このツールは両方をつなぐ概念になりうるし，様々な公式がデータに適用される時には数学モデルに変わる．

認識論的問題

大きな科学領域の中の複数の分野にまたがる生化学，歴史経済学，数理統計学のような学際分野とは異なり，この生物人口学という学際分野は，自然科学 (生物学)，社会科学 (人口学)，形式科学 (数理モデル) という 3 つの広い科学領域の架け橋である．社会科学 (人口学) の中のほとんどすべての分野は基本的に観察を通して新しい知見を生み出すが，その一方で，自然科学 (生物学) のほぼすべての分野は基本的に実験を通して新しい知見を生み出す．注目すべきは，数理モデルや統計モデルのような形式科学を生物学や特に人口学と統合する時には，それぞれの親分野の中にある子分野の中に，生物人口学のモデルが登場する舞台が用意されることである．例えば，人口学で広く使われている多状態モデルは生態学や集団生物学でよく用いられている齢構造モデルやステージ構造モデルと実質的に同じであり，形式人口学で創出された生存年数，残余年数という概念は，生物人口学の中で見出された齢分布と死亡齢分布の恒等関係と同一であり，人口学で用いられた多地域モデルは，集団生物学で用いられている分集団モデルと概念的に似ている．分野間で共通する数理モデルが分野横断的な概念をもたらし，ひいては異分野間の学際的統合のきっかけとなるので，これらの，また他の多くの分野間のつながりを見出すことは重要である．さらに，異なる分野の科学者たちによって独立に考案された似通った数理モデルを相互に見比べると，各分野の科学者たちが元々のモデルの一般性や，それゆえに基礎となる概念それ自体の一般性に気づき，科学間の相乗効果をもたらすことになる．

「生命の樹」全体の中でのヒトの人口学

ヒトの生物学と人口学本流が形作ってきたもの

生物学の中で人口学本流の概念や道具を用いるという課題の全体像を見通すために，ヒトの人口学だけでなく，「生命の樹」全体にわたる生物種の人口学という文脈でも，形式人口学のすべての研究成果の集積を考えてみる (Jones et al. 2013)．以下で議論するように，従来の人口学は，ほぼ例外なくホモ・サピエンスの生活史形質によって枠組みが作られ，ヒトに関する詳細かつ大量の人口データによって成立していることが明らかになる．様々な研究方法は，私たちの種に固有で私たちの集団を形作る出生，死亡，移動の過程を使ってモデル化されている．ヒトの人口学的特性と「生命の樹」全体にわたる種の特徴を比較すると，ヒトの人口学で使用するために作成され広められた既成の人口学の応用手法には概念上の制約，手法の限界や経験の不足が内在することがくっきりと見えてくる．さらに，その比較によって，生命表や安定集団理論のような従来の人口学のツールを変更せずに使用する時に必要な種固有の人口学的要請について洞察することができる．また，従来のツールでは生活史を簡単に記載・モデル化できないような非常に多くの種に応用可能な新しい概念やツールを生物学者が開発する時にも，その根拠となる動機や必要性について洞察することができる．

人口学的特性

ヒトは，明確に定義された個体，疑いの余地も曖昧さも間違えようもないくらい分離している単一の主体の集まりとして存在する．別個の区別可能な個体の集まりとしての種の存在は，コホートや集団に関する伝統的な人口解析のほとんどすべてにおいて暗黙に必要とされている条件である．しかし，明確に定義された個体というものは，クローンが増えることによって集団が構成される多くの植物 (例えば，ニレ) や動物 (例えば，サンゴ) には存在しない．ヒト以外の種では，レベルが異なる個体性も存在するかもしれない．その最も良い事例は，個体性を 2 つのレベルで考えることのできる社会性昆虫である．社会性昆虫では，働きバチのような個々の虫それ自体が個体であるレベルと，ハチのコロニーのような 2 段目の階層である超個体を個体と見なすレベルを考えることができる．

ヒトやヒト以外の多くの動物種は可動性をもつが，植物種や固着期以降のフジツボのような動物種はそうではない．ヒトは温血性であるため，それぞれの個体の暦年齢が本質的に人生の中の各個体の成長段階を決めている．恒温性である鳥類や哺乳類を除くと，その他の分類群に属する種は体温を調節できない変温性であるため，生物の大多数では暦年齢は成長段階を反映していない．このことは，多かれ少なかれ，生物人口学的特性は生物学的年齢 (biological age) に影響を与える体温や他の要因によって決定されていることを意味する．ヒトは冬眠や夏眠をしないし，成長を止めたり，一時的に活動を停止することもなく，または休眠に陥ることもない．しかし，クマムシ，昆虫，その他の節足動物からクマ，ネズミ類や小型鳥類に至るまで，大多数の種では頻繁に休眠段階に入る．また，ヒトでは，完全変態性の昆虫や両生類，植物種の一部で見られるような変態は起こらない．クローンや自殖によって繁殖する種とは違って，ヒトは有性繁殖を行う．ヒトは，番（つがい）を形成し，どのシーズンでも繁殖し，一腹一子で子供を産み，齢が異なる子供たちが同時に存在する家族を作り，子供たちのそれぞれは 15〜20 年の間両親によって養育される．ヒトの家族単位は 50 年以上続くこともある．ヒトの家族のモデルは，その概略でも細部においてもホモ・サピエンスに特有のものである．数百，数万の子供を産むヒト以外の大多数の種の成熟前の生存率と比べると，ヒトの生存率は極めて高い．ヒトは一世紀を超えて生きることができ，そのため 100 を超える年齢階級をもつが，大多数の鳥類や哺乳類の寿命はとても短く，そのため，少ない齢階級しかもたない場合が多い．ヒトにおいて生存率が高いことや寿命が長いという事実は，人口学の主流である形式人口学で使用するために発展してきた人口学の手法やモデルに大きい影響を与えてきた．

データベース

ヒトに関する様々なデータベースには，多くの場合，個体ごとの性別，齢，配偶関係・家族関係や罹患状況，健康状態とともに，死亡状況，死因，死亡齢に関する正確な記録がある．これらのデータベースのサイズは大きく，個々のデータは詳細であるため，例えば繁殖率，死亡率，婚姻率，離婚率などの人口学で扱うパラメータは，極端に高齢な場合以外のすべての齢に対してかなりの確度と精度で推定可能である．ヒトのデータベースは，蠕虫類，ハエ，ネズミ類などのモデル生物のデータベースを含めても，その他のすべての生物種のデータベースとはまばゆいばかりの対照をなしている．個体数，揺り籠から墓場までの詳細，歴史の長さに関して言えば，ヒトのデータベースに匹敵するようなヒト以外のデータベースは存在しない．

謝辞

以下の同僚，学生，友人，研究仲間に感謝申し上げます．この本を製作する様々な段階で，彼らからたくさんの援助，提案，激励をいただき，私たちが使えるように情報やデータも提供していただきました．Melissa Aikens, Susan Alberts, Jeanne Altman, Martin Aluja, Robert Arking, Goshia Arlet, Annette Baudisch, Carolyn Beans, David Berrigan, Emily Bick, Nathanial Boyden, Nicolas Brouard, Thomas Burch, Hal Caswell, Ed Caswell-Chen, Dalia Conde, Alexandros Diamantidis, William Dow, Jeff Dudycha, Pierre-François Duyck, Michal Engelman, Erin Fegley, Caleb Finch, David Foote, Jutta Gampe, Josh Goldstein, Jean-Michel Guillard, John Haaga, Rachid Hanna, James Harwood, Stephanie Held, Donald Ingram, Lionel Jouvet, Deborah Judge, Byron Katsoyannos, Robert Kimsey, David Krainacker, Gene Kritsky, Dick Lindgren, Rachel Long, Freerk Molleman, Amy Morice, David Nestel, Vassili Novoseltzev, James Oeppen, Robert Peterson, Dudley Poston, Nick Priest, Daniel Promislow, Arni S. R. Srinivasa Rao, Roland Rau, Tim Riffe, Jean-Marie Robine, Blanka Rogina, Olav Rueppel, Alex Scheuerlein, Richard Shefferson, Ana Rita Da Silva, Sarah Silverman, Rahel Sollmann, Uli Steiner, Richard Suzman (物故), Mark Tatar, Roger Vargas (物故), Elizabeth Vasile, Robert Venette, Francisco Villavicencio,

Maxine Weinstein, Frans Willekens, Nan Wishner, Pingjun Yang, Zihua Zhao, and Sige Zou (アルファベット順).

また，プリンストン大学出版会の方々には大変お世話になりました．編集責任者の Alison Kalett は，私たちのアイデアに興味をもち，この本を書くように励ましてくれました．特に，私たちが原稿をお渡しするのを忍耐強く待ってくれたことに感謝申し上げます．また，出版会の編集担当者の Kristin Zodrow, Abigail Johnson, Lauren Bucca，製作主幹の Jacqueline Poirier，製作編集の Mark Bellis，販促担当の Matthew Taylor，広報担当の Julia Hall 諸氏に感謝申し上げます．加えて，行編集に携わった Jennifer McClain，索引作成を担当した Julie Shawvan にも感謝申し上げます．最後に，原稿の初期の段階で非常に建設的で見識あるコメントをくださった 2 人の匿名の査読者に感謝申し上げます．共著者のケイリーは，すべての図を書き直してくれました．

ケイリーからは，カリフォルニア大学バークレー校の人口統計学科や老化経済・人口センター (CEDA) の人口学研究者や所属長など，関係者の皆様に謝意を表します．特に Ronald Lee, Kenneth Wachter, Eugene Hammel には何年間も支援していただきました．また，カリフォルニア大学デイビス校の昆虫学科のメンバーにはほぼ 40 年にわたり生物人口調査の手伝いをしていただきました．生物人口学関連の科目を受講した学部生たちには，直接・間接的 (例えば，授業評価) に人口学のモデルや人口学の概念について，ヨーロッパ人口学学校 (European Doctoral School of Demography) の博士課程の学生には，人口データの可視化の定石についてコメントをいただきました．また，何年も前に昆虫人口学のコースを受講していたデイビス校の大学院生は，著者が生物人口学者になった初期の頃に積極的に関わり建設的な批判をしてくれました．

ローチからは，学部生の頃から生物人口学に携わり野外で何時間も一緒にデータを収集してくれた大勢の大学院生，学部生，技術員の方々に対して謝意を表します．バージニア州シャドウェルの調査地の利用を許可してくれたモンティチェロ財団，モーベン農場の調査地利用を許可してくれたバージニア大学財団に対してお礼申し上げます．また，バージニア州立大学生物学科のメンバー，Henry Wilbur, Laura Galloway，および生態進化生物学科の同僚や共同研究者の Jutta Gampe にお礼申し上げます．

ローチ，ケイリーともに，調査・研究の大部分はアメリカ国立衛生研究所から科学研究費支援を受けてきました．また，その科学研究プロジェクトのメンバーである，Kaare Christensen, Tim Coulson, James Curtsinger, Michael Gurven, Lawrence Harshman, Carol Horvitz, Thomas Johnson, Hillard Kaplan, Nikos Kouloussis, Ronald Lee, Pablo Liedo, Valter Longo, Kenneth Manton, Hans Müller,

Dina Orozco, Cindy Owens, Rob Page Jr., Nikos Papadopoulos, Linda Partridge, Patrick Phillips, Leslie Sandberg, Eric Stallard, Shripad Tuljapurkar, James Vaupel, Nancy Vaupel (物故), Kenneth Wachter, Jane-Ling Wang, Anatoli Yashin, Yi Zeng には，生物人口学の創設について魅力的な議論をしていただきました．感謝申し上げます．

ケイリー，ローチからは，長年の伴侶 Patricia Carey, Dennis Proffitt に深く感謝の念を表します．彼らはこの本の執筆に携わった数年間，忍耐強く支援をしてくれました．特に James W. Vaupel には，彼の先見の明，激励，リーダーシップ，援助，助言，友情に感謝します．私たち2人を，アメリカ国立老化研究所によって資金援助されていたデューク大学の一連の研究プログラム (the Oldest-Old) に参加するように招いてくれました．さらに，この本の「出版によせて」を執筆してくれました．

カリフォルニア州デイビスにて　　　　ジェームズ・ケイリー
バージニア州シャーロッツビルにて　　デボラ・ローチ

著作物利用許可

目　　次

■ 生命表に関係する主な記号とその意味

記　号	意　味
l_x	コホート生残率，生残スケジュール，コホート生残，生残曲線，生残率関数
p_x	齢別生存率，期間生存率
q_x	齢別死亡率，期間死亡率，齢別死亡スケジュール
d_x	齢別死亡割合，齢別死亡頻度，死亡齢分布，齢別死亡分布
e_0	期待寿命
e_x	x 齢の期待余命
μ	ハザード関数，ハザード率，死力

注：同じ記号でも前後の文脈や内容に応じて，異なる呼び方をしている場合があることに気をつけてほしい．

0
序　章

> 私たちが携わっている人口学と生物学の間の関係は，今まで双方向的なものではなかった．生物学の教科書には短めの人口学の内容を解説するコースが組み入れられてはいるけれども，この気配りは効果を発揮してはいない．だからといって，(中略) 決して人口学と生物学の境界領域での研究が否定されるものではない．
>
> ネイサン・キーフィッツ (Keyfitz 1984, p.7)

生物人口学は，集団の理論の全体像を明確にし，生物学的概念を人口学的アプローチに組み入れ，様々な生物学分野の集団にまつわる問題に人口学の手法を導入することに関心をもっている新興の学際的科学分野である (Carey and Vaupel 2005)．また，個体から，コホート，集団にわたる様々な組織体の階層で生物システムを研究するために，古典的なヒトの人口学や集団生物学由来の理論や解析手法を用いるという意味でも学際的科学である．その理論や解析手法を用いることで，生物人口学は，出生，死亡，健康や移動に関する生物全体のレベルでの問いに定量的な答えを提供してくれる．

生物人口学は，その分野に特化した大学の学部をもってはいないが，人口学，経済学，社会学，老年学，昆虫学，野生生物学，水産学，生態学，行動学，進化学の分野に関係するいくつもの学部にわたって存在している．生物人口学の研究は，各分野で訓練を受けた生態学者，人口学者，経済学者，老年学者であった研究者たちによって，始められることがよくある．それらの研究は，生物集団の研究，特に集団の制御，生活史形質や絶滅といった研究に関連している．使用されている用語の正確な定義から考えると，生物人口学は古典的な人口学の中のある小さく専門的な一分野であり，生態学，進化学，個体群生態学を研究するための 1 つのツールであると見なすこともできる．

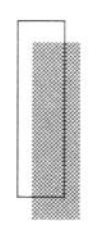

0.1 生物人口学の歴史展望

「人口学 (demography)」は，人間の集団の学問として始まり，文字通り「人々の記載」を意味する．「人々」を意味するギリシャ語の **demos** を語源とし，1855 年にベルギー人 Achille Guillard が，ヒトの統計学あるいは比較人口学の一分野に，“demographie” という言葉を当てている (Siegel and Swanson 2004)．彼は，人口学を，人間という生物種の自然史・社会史であり，人間集団とその変化，健康状態や市民社会の状態，知的・道徳的状態の正確な数量的知見と定義している．

0.1.1 生物学と人口学

人口学は生物学と数多くの接点をもつ．また数学，統計学，社会科学，政策学とも接点がある．「集団の成長は指数関数的だが，生活資源はそうではない」と提案したマルサス (Malthus 1798) と「出生率や死亡率の違いは形質の違いから生じる」と主張したダーウィン (Darwin 1859) は，集団生物学と人口学にとっては共通の先祖である．また，生物学と人口学の接点は，20 世紀初期に現れた 2 人の著名なデモグラファーにとって，その研究を始める基盤となった．その 2 人とは，アルフレッド・ロトカ (1880–1949) とレイモンド・パール (1879–1940) である．ロトカは，生物人口学において今でも重要とされる基本概念や方法を開発した．彼の最も重要な 2 つの著作は，“*Elements of Physical Biology*” (1924) と “*Theorie Analytique des Associations Biologiques*” (1934) である．パールの 1924 年と 1925 年の論文は，扁形動物，水生植物の一種であるマツモ (*Ceratophyllum demersum*)，キイロショウジョウバエ (*Drosophila melanogaster*) やヒトなどのいくつかの種に関する生物人口学研究の先駆けであった (Pearl 1924, 1925)．彼は，2 つの重要な学術雑誌，*Quarterly Journal of Biology* と *Human Biology* を創刊し，アメリカ人口学会 (PAA: Population Association of America) と国際人口問題科学調査連合 (the International Union for the Scientific Investigation of Population Problems，のちの国際人口科学研究連合 (IUSSP: the International Union for Scientific Study of Population)) の設立に関わった．

1920～30 年代の彼らの先駆的研究ののち，1970 年代までは，人口学のどの分野においても生物学を組み入れることに対してほとんど関心がなかった．人口学と生態学 (Frank 2007)，人口学と文化人類学 (Spuhler 1959)，遺伝学と人口学 (Kallmann and Rainer 1959) など，本の中の分野横断的な集団研究に関するほんの 2，3 の章として発表されただけだった．それらの論文は，すべて Hauser と Duncan の編集による著

書 "*The Study of Populations*" (1959) の中に見られ，のちに多大な影響力を及ぼした．この本の他の章は，人口学における基礎知識としてよりも，人口学の手法がどのように異なる分野で用いられているかの解説として役立つ．

0.1.2　初 期 の 発 展

1970 年代の初めには，個体群生態学者とネイサン・キーフィッツなどの人口学者のグループによって，学術雑誌 *Theoretical Population Biology* (TPB) が創刊された．この雑誌は，「集団の生物学，特に生態学，遺伝学，人口学，疫学 (epidemiology) に関する理論的側面」について分野横断的な議論を引き起こす公開討論の場になることを企図していた．この表現は，今でも出版社が雑誌を紹介する際に使用しているのだが，その雑誌の対象読者についての記載には「個体群生態学者，生態学者，進化生態学者」とあり，人口学者 (あるいは疫学者) については何の言及もない．IUSSP 会員は 1970 年代後半に，人口学は孤立の危機にあり，科学というよりは技術になり始めている，との懸念を表明した．キーフィッツは 1984 年に，「人口学は，境界領域から撤退し，かつては他の分野も侵入していた，誰のものでもない土地からも退いてしまった」と嘆いている (Keyfitz 1984b, p.1)．そこで，1981 年には「集団と生物学」という名のワークショップがハーバード人口研究所 (Harvard University Center for Population Studies) で開催され (Keyfitz 1984a)，生物学の法則が社会科学に影響を与える可能性 (Jacquard 1984; Lewontin 1984; Wilson 1984) や，婚姻と出生力の選択効果 (selective effect) (Leridon 1984)，人類集団での自己制御機構 (Livi-Bacci 1984)，罹患率 (morbidity) と死亡率の概念 (Cohen 1984) について検討された．ほとんどの講演者が各分野で最も傑出した科学者たちから選ばれていたにもかかわらず，生物学者と人口学者の共同開催であったこの会議から，注目に値する論文や考え方が現れなかったことは大きな問題であった．成り立ちや職業的文化，認識の枠組みが基本的に異なる 2 つの分野を統合するには，トップクラスの科学者たちの善意だけでは十分ではなかった．

0.1.3　牽　　引　　力

1980 年代中頃，生物学と人口学の接点に横たわるより限定的で的を絞った問いに答えるために，科学者たちが一堂に会した 2 つの会議が別々に開催された．この時期に生物学者と人口学者が集まった最初のワークショップは，1987 年 Sheila Ryan Johannson と Kenneth Wachter によってカリフォルニア大学バークレー校で行われた．会議名は，「人間の寿命の限界」で，アメリカ国立老化研究所 (NIA: National

Institute on Aging) の援助のもとで行われた．このワークショップの成果として出版物や会報は作成されなかったが，この会議は歴史的には重要なものであった．というのも，生物学者と人口学者が一堂に会し，人口学者，生物学者や政策立案者にとって非常に重要であるテーマ，「老化と寿命」に明確に焦点を当てた最初の会合であったからである．このワークショップによって，寿命と老化に関する生物人口学のその後の研究発展に貢献する舞台が用意された．

生物人口学の枠組みづくりに貢献した二番目のワークショップは，1988 年にミシガン州アナーバーのミシガン大学で Julian Adams, Albert Hermalin, David Lam, Peter Smouse によって催された．会議名は，「遺伝学と人口学における収斂(しゅうれん)問題」である (Adams et al. 1990) [*1)]．その結果，ある 1 冊の本が編集された．その本の章立てを見ると，遺伝学や人口学における家系図や系譜データなどの歴史的情報の使用，遺伝学と人口学における変異の扱い方および解析，人口学と遺伝学の収斂を目指す時に共通基盤となりうる疫学や，また，両分野の科学者の注目を引いてきた問題 (例えば，両性モデル，最小存続集団サイズ，動態パラメータの変異の原因) などが入っている．遺伝学というある限定的なトピックについてではあるが，生物学と人口学の境界領域で研究者を組織することの重要性を明らかにしたという意味で，遺伝学と人口学に関するこのワークショップは有意義なものであった．

0.1.4 連 帯

バークレーとアナーバーで開催された前述のワークショップは，その後 1996 年から 2002 年の間に行われた，非常に盛会であった 3 つのワークショップの開催を構想するきっかけとなった．「寿命の生物人口学」と名付けられた最初のワークショップは，1996 年 4 月ワシントン D.C. で行われ，アメリカ学術会議人口委員会 (Population of the US National Research Council) の Ronald Lee が組織し，議長を務めた．このワークショップは，人口学的な考え方と生物学的な考え方の交流を促し，老化と寿命の本質から浮かび上がる新知見や展望が発表されていたため，生物人口学における著しい発展の一つであった．このワークショップの成果として，1997 年に Kenneth Wachter と Caleb Finch によって『ゼウスからサケまで：寿命の生物人口学』が編集された．この本には，生存の実験人口学，進化理論と老化，自然界の高齢個体，後繁殖期 (post-reproduction) の問題，人間のライフコース，世代間関係，遺伝学研究に

[*1)] Adams, J., D. A. Lam, A. I. Hermalin and P. Smouse, editors. 1990. *Convergent Issues in Genetics and Demography*. Oxford University Press, Oxford, UK.

おける集団調査の可能性，人間の老化と寿命の可塑性に関する総合的見解などに関する論文が収められている．

生物人口学に関する二番目のワークショップは James Carey と Shripad Tuljapurkar によって，「寿命：進化的・生態学的・人口学的視点」のタイトルのもと，ギリシャのサントリーニ島で開催された．そのワークショップは 1996 年の生物人口学会議に続くものであったが，老化ではなく寿命に大きく重点をシフトさせたものであった．このワークショップをベースに編集された本には，寿命とその進化に関する概念的・理論的展望と，生態・生活史に関連する話題，さらにはヒトとそれ以外の生物の寿命に関する遺伝学的研究や集団生物学的研究などの論文が収められている (Carey and Tuljapurkar 2003).

ワシントン D.C. にある米国国立アカデミーで 2002 年 6 月に開催された三番目のワークショップは，Kenneth Wachter と Rodolfo Bulatao が主催し，議長を務めた．そのワークショップでは出生力に焦点を当て，その前に開催された寿命の生物人口学に関するワークショップを補完するように企画された．このワークショップでは，先行する他の会議と同様に，人口学者，進化生態学者，遺伝学者，生物学者がともに集まり，社会科学と生命科学の境界における様々な問いについて検討がなされた．その結果出版された本の章立てには，出生力や家族形成 (family formation) の生物人口学，ヒトの繁殖に与える遺伝的・生態的・進化的影響などがある (Wachter and Bulatao 2003).

21 世紀の初頭には，生物人口学は先端的な人口学研究の場として再浮上している．出生力，死亡率，罹患率や，人口学者が大きい関心をいだく他の人口学的諸過程も，疑いもなく重要な生物学的要素であると認められている．さらに，生物学は基本的に集団の科学であって，生物学的研究が人口学の概念や手法によって多大な利益を得ることが可能であると認識されるようになってきている．生物学者の見方からすれば，生物人口学は人口学を内包している．なぜなら，生物人口学は，すべてのヒト以外の生物の研究，遺伝子型集団の研究や年齢，健康，身体機能や繁殖力に関連する生物量の研究を含んでいるからである．このとても広い研究領域の中でも，いくつかの中核的研究は注目に値するので，次節で簡単に説明する．

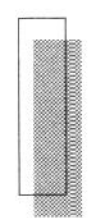

0.2 古典人口学

古典人口学は，基本的に集団の以下の四側面について関心を持っている．(1) サイズ：集団内の単位 (生物個体) の数，(2) 空間分布：ある時刻における集団の空間的配置，(3) **構造**：性別，齢別にグループ分けした時の分布，(4) **変化**：全集団あるいは，ある構成単位の成長あるいは衰退 (Siegel and Swanson 2004; Poston and Bouvier 2010)．最初の 3 つ (サイズ，空間分布，構造) は人口静態 (population statics) と呼ばれ，最後の 1 つ (変化) は人口動態 (population dynamics) と呼ばれている．Hauser and Duncan (1953) は，人口学という分野は，集団の違いと変化をもたらす要素 (すなわち，出生，死亡，移住) の研究に限られた狭い範囲を扱う**形式人口学 (formal demography)** と，集団に関する変量だけではなく，遺伝，行動や他の生物学的側面に関する変量にも関心をもち，より広い範囲を扱う**実体人口学 (population studies)** の 2 つからなる，と考えている．これらの研究の方法論として，データ収集，人口分析とデータ解釈などがある．

人口学者は，集団を科学的な分析と調査を行うための独立した対象単位と見なしている．しかし，Pressat (1970, p.4) が言うように，人口学の中の様々な側面がそれぞれの研究分野の一部として普通に研究対象となりうるのだから，「集団」はどこにでもある実在であるともいえるし，どこにもない架空のものであるともいえる．彼はまた，「しかし，進化過程の途上にある個体の集合体として考えられる集団に関する理論をすべてまとめると，ある集団を動かす数多くの相互作用と，時間とともに変化するその集団の特性を浮き彫りにできるという利点がある」と述べている．この言及は，人口学 (特に数理人口学) とは何について研究する学問なのか，という疑問に対する答えになっている．

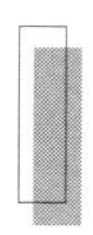

0.3 人口学の有用性

0.3.1 概 念 の 統 合

人口学については，2 通りの考え方が可能である．一つは，少数の数学的関係に落とし込むことのできる数理モデルを多数集めた大きな集合体としての学，もう一つは，数多くの生物学的課題に拡張可能な少数のメタファー (例え話) の集合体としての学である．人口学をこのように位置付けると，ヒトの人口学を，生物学的課題を対象とする生態学や個体群生物学と概念的，機能的に統一することも可能である．原理的には，すべての生活史事象は一連の推移確率群に帰することができるし，すべての事象は様々な形で相互につながっている．人口学はこれらの事象をつなぐツールを提供し，多くの事象を誕生と死亡の 2 つのどちらかに落とし込む．具体的に言えば，出生と死亡という概念を使うと，広範囲の現象を記述することができる．ヒトの人口学でいうなら，離婚は結婚の死と見なすことが可能だし，疫学では，入院はある症例の誕生と見なすことが可能である．同様に，昆虫生態学では，変態は幼虫の「死亡」とも蛹の「誕生」とも見なすことができる．このようなものの見方は，言葉の言い換えのレベルを超えて，様々に拡張可能であることがのちに明らかになるだろう．

0.3.2　予 想 と 予 測

他の分野では予想 (projection)，予測 (prediction) という言葉が，言い換えが可能な表現であるかのように用いられていることが多い．しかし，人口学ではこれらの言葉は 2 つの明確に異なる行為として位置付けられている．集団動向「予測」は未来の集団の動きを前もって見通すことである．しかし，残念ながら物事は互いにつながり合っているので，他のすべての変数の未来を知ることなしには，ある変数（集団）の未来を知ることはできない．集団動向「予想」は，ある具体的な実際の集団の未来を説明しようとするのではなく，ある特定の仮定群をおいた時の帰結を参考にするものである (Keyfitz 1985)．すべての予測は予想でもあるが，その逆は必ずしも真ではない *2)．

0.3.3　制御，保全，搾取

Caughley (1977) は，応用生態学で人口学を利用する場合は以下の 3 つのどれかにあたると述べている．一番目は制御 (control) であり，その目的は個体群の個体数と成長率を減少させることである．当然ながら植物や動物の個体群を管理するために用いられる．二番目は保全 (conservation) であり，その目的は，もはや絶滅におびやかされないレベルの個体数になるように個体群成長率を増加させることである．三番目は搾取 (exploitation) であり，その目的は，例えば，昆虫の大量飼育のように，生まれた個体のある割合を収獲して利用するか，ハチミツのように産出物を集めながらも，飼育血統の個体群サイズを維持することである．これら 3 つのすべての場合で，生活史形質を操作することによって達成しようとする個体群サイズや個体群成長率を，前もって協議して決めておくことが重要である．これらすべてが人口学と関係している．

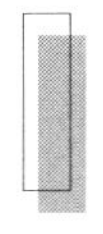

0.4　人口学における抽象化

初期の頃，多くの人口学者たちは，集団動態をつかさどる要素と過程を分けて考える傾向があった．しかし，最近ではその傾向は弱まり，かなりの要素や過程が抽象化

*2)　人口学では，projection に「推計」という言葉を当てている．

され，解釈を広げるようになってきた．この新たな拡張はとても重要である．というのも，それは概念と方法の統一を実現し，現時点では定型的な方法がないかもしれない生活史特性の解析にも容易に拡張できるからである．3 つの有益な抽象化には「齢 (age)」「過程 (process)」と「流れ (flow)」がある．

0.4.1 齢

古典的な人口学では，多くの事象は齢の進行と関連づけて調べられている．しかし，齢は一生の中で時とともに進む唯一のものではない．出生を出発点とし，一生の進行を進んだ距離と考えると，齢というものは時間軸上での距離であり，ある 1 個体による全出産数は出産数軸上での距離となる．例えば，齢 10 まで生きたすべての個体は，また齢 9, 8, 7 …… と生きてきたはずである．それと同様に，10 番目の子供を産んだすべての個体は，また 9 番目，8 番目，7 番目から 1 番目までの子供を産んできたはずである．この考え方はすべての繰り返し起こる生活史事象にも当てはめることができる．

0.4.2 過 程

一生を構成する事象が，繰り返されることのない人口学的過程の場合，更新 (反復) 不能過程 (nonrenewable process) と呼ばれ，繰り返されるものは更新 (反復) 可能過程 (renewable process) と呼ばれる．成熟することや死亡に達することは更新 (反復) 不能過程であり，出産や交尾・交配は多くの種で更新 (反復) 可能過程である．更新 (反復) 可能過程においても，事象の順序を特定し，番号を付けると，その一つ一つは反復されることはないので，生命表 (life table) という解析手法を使って調べることが可能になる．

0.4.3 流 れ

人口学は生物学における簿記の方法を提供していると言える．数多くの項目のデータを集めるという行為は，2 つ以上の時刻で発生する在庫 (個体たち) の変化を記述し，その時点での在庫表を作成することにあたる．変化は，出生や死亡事象の結果として，また齢間の個体の流れや分類変数間での個体の流れにともなう増加や減少の結果として生まれる．そのため，出生と死亡の差し引きの変化は数の変化の理由の説明となり，元の状態から移行後の状態への状態推移や流れは集団構造の変化の理由の説明となる．

これらの抽象化は，これ以降の章で紹介される生物人口学のモデルや解析方法の中核をなしている．

1
人口学の基本知識

どの生涯直線 (life line)[*1] 上にも死亡点 (death point) は 1 つしか存在しない．しかし，短い間隔で高密度に幾人もの人生が始まると，一つ一つの短い間隔の間に 0 歳から最高齢の ω 歳までのあらゆる年齢の死亡点が散らばるようになるだろう．

Wilhelm Lexis (1875)『人口統計理論入門』
(*Einleitung in die Theorie der Bevolkerungs-Statistik*)

人口学には，集団の時間変化や空間的な違いを記述・予測するモデルや手法がある．人口学のモデルは，2 つの場面で用いられる．一つは，**形式人口学 (formal demography)** であり，集団の特性や出生，死亡，移住 (migration) といった集団の変化の特性を記載するためにモデルが用いられ，もう一つは**実体人口学 (population study)**[*2] であり，そこでは，生理，遺伝，行動の特性あるいは他の何らかの生物学的特性を共有する母集団の中の一部の個体を精査する人口分析のためにモデルが用いられる．この章では，まず人口学で扱われる階層について説明し，次に集団や集団変化の様々な特性について定義をしながら，人口分析の基本知識について下準備を行う．さらに，付録 I, II で詳しく述べるデータを可視化する方法の事例をいくつか紹介しよう．

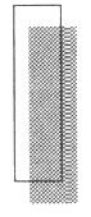

1.1 基本的な言葉の定義

1.1.1 人口学の階層と属性

人口学は集団を記述する学問である．とは言え，最初の階層 (level) は個体である．個体はすべての集団の基本単位であり，人口分析の出発点となる人口学的属性をもつ独

*1) life-line は，舘稔の著書である『形式人口学—人口現象の分析方法—』(1960) ですでに「生命線」という訳語が当てられているが，本書では生物の生まれてから死ぬまでの全体をイメージさせる言葉をあえて選び，「生涯直線」とした．

*2) 原著書で使われている population study は「人口研究」と訳すのが慣習であるが，ここでは形式人口学と対比する文脈で使われているため，あえて「実体人口学」と訳した．

立した有機体である (Willekens 2005). 個体は単位として自然であり，ある個体の基本的な属性には，齢別の交配率，出生率，死亡率はもちろん，性別，発育段階や体の大きさのような生活史の中のすべての要素が含まれる．見方によっては，人間における個体レベルでの属性には，民族や宗教から教育，職業に及ぶ文化的な属性を含んでもよい．人口学における二番目の階層はコホート (cohort) である．それは，「同齢の個体の集まり」，あるいはもっと一般的に「**ある特定の期間 (period) に同一の重要な事象 (event) を経験し，そのため，その後の分析のためにひとまとまりのグループとして見なすことができる個体の集まり**」として定義されている (Pressat and Wilson 1987). 例えば，2010 年に生まれたすべての個体を出生コホート (birth cohort) と見なすこともあれば，同じ年に結婚したすべての個体を婚姻コホート (marital cohort) と見なすこともある．最後の階層は集団 (population) [*3] である．集団の特性はコホートと個体の相互作用の結果として表面に現れる．時間経過は，個体とコホートの場合には齢を使って，集団全体の場合には時間を使って定められているため，どの階層の特性も小さな時間単位で変化する場合もあれば大きな時間単位で変化する場合もあると考えられる．

1.1.2　齢とライフコース

齢 (age) は，ほぼすべての人口分析において用いられている，独特かつ中心的な役割を果たす変数であり，例えば，生理学的状態・生物学的年齢 (biological age) のようなより本質的な指標や，事象が発生するリスク (risk) にさらされる時間の長さの代わりの役割を果たす．暦年齢 (chronological age) は，調査がなされた時と出生時の正確な差として定義されている．この差は，普通，**誕生日年齢 (exact age)** と名付けられ，**齢階級 (age class)** と区別されている．いくつかの誕生日年齢をまとめると齢階級という幅をもつ**期間 (period)** になる．個体は歳をとり成長するにつれて，様々な発育段階を通り過ぎる．その発育段階で過ごす時間の長さは普通 1 つの齢階級よりも長い．ある発育段階から別の段階への移行は**事象**と定義されている．一生の中での一連の事象とそれらの間の発育段階で過ごす期間を合わせて，個体のライフコース (life course) と定義されている (図 1.1).

[*3] population は，専門分野によって異なる日本語が使われている学術用語である．例えば，遺伝学分野では「集団」，生態学分野では「個体群」，ヒトの人口学分野では，「人口」「集団」といった具合である．本書は生物の人口学に関する書であるが，その内容は遺伝学，人口学分野など多岐にわたるため，それぞれの箇所の文脈に応じてこれらの用語を使い分けている．

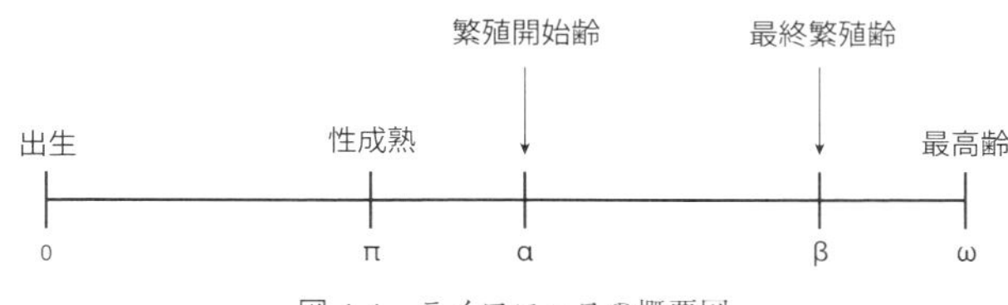

図 1.1　ライフコースの概要図
ライフコースには重要な事象がいくつかある：出生 (齢 0)，性成熟 (齢 π)，繁殖開始齢 (齢 α)，最終繁殖齢 (齢 β)，最高齢 (齢 ω).

1.1.3　データの種類

Feeney (2013) は，データを「厳密に特定されたグループの中の**独立体**に関する系統だった情報である」と定義している．彼は，例えば蠕虫，ハエ，ネズミや人間の個体など，情報をひもづけることのできるすべてのものを独立体と名付けている．独立体とひもづけることができる様々な種類の情報は**属性**と名付けられている．それぞれの属性には，**呼称** (例えば，性，齢) や**意味** (例えば，性の違い，生まれてからの時間)，**値** (例えば，メス，35 歳) がある．数値データ全般と同様に，人口学のデータは，1, 2, $3, \ldots, n$ というふうに計数されるか，ある特性に値を割り当てる手順 (測定) によって生成され，そのデータは離散データ (discrete)，連続データ (continuous)，カテゴリーデータ (category) の 3 つの分類のどれかに分けられる．**離散的人口データ (discrete demographic data)** は，例えば，人数，出生数，死亡数のように有限個の可能性しかもたない数値データである．これらのデータは，2 つの理由 (数値が測定ではなく計数によって得られる結果であること，および，例えばある人の半分やある 1 つの死の 90%のような中途半端な値が存在しないこと) から離散的であると考えられている．**連続的人口データ (continuous demographic data)** は，測定されたものであり，ある範囲の中で連続した値をもつ数値データである．例えば，身長，体重，血圧や歩行速度は，それぞれがある範囲の中で連続的に異なる値をとるため，すべて連続的データであると見なされる (例えば，人の身長の 2.16 m，体重の 39.21 kg)．**カテゴリー的人口データ (categorical demographic data)** は，例えば，男性や女性，アジア人やインド人，あるいは結婚している人としていない人の人数のように，グループや区分けに従って分けることが可能な場合の離散的データである．

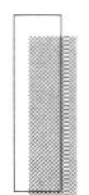

1.2　集 団 の 特 性

人口学では集団の以下の 4 つの側面に注目する．(1) **サイズ (size)**：集団の中の個体の数，(2) **空間分布 (distribution)**：ある時点での集団の空間的配置，(3) **構造 (structure)**：齢，体サイズ，性やそれに類するものの集団内の分布，(4) **変化 (change)**：時間経過にともなう集団サイズ，空間分布あるいは構造の変化 (Carey 1993; Siegel and Swanson 2004)．最初の 3 つ (サイズ，空間分布，構造) は人口静態 (population statics) と呼ばれ，最後の 1 つ (変化) は人口動態 (population dynamics) と呼ばれる．集団に関する情報は全数調査あるいは社会調査を通して得られるが，その 2 つの違いは明確とは言い難い．一般的には，ある地域の完全な全体像は全数調査によりわかるものと考えられており，その目的は，集団のすべての個体を直接計数することによって数え上げ，さらに齢 (あるいはステージ)，性別などによって分類分け (クロス分類) することにある．社会調査の目的は，すべての調査可能な個体からなる部分標本に基づいて集団の特性を推定することにある．

1.2.1 集団サイズ

集団サイズ (population size) とは，ある集団の中の個体の総数のことである．人間の集団に関わっている人口学者は，全数調査のタイミングに各個体がどこにいたかを記録する**実際 (de facto)** の調査と，普段住んでいる住人を記録する**法律上 (de jure)** の調査を区別している．この考え方は，例えば，移動 (migration) のために一時的な居留地にいる個体の短期滞在集団 (transient population；例としては渡り鳥) と，ある地域のより永続的な居住個体 (例としては留鳥) を区別するように，生物学の分野に一般化することもできる．

1.2.2 集団の空間分布

ある集団の中の個体数の空間分布は 3 つの量，空間分画ごとの数値，集団の中心位置，標準距離を用いて特徴づけることができる．**空間分画ごとの数値**は，ある特定の地域の中の全集団サイズ内の割合として与えられる場合もあれば，個体数最大から最小までの各分画の順位番号として与えられる場合もある．どちらの方法が用いられるかに応じて，2 つの調査時点間で比較すると，空間位置ごとのパーセント変化か，順位番号の変化が明らかになる．**中心位置 (central location)** は，ある特定の地域全体に分布している集団の平均地点を特定するもので，集団重心いわゆる集団の重さの中心として定義されている．集団中心の空間座標は

$$x = \frac{\sum_{i=1}^{n} p_i x_i}{\sum_{i=1}^{n} p_i} \tag{1.1}$$

$$y = \frac{\sum_{i=1}^{n} p_i y_i}{\sum_{i=1}^{n} p_i} \tag{1.2}$$

で求められる．式中，n は分画の数，p_i, x_i, y_i はそれぞれ，i 番目の分画内の集団に割り当てられる数値，水平座標と垂直座標の値である．集団中心は，例えば，植物における垂直分布のデータの場合のように，z 座標軸を加え，z を計算することによって，三次元空間上でも定義することができる．

空間分布を特徴づける 3 つ目の量は，xy 平面上での集団内のバラツキの程度で標準距離 **(standard distance)** として知られており，広い地域や特定の区域のどちらにも割り当てられる数値である．この量は，すべての頻度分布の標準偏差 (standard deviation) が算術平均に対する関係を示しているように，集団中心に対する関係になっている．x や y (式 (1.1), (1.2) 参照) が集団中心の座標を表すとすると，標準距離 (D) は，

$$D = \sqrt{\frac{\sum f_i (x_i - x)^2}{n} + \frac{\sum f_i (y_i - y)^2}{n}} \tag{1.3}$$

となる．この式で，f_i はある特定の地域 (i 番目) での個体数であり，n は全個体数 ($= \sum f_i$) である．

1.2.3 集団の構造 (population structure)

集団の構造とは，計数や測定が可能な特性，質，形質，属性などの，個体を対象にして観察される変数の相対頻度のことである．これらの変数には，齢，性別，重さ，長さ，形状，色，バイオタイプ，遺伝子構成，出生地や空間分布などがある．齢と性別は，集団中の個体を分類するために最もよく使われる形質であるので，ここでは，その 2 つについてだけ触れておこう．人口ピラミッド (age pyramid) は集団の齢・性別分布 (age-by-sex distribution) を図示するためによく用いられる (図 1.2)．

人口ピラミッドの齢と性別のデータをさらにまとめて，例えば女性 (メス) 1 人当たりの男性 (オス) の数と定義される性比 **(sex ratio: SR)** を求めることができる：

$$\mathrm{SR} = \frac{N_{\mathrm{m}}}{N_{\mathrm{f}}} \tag{1.4}$$

式中，$N_{\mathrm{m}}, N_{\mathrm{f}}$ は，それぞれ，男性 (オス) の数と女性 (メス) の数を表している．あるいは，集団内の男性 (オス) の割合 (proportion of male: PM) は，全集団に対する割合として，

$$\mathrm{PM} = \frac{N_{\mathrm{m}}}{N_{\mathrm{m}} + N_{\mathrm{f}}} \tag{1.5}$$

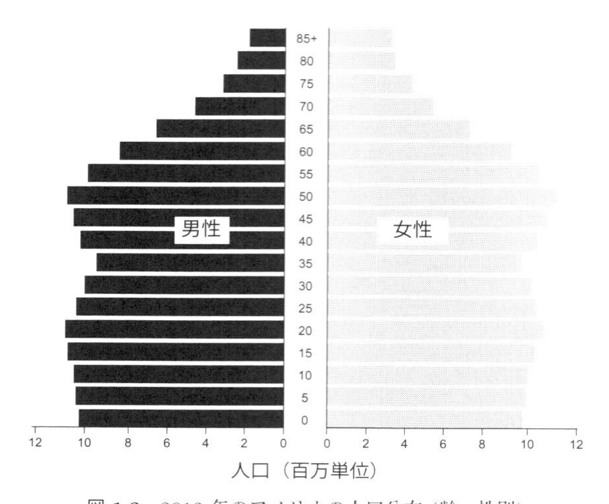

図 **1.2**　2012 年のアメリカの人口分布 (齢・性別)
中央に縦に並ぶ数字は年齢のクラス分けを示している (出典：US Census Bureau, Current Population Survey, Annual Social and Economics Supplement 2012).

で与えられる．性別の集団内構成を示す他の量としては，一次性比 (妊娠時あるいは出生時の性比)，二次性比 (成人時あるいは親による子の保護 (parental care) が終了した時の性比)，三次性比 (自立非繁殖個体の性比)，四次性比 (集団中の繁殖個体の性比)，機能的性比 (functional sex ratio；交配相手を受け入れ可能な女性 (メス) の数に対する性的に活発な男性 (オス) の数) がある．

齢 (あるいはステージ) のデータを分析する最も簡単な方法は，全集団を齢によって分ける**齢別頻度分布 (age frequency distribution)** である：

$$f_x = \frac{N_x}{N_{\text{total}}} \tag{1.6}$$

f_x は齢 x の個体の頻度であり，N_x は齢 x の個体数，N_{total} は集団の全個体数である．同じように，**齢・性別頻度分布 (age-sex frequency distribution)** は，

$$f_x^{\text{m}} = \frac{N_x^{\text{m}}}{N_{\text{total}}^{\text{m}}} \tag{1.7}$$

$$f_x^{\text{f}} = \frac{N_x^{\text{f}}}{N_{\text{total}}^{\text{f}}} \tag{1.8}$$

で表される．上付きの m と f は，それぞれ男性 (オス) と女性 (メス) を意味する．

1.2.4　集団サイズの変化

集団サイズの 1 タイムステップの間の変化は次の 3 つの方法で表すことができる：

$$\text{差 (変化量)：} \quad N_{t+1} - N_t \tag{1.9}$$

$$\text{比 (変化倍率)：} \quad \frac{N_{t+1}}{N_t} \tag{1.10}$$

$$\text{割合 (変化割合)：} \frac{N_{t+1} - N_t}{N_t} \tag{1.11}$$

差で表される直線的な変化は，2 つの時刻の間での集団サイズの差が一定である時に起こる．例えば，2, 4, 6, 8 や 10, 20, 30, 40 の数列はどちらも直線的に変化する数列である (前者では差は一定で 2 であり，後者では 10)．そのため，繰り返し計算のための漸化式は

$$N_{t+1} = N_t + c \tag{1.12}$$

となる．c は等差と呼ばれている．

幾何級数的変化 (geometric change) は 2 つの時刻の間での集団サイズの比が一定である時に起こる．例えば，1, 2, 4, 8 や 10，100，1,000，10,000 の数列はどちらも幾何級数的に変化する数列である (前者では等比は 2 であり，後者では 10)．幾何級数的変化の漸化式は

$$N_{t+1} = cN_t \tag{1.13}$$

のようになる．c は等比と呼ばれる．幾何級数モデルの一般解は

$$N_t = N_0 c^t \tag{1.14}$$

となる．式の中で，N_0 はその級数の初期値を表している．指数的変化 (exponential change) は時間間隔がゼロに近づいた時の幾何級数的変化にあたるので，その場合，幾何級数的変化は指数的変化に変換され，$N_0 = 1$ の場合には，

$$N(t) = e^{at} \tag{1.15}$$

となる．式 (1.13) の中の c は，式 (1.15) の中の a と $c = e^a$ の関係にある．例えば，等比 c が 10 の場合，$\ln(10) = 2.303$ より a は 2.303 であり，$N(4) = e^{(2.303*4)} = 10000$ となる．

1.2.5 集団の空間分布の変化

ある空間上の場所では，集団の個体数は出生力 (fertility) や死亡率によって決められる．しかし，集団が地理的に定義される複数の空間単位全体に広がっていて，ある地域から他の地域への移動が起こっている場合には，その集団の動態は変わるかもし

れない (Siegel and Swanson 2004). 移動には，もともといた地域からの移出 (out-migration) と目的地への移入 (in-migration) があり [*4]，その差し引きは**純移動 (net migration)** と呼ばれる．複数方向から (あるいは，複数方向への) 移動個体の総合計は，**総移入 (gross in-migration)** (あるいは，**総移出 (gross out-migration)**) であり，移入と移出の和は**総移動量 (turnover)** と呼ばれている．出発地と目的地が同じ移動者の一群は**移動流 (migration stream)** と呼ばれる．ある移動流とその逆の移動流の差は，**純移動流 (net stream)**，あるいは 2 つの地域間の**純交換 (net interchange)** と呼ばれ，移動流と逆移動流の合計は二地域間の**総交換 (gross interchange)** と名付けられている．

移動に関する様々な割合は以下のように表される．

$$\text{移動率} = MR = \frac{M}{P} \tag{1.16}$$

式中，M は移動個体の数であり，P は移動する可能性のある個体数である [*5]．移動に関する他の量には，

$$\text{移入率} = M_I = \frac{I}{P} \tag{1.17}$$

$$\text{移出率} = M_O = \frac{O}{P} \tag{1.18}$$

$$\text{純移動率} = \frac{I - O}{P} \tag{1.19}$$

などがある．I や O は，それぞれ，移入個体と移出個体の数である．

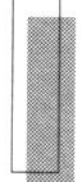

1.3 人口データの基本的な分析

データの大きなバラツキは，ほぼすべての人口データに内在する特質である．例えば，生物種全体の寿命について考えると，多くの個体が出生後すぐに死に至る．そのため，生命の樹 (tree of life) 全体の中で最短の寿命は日単位で測定される．これとは極めて対照的に，最長の寿命に使われる単位は種ごとにまちまちであり，大きくばら

---

*4) ヒト集団の場合には，out-migration, in-migration を，それぞれ，「流出 (あるいは転出)」「流入 (あるいは転入)」と呼ぶ場合があるが，本書では生態学の用語を用い，「移出」「移入」とする．

*5) 移動率を計算するための母数として，何を用いるべきかについては気をつけなければいけない．どの時間の個体数を使うか，どの空間の個体数を使うかが問題になる．時間について言えば，現調査の個体数を使うか，前調査の個体数を使うかが，空間について言えば，移住先あるいは移住元の個体数を使うかが問題になり，現在人口を使うか，常住人口を使うかでも意見が分かれる．そのため，ここでは抽象的に「移動する可能性のある個体数」という表現が使われている．

つく．例えば，個体の最長寿命は，ハチやハエの月単位からネズミ類の年単位，ネコやイヌの十年単位，ハマグリやカメの百年単位，セコイアスギやマツの一種 (bristlecone pine) の千年単位まで範囲が広い (Carey and Judge 2000a)．1 個体当たりの子供の生産について言えば，生涯繁殖量 (lifetime reproductive output) でも同じように大きな変異が見られる．成熟する前に死んだ個体や不妊性の個体 (例えば，働きバチ) のゼロから，最多で見ると，海生哺乳類では一桁台，有蹄類では二桁台，げっ歯類では百，蛾の仲間では千，女王アリでは百万，大型魚類では千万のオーダーまで範囲が広い．データのバラツキは多くの科学分野でやっかいなものと考えられているが，多くの人口学のデータでは，ある意味，必然でありまた重要な要素でもある．そのため，データ分析方法や，科学的な発表で重要な発見を支持するために用いられる図をどうするかを決めることは，とりわけ大切である (Weissgerber et al. 2015)．この節では，基本的な人口学的データを可視化し，解析し，グラフを作成するための手近な方法について概説する．そのテクニックを説明するために，3 種のミバエの生涯卵生産数の収集データを使用する．データのグラフ化や可視化のよりきちんとした取り扱い方法については，付録 I と II に示してある．

1.3.1　探査的データ分析とまとめ方

a.　生データの目による精査

人口学研究で集められた数値情報を理解する際の最初のステップは，生データを可視化して精査することである．この初期の段階で数値に携わると，パターンの判別，微妙な違いの確認，例外的なデータの発見，傾向の比較，統計の必要性の予想，数理モデルの着想や適切なグラフのイメージ化に役に立つ (Tufte 2001)．この初期のデータ解析は，データがまだ集められている途中であっても，行き詰まりそうな方法で行っている研究の方向性を変えるために，あるいは，反復によって確認する必要があるような新発見を示す実験結果の場合には研究の方向性を微調整するために，よく行われるプロセスである．

生データの可視化を行い，3 種のミバエのそれぞれで 1,000 個体の生涯繁殖量を詳しく調べると (図 1.3)，いろいろなパターンが明らかになる．まず，生涯卵生産数の全体を見渡すと，チチュウカイミバエとキイロショウジョウバエでは似ているが，メキシコミバエではほぼ 2 倍であるという大雑把なパターンがわかる．二番目に，繁殖力の低さについて見てみると，ごくわずかの卵しか産まない，もしくは卵を全く産まないキイロショウジョウバエのメスはとても少ないが，卵をごくわずかしか産まないチチュウカイミバエやメキシコミバエのメスは比較的多数であった．三番目に，繁殖

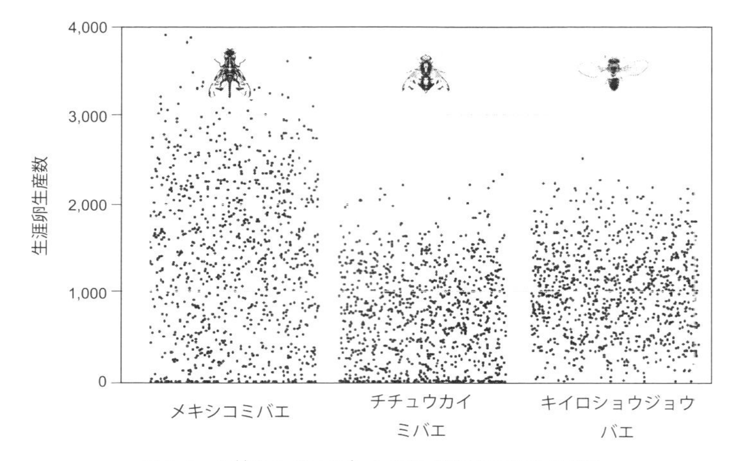

図 1.3　3 種のミバエの各 1,000 個体の生涯卵生産数
メキシコミバエ (*Anastrepha ludens*)，チチュウカイミバエ (*Ceratitis capitata*)，キイロショウジョウバエ (*Drosophila melanogaster*)．それぞれの種の横軸は，各点をばらつかせてデータを見やすくするために各個体に割り当てられた 0 から 1 の間の乱数である．

量の多いものについて見てみると，多数の卵を産んでいるメスの数の減少度合いについては，チチュウカイミバエでは急激であるが，メキシコミバエやキイロショウジョウバエではその減少度合いはより緩やかであった．最後に，このデータは，メキシコミバエでは生涯卵生産数の全範囲にわたって比較的一様な分布を示すが，チチュウカイミバエやキイロショウジョウバエの両方でその分布はより中央に集中しており，生涯卵生産数の多いところと少ないところの両方でデータ点の数が少なくなっている．

b. 標準偏差

標準偏差 (standard deviation: SD) は一組のデータ値の変動の大きさを定量化するために用いられる尺度である．その量は，$SD = \sqrt{\frac{\sum(x_i - \overline{x})^2}{n-1}}$ を使って計算される．x_i は i 番目のデータ，n はデータ数，$\overline{x}$ は $\overline{x} = \frac{1}{n}\Sigma x_i$ で計算される平均値を表す．標準偏差は人口学の解析で役に立つ次の 3 つの性質をもっている．(1) 平均から標準偏差の 1, 2, 3 倍の範囲には，それぞれ全データの 68.27%，95.45%，99.73%が入っている [*6)]．(2) 分散とは異なり，データと同じ単位で表されている．(3) 通常は標準偏差のおよそ 2 倍にあたる誤差幅 (margin of error；95%信頼区間の半分の大きさにあたる) を用いて，統計学的な結論の信頼性を評価するために広く使われている．

異なるデータセットが同じ標準偏差をもたらすことがあるので，この統計量には，

*6)　これらの%は，よく知られている正規分布の場合の数値である．

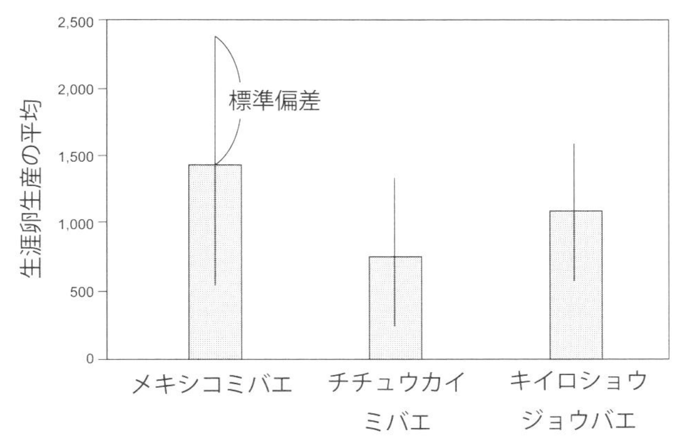

図 **1.4** 3 種のミバエの卵生産の平均と標準偏差
メキシコミバエの平均と標準偏差は，それぞれ 1,406.9 と 917.4 であり，チチュウカイミバエでは，749.6 と 527.9，キイロショウジョウバエでは，1,030.6 と 503.8 である (出典：J. R. Carey, R. Arking の未発表データ).

相対的な広がりに目を向けてはいるが，他のことにはほとんど目を向けてはいないという欠点がある (Weissgerber et al. 2015)．このことは，ミバエの生涯繁殖量に関するデータの標準偏差を考えてみると説明できる (図 1.4)．メキシコミバエの大きな標準偏差の値から，他の種に比べてメキシコミバエの生涯繁殖量は大きいバラツキをもっていることがわかる．しかし，チチュウカイミバエとキイロショウジョウバエの標準偏差が似ていても，そのこと自体はその類似性の理由について詳しいことを何も教えてくれない．実際，以下で示されるように (図 1.5)，これら 2 種の生涯卵生産のパターンを示す分布は大きく異なる．これ以上詳しいことについては，第 11 章にあるアンスコムの数値例 (Anscombe's quartet；小話 35) を参照してほしい．

c. ヒストグラム

ヒストグラムは，数値データの分布をグラフで示す方法で，連続変数の確率分布 (probability distribution) の概要を教えてくれる (例えば，出生分布 (birth distribution) や死亡齢分布 (death distribution))．異なる種の卵生産データの平均を示す図 1.4 のように，互いに離れている棒で示すカテゴリーデータ (例えば，性別や民族) のグラフ表示の方法である棒グラフとは別物である．図 1.3 で示した産卵量のヒストグラムは図 1.5 で示されていて，今までに図示しながらまとめてきたこと以上に詳細な情報を提供してくれる．例えば，図 1.5 のヒストグラムは，メキシコミバエでは，他の 2 種に比べてより平らで幅広い産卵分布であることを示している．また，メキシコミバエやチチュウカイミバエでは，全く産まないか少なくしか卵を産まなかったメス

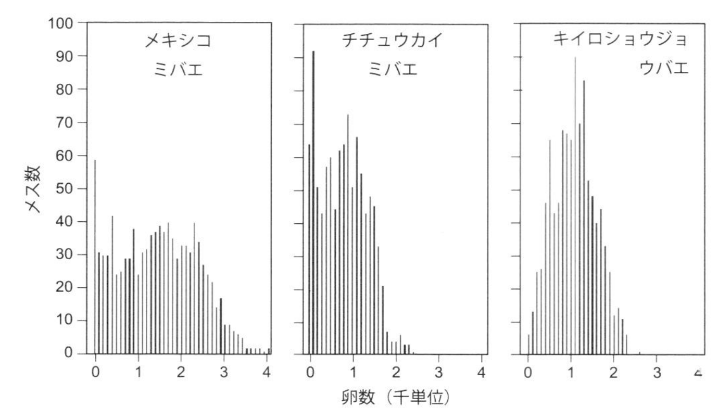

図 **1.5**　3 種のミバエの生涯卵生産のヒストグラム
それぞれの縦線は 100 卵間隔で引かれている.

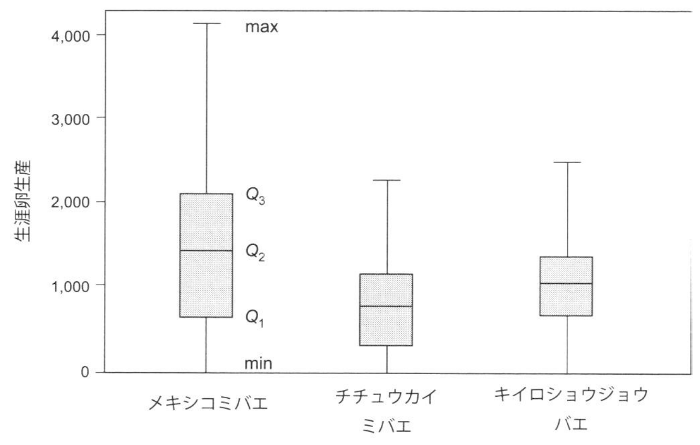

図 **1.6**　3 種のミバエにおけるメス 1,000 個体の生涯卵生産の箱ひげ図
メキシコミバエにおける Q_1, Q_2, Q_3, 最大値はそれぞれ, 625, 1,409, 2,111, 4,014 であり, チチュウカイミバエでは, 300, 753, 1,145, 2,349, キイロショウジョウバエでは, 663, 1,031, 1,371, 2,537 である. 最小値はどの種でもゼロ (不妊を意味する) である. 四分位範囲, ミッドヒンジ, ミッドレンジはそれぞれ, メキシコミバエでは, 1,486, 1,368.0, 2,017.0, チチュウカイミバエでは 845, 722.5, 1,174.5, キイロショウジョウバエでは 708, 1,017, 1,268.5 である.

の数が多いことが簡単にわかる.

d. 箱 ひ げ 図

箱ひげ図は数値データを四分位点に分けてグラフにしたものである. 箱とひげを使った一つの例が, ミバエの繁殖データについて図 1.6 に示されている. この図では, データとそのバラツキ具合をまとめたものが，5 つの数値 (最小値と最大値，Q_1(25%)，Q_2(50%)，Q_3(75%) の 3 つの四分位点) で与えられている．これらの統計量は，範囲 (range；最大値 − 最小値)，四分位範囲 (inter-quartile range; IQR $= Q_3 - Q_1$)，ミッドヒンジ (midhinge；Q_1 と Q_3 の平均)，ミッドレンジ (midrange；範囲の中間値) を計算するために用いられ，その計算式は

$$\text{四分位範囲 (IQR)} = Q_3 - Q_1 \tag{1.20}$$

$$\text{ミッドヒンジ} = \frac{Q_3 + Q_1}{2} \tag{1.21}$$

$$\text{ミッドレンジ} = \frac{\text{最大値} + \text{最小値}}{2} \tag{1.22}$$

である．

ミバエの繁殖データの箱ひげ図から，重要な関係やパターンがいくつか明らかになる．まず，チチュウカイミバエのメスの 1/4 は，300 もしくはそれより少ない数の卵しか産出せず，その第 1 四分位点は他の 2 種の半分よりも小さい．この低い値の一番の理由は，チチュウカイミバエのメスはかなりの部分が不妊 (産卵数ゼロ) だからである．また，メキシコミバエの第 3 四分位点は他の 2 種の最大値に迫ろうとしていることが見てとれる．言い換えれば，4 匹のメキシコミバエのメスのうち，およそ 1 匹の生涯卵生産は，チチュウカイミバエとキイロショウジョウバエ両種の中で最も繁殖力のあるメスに匹敵する．加えて，メキシコミバエの四分位範囲には 1 匹のメス当たり約 1,500 卵という幅があり，キイロショウジョウバエの四分位範囲 (= 700) より 100%増であり，チチュウカイミバエの四分位範囲 (= 800) よりおよそ 75%増である．

1.3.2 ローレンツ曲線とジニ係数

ジニ係数 (Gini coefficient: GC) はもともとある集団の居住者の所得分布を示すために開発されたものだったが，個体の集まりのどんな量的変数の分布にでも，その不平等 (不均一) さの程度を表すために用いることができる (Siegel and Swanson 2004)．ジニ係数は数学的にはローレンツ曲線 (Lorenz curve) を使って定義されており，ローレンツ曲線とは，集団中の下位部分 x % (「累積度数比率」と呼ばれる．最下位からの累積個体数を全個体数で割ったもの) までの個体の所得や子供の数などの統計変量の合計が総合計に占める割合を縦軸にプロットしたものである．角度 45° の直線はこの変量の均等配分線 (perfect equality) である．

ジニ係数は

$$\text{ジニ係数 (GC)} = \frac{A}{A + B} \tag{1.23}$$

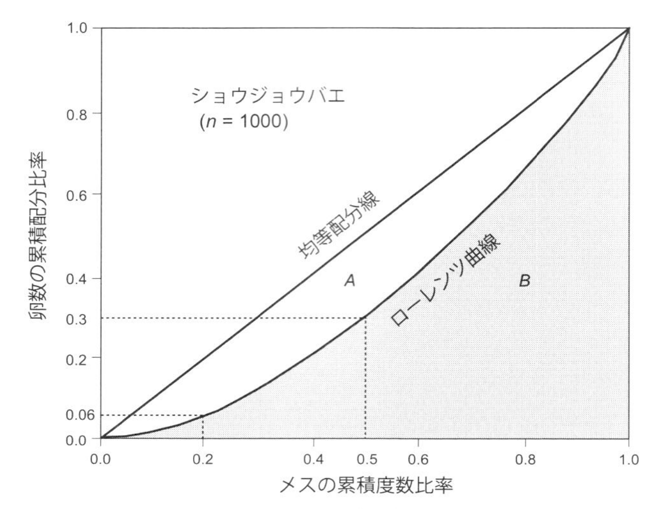

図 1.7 キイロショウジョウバエの生涯卵生産数のローレンツ曲線
もしすべてのメスが同じ生涯卵生産数であれば，ローレンツ曲線は均等配分線に重なるだろう．その線からずれているために，実際のローレンツ曲線は，下位から約 20%，50%のメスが，それぞれ，すべての卵のうちの 6%，30%の卵を産んでいることを示している．また，産卵量の上位から 6%，30%のメスが，12%，47%の卵を産んでいる．

の公式で計算される．この分子は均等さを表す 45 度直線とローレンツ曲線の間の面積で，分母は均等配分線より下の総面積である．

図 1.7 はキイロショウジョウバエのメス 1,000 個体の卵生産分布に対するローレンツ曲線を示している．この図中で A の占有面積は 0.139 である．この図の直角三角形の面積 (A と B の面積の合計) は 0.5 であるから，このローレンツ曲線のジニ係数は 0.139/0.5 で計算され，GC $=$ 0.278 と中程度に低い値であり，ローレンツ曲線は適度に歪んでいることを示している．

極端な例として，ジニ係数の境界にあたる 0 あるいは 1 の場合には，前者は完全な平等 (例えば，所得の平等) を，後者は最大の歪みを意味している (例えば，1 人の人が集団のすべての所得を占有している場合)．ミバエの卵生産に関するこの例で言えば，低い GC の値は，卵生産の高い均一性を示しており，高い値は集団内の少数の個体が総卵数の大部分を生産していることを示す．ジニ係数の長所は，簡単に計算可能で，解釈が容易であることであり，コホートや分集団，あるいは全集団の間で不均一性の程度を比較するために用いることができる．そのため，この係数は，例えば，人間集団の歴史的動向や，生物学の場合には実験・操作処理の違いや種間の違いを比較する指標として役立つ．この係数の欠点は，似たような値であっても分布が大きく異なることがありうるということである．というのも，ローレンツ曲線が異なる形をしていても，同じジニ係数になることがある．例えば，次の2つの集団を考えてみよう．一つの集団は，所得をもたない半数の構成員と，同額の所得を得る残り半分の構成員からなる．もう一つの集団では，1人が総所得の50%を生み出し，残りのメンバーは全員同額の所得で，総額では総収入の残りの50%を生み出している．どちらの集団でもジニ係数は0.5である．

1.3.3 レキシス図

a. 考え方 (概念)

レキシス図 (Lexis diagram) は，人口学的事象に出会った時刻と個体の関係を図的に表示するものであり (Feeney 2003)，ドイツの統計学者ヴィルヘルム・レキシス (1837–1914) にちなんで名前が付けられた．すべての人口学的事象は2つの数値を使って表現される．その2つとは，事象が起こった時刻 (例えば，年) と事象を経験した人の年齢である (図1.8)．レキシス図は2種類の人口学的情報を図示するために用いることができる．それは，個々人の生涯直線とコホート効果 (cohort effect) である．個々人の人生は生涯直線によって図上に記され，その生涯直線は生まれた時に時間 (期間) 軸上から始まり，個人が死んだ時の年齢とその時刻を示す座標で終わる．その図のある特定の領域中のすべての生涯直線の長さを合計すると，その領域で生きていた，すなわち，死亡リスクにさらされていた個体の生存延べ年数 (life-years lived) になる [*7]．

レキシス図は，齢–期間–コホート効果 (age-period-cohort (APC) effect) の概念を視覚化し理解するために使われる，有力な可視的・概念的・発見的ツールである (Hobcraft et al. 1982)．A は齢 (age)，P は期間 (period：「年次」と呼ぶこともある)，C はコホート (cohort) を意味する．年齢の効果にはコホートのメンバーであることと歴史の効果も含まれているため，年齢が死亡リスクや行動に与える効果に複雑である (Exter 1986)．また，年齢の効果は生き物であることに由来するので，コホートの効果 (cohort effect) や期間 (年次) の効果 (period effect) にはない一般性や規則性が備わっているのが普通である (Wilson 1985)．コホートの効果に関して言えば，出生コホート (birth cohort) は世代を反映しており，その結果，そのコホートの中の個体の価値観や習慣に影響を与える．どの出生コホート (例えば，ベビーブームの世

*7) レキシス図上の生涯直線は 45° の傾きをもつので，単純に長さを合計すると，生存延べ年数の長さの $\sqrt{2}$ 倍になっている．生存延べ年数を求める時は長さの和を $\sqrt{2}$ で割る必要がある．

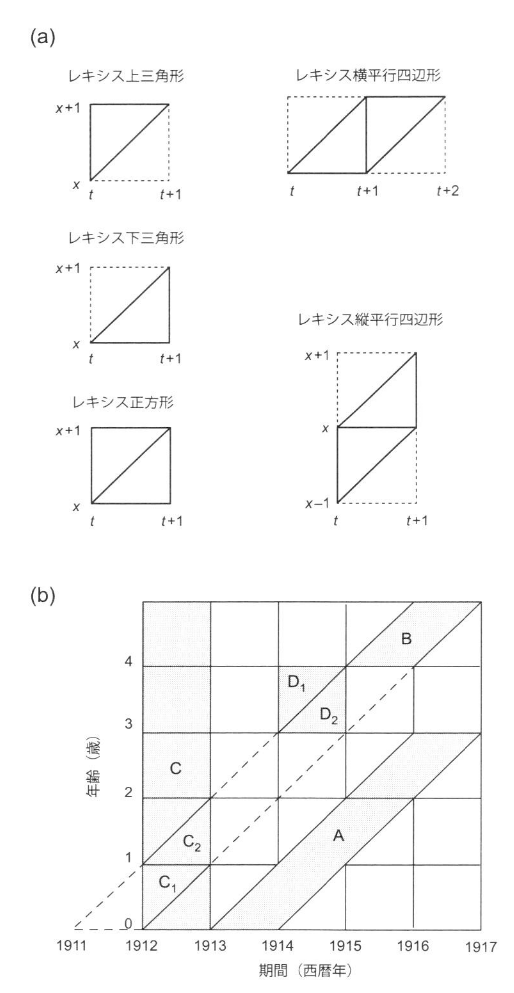

図 1.8 (a) レキシスの基本五図形．レキシス正方形は期間分析 (period analysis) において最もよく使われており，2 つのレキシス平行四辺形はコホート分析 (cohort analysis) でとても役に立つ (レキシス縦平行四辺形は期間分析のためにも使われる)．また，2 つのレキシス三角形は，期間分析とコホート分析 (暦年によって分けられたデータや満年齢を用いた出生コホートによって分けられたデータを使う) の両方で様々な量を計算するために使うことができる．(b) コホートの説明のために用いられたレキシス図 (本文を参照のこと) (出典：Caselli and Vallin 2006).

代やミレニアル世代) も，死亡リスクに影響を与える世代特有の習慣 (例えば，食べ物や運動，喫煙の習慣) を有している．同様に，特定の時期 (期間) に発芽した植物や生まれ出た動物は，すべて生を受けた特定の時期に依存する特有の生物学的性質，行動上の性質をもっている．また，歴史の効果はすべての年齢のグループに同時に影響を与える．それでも異なる年齢の人々はしばしば異なる反応を示す．例えば，疫病・飢饉，干ばつや戦争に対する若者と高齢者の反応は中年の人の反応とは大きく異なる．

レキシス図では 5 つの図形が使われ (図 1.8(a),(b))，それぞれの図形は異なる齢–期間–コホート (APC) 関係を示している．レキシス上三角形 (upper Lexis triangle) の中には，前年のうち (時間 $t-1$) [*8)] に x 歳になり，今年のうち (時間 t) に $x-1$ 歳になる予定の個体の生命直線が描かれる (図 1.8(a))．例えば，図 1.8(b) の三角形 C_1 の領域は，1911 年中に生まれた赤ん坊が 1 歳になるまでの 1912 年中の生存年数を表している．レキシス下三角形 (lower Lexis triangle) の中には，今年 (時間 t) のうちに x 歳になり，翌年 (時間 $t+1$) に $x+1$ 歳になる予定の個体の生涯直線が描かれている．例えば，図 1.8(b) の三角形 C_2 の領域は，1911 年中に赤ん坊として生まれ，翌年 1 歳になった人の 1912 年内の生存年数を示している．**レキシス正方形 (Lexis square)** には，時刻 t から $t+1$ の間で年齢が x から $x+1$ の間にある個体の生存年数が示されている (図 1.8(a))．例えば，D_1 と D_2 の領域には，年齢が 3 歳のすべての個体に対して，1914 年中の生存年数が示されている．**レキシス横平行四辺形 (Lexis horizontal parallelogram)** の中には，時刻 t から $t+1$ の間に x 齢になった個体の生存年数が示されている (図 1.8(a))．例えば，1915 年中に 4 歳になった単一の出生コホートの 1915 年から 1917 年までの生存年数が，図 1.8(b) の B の領域で示されている．**レキシス縦平行四辺形 (Lexis vertical parallelogram)** の中には，時刻 $t-1$ から t の間で年齢が $x-1$ になった出生コホートの時刻 t から $t+1$ の間の生存年数が示されている (図 1.8(a))．例えば，図 1.8(b) の C_1 と C_2 で作られる平行四辺形は，1911 年生まれの出生コホートの 1912 年中の生存年数を示している．そのコホートの個体は，皆その間に 1 歳だけ歳をとる．

b. レキシス図 (実際の例)

1 つの例として，著名な生物学者や人物の齢と西暦年の関係を描いた 1 枚のレキシス図を図 1.9 に示した．博物学者アルフレッド・ラッセル・ウォレスは，22 歳のチャールズ・ダーウィンが世界一周の航海に出た 1831 年に 8 歳の少年だった．また，彼は

[*8)] この節では，時のある一瞬を指定する「時刻」と，ある一定の幅をもつ「時間」を区別して表現する．例えば，時間 $t-1$ と言えば，「時刻 $t-1$ から時刻 t までの間」，t 年と言えば，「t 年の始まりから終わりまでの間 (t 年中)」を意味する．

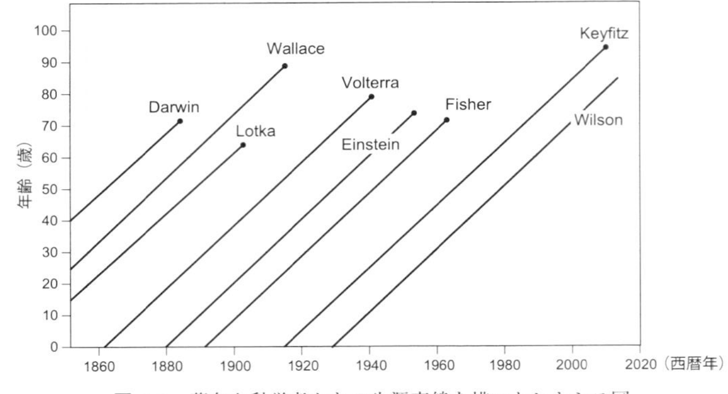

図 1.9 著名な科学者たちの生涯直線を描いたレキシス図
チャールズ・ダーウィン (1809–1882；享年 73)，アルフレッド・ラッセル・ウォレス (1823–1913；享年 90)，アルフレッド・ロトカ (1841–1904；享年 63)，ヴィト・ヴォルテラ (1860–1940；享年 80)，アルバート・アインシュタイン (1879–1955；享年 76)，ロナルド・フィッシャー (1890–1962；享年 72)，ネイサン・キーフィッツ (1913–2010；享年 97)，E. O. ウィルソン (生年 1929).

50 歳のダーウィンが独創的な『種の起源』を出版した 1859 年には 36 歳の探検家だった．そして，ウエストミンスター寺院において，73 歳で亡くなったダーウィンの棺を運んだ 1882 年には彼は 59 歳の学者だった．ウォレスは，人口学者ネイサン・キーフィッツの生まれた 1913 年に 90 歳で亡くなった．この年は，また映画俳優 Mary Martin，イスラエル首相 Menachem Begin，文化人類学者メアリー・リーキー，合衆国大統領 Gerald Ford の誕生年でもある．これらの同じ年に生まれた 5 人は，この出生コホートの一部として足並みをそろえて齢を重ね，後者の 4 人はそれぞれ，76, 78, 83, 93 歳で亡くなった．

1.3.4 人口学的時間：齢–期間–コホート分析以降の発展

前節で述べたように，人口学者ネイサン・キーフィッツと文化人類学者メアリー・リーキーはともに 1913 年の出生コホートに属する．そのため，その生涯直線は同じ齢–期間平面上の直線である．キーフィッツと，もう一人の有名な科学者，進化生物学者のジョージ・ウイリアムズはともに 2010 年に亡くなっている．彼らはそれぞれ享年 97 歳と 84 歳であった．2 人とも同じ年に亡くなっているので，ウイリアムズが生まれた時に，彼らは同じ死亡コホート (death cohort) のメンバーになった．その時のそれぞれの余命は 84 年である．同じ年に亡くなっているので，彼らは同じ残存時間[*9)] をもっている．

今までに述べられた 6 つの時間尺度，年齢 (A; age)，期間 (P; period)，出生コホート年 (C; birth cohort)，残存時間 (T; thanatological age)，死亡コホート年 (D; death cohort)，寿命 (L; life span) に基づいて，Tim Riffe と共同研究者たちは，すべての時間尺度をつなぐ関係式とそれから派生した関係式を用いて，これらの人口学的時間 (demographic time) に関する統一的な枠組みを作り出した (Riffe et al. 2017)．彼らは，この用語法と「レキシス尺度」を使い，それらの時間のどの 2 つを選んでも 3 つ目を導き出すことができる三つ組の関係式を作り出した．例えば，ネイサン・キーフィッツは 1963 年 6 月 29 日 (P) に 50 歳 (A) であったので，彼が 1913 年 6 月 29 日 (C) に生まれたことを導き出すことができる．また，彼が 2010 年 (D) に 97 歳 (L) で亡くなったので，2009 年にはあと 1 年しか生きられない (T) ことを導き出すことができる．

Riffe と彼の共同研究者たちは，3 つの尺度をいろいろと組み合わせることによって作り出される便利な三つ組の関係式が 4 つあると述べている．その 4 つとは，APC, TPD, TAL, LCD の組み合わせであり，それらの関係はレキシス図によく似た図 1.10 に示されている．以下では，この方法を著名な生物学者や人口学者の伝記情報や歴史情報に適用して，4 つの三つ組のそれぞれで 3 通りの並べ替え方を簡単に記載しながら，これらの関係式について解説しよう．

a.　齢–期間–出生コホート年 (APC) の変化形

AP (C) 断面図は伝統的なレキシス図である．もしネイサン・キーフィッツが 1923 年 (P) に 10 歳 (A) であれば，彼は 1913 年 (C) に誕生したに違いない：$C = P - A$ (図 1.10(a))．生涯直線は A–P 両軸の斜め方向に伸びる．AC (P) 断面図は，出生コホート年が与えられると年次が求められるという順番以外は，レキシス図と同等である．例えば，チャールズ・ダーウィンが 1809 年 (C) に生まれ，彼が英国海軍の船ビーグル号に乗って偉大な世界一周の探検旅行に出発したのが 22 歳 (A) の時であったとすると，彼が旅立った年は 1831 年 (P) であったはずである：$P = C + A$ (図 1.10(b))．CP (A) 断面図は，出生コホート年が与えられると年齢が導出される点を除けば，レキシス図と等価である．植物遺伝学者バーバラ・マクリントックは 1902 年 (C) に生まれ，それゆえ，彼女がノーベル賞を受賞した 1983 年 (P) には，彼女は 81 歳であった：$A = P - C$ (図 1.10(c))．

[*9)] thanatological age：死ぬまでの時間の長さ．

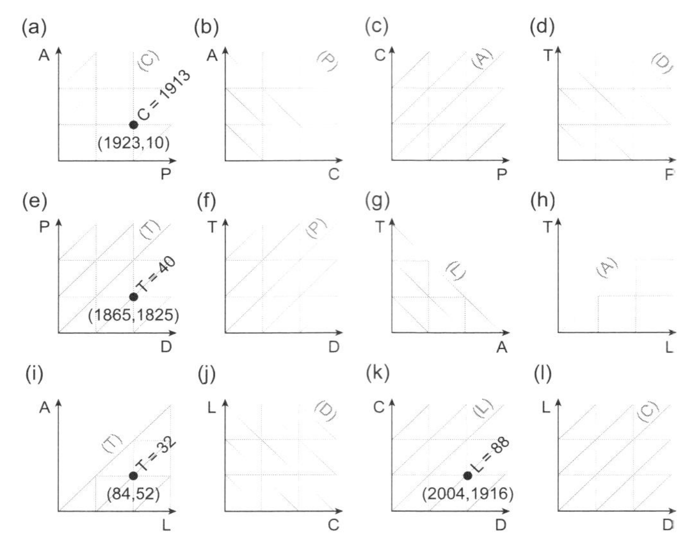

図 1.10　人口学的時間の 6 つの尺度を説明する図 (Riffe et al. 2017)
APC の変化形：(a)AP(C), (b)AC(P), (c)CP(A), TPD の変化形：(d)TP(D), (e)PD(T), (f)TD(P), TAL の変化形：(g)TA(L), (h)TL(A), (i)AL(T), LCD の変化形：(j)LC(D), (k)CD(L), (l)LD(C).

b.　残存時間–期間–死亡コホート年 (TPD) の変化形

ヴィルヘルム・レキシスは，レキシス図を発案した 1875 年 (P) に残存時間 39 年 (T) であった．したがって，彼は 1914 年 (D) の死亡コホートの一員である：$D = P + T$ (図 1.10(d))．残存時間 (T) が減少するにつれて，年次 (P；期間) は増加するので，この式の直線は図 1.10(a) の生涯直線に下向きに直角に交わっている．ベンジャミン・ゴンペルツは 1865 年 (D) に亡くなった．したがって，彼が死亡過程モデル (mortality model) を発表した 1825 年 (P) には，彼の残存時間 (T) は 40 年であった：$T = D - P$ (図 1.10(e))．トマス・マルサスは，1834 年 (D) に亡くなった．彼は 36 年 (T) の人生を残して，『人口論』(***Essay on the Principle of Population***) を出版した．したがって，この大きな影響力をもたらした著作は 1798 年に出版されたことになる：$P = D - T$ (図 1.10(f))．

c.　残存時間–年齢–寿命 (TAL) の変化形

すでに生きてきた時間と余命を足し合わせると，寿命全体になる．アルフレッド・ロトカは 1925 年に彼の古典的論文を発表した時に 45 歳 (A) であった．その時，彼は余命 24 年 (T) であったので，69 歳 (L) まで生きたことになる：$L = T + A$ (図

1.10(g)). ジョン・グラントは 54 歳 (L) まで生きていた. 彼が残すところ 12 年 (T) の歳になった時, "*Bills of Mortality*" を出版した. ということは, 出版時には彼は 42 歳であった：$A = L - T$ (図 1.10(h)). イギリスの植物個体群生態学者ジョン・ハーパーは, 後世に大きい影響を与えた著書『植物の個体群生態学』を出版した時, 52 歳 (A) であった. 彼は 84 歳 (L) まで存命で, そのためその本が植物学に与えた影響を 32 年間 (T) 目の当たりにすることになる：$T = L - A$ (図 1.10(i)).

d. 寿命–出生コホート年–死亡コホート年 (LCD) の変化形

生物学者ウィリアム・ドナルド・ハミルトンは, 1936 年 (C) に生まれ, 寿命は 64 年 (L) であった. つまり, 早すぎる死は 2000 年 (D) に訪れた：$D = C + L$ (図 1.10(j)). フランシス・クリックは 1916 年 (C) に生まれ, 2004 年 (D) に亡くなった. したがって, 彼は 88 年の寿命であった：$L = D - C$ (図 1.10(k)). アイザック・ニュートンは 1727 年 (D) に 84 歳 (L) で寿命を全うした. このことから彼の誕生年は 1643 年 (C) であったことがわかる：$C = D - L$ (図 1.10(l)).

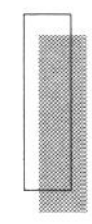

1.4 コホート概念

個々の植物, 動物あるいは人間のコホートでは, 同じ時に生まれているか, 同じ時に何らかの実験処理や治療を始めている. 複数のコホートは, ある同じタイミングですべてのあるいは一部のコホートを対象に観察し人口データを集める**横断的 (cross-sectional)** な方法か, あるいは, 1 つの対象を経時的に観察しデータを集める**縦断的 (longitudinal)** な方法で追跡される (図 1.11). 横断的研究の主な利点は, ある短期間にすべての齢のグループについて情報が集められることであり, その欠点としては, 齢による違いをコホートの効果や期間の効果であると混同して間違えることである. 縦断的研究の大きな利点は, コホートの齢や個体の齢を使って長期的傾向を追跡できることであるが, 大きな欠点は, その研究にはより多くの時間と, 通常は多くの人的・経済的資源を必要とすることにある.

コホート分析 (cohort analysis) とは, コホートを定めた事象 (例えば, 出生) 以降に起こる発生時期がわかっている事象についての研究である. 例えば, 1950 年と 2000 年の出生コホートで発生する結婚や死亡のコホート間比較がそれにあたる. コホート分析は, ある特定のタイミングで複数のコホートに起こる事象の研究である**期間分析 (period analysis)** とは対照的である. いくつかの大きな歴史的事象を異なるタイミングで, 影響の大きい齢の時に経験する場合には, コホート間でその影響に違いが出ることがある (Ryder 1965)[*10)]. 例えば, 母親が飢饉を経験したことのあ

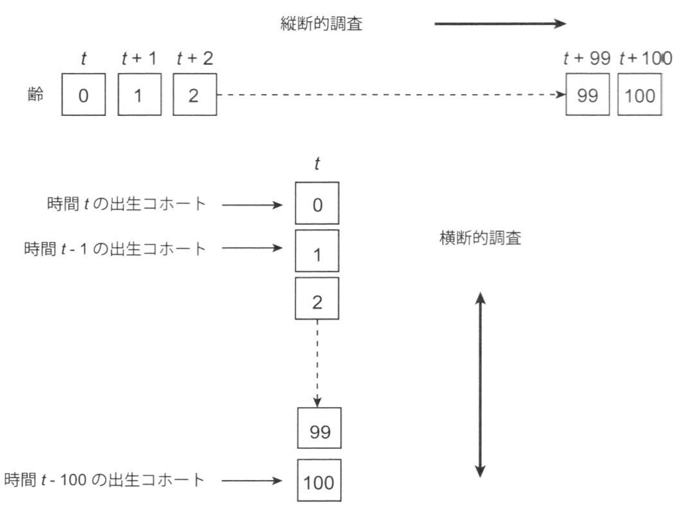

図 1.11 縦断的調査と横断的調査の考え方 (すなわち，データ抽出計画) の違いを図にしたもの
前者では，あるコホートの特性 (出生力，死亡率，結婚) はコホートの齢を使って追跡される．後者では，ある年といった単一の時期で異なるコホートにわたって特性が測定される．

るすべての個体は，その時子宮内にいたり，若かったりすると，そろって年老いてから高い死亡リスクを被る (Barker 1994).

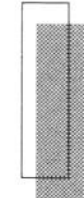

1.5 比，割合，率

人口学で扱う変量は，ほとんどの場合以下の 3 種類の量のどれかで表すことができる．一番目は，比 **(ratio)** であり，2 つの互いに排他的な量の頻度を比較している．二番目は割合 **(proportion)** であり，分子が常に分母の一部分である (例：$p = a/(a + b)$) という意味で，比の特殊なタイプである．三番目は，**率 (rate)** であり，ある量 (例：個体数) が別の量 (例：時間) に依存している時，後者の単位量当たりの，前者の量の変化の尺度として定義される．「率」は通常，集団やコホートの動態 (例えば，集団成長) に関わっている量であるが，それとは対照的に，比や割合は，性比や齢構成のような集団静態に関わっていることが多い．

---

*10) Ryder, N. B. 1965. The cohort as a styudy in the concept of social change. *American Sociological Review* **30**(6): 843–861.

人口学で用いられる率は，分母の中で計数される集団特性のタイプ，あるいは，分子の中で計数される事象のタイプによって，5つに分けられている (Ross 1982)[*11]．その5つは以下である．

(1) **粗率 (crude rate)**：このグループは全人口を分母として扱う．集団の個体数当たりの出生数である粗出生率 (crude birth rate)，集団の個体数当たりの死亡数である粗死亡率 (crude death rate) や粗出生率と粗死亡率の差にあたる粗自然増加率などがある．その結果は，年齢や性別で分けられた集団ではなく，すべての個体を対象にしているという意味で，「粗」と呼ぶ．

(2) **齢別の率**：分子や分母に齢で区別されたものを使う以外には，粗率と同じものである．例えば，20歳の個体の齢別繁殖率は，その年齢グループに属する女性によって生み出された子供だけを計数し，分母としてその年齢の女性だけを計数する．

(3) **制約条件のある率**：この「率」は何らかの特別な一部のグループに適用される．例えば，人口学では，すべての女性ではなく既婚の女性の出生数に「有配偶齢別出生率 (marital age-specific fertility rate)」と名前が付けられている．ヒト以外の場合にも，少なくとも1個体の子供を生産したメスの繁殖率はこの率にあたる．その時には，不妊個体を除外していることになる．

(4) **課題ごとの率 (rates by topic)**：この「率」は人口学の専門的課題に対して適用される．例を挙げると，交尾・繁殖から結婚・移住までの広範囲の課題に対して使われている．また，同一課題の中で足したり引いたりした「合計」「総」「純」が付されている率も含まれる．

(5) **内在的な率 (intrinsic rate)**：安定集団 (stable population) でよく使われるこの「率」は，齢分布の突発的，一時的な短期間の特徴の影響を受けることが一切ない内在的な率と呼ばれている．言い換えれば，「固有の」あるいは「真の」率であると考えられている．

---

*11) Ross, J. A., editor. 1982. *International Encyclopedia of Population* (Vol. 2). Free Press, New York.

2
生　命　表

1592 年 12 月 21 日木曜日の正午から 1593 年 12 月 20 日木曜日の正午までの記録

埋葬数	17, 844
ペストによる死亡数	10, 662
1 年分の洗礼者数	4, 021
ペストを免れた教区民	0

「死亡明細年報」ロンドン
(“Collection of the Yearly Bills of Mortality,” London)

生命表 (life table) は，死亡データを体系的に整理するための，人口学で最も重要なツールの一つである．生命表からは，コホートの保険数理上の特性について，詳細でわかりやすい情報を得ることができる．生命表からは，例えば，寿命やコホート生存率など，比較に役立つシンプルな要約統計量を導いたり，死亡データを死因ごとに分類して，死亡予測に役立つ情報を提供したりできる．また，生命表を仮に，生きている個体数の記録に見立てると，それは増加も減少もしていない定常集団 (stationary population) のモデルとしての役割も果たす (Carey 1993)．死亡は，生の状態から死への離脱であるというふうに捉えるならば，生命表の手法は，より広い文脈で，現在のある状態から他の状態への離脱をともなう過程の分析に活用することができる．それぞれ前の状態からの離脱を考えている，例えば，繁殖，移住，離婚，失業，刑務所への入所などは，そうした過程である．

人口学で用いられる生命表には，専門用語で縦断的 (longitudinal) と横断的 (cross-sectional) と呼ばれる 2 つのタイプがある．使うタイプは，目的と利用可能なデータの条件による．コホート生命表 (cohort life table) は，時の経過を縦方向と見立て，出生の時点から年を重ねてコホートのすべての個体が死亡するまでの時間で，生存の様子を捉える．期間生命表 (period life table) は，齢の並びを横方向と見立て，ある時点で横断的に，齢別の死亡率を見るものであり，その時点での齢別死亡率 (age-specific mortality rate) を生涯にわたって受けると想定した仮想的に合成されたコホートを作り出すのに使われる．この章では，両タイプの生命表の作成について説明する．また，完全生命表 (complete life table) と簡易生命表 (abridged life table) と呼ばれる生命表の比較についても触れる．そして，生命表の分析結果から得られる保険数理の様々な概念を説明する．最後に生命表から仮想的に作る定常集団の性質についても説明する．

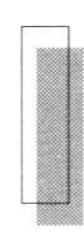

2.1 基本生命表

単要因 (減少)・完全・コホート生命表 (single-decrement-complete cohort life table) の説明から始める．この「生命表」の前についている名称は，すべての種類の死亡をひとまとめにしていること，すべての齢階級を含めていること，コホートを追った縦断的データを用いていることを指している．ことわりなく単に，完全コホート生命表 (complete cohort life table)，あるいは，基本生命表 (basic life table) という名称で呼ばれることもある．数学の代数の説明を合同関係や構造概念から始めるやり方にならって，生命表で代数のそうした基礎概念にあたる生命表基数 (life table radix) の説明から始めることにする．その後に生命表に登場する数々のパラメータの定義と計算事例を示す．

2.1.1 生命表で用いられる基数

数学における基数 **(radix)** とは，ある「数体系」の基本数として任意に決められる数のことである．生命表における基数は，生命表のおおもと，つまり，コホートの初期サイズにあたる．ヒトの人口学では，通常の基数には，100,000 人といった数が採用される．そのため，その後の齢で生き残っている者の数は，100,000 人のうちの生存者として表す．その後に生き残る者が割合として表されるようにするために，生命表基数には単位数 (1.0000) が使われることもある．生命表の中のすべての数値は生命表基数に遡ることができるため，生命表基数は唯一の最も重要な数であるといえる．この基数が生命表を作り上げるためのおおもとである．

2.1.2 生命表におけるいろいろなパラメータ

最も基本的で広く使用されている生命表パラメータはコホート生残率 (cohort survival rate) である．これは，出生から x 齢まで生存する新生児コホートの割合として定義される．コホート生残率あるいは生残スケジュールと呼ぶ l_x は，次の式を用いて計算される．

$$l_x = \frac{N_x}{N_0} \tag{2.1}$$

ここで N_0 と N_x はそれぞれ，初期にあたる 0 齢の個体数と x 齢で生残している個体数を示す．この式の分母 N_0 は実際の個体数の基数であるのに対し，l_0 は生残スケジュール l_x の基数である．

2 つ目の生命表パラメータは，p_x で示される齢別 (期間別) 生存率 (age-specific (period-specific) survival) であり，x 齢から $x+1$ 齢までの生存確率として定義される．これは，l_x スケジュールから次のように計算される．

$$p_x = \frac{l_{x+1}}{l_x} \tag{2.2}$$

生存についてのこれら 2 つの概念 l_x と p_x には重要な違いがある．コホート生残率である l_x は，新生児が x 齢まで生き残る確率を示すのに対し，齢別生存率あるいは期間生存率の p_x は，x 齢で生きている個体が $x+1$ 齢，つまり次の齢区間で生存する確率を示す．

3 つ目の生命表パラメータは，生存の逆，すなわち死について，q_x で示される齢別死亡率 (age-specific mortality) である．x 齢から $x+1$ 齢までの齢区間で，ある個体が死亡する確率として定義される．これは p_x の補事象，つまり，ある齢から次の齢まで生きている確率を 1 から引いたものである．パラメータ q_x は，次のように，式で意味を確認できる．

$$q_x = \frac{l_x - l_{x+1}}{l_x} \tag{2.3}$$

$$= 1 - \frac{l_{x+1}}{l_x} \tag{2.4}$$

$$= 1 - p_x \tag{2.5}$$

つまり，p_x と q_x の和は 1 になる．

4 つ目の生命表パラメータは d_x で表される．これは x 齢から $x+1$ 齢までの区間で死亡するコホート内の割合で，次の式で計算される．

$$d_x = l_x - l_{x+1} \tag{2.6}$$

このパラメータは，その齢区間の死亡による l_x の減少分を表す [*1)]．

d_x と q_x はどちらも，x 齢から $x+1$ 齢までの齢区間の死亡に関係している．前者

[*1)] 本書では，d_x は齢別死亡割合，齢別死亡頻度，齢に従った分布としてみる場合は死亡齢分布あるいは齢別死亡分布という用語をあてた．

は，新生個体がこの齢区間で死亡する確率を示し，後者は，x 齢で生きている個体が $x+1$ 齢の前に死亡する確率を示している．これらのパラメータの意味を，ヒトの極端な高齢階級で比較してみよう．極端な高齢まで生き残っている可能性は低いので，例えば，ある出生コホートが 105 歳と 106 歳の間で死亡する割合 (つまり d_{105}) は，非常に小さいはずである (つまり，例えば $\ll 0.01$)．しかし，もし 105 歳まで生き残った場合，106 歳の誕生日の前に死亡する確率 (つまり q_{105}) は，非常に高いかもしれない (つまり，例えば ≈ 0.5)．

ここまでで，l_x を使って 3 つの生命表パラメータを導いた．これらのパラメータが l_x の導出に使用できることにも注意しておこう．例えば，p_x から，

$$l_x = p_0 p_1 p_2 \cdots p_{x-1} \tag{2.7}$$

$$l_x = \prod_{y=0}^{x-1} p_y \qquad (x = 1, 2, \ldots) \tag{2.8}$$

のように l_x が導ける．q_x からは，

$$l_x = (1-q_0)(1-q_1)(1-q_2)\cdots(1-q_{x-1}) \tag{2.9}$$

$$l_x = \prod_{y=0}^{x-1}(1-q_y) \qquad (x = 1, 2, \ldots) \tag{2.10}$$

として l_x が導ける．また，d_x からは，

$$l_x = 1 - (d_0 + d_1 + d_2 \cdots + d_{x-1}) \tag{2.11}$$

$$l_x = 1 - \sum_{y=0}^{x-1} d_y \qquad (x = 1, 2, \ldots) \tag{2.12}$$

が導かれる [*2]．保険数理のデータでは，コホート生残ではなく，コホート死亡が記録されることがよくあるので，生命表パラメータから l_x を計算するこれらの公式は重要となる．

最後の生命表パラメータは齢ごとの期待余命 (life expectancy) で，e_x で示される．これは平均的な x 齢の個体に残された生涯年数 (あるいは日数) として定義されている．e_x の値は，x 齢で生残しているものの割合を 1 と標準化した時の，x 齢コホートの各個体の残りの生涯年数 (life-years) の合計として計算される．例えば，新生個体に残された生涯年数 (すなわち，e_0) は，l_x スケジュールを用いて以下の式で表すこと

[*2] 式 (2.7)〜(2.12) の中で x は 1 以上の整数である．$x = 0$ の時は，式 (2.1) より，l_0 は 1 である．

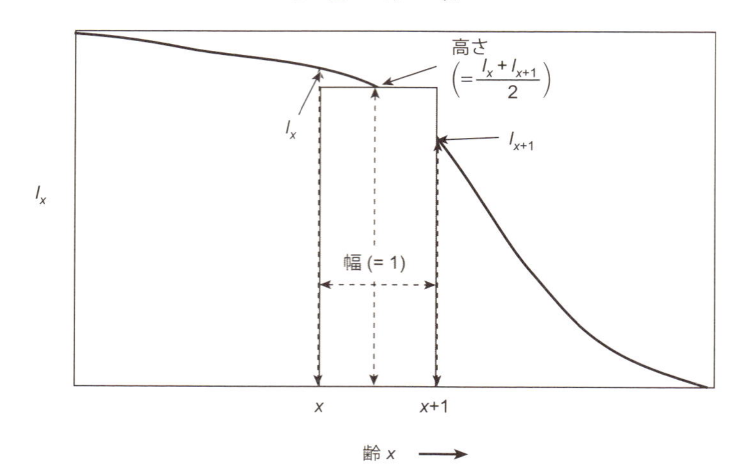

図 2.1　l_x 曲線の下側の齢区間の面積，すなわち生存延べ年数を概算するための，1 齢区間の長方形

ができる．

$$e_0 = \frac{l_0 + l_1}{2} + \frac{l_1 + l_2}{2} + \cdots + \frac{l_{\omega-1} + l_\omega}{2} \tag{2.13}$$

式の中で ω は最高齢を表し，右辺の各項の分数は，l_x と l_{x+1} の値の中間の値である．これらの中間の値は，この点を中心とする仮想の長方形の高さと見なせる (図 2.1)．その長方形の面積がその高さと幅の積であり，幅は 1.0 (つまり，1 年) とすると，この高さの値がこの長方形の面積に等しいことになる．言い換えれば，この中間点での高さは，期待寿命のうち x 齢と $x+1$ 齢の間の生存延べ年数であると解釈することができる．この解釈に従うと，l_x 曲線の下にあるすべての仮想的長方形の中点の高さの合計は，生まれた個体の将来の生涯年数 (つまり期待寿命 (life expectancy at birth)) となる．

e_0 の計算公式は，式 (2.13) から右辺各項の分母を括弧の外にまとめ，l_x を 2 倍にして足し合わせることで得られる．

$$e_0 = \frac{1}{2}(l_0 + 2l_1 + 2l_2 + \cdots + 2l_\omega)^{*3)} \tag{2.14}$$

l_0 は 1 なので，つまり 0 齢の期待余命は，以下の簡略公式で計算される．

$$e_0 = \frac{1}{2} + \sum_{x=1}^{\omega} l_x \tag{2.15}$$

---

*3)　式 (2.13) を利用すると，最後の項は正しくは l_ω であるが，最高齢の生残率 l_ω は近似的にゼロであると考えられるので，本書では近似的に $2l_\omega$ としている．

x 齢の期待余命 e_x の一般公式は，次の式で表される．

$$e_x = \frac{1}{2} + \frac{1}{l_x} \sum_{y=x+1}^{\omega} l_y \tag{2.16}$$

式 (2.16) で，l_x の逆数は，x 齢より先の累積生存年を x 齢の生残率を 1 として標準化するためにある．シグマ記号の外側の齢指標の添え字は x で，総和の最初は $x+1$ で始まることにも注意する必要がある．

2.1.3 コホート生命表の作成方法

単要因完全コホート生命表は，0 齢の個体グループから始めて，すべての個体が死亡するまでの各時点でのそのグループの死亡数を記録することによって作成される．生データから，まず，各齢区間の最初に生きていた個体数を記入した「列」を作る．以下に詳しく示すように，そこから順次，7 つの項目の「列」を生成して表を完成させる．完全コホート生命表の具体的な実例として，キイロショウジョウバエ (*Drosophila melanogaster*) のメスの生命表を表 2.1 に示す．このコホート生命表は，新しい成虫が蛹から出てくる羽化 (成虫の誕生) から始めている．卵から羽化成虫までのハニの生活段階は，観察方法上の問題があるので，通常は表に含まれていない．同様の理由で，ヒトの完全生命表は，出産時から始まる．生命表の各列の項目は，以下のように作成される．

1 列目：齢階級 (age class) x．齢の指標で，ある齢区間が始まるぴったりの齢を指す (ショウジョウバエでは日数単位で刻まれる)．齢階級 x は，ちょうどぴったり x 齢からちょうどぴったり $x+1$ 齢の区間である (例えば，齢階級 0 は，0 齢から 1 齢の区間を指す)．

2 列目：$\boldsymbol{x}$ 齢で生きている数 N_x．この列には，x 齢ちょうどで生きている個体数が入る．例えば表 2.1 で，$N_0 = 666$ および $N_{80} = 2$ は，文章にするならば，「コホートが 0 日齢に 666 個体で始まり，80 日齢で 2 個体が生き残った」ということである．

3 列目：$\boldsymbol{x}$ 齢までのコホート生残 l_x．この列の最初の l_0 が基数である．続く各数値は，サイズ l_0 (基数の値 1.0) のコホートに対する，x 齢ちょうどでの生残者の割合である．

表 2.1 から，例えば，

$$l_{10} = \frac{N_{10}}{N_0} = \frac{656}{666} = 0.9851 \qquad l_{25} = \frac{N_{25}}{N_0} = \frac{516}{666} = 0.7741$$

のように計算される．これらを文章にすると，「10 日齢まで，あるいは 25 日齢まで生き残る初期コホートの割合は，それぞれ 0.9851 と 0.7741 である」となる．新生個体のうち 10 日後までに死亡したのは 2%未満だが，その 15 日後の 25 日齢では，ほぼ 1/4 が死亡したことが示される．

4 列目：期間生存率 p_x．このパラメータは，x 齢で生きている個体のうち，x 齢から $x+1$ 齢の区間に生き残る割合として定義される．例えば，

$$p_{10} = \frac{l_{11}}{l_{10}} = \frac{0.9806}{0.9851} = 0.9954 \qquad p_{25} = \frac{l_{26}}{l_{25}} = \frac{0.7527}{0.7741} = 0.9724$$

のように計算される．10 日齢のメスが 11 日齢で生き残る確率は 0.9954 である．その 15 日後，25 日齢のハエが，あと 1 日生き残る確率は 0.9724 と，2%を超える程度の減少が見られる．1 日間の生存率の差は小さいように見えるが，死ぬ確率に直すと，次の項目のパラメータ q_x では，この 2 つの差は比較的大きい．

5 列目：期間死亡率 q_x．このパラメータは，x 齢で生きている個体が x 齢から $x+1$ 齢の区間で死亡する確率として定義される．例えば，

$$q_{10} = 1 - \frac{l_{11}}{l_{10}} = 1 - \frac{0.9806}{0.9851} = 0.0046 \qquad q_{25} = 1 - \frac{l_{26}}{l_{25}} = 1 - \frac{0.7527}{0.7741} = 0.0276$$

のように計算される．10 日齢のメスが 11 日齢になる前に死亡する確率は 0.0046 である．その 15 日後，25 日齢のこのハエが翌日に死亡する確率は 0.0276 に増加する．これは 6 倍の増加である．75 日齢のハエは，10 日齢のハエと比較して次の 1 日間で死亡するリスクが 50 倍以上高くなる (表 2.1 を参照)．

6 列目：死亡個体の齢別頻度分布 d_x．この列には，もとのコホート l_0 のう

ち，x 齢から $x+1$ 齢までの齢区間で死亡した割合が記入される．したがって，d_x の列はコホート内の死亡の齢別の頻度分布を表し，すべての齢にわたる d_x の合計は 1 である．表 2.1 で，10 日齢と 25 日齢の d_x は次のように計算される．

$$\begin{aligned} d_{10} &= l_{10} - l_{11} \\ &= 0.9851 - 0.9806 \\ &= 0.0045 \end{aligned} \qquad \begin{aligned} d_{25} &= l_{25} - l_{26} \\ &= 0.7741 - 0.7527 \\ &= 0.0214 \end{aligned}$$

文章で表現すると，「羽化成虫が，10 日から 11 日の間，25 日から 26 日の間で死ぬ可能性が，それぞれ 0.0045 と 0.0214 である」となる．

7 列目：$\boldsymbol{x}$ 齢での期待余命 e_x．これは，指定された齢区間の初めに生存している個体の平均的な余命である．例えば，10 日齢と 25 日齢の期待余命はそれぞれ以下のとおりに計算される．

$$\begin{aligned} e_{10} &= \frac{1}{2} + \frac{1}{l_{10}} \sum_{y=11}^{\omega} l_y \\ &= \frac{1}{2} + \frac{l_{11} + l_{12} + l_{13} + \cdots + l_{81} + l_{82}}{l_{10}} \\ &= \frac{1}{2} + \frac{0.9806 + 0.9751 + 0.9678 + \cdots + 0.0018 + 0.0000}{0.9851} \\ &= 29.5 \text{ 日} \end{aligned}$$

$$\begin{aligned} e_{25} &= \frac{1}{2} + \frac{1}{l_{25}} \sum_{y=26}^{\omega} l_y \\ &= \frac{1}{2} + \frac{l_{26} + l_{27} + l_{28} + \cdots + l_{81} + l_{82}}{l_{25}} \\ &= \frac{1}{2} + \frac{0.7527 + 0.7317 + 0.7108 + \cdots + 0.0018 + 0.0000}{0.7741} \\ &= 20.0 \text{ 日} \end{aligned}$$

つまり，平均的な 10 日齢のハエの余命は 29.5 日，平均的な 25 日齢のハエの余命は 20.0 日である．

表 2.1　キイロショウジョウバエ (*Drosophila melanogaster*) の生命表

齢 (日)	x 齢の生存個体数	初期コホートのうち x 齢で生きている割合	x 齢から $x+1$ 齢を生存する割合	x から $x+1$ の齢間隔で死んだ割合	初期コホートのうち x 齢から $x+1$ 齢で死んだ割合	x 齢における残存寿命 (余命)
x	N_x	l_x	p_x	q_x	d_x	e_x
(1)	(2)	(3)	(4)	(5)	(6)	(7)
0	666	1.0000	1.0000	0.0000	0.0000	39.0
1	666	1.0000	1.0000	0.0000	0.0000	38.0
2	666	1.0000	0.9998	0.0002	0.0002	37.0
3	666	0.9998	0.9994	0.0006	0.0006	36.0
4	665	0.9992	0.9987	0.0013	0.0013	35.0
5	665	0.9979	0.9982	0.0018	0.0018	34.1
6	663	0.9961	0.9982	0.0018	0.0018	33.1
7	662	0.9943	0.9978	0.0022	0.0022	32.2
8	661	0.9921	0.9967	0.0033	0.0033	31.3
9	659	0.9888	0.9963	0.0037	0.0037	30.4
10	656	0.9851	0.9954	0.0046	0.0045	29.5
11	653	0.9806	0.9944	0.0056	0.0055	28.6
12	649	0.9751	0.9925	0.0075	0.0073	27.8
13	645	0.9678	0.9912	0.0088	0.0086	27.0
14	639	0.9592	0.9896	0.0104	0.0100	26.2
15	632	0.9492	0.9885	0.0115	0.0110	25.5
16	625	0.9383	0.9867	0.0133	0.0125	24.8
17	617	0.9258	0.9847	0.0153	0.0142	24.1
18	607	0.9116	0.9822	0.0178	0.0163	23.5
19	596	0.8953	0.9812	0.0188	0.0168	22.9
20	585	0.8785	0.9792	0.0208	0.0183	22.3
21	573	0.8603	0.9772	0.0228	0.0196	21.8
22	560	0.8406	0.9741	0.0259	0.0218	21.3
23	545	0.8189	0.9733	0.0267	0.0219	20.8
24	531	0.7970	0.9712	0.0288	0.0230	20.4
25	516	0.7741	0.9724	0.0276	0.0214	20.0
26	501	0.7527	0.9721	0.0279	0.0210	19.5
27	487	0.7317	0.9715	0.0285	0.0209	19.1
28	473	0.7108	0.9698	0.0302	0.0215	18.6
29	459	0.6893	0.9705	0.0295	0.0204	18.2
30	446	0.6690	0.9675	0.0325	0.0217	17.7
31	431	0.6472	0.9680	0.0320	0.0207	17.3
32	417	0.6265	0.9667	0.0333	0.0209	16.9
33	403	0.6056	0.9681	0.0319	0.0193	16.4
34	390	0.5863	0.9661	0.0339	0.0199	15.9
35	377	0.5664	0.9653	0.0347	0.0197	15.5

(続く)

表 2.1 (つづき)

齢 (日)	x 齢の生存個体数	初期コホートのうち x 齢で生きている割合	x 齢から $x+1$ 齢を生存する割合	x から $x+1$ の齢間隔で死んだ割合	初期コホートのうち x 齢から $x+1$ 齢で死んだ割合	x 齢における残存寿命(余命)
x	N_x	l_x	p_x	q_x	d_x	e_x
(1)	(2)	(3)	(4)	(5)	(6)	(7)
36	364	0.5468	0.9629	0.0371	0.0203	15.0
37	351	0.5265	0.9592	0.0408	0.0215	14.6
38	336	0.5050	0.9582	0.0418	0.0211	14.2
39	322	0.4839	0.9566	0.0434	0.0210	13.8
40	308	0.4629	0.9536	0.0464	0.0215	13.4
41	294	0.4414	0.9530	0.0470	0.0207	13.0
42	280	0.4207	0.9482	0.0518	0.0218	12.6
43	266	0.3989	0.9482	0.0518	0.0207	12.3
44	252	0.3782	0.9412	0.0588	0.0222	11.9
45	237	0.3560	0.9421	0.0579	0.0206	11.7
46	223	0.3354	0.9397	0.0603	0.0202	11.3
47	210	0.3151	0.9361	0.0639	0.0201	11.0
48	196	0.2950	0.9312	0.0688	0.0203	10.8
49	183	0.2747	0.9294	0.0706	0.0194	10.5
50	170	0.2553	0.9275	0.0725	0.0185	10.3
51	158	0.2368	0.9250	0.0750	0.0178	10.0
52	146	0.2190	0.9240	0.0760	0.0167	9.8
53	135	0.2024	0.9226	0.0774	0.0157	9.6
54	124	0.1867	0.9212	0.0788	0.0147	9.3
55	115	0.1720	0.9201	0.0799	0.0137	9.1
56	105	0.1583	0.9212	0.0788	0.0125	8.8
57	97	0.1458	0.9209	0.0791	0.0115	8.6
58	89	0.1343	0.9170	0.0830	0.0111	8.3
59	82	0.1231	0.9241	0.0759	0.0093	8.0
60	76	0.1138	0.9194	0.0806	0.0092	7.6
61	70	0.1046	0.9125	0.0875	0.0092	7.2
62	64	0.0954	0.9107	0.0893	0.0085	6.8
63	58	0.0869	0.9066	0.0934	0.0081	6.4
64	52	0.0788	0.8966	0.1034	0.0081	6.1
65	47	0.0707	0.8833	0.1167	0.0082	5.7
66	42	0.0624	0.8797	0.1203	0.0075	5.4
67	37	0.0549	0.8653	0.1347	0.0074	5.1
68	32	0.0475	0.8584	0.1416	0.0067	4.8
69	27	0.0408	0.8524	0.1476	0.0060	4.5
70	23	0.0348	0.8256	0.1744	0.0061	4.1
71	19	0.0287	0.8211	0.1789	0.0051	3.9

(続く)

表 2.1 (つづき)

齢 (日)	x 齢の生存個体数	初期コホートのうち x 齢で生きている割合	x 齢から $x+1$ 齢を生存する割合	x から $x+1$ の齢間隔で死んだ割合	初期コホートのうち x 齢から $x+1$ 齢で死んだ割合	x 齢における残存寿命 (余命)
x	N_x	l_x	p_x	q_x	d_x	e_x
(1)	(2)	(3)	(4)	(5)	(6)	(7)
72	16	0.0236	0.8171	0.1829	0.0043	3.7
73	13	0.0193	0.7900	0.2100	0.0040	3.4
74	10	0.0152	0.7700	0.2300	0.0035	3.1
75	8	0.0117	0.7600	0.2400	0.0028	2.9
76	6	0.0089	0.7500	0.2500	0.0022	2.7
77	4	0.0067	0.7400	0.2600	0.0017	2.4
78	3	0.0049	0.7240	0.2760	0.0014	2.1
79	2	0.0036	0.7118	0.2882	0.0010	1.7
80	2	0.0025	0.7000	0.3000	0.0008	1.2
81	1	0.0018	0.0000	1.0000	0.0018	0.5
82	0	0.0000	—	—	0.0000	0.0

出典：データは Robert Arking の未発表データを許可を得て転載.

2.1.4　パラメータの視覚化

ある生命表のデータから算出される各パラメータは，異なる情報を表す齢 x の関数としてグラフにすると，様々な情報を浮かび上がらせる (図 2.2). この例では，生残曲線 (l_x; survival curve) は，若い齢で緩やかな勾配を示し，その後，中期から後期の齢で，生残は徐々に急落に転じてゆく. 毎日の生存と死亡の詳細を生残由線から見極めることは困難だが，それらは齢別死亡曲線から明確にわかる. 齢別死亡率 (q_x) の曲線は，若い齢で死亡リスクが低く，その後，残りの生涯を通して死亡リスクが増加の一途をたどることを示している. 死亡者の齢別分布は l_x スケジュールからも推測できるが，d_x スケジュールはそれを直接示しており，死亡の大部分が 20 日から 60 日の間に発生しているパターンが明確になる. 期待余命 (e_x) の曲線は，保険数理的に重要な，各齢の現在および将来の死亡率の所産である「余命」を視覚的に示すものである. 期待余命は，他のいずれのパラメータからも直接推測することはできない.

2.1.5　打ち切り生命表

コホート生命表は，長期にわたって追跡された多数の個体によるデータだが，対象個体の一部が調査から外れた場合，または死亡以外の理由で調査から除外された場合，一部の個体に関する情報が不明になる可能性がある. 調査から失われた個体は調査「打

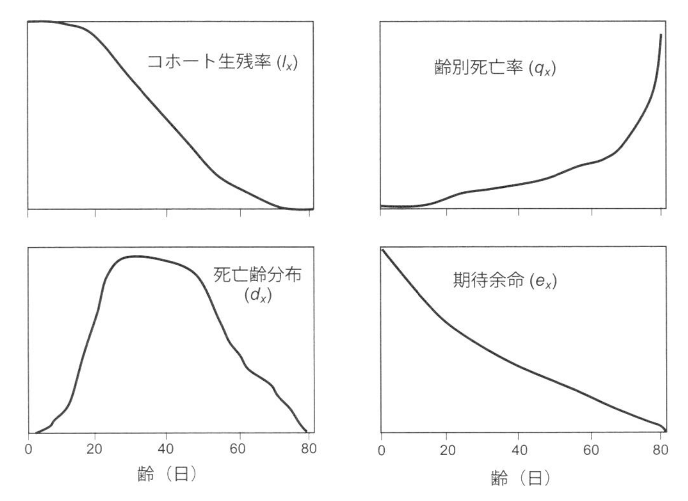

図 **2.2** キイロショウジョウバエ (*D. melanogaster*) の生命表から導かれる 4 つの主要なパラメータについての時間変化のグラフ (表 2.1 のデータから作成)

ち切り」個体と見なされ，打ち切りがある場合の期間別の生存率を計算するための枠組みが，統計学者のカプランとマイヤー (Kaplan and Meier 1958) によって最初に提案された．その枠組みに従った計算式は次のとおりである．

$$f_x = \prod_{y=0}^{x-1} \frac{N_y - D_y}{N_y} \tag{2.17}$$

ここで N_y は y 齢で生きている数，D_y は y 齢から $y+1$ 齢の区間で死亡する数で，この間に死亡以外の別の理由で調査から外れたものは計算から除外される．そして f_x が誕生から x 齢までの生残割合となる．

表 2.2 は 100 個体を調査した打ち切り生命表の例である．齢は週を単位とし，6 週齢まで記録されている．1 週間後，9 個体が死亡したが，さらに 5 個体が調査から外れたため，打ち切り扱いが必要となった．その期間中の生存確率は，その期間中に死亡リスクにさらされているとわかっていた個体のみを使用して計算する必要がある．この場合，86 個体はこの期間の終わりまで生き残っており，0 週齢から 1 週齢まで生き残る確率は 86/95，つまり 0.905 と計算される．打ち切りで補正した生存確率は期間ごとに計算され，出生から各 x 週齢までの累積生存確率が，この考えに従って順次式 (2.17) を用いて計算される．

表 2.2 を例として，打ち切りのあるコホートデータから，生残スケジュールを作成する手順を以下に示す．

表 **2.2** 例えば，捕殺，逃走，識別タグの紛失などにより打ち切られた記録を補正するためのカプラン–マイヤー評価法の例

週齢 (x)	区間の初めに生きている数	区間で打ち切られた数	区間中にリスクにさらされた数	区間の終わりで死亡した数	この区間で生き残った割合	打ち切り補正生残率
(1)	(2)	(3)	(4)	(5)	(6)	(7)
0–1	100	5	95	9	0.905	1.000
1–2	86	4	82	25	0.695	0.905
2–3	57	1	56	14	0.750	0.629
3–4	42	7	35	39	0.143	0.472
4–5	5	1	4	4	0.000	0.067
5–6	0	0	0	—	—	0.000

手順 1：基本データ整理．元データを週齢 (1 列目)，各週齢段階の開始時にリスクにさらされている数 (2 列目)，各週齢段階で追跡調査が打ち切られた数 (3 列目)，および，各区間の終了時に死亡した数 (5 列目) を記入する．

手順 2：区間を通してリスクを受けた数 (4 列目)．各区間におけるリスクを受けた数の修正をする．区間の初めにリスクを受けた数である 2 列目の値から，区間で打ち切られた数である 3 列目の値を引いて，4 列目にその値を挿入する．これは，その齢区間でリスクにさらされていたとわかっている数である．例えば，$100 - 5 = 95$ が，0 週齢から 1 週齢の区間で，リスクを受けた数である．

手順 3：区間を生き延びた数．これは，リスクを受けた数 (4 列目) から死亡した数 (5 列目) を引いたものとして計算される．例えば，$95 - 9 = 86$ が，0 週齢から 1 週齢でリスクを受けて生存した数を示しており，次の区間にリスクを受けるものとして，次の行の 2 列目に書き込まれる．

手順 4：区間生存割合．表の 6 列目に記されるこの数は，リスクを受けた数 (4 列目) と死亡した数 (5 列目) の差を元のリスクにさらされていた数 (4 列目) で割った値である．具体的な計算は以下のとおりである．

$95 - 9 = 86$ (0 週から 1 週の期間にリスクにさらされて生き残った数)

$86/95 = 0.905$ (0 週から 1 週の期間にリスクにさらされて生き残った割合)

手順 5：**6** 列目を完成させるために再び手順 **2**〜**4** を実行する．

手順 6：打ち切り補正生存率の計算 (7 列目)．この列の構成要素は，最初，0 週齢に基数 1.000 を書き入れ，次に，この数にこの期間を生き残った割合をかけるという手順を繰り返して計算される．実例の計算を以下に示す．

$$反復\#1 : 1.000 \times 0.905 = 0.905$$

$$反復\#2 : 0.905 \times 0.695 = 0.629$$

$$反復\#3 : 0.629 \times 0.750 = 0.472$$

$$反復\#4 : 0.472 \times 0.143 = 0.067$$

$$反復\#5 : 0.067 \times 0.000 = 0.000$$

2.1.6 期 間 生 命 表

a. 背 景

期間生命表 (period life table) あるいは現在生命表 (current life table) とも呼ばれる生命表は，ある特定の限定された期間で，すべての齢にわたって横断的に，生存と死亡のパターンを記録している．期間生命表は，ある特定の期間に実際の集団で一般的な齢別死亡率を生涯にわたり受けているとする，仮想の合成コホート (synthetic cohort) を想定するのに使われることがある．期間生命表を作成するには，各齢の横断的死亡データを用いて，齢別生存率 p_x を計算し，次にそれらを用いて，仮想のコホートの生残スケジュール l_x を反復計算で合成する．そして次に，この l_x スケジュールを用いて，この合成コホートの他の様々なパラメータを計算する．のちに詳しく述べるように，期間生命表は，コホート生命表と同じやり方で簡易化することができ，それから合成コホートを作成することがあるが，ここでは完全期間生命表 (complete period life table) で合成コホートを作成する方法だけを説明する．

b. 合成コホートの作成方法

まず，基数の N_0 として 100,000 個体の出生コホートを想定する．次に，その期間生命表で横断的に得られた齢別の生存率 (表 2.3 にある p_x) を使って合成コホートを作るために，100,000 個体のうちの生き残り数を順に求めていく．その時，利用され

表 2.3 期間生命表の一部，齢別生存率 p_x と合成コホートの個体数 N_x

齢 (x)	p_x	N_x
0	0.99482	100,000
1	0.99944	99,482
2	0.99926	99,426
3	0.99809	99,352
4	—	99,162

注：生存率 p_x は，ある期間に横断的に記録された各齢の生存数と次の齢の生存数によって計算される．それらの率が 100,000 個体の仮想の出生コホート N_0 に適用されて，以降の齢の合成コホートの数が決まる．

るのは以下の漸化式である.

$$N_{x+1} = p_x N_x \tag{2.18}$$

表 2.3 の N_x の値を求める計算例を以下に示す.

$$\begin{aligned} N_1 &= p_0 N_0 \\ &= 0.99482 \times 100000 = 99482 \\ N_2 &= p_1 N_1 \\ &= 0.99944 \times 99482 = 99426 \\ N_3 &= p_2 N_2 \\ &= 0.99926 \times 99426 = 99352 \end{aligned}$$

合成コホート N_x の列が完成すると, 各 N_x を N_0 で割ることによって l_x スケジュールを, さらに, コホート生命表を作成する時に示したやり方で, 期間生命表の他のすべての列を完成させることができる.

2.1.7 期 待 余 命

期待余命 e_x は, 出生コホートのすべての齢での死亡の記録に基づいており, 集団の齢構成 (age structure) とは無関係なので, 死亡状況を示す指標として広く用いられる. この指標は, 将来にわたって死亡条件は変わらないものとして, 特定の年齢の個人に残された平均の生涯年数の見積もりを意味する. 出生時の期待余命は最も広く使われ, 平均 (期待) 寿命 (life expectancy at birth) を指す. 初期生活ステージの乳児期に死亡率が高いと, この死亡リスクの高い年を生き延びた者たちの期待余命は, 新生児の期待寿命よりも高い値となるかもしれない. のちに 2.3.7 項で説明するように, 期待寿命の逆数 ($1/e_0$) は, 簡易的に集団における 1 人当たりの年間の死亡率 (per capita death rate) の見積もりと見なすことができる. 例えば, 現代のアメリカ人の出生児の期待寿命は 80 年なので, 1 人当たりの年間死亡率は 0.0125 (= 1/80) と見積もられる.

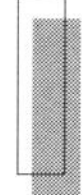

2.2 簡 易 生 命 表

ここまで, 1 日や 1 週あるいは 1 年を単位とした完全コホート生命表を考えてきた. それに対して, 数齢区間をまとめて集計することによって, 完全生命表の短縮版であ

る簡易生命表 (abridged life table) を作ることもできる．簡易生命表は，完全生命表と基本的に同じ働きをするよう，表の基本的な構想，機能，特徴を保ちながら，完全生命表の2つの欠点を取り除いている．第一に，完全コホート生命表 (complete cohort life table) を作成するために必要な日，週あるいは年ごとで，全生涯にわたってコホートの死亡率を調べようとすると，しばしば非常に費用がかかるか，事実上不可能なことがある．これは特に，いくつかの生育段階 (例えば昆虫で，卵，幼虫，蛹) を経て発達する生物に当てはまる．そのような生物では，生存を判定するための唯一の現実的な方法は，滞在期間の長さが数日にわたる生育段階へ加入した個体数やその段階から退出した個体数を記録することである．第二に，表の何百もの値には，特に興味のない細かなことが含まれる場合がある．死亡を日や週あるいは年の1単位期間よりも大きな増分ごとにまとめることによって，正確性と精度が失われる不利益を最小限に抑えて，完全生命表の構成を維持しながら，情報をより簡潔に要約することができる．

2.2.1 考え方と記法

完全生命表では，1齢区間ごとで集計してパラメータを定めている．例えば，パラメータ p_{10} は，10齢から11齢までの1齢区間の生存率を意味する．考えている区間が一つ一つの齢階級よりも大きい簡易生命表 (表2.4参照) では，パラメータには下付き文字 n を添えて，x 齢から $x+n$ 齢までの区間をひとまとめにする．例えば，${}_np_x$，${}_nq_x$ および ${}_nd_x$ は，それぞれ，x 齢から $x+n$ 齢までの区間での期間生存率，期間死亡率，およびこの区間での死亡頻度を示す．この記法によれば，この区間のコホートの生存延べ年数は ${}_nL_x$ と記される．${}_nL_x$ は完全生命表のパラメータを用いて，以下のように計算される．

$$ {}_nL_x = \frac{n(l_x + l_{x+n})}{2} \tag{2.19} $$

図2.1で幅1の長方形ではなく，幅 n の台形と考えて近似すると，式 (2.19) が求められる．

x 齢で生存している平均的な個体の残存生涯年数 (remaining life-years) に基づいて期待余命を求めるには，残存生涯年数を表すもう一つのパラメータ T_x が必要である．それは，x 齢の生残コホートのそれ以降の生存延べ年数の総和であり，以下の式で計算する．

$$ T_x = \sum_{y=x}^{\omega} {}_nL_y \tag{2.20} $$

そして，このパラメータを以下の式に適用することで，期待余命 e_x が求められる．

$$e_x = \frac{T_x}{l_x} \tag{2.21}$$

つまり，式 (2.21) は，x 齢の期待余命は，x 齢コホートに対してその後の生存延べ年数の総和を齢 x までのコホート生残割合で割ったものであることを示している．完全生命表における計算と同様，分母の l_x は残存生涯年数 (各齢区間の生存延べ年数の x 齢以降の総和；T_x) を標準化する役割をしている．

2.2.2 簡易コホート生命表

ここでは，表 2.1 に示されたキイロショウジョウバエ (*D. melanogaster*) の完全生命表のデータを使用して，10 日齢ごとに情報をまとめた簡易コホート生命表 (abridged cohort life table) (表 2.4) を作成するための手順を説明する．

1 列目：齢階級 x.

2 列目：x 齢で生き残っている個体数 N_x.

3 列目：x 齢までの生残割合 l_x．これは，完全生命表と同様に，$l_x = \frac{N_x}{N_0}$ の計算による．

4 列目：齢区間での生存割合 ${}_np_x$．x 齢で生きているハエのうち $x+n$ 齢で生き残る割合．この例では，${}_{10}p_x$ は x 齢から $x+10$ 齢の間で生存するハエの割合である．具体的に，以下の計算で求められる．

$$
{}_{10}p_0 = \frac{l_{10}}{l_0} = \frac{0.9851}{1.000} = 0.9851 \qquad {}_{10}p_{50} = \frac{l_{60}}{l_{50}} = \frac{0.1138}{0.2553} = 0.4457
$$

つまり，0 日齢のハエのうち 0.9851 の割合が 10 日齢まで生き残り，50 日齢のハエのうち 0.4457 の割合が 60 日齢まで生き残った．

5 列目：齢区間で死亡する割合 ${}_nq_x$．このパラメータは，x 齢で生きていたもののうち，x 齢と $x+n$ 齢の区間で死亡する割合である．例えば，以下のとおりである．

$$
{}_{10}q_0 = 1 - \frac{l_{10}}{l_0} = 1 - \frac{0.9851}{1.000} = 0.01491 \qquad {}_{10}q_{50} = 1 - \frac{l_{60}}{l_{50}} = 1 - \frac{0.1138}{0.2553} = 0.5543
$$

つまり，新たに羽化したハエのうち，10 日齢に達する前に死亡したのは 0.0149 の割合だけだったが，50 日齢のハエのうち 0.5543 の割合が，60 日齢になる前に死亡した．齢区間を比較すると，50 日齢から 60 日齢までの 10 日間の方が，0 日齢から 10 日齢までの 10 日間よりも 37 倍も死亡する可能性が高かった．

6 列目：初期コホートが齢区間ごとで死亡する割合 ${}_nd_x$．この列は，初めのコホートのうち x 齢から $x+n$ 齢までの齢区間で死亡する割合である．例えば，

$$\begin{aligned}{}_{10}d_0 &= l_0 - l_{10} \\ &= 1.000 - 0.9851 \\ &= 0.0149\end{aligned} \qquad \begin{aligned}{}_{10}d_{50} &= l_{50} - l_{60} \\ &= 0.2553 - 0.1138 \\ &= 0.1415\end{aligned}$$

のとおりである．言い換えれば，0 日齢から 10 日齢の間で全体の 0.0149 の割合が死亡したが，50 日齢から 60 日齢の間では全体の 0.1415，つまりほぼ 15%が死亡した．

7 列目：ある齢区間における生存延べ年数 ${}_nL_x$．これは，x 齢から $x+n$ 齢までの齢区間に対して計算される．例えば，以下のとおりである．

$$\begin{aligned}{}_{10}L_0 &= \frac{10(l_0 + l_{10})}{2} \\ &= \frac{10(1.000 + 0.9851)}{2} \\ &= 9.9255\end{aligned} \qquad \begin{aligned}{}_{10}L_{50} &= \frac{10(l_{50} + l_{60})}{2} \\ &= \frac{10(0.2553 + 0.1138)}{2} \\ &= 1.8454\end{aligned}$$

8 列目：$\boldsymbol{x}$ 齢における残存生涯日数 T_x．これは例えば，以下のとおりである

$$\begin{aligned}T_0 &= \sum_{y=0}^{\omega} {}_{10}L_y \\ &= 9.9255 + \cdots + 0.0127 \\ &= 39.0189\end{aligned} \qquad \begin{aligned}T_{50} &= \sum_{y=50}^{\omega} {}_{10}L_y \\ &= 1.8454 + \cdots + 0.0127 \\ &= 2.7873\end{aligned}$$

9 列目：x 齢の期待余命 e_x．これは，平均的な個体が x 齢で，さらに何日生きられるかを示している．例えば，以下の計算で求められる．

$$\begin{aligned}e_0 &= \frac{T_0}{l_0} \\ &= \frac{39.0189}{1.0000} = 39.0\end{aligned} \qquad \begin{aligned}e_{50} &= \frac{T_{50}}{l_{50}} \\ &= \frac{2.7873}{0.2553} = 10.9\end{aligned}$$

つまり，新たに羽化したばかりのハエと羽化してから 50 日齢のハエは，平均的にそれぞれ 39 日と 10.9 日の生涯が残っている．

この一連の計算を行うことによって，表 2.4 を完成させることができる．

2.2.3　簡易生命表と完全生命表の比較

完全生命表と簡易生命表にはいくつかの違いが生じる．完全生命表 (表 2.1) の 82 から簡易生命表 (表 2.4) の 10 に，齢段階数を減らすと，高齢での死亡率変化の軌跡のような，保険数理上重要となる詳細を調べられなくなる．しかし，簡易生命表を利

表 2.4　キイロショウジョウバエ (*D. melanogaster*) の簡易生命表

齢 (日)	x 齢の生残個体数	初期コホートの x 齢での生残割合	x 齢から $x+10$ 齢の間での生存割合	x 齢から $x+10$ 齢の間での死亡割合	初期コホートの x 齢から $x+10$ 齢の間での死亡割合	x 齢から $x+10$ 齢の間での生存延べ日数	x 齢から $x+10$ 齢の間での残存生涯日数	x 齢での期待余命
x	N_x	l_x	${}_{10}p_x$	${}_{10}q_x$	${}_{10}d_x$	${}_{10}L_x$	T_x	e_x
(1)	(2)	(3)	(4)	(5)	(6)	(7)	(8)	(9)
0	666	1.0000	0.9851	0.0149	0.0149	9.9255	39.0189	39.0
10	656	0.9851	0.8918	0.1082	0.1066	9.3182	29.0934	29.5
20	585	0.8785	0.7615	0.2385	0.2096	7.7375	19.7752	22.5
30	446	0.6690	0.6920	0.3080	0.2061	5.6593	12.0377	18.0
40	308	0.4629	0.5515	0.4485	0.2076	3.5910	6.3783	13.8
50	170	0.2553	0.4457	0.5543	0.1415	1.8454	2.7873	10.9
60	76	0.1138	0.3055	0.6945	0.0790	0.7427	0.9419	8.3
70	23	0.0348	0.0732	0.9268	0.0322	0.1865	0.1993	5.7
80	2	0.0025	0.0000	1.0000	0.0025	0.0127	0.0127	5.1
90	0	0.0000			0.0000	0.0000	0.0000	

注：もととなる完全生命表については表 2.1 を参照のこと．

表 2.5　簡易生命表と完全生命表によるキイロショウジョウバエ (*D. melanogaster*) の期待余命の推定値の比較

	日齢 x における期待余命		推定値の比較	
	簡易	完全	絶対比較 (差) (簡易–完全)	相対比較 (比) (簡易/完全)
0	39.0	39.0	0.0	1.00
10	29.5	29.5	0.0	1.00
20	22.5	22.3	0.2	1.01
30	18.0	17.7	0.3	1.02
40	13.8	13.4	0.4	1.03
50	10.9	10.3	0.6	1.06
60	8.3	7.6	0.7	1.09
70	5.7	4.1	1.6	1.39
80	5.0	1.2	3.8	4.17

注：表 2.1 の完全生命表と表 2.4 の簡易生命表を用いた比較．絶対差は日齢で計算されている．

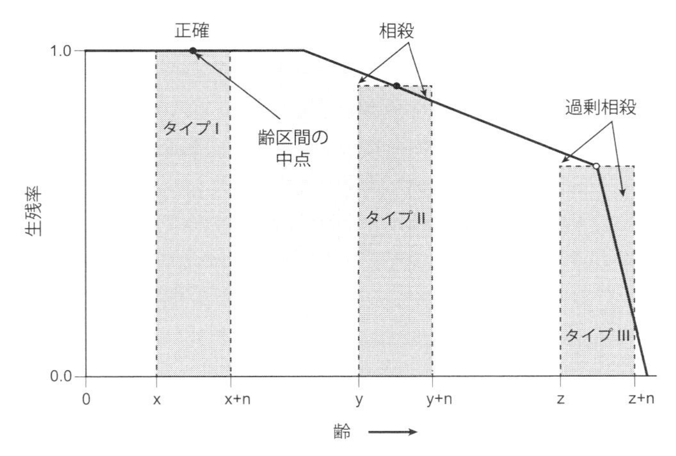

図 2.3 生存率が急速に低下しているため，2 つの齢での生残率の中間値を用いた高齢期の生存延べ年数の面積による推定が不正確になりがちな理由を，l_x スケジュールの模式図で示している．齢区間内の l_x スケジュールの中点が，そこの長方形の高さとなり，齢間隔 (n) は，その長方形の幅となる．これらの積 (高さ × 幅) が，生存延べ年数の面積による推定値となる．

用する多くの場面では，期待余命の比較に主な関心が払われる．そのため，ここでの例のように，より広く 10 日の齢階級をひとまとめとしてしまうことによって期待余命の値の精度が失われる程度について，理解しておく必要がある．表 2.5 で比較している完全生命表と簡易生命表の期待余命の値を見ると，簡易生命表の 0, 10, 20, 30 および 40 日齢の期待余命の値は，完全生命表におけるこれらの齢の値に対し，同一か，違いは 3%未満である．しかし，50 日齢以降では，2 種類の生命表で値の (絶対) 差は小さくとも，相対比は中程度か大きく見える．2 つの生命表の期待余命の値の違いが徐々に増加することに加え，簡易生命表での値が完全生命表での値をすべての齢で上回っていることに注意する必要がある．この 50 日齢以降の不一致の理由は，生残率の急速な低下のため，長方形を用いた方法では，生存延べ日数の推定値が中間点より右側で多めに計算されてしまうからである (図 2.3 の説明を参照).

2.2.4 期間生命表とコホート生命表から生まれる新たな概念

a. ギャップとラグ

コホート生命表は縦断的データからなる実際のコホートのものだが，期間生命表は，ある期間のみの横断的データからなるため，そこから作られるコホートは人工的な仮想のものである．しかし，Goldstein and Wachter (2006), Wachter (2014) こよると，期間生命表による合成コホートが人工的で仮想のものだからといって，期間期待寿命 (period life expectancy) と呼ばれる合成コホートの期待寿命は，単に想像上のものに過ぎないわけではない．彼らは，死亡率が改善してきた近代の人間の集団を対象として，ある時点での期間期待寿命は，40〜50 年前に生まれたコホートの期待寿命とおおよそ等しくなっており，ある時点での期間期待寿命が，過去のコホートの期待寿命を遅れて示していることを経験的・分析的根拠によって示し，そのことを「時間差 (ラグ)」と呼び注目した．この状況ではまた，ある時点で見積もられた期間期待寿命は，その時点の出生コホートの期待寿命よりも短くなる，「ギャップ」が生じる．このギャップの大きさは，死亡率が改善している時代において，実際のコホートが将来に，恩恵として受ける寿命の延びとなる「ボーナス」年を生み出す．時間差 (ラグ) は，時間軸で水平に見て，ある年の期間期待寿命が，何年分過去の出生コホートの期待寿命と等しいかという，その遅れの程度を示す．彼らの分析では，ギャップと時間差 (ラグ) の変わり方も評価している (後述する図 2.6 を参照)．それによると，期間期待寿命とコホート期待寿命の年ごとの変化の曲線を見た時，まず，死亡率が改善していくにつれて，期間期待寿命の曲線とコホート期待寿命の曲線の時間差 (ラグ) は年々増加していた．これは，高齢での死亡率の改善が起こって長生きになっていったことが主な理由である．また，期間期待寿命の曲線とコホート期待寿命の曲線のギャップは少し増大したのちに年々縮小していた．その理由は，期間死亡率の改善のペースが，近年，横ばいになったからである．死亡率の低下のペースは，ギャップの大きさを決定する上で重要な役割を果たすが，ラグの大きさにはあまり影響をもたらさないこともわかった．

仮想の例を用いて，コホート生命表における生残率と，期間生命表の横断的データから合成したコホートにおける生残率の推定値の間に生じるギャップを表 2.6，図 2.4 に示す．ここでは，4 つの齢における生残率を見ている．死亡率は，第 1 期から第 6 期を通して改善しており，その後の第 7 期から第 10 期では一定である．4 期の期間生命表の齢別死亡率から推定した 4 齢の生残率は 0.85，4 期の出生コホートの 4 齢の生残率は 0.90 である．この間のギャップ 0.05 がどのように生じたかを検討しよう．

第 4 期の横断的データから，4 齢の期間生残率は，表 2.6 の第 4 期で縦に並ぶ波線四角で囲まれた横断的データである，この期の各齢階級の生存率に基づき以下のとおりに計算される．

$$(0.980) \times (0.970) \times (0.955) \times (0.934) = 0.85$$

この計算は，第 4 期の各齢階級の個体が経験している生存率に基づいている．一方，

表 **2.6** 死亡状況の改善にともなう，期間生存率とコホート生残率の関係

	期間									
	死亡状況改善期						死亡状況安定期			
齢	1	2	3	4	5	6	7	8	9	10
3	0.751	0.834	0.900	0.934	0.945	0.956	0.967	0.967	0.967	0.967
2	0.833	0.889	0.933	0.955	0.963	0.970	0.978	0.978	0.978	0.978
1	0.888	0.925	0.955	0.970	0.975	0.980	0.985	0.985	0.985	0.985
0	0.925	0.950	0.970	0.980	0.983	0.987	0.990	0.990	0.990	0.990
4 齢までの期間生残率	0.51	0.65	0.78	0.85	0.87	0.90	0.92	0.92	0.92	0.92
4 齢までのコホート生残率	0.75	0.82	0.87	0.90	0.91	0.92	0.92	0.92	0.92	0.92
ギャップ	0.23	0.17	0.09	0.05	0.04	0.02	0.00	0.00	0.00	0.00

注：各行には，0〜3 齢区間の齢別生存率が含まれている．第 7 期までは徐々に高くなり，それ以降は一定となる．各列には，各期間の齢別生存率が記載されている．4 つの齢区間を経た後の 2 つの方法による生残率が，表の下側の 2 行に示されている．上の行は，その期間で各齢が経験している生存率の積によるもので，下の行は，斜め上方向のコホートが経験する死亡率の値の積によるものである．

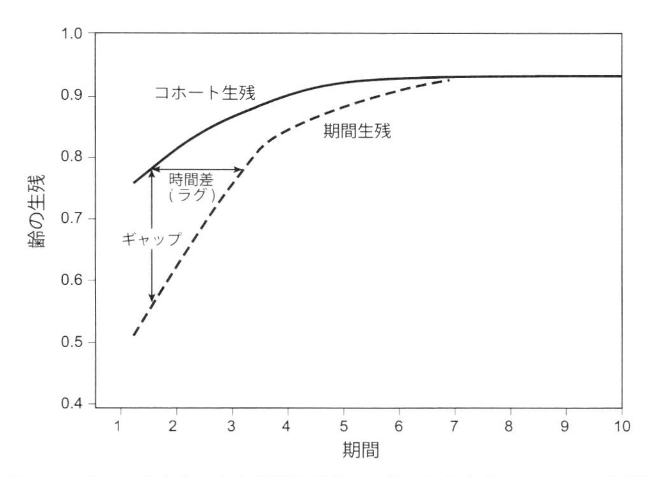

図 **2.4** 表 2.6 をもとにした期間生残率とコホート生残率のパターンの図解

第 4 期の出生コホートの 4 齢のコホート生残率は，表 2.6 の第 4 期から斜め右上方向に並ぶ実線四角で囲まれた縦断的生存率データから，以下のとおりに計算される．

$$(0.980) \times (0.975) \times (0.970) \times (0.967) = 0.90$$

これは，第 4 期の出生コホートが，生まれた時の第 4 期から，3 齢を過ごした第 7 期までに実際に経験した各齢での生存確率に基づいている．コホートデータによる生残

率 (コホート生残率) が，期間データから求めた生残率 (期間生残率) より 0.05 上回るギャップが見られる．このギャップの理由は，第 4 期生まれコホートでは齢を重ねるにつれ，各齢階級で死亡率が，第 4 期に比べて改善したためである．年々の死亡率の改善がなくなると，期間生残率とコホート生残率の違いはなくなってくる．これは，ギャップがある第 1 期から第 6 期までと，ギャップが 0 となっている第 7 期から第 10 期とを見れば明らかである．

期間データから求めた生残率は，コホートの生残率に遅れて改善され，死亡率の変化ペースが減少したために両者のギャップは縮小する (図 2.4)．死亡率改善によりギャップが縮小していく様子について Goldstein and Wachter (2006, p.268) は，「死亡率の改善のわりには，ギャップの縮小に，より長い時間がかかっている」と述べている．図 2.5 は，アメリカ合衆国の人口データから，齢が進むごとに，過去の同じ齢に比べ生存率が上昇し，コホートに生存率「ボーナス」があったことを示している．

また，期間期待寿命は，死亡率の改善を経験したコホートの期間寿命が遅れて現れた結果と解釈できる．Goldstein and Wachter (2006) によれば，現在生命表による 65 歳の期間期待余命は，およそ 15 年前に 65 歳になったコホートの期待余命に対応

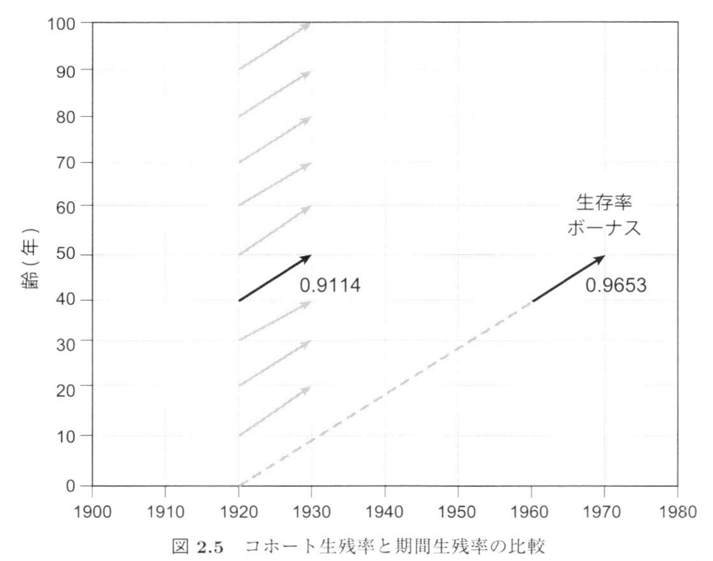

図 2.5　コホート生残率と期間生残率の比較

1920 年生まれの人にとっては，1920 年代の 40 歳から 50 歳の 10 年分の期間生存率 (0.9114) から，40 代を迎えた 1960 年代の 40 歳から 50 歳の 10 年分のこのコホートが経験する生存率 (0.9653) へと，40 歳から 50 歳の 10 年について，0.0539 の生存率ボーナスを得たことになる．

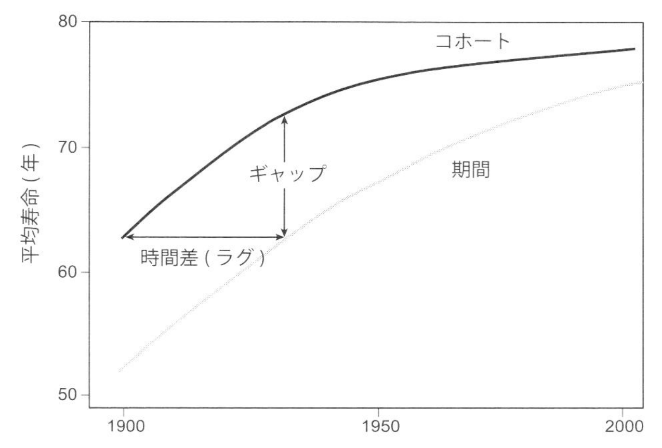

図 **2.6** ラグとギャップの概要を示す，20 世紀におけるアメリカ合衆国のコホート期待寿命と期間期待寿命の模式図 (Goldstein and Wachter 2006 の図 2 からの平滑化近似)

している．図 2.6 は，アメリカ合衆国で 20 世紀を通して一貫して作用していたこの効果による，期間期待寿命とコホート期待寿命曲線のギャップと時間差 (ラグ) を表している．100 年間でギャップが縮まり，ラグが伸びたことがわかる．

b. 横断的期待寿命

横断的期待寿命 (CAL(t): cross-sectional average length of life) は，ある時点 t の集団の平均的な死亡経験を測る指標として，Brouard (1986) によって最初に提案された．その基本的なアイデアは，2 つのよく使われる生存率の尺度である縦断的生存データによるコホート期待寿命と，横断的データによる期間期待寿命との関係を見ると理解できる (図 2.7)．CAL(t) は，期間生命表の単年の齢別生存率に基づくものではなく，過去の各出生コホートの時刻 t までの生残率に基づいて計算される．CAL(t) は一般的な時刻 t の場合で，CAL(T) は，図 2.7 に示すように特定の時刻 T (ここでは，$T = 2000$) の場合を意味している．

集団間の死亡状況の比較をするための方法として，TCAL (truncated cross-sectional average length) と表記される打ち切り版の CAL が提案されている (Canudas-Romo et al. 2018)．CAL と TCAL は，各コホートの齢別死亡率の情報のみを使用する標準的な横断的データを使ったものよりも，期待寿命の優れた見積もりである．CAL と TCAL では，生まれてから着目する年までのすべてのコホートの生存確率を集計して使っているからである．つまり，CAL と TCAL は，縦断的情報をある時刻で横断面的に合成した計測量であると解釈できる．CAL は以下の式で表されることから，そ

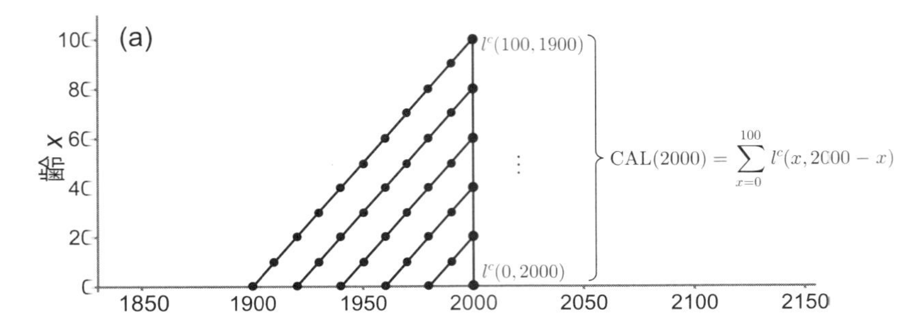

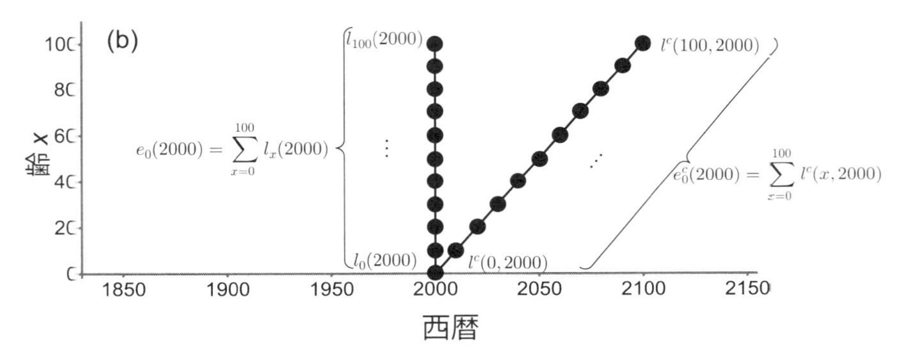

図 2.7 横断的期待寿命 (CAL(T)), 期間期待寿命 ($e_0(T)$), コホート期待寿命 ($e_0^c(T)$) の計算の概要を説明するためのレクシス図

最高年齢を 100 歳とした. (a) 1900 年から各年の新生コホートが, 2000 年にそれぞれの齢になるまで, 生残スケジュールに従って各生命直線をたどる. $T = 2000$ における垂直線上で, 2000 年における各齢コホートの生残確率が定められる. CAL(2000) は, それらの生残確率を足し合わせたものである. (b) 横断的データに基づいて, $T = 2000$ 年の垂直線上で, 各齢の合成コホートの生残確率 ($l_x(2000)$) が定められる. 期間期待寿命 ($e_0(2000)$) は, それらの生残率を足し合わせたものである. 縦断的データから 2000 年の新生コホートの各齢における生残率が求められる. コホート期待寿命 ($e_0^c(2000)$) は, それらの生残確率を足し合わせたものである [*4].

のことがわかる.

$$\mathrm{CAL}(t) = \sum_{x=0}^{\omega} l^c(x, t - x) \tag{2.22}$$

ここで, $l^c(x, t-x)$ は, 時刻 $t - x$ における出生コホートの x 齢までのコホート生残率である. TCAL の公式は以下のとおりで, 記録が Y_1 齢で打ち切られること以外,

---

*4) 生残率の和で期待寿命が求められる根拠は, 式 (2.15) で与えられている.

CAL と同様である.

$$\mathrm{TCAL}(t, Y_1) = \sum_{x=0}^{Y_1} l^c(x,\, t-x) \tag{2.23}$$

実データを用いると, 0 歳から 80 歳までの TCAL(2015) は, 次のように計算される.

$$\begin{aligned}\mathrm{TCAL}(2015) &= l^c(0, 2015) + l^c(1, 2014) + \cdots + l^c(79, 1936) + l^c(80, 1935)\\ &= 1.000 + 0.9947 + \cdots + 0.2592 + 0.2474\\ &= 69.7\ \text{年}\end{aligned}$$

この値は, 1935 年と 2015 年の期間期待寿命である 62.1 歳と 75.7 歳とそれぞれ対比することができる.

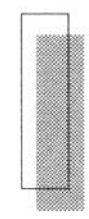

2.3 生命表から導かれる指標

生命表からは, 様々な保険数理上の考え方, 分析手法, および指標 (測定基準) を導き出すことができる. ここで, それらについて説明する. また, 単要因減少過程の生命表を用いたより広範囲の例を紹介する.

2.3.1 分布の代表値

集団中の個体が死亡する齢の特徴を記述する, いくつかの指標がある. 期待寿命は, 新生個体の残存生涯年数の平均 (average), あるいは, 出生コホートの平均死亡齢を示す, 生命表から得られる指標の一つである. **生存年数の中央値 (median)** は, 全死亡の半分が起こった齢を指す. そして, **生存年数の最頻値 (mode)**, あるいは死亡齢の最頻齢は, 死亡が最も頻繁に起こった齢を指す. 図 2.8 は, 1900 年における, アメリカ人女性の死亡齢の平均値, 中央値, および最頻値の相違の程度に比べて, 2000 年におけるこれらの指標が狭い範囲に集中している様子を示している. どちらの時期の集団も, 最頻値が平均値よりも大きな値である. 記録が残るあらゆる時期の集団についても, 寿命の最頻値は平均値よりも高かった. それは成熟前の若い頃の死亡によって平均値が引き下げられているからである.

2.3.2 中央死亡率

コホートの齢別死亡割合の一つの推定量である中央死亡率 (central death rate) は, m_x と表記され, ある期間中の死亡数 $(l_x - l_{x+1})$ をその期間中に生きていた平均個

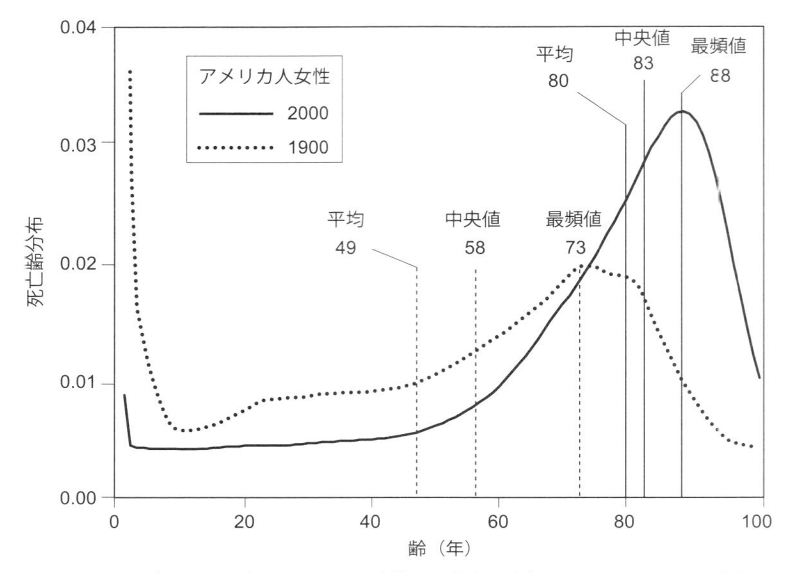

図 2.8　1900 年と 2000 年のアメリカ人女性の死亡率の分布 (d_x スケジュール)(出典：Human Mortality Database 2018)

体数 ($(l_x + l_{x+1})/2$) で割ったもの，すなわち，$m_x = 2(l_x - l_{x+1})/(l_x + l_{x+1})$ である (ここでの m_x の表記は，しばしば齢別繁殖力を示すためにも使われるので，混同しないように留意が必要である)．

中央死亡率は確率ではなく，実データに基づいた死亡リスクにさらされている個体のうちの死んだ個体の数の観察割合である．言い換えると，それは本質的に，第 3 章で紹介される齢 x と $x+1$ の間の死力 (force of mortality) の荷重平均である．m_x と期間死亡率 q_x の間には，以下の関係がある [*5]．

$$m_x = \frac{q_x}{1 - \frac{1}{2}q_x} \tag{2.24}$$

また，式 (2.24) より，

$$q_x = \frac{m_x}{1 + \frac{1}{2}m_x} \tag{2.25}$$

[*5] この関係は，q_x の定義である式 (2.3) と m_x の定義 $m_x = 2(l_x - l_{x+1})/(l_x - l_{x+1})$ より求められる．中央死亡率の名前は，m_x の定義の分母で中点の値の生残率を利用していることに由来する．

となる．例えば，$m_{10} = 0.03027$ の値は，10〜11 齢の齢区間，1 人当たりの死亡数を示し，$q_{10} = 0.02982$ (の値) は，10〜11 齢の齢区間である個体が死亡する確率である．中央死亡率は，次節で説明する，実データについてのもう一つの重要な保険数理パラメータである生命表老化率を計算するために使用される．

2.3.3 生命表老化率

Horiuchi and Coale (1990) は，生命表老化率 (LAR: life table aging rate) という指標を提案した．この量は，k_x と表記され，齢にともなう齢別死亡率の変化率として定義される．この指標は，齢にともなう死亡率の絶対的な変化ではなく相対的な変化を意味している．公式は次のように与えられる．

$$k_x = \ln m_{x+1} - \ln m_x \tag{2.26}$$

ここで m_x は中央死亡率である．生命表老化率 (LAR) は，齢にともなう死亡率の傾きの測定値である．第 3 章で紹介する，死亡率を記述する関数の一つであるゴンペルツ関数を例にすると，ゴンペルツパラメータ b が LAR に相当する．しかし，ゴンペルツパラメータで死亡率変化の傾きが一定であると決めておくのとは異なり，LAR は短期間ごとの死亡率の傾き (変化) を測るために用いられる．説明のための実例として，10 日齢と 70 日齢のキイロショウジョウバエ (*D. melanogaster*) のデータ (表 2.1 参照) から k_x の計算値を示す．$k_{10} = 0.1972$ および $k_{70} = 0.0279$ であり，これは，死亡率の 1 日当たりの変化が，10 日齢ではほぼ 20%，70 日齢では 3%以下であることを示している．チチュウカイミバエとヨツモンマメゾウムシ (*Callosobruchus maculatus*) に適用された LAR の例を Tatar and Carey (1994) や Carey (1995) で参照することができる．

2.3.4 生命表エントロピー

生命表エントロピー (life table entropy) は，ある集団における死亡や生存の変化の程度を評価するための指標となる．すべての個体が全く同じ齢で死亡する場合，l_x 曲線の形は階段関数 (死亡する齢までは $l_x = 1$) になるが，すべての個体について各齢で死亡する確率が全く同じである場合 (つまり，すべての p_x が同一の場合)，l_x スケジュールは幾何級数的減少を示す．実際の齢別の死亡分布 (d_x) は，これら両極端のパターンの間で様々な形に変わる．死亡分布の不均一性の尺度としては，エントロピー H (Demetrius 1978) がある．それは次のように定義される．

$$H = \frac{\sum_{x=0}^{\omega} e_x d_x}{e_0} \tag{2.27}$$

Goldman and Lord (1986) は，この式の分子についていくつかの解釈を述べている．$\sum d_x = 1$ であることから，$e_x d_x$ の合計は，x 齢での期待余命 e_x の齢別死亡割合 d_x による荷重平均である．また，観察された死亡によって，失われてしまった将来の人生の平均年数，あるいは，もし死後に二度目の人生を与えられたなら，平均してどれだけの年数を与えられるかを示すものと解釈することができる．この式の分母は，期待寿命 e_0 であり，分子で評価した絶対量を相対量に変換する働きをしている．

Vaupel (1986) は，エントロピー H について，(1) もし，すべての個体が，人生において最初に訪れる死の機会を免れることができた場合の期待寿命の増加割合，(2) すべての齢の死力 (「死力」は，第 3 章で詳しく説明される) を 1%減らしたことによって，伸びる期待寿命のパーセント変化率，(3) 今日起こった死によって失った将来の人生の時間をこれまで過ごした人生の 1 日当たりに換算したものなどの言葉によるいくつかの解釈を加えた．最後の解釈は，生存パターンの定量的尺度となるもので，言い換えるなら，生存の仕方が個体間でばらつく程度を示す指標である．$H = 0$ の場合，すべての死亡は全く同じ齢で起こり，$H = 1$ の場合，l_x スケジュールは指数関数的な減り方をする．中間の値，$H = 0.5$ では，l_x スケジュールが線形の減り方を示す．

例として，表 2.1 のキイロショウジョウバエ (*D. melanogaster*) の生命表から求められるエントロピーを見てみよう．計算は以下のとおりである．

$$
\begin{aligned}
H &= \frac{e_0 d_0 + e_1 d_1 + e_2 d_2 + \cdots + e_\omega d_\omega}{e_0} \\
&= \frac{(39.0 * 0.0000) + (38.0 * 0.0000) + (37.0 * 0.0002) + \cdots + (0.500 * 0.0018)}{39.0} \\
&= \frac{15.017}{39.0} = 0.385
\end{aligned}
$$

なお，参考までに $H = 0$ の場合，すべての個体は同時に死亡するため，死亡率の不均一性は 0 である．$H = 1$ の場合，死亡によりコホートが失う日数は，新生個体の平均生存日数に等しくなる．$H = 0.5$ の場合，これら 2 つの極端な場合の中間となる．

2.3.5　感　度　分　析

生残スケジュールを分析すると，特定の齢での生存率の小さな変化が，期待寿命 e_0 をどのように変化させるかを評価できる．式 (2.15) をおおまかに見ると，期待寿命 e_0 は，以下の式となる．

$$
e_0 = \sum_{x=0}^{\omega} l_x \tag{2.28}
$$

この式は，式 (2.8) を用いて，次のように書き直すことができる．

$$e_0 = l_0 + \sum_{x=1}^{\omega} \prod_{y=0}^{x-1} p_y \tag{2.29}$$

この式を書き下すと

$$e_0 = 1 + p_0 + p_0 p_1 + p_0 p_1 p_2 + \cdots + p_0 p_1 p_2 \cdots p_{\omega-3} p_{\omega-2} p_{\omega-1} \tag{2.30}$$

となる．この関係から，例えば，4 つの齢階級のあるコホートで，p_1 の小さな変化が e_0 に与える影響を計算できる．まず，e_0 は

$$e_0 = 1 + p_0 + p_0 p_1 + p_0 p_1 p_2 \tag{2.31}$$

となり，これを p_1 について微分すると，

$$\frac{de_0}{dp_1} = p_0 + p_0 p_2 \tag{2.32}$$

である．この導関数 (微分式) は次のように表すことができる．

$$\frac{de_0}{dp_1} = \frac{1}{p_1} \sum_{x=2}^{3} l_x \tag{2.33}$$

また，以下の関係

$$p_0 + p_0 p_2 = \left(\frac{p_0 p_1}{p_1} \right) + \left(\frac{p_0 p_1 p_2}{p_1} \right) \tag{2.34}$$

が成り立つので，この右辺を項 $(1/p_1)$ について因数分解すると，次のようになる．

$$\frac{1}{p_1}(p_0 p_1 + p_0 p_1 p_2) \tag{2.35}$$

すなわち，この式は以下のとおりとなる．

$$\frac{1}{p_1}(l_2 + l_3) \tag{2.36}$$

この結果により，p_x の変化が e_0 に与える感度を計算するための一般公式は，以下のとおりとなることがわかる．

$$\frac{de_0}{dp_x} = \frac{1}{p_x} \sum_{y=x+1}^{\omega} l_y \tag{2.37}$$

この式は，p_x (齢別生存率) の小さな変化に対する e_0 (寿命) の感度について 2 つの重要な点を示している．まず，x が増加すると，x から最終齢 ω までの l_x の合計は常に減少する．したがって，他の齢での期間生存率がすべて同じ場合，e_0 に対する生

存率の変化の影響は，年配の齢より若い齢で常に大きくなる．第二に，e_0 は期間生存率が高い場合よりも低い場合に，その変化による影響が大きい．これは，式 (2.37) で総和の外側の項が，x 齢の生存割合 p_x の逆数であることに留意すると明らかである．例えば，$p_x = 0.9$ の場合，l_x の合計に乗算される係数 $1/p_x$ は 1.1 (つまり，1/0.9) であり，$p_x = 0.5$ の場合，2.0 (つまり，1/0.5) と大きな値となる．

上記とは異なるアプローチとして，Vaupel (1986) は，「もし，一生のうちのいずれかの 10 年の齢区間で，100 件分の死亡を回避するとしたら，どの齢区間で回避するのが最良だろうか」という仮想の問いを設定し，期待寿命に対する死亡率の変化の効果について考えた．最初の 10 齢区間というのが，この疑問に対する答えである．なぜなら，子供たちは高い初期死亡率のために，何年もの期待余命を失うからである．しかし，この疑問を少し変更して，「もし，死亡率を 1%減らすことができるとしたら，どの 10 年間が最良だろうか」と問うたならばどうだろうか．Vaupel が指摘したように，直感的に納得できる推測は，0 歳から 10 歳とか 17 歳から 27 歳などの若い齢での 10 年間が最も有益であるというものである．しかし彼によれば，スウェーデンの男性と女性の生命表を使って調べてみると，正解は，男性で 67 歳から 77 歳で，女性で 74 歳から 84 歳であることが示される．これは，多くの乳児が生後 1 年で死亡するものの，次の 9 年間で死亡する幼児，児童はほとんどいないためである．これは，非常に多くの男女が 70 歳代と 80 歳代で死亡することと対照的である．この分析の数学的詳細は，彼の論文 (Vaupel 1986) に記載されている．

2.3.6 単要因減少過程の例

単要因生命表の考え方と分析方法は，ある元となる状態への参入と，その状態からの離脱という，参入/離脱の二分法的過程として，生き物の生活場面に一般化して適用することができる．その多くの例を表 2.7 に示す．まず，出生によって参入した生きているのが元の状態であれば，死によってこの世を去ることが，生きている状態から死んだ状態への離脱である．あるいは，未婚が元の状態で，結婚でその状態を抜け出す例もそれにあたる．この考え方は，失業や刑務所収監から休眠や植物の開花に至るまで，様々な過程に拡張することができる．

2.3.7 定常集団モデルとしての生命表

生命表は，死亡データを分析し，生存率，期待余命，死亡齢分布 (death distribution) などをまとめるためのものである一方で，生命表から構成される集団は，成長率がゼロの定常集団 (stationary population) モデルとも見なすことができる．コホート生

表 **2.7** 生命表というツールによって研究可能な単要因減少過程の例

過程名	状態 調査時期	参入	離脱	表の縦軸
死亡	生存時	出生	死亡	齢
結婚	未婚時	出生	結婚	独身期間 (齢)
移住	出生地居住期	出生	移動	居住期間
労働人口参入	未就業時	出生	就業	齢
初産	未出産時	出生	第一子出産	齢
次子出産	次子出産前	出産	次子の出産	出産間隔
婚姻継続	独身時	結婚	離婚	婚姻期間
失業継続	失業時	失業	失業状態からの離脱	失業期間
刑務所収監	収監時	入所	出所	収監期間
休眠・冬眠	冬眠前	冬眠	覚醒	冬眠期間
性成熟	未成熟時	出生	性成熟	齢
経産	繁殖期	ある繁殖期	次の繁殖期	子供の数
開花	非開花期	開花	落花	開花期間

命表の初期数である新生個体数，すなわち生命表基数は，出生個体数も齢別生存率も時間的に変わらず固定されていると仮定した集団モデルの，最初の齢階級の個体数と見なすことができる．そのような齢構成が不変である定常集団を仮定すると，集団の大きさは，0 齢の個体数としての基数 $l_0 = 1$ から，各齢の個体数としてのコホート生残率 $(l_1, l_2, \ldots)$ を足し合わせたものであり，意味する尺度単位は異なるものの それは e_0 で表される平均的な新生児の生存年数 (期待寿命) と同じものとなる (式 (2.28) 参照)．成長率がゼロである定常集団では，総出生数である 0 齢個体数の $l_0 = 1$ と同じだけの個体数が死亡するので，e_0 の逆数 $1/e_0$ は，死亡数を集団の大きさで割ったものにあたり，その集団の人口 1 人当たりの死亡率 (d; per capita death rate) を表すことになる．この集団では，$1/e_0$ は人口 1 人当たりの出生率 (b; per capita birth rate) にも相当する．それゆえ，定常集団モデルでは，以下の関係が成り立っている．

$$b = d = \frac{1}{e_0} \tag{2.38}$$

簡易生命表にも適用できる任意の幅の齢区間データに対する記法 (式 (2.19)) を採用すると，${}_1L_x$ は，この定常集団の x 齢から $x+1$ 齢の齢区間の平均生存年数 (式 (2.19) 参照) であり，ここでは，定常集団のその齢区間における平均の個体数にあたるので，それを集団の大きさ (e_0) で割った次式の c_x は，集団中の x 齢から $x+1$ 齢までの区間の個体の割合を意味する．

$$c_x = \frac{{}_1L_x}{e_0} \tag{2.39}$$

生命表による定常集団モデルは，期待余命，出生率，死亡率といった人口学的パラメータと集団の齢構成とを関連づける明示的な数式表現を与えるという意味で，役立つモデルといえる (Preston et al. 2001)．定常集団モデルに従えば，他の分野の知見 (例えば骨を調べている考古学者の知見) をもとにして，古代の集団の人口学的パラメータの推定を行うことができる (Chamberlain 2006)．さらには，ヒトやヒト以外の種のすべての集団について生命表があれば，このやり方で，あらゆる集団について，定常集団モデルの考え方に沿った何らかのモデルの基礎を築くことができる．

定常集団には，齢別個体数分布 (age distribution) と余命分布 (remaining lifetime distribution) は同一であるという重要な性質がある (Carey et al. 2012)．その性質は単純な計算で求められる関係で，集団メンバーの余命年数別の死亡者数が，その集団の各齢階級の生存者数と等しくなる．そのことを 4 つの齢階級からなる仮想の定常集団を例として，表 2.8 と図 2.9 で説明する．

表 2.8 の左側の表には，想定する仮想の定常集団モデルを示す．齢 (x)，齢別個体数 (N_x)，生残スケジュール (l_x)，この集団の齢別個体数割合 (c_x) が示されている．集団メンバーの余命 (死ぬまでの時間) 別の個体数割合分布を明らかにするために，ある時点で集団から分離された小集団中の全齢の生残を観察してゆくことにする．中央の表の x^* は，この分離した小集団を観察し始めてからの年時である．$x^* = 0$ の行には，この集団の齢別個体数割合が示されている．2 行目以降には，各年時に生残している齢別個体の初期全数に対する割合が記されている．右側の表には，観察開始から

表 2.8　定常集団における齢分布 (c_x) と，集団メンバーの余命 (死亡までの時間) 分布 (d_x^*) の関係を説明するための仮想例

定常集団				齢別生残					余命分布		
齢 (x)	N_x	l_x	c_x	x^*	0 齢	1 齢	2 齢	3 齢	l_x^*	d_x^*	x^*
0	40	1.000	0.40	0	0.40	0.30	0.25	0.05	1.00	0.40	0
1	30	0.750	0.30	1	0.30	0.25	0.05	—	0.60	0.30	1
2	25	0.625	0.25	2	0.25	0.05	—	—	0.30	0.25	2
3	5	0.125	0.05	3	0.05	—	—	—	0.05	0.05	3
4	0	0.000	0.00	4	—	—	—	—	0.00	0.00	4

注：N_x, l_x, c_x はそれぞれ，個体数，コホート生残率，集団の齢別個体数割合，x^*, l_x^*, d_x^* はそれぞれ，集団を観察し始めてからの年時，集団中の年時ごとの生残割合，各年区間で死亡する集団中の割合を表す．この定常集団の齢別個体数割合 (c_x)(左側表の点線枠中) が，分離集団を観察し始めた年時 ($x^* = 0$) の齢別割合 (中央表の点線枠中) である．1 年時以降の生残齢別割合は，前年時の齢ごとの生残割合と，齢別の生存率から計算される．例えば，中央表の観察開始時 ($x^* = 0$) に 0 齢の列を見ると，$x^* = 1$ で 1 齢となった時点の生残 0.3 は，$x^* = 0$ の 0 齢の割合 0.4 に，0 齢の生存率 l_1/l_0 をかけて，$0.4 \times 0.75/1.00 = 0.30$ と計算される．中央表の各行の数の総和が，右側の表の各年時の全齢の生残割合 (l_x^*) である．l_x^* の年時ごとの減少分が，各年時点で死亡する全齢の個体数割合 (d_x^*) であり，これは観察開始時 ($x^* = 0$) の集団の余命分布である (Müller et al. 2004 より改編)．

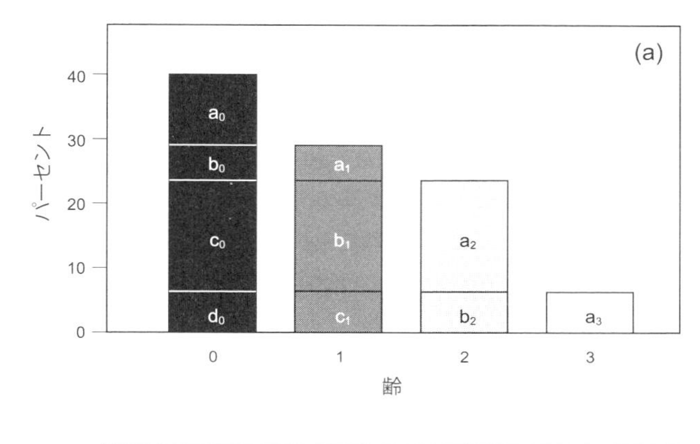

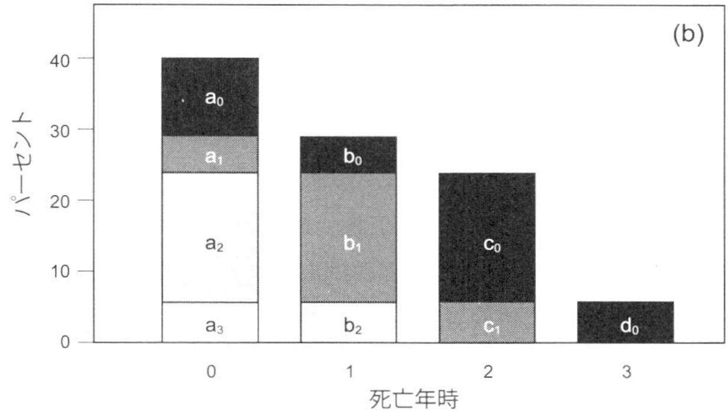

図 2.9 定常集団における齢分布 (パネル (a)) と集団メンバーの死亡するまでの時間の分布 (パネル (b)) の同等性

想定している齢別死亡率 (q_x) は，齢階級 0, 1, 2, および 3 で，それぞれ 1/4, 1/6, 4/5, および 1.00($q_0 = 1 - l_1/l_0 = 0.25, q_1 = 1 - l_2/l_1 = 0.166, q_2 = 1 - l_3/l_2 = 0.8$, および $q_3 = 1 - l_4/l_3 = 1.00$) である．パネル (a) の a_i, b_i, c_i, あるいは d_i と書かれたセグメントは，それぞれパネル (b) の同じ表記のセグメントに対応している．例えば，パネル (a) の各齢の a でラベルされたセグメントの死亡者の合計は，パネル (b) の 0 年時死亡が占める 40%に相当する．つまり，年時が進むにつれ，パネル (a) の 0 齢階級のセグメント a, b, c, および d に属する個体は，パネル (b) の死亡齢分布が示すように，それぞれ 0, 1, 2, および 3 の時点で死んでゆく (出典：Carey et al. 2012).

各年時までの全齢の個体の生残割合 (l_x^*)，観察開始からの各年時区間で死亡する全齢の個体数割合 (d_x^*)，そして観察開始からの年時 (x^*) が示されている．この d_x^* は，観察開始時の集団メンバーの余命別の個体数割合分布にあたる．このことから，d_x^* の分布が c_x の分布と同じことがわかる．

表 2.8 の数値から，図 2.9 (a) に示す齢ごとの個体の余命年数の内訳，あるいは，

図 2.9 (b) に示す，年時ごとに死亡する個体の齢別の内訳も知ることができる．最初の年時区間 ($x^* = 0$) で死亡する割合 $d_x^* = 0.40$ の，0〜3 齢の各齢での内訳は，$a_0 = c_0 \times (1 - l_1/l_0) = 0.4 \times (1 - 0.75/1) = 0.1$，$a_1 = c_1 \times (1 - l_2/l_1) = 0.3 \times (1 - 0.625/0.75) = 0.05$，$a_2 = c_2 \times (1 - l_3/l_2) = 0.25 \times (1 - 0.125/0.625) = 0.2$，$a_3 = c_3 \times (1 - l_4/l_3) = 0.05 \times (1 - 0/0.125) = 0.05$ となる (図 2.9(b))．さらに翌年には b_0, b_1, b_2，翌々年には c_0, c_1，そして 3 年後には d_0 の個体が死亡する．a, b, c, d は，それぞれ初年時から 0 年目，1 年目，2 年目，3 年目に死亡する個体の割合を指し，その添え字の数字は死亡する個体の齢を示す．

図 2.9 のパネル (a) の棒グラフは，仮想定常集団における 4 つの齢階級の個体数の割合を示しており，表 2.8 の c_x 列にある数値に対応している．パネル (b) は，この仮想集団における死ぬまでの時間の分布を示しており，表 2.8 の d_x^* 列に対応している．上段のパネルの齢階級 0 の位置の棒グラフには，すべてのセグメント (a_i, b_i, c_i，および d_i) が描かれている．というのも，この棒グラフは集団中の最年少の齢階級のメンバーを示しており，このメンバーは全員，全年時の死亡リスクを被るからである．それとは対照的に，上段のパネルの集団の最高齢メンバー (齢階級 3) は全員，a のラベルが付いた 1 つのセグメントに含まれており，これらのメンバーはすべて最初の年時で死亡する．各齢で 0 年時 ($x^* = 0$) で死亡する個体の累積割合 (40%) は，集団中で最も若い齢階級の占めるパーセンテージ (40%) に等しくなる．その結果は，1 年時以降のすべての年時にも適用できる．同様に，下段のパネルで示されている，残りの年時 ($x^* = 1, 2, 3$) で起こる死亡の累積 (つまり，それぞれ 30%，25%，および 5%) は，上段のパネルに示される，集団内の齢階級の割合 (つまり，それぞれ 30%，25%，および 5%) に等しくなる．したがって，集団の齢ごとの分布と集団メンバーの余命分布 (死亡齢分布) が等しくなることがわかる．

この仮想的な例は，定常集団の齢構成と，集団メンバーの死亡齢分布の関係を説明するものであったが，(1) 捕獲して分離されたコホートは，野生における各齢コホートの頻度を反映するようにランダムにサンプルされていること，そして，(2) 捕獲コホートの生存スケジュールが，野生のものと同じに保たれていることという仮定が満たされていれば，生命表から作り上げた定常集団の集団齢構成と死亡齢分布の同等関係を用いて，飼育下コホート法 (captive cohort method) から自然集団の齢と死亡について推測することができる (9.5 節参照)．

野生に生息している生き物について，その集団の齢構成はわからないことがある．捕獲した飼育下の集団についての飼育齢ごとの死亡数割合を記録する「飼育下コホート法」は，表 2.8 の右側の数表を作り上げることにあたり，そこから野生集団の齢構成についての情報を組み立てることができる．飼育下コホート法によれば，この余命分布 (d_x^*) を野生集団の齢分布 (c_x) の推定分布と考える．

Müller, Carey らによる最近の論文 (Müller et al. 2004, 2007; Carey, Müller, et al. 2008, 2012) で記述されている飼育下コホート法の背景にある，定常集団の集団齢構成と死亡齢分布の同等性は，Lotka (1907, 1928) と Feller (1950) の両者による定常人口理論に関する初期の研究で説明されている，定常更新過程における残余更新時間の古典公式である．さらに，この方法に関連する定常人口理論などの最近の研究には，置換人口 (replacement population) に関する Ryder による古典的論文 (Ryder 1973, 1975)，定常集団における平均齢と期待余命の同値性を示した Kim and Aron (1989) による論文，定常集団における期待余命の一般公式が記載されている Keyfitz (1985, p.74) の一節，定常集団の基本的特徴を概略した Preston らの人口学の教科書 (Preston et al. 2001, pp.53–58)，定常集団における平均生存年数と平均残余年数の同等性を指摘した Goldstein (2009) の論文などがある．Vaupel (2009) は，Müller et al. (2004) の基本モデルを再導出し，飼育下コホート法で想定する定常集団モデルでは，a 齢未満の個体の割合と余命が a 年より小さい個体の割合が等しいこと，逆に，a 齢以上の個体の割合が，この先に少なくとも a 年間生き残る個体の割合に等しいことを示した．Rao and Carey (2019) は，この同等性の関係を一般化し，定常集団に関するある定理を導いた (詳細については，Rao and Carey 2019 参照)．フランスの人口学者 Nicola Brouard による論文 (1986, 1989) や，アメリカの人口学者 James Carey らによる論文 (Carey et al. 2018; Carey 2019; Carey and Vaupel 2019) には，生命表を使って定常集団から導かれる幾つかの集団特性の間の同等性の証明，拡張，応用などの詳細が追加されている．

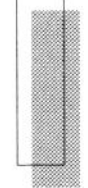

2.4 さらに学びたい方へ

生命表の概念と利用の仕方は，人口学の文字通りの基礎であり，その拡張と実例応用は本書のいたるところに散りばめられている．第 4 章 (繁殖) の出産回数 (経産回数) 生命表 (parity progression life table)，第 5 章 (集団 I：基本モデル) の定常集団モデルとしての生命表，および第 6 章 (集団 II：ステージモデル) の齢/ステージモデルは，集団が定常状態の時，実際は生命表モデルと等価である．第 8 章 (ヒトの生活史とヒトの人口学) では，ヒトの基本モデルとして生命表を盛り込んだ上で，多要因生命表 (multiple-decrement life table) を紹介する．第 10 章 (応用生物人口学 II：個体群の現状評価と管理) では，健康寿命生命表を用いて活動寿命の概念を紹介する．第

11 章の生物人口学小話には，人生が重なる年数 (小話 6)，同年死亡の確率 (小話 12)，人口学的選択 (小話 43) などの生命表に関連するいくつかの疑問が提示されている．

生命表の概念と活用法に関する本は多数出版されており，その中で最も優れているものに，Namboodiri and Suchindran (1987) と Chiang (1984) がある．生命表利用の方法に関する概要については，Michel Guillot による "*The Encyclopedia of Population*" (Guillot 2005) のいくつかの項目，Kenneth Land による "*Handbook of Population*" (Land et al. 2005) の章，イタリアの人口学者 Jacques Vallin と Graziella Caselli による "*Demography: Analysis and Synthesis*" (Vallin and Caselli 2006a, b) の中の 2 つの章，そして，Hallie J. Kintner による "*Methods and Materials in Demography*" (Kintner 2004) の中の主要な章で知ることができる．生命表利用の方法などについて書かれた一般的な人口学に関する教科書には，Lundquist (2015), Rowland (2003), Preston et al. (2001), Wachter (2014) などがある．保険数理学の生命表に関する 3 冊の優れた教科書には，"*Life Contingencies*" (Jordan 1967), "*Mortality Table Construction*" (Batten 1978)，そして "*Actuarial Mathematics*" (Bowers et al. 1986) がある．Harper (2018) では，人口学全般の概要，特に生命表について述べている．

3
死　亡

死は，一般的に共存する２つの原因の結果であると考えてよい．一つは，死の前兆や体調の悪化なしの偶然のもの，もう一つは，衰えにより致死的な出来事に抗えなくなることだ．

Benjamin Gompertz (1825, p.513)

誰が水の故に，誰が火の故に，
誰が剣 (つるぎ) によって，誰が野獣によって，
誰が飢えのために，誰が渇きのために，
誰が地震で，誰が伝染病で，
誰が絞め殺され，誰が石打たれて

Unetanneh Tokef，古来のユダヤ教の詩 (11 世紀における死の分析)

x 齢までのコホート生残率 l_x や齢別生存率 p_x は，生態学や進化学の文献で最も頻繁に使われる生命表パラメータだが，保険数理学では，齢別死亡率 q_x が生命表の最も根本にすえられ，データの統計分析の土台となっている (Land et al. 2005; Roach and Carey 2014)．死亡過程のモデル化や，保険数理上の老化評価 (actuarial aging)，相対リスク (relative risk)，オッズ比，雌雄間あるいは男女間の死亡率の違い，死因別死亡率と全死因死亡率，そして平均生涯死亡率 (average lifetime mortality) などの概念は，すべて死亡リスクを考えることから始まる．例えば，コホート１とコホート２の１日当たりの生存率が，それぞれ 99.9%と 99.0%の時，コホート１に対するコホート２の生存率の比は，$0.99/0.999 \lesssim 1$ と，1.0 をわずかに下回る値となり，違いがわずかに思える．しかし，１日当たり死亡率の比である相対死亡リスク (relative risk of dying) は，$0.01/0.001 = 10^1$ となり，また，１日当たりの死亡率の逆数として計算される平均余命 (コホート１は $1.0/0.001 = 1000$，コホート２は $1.0/0.01 = 100$) の比，すなわち，$100/1000 = 10^{-1}$ となり，10 倍の違いとして捉えられる (Roach and Carey 2014)．このような仮想的な２つのコホートにおける，様々なパラメータの定量的な関係は，リスクを考慮して初めて明白になる．齢別死亡率は概念的にシンプルで測定しやすく，数理モデルで表現しやすく，現にあらゆる場面で用いられる (Carey and Judge 2000b)．

死は，生きている状態から死んでいる状態への変化を示す**事象 (event)** であり，正常に稼働しているシステムの故障発生と考えれば，死亡の，ある根本的な意味合いが明確になる．これに対して生存は，現在の状態を継続するという意味で**非事象 (nonevent)** といえる．このように，非事象ではなく事象を重視することが，リスク分析の基本姿勢である．死亡率を死因別に集計すれば，死亡の生物学的・生態学的・疫学的側面について知ることができる．また，死因の頻度分布から，齢や性別で異なる特定の原因によって死亡する可能性を明らかにすることができる．個体は，事故や捕食者，病気など様々な原因で死ぬことがある．これに対して，通常，生存にはこの**原因**という概念を当てはめることはしない，つまり生存を引き起こす原因は考えない．

齢別死亡率 q_x のもう一つの特徴は，その値が他の齢の人口学的事象と数学的に独立していることである．これに対して，コホート生残率 l_x は，それまでの各齢で生存していることが条件であり，平均余命 e_x は，x 齢から先のすべての齢における死亡の結果をまとめたものであり，x 齢より以前の死亡割合 d_x は，それ以降で死亡することになる個体数を決める．このように他のパラメータでは，異なる齢の値の間に関係が生じる．死亡率が他の齢の出来事に対して数学的に独立していることは重要である．というのも，齢別の死亡率を齢間あるいは集団間で直接比較することができ，その結果，齢別の脆弱性 (frailty) あるいは頑健性の相対的な違いを明らかにすることができるからである．

死亡過程を記述する目的から，ほんの数個のパラメータでコホートの数理的特性を表現する単純で簡潔な手段を提供する数学的モデル (ゴンペルツモデル，ワイブルモデル，ロジスティックモデルなど) がいくつか開発されてきた．そうした簡潔なモデルは，集団間の死亡率や寿命の違いを比較するのに役立つ．

この章では，人口学と保険数理学において基本として重要な 3 つの死亡率の指標に焦点を当てる．最初の 2 つは，第 2 章でもすでに紹介した，x 齢から $x+1$ 齢までの区間で死亡する確率として定義される離散関数の齢別死亡率 q_x と，生存延べ年数当たりの死亡数として定義される中央死亡率 m_x である．第 3 の死亡に係る指標は，人口学において最も重要なものの一つであり，瞬間死亡率として定義される死力 μ_x である．この関数は連続関数であり，主に保険数理解析で用いられる．

3.1 死亡過程の離散時間モデル

生命表について説明した前の章で，齢別死亡率 q_x と中央死亡率 m_x は以下の式の関係にあることを示した．

$$m_x = \frac{q_x}{1 - \frac{1}{2}q_x} \tag{3.1}$$

齢別死亡率と中央死亡率の違いは，以下の定義式で明瞭にわかる．

$$q_x = \frac{x\text{ 齢から }x+1\text{ 齢までの区間で死んだ個体の数}}{x\text{ 齢で生存している個体の数}} \tag{3.2}$$

$$m_x = \frac{x\text{ 齢から }x+1\text{ 齢までの区間で死んだ個体の数}}{x\text{ 齢で生存していた個体の }x\text{ 齢から }x+1\text{ 齢までの区間の生存延べ年数}} \tag{3.3}$$

式 (3.2) と式 (3.3) の分子が同一であることから，これら 2 つの量の違いは，それぞれの分母に見ることができる．式 (3.2) で表される q_x の分母は，その齢区間の初めから，その齢区間の間ずっと死亡リスクにさらされていた個体の数であり，したがって，q_x は x 齢から $x+1$ 齢までの間に死亡する確率である．ある齢区間の初めに 100 個体が死亡リスクにさらされ，その齢区間の終わりに 88 人が生き残ったとすると，その齢区間で死亡する確率は 0.12 となる．

式 (3.3) で表される m_x の分母は，その年期間における生存延べ年数である．これには，その年期間を生き抜いた個体と，その年期間内で死んだ個体の生存延べ年数が含まれている．m_x は，x 齢区間の生存延べ年数当たりの死亡の率という意味をもつ．その年期間の初めに x 齢として 100 個体がいて，月に 1 個体の割合で，1 年の間に 12 個体が死亡したとする．この年期間の x 齢の平均の生存延べ年数は，この期間を生き延びた個体の生存年数の合計である 88 年と，平均すると期間のちょうど真ん中の時点で死亡したと見なすことにする 12 個体分の生存年数 6 を足した 94 年ということになる．この仮想例の中央死亡率 m_x は，期間の死亡数 12 個体 (分子) を生存延べ年数 (分母にあたる 94 年) で割った 0.128 であり，これは，この年期間での生存延べ人数当たりの死亡数という意味をもつものである．

式 (3.2), (3.3) の q_x と m_x の右辺の項は，式 (2.3), (2.6), (3.1) から生命表のパラメータ d_x と l_x を使って次のように表される．

$$q_x = \frac{l_x - l_{x+1}}{l_x} = \frac{d_x}{l_x} \tag{3.4}$$

$$m_x = \frac{d_x}{(l_x - d_x) + \frac{1}{2}d_x} \tag{3.5}$$

なお，式 (3.5) の分母の左の項は，この期間内での x 齢 1 個体の生存年数 (l_x) から，補正されていない死亡によって失われた生存年数 (d_x) を差し引いたものである．こ

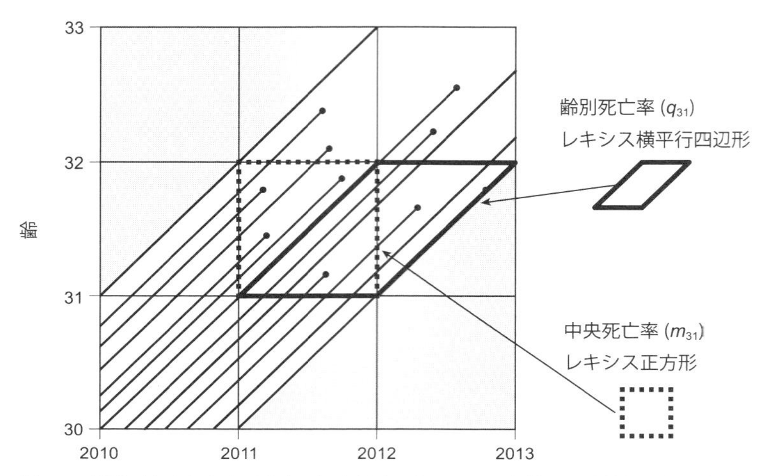

図 3.1 齢別死亡率と中央死亡率の概念的違いと，それらを使って分析する時の違いをレキシス図を用いて視覚的に説明する．

中央死亡率 m_{31} は，31 歳から 32 歳までの間に死亡した人数を，2011 年から 2012 年の間に，31 歳から 32 歳の齢区間にいた個体の生存延べ年数で割ることによって求められる．一方，齢別死亡率 q_{31} は，2011 年中に 31 歳になった人のうち，2012 年中に 32 歳になるまで生き残れなかった人の割合である．

の未補正の失われた生存年数は，平均的な個体が期間の中間点で死亡したと仮定して，$d_x/2$ を足すことによって分母の右の項で補正される．m_x と q_x の違いは，図 3.1 のレキシス図に示されている．

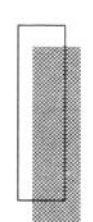

3.2 死亡過程の連続時間モデル：微積分による表現

数学は，正しく見れば，真実だけでなく，最高の美しさも備えている．それは冷たく厳格な美しさであり……

バートランド・ラッセル (Bertrand Russell)

3.2.1 死 力

各齢 x における生残割合 (l_x) を齢 x の連続関数と考えると，瞬間死亡率が齢における l_x の減少率 (すなわち瞬間の死亡効果) と l_x の値との比として定義される．これを死力 (force of mortality) と呼び，μ_x と表記する．死力は，代数的に以下のように導かれる．

$$\mu_x = \frac{\displaystyle\lim_{n\to 0}\frac{l_x - l_{x+n}}{n}}{l_x} = \frac{\displaystyle -\lim_{n\to 0}\frac{l_{x+n} - l_x}{n}}{l_x} \tag{3.6}$$

$$\mu_x = \frac{-\dfrac{d}{dx}(l_x)}{l_x} \tag{3.7}$$

式 (3.6) の右辺の分子に示した微分の定義から，式 (3.7) が得られる．ここで，d/dx は，齢 x による微分を表しており，μ_x は齢の微小な変化に対する l_x の相対変化率を示している．l_x が齢の減少関数であることから，μ_x を正の値にするためにマイナス記号が付けられている．

微積分学の基本公式により，x の関数 $f(x)$ の自然対数である $\ln(f(x))$ の微分は，以下の式 (3.8) のように表すことができる．これにより，式 (3.7) は式 (3.9) のように表される．

$$\frac{d}{dx}(\ln(f(x))) = \frac{1}{f(x)}\frac{d}{dx}(f(x)) \tag{3.8}$$

$$\mu_x = -\frac{d}{dx}(\ln l_x) \tag{3.9}$$

x 齢から $x+n$ 齢までの齢区間の生存確率を ${}_np_x$ として，${}_np_x$ を死力 μ_x を使って表すことを考える．そのためにまず，式 (3.9) の両辺を 0 から n の範囲で積分する．微積分の基本公式に従った一連の計算を式 (3.10) と式 (3.11) に示した．式 (3.10) の左辺と式 (3.11) の右辺を結んだ等式について，${}_np_x$ で解くと式 (3.12) が得られる．

$$\int_0^n \mu_{x+t}\ dt = -\int_0^n \frac{d}{dt}(\ln l_{x+t})\ dt = \left[-\ln l_{x+t}\right]_0^n \tag{3.10}$$

$$= -(\ln l_{x+n} - \ln l_x) = -\ln\left(\frac{l_{x+n}}{l_x}\right) \tag{3.11}$$

$$= {}_np_x = \exp\left(-\int_0^n \mu_{x+t}\ dt\right) \tag{3.12}$$

$n=1$ であれば，この式は近似的に次のように簡略化できる．

$$p_x = \exp(-\mu_x) \tag{3.13}$$

式 (3.13) を μ_x について解けば，以下のとおりとなる．

$$-\ln p_x = \mu_x \tag{3.14}$$

この式から，死力 μ_x は，生命表における齢別生存率にあたる p_x の対数にマイナスを付けたものであることがわかる．そして式 (2.5) と式 (3.13) から，齢別死亡率 q_x が

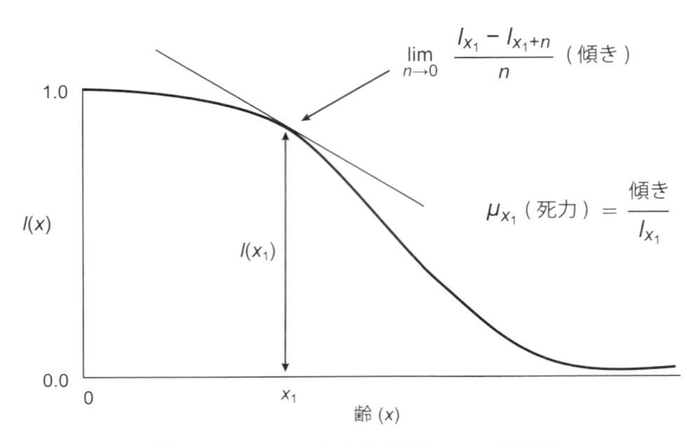

図 **3.2** l_x の x_1 における死力 μ_{x_1} の図解

以下のとおりに得られる.

$$q_x = 1 - \exp(-\mu_x) \tag{3.15}$$

また，生命表における l_x と p_x に以下の関係 (式 (2.8)) があることを思い出すと，

$$l_x = \prod_{i=0}^{x-1} p_i = \prod_{i=0}^{x-1} e^{-\mu_i}$$

指数関数の法則から，式 (3.16) が得られる.

$$l_x = \prod_{i=0}^{x-1} e^{-\mu_i} = e^{-\sum_{i=0}^{x-1} \mu_i} \tag{3.16}$$

つまり，l_x は μ_x の総和にマイナスを付けたものの指数であることがわかる．式 (3.16) から連続時間の類似の式を考えると，以下の式が得られる.

$$l(x) = \exp\left(-\int_0^x \mu_a \; da\right) \tag{3.17}$$

死力は，死が起こるまさにその瞬間での死亡の尺度であり，式 (3.7) の定義に戻れば，l_x 関数の傾きを l_x の値で標準化したものである (図 3.2)．この連続時間の考えから生まれたアイデアを生命表の離散時間で借用し，保険数理モデルでは，齢別死亡率 q_x よりも死力 μ_x の方が好んで使われることがある．その理由は，死力は，範囲を 1 までに限定されず，齢間隔の大きさに依存せず，様々な種類の死亡関数の引数となるからである.

離散的データによる生命表のデータから死力 μ_x を計算するには，完全生命表や簡易生命表のデータを使って，以下の 3 つのいずれかの公式が用いられる.

$$\mu_x = -\ln p_x \tag{3.18}$$

$$\mu_x = -\frac{1}{2}(\ln p_{x-1} + \ln p_x) \tag{3.19}$$

$$\mu_x = -\frac{1}{2n}\ln_e\left(\frac{l_{x+n}}{l_{x-n}}\right) \tag{3.20}$$

ここで，n は簡易生命表を作成する際に齢をまとめた間隔を示す．

3.2.2 観測をもとにした死亡モデル

ある齢以降の死亡率が，現在の齢の死亡率と，各齢ごとの死亡率の変化係数の積で表されるという単純な仮定をすると，簡単な死亡モデルを以下の式により作ることができる．

$$q_{x+1} = \lambda q_x \tag{3.21}$$

ここで，λ は加齢による死亡率の変化率を表す．70 歳から 75 歳の変化率の幾何平均 (geometric mean) を定数として，$\lambda = 1.0824$ (図 3.3(a) より) とし，70 歳から 75 歳までの死亡率を予測することができる．$q_{70} = 0.020420$ とすると，71 齢以降の死亡率は，逐次以下のように計算される．

$$q_{71} = \lambda q_{70} = (1.0824) \times (0.020420) = 0.022102$$

$$q_{72} = \lambda q_{71} = (1.0824) \times (0.022102) = 0.023923$$

$$q_{73} = \lambda q_{72} = (1.0824) \times (0.023923) = 0.025893$$

$$q_{74} = \lambda q_{73} = (1.0824) \times (0.025893) = 0.028026$$

$$q_{75} = \lambda q_{74} = (1.0824) \times (0.028026) = 0.030335$$

71 歳の死亡率は，70 歳の死亡率を $\lambda = 1.0824$ 倍した値であり，

$$q_{71} = \lambda q_{70}$$

同様に，72 歳の死亡率は，71 歳の死亡率を $\lambda = 1.0824$ 倍した値である．

$$q_{72} = \lambda q_{71}$$

λq_{70} を q_{71} に代入すると，q_{72} は次のようになる．

$$q_{72} = \lambda \times \lambda q_{70}$$

すなわち，

$$q_{72} = q_{70}\lambda^2$$

である．このモデルは，q_{70} を初期死亡率 a と定義すると，次のように一般化できる．

$$q_x = a\lambda^x$$

この式は，x 齢の齢別死亡率は，初期死亡率と死亡率変化率の x 乗の積であるということを表している．$\lambda = e^b$ とおくと，このモデルは，以下のとおり，連続関数の形にすることができる．

$$\mu(x) = ae^{bx}$$

このモデルを仮定して，観測データに基づく死亡率の変化係数の推定と，求めたパラメータに基づく死亡率変化の軌跡を図 3.3(a),(b) に示す．

3.2.3 齢別死亡率の平滑化

データが少なかったり，死亡率が環境変化に起因するノイズがある場合，死亡モデルを作るために，生命表の死亡率を平滑化することが有効となる．以下に示す計算式の齢別死亡スケジュールの移動幾何平均は，齢別死亡率の推定値 ($\hat{q}_x$) を求める平滑化の方法である．

$$\hat{q}_x = 1 - \left[\prod_{y=x-n}^{x+n} p_y\right]^{\frac{1}{2n+1}} \quad (3.22)$$

ここで，p_y は齢別生存率，n は移動幾何平均の「幅」を示す．死力の移動平均値の推定値 ($\hat{\mu}_x$) は，以下のとおり計算される．

$$\hat{\mu}_x = \frac{1}{2n+1}\sum_{y=x-n}^{x+n} \mu_y \quad (3.23)$$

各点で重み付けされた最小二乗法を用いて死力を平滑化するより洗練された方法は，Müller et al. (1997) および Wang et al. (1998) に記載されている．

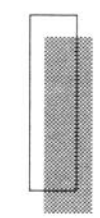

3.3 死亡過程のハザード関数モデル

死亡や生存の様子を表すため，何らかの関数式を用いることがある．それには主に 3 つの理由がある (Bowers et al. 1986)．第一に，多くの物理現象は単純な数式で効率的に説明できるため，動物の生存は単純な法則に支配されていると，何人かの研究者が提案したからである (Bowers et al. 1986 より引用)．第二に，数百にも及ぶパラ

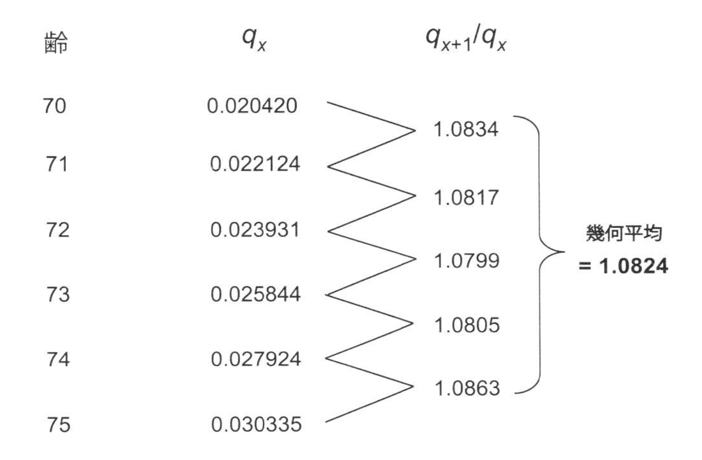

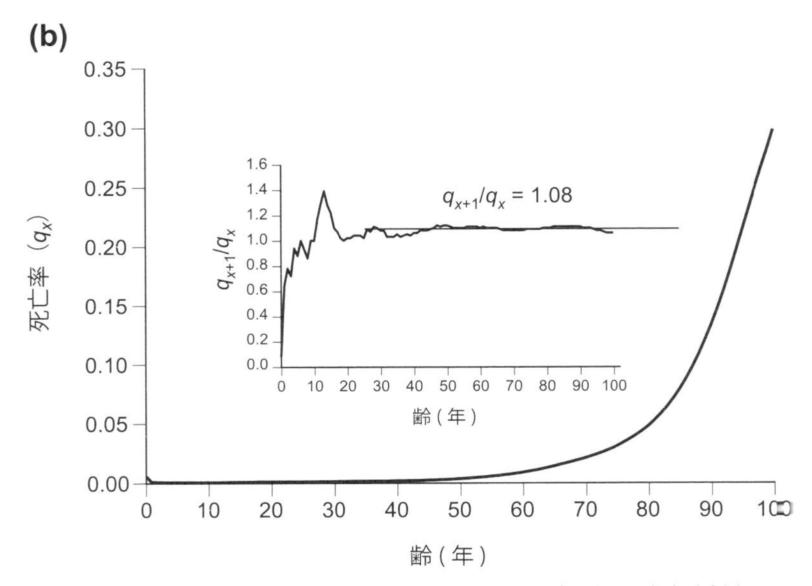

図 3.3　アメリカ人女性 (2000 年) の死亡率の変化が一定であることを示す図
(a) 70 歳から 75 歳の齢別死亡率の変化率．これらの変化 (率) は，すべての齢で小数点以下 2 桁まで 1.08 である．(b) ライフコース全体から見た齢別死亡率の変化率．メインのグラフは齢別死亡率，挿入された小グラフは q_{x+1} と q_x の比を示している．

メータと確率が記されている生命表を伝えるよりも，数個のパラメータをもつ関数を伝える方が簡単である．最後に，実際の死亡データから，数個のパラメータによって表される単純で数学的に解析可能な生存関数を容易に推定することもできる．保険数理で「死力」と呼んだものに相当する関数は，生存時間分析では「ハザード関数 (危険度関数) (hazard function)」あるいは「ハザード率 (hazard rate)」と呼ばれることがある．人口学や老年学の研究で最も頻繁に使用される 7 つの死亡過程を表す関数

表 3.1　7 つの主要なハザード関数 $\mu(x)$ と生残関数 $l(x)$

モデル	$\mu(x)$	$l(x)$	注記 (ノート)
ド・モアブルモデル	$(\omega - x)^{-1}$	$1 - \dfrac{x}{\omega}$	ω は最高齢；生残率は $l_x = a - bx$ とも表される．$a = 1.0$ (基数)，$b = 1/\omega$ である．
ゴンペルツモデル	ae^{bx}	$\exp\left[\dfrac{a}{b}\left(1 - e^{bx}\right)\right]$	$a =$ 初期死亡率；$b =$ ゴンペルツパラメータ；線形型：$\ln \mu(x) = a + bx$
メイカムモデル	$ae^{bx} + c$	$\exp\left[\dfrac{a}{b}\left(1 - e^{bx}\right) - cx\right]$	$c =$ 齢とは独立なアクシデントに関する死亡係数
指数モデル	c	$\exp[-cx]$	一定ハザード，c
ワイブルモデル	ax^n	$\exp\left[-\left(\dfrac{a}{n+1}\right)x^{n+1}\right]$	$a =$ 位置パラメータ；$n =$ 形状パラメータ；$n > 0$；線形型：$\ln \mu(x) = a + n \ln x$
ロジスティックモデル	$\dfrac{nx^{n-1}}{g^n + x^n}$	$\left(1 + \left(\dfrac{x}{g}\right)^n\right)^{-1}$	g と n はデータに合わせるためのパラメータ；これらのパラメータで位置と形状が調整される．
サイラーモデル	$a_1 e^{-b_1 x} + c + a_2 e^{b_2 x}$		a_1 と b_1 は，幼児の死亡率の大きさとその変化度合いを決めている，c は，齢とは独立なアクシデントによる死亡の程度を表す．a_2 と b_2 は，若者と中年，老年の死亡率の大きさとその変化度合いを決める．

注：出生時の期待寿命 $e(0)$ はすべてのモデルで，$e(0) = \int_0^\omega l(x)dx$ によって求められる (Carey 2001).

モデル (mortality model) のハザード関数 $\mu(x)$ と，ハザード関数によって決まる齢別生残率の関数 $l(x)$ を，ハザード関数のパラメータの説明とともに表 3.1 に示す．

3.3.1 ド・モアブルモデル

ド・モアブルモデル (De Moivre model) ではハザード関数は最高齢と現在の齢の差の逆数に等しく，齢が最高齢と想定される齢 ω に近づくにつれ，無限大に向かう傾向を有する (Smith and Keyfitz 1977)．その結果，生残スケジュール $l(x)$ は，齢 $x=0$ の 1.0 から齢 $x=\omega$ の 0 まで，齢の線形減少関数となる．このモデルの利点は，その単純さにある．モデルは明解でわかりやすく，生存関数は 1 つのパラメータ (ω) しか必要としない線形の式になる．この式のように生残率が齢の線形関数であるという仮定が適用されるのは，たいてい短い齢間隔の範囲に限られる．

3.3.2 ゴンペルツモデル

ゴンペルツモデル (Gompertz model) (Gompertz 1825) は，性成熟齢または他の所定の年齢を超えた齢に注目し，ハザード関数が，齢に従う指数的増加関数であると仮定したものである．このモデルには 2 つのパラメータがある．1 つ目のパラメータ，初期死亡率 a は，指定された齢区間の最も若い齢階級の死亡率を表す．2 つ目は，死亡率の指数関数的な増加速度を決める b で，これは齢による死亡率増加の傾きを決めるものである．これらはゴンペルツパラメータと呼ばれる．この 2 つのパラメータの変化が，生残曲線 $l(x)$ と死亡齢分布 (death distribution; $d(x)$) にどのような影響を与えるかを比較したものが，それぞれ図 3.4 と図 3.5 に示されている．

ゴンペルツモデルのハザード関数は指数関数であり，生残率はシグモイドの軌跡をたどる．ゴンペルツモデルには 2 つの有用な公式がある．(1) 死亡率が 2 倍になるまでの時間を MDT (mortality doubling time) と表示し，$\mathrm{MDT} = \ln 2/b$ と定義される．(2) Finch (1990) は，最高寿命の推定値を $T_{\max}$ と表示し，ゴンペルツの死亡率に従う集団が生存者 1 人になる齢と定義した ($T_{\max} = \ln[1 + b(\ln N)/a]/b$) [*1]．ゴンペルツモデルについては，Ricklefs and Scheuerlein (2002) が詳しい．

3.3.3 メイカムモデル

メイカムモデル (Makeham 1867) は，ゴンペルツ–メイカムモデル (Gompertz-

[*1] 集団の初期個体数が N であるとすると，その齢 ($T_{\max}$) での生残率は $1/N$ であるから，表 3.1 にあるゴンペルツモデルの $l(x)$ 関数の式を使って，$1/N = \exp\left[(a/b)\left(1 - e^{bT_{\max}}\right)\right]$ が成立する．この式を $T_{\max}$ について解くと与式が得られる．

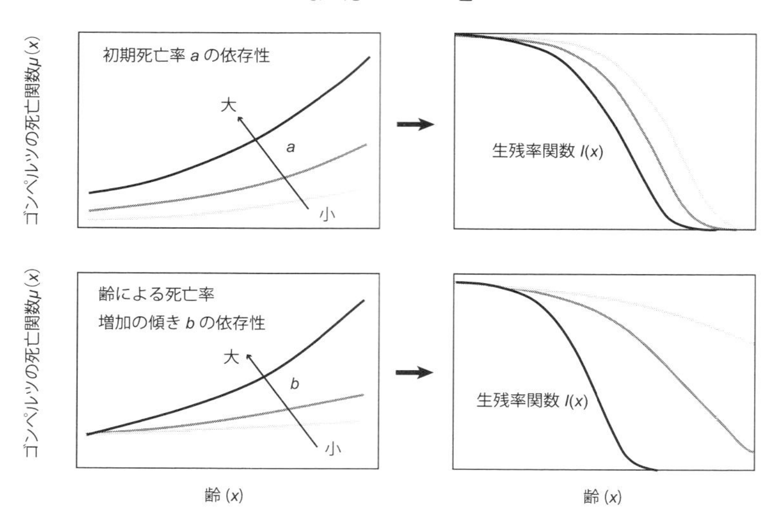

図 **3.4** ゴンペルツモデルにおける a (初期死亡率) と b (死亡率の傾き) の値の違いが，生残パターンに与える影響の比較

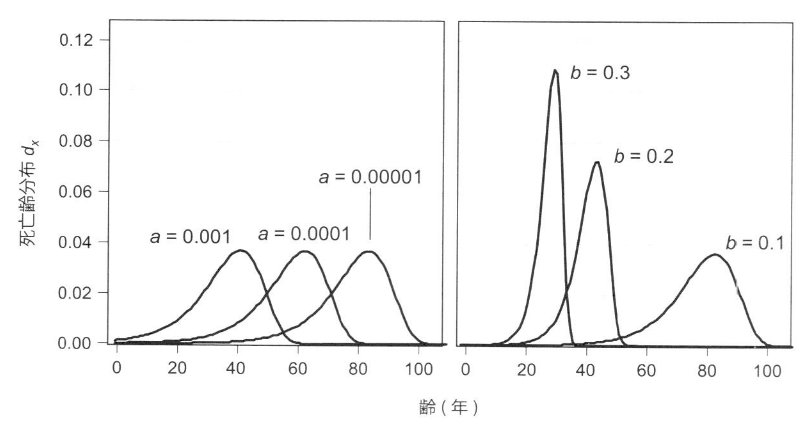

図 **3.5** ゴンペルツモデルにおける a (初期死亡率) と b (死亡率の傾き) の値の違いが，死亡齢分布 d_x のパターンにどのような影響を与えるかの比較 (出典：Canudas-Romo et al. 2018)

Makeham model) とも呼ばれ，ゴンペルツモデルを改良したものである．メイカムは，齢によらない死亡原因 (事故死など) を考慮して，$\mu(x)$ のゴンペルツ式に定数項を加えれば，全体の死亡傾向をよりよく表すことができると考えた．ゴンペルツモデルでは，線形回帰でパラメータ a, b を推定するために対数変換を利用できたが，ゴン

ペルツ–メイカムモデルには，パラメータ c を推定するための同じような便利な変換法が存在しない．その代わりに c の推定のため，まずゴンペルツ回帰式からパラメータ a と b を推定し，直線に最も近くなるまで c を調整するという試行錯誤を行うことも提案されてる (Elandt-Johnson 1980).

3.3.4 指数モデル

指数モデル (exponential model) は，事実上，ゴンペルツ–メイカムモデルからゴンペルツ成分を除いたものである．つまり，齢に依存しない事故による死亡だけを想定して，事故死率パラメータ c のみを含む．指数モデルでは，死亡率は齢によらず一定であるため，そのプロットは単純に $y = c$ の x 軸に水平な直線となる．このモデルの生存関数は，齢とともに指数関数的に減少する．

3.3.5 ワイブルモデル

ド・モアブル，ゴンペルツ，メイカムの各モデルが保険数理の分野に由来するのに対し，ワイブルモデル (Weibull model) は信頼性工学の分野で開発された (Weibull 1951)．このモデルは指数モデルを一般化したものであるが，指数モデルとは異なり，一定のハザード率を仮定していないため，適用範囲が広くなっている．ワイブルモデルには 2 つのパラメータがあり，n の値は分布曲線の形状を決定し，a の値はそのスケーリングを決定する．ワイブルのハザード関数は，$n > 0$ の場合に増加し，$n < 0$ の場合に減少し，$n = 0$ の場合は一定となる．

3.3.6 ロジスティックモデル

ロジスティックモデル (logistic model) は，Pearl and Reed (1920) によって人口学に導入された．彼らは，このモデルによってアメリカ合衆国の人口の上限，すなわち漸近値の推定を行った．Wilson (1994) は，大規模なチチュウカイミバエの研究結果にロジスティックモデルがよく適合することを示した．ロジスティックモデルと似たものとして，パークモデル (Perks 1932) がある．そのハザード関数の形も，齢が高くなると横ばいになる．

3.3.7 サイラーモデル

全生涯にわたる死亡率を表す重要なパラメトリックモデルに，サイラーの競合ハザードモデル (Siler competing hazards model)(Siler 1979) がある．サイラーモデルは，ゴンペルツ–メイカムモデルに 3 つ目の要素を加えて，ヒトやヒト以外のほぼすべての種で一般的に高い値を示す生涯の初期段階の死亡を表現した．サイラーが自分のモデルを「競合ハザードモデル」と呼んだのは，まさにこのモデルの3つの要素を，生涯を通じて同時に競合するリスクの集合体と解釈したからである．

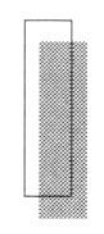

3.4 死亡過程から生命表パラメータを導く

死亡リスクは，生きている状態から死んでいる状態に移行する可能性を規定するものであり，生命表の他のパラメータを生み出す背後のメカニズムといえる．図3.6は，4つの異なる死亡リスク (齢別死亡率 q_x) のパターンから，生残率 l_x と死亡齢分布 d_x のパターンがどのような形になるかを示している．(1) 一定の死亡率で，生残率と死亡齢分布は，幾何級数的減少曲線を描くタイプI．(2) 指数 (ゴンペルツ型) 死亡率で，高齢まで高い生残率を維持し，その結果，死亡数割合が高齢に偏ることになるタイプII．(3) 初期の，すなわち乳児の死亡率が高く，その後ゴンペルツ型死亡率となるタイプIII．(4) 高齢になると死亡率の増加が収まるタイプIV．このタイプでは，生残率と死亡齢分布のグラフは尾を引く曲線になる．

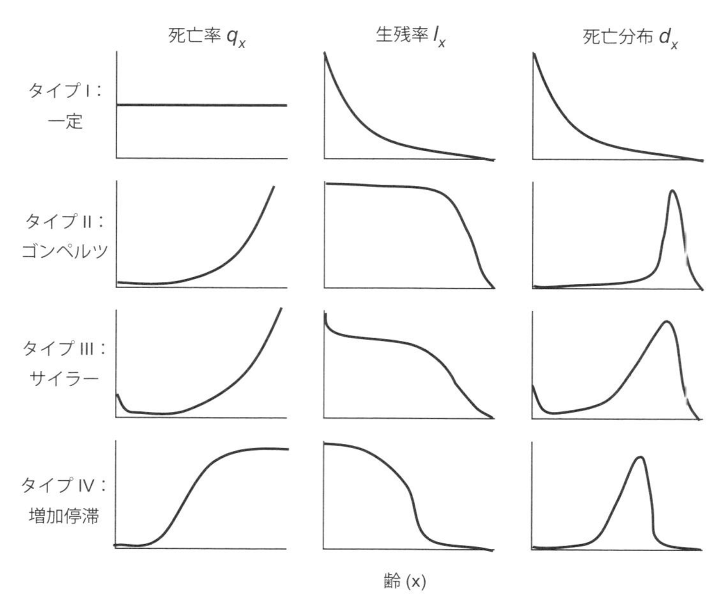

図 3.6 4つの異なる死亡リスクの場合の，q_x, l_x, d_x の齢別パターン

3.4.1　人口学的不均一性と選択

先に紹介した死亡過程モデルでは，出生時のすべての個体が各齢で同じ生存確率を経験するという前提がおかれている．集団内での遺伝的資質や発育条件の違いなど，死亡リスクに大きな影響を与える要因は多岐にわたるため，この前提は事実上，常に成り立たないことになる．集団が高齢化すると，集団内の個体の構成が変化し，淘汰で残ったメンバーの集団になる．死亡率の高いサブコホートのメンバーは，死亡率の低いサブコホートのメンバーよりも，時間の経過とともに，より多く死亡する．虚弱度 (frailty) のレベルが異なるサブグループの存在は，人口学的不均一性 (**demographic heterogeneity**) と呼ばれる (図 3.7 参照)．また，コホートの齢につれて起こる選別プロセスを人口学的選択 (**demographic selection**) という．コホートが虚弱性のレベルが異なるサブコホートから構成されていると，保険数理的には，コホート全体の死亡率がコホート内の不均一性の変化にともなって変化することになる．結果として，それぞれのサブコホートが，例えばゴンペルツ型の死亡率に従っていても，コホート全体ではゴンペルツ型の死亡率の軌跡から大きく外れる可能性がある．最も虚弱度

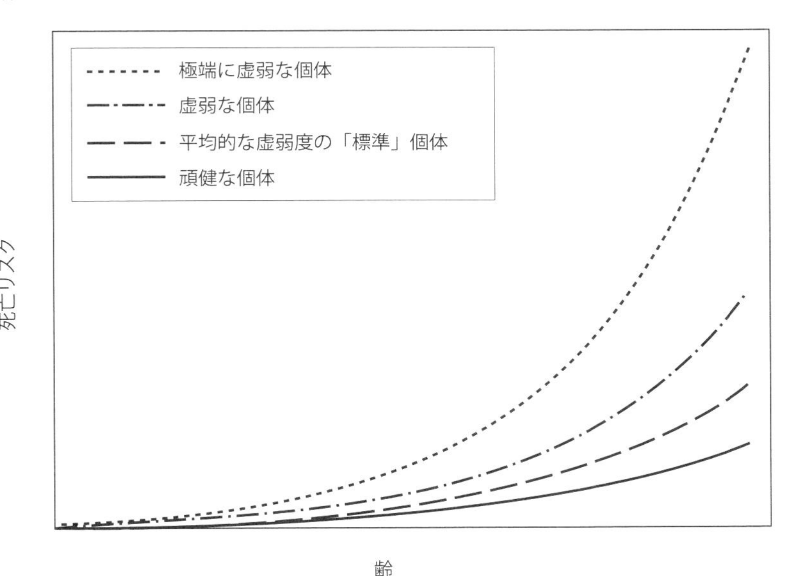

図 3.7　あるコホート内のサブコホートごとの異なる死亡パターン
死亡は，すべてのサブコホートの個体の生涯のあらゆる時点で発生するが，虚弱性の違いによる死亡率の差が，齢が進んだコホート内のサブコホート構成を決め，複合的な死亡率パターンを生じさせる．

の高い個体が最初に死亡し，コホート内でそのような個体の数は次第に少なくなり，それにつれて，コホート全体の死亡率の軌跡が変化することになる．例えば，あるコホートに，齢によらず低く一定の死亡率をもつサブグループと，齢とともに死亡率が上昇しているサブグループの 2 つがある場合，コホート全体の死亡率はピークまで上昇した後，弱者が死に絶えるにつれて低下し，全体の死亡は頑健な方のサブグループの軌跡をたどることになる．不均一性がコホートの死亡の軌跡にどのように影響するかについて，いくつかの例を図 3.8 に示す．

「集団に，死亡リスクが異なるサブコホートがある」という発想と，そのことによる保険数理上の帰結についての研究は，40 年以上前に James Vaupel らによって始められた (Vaupel et al. 1979)．彼らはモデル分析によって，当時は明確ではなかった重要な 4 つの洞察をもたらした．第一に，各サブコホートの個体の死亡率は，コホート全体で観察された死亡率よりも齢とともに速く上昇している場合がある．これは，齢とともに，虚弱度が高いサブコホートの個体が選択的に取り除かれていくことで，コホート全体の平均虚弱度は齢とともに減少してゆくためである．第二に，医療・健康管理の進歩の評価法が，コホート全体の死亡率の改善のみに目を向け，元来死亡リスクの高いサブコホートの個体が，医療・健康管理の進歩とは関わりなく多く取り除かれることによって，元来死亡リスクの低いサブコホートの割合が齢とともに増加していくことを考慮しないと，何らかの医療行為によって命が救われる可能性のある人々の期待余命を正しい推定値より低く見積もってしまうかもしれない．第三に，過去の死亡率を減らすための医療進歩が過小評価され，その結果，死亡率を減らすための医療進歩の将来予測が低くなりすぎる可能性がある．最後に，2 つの集団間の死亡率の差異が齢とともに減少したり逆転したりする要因として，虚弱度の不均一性が考えられる．

3.4.2 人口学的不均一性のモデル

$\mu_i(x,y,z)$ が，人口グループ i に属する，齢 x，時点 y で，虚弱度が z である個体の死力を表すハザード関数とする．虚弱度パラメータ z に対して死力を次の関係に従って定義する (Vaupel et al. 1979).

$$\mu_i(x,y,z) = z \times \mu_i(x,y,1) \tag{3.24}$$

ここで，虚弱度パラメータが $z=1$ の個体は「標準」個体とする．つまり死力が，その個体の虚弱度による．つまり，虚弱度が 2 の個体は，特定の齢や時刻での死力が 2 倍で，虚弱度が 1/2 の個体は，死力が半分ということである．

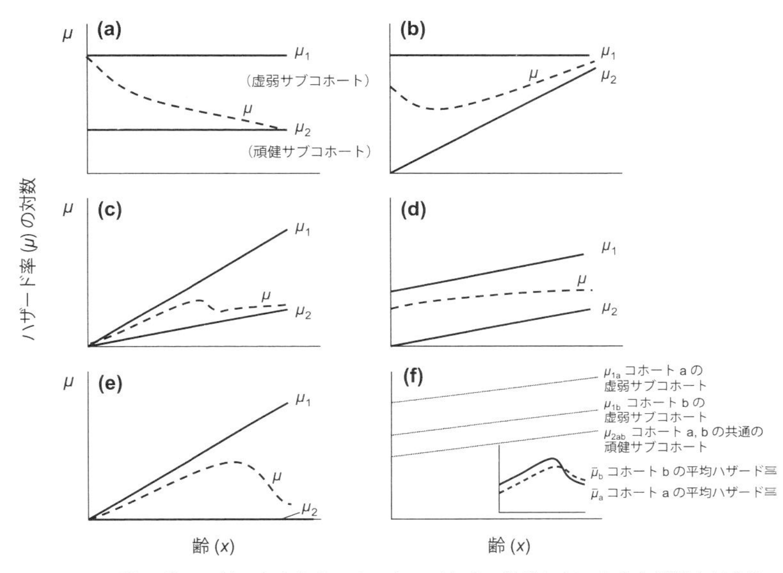

図 3.8　不均一性が，齢にともなうコホートの死亡率の軌跡にどのような影響を与えるかについての例 (Vaupel and Yashin 1985)

(a)〜(e) の実線はサブコホートのハザード率，破線は全コホートのハザード率．(a) 2 つのサブコホートのハザード率が一定であっても，観測されたハザード率が低下することがある．(b) 一方のサブコホートのハザード率が一定の率で上昇し，他方のサブコホートのハザード率が一定であるにもかかわらず，観測されたハザード率は，低下しその後上昇することがある．(c) 2 つのサブコホートのハザード率が着実に上昇しているにもかかわらず，観測されたハザード率が，一貫して上昇してから，その後低下し，再び上昇することがある．(d) 観察されたハザード率は，2 つのサブコホートのハザード率よりもゆっくりと増加する場合がある．(e) 一方のサブコホートのハザード率が上昇し，他方のサブコホートが免疫をもっている場合，観察されたハザード率は上昇し，その後低下する可能性がある．(f) ここでは，2 つのコホートの対比において，不均一性が及ぼす作用の一例をみる．2 つのコホート a, b は，共通の頑健なサブコホートを含んでいる．コホート a, b に共通の頑健サブコホートのハザード率が μ_{2ab} である．どちらのコホートも虚弱サブコホートを含み，どの齢においてもコホート a の虚弱サブコホートのハザード率 (μ_{1a}) は，コホート b の虚弱サブコホートのハザード率 (μ_{1b}) を上回っている．コホート a はコホート b よりもハザードレートの不利な組み合わせにある．コホート a の，虚弱サブコホートメンバーが比較的に最も早く死に絶えてゆくため，コホート a の大部分は齢とともに頑健なサブコホートのメンバーとなる．この効果が十分に強ければ，一見，不利な立場のコホート a と有利な立場のコホート b の平均ハザード率が高齢になると逆転することが起こりうる (Vaupel and Yashin 1985 を参考に訳者により描画)．

注：ゴンペルツモデルを採用している．直線の縦軸の切片は初期死亡率，傾きはゴンペルツパラメータ．

Vaupel et al. (1979) は，簡略化のために添え字と引数を削除したので，式 (3.24) は次のようになる．

$$\mu(z) = z \times \mu \tag{3.25}$$

ある標準個体が x 齢まで生存する確率を s とし，x 齢までの累積ハザード関数である $\int_0^x \mu(a, y, z)\, da$ を H とすると，式 (3.17) より以下の式が成り立つ．

$$s = e^{-H} \tag{3.26}$$

虚弱度が z の個体の x 齢まで生存する確率は，

$$s(z) = s^z \tag{3.27}$$

となる．ここで $s = s(x, y, 1)$ である．つまり，標準的な個体が時刻 y の時点で x 齢で生存する確率が 0.50 であるとすると，虚弱度が 1/3, 1/2, 1, 2, 3 の個体は，それぞれ 0.79, 0.71, 0.50, 0.25, 0.125 の確率で生存することになる．また，これら 5 つのサブコホートにそれぞれ同じ数の個体が最初にいたとすると，コホート全体の平均生存率は $s = 0.475$ となる．代わりに，最も虚弱なグループから最も虚弱でないグループまで，それぞれ $n = 5000$，4000，3000，2000，1000 の初期個体とした場合，$s = 0.356$ となる．初期個体数の順が逆の場合，$s = 0.594$ となる．これらの仮想的な例は，コホート内の虚弱度の分布がグループの生存率に及ぼす影響だけでなく，各サブコホートの初期値個体数の分布が生存率に及ぼす影響を理解することの重要性を示している．

3.4.3 虚弱度の分布

Vaupel と彼の同僚ら (Vaupel, Manton, and Stallard 1979; Vaupel and Yashin 1985) は，出生時の虚弱度がガンマ分布

$$f_0(z) = \lambda^k z^{k-1} \frac{e^{-\lambda z}}{\Gamma(k)} \tag{3.28}$$

に従うと仮定した．ここで，λ と k は分布のパラメータである．ガンマ分布に従う変量の平均と分散は次のように与えられる．

$$\bar{z} = \frac{k}{\lambda} \tag{3.29}$$

$$\sigma^2 = \frac{k}{\lambda^2} \tag{3.30}$$

彼らがこの分布を選んだのは，この分布は解析的に扱いやすく，容易に計算でき，ま

た，k を変えることで様々な形をとる柔軟性があるからである．例えば，$k=1$ の時は指数分布と同じで，k が大きい時は釣鐘型の分布になるなど，k の変化に応じて様々な分布形を表すことができる．

3.4.4 死亡率が異なる 2 つのサブコホートの死亡モデル

人口学パラメータの不均一性に起因する人口学的選択の概念を，キイロショウジョウバエ (*D. melanogaster*) に適用した仮想的な 2 つのサブコホートの例で説明する．ゴンペルツ関数を用い，各サブコホートでゴンペルツパラメータ b が異なるとし，初期個体数が 10 倍違うところから始めた場合の，選択の効果を表 3.2 と図 3.9 に示した．コホート全体の死亡率は，死亡率が高いサブコホート A の死亡率とほぼ一致しており，このサブコホートの初期個体数が多かったため，その状態が 50 日目まで続いている．50 日齢では，全体の死亡率 (図 3.9 の破線) は，サブコホート A の死亡率とわ

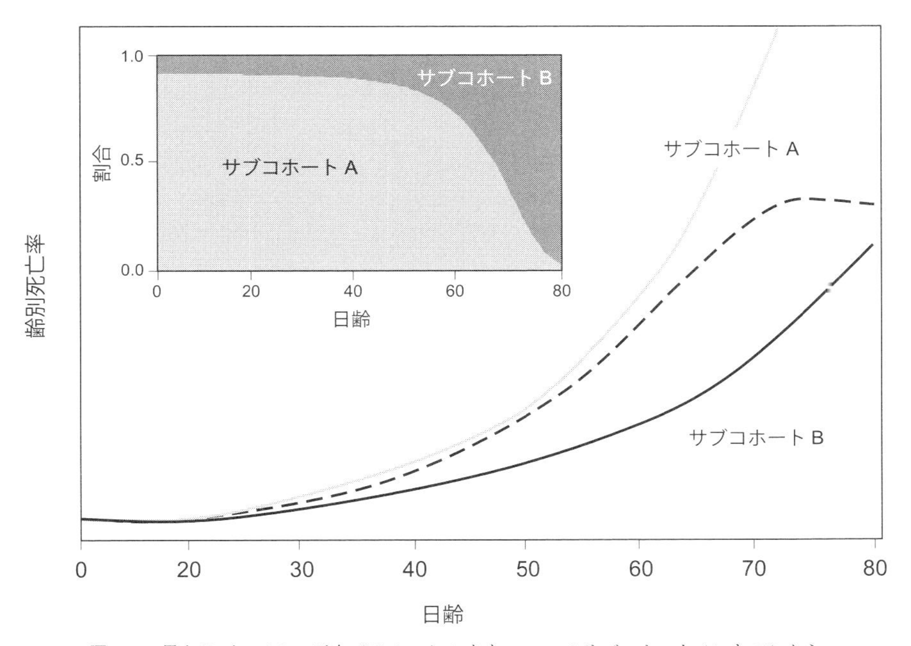

図 3.9 異なるゴンペルツ死亡パラメータ b をもつ 2 つのサブコホート (A と B) からなるコホート全体の死亡率が，ゴンペルツモデルの死亡率の軌道からどのように逸脱するかを示す図 (破線の曲線)

挿入図は，サブコホート A の初期個体数とサブコホート B の初期個体数を 10 対 1 とした場合の，全体のコホート内の各サブコホートの割合を示す．

表 3.2 サブコホート A と B からなるキイロショウジョウバエ (*D. melanogaster*) のコホートにゴンペルツの老化率 b を適用した場合の仮想的な例

齢 x	齢別死亡率 $\mu(x)$			生残率 l_x	
	サブコホート A (老化率高)	サブコホート B (老化率低)	コホート全体	サブコホート A	サブコホート B
0	0.0050	0.0050	0.0051	1000.0	100.0
1	0.0053	0.0052	0.0054	994.9	99.5
2	0.0056	0.0055	0.0058	989.4	99.0
3	0.0060	0.0057	0.0061	983.7	98.4
4	0.0064	0.0060	0.0065	977.6	97.8
5	0.0067	0.0063	0.0069	971.3	97.2
20	0.0166	0.0123	0.0165	824.2	85.0
21	0.0176	0.0129	0.0175	810.2	84.0
22	0.0187	0.0135	0.0186	795.6	82.9
23	0.0199	0.0141	0.0197	780.4	81.7
24	0.0211	0.0147	0.0209	764.6	80.6
25	0.0224	0.0154	0.0221	748.2	79.4
40	0.0551	0.0302	0.0523	433.8	57.1
41	0.0585	0.0316	0.0554	409.8	55.3
42	0.0621	0.0331	0.0585	385.8	53.6
43	0.0660	0.0346	0.0619	361.9	51.8
44	0.0701	0.0362	0.0654	338.1	50.0
45	0.0744	0.0379	0.0691	51.5	21.4
61	0.1943	0.0778	0.1482	42.6	19.8
62	0.2063	0.0814	0.1531	34.9	18.3
63	0.2191	0.0852	0.1577	28.2	16.8
64	0.2326	0.0891	0.1619	22.5	15.4
65	0.2470	0.0932	0.1654	17.7	14.1
70	0.3334	0.1167	0.1721	4.2	8.4
71	0.3540	0.1221	0.1713	3.0	7.4
72	0.3759	0.1277	0.1701	2.1	6.5
73	0.3992	0.1335	0.1688	1.4	5.7
74	0.4239	0.1397	0.1677	0.9	5.0
75	0.4501	0.1461	0.1670	0.6	4.3

注：ゴンペルツパラメータ a は両者とも同じ (初期死亡率：$a = 0.005$)，ゴンペルツパラメータ b は異なる (サブコホート A とサブコホート B でそれぞれ，$b = 0.060, 0.045$)．0 齢での初期個体数に 10 倍の違いがあることに注意せよ．

ずかに異なるだけである．しかし，65〜70 日齢になると，各サブコホートにほぼ同数の生存者が残るため，コホート全体の死亡率はサブコホート B の死亡率に向かって曲がり始める．死亡率の高いサブコホート A のメンバーがほとんど生き残っていないので，全体の死亡率は死亡率の低いサブコホート B の死亡率に収束する．この時点で，両サブコホートの死亡率はすべての齢で増加し続けているにもかかわらず，平均死亡率は減速し，減少し始める．

3.4.5　チチュウカイミバエの死亡構成の解釈

Vaupel and Carey (1993) は，120 万匹のチチュウカイミバエを用いた研究で観察された，高齢になるにつれて死亡率の増加が抑えられるというパターンを調べるために，モデルでこのパターンの再現を試みた．モデルでは，コホートが齢にともなう死力の変化の異なる，12 個のサブコホートで構成されていると仮定した．彼らはそのモデルで死力を次のようなハザード関数と仮定した．

$$\mu(x, z) = z\mu^0(x) \tag{3.31}$$

ここで，x は齢，z は虚弱度，$\mu^0(x)$ は基準ハザード関数である．具体的には，彼らはゴンペルツの基準ハザード関数を以下のように設定した．

$$\mu^0(x) = 0.003e^{0.3x} \tag{3.32}$$

120 万匹のミバエ集団の中で，羽化後 (羽化を齢 0 と考えている) から 121 日齢まで生き残った個体の割合のデータを使って，基準ハザード関数が決められている．その「標準」個体の期待寿命は 13.1 日であった．

12 のサブコホートのそれぞれの虚弱度 z の値と，コホート内の初期のサブコホートの構成割合を表 3.3 に示す．まず注目すべきは，いくつかのサブコホート同士で，虚弱度の度合いに 10 桁もの違いがあることである．例えば，最大の虚弱度 z = 3.7

表 3.3　本文に記載されているゴンペルツモデルの虚弱度の各レベルにおける，虚弱度 z，羽化時の期待寿命，ハエの割合 p

サブコホート	虚弱度 z	期待寿命 (日)	コホート中の割合 p
1	3.7	4.4	0.41
2	0.75	16.4	0.38
3	0.17	47.6	0.13
4	0.03	93.3	0.046
5	0.0093	98.8	0.020
6	0.0020	100.4	0.0082
7	0.00036	100.7	0.0017
8	0.000074	100.8	0.00046
9	0.000011	100.8	0.00013
10	0.0000014	100.8	0.000053
11	0.000000058	100.8	0.000013
12	0.00000000073	100.8	0.000043

出典：Vaupel and Carey (1993).

注：明示はしていないが，サブコホート 8〜12 の期待寿命は，小数点以下 2〜4 桁の差しかない．

で，期待寿命が 10 日未満のサブコホートがあり，最小の虚弱度 $z = 0.00000000073$ で期待寿命が 100 日を超えるサブコホートがある．表 3.3 の最初の 3 つのサブコホートは，コホート全体の 92%を占めており，このグループのうち，サブコホート 1 だけが「標準」個体よりも大きい虚弱度をもっている．これらの 3 つのサブコホートの死亡は，死亡率がピークに達した 50 日までの死亡率の変化の軌跡全体の形を決める主な原因となった．寿命については，実際のチチュウカイミバエのコホートと設定したモデルコホートの両方で，50 日を超えて生きたのはわずか 0.7% (150 個体中 1 個体) だった．つまり，コホート全体の中で，ごく一部の超長寿個体が，高年齢でのコホート死亡率の減速・低下の原因となっているのである．

各サブコホートの死亡確率が加齢とともに増加していることから，実測データ，モデルが示す結果ともに，全体の死亡が低下するには，サブコホートが次々と消え去る必要があり，その結果，齢別死亡率が虚弱度の低い (長生きの) サブグループの低い値に下がることになる (図 3.10)．これは，50 日齢以降の死亡率曲線の減少部分が「階段状」に見える理由である．結局，不均一性モデルで，チチュウカイミバエの実データの死亡率増加率の減退から死亡率の低下を再現するためには，表 3.3 で示されているように，2 つのパラメータ，サブコホートごとの虚弱度 z と，コホートを構成するそれぞれの虚弱度をもつサブコホートの割合 p の間の相互関係を微妙に調整すること

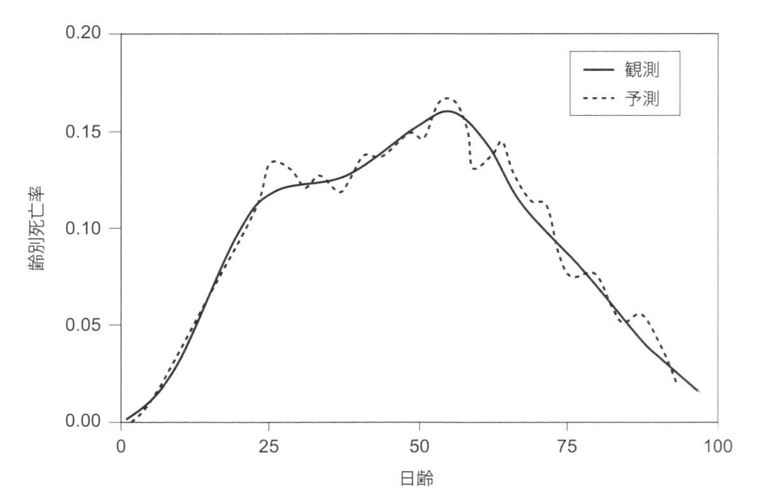

図 **3.10** 120 万匹のチチュウカイミバエの 1 日当たりの死亡確率
実線は Carey ら (1992) の実験データの観察値を平滑化したもの．破線は不均一性モデルの結果で，12 個のサブコホートの初期比率と，各サブコホートのゴンペルツ死亡率を組み合わせて予測したもの (Vaupel and Carey 1993).

が重要であることがわかった．したがって，モデルあるいは実際のコホートにおいて，この 2 つのパラメータの変更が，全コホートの齢にともなう死亡率変化に広範な影響を与えることがはっきりわかる．

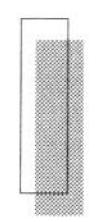

3.5 死亡を記述するいろいろな指標

3.5.1 平均生涯死亡率

出生時の期待寿命 e_0 の逆数は，そのコホートが経験した平均死亡率であり，数式で $\bar{\mu} = 1/e_0$ として与えられる．より一般的には，x 齢時の期待余命 e_x の逆数は，x 齢から先でコホートが経験する平均の死亡率で，数式で $\bar{\mu}_x = 1/e_x$ と与えられる．例えば，期待余命が 25 年，50 年，75 年のコホートの 1 年ごとの平均死亡確率は，それぞれ 0.04, 0.02, 0.133 となる．

3.5.2 信頼推定値を得るための閾値死亡率

保険数理学でコホートの老化ペースを推定するための研究では，統計検定をする際に，高齢での個体数の減耗による標本サイズの減少が大きな問題となる．しかし，十分な数であると思われる出生時の個体，あるいはそれに近い数の若齢層の個体がリスクにさらされている場合でさえ，標本サイズの不足による死亡率推定の信頼性が問題となることがある．これは，「実際の」死亡率が $1/n$ より小さい場合に常に発生する左側境界問題 (**left-hand boundary problem**) と呼ばれてきた (Promislow et al. 1999)．例えば，死亡率が $\mu = 0.001$ の場合，$n = 100$ の標本サイズでは，1 個体が死亡した場合の推定値は $\mu = 1/100 = 0.01$ となり，検出できない．ここで重要なのは，死亡リスクにさらされる個体数が最も若い齢で最も多いにもかかわらず，若い齢ではたいてい死亡率は非常に低く，そのために $1/n$ よりも小さな値のため，信頼性のある推定値を得るための標本サイズの制約が存在するということである．一般的に，サンプル数が少なく，死亡リスクを抱えている個体が少ない場合，観察された死亡率により，背後にある死亡確率分布の信頼できるパラメータ推定は難しい (図 3.11)．

3.5.3 死亡率の標準誤差

齢別死亡率の 95%信頼区間の式は次のように与えられる．

$$CI_{95\%} = \hat{q}_x \pm 1.965 S_{\hat{q}x} \tag{3.33}$$

ここで x 齢における死亡率の標準誤差を $S_{\hat{q}x}$ とおくと，以下のとおりである．

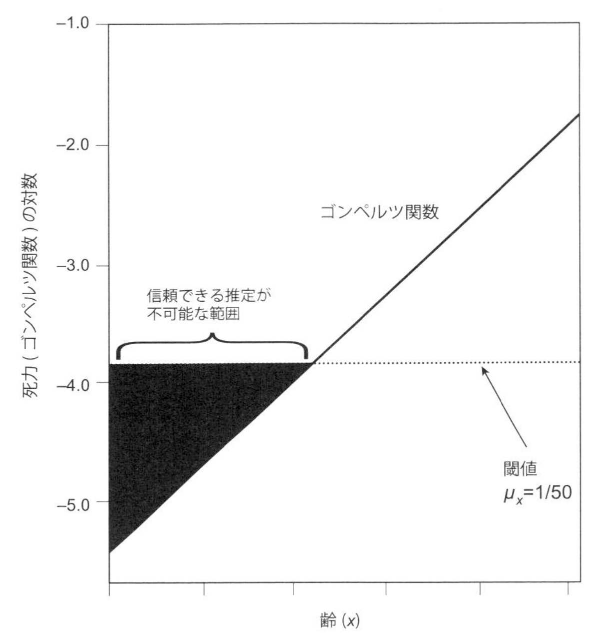

図 **3.11**　信頼性のある推定のための閾値死亡率 (threshold mortality) の概念の説明例としてゴンペルツハザード関数を用いた．標本サイズが 50 個体の場合 ($n = 50$)，0.02 (1/50) がその標本サイズで死亡率が測定できない閾値となる．

$$S_{\hat{q}x} = \hat{q}_x \sqrt{\frac{1-\hat{q}_x}{D_x}} \tag{3.34}$$

ここで $\hat{q}_x$ は x 齢における齢別死亡率，D_x は x 齢における死亡個体数である [*2]．

3.5.4　ヒト集団の死亡率

先進国の社会に暮らす現代人の死亡パターンの特徴は，ライフサイクルの段階によって異なり，全死亡率の集団内差の大部分は年齢と性別によって占められている．齢にともなう生活段階の変化による死亡パターンを図 3.12 に示す．

人生の初期段階では新生児の死亡率が最も高く，その後，生後数カ月を過ぎると死亡率は急速に低下し，10 歳あるいは 11 歳で生涯での最低に達する．11 歳の少女が

---

*2)　N_x 個体のそれぞれが確率 $\hat{q}_x$ で死亡する過程の死亡個体数 D_x の確率分布は二項分布で与えられ，その標準誤差は $S_{\hat{q}x} = \sqrt{\hat{q}_x(1-\hat{q}_x)/N_x}$ で与えられる．Chiang (1984) では，この標準誤差に $D_x = N_x\hat{q}_x$ を代入して，式 (3.34) を求めている．

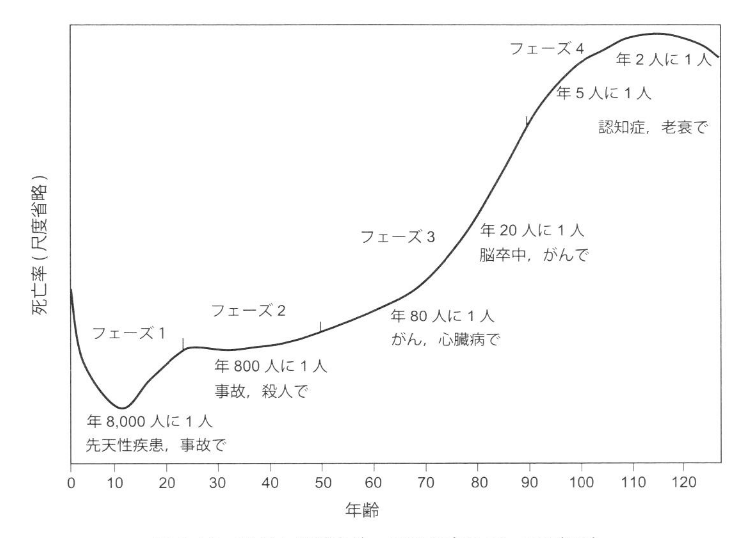

図 **3.12**　現代人の齢を追っての死亡についての概要
この模式図は，死亡の全般的なパターン，齢による変化，死亡の起こりやすさ，主な死因を示している (Carey and Judge 2000b より改編).

12 歳の誕生日までに死亡する確率は，1/8000 以下である．その後，20 代前半から半ばにかけて死亡率は緩やかに上昇するが，この時点で，男女の違いに応じて若干の軌道修正が起こる．男性の死亡率は女性の死亡率を上回っており，増加率は男性の方が大きいため，結果的に男性の死亡曲線の形には，小さな「コブ」が生じる．この違いは，10 代後半から 20 代前半の男性が，同年代の女性よりもハイリスクな行動をとることが多いことと関連していると考えられる．50 歳から 90 歳までの間，齢による死亡率の変化は，最初に加速し，後に減速し，S 字型の曲線を描く．その形は，女性では非常に規則的だが，男性はそうでもない．死亡率は 90 歳から 110 歳まで減速し続け，最高齢ではほぼ横ばいかわずかな減少が見られる．米国をはじめとする先進国の死因の構成は，若年層の先天性疾患，事故，殺人から，高齢層のがん (癌)，心臓病，脳卒中，認知症へと進む．

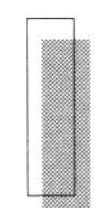

3.6　さらに学びたい方へ

死亡率は，個人，コホート，集団の各階層において人口学の中核となる概念であるため，本書には死亡率に直接関連する様々な概念や指標が登場する．第 1 章 (人口学の基本知識) のレキシス図，第 2 章 (生命表) の生命表，この章の齢別死亡率 q_x と中央死亡率 m_x，第 4 章 (繁殖) の出産・産卵の進展率などがその例である．また，集団に関する 3 つの章では，第 5 章 (集団 I) では内的死亡率と，年齢構成を形作る出生率と死亡率の関係，第 6 章 (集団 II) ではステージ行列モデルの文脈で使用される死亡率，第 7 章 (集団 III) では両性モデルで使用される性別死亡率，確率過程モデルにおける確率論的死亡率，社会性昆虫のモデルでのワーカー死亡率などのもその例である．死亡率の概念は，第 8 章 (ヒトの生活史とヒトの人口学) にも含まれており，死亡 (率) 曲線の図示と人間の生命表の例が示される．死亡率と関連する指標は，応用生物人口学に関する 2 つの章に含まれており，第 9 章 (応用生物人口学 I) では標識–再捕獲法と飼育下集団，第 10 章 (応用生物人口学 II) では，死亡動態の比較，活動寿命，生物的防除における置換不能死亡，収獲と野生生物管理を説明する箇所全体に含まれている．第 11 章 (生物人口学小話) では，10 歳の少女の超低死亡率に基づいた人生の長さの理論的な結果 (小話 7) から，複数の齢の死亡率を排除した場合の寿命への影響 (小話 10) まで，死亡率に関する，あるいはそれに関連する十数件の小話がある．

死亡率や関連する概念をより高度に扱った書籍，章，記事には，Kleinbaum and Klein (2012), Hosmer et al. (2008), Collett (2015), Liu (2012), Elandt-Johnson (1980) がある．Skiadas and Skiadas (2018) と Vallin et al. (1990) による編著書には，死亡率やそれと密接に関連するトピックに関する章がいくつかある．Manton and Stallard (1984) による死亡率分析の最近の流行，Anatoli Yashin et al.(2000) による死亡過程のモデルの総説もある．死亡率を扱った一般書としては，Carmichael (2016) や Preston et al. (2001) による本がある．Caselli et al. (2006a) による "*Demography*" の第 2 巻には，「原因別の罹患率と死亡率の関係」(Egidi and Frova 2006)，「ヒトの最大寿命に対する内因性死亡因」(Vallin and Berlinguer 2006)，「死亡に影響を与える環境要因」(Sartor 2006)，「死亡率，性別，ジェンダー」というタイトルの章 (Vallin 2006b) など，死亡率に関連するトピックの章が全部で 16 章掲載されている．

4 繁　殖

自然を見る上で最も必要なことは，私たちを取り巻くどの個々の生命体も，数を増やそうと最大限に努力していると言えるかもしれないことを決して忘れないことである．

チャールズ・ダーウィン (Darwin 1859, p.65)

4.1 背　景

4.1.1 用語と概念の概要

ほとんどの人口学研究の場面において，繁殖は集団動態と成長の最も重要な決定要因である．このことから，繁殖力を分析し，定量化し，特徴づける方法は，人口学全般，さらには生活史 (life history) を研究する上で基本的なものであると言える．

繁殖を特徴づける方法には，子が生まれるに至る過程を明らかにする生理学的なアプローチや，その結果である，一定期間の 1 人当たりの子の出産率を求める人口学的なアプローチがある (Carey 1993)．人口学で使われる**繁殖率 (reproductive rate)**，**再生率 (renewal rate)**，**加入率 (recruitment rate)**，**出生率 (natality rate)** という言葉は，すべて同じ繁殖の程度を示す概念であり，しばしば同義語として使われる．生物学では，**多産力 (fecundity)** と**繁殖力 (fertility)** は繁殖率 (fertility rate) と同じ意味で使われることがあるが，ここでは形式人口学の慣習にならい，「多産力」を「特定の齢区間で 1 メスが産むことのできる子の総数」，「繁殖力」を「その齢区間で 1 メスが実際に産む子の総数」と定義する．ヒトの人口学では，**受胎確率 (fecundability)** とは，1 回の月経周期で妊娠する確率のことを指す．

この章の目的は，生物学や生態学の標準的な教科書の範囲を超えて，生物集団の繁殖に関わる分析方法の概要を説明することである．順に，繁殖量を代表する量 (総繁殖量 (gross reproduction) と純繁殖量 (net reproduction))，繁殖の不均一性 (繁殖率の個体差)，個体の繁殖履歴の記述と分析などについて説明する．

4.1.2 繁殖パターン

生物の多様な繁殖パターンを分類する一つの方法として，個体の一生の間に起こる繁殖事象の回数を用いる方法がある (Roff 1992)．一回繁殖型 (semelparous) の種は，一生に一度だけ繁殖する．繁殖後に個体は死ぬため，このパターンは「ビッグバン (big bang)」繁殖と呼ばれることがある．太平洋サケ，アメリカウナギ，タコの仲間，タケなどが一回繁殖型の例である．

一方，多回繁殖型 (iteroparous) の種は，繁殖を複数回行うため，齢に応じた繁殖パターンを示す．この章では，このパターンに焦点を当てる．図 4.1 は，鳥類，哺乳類，両生類，昆虫のうち，繁殖を複数回行う種のスケジュールを示したものである．Roff (1992, 2002) は，繁殖の齢別スケジュール (age schedule) の形を 3 つに分けている．

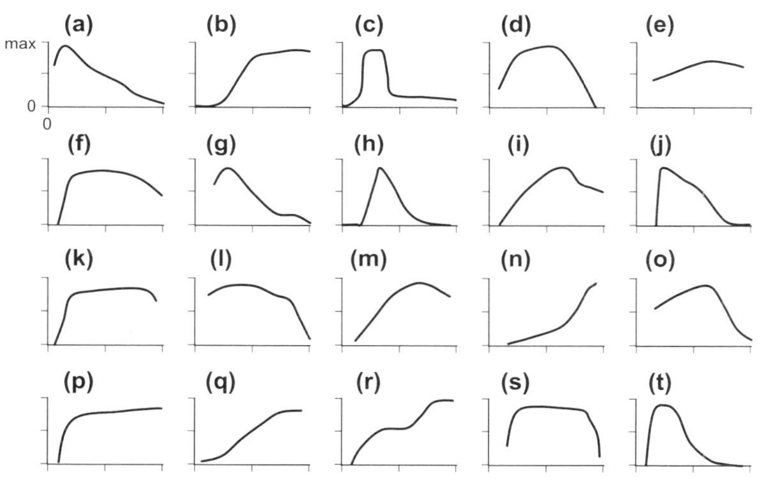

図 4.1 いくつかの分類群および種における齢別繁殖スケジュール曲線の形状
鳥類：(a) ニホンウズラ (Abplanalp and Woodard 1970)，(b) オオトウゾクカモメ (Ainley et al. 1990)，(c) ガチョウの仲間 (Wang et al. 2002)，(d) ハイタカ (Newton and Rothery 1977)，(e) カササギ (Birkhead and Goodburm 1989)．哺乳類：(f) キタオットセイ (Eberhardt and Siniff 1977)，(g) ニホンザル (Gouzoules et al. 1982)，(h) シャチ (Olesiuk et al. 1990; Brault and Caswell 1993)，(i) キバラマーモット (Armitage and Downhower 1974)，(j) チンパンジー (Teleki et al. 1976)，(k) アカシカ (Clutton-Brock 1994)，(l) ハタネズミ (Leslie and Ransom 1940)，(m) シロイワヤギ (Côté and Festa-Bianchet 2001)，(n) アナウサギ (Rödel et al. 2004)，(o) ライオン (Packer et al. 1998)．両生類：(p) サンショウウオの仲間 (Bruce 1988)，(q) ウシガエル，(r) ガーターヘビの仲間 (Stanford and King 2004)．昆虫：(s) キモノジラミ (Evans and Smith 1952)，(t) ムツテンアザミウマ (Coville and Allen 1977)．注：出典については章末を参照．

(1) 一様型：齢に依存せず一定数の子を生産するパターン，(2) 漸近型：齢とともに子の生産量が増加するような，生殖成熟後にもサイズが大きくなる植物や外温動物によく見られるパターン，(3) 三角型：これも子の生産量が齢に依存するパターンで，低く始まり，通常は中年期の始めにピークに達し，齢とともに減少するパターンである．

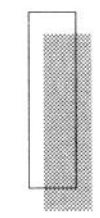

4.2　繁殖事象についてのいくつかの基本概念

繁殖の齢別スケジュールは，特定の齢区間またはコホートの生涯にわたる1人当たりの齢別の多産力や繁殖力を示すものである．**総繁殖スケジュール (gross reproduction schedule)** は，死亡率を考慮しないスケジュールで，**純繁殖スケジュール (net reproduction schedule)** は，各齢クラスまで生き残ったコホート内の個体の割合によって繁殖量を重み付けしたものである．総繁殖量と純繁殖量の評価値は，コホートが生み出す子の平均数を示して，コホート内の個体ごとの繁殖の不均一性 (reproductive heterogeneity) を捉えていない．つまり，すべての個体が同じ数の子を産むわけではないという事実を反映していない．繁殖の不均一性は，産卵日と非産卵日で決まる繁殖間隔から個体ごとの子の生産頻度を見たり，ある齢コホート内で，**日当たりの出産・産卵回数 (daily parity)** [*1] が異なる個体の割合を見たり，ある齢までの生存コホートの中で，その齢までの**累積の出産・産卵回数 (cumulative parity)** が異なる個体の割合を見たり，個体ごとの生涯繁殖回数の頻度分布を表す**繁殖集中度 (concentration of reproduction)** を見たりして，様々な側面から捉えることができる．卵あるいは子は，昆虫などの場合はクラッチ (clutch)，げっ歯類やイヌ科動物などの場合はリッター (litter) と呼ぶひとまとまりで生まれることが多い．そのため，繁殖の齢別スケジュールの記述に，クラッチやリッターの大きさと数を用いることがある．ほとんどの生物は**複数タイプの子**を産む．最も一般的なタイプは「性別」である．他にも，有性/無性 (sexual/asexual) の子や，有翅/無翅の子などがある．ここで取り上げた繁殖の指標は，すべてメスに関わるものである．オスの繁殖率については限られた取り組みしか行われていないが，それらの多くは，メスで使われた考え方にならうことができる．

[*1] パリティ (parity) は，ラテン語の pario (give birth) を語源にもつ parous (経産の) の名詞形で，医学用語では出産経験回数を意味する．生態学では，iteroparous (多回繁殖型)，semelparous (一回繁殖型) という用語に使われ，一生の中での繁殖回数を意味する．

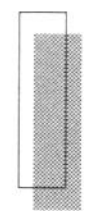

4.3　出生間隔と出生率

コホート内の個体間の繁殖のばらつきは，出生間隔や出生率 (birth rate) を調べることで定量化することができる．出生間隔からは，繁殖齢の規則性，繁殖の継続期間，繁殖時期などを読み取ることができる．出生率は，齢別，期間別，あるいは生涯の量として表される．また，各齢で死亡して繁殖できなくなったものの分を補正しない総出生率，あるいは，そうした死亡者分を補正した純出生率によって表されたりする．

4.3.1　いくつかの基本的な齢別繁殖の指標

あるコホート内のすべての個体が，コホートの定義どおり全く同じ齢であれば，出生率に対する期間効果は，少なくとも理論上または統計解析上，すべての個体に同じ影響を与えることになる．図 4.2 は，繁殖がどのように測定され，繁殖指標がどのように計算されるかを示す．この仮想のデータには，行 (個体 A～D) と列 (0～4 齢) に齢別の子の数が記されている．また，図の右半分には，要約量として，個体ごとの総出生数，生存期間，齢当たりの平均出生数 (総出生数を生存期間で割ったもの：個体 A の場合，9/4.0 = 2.3) が記されている．集団全体の要約統計量は，要約量の 3 つの列それぞれでの合計より，総出生数 24 個体，総生存期間 (生涯年数) 12 年，生存年当たりの出生数の合計 7.3 個体となる．これらの合計から，平均生涯出生数 (24 総出生数/4 個体 = 6 生涯出生数/個体)，平均寿命 (12 年/4 個体 = 3 年)，年当たりの平均繁殖率 (7.3 出生数/4 個体 = 1.8) などの集団の指標が計算される．

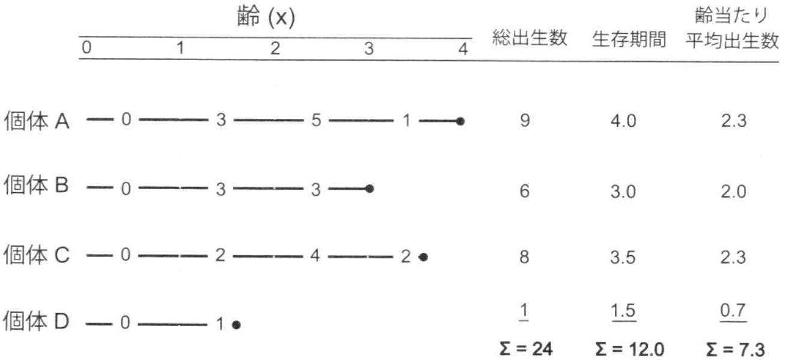

	齢 (x) 0	1	2	3	4	総出生数	生存期間	齢当たり平均出生数
個体 A	0	3	5	1 ●		9	4.0	2.3
個体 B	0	3	3 ●			6	3.0	2.0
個体 C	0	2	4	2 ●		8	3.5	2.3
個体 D	0	1 ●				1	1.5	0.7
						Σ = 24	Σ = 12.0	Σ = 7.3

図 4.2　4 個体の生涯を通しての齢別出生数の模式図 (左)，各個体についての要約統計量 (右)

4.3.2　レキシス図：齢別・期間別出生

3つの異なる出生率の集計方法について，ウィルヘルム・レキシスにちなんでレキシス図と呼ばれる図4.3を用いて説明を行う．

レキシス正方形内の出生数：同じ齢階級にある2つのコホートの一期間内の出生数である．図では，2000年に31歳から32歳までの区間の正方形に注目する．コホートAの個体による出生数(32人)と，一つ前の年生まれのコホートの個体による出生数(25人)を足した，合計で57人が生まれたことになる．

レキシス横平行四辺形内の出生数：あるコホートが特定の齢の時の出生数で，その齢は2つの期間にわたっている．図のコホートAは，2000年に32人，2001年に19人を出生している．これはこのコホートの個体が31歳から32歳までの間に産んだもので，合計すると51人の出生数となる．

レキシス縦平行四辺形内の出生数：1つの期間における1つのコホートの個体による出生数である．この図の2000年では，コホートAの一部の個体は30歳から31歳までの間で27人を出生し，コホートAの他の個体は31歳から32歳までの間で32人を産んでいる．これはこのコホートの個体が2000年の間に産んだもので，合計すると59人となる．

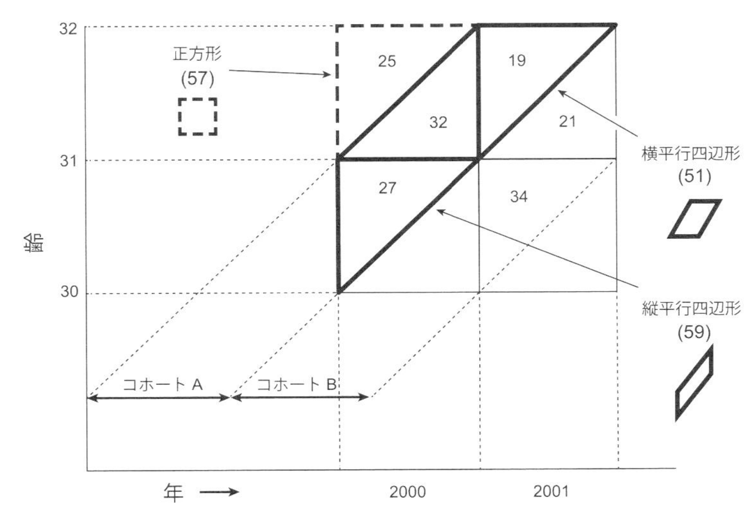

図4.3　齢と期間を考慮した場合の出生数の数え方の3つの方法(レキシス正方形，レキシス横平行四辺形，レキシス縦平行四辺形)を示したレキシス図

4.3.3　個体当たりの繁殖率

a.　齢別繁殖率

最も基本的な繁殖指標は総繁殖数で，齢 x から齢 $x+1$ までの区間で 1 メスが産んだ子の平均数と定義される．これには，M_x の記号が用いられ，以下のとおりである．

$$M_x = \frac{x\text{ 齢から }x+1\text{ 齢までの間で産む子の数}}{x\text{ 齢から }x+1\text{ 齢の中間点で生存している個体数}}$$

また，齢間隔の中間点で生存しているメスの数は以下のとおり定義される

$$\text{中間点の個体数} = \frac{(x\text{ 齢の生存数}) + (x+1\text{ 齢の生存数})}{2}$$

この式では，その齢区間中で死亡した個体は，齢区間の中間時点で死亡したと仮定されている．この仮定は，生命表の L_x を計算するために，その齢区間で生きていた生存日数を決める時の仮定と同じである (第 2 章の式 (2.19) 参照)．パラメータ L_x は，**純繁殖数** (0 齢から x 齢に到達する確率で重み付けされた x 齢のメスによる子の数) を算出するために，M_x や他の繁殖パラメータの乗数としてよく使われる．これらの指標をチチュウカイミバエの例で，産卵数を産子数 (あるいは繁殖量) と等価として表 4.1 に示す．

この表では，それぞれの誕生日に計数された子の数は，x 齢から $x+1$ 齢の齢区間の総出生数を代表すると考える．例えば，$x=40$ で計数された $5,616$ 個の卵は，$x=40$ の齢指標で示した 40 日齢から 41 日齢の齢区間に生存している個体数の中間推定値 352 匹のメスが産んだ卵に相当する．したがって，誕生齢と，2 つの誕生齢に挟まれる齢区間を区別する必要がある．

b.　生涯繁殖率

繁殖スケジュールをコホートの生涯にわたっていくつかの方法で集計すると，異な

表 **4.1**　チチュウカイミバエの齢別産卵率と他の計測量

	計数を行った日齢						
	40		41		42		43
メスの計数時の生残数	360		344		322		297
中間時点の生残数		352		333		310	
計数時点の産卵数	5,616		4,713		4,347		4,158
齢区間	40–41		41–42		42–43		43–44
齢指標 (x)	40		41		42		43
L_x (中点生残率)		0.352		0.333		0.310	
M_x (x 齢の卵数)		16.0		14.2		14.0	
L_xM_x (純産卵数)		5.6		4.7		4.3	

出典：Carey et al. (1998a).

る種類の繁殖率が得られる．また，繁殖スケジュールは，コホートの平均繁殖年齢を決めるために，齢による重み付けや生残スケジュールと組み合わせて使われることもある．

仮想上の量ではあるが重要な生涯の繁殖率として，**総繁殖率 (gross reproductive rate: GRR)** があり，次の式で与えられる．

$$\text{総繁殖率} = \text{GRR} = \sum_{x=\alpha}^{\beta} M_x \tag{4.1}$$

α と β は，それぞれ，繁殖を行う最初の齢と最後の齢である．この総和を示す式は，メスの潜在的な生涯繁殖量 (lifetime reproduction) を意味する．実現すると期待される，新生メス個体の平均生涯繁殖量を示す**純繁殖率 (net reproductive rate: NRR)** は，次のように計算される．

$$\text{純繁殖率} = \text{NRR} = \sum_{x=\alpha}^{\beta} L_x M_x \tag{4.2}$$

ここで L_x は，第 2 章の式 (2.19) で定義された ${}_nL_x$ の $n = 1$ の場合の記号であり，平均として定義された x 齢と $x+1$ 齢の中間点における生残確率である．総繁殖率は，1 個体当たりの潜在的な生涯繁殖貢献量である．

ここではショウジョウバエを想定し，産卵後生残率 L_ε の羽化日齢 ε から始めて記録された，生命表をもととして考えを進める．総繁殖率を平均的なメスの生存延べ日数で割ると，以下のとおり，羽化後の生涯を通した**1 日当たりの平均総繁殖量**が算出される．

$$1\text{ 日当たりの総繁殖量} = \frac{\sum_{x=\alpha}^{\beta} M_x}{\frac{1}{L_\varepsilon}\sum_{x=\varepsilon}^{\beta} L_x} \tag{4.3}$$

分母は羽化時 ε 以降の生存延べ日数である．

純繁殖率は，1 個体当たりの生涯繁殖貢献量の期待値である．したがって，同様に，この率を平均的なメスの羽化後の生存延べ日数で割ると，以下のとおり羽化後の生涯を通した**1 日当たりの平均純繁殖量**が算出される．

$$1\text{ 日当たりの純繁殖量} = \frac{\sum_{x=\alpha}^{\beta} L_x M_x}{\frac{1}{L_\varepsilon}\sum_{x=\varepsilon}^{\beta} L_x} \tag{4.4}$$

なお，これらの式の分母の羽化時 ε 以降の生存延べ日数は，羽化時の期待余命という意味をもつ．キイロショウジョウバエ (*D. melanogaster*) の総繁殖スケジュールと純繁殖スケジュールのデータを表 4.2 (この事例では，羽化時 ε を 0 日齢と考えている) に，それらの様子を示すグラフを図 4.4 に示した．

表 4.2 キイロショウジョウバエの総繁殖スケジュールと純繁殖スケジュール

齢(日)	生残個体数	コホートの産卵数	コホートの生残割合	個体当たり産卵数	純産卵数
x	N_x	F_x	L_x	M_x	L_xM_x
(1)	(2)	(3)	(4)	(5)	(6)
0	666	0	1.0000	0.0	0.0
1	666	0	1.0000	0.0	0.0
2	666	2,133	1.0000	3.2	3.2
3	666	8,960	1.0000	13.5	13.5
4	666	23,239	1.0000	34.9	34.9
5	666	34,114	1.0000	51.2	51.2
6	666	34,304	1.0000	51.5	51.5
7	665	33,978	0.9985	51.1	51.0
8	663	33,498	0.9955	50.5	50.3
9	658	31,682	0.9880	48.1	47.6
10	654	30,542	0.9820	46.7	45.9
11	653	28,868	0.9805	44.2	43.3
12	650	28,710	0.9760	44.2	43.1
13	642	28,048	0.9640	43.7	42.1
14	639	27,564	0.9595	43.1	41.4
15	633	26,467	0.9505	41.8	39.7
16	626	23,317	0.9399	37.2	35.0
17	613	21,070	0.9204	34.4	31.6
18	603	21,108	0.9054	35.0	31.7
19	591	20,053	0.8874	33.9	30.1
20	579	16,858	0.8694	29.1	25.3
21	564	15,539	0.8468	27.6	23.3
22	551	13,944	0.8273	25.3	20.9
23	533	13,514	0.8003	25.4	20.3
24	521	14,246	0.7823	27.3	21.4
25	507	13,809	0.7613	27.2	20.7
26	491	12,864	0.7372	26.2	19.3
27	469	12,148	0.7042	25.9	18.2
28	455	11,402	0.6832	25.1	17.1
29	437	10,416	0.6562	23.8	15.6
30	434	9,355	0.6517	21.6	14.0
31	424	8,087	0.6366	19.1	12.1
32	410	7,999	0.6156	19.5	12.0
33	393	7,129	0.5901	18.1	10.7
34	383	5,897	0.5751	15.4	8.9
35	362	5,482	0.5435	15.1	8.2
36	354	5,150	0.5315	14.5	7.7
37	338	4,774	0.5075	14.1	7.2
38	328	4,590	0.4925	14.0	6.9
39	311	4,186	0.4670	13.5	6.3

(続く)

表 **4.2** (つづき)

齢(日)	生残個体数	コホートの産卵数	コホートの生残割合	個体当たり産卵数	純産卵数
x	N_x	F_x	L_x	M_x	L_xM_x
(1)	(2)	(3)	(4)	(5)	(6)
40	296	4,036	0.4444	13.6	6.1
41	286	3,793	0.4294	13.3	5.7
42	268	3,434	0.4024	12.8	5.2
43	256	3,028	0.3844	11.8	4.5
44	241	2,644	0.3619	11.0	4.0
45	227	2,480	0.3408	10.9	3.7
46	213	2,113	0.3198	9.9	3.2
47	197	1,748	0.2958	8.9	2.6
48	188	1,407	0.2823	7.5	2.1
49	168	1,330	0.2523	7.9	2.0
50	161	1,036	0.2417	6.4	1.6
51	149	1,003	0.2237	6.7	1.5
52	138	926	0.2072	6.7	1.4
53	122	767	0.1832	6.3	1.2
54	114	699	0.1712	6.1	1.0
55	105	514	0.1577	4.9	0.8
56	96	372	0.1441	3.9	0.6
57	89	361	0.1336	4.1	0.5
58	81	398	0.1216	4.9	0.6
59	76	209	0.1141	2.8	0.3
60	67	232	0.1006	3.5	0.3
61	65	219	0.0976	3.4	0.3
62	60	130	0.0901	2.2	0.2
63	53	80	0.0796	1.5	0.1
64	51	87	0.0766	1.7	0.1
65	45	84	0.0676	1.9	0.1
66	38	56	0.0571	1.5	0.1
67	34	79	0.0511	2.3	0.1
68	30	105	0.0450	3.5	0.2
69	24	51	0.0360	2.1	0.1
70	19	35	0.0285	1.8	0.1
71	16	33	0.0240	2.1	0.0
72	13	28	0.0195	2.2	0.0
73	11	6	0.0165	0.5	0.0
74	9	7	0.0135	0.8	0.0
75	6	8	0.0090	1.3	0.0
76	5	4	0.0075	0.8	0.0
77	4	0	0.0060	0.0	0.0
78	2	4	0.0030	2.0	0.0

(続く)

表 4.2 (つづき)

齢 (日)	生残個体数	コホートの産卵数	コホートの生残割合	個体当たり産卵数	純産卵数
x	N_x	F_x	L_x	M_x	L_xM_x
(1)	(2)	(3)	(4)	(5)	(6)
79	2	0	0.0030	0.0	0.0
80	2	1	0.0030	0.5	0.0
81	2	0	0.0030	0.0	0.0
82	1	0	0.0015	0.0	0.0
83	0	0	0.0000		

注：データは Robert Arking，許可を得て転載.

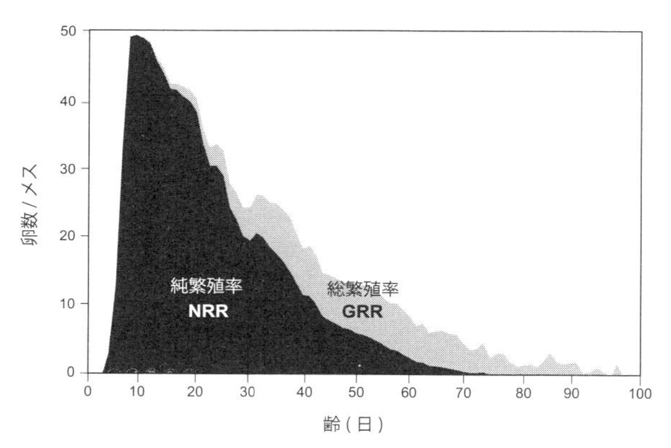

図 4.4　キイロショウジョウバエ (*D. melanogaster*) の総繁殖率と純繁殖率
2 つの曲線より下の面積が，それぞれ総繁殖率と純繁殖率にあたる.

c.　前歴繁殖量と残存繁殖量

前節で示した純繁殖率と総繁殖率は，平均的な個体の 0 齢から ω 齢 (最高齢) までの繁殖について，2 つの異なる見方を提供している．純繁殖率は，生まれたばかりの，あるいは羽化したばかりの平均的な個体の将来期待される繁殖量を表す．一方，総繁殖率は，生存可能な最高齢 (ω 齢) まで生きた個体のそれまでの繁殖量に相当する．これらの基本的な関係は，最終齢までに限定されるものではなく，あらゆる年齢に拡張することができる．平均的な齢 x のメスが達成した総繁殖量は以下のとおりとなる．

$$x\ \text{齢までの総繁殖量} = \sum_{y=\alpha}^{x} M_y \tag{4.5}$$

また，残存繁殖量の期待値は以下のように表される．

表 4.3 x 齢ごとの齢別の事象 g_x に関する様々な率の計算式

説明項目	公式
事象強度	
総量	$\sum g_x$
純量	$\sum L_x g_x$
日 (年) 率	$\sum L_x g_x \Big/ \sum L_x$
事象発生タイミング (平均齢)	
総量発生過程の平均タイミング	$\sum x g_x \Big/ \sum g_x$
純量発生過程の平均タイミング	$\sum x L_x g_x \Big/ \sum L_x g_x$

$$x \text{ 齢の期待残存繁殖量} = \frac{1}{L_x} \sum_{y=x+1}^{\omega} L_y M_y \tag{4.6}$$

したがって，平均的な x 齢のメスの期待総繁殖量は，前歴繁殖量と将来に期待される繁殖量の合計となる．それは，以下の式で表される．

$$x \text{ 齢の期待総繁殖量} = \sum_{y=\alpha}^{x} M_y + \frac{1}{L_x} \sum_{y=x+1}^{\omega} L_y M_y \tag{4.7}$$

d. 繁殖に関する諸量の一般化

繁殖事象 M_x を一般化して，コホートの齢ごとの何らかの事象や特性を考え，それを g_x と表示することにすると，g_x の総量，純量，それぞれの量の平均発生時期を表 4.3 の公式に従って計算することができる．前節の総繁殖量，純繁殖量，1 日 (年) 当たりの繁殖量は，この考えの応用であり，総繁殖あるいは純繁殖の起こる平均日 (年) などもまた計算される．例えば，g_x を齢別の活動レベル，授乳量，交尾回数，移動数などとして，これら諸量を計算することもできる．メキシコミバエ (*Anastrepha ludens*) の場合，1 回の産卵では卵塊として，約 6.5 卵が産み落とされる．g_x を x 齢のメスが産んだクラッチ (卵塊) の数を指すと考えると，クラッチの総産出率，純産出率，1 日当たりのクラッチ産出率がそれぞれ 162.1，112.2，1.5 であった．また，クラッチの総産出と純産出のスケジュールの平均齢はそれぞれ 54.2 日と 45.8 日であった (Carey 1993; Berrigan et al. 1988 のデータを分析)．

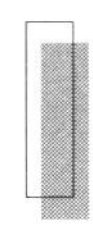

4.4 繁殖の不均一性

4.4.1 出産・産卵間隔

個体の日々の繁殖は，子供を産むかどうかで表す場合と，どれくらいの数の子を産

表 **4.4**　繁殖の不均一性を示す昆虫の 3 つの仮想コホートでの例．表内の数は繁殖量を示す．

日	コホート A			コホート B			コホート C		
	個体 X_1	個体 X_2	平均	個体 X_1	個体 X_2	平均	個体 X_1	個体 X_2	平均
1	10	0	5	2	8	5	5	5	5
2	0	10	5	8	2	5	5	5	5
	10	10	10	10	10	10	10	10	10

むかで表す場合が考えられる．表 4.4 の仮想データで，日ごとに平均繁殖量を見ると，異なるコホートについて，個体 X_1 と X_2 の間での繁殖実績の差異に関する日ごとの情報は見えない．2 日間の総繁殖量を見れば，すべての個体で同じであり，日ごとの平均繁殖量も 3 つのコホートで同じであり，どちらも 3 つのコホート間の繁殖の違いの本当の状態を明らかにするものではない．コホート A の個体は 1 日おきに子を産み，コホート B と C では毎日子を産んでいる．出産・産卵間隔の類似性という点では，B と C の方が似ているが，日々の産卵パターンという点では，A と B の方が日々の変動幅が大きい点で類似性が高い．

出産・産卵間隔の分析では，生殖可能な齢になるまでの間の卵を産まない期間と，生殖可能な齢を過ぎてからの断続的に卵を産まない日を区別することが重要である．繁殖に入る前の期間は，通常，独立した人口学的パラメータとして考えられている．そのため，この 2 つのタイプの繁殖ゼロの日々を区別しないと，分析がややこしくなる．コホートの出産・産卵間隔を完全に調べるには，以下のステップが必要である．(1) 各個体の初産齢を決定する．(2) 観察期間中に各個体が生存していた日数をカウントする．(3) 全生存日数から初産齢を差し引いて成熟期間の日数を算出する．(4) 少なくとも 1 個体の子を産んだ日をカウントする．(5) 少なくとも 1 個体の子を産んだ日数の成熟期間中の割合 (またはパーセンテージ) を計算する．この値の逆数が各個体の出生間隔となる．

チチュウカイミバエの実験データを表 4.5 に，このデータについて，各ハエの繁殖状況の集計を表 4.6 に示す．表 4.5 から，生存日数が 50～60 日であった個体について，最初の卵を産んだ齢 (成熟齢)，生存日数，産卵可能期間，産卵した日数しなかった日数などを読み取ることができる．例えば，個体番号 1 のメスは，最初の卵と最後の卵をそれぞれ 7 日齢と 46 日齢で産み，39 日間の生殖活発期間 (reproductive window) があり，36 日産卵し，15 日産卵しなかった．産卵後期間は 4 日間であった．メス 1 は生涯で合計 1,103 個の卵を産んだが，これは卵/日 (22.1 個)，卵/成熟日 (25.7 個)，卵/産卵日 (30.6 個) の 3 つの異なる 1 日当たりの量で表すことができる．

表 **4.5** 羽化後 50 日から 60 日の間まで生存した 25 個体のチチュウカイミバエのメスの個体の齢別繁殖記録．その 25 個体は 1,000 匹のデータベースから選ばれた．表内の数は産卵数を示す．

	メスの個体番号 (産卵数/日)																									
日 (x)	1	2	3	4	5	6	7	8	9	10	11	12	13	14	15	16	17	18	19	20	21	22	23	24	25	Σ
0	0	0	0	0	0	0	0	0	0	0	0	0	0	0	0	0	0	0	0	0	0	0	0	0	0	0
1	0	0	0	0	0	0	0	0	0	0	0	0	0	0	0	0	0	0	0	0	0	0	0	0	0	0
2	0	0	0	0	0	0	0	0	0	0	0	0	0	0	0	0	0	0	0	0	0	0	0	0	0	0
3	0	0	0	0	0	0	0	0	0	0	0	0	0	8	0	0	0	0	0	0	0	0	0	0	0	8
4	0	0	39	0	0	32	0	0	65	0	0	0	0	0	0	0	0	0	0	15	18	34	0	0	0	241
5	0	0	34	0	0	48	0	0	50	0	57	0	0	0	0	0	82	0	19	40	23	33	0	0	0	457
6	0	0	11	0	0	80	0	0	55	0	42	0	0	68	0	0	25	0	22	27	84	27	107	0	0	692
7	38	0	17	55	27	67	55	0	75	0	62	0	0	50	0	0	77	0	24	23	56	32	49	69	0	910
8	45	0	22	32	20	81	50	0	66	0	29	0	0	61	0	0	77	0	40	18	75	40	48	33	11	836
9	37	0	2	19	19	76	65	0	76	0	49	38	0	67	0	79	60	0	24	8	63	47	52	24	0	1,008
10	68	0	0	21	37	80	58	0	78	0	42	9	0	75	0	51	63	0	32	35	68	30	52	47	0	980
11	52	0	66	35	0	71	65	40	76	0	29	36	11	66	0	53	56	41	0	22	50	43	51	36	0	1,006
12	56	22	70	42	28	68	76	29	66	43	30	28	0	65	27	76	58	34	29	6	74	50	71	50	2	1,228
13	46	24	42	25	23	73	69	19	64	22	45	11	11	68	0	45	55	53	32	2	56	27	58	35	0	1,015
14	48	58	16	45	29	63	63	17	57	13	5	14	11	57	0	60	52	51	17	26	36	23	56	40	0	1,031
15	58	38	48	47	20	75	55	46	61	10	34	9	11	75	0	56	52	51	16	24	59	32	52	40	0	1,127
16	48	38	30	26	16	64	56	29	52	35	11	29	18	54	0	81	38	55	24	12	50	27	63	33	0	1,053
17	38	38	15	31	38	64	59	31	46	28	36	7	33	51	0	35	45	52	25	3	53	37	52	30	0	969
18	46	50	2	37	20	60	48	25	58	4	10	28	21	64	140	74	63	53	10	2	38	22	58	20	22	1,193
19	50	36	50	23	27	67	54	13	45	40	38	7	32	56	54	52	58	31	11	3	39	19	42	34	12	1,006
20	40	45	19	7	17	77	43	17	54	28	10	13	30	67	48	62	43	35	39	0	40	22	34	9	15	1,014
21	37	35	9	17	19	53	48	5	41	22	6	14	30	69	40	51	30	46	32	0	34	17	35	4	16	846
22	36	30	36	7	22	52	43	0	49	1	9	39	20	60	63	48	40	49	13	0	21	6	35	4	21	855
23	28	34	48	23	7	48	44	0	51	10	34	34	32	54	75	53	45	43	26	0	36	10	24	7	18	951
24	14	34	9	17	21	53	41	37	43	9	12	24	21	52	50	23	47	42	23	4	23	11	37	44	19	829

(続く)

表 4.5 (つづき)

	メスの個体番号 (産卵数/日)																									
日 (x)	1	2	3	4	5	6	7	8	9	10	11	12	13	14	15	16	17	18	19	20	21	22	23	24	25	Σ
25	34	26	0	21	12	43	48	7	43	16	24	13	21	58	48	42	44	38	40	0	34	0	33	18	18	823
26	26	0	0	37	15	30	30	4	43	22	26	39	24	38	42	41	39	16	26	1	15	12	23	20	18	683
27	32	79	0	10	17	39	38	1	57	26	37	38	7	48	53	33	39	35	20	2	15	3	26	23	42	856
28	14	37	74	46	16	44	38	12	56	22	26	21	41	56	44	40	40	59	23	63	11	0	10	32	50	1, 023
29	15	43	22	13	12	43	34	39	61	14	29	28	14	55	56	31	36	41	23	36	0	0	13	41	65	958
30	27	46	20	15	12	48	24	38	44	31	32	10	20	53	30	37	38	45	32	30	0	0	62	36	17	853
31	15	49	32	40	9	37	26	28	45	23	34	19	20	37	34	35	30	46	21	22	0	4	46	58	47	942
32	20	68	0	0	2	38	28	0	54	36	28	5	31	52	46	30	34	41	38	0	7	3	52	0	37	841
33	16	67	9	34	16	32	25	45	42	28	31	23	33	37	21	36	26	53	30	19	3	26	44	23	40	965
34	14	47	26	22	7	35	26	7	38	35	36	29	24	30	23	29	35	56	31	2	0	0	51	21	17	766
35	18	64	24	43	9	38	21	14	38	40	47	5	44	34	42	25	34	53	23	9	0	22	32	44	22	876
36	11	51	24	35	19	36	24	29	42	5	10	22	15	24	47	17	39	46	17	9	21	2	45	19	5	763
37	13	52	1	17	0	36	23	4	37	30	31	28	19	26	47	24	37	37	27	26	14	4	31	34	11	747
38	32	62	0	40	7	31	14	6	29	12	33	50	22	37	40	18	38	52	10	0	17	27	25	31	6	799
39	0	53	6	21	3	31	23	16	40	37	16	24	10	33	29	25	24	44	18	9	14	7	36	6	27	670
40	0	38	34	14	6	40	25	17	34	3	15	12	0	30	27	24	41	44	17	15	12	0	26	2	48	675
41	0	47	2	3	0	32	18	17	33	32	0	25	12	34	31	26	22	39	14	22	4	21	26	43	16	644
42	19	54	14	9	4	40	27	17	30	15	4	21	12	26	30	20	26	38	15	20	10	17	35	25	33	705
43	2	31	1	3	23	26	18	16	29	7	11	17	12	31	25	18	27	36	14	0	19	18	20	35	36	606
44	0	37	1	0	22	30	15	10	0	11	6	23	17	30	27	22	27	28	14	2	2	5	22	24	33	529
45	7	68	1	5	19	16	23	15	0	15	26	4	14	34	7	19	32	34	14	2	19	14	23	24	39	573
46	3	43	0	7	13	25	9	13	0	25	13	3	31	33	22	14	23	28	16	19	9	7	15	4	27	513
47	0	42	0	4	36	29	24	27	0	29	5	5	0	32	22	12	27	28	16	3	8	14	26	21	44	578
48	0	43	0	0	24	20	4	10	0	17	0	17	12	37	21	11	34	27	18	9	15	15	25	28	33	568
49	0	22	0	0	32	6	6	16	0	17	0	16	12	38	31	9	21	30	12	7	4	14	17	32	23	485
50	0	0	0	0	9	0	0	6	0	24	0	19	8	26	23	14	13	27	22	1	5	10	24	6	16	337

(続く)

表 4.5 (つづき)

	メスの個体番号 (産卵数/日)																								
日 (x)	1	2	3	4	5	6	7	8	9	10	11	12	13	14	15	16	17	18	19	20	21	22	23	24	25	Σ
51	–	–	–	–	0	5	0	5	0	11	0	11	9	19	33	13	35	15	8	0	0	12	29	14	23	291
52	–	–	–	–	–	0	0	3	0	2	0	7	14	29	30	19	12	20	8	0	0	19	28	10	25	250
53	–	–	–	–	–	–	–	0	0	0	0	0	5	22	22	9	25	20	0	2	9	11	25	6	22	188
54	–	–	–	–	–	–	–	–	–	0	0	0	6	9	24	9	18	42	0	0	0	7	11	17	13	158
55	–	–	–	–	–	–	–	–	–	–	–	–	0	0	10	13	4	24	0	0	7	5	12	0	19	94
56	–	–	–	–	–	–	–	–	–	–	–	–	–	–	0	0	0	18	0	1	0	5	18	1	12	55
57	–	–	–	–	–	–	–	–	–	–	–	–	–	–	–	–	–	0	0	0	0	0	21	4	16	41
58	–	–	–	–	–	–	–	–	–	–	–	–	–	–	–	–	–	–	–	0	0	0	0	0	4	4
59	–	–	–	–	–	–	–	–	–	–	–	–	–	–	–	–	–	–	–	–	–	0	0	0	0	0
60	–	–	–	–	–	–	–	–	–	–	–	–	–	–	–	–	–	–	–	–	–	–	–	0	0	0

出典：Carey et al. (1998a).

表 4.6 チチュウカイミバエのメスの個体レベルの繁殖状況のまとめ．表 4.5 のデータに基づく．

メスの個体番号	寿命(日)	繁殖期間		産卵頻度			産卵率			総卵数
		産卵開始日	産卵終了日	産卵日数	非産卵日数	産卵後生存日数	卵数/日	卵数/繁殖日	卵数/産卵日	
1	50	7	46	36	15	4	22.1	27.5	30.6	1,103
2	50	12	49	37	14	1	33.0	43.4	44.6	1,651
3	50	4	45	36	15	5	17.5	19.0	24.3	876
4	50	7	47	39	12	3	19.0	22.0	24.3	948
5	51	7	50	41	11	1	14.4	16.7	17.9	734
6	52	4	51	47	6	1	42.0	45.5	46.4	2,182
7	52	7	49	43	10	3	30.4	35.2	36.8	1,583
8	53	11	52	39	15	1	13.8	17.4	18.7	730
9	53	4	43	40	14	10	38.2	41.3	50.6	2,023
10	54	12	52	41	14	2	15.7	20.2	20.7	850
11	54	5	47	42	13	7	20.6	22.7	26.4	1,110
12	54	9	52	44	11	2	16.2	19.4	19.9	874
13	55	11	54	41	15	1	14.4	18.0	19.3	790
14	55	3	54	50	6	1	40.6	43.0	44.7	2,235
15	56	12	55	39	18	1	26.5	33.7	38.1	1,484
16	56	9	55	47	10	1	28.8	34.3	34.3	1,614
17	56	5	55	51	6	1	35.5	38.9	38.9	1,986
18	57	11	56	46	12	1	31.5	39.0	39.0	1,796
19	57	5	53	47	11	4	18.0	19.7	21.8	1,025
20	58	4	56	41	18	2	10.4	11.1	14.7	601
21	58	4	55	44	15	3	21.9	23.5	28.9	1,270
22	59	4	56	47	13	3	15.1	16.2	19.0	893
23	59	6	57	52	8	2	32.3	36.0	36.7	1,908
24	60	7	57	49	12	3	21.0	23.8	25.7	1,261
25	60	8	58	43	18	2	17.3	20.0	24.2	1,040
平均	54.8	7.1	52.2	43.3	12.5	2.6	23.8	27.4	29.9	1,302.7
標準偏差	3.26	2.99	4.17	4.61	3.51	2.16	9.28	10.38	10.39	502.68
最大	60.0	12.0	58.0	52.0	18.0	10.0	42.0	45.5	50.6	2,235.0
最小	50.0	3.0	43.0	36.0	6.0	1.0	10.4	11.1	14.7	601.0

これら 25 匹のミバエのメスの繁殖指標 (表 4.6) によると，平均的なメスは 1 週間強で成熟したが，この成熟には 3〜12 日の幅があった．また，集団全体としては，平均的なメスの産卵日数は 43 日強で，36〜52 日の幅があった．1 日の平均産卵数は，約 10 個/日の低いものから 42 個/日を超えるものまで様々であった．最も繁殖力の低いメスは 600 個の卵を産み，最も繁殖力の高いメスはその約 4 倍の 2,200 個の卵を生涯にわたって産んだ．

4.4.2　出産・産卵経歴

繁殖経歴 (reproductive parity) は，繁殖の重要な指標の一つである．表 4.7 では，4 個体からなる仮想のコホートについて，4 日間の産卵経歴を示している．このコホートの 4 個体は全員が毎日産卵しているので，日を単位とした産卵間隔に差はない．コホートの 1 日当たりの平均産卵回数はすべての齢階級で同じだが，コホート内の個体間では回数に違いがある．個体 1 は常に 1 個/日の卵を産み，個体 4 は常に 2 個/日の卵を産んだ．また，個体 2 と個体 3 の 1 日の産卵数は異なったが，4 日間の平均数は同じだった．

a.　1 日当たりの産卵回数

個体ごとの産卵経歴をまとめる基本的な方法は，1 日当たりの産卵数を見ることである．そして，コホート内の個体の日ごとの繁殖の違いは，毎日の産卵数をあらかじめ決められたいくつかの産卵数クラスごとにまとめて整理することでよくわかるようになる (Carey et al. 1988)．表 4.7 の例では，産卵数を 1 卵クラスと 2 卵クラスに分けられていて各日齢でそれぞれのクラスには 50%ずつの個体が属している．これらの齢階級の割合からも，どの日齢においても，1 日の産卵数は 1.5 卵となることが確認できる．

b.　累積産卵回数

2 つ目の産卵経歴の指標は，個体の齢を重ねての累積繁殖量を示す累積産卵回数である．累積産卵回数を齢ごとに分解すると，コホートの齢クラスごとの産卵数累積の様子を知ることができ (表 4.8(a))，累積産卵回数について複数の齢を通して見れば，長期的なコホートの産卵の様子を知ることができる (表 4.8(b))．また，各齢コホートの過去からその齢までの累積産卵回数をクラス分けし，累積産卵回数のクラスごとの割合として表すことができる．例えば，各個体が毎日 1 個体ずつ子を産むコホートと，10 日に 1 回ずつ 10 匹の子を生むコホートでは，1 日当たりの産卵回数が大きく異なる．どちらの場合も，1 日当たり 1 メス当たりの平均産卵回数は 1 で，同じであり，累積産卵回数も長期間では同じとなる．しかし，産卵戦略の真の違いは，このような

表 4.7　4 匹の仮想のメスの繁殖経歴の例

	メス番号				
齢	1	2	3	4	平均回数
0	1	1	2	2	1.5
1	1	2	1	2	1.5
2	1	1	2	2	1.5
3	1	2	1	2	1.5
合計	4	6	6	8	6.0

表 **4.8** 表 4.7 の仮想例の累積産卵回数のまとめ

	(a) 個体ごとの累積産卵回数				(b) 累積産卵回数の階級別割合			
齢 (日)	個体 1	個体 2	個体 3	個体 4	1〜2	3〜4	5〜6	> 6
0	1	1	2	2	100	0	0	0
1	2	3	3	4	25	75	0	0
2	3	4	5	6	0	50	50	0
3	4	6	6	8	0	25	50	25

表 **4.9** キイロショウジョウバエ (*D. melanogaster*) の 10 日齢間隔でまとめた，1 日当たりの産卵回数と累積産卵回数の産卵回数クラスごとのパーセント

	1 日当たりの産卵回数のクラス分け				累積産卵回数のクラス分け			
齢 (日)	0	1〜30	31〜60	> 60	0	1〜750	751〜1,500	> 1,500
0	100.0	0.0	0.0	0.0	100.0	0.0	0.0	0.0
10	7.6	18.0	44.2	30.1	1.2	97.6	1.2	0.0
20	10.4	44.4	37.3	7.9	0.3	55.4	43.4	0.9
30	7.4	66.1	26.5	0.0	0.5	21.7	67.1	10.8
40	14.2	76.4	9.5	0.0	0.3	10.1	67.9	21.6
50	28.0	72.0	0.0	0.0	0.0	4.3	61.5	34.2
60	41.8	58.2	0.0	0.0	0.0	0.0	61.2	38.8

出典：Robert Arking の未発表データを許可を得て掲載.

単純な記述的指標では見えてこない．実際には，1 日当たりの産卵回数のクラス分けでは，産卵回数ゼロのクラス以外に少なくとも他に 2 つか 3 つのクラスを設けるべきである．

表 4.9 にまとめたショウジョウバエのデータでは，0 回，1〜30 回，31〜60 回，そして 6O 回以上の 4 つの累積産卵回数のクラス分けを採用している．この表を見ると，10 日齢から 20 日齢までの齢区間では，約 1/3 (30%) のメスが 1 日に 60 回以上産卵をし，44%以上が 1 日当たり 31〜60 回の産卵をした．また，高齢のハエ (40 日齢以上) が 1 日当たり 30 回より多く産卵することはほとんどないこともわかる．累積産卵回数のパターンから，常に多く卵を産むごく一部のメスが，最初の 10 日で 750 回より多く (集団の 1.2%)，20 日目までに 1,500 回より多く産卵しているメスもまれである (集団の 0.9%) ことがわかった．60 日目までに 1,500 回より多くの産卵をしたメスは全体の 40%近くを占めた．キイロショウジョウバエ (*D. melanogaster*) の産卵データについて，1 日の産卵回数および累積産卵回数の生涯にわたる全体的なパターンを図 4.5 に示す．

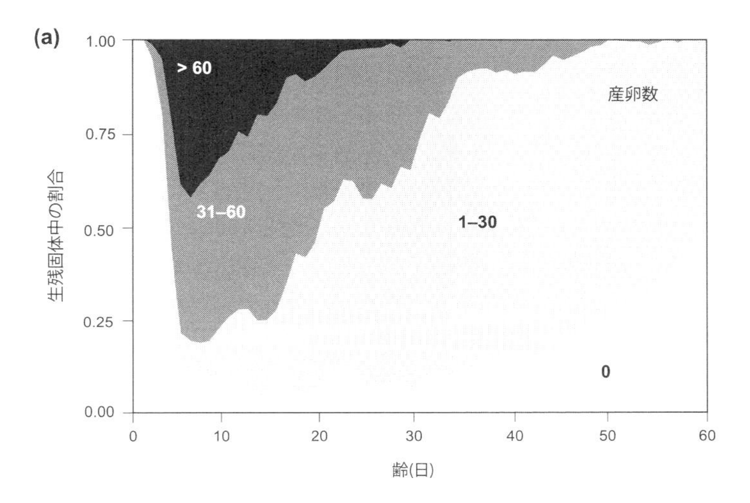

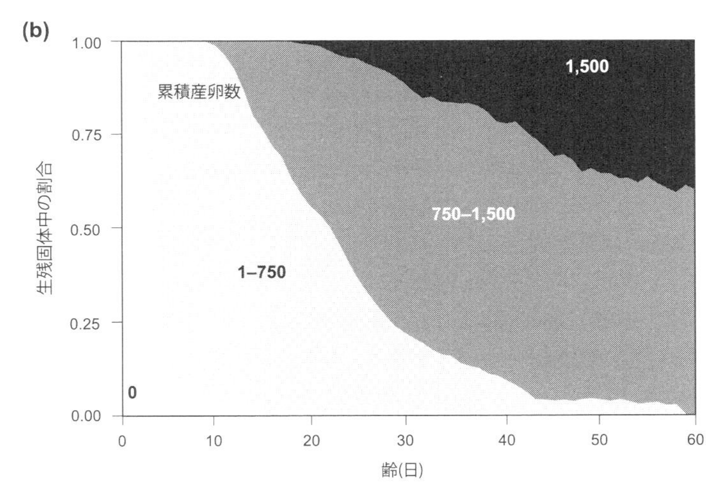

図 4.5　キイロショウジョウバエ (*D. melanogaster*) の羽化後 60 日までの (a) 1 日当たりの産卵回数と (b) 累積産卵回数 (出典：R. Arking, 未発表)

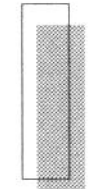

4.5　個体レベルの繁殖履歴

4.5.1　繁殖の事象履歴図

個体の寿命や齢別の繁殖に関するデータセットには，大規模かつ詳細なものがある．例えば，Partridge and Fowler (1992) は，キイロショウジョウバエ (*D. melanogaster*) の集団のメス 430 匹について，2 日ごとの繁殖率を調べた．彼らの努力により，430 個体の生涯の記録が得られ，合わせておよそ 5,000 回の繁殖のそれぞれについて，どの個体が何齢で産卵したかが記録された．このような記録からコホートの生残と個体レベルでの繁殖の両方を，まとめて視覚的に表すためのグラフィカルな手法がある．この方法は，生残，繁殖以外の事象にも適用される，事象履歴図 (event history graph) と呼ばれるものである (Carey et al. 1998b)．事象履歴図は，平均や分散などの要約統計量を用いてまとめると失われてしまう繁殖の齢パターン，特に個体間および個体の齢ごとの変動についての全体観を与えてくれる．

チチュウカイミバエのメス 1,000 個体による繁殖事象履歴図を図 4.6 に示す．1,000 匹のメスの平均寿命は約 35 日で，1 匹当たりだいたい 760 個の卵を産んだので，図にはおおよそ 760,000 個の卵の分布が 35,600 個のセルの濃淡で表されている．平滑化やカーブフィットされた数値ではなく，元の数値から構築されているため，この図は，データ自体を何の要約もせずに描いている．これは重要なことで，繁殖が盛んな

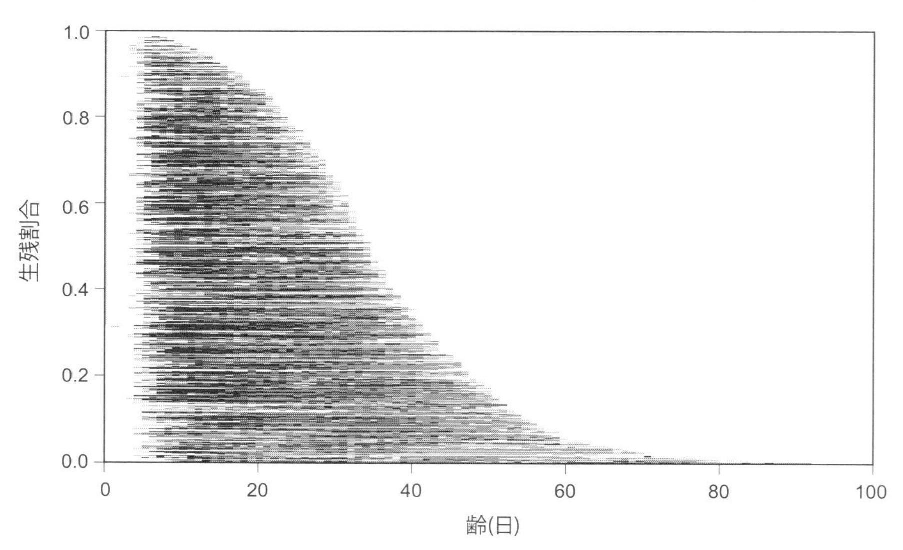

図 4.6　チチュウカイミバエのメス 1,000 匹の日齢別コホート生残と個体ごとの生涯繁殖パターンを示す繁殖事象経歴図 (Carey et al. 1998b)

各水平線分の長さは 1 個体の寿命を表しており，線分の濃淡は各日齢の繁殖レベルを表している (明るい灰色の部分は 0 個の卵，灰色の部分は 1～35 個の卵，黒の部分は 35 個以上の卵)．この図の作成方法については，付録 I を参照．

区域と稀な区域を示すようにデザインされた図には現れないような，例えば，ある齢では産卵数がゼロで，次の齢では産卵数が50といった，隣り合った齢階級間の繁殖レベルの急激な変化がこのグラフには現れている．このような微妙な産卵のパターンや微妙な変化を表現することによって，コホートと個体の両方の産卵パターンの違いを明瞭に示すことができる．

a. 寿命と繁殖のコホート内における個体別パターン

チチュウカイミバエの繁殖事象経歴図 (図 4.6) を見てすぐにわかる大まかなパターンは，コホートの生残スケジュールがシグモイド型になっていることである．0日目から20日目くらいまでは緩やかに減少し，最初の100匹のハエが死ぬ．20日目から50日目までは急激に減少し，この間に約800匹のハエが死ぬ．最後は残りの100匹のハエの最高齢のハエが死ぬまで長い尾を引いている．このパターンには，ミバエのメスの若年層と中年層で加速し，高齢層で減速するという，根底にある死亡スケジュールが明瞭に現れている (それにあたる死亡スケジュールについては図 3.10 参照)．図4.6のグラフからは，まだ，他にいくつかの重要なことが読み取れる．第一に初産齢と寿命の間の相関が弱いことである．これは，左端の縦の白い帯として描写されている個体ごとの繁殖前の期間と，生残スケジュール曲線の輪郭を描いている各個体の生存期間の間に明確な傾向がないことで，一見してわかる．実際に，初産齢と寿命の間の決定係数は $r^2 = 0.259$ に過ぎない．第二に，このグラフから，コホート全体のすべての齢で，産卵数が多い時があることがわかる．ほとんどの産卵は5日齢から25日齢までの生殖活発期間に集中している．この20日間の産卵最盛期は，どの寿命の個体でも見られており，産卵最盛時期と寿命の相関関係も弱いことが示唆される．また，60日より長生きしているハエでは，たくさんの卵を産む日が見られないことも特徴的である．一方，明らかに産卵レベルが低い日々についても，産卵を開始した最初の数日，生涯の最後の数日，長生きした個体では最老齢期間など，生活環のいくつかの時期に見ることができる．さらに低レベル産卵の日は，どの個体でも程度の差はあれ，すべての齢に散在している．これは，個々のハエによる日々の産卵の仕方の違いを反映したものである．第三に，図4.6のグラフでは，卵を産まなかった日の分布も明らかにしている．コホート内のハエの生存延べ日数35,600日のうち，40%にあたる約14,500日が産卵数ゼロの日であった．これらの産卵数ゼロ日は，3つのタイプに分類される．(1) すべてのハエが最初の卵を産む前に経験する未成熟期間 (この期間が産卵数ゼロの日数の約50%を占める)，(2) 64匹の不妊バエが産卵しなかったことによる産卵数ゼロ日数 (この「不妊バエの産卵数ゼロ日数」がコホートの産卵数ゼロ日数の約10%を占める)，(3) 繁殖力のあるハエの産卵の日々の変動による産卵数ゼロ日

数 (コホートの産卵数ゼロ日数の約 40%を占め，多くのハエが経験する繁殖後の期間や，個々のハエが数日間産卵しなかった期間，生残曲線の尾の部分に集中する，とても長生きしたハエの無産卵日数などが含まれる)．最後に，このグラフから，とても高齢 (60 日以上) のハエの産卵パターンは，産卵ゼロの日がほとんどで，産卵数が少ない日が混じっていることがわかる．この，長生き個体の高齢期間に繁殖活動がなくなる現象は，高齢期の死亡率の低下について新たな意味づけを与える可能性がある．高齢期間の死亡率の低下は，人口学的選択 (demographic selection)(第 3 章参照) のみによるのではなく，むしろ，部分的には繁殖活動にともなう死亡コストが軽減していることが関係しているかもしれない．

b. 個体レベルのデータの重要性

個体ごとの生存と繁殖のデータを視覚化する図 4.6 のようなグラフを見たり，それらのデータから繁殖パターンを分析することにより，なぜ個体の縦断的データが，グループ化されたデータや横断的なデータよりも好ましいかを明らかにしてくれる．まず，集団の齢が進むにつれて起こる個体数減耗の過程で，選択が働いているかもしれないことを調べられる．図 4.6 に描いたハエの集団では，個体数が 40 日後には，元のコホートの半分以下になっていた．時間の経過とともに個体が亡くなってゆくため，1 日当たりの産卵数といった，何らかの指標のコホート平均は，若い個体の測定値から求められる場合は，例えば 40 日齢まで生き残らなかった個体も含んだ観察結果に基づいている．一方，40 日齢より後の高齢において同様の指標のコホート平均を求めた場合，元の集団からその時まで生き残った個体たちに基づくことになる．個体レベルのデータによれば，40 日齢までに死んだ個体たちと，それより長く生きた個体たちとは，その指標の平均値が同じかどうかを比較することができる．個体レベルのデータが重要であるもう一つの理由は，個体間の産卵状況の差異を知ることができ，そのことから，コホートの標準的な繁殖状況に対する個体の差異の影響を明らかできることである．例えば，個体レベルのデータでは，加齢にともなうコホートにおける繁殖の減少が，産卵数ゼロのメスの割合の増加によるものなのか，それとも各個体の産卵レベルの全体的な低下によるものなのかがわかる．個体レベルのデータが重要な 3 つ目の理由は，より集中的に産卵する期間が個体ごとに異なる場合，個体間で平均することによって，このような個体間の変異の影響が消え去ってしまう可能性があるからである (第 11 章の小話 39「ピークを合わせた平均化」を参照)．例えば，コホート内の個体の齢別の平均産卵数や，横断的データに基づく齢別の平均産卵数のピークの形は，個体別の産卵数ピークの形とは似ていないかもしれない．最後に，個体の縦断的繁殖データが重要なのは，生涯の繁殖レベルを個体間で比較することができるからであり，ひいては特定の期間における各個体の繁殖の長期的な軌跡を知ることができるからである．特に，生涯繁殖率が高い場合と低い場合，初産卵齢が早い場合と遅い場合，あるいは寿命が短い場合と長い場合を比較することで，個体間の繁殖齢パターンについて重要な見通しを得ることができる．

4.5.2　個体レベルの繁殖の分析

こうした個体ごとの繁殖を調べることの重要性から，繁殖ステージと繁殖スケジュールの個体の差異を分析した 3 つの方法についての事例を紹介する．

a.　分析例 1：成体ステージを三期に分けたモデル

メスの生活環の中で，成体期間は，成熟化期，成熟期，老齢期の 3 つのステージに分けられる．第 1 段階の成熟化期は，老齢期になるまで続く安定した成熟期に達する前の移行期間である．Novoseltsev et al. (2004) は，チチュウカイミバエのメスを例に，これらのステージを組み込んだモデルを作り，個体ごとで繁殖データにモデルの当てはめを行った．彼らのモデルは，5 つのパラメータを使ってうまく個体ごとの繁殖力を特徴づけることができた．それらのパラメータとは，初産卵齢 (X_{onset})，老化齢 (X_{sen})，寿命 (LS)，生殖活発期間における 1 日の産卵率 (RC)，老化指数 (α_{sen}) である．これらにより，成熟化期の長さ (X_{onset})，繁殖期の長さ (T，ここで $T = X_{\mathrm{sen}} - X_{\mathrm{onset}}$)，老齢期の長さ ($S$，ここで $S = LS - T - X_{\mathrm{onset}}$) と，老齢期の繁殖力 ($F$，ここで

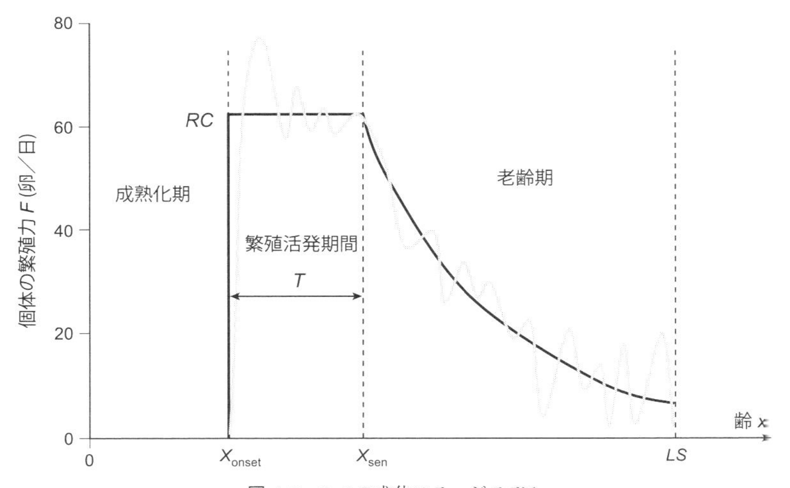

図 4.7　3 つの成体ステージモデル
ミバエのメスにおける典型的な個体の繁殖パターン．1 日当たりの繁殖力を灰色の線で，モデルによる一般的なパターンを太い黒線で示す (出典：Novoseltsev et al. 2004).

表 **4.10** ギリシャ系統とイスラエル系統のミバエの繁殖パターンのパラメータ値 (集団平均)

	1日の最大産卵率	繁殖活発期間	成熟期間	寿命	生涯産卵数
系統	RC	T	X_{onset}	LS	RS
ギリシャ系統	9.7	25.5	10	134	334.2
イスラエル系統	40.0	7.3	3	60	737.7

出典：Novoseltsev et al. (2004) の表 1.

$F(x) = RC * \exp(-\alpha_{\mathrm{sen}} * x)$，$x$ は老化が始まってからの時間) の 4 つを計算することができる．このモデルの図解を図 4.7 に示す．ミバエの 2 つの系統について，このモデルに当てはめて推定した個体レベルのパラメータの平均値の比較を表 4.10 に示す．

b. 分析例 2：寿命を決める繁殖時計モデル

二番目の分析例は，繁殖力の齢別変化の軌跡を個体間で比較し，その軌跡と寿命との関連性を分析したものである．Müller et al. (2001) は，チチュウカイミバエの実験データを分析し，10 日齢から 25 日齢までの間の産卵数の減少率に基づいて，個体の産卵モデルを作った．個体ごとの産卵の軌跡は，羽化後 5〜17 日後に産卵が始まると急激に上昇し，ピークに達した後，徐々に下降した．下降の率は個体によって異なるが，各個体でこの率は齢を通してほぼ一定であった．そのため，この各個体のピーク後の齢にともなう繁殖力低下の軌跡は，以下の指数関数でモデル化された．

$$f(x) = \beta_0 \exp(-\beta_1(x - \Theta)), \qquad (\Theta \le x) \tag{4.8}$$

ここで，$f(x)$ は，x 日齢のハエの繁殖力，Θ は産卵ピークの日齢である．軌跡のピークの高さである β_0 と，減少率である β_1 の 2 つのパラメータは，ハエごとに大きく異なっていた．彼らは，最初の急激な上昇の後の産卵のだらだら続く減少が，このモデルによって適度にうまく説明されることを見出した．

この単純な産卵パターンのモデルを使うと，産卵ピーク後の任意の齢 x における，ピーク後総産卵量に対する残存産卵量の割合を以下の式で表すことができる．

$$\pi(x) = \int_x^\infty f(s)\ ds \Big/ \int_\Theta^\infty f(s)\ ds = \exp(-\beta_1(x - \Theta)) \tag{4.9}$$

この関数は，ハエの日齢が上がるにつれて値が 1 から 0 に減少するもので，これにより，x 齢の時点での繁殖力の消耗の程度を，相対的な残存潜在繁殖力に換算して評価することができる．大まかに言えば，この関数は，減少率 β_1 によって時を刻む速度が決められた，個体の繁殖時計を表している．彼らは，ハエの繁殖時計が進み潜在繁殖力が使い尽くされてゆくにつれ，そのハエが死亡する可能性は高まってゆくことを

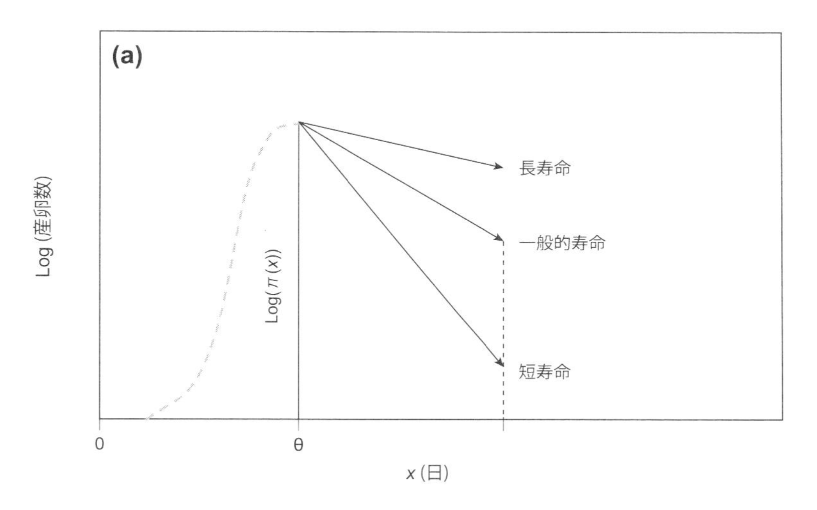

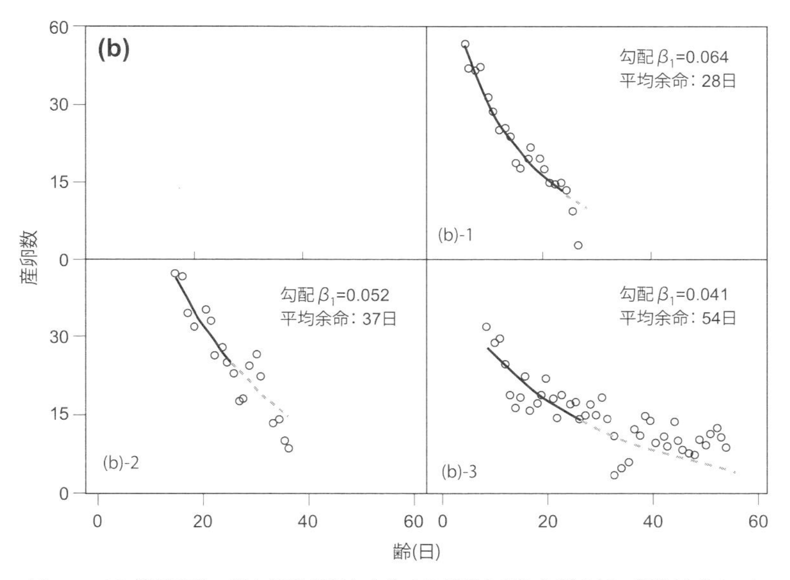

図 4.8　(a) 繁殖時計の進む速度が寿命を決める規則を表した概念図．縦軸は式 (4.9) の対数の値．β_1 の値によって決まる繁殖時計の進み方によって寿命が決まる．(b) 日齢と産卵数のデータ．実線は 25 日齢までのデータに基づく当てはめ曲線．β_1 はモデルのパラメータ．破線は当てはめ曲線を引き伸ばしたもの．(b)-1 寿命が下位 10%分位の個体，(b)-2 寿命が中央 50%の個体，(b)-3 寿命が上位 10%分位の個体 (出典：Müller et al. 2001)．

見出した．これは死亡率と潜在繁殖力の消耗が関連していることの発見であり，繁殖と寿命の関係について新しい見方を提供している．

その残存潜在繁殖力と寿命の間の関係は，繁殖力減退の軌跡を調べることにより，いっそうはっきりとした．図 4.8(a) は，繁殖時計の進み方によって寿命が変わる予想の概念図で，繁殖力の減退の軌跡が，残存潜在繁殖力と寿命の間の関係を決めることを示している．3 つの寿命の異なったグループのハエについて，日ごとの産卵の減少率 β_1 を調べた結果を図 4.8(b) に示した．寿命が短いハエは，産卵のピークから産卵数の減少が急であるのに対して，寿命の長いハエでは，ピークからの減少は緩やかだった．

c.　分析例 3：働くハエと引退したハエ

Curtsinger (2015, 2016) は，キイロショウジョウバエ (*D. melanogaster*) の成虫の一生を勤労と引退という 2 つの機能的ステージに分けた．勤労ステージは，比較的高いレベルの産卵と生存率を特徴とし，引退ステージは，低いレベルの産卵と生存率を特徴とする．この分析によって，引退ステージの期間は通常，成虫の寿命の 1/4 程度であり，引退ステージへの移行齢はハエによって異なることが示された．その結果，同じ齢のハエのコホートには，勤労バエと引退バエが混在することになる．

勤労バエと引退バエの生残スケジュールの違いの例を図 4.9 に示す．ここでは，15 日齢以降の，ステージが異なる個体の生残スケジュールを示している．15 日齢で引退

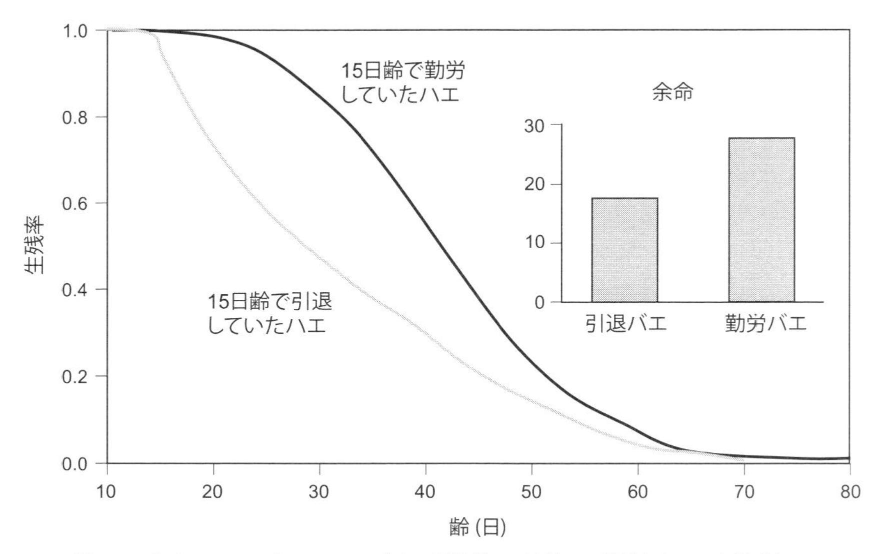

図 4.9　キイロショウジョウバエの成虫の羽化後 15 日目で，引退したハエと勤労していたハエの生残曲線 (Curtsinger 2015 の図 4a から再作成)

したハエは，同じ齢の勤労バエに比べて，その後の生存が著しく低かった．例えば，15 日齢で引退ステージに入ったハエは，同日齢の勤労バエに比べて，20 日目までに死亡する確率が 19 倍も高かった．

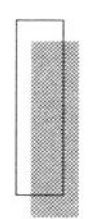

4.6　出産・産卵の進展

出産・繁殖の進展比 (繁殖進展率；parity progression ratio: PPR) は，統計学では，より一般的に継続率と呼ばれているもので，ある特定数の子をもつメスがさらに子をもつ比率を示し，以下の式で表される．

$$\mathrm{PPR}_i = \frac{\text{少なくとも } i+1 \text{ 回出産したメスの数}}{\text{少なくとも } i \text{ 回出産したメスの数}} \tag{4.10}$$

PPR_i は，i 回出産した個体の数に対する $i+1$ 回出産した個体の数の比率を示す．例えば，100 個体のメスが 10 個体の子を残し，85 個体のメスが 10 個体より多くの子を残したとすると，PPR_{10} は，以下のとおりである．

$$\mathrm{PPR}_{10} = \frac{85}{100} = 0.85$$

言い換えるならば，10 匹の子を残したメスが，さらに子を残す確率は 0.85 である．この確率は，生命表の期間生存率 (period survival; p_x) (第 2 章参照) と概念的に同等なものである．つまり，子の数 (あるいは子の数の階級) を生命表の縦軸として (すなわち齢 x に置き換えて)，すべての生命表パラメータと類似のパラメータを，すべての i の値にわたる PPR_i のスケジュールから計算することができる．それらは以下のようなパラメータである．

$${}_nd_i = \text{産卵回数 } i \text{ 階級から } i+n \text{ 階級で死亡した個体の割合}$$

$$l_i = \text{産卵回数 } i \text{ 階級まで生き残る個体の割合}$$

$${}_np_i = \text{産卵回数 } i \text{ 階級の個体が，} i+n \text{ 階級に進む確率}$$

$${}_nL_i = \text{産卵回数 } i \text{ 階級から } i+n \text{ の階級区間のメスの生存延べ日数}$$

$$T_i = \text{産卵回数 } i \text{ 階級個体の余命}$$

$$e_i = \text{産卵回数 } i \text{ 階級の個体の将来の期待追加産卵回数}$$

産卵の進展を調べたキイロショウジョウバエ (*D. melanogaster*) の例を表 4.11 に示す．

表 **4.11** キイロショウジョウバエ (*D. melanogaster*) の産卵進展の様子を調べたデータの集計例

産卵回数の階級	産卵回数 i 階級で死亡した個体数	産卵回数 i 階級で生残した個体数	産卵回数 0 階級から $i+1$ 階級の生残割合	産卵回数 i 階級のうち生存して $i+1$ 階級の産卵も行った割合	産卵回数 i 階級のうち $i+1$ 階級の産卵の前に死亡した割合	産卵回数 i 階級から $i+1$ 階級の区間で死亡したコホートの割合	産卵回数 i 階級の個体の将来の期待追加産卵回数
i	D_i	N_i	l_i	p_i	q_i	d_i	e_i
(1)	(2)	(3)	(4)	(5)	(6)	(7)	(8)
0	4	666	1.0000	0.9940	0.0060	0.0060	1132.6
100	8	662	0.9940	0.9879	0.0121	0.0120	1039.1
200	15	654	0.9820	0.9771	0.0229	0.0225	951.2
300	19	639	0.9595	0.9703	0.0297	0.0285	872.4
400	28	620	0.9309	0.9548	0.0452	0.0420	797.6
500	40	592	0.8889	0.9324	0.0676	0.0601	732.9
600	34	552	0.8288	0.9384	0.0616	0.0511	682.4
700	30	518	0.7778	0.9421	0.0579	0.0450	623.9
800	47	488	0.7327	0.9037	0.0963	0.0706	559.2
900	45	441	0.6622	0.8980	0.1020	0.0676	513.5
1000	42	396	0.5946	0.8939	0.1061	0.0631	466.2
1100	58	354	0.5315	0.8362	0.1638	0.0871	415.5
1200	49	296	0.4444	0.8345	0.1655	0.0736	387.2
1300	52	247	0.3709	0.7895	0.2105	0.0781	354.0
1400	37	195	0.2928	0.8103	0.1897	0.0556	335.1
1500	34	158	0.2372	0.7848	0.2152	0.0511	301.9
1600	30	124	0.1862	0.7581	0.2419	0.0450	271.0
1700	27	94	0.1411	0.7128	0.2872	0.0405	241.5
1800	24	67	0.1006	0.6418	0.3582	0.0360	218.7
1900	15	43	0.0646	0.6512	0.3488	0.0225	212.8
2000	9	28	0.0420	0.6786	0.3214	0.0135	200.0
2100	7	19	0.0285	0.6316	0.3684	0.0105	171.1

(続く)

表 **4.11** (つづき)

産卵回数の階級	産卵回数 i 階級で死亡した個体数	産卵回数 i 階級で生残した個体数	産卵回数 0 階級から $i+1$ 階級の生残割合	産卵回数 i 階級のうち生存して $i+1$ 階級の産卵も行った割合	産卵回数 i 階級のうち $i+1$ 階級の産卵の前に死亡した割合	産卵回数 i 階級から $i+1$ 階級の区間で死亡したコホートの割合	産卵回数 i 階級の個体の将来の期待追加産卵回数
i	D_i	N_i	l_i	p_i	q_i	d_i	e_i
(1)	(2)	(3)	(4)	(5)	(6)	(7)	(8)
2200	6	12	0.0180	0.5000	0.5000	0.0090	141.7
2300	4	6	0.0090	0.3333	0.6667	0.0060	133.3
2400	0	2	0.0030	1.0000	0.0000	0.0000	200.0
2500	1	2	0.0030	0.5000	0.5000	0.0015	100.0
2600	1	1	0.0015	0.0000	1.0000	0.0015	50.0
	0	0	0.0000			0.0000	

出典：Robert Arking の未発表データを許可を得て掲載.

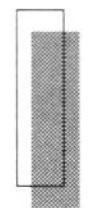

4.7 繁殖力曲線を表す数学モデル

齢別繁殖力曲線 (age-specific fecundity curve) を何らかの数学関数で表す場合には，その関数は，人口学で便利に使うために以下の 3 つの共通する一般的な性質を有する必要がある．3 つとは，(1) 曲線を非対称に描くことができること，(2) 繁殖全体の規模を自由に表せること，(3) 繁殖前期間や繁殖ゼロの日を柔軟に表せることである．ここでは，これら 3 つの特性をもつ 3 つのモデルを紹介する．これらのモデルは，ヒトの生殖データに当てはめることが多いが，ヒト以外の生物種の繁殖パターンをモデル化するのにも同様に有用である．哺乳類のいくつかの種に適用される繁殖モデルについては，Gage (2001) を参照するとよい．

1 つ目の数学関数モデルは，次の式で表されるピアソン I 型 (Pearson type I) 曲線である．

$$f(x) \propto g \cdot x^{m_1} \cdot \left(1 - \frac{x}{\omega}\right)^{m_2}, \qquad (0 \leqq x \leqq \omega) \tag{4.11}$$

x は齢，ω は最高齢，m_1 と m_2 は曲線の対称性を変更するための係数，g は繁殖全体の規模を決める係数である．各係数の変更により，柔軟に様々な出生曲線を描くことができる．

2 つ目のモデルは，ブラスの繁殖力多項式 (Brass fertility polynomial) で，次のような関数で表される曲線である．

$$f(x) = c(x-s)(s+g-x)^2, \qquad (s \leqq x \leqq s+g) \tag{4.12}$$

x は齢，s は繁殖開始齢，g は繁殖期間，c は繁殖全体の規模を決める係数である．この関数は，ヒトの出生曲線への応用によく使われる．

3 つ目のモデルはコール–トラッセルモデル (Coale-Trussell model) で，集団内の出生力のバリエーションを簡潔に記述するための，経験的データに基づく記述とパラメトリックなモデルを合わせた混合モデルである．x 齢における出生力 F_x は，次のような数式で与えられる (Coale and Trussell 1974).

$$F_x = n_x M e^{sx} \tag{4.13}$$

n_x は経験的にデータから求められる，自然出生 (繁殖) 力 (natural fertility) の標準的な齢スケジュールである．M は繁殖全体の規模を調整するパラメータ，s は個体によって異なる値をとるパラメータで，この値によって標準的なスケジュールに比して，

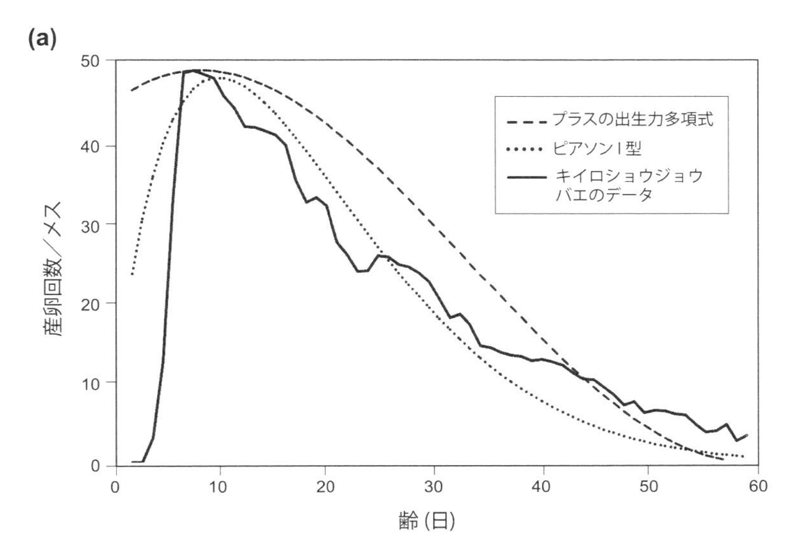

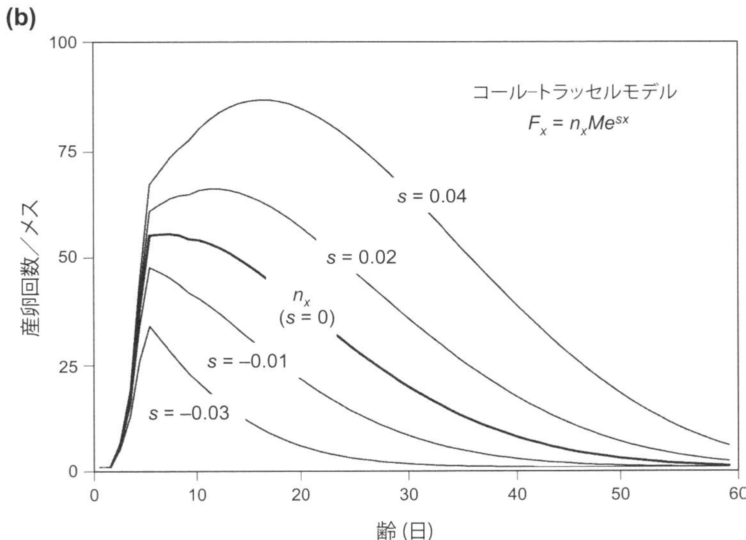

図 **4.10** キイロショウジョウバエの繁殖データに繁殖力モデルの曲線を適合する
(a) プラス多項式とピアソン I 型, (b) コール–トラッセルモデルに基づき個体のバリエーションを描いている (出典：Robert Arking のデータ, 未発表).

個体ごとに異なるスケジュールが決まる.

キイロショウジョウバエ (*D. melanogaster*) のデータに対して，これら3つの繁殖力曲線モデルを当てはめて描かれる曲線を図 4.10 に示す.

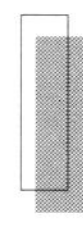

4.8 さらに学びたい方へ

本書の他の章における生殖に関する内容には，ヒトの繁殖と家族人口学 (family demography) について触れる第 8 章 (ヒトの生活史とヒトの人口学)，付録 I の事象履歴図の作成，第 11 章 (生物人口学小話) の家族人口学 (小話 49〜51) と避妊 (小話 53) の 2 項目がある．第 11 章の「ピークを合わせた平均化」の項目 (小話 39) では例として死亡率曲線のピークを取り上げているが，繁殖の齢パターンにはピークがあるので，その小話は繁殖にも関係している.

繁殖に関する人口学の，より高度な概念や手法に関する勉強の手始めのための文献としてお勧めなのは，古典的な書籍 “*Fertility, Biology and Behavior*” (Bongaarts and Potter 1983) である．“*Essential Demographic Methods*” (Wachter 2014) の第 4 章と第 6 章には，それぞれコホート繁殖力と期間繁殖力について，とてもわかりやすい説明がある．さらに，齢ピラミッドを用いて合計出生率 (total fertility rate) を推定する新しい手法については，Hauer et al. (2013) がある．生態学や個体群生物学における繁殖率は，通常，生活史に関する文献 (例えば，Roff 1992, 2002; Stearns 2002) に記載されており，Sibley (2002) による概説や，“*Encyclopedia of Evolution*” 中の Kaplan (2002b) によるヒトに関する項目などに記載されている．より詳しいヒトの繁殖の人口学に関する文献としては，Wood (1994) による繁殖の生物学と人口学のほか，生殖能力 (Dharmalingam 2004)，繁殖力 (Morgan and Hagewen 2005)，子供と女性の人口比率による出生率の間接推定 (Hauer et al. 2013)，人口置換 (population replacement)(Vallin and Caselli 2006c) などに関する論文や百科事典の項目などがある．生命の樹全体にわたる繁殖に関する最も包括的な情報源としては，初版の 4 巻シリーズの “*Encyclopedia of Reproduction*” (Knobil and Neil 1998) の項目があり，6 巻に増えた最近のこのシリーズの第 2 版には，ヒト・ヒト以外の種のオス (Jegou and Skinner 2018) とメス (Spencer and Flaws 2018) の両方の繁殖に関する巻が含まれている.

図 4.1 出典

(1) Abplanalp, H., and A. E. Woodard. 1971. Longevity and reproduction in

Japanese quail Maintained under stimulatory lighting. *Poultry Science* **50** (3): 688–692.

(2) Ainley, D. G., C. A. Ribic, and R. C. Wood. 1990. A demographic study of the South Polar Skua *Catharacta maccormicki* at Cape Crozier. *Journal of Animal Ecology* **59**: 1–20.

(3) Wang, S, D., C. M. Wang, Y. K. Fan, D. F. Jan, and L. R. Chen. 2002. Effect of extreme light regime on production and characteristics of egg in laying geese. *Asian-Australasian Journal of Animal Sciences* **15** (8): 1182–1185.

(4) Newton, I., and P. Rothery. 1997. Senescence and reproductive value in sparrowhawks. *Ecology* **78** (4): 1000–1008.

(5) Birkhead, T. R., and S. F. Goodburn. 1989. Magpie. In I. Newton, editor, *Lifetime Reproduction in Birds*. Academic Press, London, pp. 173–182.

(6) Eberhardt, L. L., and D. B. Siniff. 1977. Population dynamics and marine mammal management policies. *Journal of the Fisheries Research Board of Canada* **34**(2): 183–190.

(7) Gouzoules, H., S. Gouzoules, and L. Fedigan. 1982. Behavioural dominance and reproductive success in female Japanese monkeys (*Macaca fuscata*). *Animal Behaviour* **30**(4): 1138–1150.

(8) Olesiuk, P. F., M. A. Bigg, and G. M. Ellis. 1990. Life history and population dynamics and resident Killer Whales (*Orcinus orca*) in the coastal waters of British Columbia and Washington State. Report of the International Whaling Commission (Special Issue 12): 209–242.

(9) Brault, S., and H. Caswell. 1993. Pod-specific demography of killer whales (*Orcinus orca*). *Ecology* **74**: 1444–1454.

(10) Armitage, K. B., and J. F. Downhower. 1974. Demography of yellow-bellied marmot populations. *Ecology* **55**: 1233–1245.

(11) Teleki, G., E. E. Hunt Jr., and J. H. Pfifferling. 1976. Demographic observations (1963–1973) on the chimpanzees of Gombe National Park, Tanzania. *Journal of Human Evolution* **5**(6): 559–598.

(12) Clutton-Brock, T. H., and M. E. Lonergan. 1994. Culling regimes and sex ratio biases in highland red deer. *Journal of Applied Ecology* **31**(3): 521–527.

(13) Leslie, P. H., and R. M. Ranson. 1940. The mortality, fertility and rate of natural increase of the vole (*Microtus agrestis*) as observed in the laboratory. *Journal of Animal Ecology* **9**: 27–52.

(14) Côté, S. D., and M. Festa-Bianchet. 2001. Birthdate, mass and survival in mountain goat kids: effects of maternal characteristics and forage quality. *Oecologia* **127**: 230–238.

(15) Rodel, H. G., A. Bora, J. Kaiser, P. Kaetzke, M. Khaschei, and D. von Holst. 2004. Density-dependent reproduction in the European rabbit: a consequence of individual response and age-dependent reproductive performance. *Oikos* **104**: 529–539.

(16) Packer, C., M. Tatar, and A. Collins. 1998. Reproductive cessation in female mammals. *Nature* **392**: 807–811.

(17) Bruce, R. C. 1988. An ecological life table for the salamander *Eurycea wilderae*. *Copeia* **1988**(1): 15–26.

(18) Stanford, M. S., and R. B. King. 2004. Growth, survival, and reproduction in a northern Illinois population of the plains gartersnake, *Thamnophis radix*. *Copeia* **2004**(3): 465–478.

(19) Evans, F. C., and F. E. Smith. 1952. The intrinsic rate of natural increase for a

human louse, *Pediculus humanus L. American Naturalist* **830**: 299–310.
(20) Coville, P. L., and W. W. Allen. 1977. Life table and feeding habits of *Scolothrips sexmaculatus* (Thysanoptera: Thripidae). *Annals of the Entomological Society of America* **70**: 11–16.

5

集団 I：基本モデル

したがって，実際の分布が変化し，何らかの要因でそこから外れた場合は，そこに戻る傾向がある，一定の「安定な」分布が存在するはずである．

F. R. シャープ，A. J. ロトカ (Sharpe and Lotka 1911, p.435)

5.1 基本的概念

5.1.1 個体数変化の率

人口モデルは，集団の個体数の変化ペースに関するモデルである．ある集団が，週の初めに 100 個体，週の終わりに 120 個体であった場合，その変化率は算術的な率 (arithmetic rate) で見ると，週当たり 20 個体の増加である (Keyfitz 1985)．この変化を幾何学的な率 (geometric rate) で見るならば，集団は 120/100 倍の幾何学的な率で成長していることになる．つまり，集団の個体がその数を 20%，1 週間に 1.2 倍増加していることになる．

算術的な率 r^* は集団当たりの個体数の増減数で，以下の個体数変化のモデルで与えられる．

$$r^* = N_{t+1} - N_t \tag{5.1}$$

これより，個体数変化の漸化式は，以下のように表される．

$$N_{t+1} = N_t + r^* \tag{5.2}$$

幾何学的な率 r は 1 個体当たりの変化割合で，以下の個体数変化モデルで与えられる．

$$r = \frac{N_{t+1} - N_t}{N_t} \tag{5.3}$$

これより，個体数変化の漸化式は，以下のように表される．

$$N_{t+1} = N_t(1 + r) \tag{5.4}$$

それぞれの個体数変化モデルによる個体数予想は異なる．算術的な率によれば，1,000 個体の人口が毎年 250 個体ずつ増えていくと，2 年後には 500 個体，3 年後には 750 個体増えていることになる．幾何学的な率によれば，年率 25%で成長する集団は，2 年で 562 個体，3 年で 953 個体増えることになる．算術級数では数の差が共通しており，例えば，1, 3, 5, 7, 9 は公差 (common **difference**) が 2 の算術級数である．幾何級数は比が共通しており，例えば，1, 3, 9, 27, 81 は公比 (common **ratio**) が 3 の幾何級数である．幾何学的な率によるモデルが，人口モデルとして適切である．なお，この集団成長率は，離散時間の扱いでは幾何関数により表されるが，連続時間の扱いでは，のちに見るように指数関数により表される．

5.1.2　バランス方程式

最も単純な人口モデルは，今年の総個体数と去年の総個体数を関係づける粗率モデル (**crude rate model**) である．これはバランス方程式 (balancing equation) に基づいて作られる．去年を時間 0，その初期個体数を N_0 とすると，バランス方程式は次のように与えられる．

$$N_1 = N_0 + \text{出生数} - \text{死亡数} + \text{移入数} - \text{移出数} \tag{5.5}$$

集団が閉鎖的であると仮定し，したがって，移入と移出を除き，b を個体当たりの出生率 (per capita birth rate)，d を個体当たりの死亡率 (per capita death rate) とすると，式 (5.5) は以下の式となる．

$$N_1 = N_0 + N_0 b - N_0 d \tag{5.6}$$

$$= N_0(1 + b - d) \tag{5.7}$$

$b - d = 0$ であれば，時刻 1 の人口 N_1 は時刻 0 の人口 N_0 と変わらず，$b > d$ であれば人口は増加し，$b < d$ であれば人口は減少する．時点 $t = 2$ の人口 N_2 は次のように決まる．

$$N_2 = N_1(1 + b - d) \tag{5.8}$$

$$= N_0(1 + b - d)(1 + b - d) \tag{5.9}$$

$$= N_0(1 + b - d)^2 \tag{5.10}$$

一般化すると，t 時間単位後の関係式は以下のとおりとなる．

$$N_t = N_0(1 + b - d)^t \tag{5.11}$$

$(1+b-d)$ を λ とすると以下のように表される.

$$N_t = N_0\lambda^t \tag{5.12}$$

この式は，幾何学的な率 λ で個体数が変わる人口モデルを示している．この離散時間で表された幾何学的人口成長モデル (geometric population growth model) は，両辺の対数をとり，$\lambda = e^r$ と定義すると，以下のようになる.

$$\ln N_t = t \ln \lambda + \ln N_0 \tag{5.13}$$

$$= rt + \ln N_0 \tag{5.14}$$

さらに対数の計算規則を使って整理すると，このモデルは，以下のとおり指数を使って書き換えることができる.

$$N_t = e^{rt} N_0 \tag{5.15}$$

この式について，t を連続時間を表す変数と考えて，以下の式表現により，指数的人口成長モデル (exponential population growth model) とすることができる.

$$N(t) = e^{rt} N(0) \tag{5.16}$$

幾何学的成長モデルと指数関数的成長モデルの数的関係を見比べることにする．まず，r が小さな値だと，$e^r \approx 1 + r$ の関係にあり，$\lambda \approx 1 + r$ である．さらに，幾何学的成長モデルと指数関数的成長モデルのそれぞれの式について，両辺の対数をとって比較することにする．この時，簡単のために $N(0) = 1$ として，その表記は省略する.

$$N(t) = e^{rt} \quad (\text{指数的成長モデル})$$

$$\ln N(t) = rt$$

$$N_t = \lambda^t \quad (\text{幾何学的成長モデル})$$

$$\ln N_t = t \ln \lambda$$

ここで，2 つのモデルは同じことを表現しているので，$\ln N(t) = \ln N_t$ とすると，$rt = t \ln \lambda$ であり，$r = \ln \lambda$，$\lambda = e^r$ の関係が確認できる．つまり，幾何学的な人口成長率 λ は，指数 e の r 乗に等しい.

粗率モデルには，(1) 集団が均質で齢構造をもたない，(2) 出生率と死亡率が不変である，(3) 集団が閉鎖的である，すなわち移動がない，という前提条件がある．これらの仮定のいくつかは，現実を記述するには限界があるが，このモデルは後述するように，より複雑なモデルを開発するための基盤となっている.

5.1.3 倍 加 時 間

時刻 t までの集団サイズの幾何学的成長を表す式は，式 (5.4) より以下のとおりである．

$$N_t = N_0(1+r)^t \tag{5.17}$$

ここで，r は単位時間当たりの増加割合，N_0 は集団の初期個体数である．集団サイズが 2 倍になるまでの時間 (倍加時間 (doubling time: DT))，つまり，$2 = N_t/N_0$ の関係を満たす t は，次の方程式の解となる．

$$(1+r)^t = 2 \tag{5.18}$$

$$t = \mathrm{DT} = \frac{\ln 2}{\ln(1+r)} \tag{5.19}$$

r がそれほど大きな値でなければ，$\ln(1+r)$ は r にほぼ等しいので，この式はさらに次のように近似される．

$$\mathrm{DT} \approx \frac{\ln 2}{r} \tag{5.20}$$

より一般的には，集団の個体数は次の方程式に従って n 倍に増加する．

$$n \text{ 倍になるまでの時間} \approx \frac{\ln n}{r} \tag{5.21}$$

例えば，$r = 0.1$ の場合，n 値が 3, 10, 100 であれば，11 日で 3 倍，23 日で 10 倍，46 日で 100 倍の増加となる．

5.1.4 集団成長：成長率の異質性

a. 分集団構造

集団がいくつかの分集団に分かれているとき，時刻 t における総人口 N_t を求めるには，独立した部分集団の成長率に従ってそれぞれの分集団の人口を計算してから，それらを合計する方法と，部分集団を合わせた平均の率として成長率を計算してから，それを用いて総人口を計算する方法がある．集団 A が $\lambda_\mathrm{A} = 1.1$ で増加し，集団 B が $\lambda_\mathrm{B} = 1.4$ で増加している場合の例を考えることにする．

ケース I：独立な 2 つの分集団から計算する

この場合，各分集団 (subpopulation) はそれぞれ独立して成長する．総人口は，以下のとおり単純に 2 つの集団の個体数の合計になる．

$$N_t = N_{0,\mathrm{A}}\,(\lambda_\mathrm{A})^t + N_{0,\mathrm{B}}\,(\lambda_\mathrm{B})^t \tag{5.22}$$

ここで，$N_{0,\mathrm{A}}$ と $N_{0,\mathrm{B}}$ は，時刻 0 の時点でのそれぞれの集団の個体数を表している．

各集団が1個体から始まったとする．この状況での時刻 $t = 30$ における予測個体数は，以下のとおりである．

$$N_t = N_{0,\mathrm{A}}(\lambda_\mathrm{A})^{30} + N_{0,\mathrm{B}}(\lambda_\mathrm{B})^{30}$$
$$= (1.1)^{30} + (1.4)^{30} \tag{5.23}$$
$$= 17.5 + 24201.4 = 24218.9$$

ケース **II**：**2** つの集団の平均成長率から計算する

時刻 t における集団の成長率を計算する2つ目の方法は，それぞれの成長率 $\lambda_\mathrm{A} = 1.1$ と $\lambda_\mathrm{B} = 1.4$ の幾何平均を計算することである．それは以下の計算によって求められる．

$$\lambda = \sqrt{\lambda_\mathrm{A}\lambda_\mathrm{B}}$$
$$= \sqrt{1.1 \times 1.4} = 1.24 \tag{5.24}$$

この2つ目のケースで $t = 30$ の個体数の予測は以下のとおりで，初期総個体数 N_0 を1とすると，

$$N_{30} = N_0\lambda^{30}$$
$$= 1.24^{30} = 634.8 \tag{5.25}$$

この2つのケースで予測結果に40倍近い差があることから，各分集団の成長率の幾何平均値を用いて予測するよりも，分集団の個体数成長を別々に予測して，それらを算術平均した方が，総個体数の予測値が常に大きくなることなることがわかる (Keyfitz 1985).

b. 成長率が連続変化する集団

集団の成長率が時間ごとに変化することがあり，その場合も集団の増加の時系列を計算することができる．例えば，ある集団の期間増加率 (finite rate of increase) が，時刻 0, 1, 2, 3 の時点で 1.1, 1.8, 1.2, 1.5 であるとする．それぞれの増加率を λ_0, λ_1, λ_2, λ_3 とすると，$t = 0$ で $N_0 = 25$ から始めて，$t = 4$ の時点での個体数は以下のようになる．

$$N_4 = N_0\lambda_0\lambda_1\lambda_2\lambda_3$$
$$= 25 \times 1.1 \times 1.8 \times 1.2 \times 1.5 = 89.1 \tag{5.26}$$

4つの期間増加率の幾何平均は以下のとおりである．

$$\sqrt[4]{\lambda_0\lambda_1\lambda_2\lambda_3} = 1.374 \tag{5.27}$$

幾何平均を用いると，N_0 から N_4 は以下のように計算される．

$$N_4 = 25 \times 1.374^4 = 89.1 \tag{5.28}$$

これは，期間ごとの期間増加率を用いて N_4 を予測した場合の結果と同じである．この数値例は，時間的に変化する集団サイズの増加についての一般的な原則を示している．その原則とは，任意の時系列の集団サイズの増加率は結果的に，幾何平均で捉えられることである．この関係は，時間的に変動する増加率が集団の総個体数に与える影響は，対象とする時間すべてで各時刻に幾何平均の増加率を当てはめた場合と同じであることを示している (Keyfitz 1985).

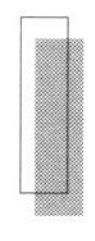

5.2　安定集団モデル

5.2.1　背　　景

人口学における最も大きくめざましい成果の一つは，ロトカ (Lotka 1907, 1928) が安定理論 (stable theory) を現実の人口動態に結びつけたことである．ロトカは，安定齢分布 **(SAD: stable age distribution)** と r の記号で表す**人口の内的成長率 (intrinsic rate of population growth)** あるいは**人口の内的増加率 (intrinsic rate of population increase)** という言葉と概念を生み出し，個体が齢ごとに固定された繁殖数と死亡率をもつ集団の成長は，初期の条件によらず最終的に一定となり，各齢階級の総人口に占める割合が一定の状態に達することを指摘した．ロトカが導き出した方程式は，実はそれまでは人口理論には適用されていなかった，その150年前にフランスの数学者オイラー (Euler) が導き出した積分方程式の畳み込み式と同型である．この積分方程式は現在，人口学ではオイラー方程式 (Euler equation)，ロトカ方程式 (Lotka equation)，特性方程式 (characteristic equation) などと呼ばれて知られており，生物学におけるほとんどの更新理論 (renewal theory) の基礎となっている．

生物学者は，人口学が生物学や生態学に導入されるずっと前から，生物集団の一般的な性質を理解するために齢ごとの繁殖数と死亡率が重要であることを認識していたが，繁殖数と死亡率の変化がもたらす結果を調べるモデルがなかったため，集団の基本的な性質は理解されていなかった．ロトカ (Lotka 1907) が導き出した安定集団モデル (stable population model) は，人口分析のための概念的および分析的なツールを整えた．彼のモデルは，事実上，すべての人口モデルの基礎となっている．

5.2.2　安定集団モデルの利用意義と前提条件

この安定集団モデルの目的は，任意の齢構成で始まり，その時点からある決まった人口動態ルールに従う集団の動的特性を追跡することである (Lopez 1961)．この理論の最も重要な結論は，次の2点である．一つは，集団の齢分布は繁殖数と死亡率の履歴によって完全に決定されるということ，もう一つは，繁殖数と死亡率の特定のスケジュールが，初期状態とは無関係に，集団の齢構成と成長率を固有の定常状態に向かわせることである．

安定集団モデルの前提条件は，齢構造がモデルに組み込まれていることを除けば，基本的に先に示した粗率モデルと同じである．安定集団モデルでは，粗率モデルと同様に，繁殖率と死亡率が固定されており，移動がない閉鎖集団で，性別も1つだけである．これらの仮定は，この理論を自然集団に適用する際の限界のいくつかを明らかにしている．具体的には，動物は移動することが多く，性比 (sex ratio) が1でないことはよくあり，繁殖数と死亡率が固定されることはほぼない．Coale (1972) は，安定理論が人口動態を研究するための基準となるツールを提供すると考えていた．このモデルを適切に使用すれば，人口更新のプロセスに関する基本的な疑問に取り組むためのシンプルな出発点となり，齢分布と成長率という2つの最も重要な人口パラメータ，それらの相互依存関係，コホート全体で見た出生率 (b) と死亡率 (d) というコホートパラメータとの関係を明らかにすることができる．さらに，この安定モデルは，人口成長の方向性，成長率の正負，全体的な分布の歪みを示すことができる．そして最後に，このモデルは，基準となる個体数変化を予測するのに使い，条件が変わった時にどうなるかを問うために役立てることができる．

5.2.3 安定集団モデルの導出

以下の式は，人口の齢構成を3つの年齢階級で表した最も基本的なモデルを示している．

$$N_{0,t} = m_1 N_{1,t} + m_2 N_{2,t} \tag{5.29}$$

$$N_{1,t+1} = p_0 N_{0,t} \tag{5.30}$$

$$N_{2,t+1} = p_1 N_{1,t} \tag{5.31}$$

ここで，$N_{x,t}$ および $N_{x,t+1}$ は，t および $t+1$ の時点における集団の x 齢の個体数を，m_x は x 齢のメス1個体が産む子の数 (0齢では $m_0 = 0$ と仮定する) を，p_x は x 齢から $x+1$ 齢まで生き延びる確率をそれぞれ示す．式 (5.29) は，t において1齢の親 ($N_{1,t}$) および2齢の親 ($N_{2,t}$) によって，子 ($N_{0,t}$) が生まれることを，式 (5.30) はその子が生存率 p_0 で1齢まで生き残ることを，同様に式 (5.31) は1齢の個体が生存率 p_1 で2齢まで生き残ることを示している．

安定集団の人口が期間ごとに増加する率，すなわち期間増加率 λ を求めることにする．安定集団では齢構成が変わらないことから，人口が増加する率は，各齢階級の個体数が増加する率に等しいので，時刻 $t+1$ における各齢階級の数と時刻 t における各齢階級の数の比率をとると，以下のようになる．

$$\frac{N_{0,t+1}}{N_{0,t}} = \frac{N_{1,t+1}}{N_{1,t}} = \frac{N_{2,t+1}}{N_{2,t}} = \lambda \tag{5.32}$$

これから以下の式が得られる．

$$N_{0,t+1} = \lambda N_{0,t} \tag{5.33}$$

$$N_{1,t+1} = \lambda N_{1,t} \tag{5.34}$$

$$N_{2,t+1} = \lambda N_{2,t} \tag{5.35}$$

これらの式は，0, 1, 2 の 3 つの齢階級が，時間ステップごとに λ の倍率で増加することを示す．

式 (5.34), (5.35) の右辺を，それぞれ，式 (5.30), (5.31) の左辺に代入すると，式 (5.29)〜(5.31) は以下のとおりとなる．

$$N_{0,t} = m_1 N_{1,t} + m_2 N_{2,t} \tag{5.36}$$

$$\lambda N_{1,t} = p_0 N_{0,t} \tag{5.37}$$

$$\lambda N_{2,t} = p_1 N_{1,t} \tag{5.38}$$

式 (5.37), (5.38) より，以下の関係が得られる．

$$N_{0,t} = \frac{\lambda N_{1,t}}{p_0}, \qquad N_{2,t} = \frac{p_1 N_{1,t}}{\lambda} \tag{5.39}$$

これらの式をそれぞれ式 (5.36) の $N_{0,t}$, $N_{2,t}$ に代入すると以下のようになる．

$$\frac{\lambda N_{1,t}}{p_0} = m_1 N_{1,t} + p_1 m_2 \frac{N_{1,t}}{\lambda} \tag{5.40}$$

この式を整理すると，

$$0 = N_{1,t}\left(-\frac{\lambda}{p_0} + m_1 + p_1 m_2 \frac{1}{\lambda}\right)$$

となり，さらに，両辺に p_0/λ をかけて整理すると，

$$0 = N_{1,t}\left(-1 + p_0\ m_1\lambda^{-1} + p_0 p_1\ m_2\lambda^{-2}\right)$$

となる．p_x は x 齢から $x+1$ 齢まで生き延びる確率であることを思い出すと，p_0 は 1 齢までの生残率 l_1，$p_0 p_1$ は 2 齢までの生残率 l_2 と書き換えることができることか

ら，以下の式が得られる．

$$0 = N_{1,t}\left(-1 + l_1\ m_1\lambda^{-1} + l_2\ m_2\lambda^{-2}\right) \tag{5.41}$$

したがって，右辺の括弧内から，以下の関係が得られる．

$$1 = l_1 m_1 \lambda^{-1} + l_2 m_2 \lambda^{-2} \tag{5.42}$$

この例では，$m_0 = 0$ と仮定しているが，この式を一般に以下のように表すことができる．これは 3 つの齢階級に対するロトカ方程式である．

$$1 = \sum_{x=0}^{2} \lambda^{-x} l_x m_x \tag{5.43}$$

一般化すると次のようになる．

$$1 = \sum_{x=\alpha}^{\beta} \lambda^{-x} l_x m_x \tag{5.44}$$

ここで，α と β はそれぞれ，最初と最後の繁殖齢である．これは，時間と齢を離散的に表現したロトカ方程式の一般式である．

5.2.4 人口パラメータ

a. 内的増加率

潜在的な人口成長率を表す，内的成長率 (intrinsic growth rate) あるいは**内的増加率 (intrinsic rate of increase)** ともいう概念用語は，Dublin and Lotka (1925) によって初めて導入されたもので，長期間にわたり，繁殖率と死亡率の齢別スケジュールが固定され，安定な状態に落ち着いている閉鎖集団における集団の自然増加率のことである．集団の 2 つの隣り合う時点における総個体数の比が時間の経過とともに変化しなければ，どの齢の個体数についてもこの比は保たれ，集団は安定状態にある．その集団固有に定まった比の対数，すなわち $r = \ln\lambda$ が内的増加率である．

内的増加率 r の正確な値は，生残と繁殖のデータから，ニュートン法を用いて決定することができる．ニュートン法とは，式 $r_1 = r_0 - \frac{f(r_0)}{f'(r_0)}$ に基づいて繰り返し計算により，方程式 $f(r) = 0$ のより良い近似解を求める数値計算法である．ここで，r_0 は r の元の推定値，r_1 は補正された推定値である．このニュートン法による内的増加率 r の近似値を求める方法を説明する．$f(r)$ を式 (5.44) の元のロトカ方程式を変形して以下のように定める．

$$f(r) = \left(\sum e^{-rx} l_x m_x\right) - 1 \tag{5.45}$$

また，$f'(r)$ は関数 $f(r)$ の導関数であり，以下のとおりである．

$$f'(r) = -\sum xe^{-rx} l_x m_x \tag{5.46}$$

r を算出するための手順は以下のとおりである (表 5.1 参照)．

ステップ 1　1 列目に齢 (x)，3 列目に生残率，4 列目にメス当たりの齢別繁殖数などの基本データを入力する．

ステップ 2　5 列目に齢別純繁殖数を計算した結果を入力する．

ステップ 3　ある初期値から漸進的により正確な r の近似値を推定する．表 5.1 の例では，$r_0 = 0.30$ が最初の近似値である．

ステップ 4　5 列目のデータと $r = r_0$ を用いて，すべての齢について，$e^{-rx} l_x m_x$ (6 列目) および $xe^{-rx} l_x m_x$(7 列目) を計算する．

ステップ 5a　式 (5.47) を用いて r_1 の記号で表される，r の第 1 段階の近似値を決定する．

$$r_1 = r_0 - \left[\frac{6\text{ 列目の合計} - 1.0}{7\text{ 列目の合計}}\right] \tag{5.47}$$

$$= 0.30 + \left[\frac{2.1574 - 1.0}{-35.2050}\right] \tag{5.48}$$

$$= 0.3329 \tag{5.49}$$

ステップ 5b　式 (5.50) を用いて，r_2 と表記される第 2 段階の近似値を決める．

$$r_2 = r_1 - \left[\frac{8\text{ 列目の合計} - 1.0}{9\text{ 列目の合計}}\right] \tag{5.50}$$

$$= 0.3329 + \left[\frac{1.2677 - 1.0}{-20.32366}\right] \tag{5.51}$$

$$= 0.3460 \tag{5.52}$$

ステップ 5c　式 (5.53) を用いて，r_3 と表記される第 3 段階の近似値を決める．

$$r_3 = r_2 - \left[\frac{10\text{ 列目の合計} - 1.0}{11\text{ 列目の合計}}\right] \tag{5.53}$$

$$= 0.3460 - \left[\frac{1.0271 - 1.0}{-16.3629}\right] \tag{5.54}$$

$$= 0.3476 \tag{5.55}$$

$r_3 = 0.3476$ は，3 回目の繰り返し近似計算の結果であり，式 (5.54) の括弧内にあたる調整分が小さく，正確な値である $r = 0.3477$ とは小数点 4 桁以下の差しかない．

表 5.1 キイロショウジョウバエ（*D. melanogaster*）の内的増加率の近似値をニュートン法によって求める計算経過．ここで，$g(r,x) = e^{-rx} l_x m_x$ とし，$g(r,x)$ の r による偏微分を $g_r(r,x) = -xe^{-rx} l_x m_x$ とおく．

齢	ステージ	生残率	繁殖数	純繁殖数	繰り返し 1 回目 $r = 0.3000$		繰り返し 2 回目 $r = 0.3329$		繰り返し 3 回目 $r = 0.3460$	
x		l_x	m_x	$l_x m_x$	$g(r,x)$	$g_r(r,x)$	$g(r,x)$	$g_r(r,x)$	$g(r,x)$	$g_r(r,x)$
(1)	(2)	(3)	(4)	(5)	(6)	(7)	(8)	(9)	(10)	(11)
0	卵	1.0000	0.0	0.0	0.0000	0.0000	0.0000	0.0000	0.0000	0.0000
1	幼虫	0.9900	0.0	0.0	0.0000	0.0000	0.0000	0.0000	0.0000	0.0000
2		0.9405	0.0	0.0	0.0000	0.0000	0.0000	0.0000	0.0000	0.0000
3		0.8935	0.0	0.0	0.0000	0.0000	0.0000	0.0000	0.0000	0.0000
4		0.8488	0.0	0.0	0.0000	0.0000	0.0000	0.0000	0.0000	0.0000
5	蛹	0.8064	0.0	0.0	0.0000	0.0000	0.0000	0.0000	0.0000	0.0000
6		0.7902	0.0	0.0	0.0000	0.0000	0.0000	0.0000	0.0000	0.0000
7		0.7744	0.0	0.0	0.0000	0.0000	0.0000	0.0000	0.0000	0.0000
8		0.7589	0.0	0.0	0.0000	0.0000	0.0000	0.0000	0.0000	0.0000
9		0.7438	0.0	0.0	0.0000	0.0000	0.0000	0.0000	0.0000	0.0000
10	成虫	0.7289	0.0	0.0	0.0000	0.0000	0.0000	0.0000	0.0000	0.0000
11		0.7289	0.0	0.0	0.0000	0.0000	0.0000	0.0000	0.0000	0.0000
12		0.7289	3.2	2.3	0.0638	−0.7654	0.0430	−0.5159	0.0367	−0.4405
13		0.7289	13.5	9.8	0.1985	−2.5804	0.1295	−1.6830	0.1091	−1.4182
14		0.7289	34.9	25.4	0.3814	−5.3394	0.2407	−3.3699	0.2002	−2.8024
15		0.7289	51.2	37.3	0.4148	−6.2213	0.2533	−3.7995	0.2079	−3.1184
50		0.3130	13.6	4.3	0.0000	−0.0001	0.0000	0.0000	0.0000	0.0000
51		0.2933	13.3	3.9	0.0000	0.0000	0.0000	0.0000	0.0000	0.0000
52		0.2802	12.8	3.6	0.0000	0.0000	0.0000	0.0000	0.0000	0.0000
53		0.2638	11.8	3.1	0.0000	0.0000	0.0000	0.0000	0.0000	0.0000
54		0.2484	11.0	2.7	0.0000	0.0000	0.0000	0.0000	0.0000	0.0000
55		0.2331	10.9	2.5	0.0000	0.0000	0.0000	0.0000	0.0000	0.0000
50		0.2150	9.9	2.1	0.0000	0.0000	0.0000	0.0000	0.0000	0.0000

（続く）

表 **5.1** (つづき)

齢	ステージ	生残率	繁殖数	純繁殖数	繰り返し 1 回目 $r = 0.3000$		繰り返し 2 回目 $r = 0.3329$		繰り返し 3 回目 $r = 0.3460$	
x		l_x	m_x	$l_x m_x$	$g(r,x)$	$g_r(r,x)$	$g(r,x)$	$g_r(r,x)$	$g(r,x)$	$g_r(r,x)$
(1)	(2)	(3)	(4)	(5)	(6)	(7)	(8)	(9)	(10)	(11)
57		0.2058	8.9	1.8	0.0000	0.0000	0.0000	0.0000	0.0000	0.0000
58		0.1839	7.5	1.4	0.0000	0.0000	0.0000	0.0000	0.0000	0.0000
59		0.1762	7.9	1.4	0.0000	0.0000	0.0000	0.0000	0.0000	0.0000
60		0.1631	6.4	1.0	0.0000	0.0000	0.0000	0.0000	0.0000	0.0000
80		0.0175	1.8	0.0	0.0000	0.0000	0.0000	0.0000	0.0000	0.0000
81		0.0142	2.1	0.0	0.0000	0.0000	0.0000	0.0000	0.0000	0.0000
82		0.0120	2.2	0.0	0.0000	0.0000	0.0000	0.0000	0.0000	0.0000
83		0.0098	0.5	0.0	0.0000	0.0000	0.0000	0.0000	0.0000	0.0000
84		0.0066	0.8	0.0	0.0000	0.0000	0.0000	0.0000	0.0000	0.0000
85		0.0055	1.3	0.0	0.0000	0.0000	0.0000	0.0000	0.0000	0.0000
86		0.0044	0.8	0.0	0.0000	0.0000	0.0000	0.0000	0.0000	0.0000
87		0.0039	0.0	0.0	0.0000	0.0000	0.0000	0.0000	0.0000	0.0000
88		0.0020	2.0	0.0	0.0000	0.0000	0.0000	0.0000	0.0000	0.0000
89		0.0010	0.0	0.0	0.0000	0.0000	0.0000	0.0000	0.0000	0.0000
90		0.0000	0.0	0.0	0.0000	0.0000	0.0000	0.0000	0.0000	0.0000
			合計		2.1574	−35.2050	1.2677	−20.3266	1.0271	−16.3629

b. 内的増加率の他の近似値計算方法

ロトカ方程式の内的増加率 r の値は，数式を使った近似式がいくつか提案されている．ここではそのうちの 3 つの方法を紹介する．1 つ目の方法では，まずロトカ方程式 (5.44) の中の指数にかかる齢変数 (x) をコホートにおける平均純繁殖齢 (T) に固定する．近似的に以下の式が成り立つ．

$$1 = \sum e^{-rT} l_x m_x \tag{5.56}$$

T は以下の式で定義される．

$$T = \frac{\sum x l_x m_x}{\sum l_x m_x} \tag{5.57}$$

この式の分母は合計純繁殖数 (NRR: net reproductive rate) の意味をもち，これを R_0 と記す．式 (5.56) において，右辺の指数の部分は定数なので，シグマ記号の外に出すことができる．さらに指数部分を左辺に移項すると，右辺の残りの部分は R_0 なので，以下のように表される．

$$e^{rT} = R_0 \tag{5.58}$$

この式を r について解くと以下のとおり，r の値を得るための式ができる．

$$r = \frac{\ln R_0}{T} \tag{5.59}$$

ロトカ方程式の r を近似する 2 つ目の方法には，平均純繁殖齢 (T) までの生残率 (l_T) と総繁殖数 (GRR: gross reproductive rate) という 2 つの要素が含まれる．この近似法では，繁殖は T 齢付近に集中していて，その間に死亡はほとんど起こらない場合を想定している．

まず，以下のとおりロトカ方程式の両辺に e^{rT} をかけ，式を以下のとおり変形する．

$$e^{rT} = e^{rT} \sum e^{-rx} l_x m_x \tag{5.60}$$

$$e^{rT} = \sum e^{-r(x-T)} l_x m_x \tag{5.61}$$

さらに以下のとおり，右辺のシグマ記号の外に l_T をかけて，シグマ記号内の l_x を l_T で割る式変形をする．

$$e^{rT} = l_T \sum e^{-r(x-T)} \frac{l_x}{l_T} m_x \tag{5.62}$$

x の値が T の場合，

$$\frac{l_x}{l_T} = 1.00 \tag{5.63}$$

であり，

$$e^{-r(x-T)} = e^{-r(0)} = 1.00 \tag{5.64}$$

である．繁殖をしている T 付近の齢 x では，式 (5.63), (5.64) と同様の式が成立するので式 (5.62) は以下のようになる．

$$e^{rT} = l_T \sum m_x \tag{5.65}$$

生涯にわたる合計繁殖数 $\sum m_x$ を GRR (総繁殖数) として，上式を書き換えると，

$$e^{rT} = l_T \ \mathrm{GRR} \tag{5.66}$$

この式を r について解くと，推定値は次のようになる．

$$r = \frac{\ln(l_T) + \ln(\mathrm{GRR})}{T} \tag{5.67}$$

r 推定の 3 つ目の方法は，Preston and Guillot (1997) によって示された．彼らは，生残率 l_x が繁殖期間中に齢に対して線形で減少する場合，総繁殖数 (GRR)

$$\mathrm{GRR} = \sum_{0}^{\infty} m_x \tag{5.68}$$

と平均出産齢 (A_M)

$$A_M = \frac{\sum_0^\infty x m_x}{\sum_0^\infty m_x} \tag{5.69}$$

を用いて，合計純繁殖数 $R_0 (=\sum_0^\infty l_x m_x)$ は，次式で表されると指摘した [*1)]．

$$R_0 = \mathrm{GRR} \times p(A_M) \tag{5.70}$$

この式で，$p(A_M)$ は平均出産齢の時まで生残する生残率を表す．すべての母親の齢において，新生個体のうちメスの割合が一定で S の場合，オス・メスを合計した出生数である合計出生数 (TFR: total fertility rate) を用いて近似的に以下の式で表される．

---

*1) 式 (5.70) は，明示されていない仮定に基づいている．その仮定のもとで式 (5.70) が導かれることを説明する．生存率 l_x が齢に対して線型に減少するものとして，$l_x = a_1 - a_2 x$ とおく．R_0 について，以下の一連の式変形を行う．

$$\begin{aligned} R_0 &= \sum_0^\infty l_x m_x = \sum_0^\infty (a_1 - a_2 x) m_x = a_1 \sum_0^\infty m_x - a_2 \sum_0^\infty x m_x \\ &= a_1 \mathrm{GRR} - a_2 \sum_0^\infty x m_x = \mathrm{GRR} \left(a_1 - a_2 \frac{\sum_0^\infty x m_x}{\mathrm{GRR}} \right) \end{aligned}$$

さらに R_0 は式 (5.69) より，この式は $\mathrm{GRR}(a_1 - a_2 A_M)$ となる．$l_x = a_1 - a_2 x$ と仮定したので，平均出産齢 A_M における生存確率を $l_{A_M} = p(A_M)$ と表記するならば，式 (5.70) のとおり $R_0 = \mathrm{GRR} \times p(A_M)$ が得られる．

$$R_0 = \mathrm{TFR} \times S \times p(A_M)^{*2)} \tag{5.71}$$

式 (5.71) の右辺を式 (5.59) の R_0 に代入すると，以下のようになる．

$$r = \frac{\ln(\mathrm{TFR}) + \ln(S) + \ln[p(A_M)]}{T} \tag{5.72}$$

この式は，死亡率と出生率が r に影響を与えていることを示しているが，複雑な関係でなく，足し算で示されている．そのため，死亡率と出生率の影響をこの式の，それぞれ第 3 項と第 1 項に分離することができる．ここでは，r は合計出生率そのものではなく，合計出生率の対数の加法的関数である．言い換えれば，出生率の r への影響は，合計出生率の割合変化にのみ依存し，絶対的変化には依存しない．さらに，この式では，平均純繁殖齢 T の変化が r に直接的かつ反比例的な影響を与え，T の増加は r を減少させ，その逆もまた然りである (Preston and Guillot 1997).

c. 内的出生率と内的死亡率

内的出生率 (intrinsic birth rate; b) は，移出・移入のない集団で，齢別の繁殖率と死亡率がそれぞれ長期間にわたって固定されていると仮定した時の，集団全体で見た 1 個体当たりの潜在的な出生率である．その相方である内的死亡率 (intrinsic death rate; d) は，同じ条件のもとでの集団全体で見た 1 個体当たりの潜在的な死亡率である．出生率を齢によらないものと考えるので，以下のとおりロトカ方程式の齢別産子数 m_x を定数 b とおくと，

$$\begin{aligned} 1 &= \sum e^{-rx} l_x b \\ &= b \sum e^{-rx} l_x \end{aligned}$$

前節のいずれかの方法によって内的増加率 r がわかっていれば，この式から以下のとおり，b が求められる．

$$b = \frac{1}{\sum e^{-rx} l_x} \tag{5.73}$$

増加率 r は出生率 b と死亡率 d の差し引きであり，この b の値と既知の r の値から，以下のとおりに d が求められる．

---

*2) 指数成長モデルにおいて，生まれた個体が繁殖するまでの平均時間 T の間で，集団の大きさは e^{rT} 倍になる．ここで式 (5.58) の意味を考えることにする．式では，この T の間の集団の大きさの倍化量が個体の合計純繁殖数 R_0 に等しくなると述べている．これまで，合計純繁殖数と述べていた $R_0(=\sum_0^\infty l_x m_x)$ は，T 期間に集団を e^{rT} 倍化させる量なので，集団の成長を述べる文脈では，「合計」は省略して，T 時間当たりの率として「純繁殖率」という．英語の表記 NRR (net reproductive **rate**) は，この文脈で適切である．GRR, TFR など，「数」を何らかの固定された時間当たりで捉えている場合についても，同様の理由で意味に応じた呼び方をする．これ以降の文脈では，これらはすべて「率」として捉えることにする．

$$d = b - r \tag{5.74}$$

これらをまとめると，安定集団では，単位期間当たり 1 個体当たり，b の出生と d の死亡が起こり，r の成長率で集団の大きさが変わる．この内的出生率 b と内的死亡率 d は，両者の差 $b - d$ で与えられる集団の (内的) 成長率，両者の比 b/d で与えられる 1 死亡事象当たりの出生事象量を表すのに使われる．また，Ryder (1973) の命名により**集団の代謝量 (population metabolism)** として知られる，1 個体当たりの出生死亡事象の総量を表す際にも両者の和 $b + d$ としても使われる．

d. 純繁殖率

R_0 または NRR (net reproductive rate) と表記される純繁殖量は，メスがある固定された齢別繁殖率と死亡率をもつ場合，平均純繁殖齢 T までの期間に産むと期待されるメスの子の数と解釈されるものであり，次の式で与えられた．

$$R_0 = \sum_{x=\alpha}^{\beta} l_x m_x \tag{5.75}$$

ここで，α と β はそれぞれ，繁殖開始と繁殖終了の齢である．平均繁殖齢 T は，1 世代の期間と考えることができるので，R_0 は集団の世代分の成長率を意味しており，離散的に日ごとに見た成長率 λ と関連づけて理解できる．$R_0 = 100$，平均世代時間 $T = 25$ 日とすると，1 日間の成長率 λ は 100 の 25 乗根，すなわち，

$$\lambda = \sqrt[25]{100} \tag{5.76}$$

$$= 1.2023 \tag{5.77}$$

である．つまり，生涯で平均 100 個体の子を残す個体からなる集団の大きさは，1 日間で 1.2 倍になる．1 個体から集団が始まるならば ($N_0 = 1$)，以下のとおり，先ほどと逆の計算，すなわち λ の 25 乗で，集団の大きさは 100 倍になる．

$$\begin{aligned} N_T &= N_0 \lambda^{25} \\ &= 1.2023^{25} \approx 100 \end{aligned} \tag{5.78}$$

つまり，この 1 個体が生涯で 100 個体を残す個体たちからなる集団の大きさは，25 日で 100 倍になる．

e. 安定齢分布

集団の安定齢分布 (SAD: stable age distribution) は，齢別繁殖数と齢別死亡率が時間的に変化せず固定されている場合に現れる．その齢分布は時間が経過しても変化しない分布である．齢階級が 2 つあり，時刻 0 から毎日 2 倍ずつ増えていく仮想的な

安定集団を考えてみよう．齢階級 0 から齢階級 1 で死亡がないとする．齢階級 0 の個体数と齢階級 1 の個体数は常に 2 倍 (すなわち，4/2, 8/4, 16/8) の違いになり，2 つの時間ステップ間の総数 (すなわち，6/3, 12/6, 24/12) も 2 倍の違いになる集団である (表 5.2)．常に齢階級 0 の割合は全集団の 2/3，齢階級 1 の割合は 1/3 であり，齢分布は安定している．齢階級 1 の割合は，齢階級 0 の割合よりも常に小さい．これは，個体が齢を経て死亡したからという理由ではなく，集団が成長していることで生じている．もっと多くの齢階級からなる集団についても同様である．一般には，集団サイズの増加率と個体の死亡率の両方の組み合わせによって，安定集団におけるその齢階級の総数に対する正確な割合が決まる．

安定齢分布は，安定集団中で各齢階級の割合の分布である．この齢階級 x ごとの割合 c_x を表す式は次のように与えられる [*3]．

$$c_x = \frac{e^{-rx} l_x}{\sum e^{-rx} l_x} \tag{5.79}$$

この式から，齢構成 c_x と期間増加率 λ の関係が導かれる．以下のとおり，齢階級 x の割合 c_x と，齢階級 $x+1$ の割合 c_{x+1} の比を考えてみよう．

$$\frac{c_{x+1}}{c_x} = \frac{\lambda^{-(x+1)} l_{x+1}}{\lambda^{-x} l_x} \tag{5.80}$$

齢別生存率 p_x は

$$\frac{l_{x+1}}{l_x} = p_x$$

であるから，式 (5.80) は以下のようになる．

表 5.2　2 つの齢階級 (age class) からなる，毎時間で 2 倍になる仮想的安定集団

	時間ステップ			
齢階級	0	1	2	3
0	2	4	8	16
1	1	2	4	8
合計	3	6	12	24

注：各齢階級には集団の一定割合が含まれるため，この集団は安定齢分布にあると考えられる．

---

*3) 新生個体数に対し，x 齢の個体の生残割合は l_x である．また，集団が安定状態にある時，新生個体数は毎年 $\lambda = e^r$ 倍になる．つまり，今年 x 齢の個体たちが新生児だった時の個体数は，今年の新生児の個体数に対して，$\lambda^{-x} = e^{-rx}$ 倍の個体数であったことになる．これらのことから，今年の齢別の相対的な個体数は，生まれた時の相対的な個体数と，今年その齢での生残割合の積であり，$\lambda^{-x} l_x = e^{-rx} l_x$ と表される．式 (5.79) 右辺の分数式が表す意味は，今年の，あるいは一般的に任意の年の集団における，全個体数に対する x 齢の個体数の割合を示している．

$$\frac{c_{x+1}}{c_x} = \frac{p_x}{\lambda} \tag{5.81}$$

上式を λ について解くと以下の式が得られる．

$$\lambda = p_x \frac{c_x}{c_{x+1}} \tag{5.82}$$

つまり，安定集団の成長率は，x 齢から $x+1$ 齢までの生存率と，x 齢と $x+1$ 齢の安定集団における割合の比の積である．したがって，$\lambda = 1.2$ で生存率が 100% (つまり，$p_x = 1.00$) の場合，隣接する齢階級の割合は 1.2 倍異なる．

f. 平均世代時間

平均世代時間 T (mean generation time) は 2 つの方法で定義される．第一の定義は，平均純繁殖齢 (式 (5.57)) としてすでに登場している．これは，ある世代の出生と次の世代の出生を隔てる平均間隔として意味づけられている (Pressat 1985)[*4]．この定義式は以下のとおりである．

$$T = \frac{\sum x l_x m_x}{\sum l_x m_x} \tag{5.83}$$

平均世代時間の第二の定義は，集団が純繁殖率 R_0 に等しい倍数で増加するのに必要な時間，言い換えれば，新生メスが自分の分身によって R_0 倍に置き換わるのに必要な時間である．この T の定義を表す式は，内的増加率 r が何らかの方法で得られると，次のように与えられる．

$$T = \frac{\ln R_0}{r} \tag{5.84}$$

これは，r の近似値を求めるための関係式 (5.59) において，求めるものが r から T に変わった時の式と解釈できる．

例えば，$r = 0.3302$，純繁殖率 $R_0 = 40.5$ とすると，T 値は次のようになる．

$$T = \frac{\ln 40.5}{0.3302} = 11.2 \text{ 日}$$

この集団は，11.2 日ごとに 40.5 倍ずつ増える．

5.2.5 人 口 予 測

a. レズリー行列

レズリー (Leslie 1945) は，行列代数を用いて連続時間のロトカモデルを離散時間

---

*4) Pressat, R., and C. Wilson. 1985. *The Dictionary of Demography*. Blackwell Publishing.

モデルとして再構築した．レズリー行列モデルとして知られるこのモデルは，齢構造集団の成長率を決めるための数値計算の道具となり，集団が安定状態に収束するまでの過渡的特性を調べるために利用することもできる．

左辺にある行列がレズリー行列と呼ばれる．レズリー行列モデルは以下のような形式をしている．

$$\begin{pmatrix} F_0 & F_1 & F_2 \\ P_0 & 0 & 0 \\ 0 & P_1 & 0 \end{pmatrix} \begin{pmatrix} N_{0,t} \\ N_{1,t} \\ N_{2,t} \end{pmatrix} = \begin{pmatrix} N_{0,t+1} \\ N_{1,t+1} \\ N_{2,t+1} \end{pmatrix}$$

ここで，この行列の上段の F_x は出生を表す要素であり，副対角要素の P_x は齢階級ごとの生存率を表す．時刻 $t+1$ における x 齢の個体数 $N_{x,t+1}$ は，レズリー行列と，時刻 t における x 齢の個体数 $N_{x,t}$ を縦に並べたベクトルの積として求められる．出生を表す要素 F_x は以下のように計算される (Caswell 2001).

$$F_x = \frac{m_x + P_x m_{x+1}}{2} \tag{5.85}$$

ここで，m_x と m_{x+1} は，それぞれ x 齢と $x+1$ 齢のメスが産む子の数を表す．この式から，F_x の計算式は，調査の時期に応じた齢階級内の出生と死亡の分布に依存することがわかる．そのため，F_x を算出する計算方法は他にもある．それらは第 6 章の表 6.4 にまとめてある．

b.　レズリー行列による反復計算例

縦ベクトルに複数の齢階級の初期個体数を入力し，そのベクトルをレズリー行列の右側から 1 回かける計算によって，1 ステップ後の集団の齢別の個体数が見積もられる．例えば，次のような 3 つの齢階級をもつ集団のレズリーモデルを考える．

$$\begin{pmatrix} F_0 & F_1 & F_2 \\ P_0 & 0 & 0 \\ 0 & P_1 & 0 \end{pmatrix} \begin{pmatrix} N_{0,t} \\ N_{1,t} \\ N_{2,t} \end{pmatrix} = \begin{pmatrix} N_{0,t+1} \\ N_{1,t+1} \\ N_{2,t+1} \end{pmatrix}$$

各齢の初期個体数が，いずれも 1 個体として，最初のステップでの各齢の個体数は次のとおりに見積もられる．

$$\begin{pmatrix} 0 & 5.0 & 3.0 \\ 0.8 & 0 & 0 \\ 0 & 0.5 & 0 \end{pmatrix} \begin{pmatrix} 1.0 \\ 1.0 \\ 1.0 \end{pmatrix} = \begin{pmatrix} 8.0 \\ 0.8 \\ 0.5 \end{pmatrix}$$

引き続き同様の計算を繰り返すと，齢構成が以下のように次々と予測される．

$$\begin{pmatrix} 0 & 5.0 & 3.0 \\ 0.8 & 0 & 0 \\ 0 & 0.5 & 0 \end{pmatrix} \begin{pmatrix} 8.0 \\ 0.8 \\ 0.5 \end{pmatrix} = \begin{pmatrix} 5.5 \\ 6.4 \\ 0.4 \end{pmatrix}$$

$$\begin{pmatrix} 0 & 5.0 & 3.0 \\ 0.8 & 0 & 0 \\ 0 & 0.5 & 0 \end{pmatrix} \begin{pmatrix} 5.5 \\ 6.4 \\ 0.4 \end{pmatrix} = \begin{pmatrix} 33.2 \\ 4.4 \\ 3.3 \end{pmatrix}$$

表 5.3 は，この仮想集団の 20 期間の齢構成の変遷の結果である．当初，各齢は同数の個体数だが，数期間後には大半の個体が齢階級 0 と 1 に移っていることがわかる．また，増加率 λ が安定した値に収束してゆくパターンが見られる．図 5.1 に，$t = 0$ から λ が一定値になるまでの変遷を示す．

この比較的単純な例から，振動，収束，エルゴード性，安定性など，集団のいくつかの基本的な性質が明らかになる．第一に，モデルによる個体数の変遷には，成熟し

表 5.3　仮想の 3 齢階級集団のレズリー行列予測の結果

時間	齢階級ごとの個体数 0	1	2	総個体数	期間増加率	齢階級ごとのパーセント 0	1	2
t	$N(0)$	$N(1)$	$N(2)$	N_{Tot}	λ	$\%N(0)$	$\%N(1)$	$\%N(2)$
0	1.0	1.0	1.0	3.0	3.1	33.3	33.3	33.3
1	8.0	0.8	0.5	9.3	1.3	86.0	8.6	5.4
2	5.5	6.4	0.4	12.3	3.3	44.7	52.0	3.3
3	33	4	3	41	1.5	81.4	10.8	7.8
4	32	27	2	60	2.9	52.4	44.0	3.6
5	139	25	13	178	1.6	78.3	14.2	7.5
6	166	112	13	290	2.7	57.2	38.4	4.4
7	596	133	56	784	1.8	75.9	17.0	7.1
8	832	476	66	1,375	2.5	60.5	34.6	4.8
9	2,582	666	238	3,486	1.8	74.1	19.1	6.8
10	4,044	2,065	333	6,442	2.4	62.8	32.1	5.2
11	11,325	3,235	1,033	15,592	1.9	72.6	20.7	6.6
12	19,272	9,060	1,617	29,950	2.3	64.3	30.3	5.4
13	50,152	15,418	4,530	70,100	2.0	71.5	22.0	6.5
14	90,679	40,122	7,709	138,509	2.3	65.5	29.0	5.6
15	223,735	72,543	20,061	316,339	2.0	70.7	22.9	6.3
16	422,898	178,988	36,272	638,158	2.2	66.3	28.0	5.7
17	1,003,755	338,318	89,494	1,431,568	2.0	70.1	23.6	6.3
18	1,960,074	803,004	169,159	2,932,237	2.2	66.8	27.4	5.8
19	4,522,499	1,568,059	401,502	6,492,061	2.1	69.7	24.2	6.2
20	9,044,801	3,617,999	784,029	13,446,830		67.3	26.9	5.8

注：期間増加率 (λ) は $\lambda = N_{\mathrm{Tot}}(t+1)/N_{\mathrm{Tot}}(t)$ で計算された値である．

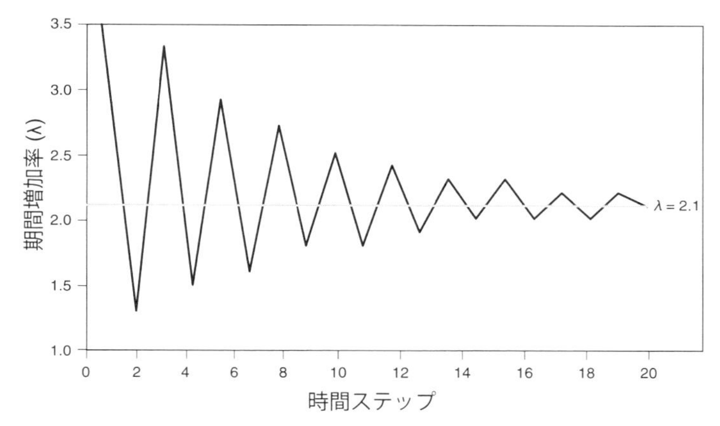

図 **5.1** 表 5.3 のデータについて，期間増加率が一定の増加率に収束していく様子を示した図 (表 5.3 の予測結果による)

て子を産むまでの時間差により，集団の成長率と齢構成の両方が増減する振動が見られる．これらの振動は，新生個体が繁殖を始めるまでの時間に起因している．繁殖齢階級の集団中の割合が最大の時に出生数が急増し，成長率が最大となり，非繁殖齢階級の割合が多くを占める時には成長率は最小となる．第二に，齢構成と集団の成長率の両方が一定の状態に収束するのは，子を産む個体たちが，ある特定の齢階級に限定されず，少なくとも 2 つの齢階級にわたって広がっている場合である．つまり，一連の出生数の山と谷が交互に連なって，次第に滑らかになってゆく (Arthur 1981)．この例で示される集団の第三の特性はエルゴード性 (ergodicity) である．エルゴード性とは，集団の現在の状態は遠い過去の状態に依存せず，最近の出生数と死亡率によってのみ決定されるという特性である (Cohen 1979; Arthur 1982; Wilson 1985) [*5)]．最後に，齢構成の安定性，すなわち，集団全体に対して一定割合の繁殖を行う個体が一定数の子を産むため，齢構成が変化しない状態になることも明らかとなった．この例では，集団が安定な成長率 $\lambda = 2.1$ に近づくと，安定齢分布 (SAD) は，齢階級 0, 1, 2 でそれぞれ約 67%，27%，6%となっている．

c. キイロショウジョウバエの個体数予測

キイロショウジョウバエ (*D. melanogaster*) の実験によって求められた人口動態を

[*5)] エルゴード性 (ergodicity)：ギリシャ語の「ergon (仕事，行動)」と「hodos (道，方法)」から来ており，「すべての経路」あるいは「すべての状態を訪れる性質」の意味で，統計力学の祖であるボルツマンによって発案された．人口学におけるエルゴード性は，この本来の意味から離れている．

表 5.4　キイロショウジョウバエ (*D. melanogaster*) の個体数を予測するための 90 行 90 列のレズリー行列の要素となるパラメータ

齢(日)	ステージ	レズリー行列の副対角要素	繁殖率	レズリー行列の上段要素	齢(日)	ステージ	レズリー行列の副対角要素	繁殖率	レズリー行列の上段要素
x		P_x	m_x	F_x	x		P_x	m_x	F_x
0	卵	0.9000	0.0	0.0	37	成虫	0.9552	26.2	25.5
1	幼虫	0.9036	0.0	0.0	38		0.9701	25.9	25.1
2		0.9036	0.0	0.0	39		0.9604	25.1	24.0
3		0.9036	0.0	0.0	40		0.9931	23.8	22.6
4		0.9036	0.0	0.0	41		0.9770	21.6	20.1
5		0.9036	0.0	0.0	42		0.9670	19.1	19.0
6	蛹	0.9791	0.0	0.0	43		0.9585	19.5	18.4
7		0.9791	0.0	0.0	44		0.9746	18.1	16.6
8		0.9791	0.0	0.0	45		0.9452	15.4	7.7
9		0.9791	0.0	0.0	46		0.9779	15.1	14.7
10		0.9791	0.0	0.0	47		0.9548	14.5	14.0
11	成虫	0.9985	0.0	0.0	48		0.9704	14.1	13.9
12		0.9985	0.0	1.6	49		0.9482	14.0	13.4
13		0.9985	3.2	8.3	50		0.9518	13.5	13.2
14		0.9985	13.5	24.1	51		0.9662	13.6	13.2
15		0.9985	34.9	43.0	52		0.9371	13.3	12.6
16		0.9985	51.2	51.3	53		0.9552	12.8	12.1
17		0.9985	51.5	51.3	54		0.9414	11.8	11.1
18		0.9970	51.1	50.7	55		0.9419	11.0	10.6
19		0.9925	50.5	49.2	56		0.9383	10.9	10.1
20		0.9939	48.1	47.3	57		0.9249	9.9	9.1
21		0.9985	46.7	45.4	58		0.9543	8.9	8.0
22		0.9954	44.2	44.1	59		0.8936	7.5	7.3
23		0.9877	44.2	43.7	60		0.9583	7.9	7.0
24		0.9953	43.7	43.3	61		0.9255	6.4	6.3
25		0.9906	43.1	42.3	62		0.9262	6.7	6.5
26		0.9889	41.8	39.3	63		0.8841	6.7	6.1
27		0.9792	37.2	35.5	64		0.9344	6.3	6.0
28		0.9837	34.4	34.4	65		0.9211	6.1	5.3
29		0.9801	35.0	34.1	66		0.9143	4.9	4.2
30		0.9797	33.9	31.2	67		0.9271	3.9	3.8
31		0.9741	29.1	28.0	68		0.9101	4.1	4.3
32		0.9770	27.6	26.1	69		0.9383	4.9	3.7
33		0.9673	25.3	24.9	70		0.8816	2.8	2.9
34		0.9775	25.4	26.0	71		0.9701	3.5	3.4
35		0.9731	27.3	26.9	72		0.9231	3.4	2.7
36		0.9684	27.2	26.3	73		0.8833	2.2	1.8

（続く）

表 5.4 (つづき)

齢 (日)	ステージ	レズリー行列の副対角要素	繁殖率	レズリー行列の上段要素	齢 (日)	ステージ	レズリー行列の副対角要素	繁殖率	レズリー行列の上段要素
x		P_x	m_x	F_x	x		P_x	m_x	F_x
74	成虫	0.9623	1.5	1.6	83	成虫	0.8462	2.2	1.3
75		0.8824	1.7	1.7	84		0.8182	0.5	0.6
76		0.8444	1.9	1.6	85		0.6667	0.8	0.8
77		0.8947	1.5	1.8	86		0.8333	1.3	1.0
78		0.8824	2.3	2.7	87		0.8000	0.8	0.4
79		0.8000	3.5	2.6	88		0.5000	0.0	0.3
80		0.7917	2.1	1.8	89		0.5000	1.0	0.5
81		0.8421	1.8	1.8	90		0.0000	0.0	0.0
82		0.8125	2.1	1.9					

決める個体の活力に関わる繁殖や生存を表す諸率 (vital rate) を表 5.4 に示す．生存・繁殖の諸率に基づくレズリー行列モデルが予測する齢ごとの個体数変化と，安定分布における齢別の割合を表 5.5 に示す．自然界では，物理的条件 (温度，湿度)，栄養状態 (餌の不足，質)，天敵 (natural enemy)(捕食者，寄生者，病原菌) など，多くの制約条件が集団の成長率を制限しているため，この予測は純粋に理論的なものではあるが，この数値予測からは，一般化可能な集団の個体数増加の特徴を捉えることができる．さらに，キイロショウジョウバエの自然集団でも，ある時期，短時間に最適な資源状態を経験し，このモデルの予測が適用できる指数関数的に近い集団の成長率を示すことがある．実験室で最適な飼育条件 (食餌，交尾，温湿度管理) で維持されたハエのコロニーでも，このモデルの予測のように個体数が増加することがある．表 5.5 のレズリー行列モデルによる予測は，この仮想的な成長率を示すキイロショウジョウバエの集団の齢別個体数の横断的予測と言える．図 5.2 には，時間経過にともなう集団内の発育段階別の個体数の変遷が示されている．

以下で，表 5.5 に示したレズリー行列モデルによる仮想集団の齢別の個体数の変遷と，図 5.2 に示した集団内の生育段階別の個体の割合の変遷の様子について言及する．

表 **5.5** レズリー行列によるキイロショウジョウバエ (*D. melanogaster*) の時刻 $t = 0$, 10, 20, 30, 40 における予測と，参考のために安定状態 ($t = \infty$ における) が示されている．

齢 (日)		時間 t における x 齢の個体数 $N(x, t)$					$t = \infty$ における
x		$t = 0$	$t = 10$	$t = 20$	$t = 30$	$t = 40$	x 齢の割合
0	卵	1	52	5,304	18,470	1,139,766	0.31802
1	幼虫	0	40	3,674	14,320	828,487	0.21257
2		0	35	2,292	11,641	585,412	0.14301
3		0	32	1,098	9,390	396,299	0.09657
4		0	30	361	7,575	253,806	0.06551
5		1	28	101	6,169	151,394	0.04465
6	蛹	0	27	40	5,050	82,438	0.03056
7		0	27	39	4,476	44,136	0.02274
8		0	27	40	3,891	22,680	0.01695
9		0	30	35	3,287	12,912	0.01264
10		0	0	26	2,643	9,204	0.00940
	成虫						
30		0	0	0	0	22	0.00003
31		0	0	0	0	19	0.00002
32		0	0	0	0	18	0.00001
33		0	0	0	0	17	0.00001
34		0	0	0	0	18	0.00001
35		0	0	0	1	18	0.00001
36		0	0	1	0	18	0.00000
37		0	0	0	0	18	0.00000
38		0	0	0	0	18	0.00000
39		0	0	0	0	19	0.00000
40		0	0	0	0	0	0.00000
50		0	0	0	0	0	0.00000
51		0	0	0	0	0	0.00000
52		0	0	0	0	0	0.00000
53		0	0	0	0	0	0.00000
54		0	0	0	0	0	0.00000
55		0	0	0	0	0	0.00000
56		0	0	0	0	0	0.00000
57		0	0	0	0	0	0.00000
58		0	0	0	0	0	0.00000
59		1	0	0	0	0	0.00000
60		0	0	0	0	0	0.00000
合計個体数		4	332	13,223	91,719	3,580,493	1.00000

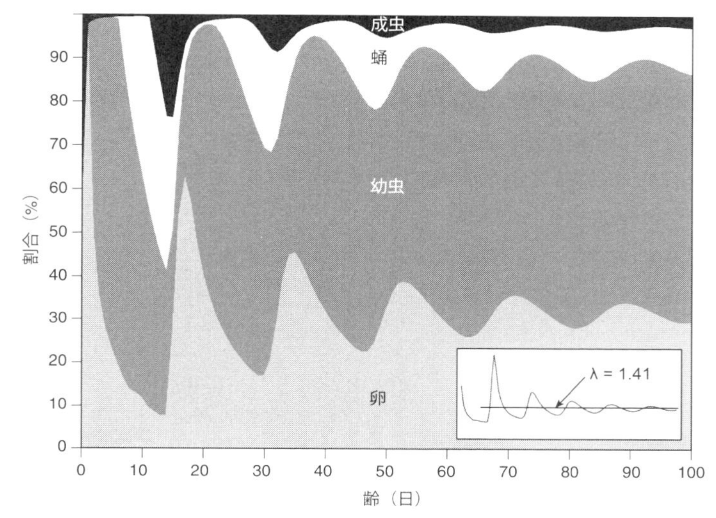

図 **5.2** キイロショウジョウバエ (*D. melanogaster*) 集団のステージ構成 (stage structure) が，安定分布に収束する様子
挿入図：期間増加率 λ が，一定の値に収束する様子．

t = 10 日後の集団：ショウジョウバエの個体数は，初期の総数 $N(0) = 4$ から，10 日後には総数 $N(10) = 332$ となり，この 10 日間で 83 倍，1 日平均で 1.56 倍増加したことになる．この総数 332 個体のうち，それぞれ卵が 52 個，幼虫が 165 個体，蛹が 111 個体，成虫が 4 個体だった．つまり，1%強が成虫段階，99%が成虫前の段階であった．成虫になる前の段階は，果物の中 (卵，幼虫) か土の中 (蛹) にいるので，飛んでいる姿を見ることができるのは，個体数のごく一部 (成虫) に過ぎない．

t = 20 日後の集団：わずか 20 日間で，最初に 4 個体だった集団が 3,250 倍以上の 13,000 個体にまで増えた．この 10 日間の増加率は 40 倍，1 日では 1.45 倍の増加となった．生育段階別では，卵が 5,304 個体，幼虫が 7,526 個体，蛹が 180 個体，成虫が 213 個体で，卵が 40%，幼虫が 57%，蛹と成虫がともに 2%以下となった．

t = 40 日後の集団：約 6 週間で，仮想のハエの集団は 350 万匹以上に爆発的に増加し，この 10 日間で約 40 倍，初期の個体数の約 100 万倍になった．これは，40 日間で 20 回の倍化に相当する．40 日目の時点で，集団は安定した状態に近づいており，1 日当たりの期間成長率は 1.3 倍，生育段階別の分布は，卵，幼虫，蛹，成虫の段階でそれぞれ全個体数の 31.8%，61.9%，4.8%，1.5%となった．これらの値はいずれも，次に述べる安定状態にかなり近い．

t = 長時間後の安定集団：この集団が安定状態に収束した時の特徴としては，1 日当たりの期間増加率が 1.41 倍，安定生育段階分布が卵，幼虫，蛹，成虫でそれぞれ 31.8%，61.9%，4.8%，1.5%となる．

このモデルによる予測結果について，2 つの点を解説する必要がある．まず，集団に占める成虫の割合が非常に小さい．成虫段階は，野生では例えばバナナを用いた罠でとても簡単に採取できるため，成虫数の変化を観察することは，氷山の一角の比喩と同じで，個体数のほとんどは見えないということである．2 つ目は，2 倍になるのは 2〜3 日で，10 から 20，50 から 100 の初めのうちの個体数の倍増には気づかないうちに過ぎてしまうかもしれない．しかし，数千匹のハエから数回の倍増で，あっという間に数百万匹のハエになってしまう．このように，ハエの個体数が突然爆発したように見えるのは，集団成長率 (population growth rate) が急に高くなったからではなく，個体の増加率とは関係なく，初期のうちは気づきにくいという問題である可能性がある．

5.2.6　行列モデルの性質を評価する際に考慮すべき点

行列モデルを用いて集団動態を評価する場合，多岐にわたる幅広い問いかけが可能で，それぞれ異なるタイプの解析で取り組むことになる (Caswell 2001)．例えば，以下の 5 つの疑問が挙げられる．

(1) **漸近性**：モデルに含まれる一連のプロセスが非常に長い時間にわたって作用すると，集団はどうなるだろうか？ はたして，集団は増加するのか，減少するのか，存続するのか，絶滅するのか，平衡状態に収束するのか，振動するのか，カオス状態になるのか？

(2) **エルゴード性**：モデルの結果に対して，初期条件はどの程度影響を与えるのだろうか？ 集団の動態はモデルの構造だけでなく，初期条件にも依存するため，モデルのエルゴード特性を理解することは重要である．

(3) **過渡的性質**：短期的な動態はどのような場合に重要だろうか？ 摂動に対する集団の反応の特性を知るためには，モデルの過渡的な特性の方が，漸近的な特性よりも重要か？

(4) **摂動性**：モデルのパラメータの値が変更された場合，モデルから得られる結論の感度はどうなるのか？ 例えば，出生率や死亡率を変更した場合，集団の成長率や漸近的な動態はどのように変化するだろうか？

(5) 定常性：Caswell の提起した上記の 4 つの問いに加えて，「集団の成長率がゼロの時，つまり出生率と死亡率が等しい時の集団の特性 (例えば，齢構成) と挙動についての分析から何がわかるのだろうか？」という問いかけもある．例えば，集団が定常の時の齢構成はどうなるのか？ 定常時の集団成長率や齢構成に対する感度はどうなるだろうか？

摂動の特性と小さな摂動に対する感度に関する最後の 2 つの質問については，第 6 章で詳しく説明する．

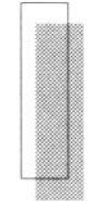

5.3　集団の基本的性質

基本的な行列モデルから得られる集団動態と集団構造の注目すべき性質はいくつかあり，そのうちのいくつかは最初に Carey (1993) によって説明されている．以下ではそれらの性質を項目別に説明する．

5.3.1　過渡期での齢構成

集団の齢構成と成長率の短期的で過渡的な変動は，齢別の繁殖率と死亡率が固定されている場合でも，変動している場合でも起こることである．繁殖率と死亡率が固定されている集団と，変動する集団の 2 つが，とても狭い齢範囲の初期メンバー，例えば 1 個体の新生メスから始まったとする．それぞれの集団は，一連の人口学的変化をたどることになる．その新生メスが成熟し，新たな出産の急増が起こると，集団の成長率と年齢構成の両方で振動が発生する．繁殖率と死亡率が固定されている集団では，このような新生個体の誕生による振動パターンは，最初は周期的ではっきりしているが，やがて減衰していくことになる．繁殖率と死亡率が変動する集団では，新たな出生の急増の発生が明瞭な時もあれば，そうでない場合もあり，周期性も示さない場合がある．出生の急増や周期性の発生は，繁殖率と死亡率の変化スケジュールの具体的特徴によって決められるだろう．加えて，繁殖率や死亡率が変動する集団では，その性質上，決して成長率も齢構成も安定したものにはならない．最も重要なことは，齢構成と成長率のばらつきが，どちらの集団にも存在するということであり，安定状態になっていない繁殖率や死亡率が一定の集団は，繁殖率や死亡率が変動する集団と，短い期間ではほとんど区別がつかないパターンを作り出すかもしれないことである．

5.3.2　安定状態への収束

集団動態は，集団全体が成長する過程と，それとは別に，何世代もかけて初期の出生数のばらつきを平滑化し，集団の齢構成をある決まった分布に向かわせる過程とに分けて見ることができる (Arthur 1981, 1982)．平滑化の過程で，一連の出生の山と谷が平均化され，齢構成と成長率の両方が定常状態に向かっていくことになる．過去の一連の出生の多寡の情報が失われてゆくというエルゴード性により，安定齢分布が現れる．一連の出生が個体数の指数的増加をもたらすようになると，齢構成は安定した形になる．

5.3.3　初期状態に対する独立性

時間が経てば経つほど，過去の齢分布の形が現在の齢分布の形に与える影響は小さくなる (Coale 1972)．同様に，初期齢分布の影響が一過性で消失してゆくのと同じ要因が，どの時間でも集団全体の繁殖率や死亡率に対しても作用する．十分長い期間が経過すると，繁殖率や死亡率の齢依存性の効果が累積されることによって，初期の齢分布の影響は打ち消される．つまり，どの閉鎖集団の齢分布も，直近の生存率によって完全に決定されることになる．したがって，当初は繁殖個体がいなかった集団が生き残って繁殖を始めた後で観測された齢構成からは，たとえ繁殖を始めるまでの期間が短くても，初期の集団サイズや初期の齢構成を知ることは不可能である．

5.3.4　繁殖率と死亡率

出生率の変化は通常，死亡率の変化よりも現在の齢構成にはるかに大きな影響を与える (Coale 1972)．出生率は，新生児の誕生によって分布の始まりである 0 齢階級に作用するものであるから，齢構成に原初の役割を果たす．一方，死亡率は，すべての齢コホートに作用するものであり，齢構成に二次的に影響する．

5.3.5　繁殖率・死亡率スケジュールが変化しても齢構成が変化しない場合

個体の繁殖スケジュールや死亡スケジュールの変更が，集団の齢分布に反映されない場合がいくつかある．例えば，2 つの集団の繁殖率と死亡率の差が等しいとすると，一方の集団の繁殖率の変化が他方の集団の死亡率の変化と同じように齢構成に影響を与えることがある．この考え方は，Coale (1972) が集団の成長率に適用するために導入した考え方だが，齢構成についても同じように考えることができる．繁殖率と生残率を変更しても齢構成に変化がない 2 つ目の場合は，生残スケジュールのみを変更した場合である．もし，すべての齢の生存率が一律に一定の割合で減少した場合，人口成長率は減少するが，齢構成には変化が生じない可能性がある．この例は，集団間で死亡率に差があるにもかかわらず，齢構成に比較的目立たない変化しか生じない理由を説明するために使うことができる．

5.3.6 齢構成の決定要因

閉鎖安定集団の齢構造は，相互に影響し合う 4 つの要因の結果である (Coale 1957; Keyfitz et al. 1967)．まず，出生率は新生個体として集団に入る個体数を決める．繁殖個体の出生率が齢によらず概して高ければ，最初およびその後の初期の齢階級の割合は，他の齢階級に比べて高くなる．逆に，出生率が低ければ，若齢階級の割合は高

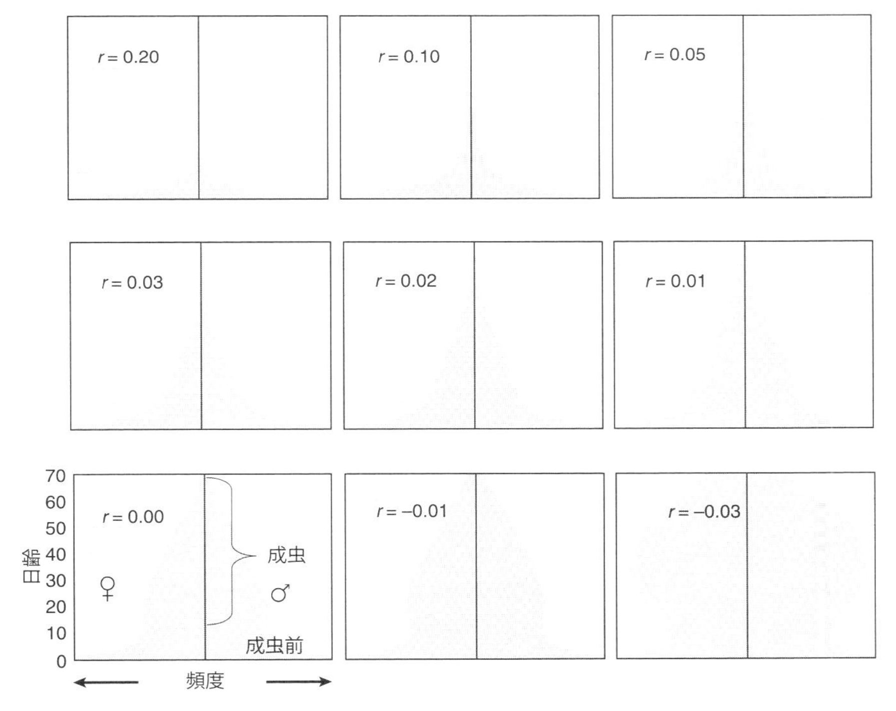

図 5.3 異なる集団成長率 r のキイロショウジョウバエ (*D. melanogaster*) 集団の安定齢構造

r の値は，死亡率を変更せずに，繁殖スケジュールをスケーリングすることで調整されている．オスとメスの出生率と死亡率は同じであると仮定する．すべての分布の合計は 1 である．集団の成長率が高いと，上段の分布のように，成虫になる前の齢階級に属する個体の割合が非常に高くなる．逆に，下段の分布のように，集団の成長率がゼロ以下の場合には，高齢階級 (成虫) の割合が多いことがわかる．

齢階級に比べて低くなる．第二に，齢別死亡率は，各齢まで生き残る個体数を決定し，その結果，ある齢階級と他の齢階級の相対的な比率を決定するもので，齢構成の決定要因の一つとなる．齢別死亡率は，集団全体の死亡ペースを決める．それに齢別の出生率を合わせることで，集団の成長率が決まる．第三に，齢別繁殖率の齢別生残率による重み付けである**純繁殖率**は，集団成長率を決める要因であるように，安定齢構造の決定要因の一つとなる．最後に，**集団成長率**，すなわち，内的出生率と内的死亡率の相対的な違いは，齢別純繁殖率のパターン，大きさ，大きい値を示す年齢によって決定されている．また，安定齢構成にも影響を与える．集団成長率が高い時には年齢構成が若年層に偏る分布になり，成長率が低い時には高齢層に偏る分布になる．

安定したキイロショウジョウバエ (*D. melanogaster*) の集団において，集団成長率がどのように齢構造に影響を与えるか，その例を図 5.3 に示す．

5.3.7　集団の内的増加率に対する繁殖タイミングの効果

Lewontin (1965) は，「生活史パラメータの変化が内的増加率に与える影響は何か？」という問いを最初に投げかけた科学者である．繁殖時期の変化による内的増加率への影響には，相互に関連する 3 つの効果がある．それらは，内的増加率の 2 つの要素である，内的出生率と内的死亡率に対する，繁殖時期の変化の効果として捉えると理解しやすくなる．まず，繁殖時期の変化により，繁殖力の高いメスが若い齢階級にシフトした増加集団では，若い齢階級の個体数は高齢階級よりも多くなる．次に，この繁殖力の高い齢階級の割合が変化すると，この齢階級での変化が成長率に影響を与えるため，その結果として齢分布が変化する．つまり，初産齢の低下による繁殖率への影響は正のフィードバックが働いている．そしてさらに，齢構成の変化により集団の成長率が変化するため，また，異なる齢階級の個体は通常，異なる死亡確率をもつため，初産年齢の変化により，個体の頻度分布が変化する．

つまり，生活史における成熟するまでの発育時間の変化は，繁殖齢が変わることにより，繁殖スケジュールと生残スケジュールの重み付けを変え，集団の内的出生率と内的死亡率を変化させる．繁殖力のピークは通常，若齢層で起こるため，初産齢の低下は，成長している集団において，内的出生率を大幅に増加させることになる．一方，発育時間の短縮は，若い個体の死亡率が老齢の個体よりも高い場合，内的死亡率を増加させる．しかし，若い個体の死亡率が老齢の個体よりも低い場合，内的死亡率は低下する．このような見方を応用すると，ゆっくりと成長する集団や，成長が止まっている定常集団において，なぜ発育時間の変化が集団成長率にほとんど影響を与えないかを説明することができる．そのような集団では齢分布がとても平坦であるため，繁殖時期の変化が齢の重み付けに劇的な影響を与えない．このことは，発育期間の変化に対して内的増加率 r が最も敏感であるという Lewontin の考えが，ゆっくりと成長している集団では成立しないという Snell (1978) の発見を説明する助けとなる．

5.3.8 安定状態に収束する速度

Kim (1986), Kim and Schoen (1993) [*6] は，一定の成長率の安定齢分布に集団が収束する速度を左右する要因を明らかにした．彼女の研究成果をまとめると，安定齢分布に到達していない集団について，(1) 純繁殖率（齢別純繁殖率の総和）が同じであれば，その集団の平均純繁殖齢が若い（齢別純繁殖率分布の平均値が小さい）ほど，収束の速度は速い．(2) 齢別純繁殖率の関数形が同じであれば，関数の値が大きいほど，収束速度は速い．つまり，同じ繁殖パターンで集団の成長率が高いほど，集団が早く安定な状態に収束する．(3) 安定状態への収束の速さは，齢別純繁殖率の関数形ではなく，安定齢別純繁殖率 (stable maternity function) の関数形に依存し，その平均値が小さいほど，収束の速度は速くなる [*7]．

5.3.9 人口モメンタム

物体が一度動くと動き続ける傾向があるように，人口が増加していた集団が，やがて死亡率と出生率が人口置換水準 ($r = 0$) になった後でも成長を続ける傾向がある．そのような時，人口がどの程度変化し続けるかを人口モメンタム (**population momentum**) と呼ぶことがある (Kim et al. 1991)．Pressat and Wilson (1987) が指摘するように，人口モメンタムは内的増加率とは逆の性質のものと見なすことができる．内的増加率は，一組の齢別の繁殖率と死亡率のスケジュールに依存し，初期の齢構成には依存しない．一方，人口モメンタムは，集団の齢構成のみに依存する集団成長の潜在力を表すものである．Keyfitz (1971) は，初期安定集団のモメンタムに関する重要な研究を発表している．人口モメンタムの考え方に関して，キイロショウジョウバエ (*D. melanogaster*) の安定集団が，突然，集団の増加率がゼロになる出生率と死亡率になった場合の例を用いて図 5.4 に示す．

[*6] Kim, Y. J. 1986. Speed of convergence to stability: What matters is not net maternity function but stable net maternity function. Paper presented at the Annual Meeting of the Population Association of America in San Francisco.
Kim, Y. J. and R. Schoen. 1993. On the intrinsic force of convergence to stability. *Mathematical Population Studies* **4**: 89–102.

[*7] Kim and Schoen (1993) では，各齢における $l_x m_x / \lambda^x$ のことを「安定齢別純繁殖率 (stable maternity function)」としている．

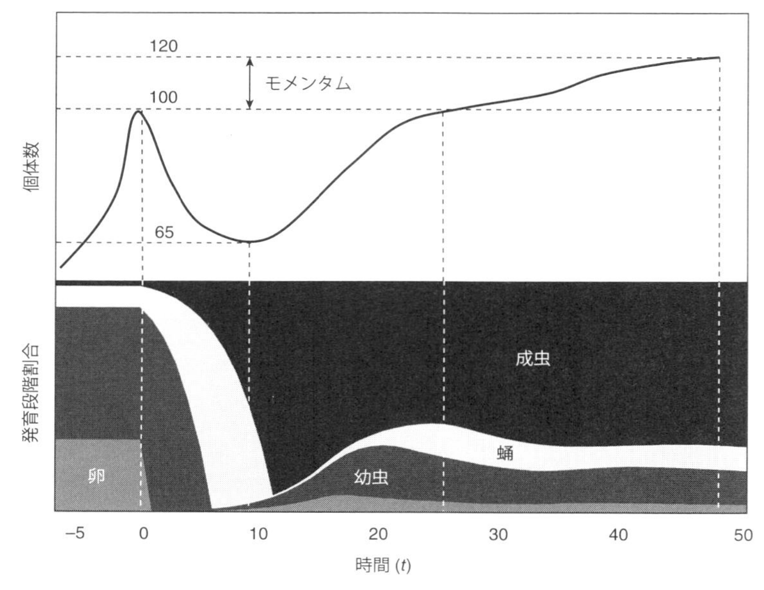

図 **5.4**　キイロショウジョウバエ (*D. melanogaster*) のモメンタムの時間的経緯
上段のパネルで，左端から最初に急速に増加している安定集団を $t = 0$ において個体数を 100 としている．下のパネルは，集団中の発育段階別の個体数割合を示している．$t = 0$ で繁殖スケジュールが切り替わり，置換水準成長のゼロ成長に変えられる．急速に成長している集団では，集団の 1/3 以上が産卵後 1 日目の卵ステージであった．そのため，高繁殖スケジュールから置換水準繁殖スケジュールに切り替えると，下の図が示すようにほぼ同じ割合だけ集団サイズは減少する．これが，切り替え直後の個体数減少の理由となる．この減少は，それまで過度に多数であった成虫前段階の個体，とりわけ切り替え時に卵段階であった個体が，やがて成熟して産卵を始めるまで続く．この時点で，今や成熟した切り替え前の未成熟コホート由来の個体のおかげで集団はプラス成長に転じる．最終的に，集団は置換水準の齢構成と成長率に収束し，切り替え時よりも約 20%大きくなる．

Preston and Guillot (1997) は，モメンタムを数学的定義により一般化し，次の式で表した．

$$M = \sum_{x=0}^{\omega} \frac{c_x}{{c_x}^s} w_x \tag{5.86}$$

ここで，c_x は初めの集団における x 齢の個体数分布，${c_x}^s$ は定常集団における x 齢の個体数分布，w_x は以下の定義式による．

$$w_x = \frac{\sum_{x=\alpha}^{\omega} l_x m_x}{\overline{x}}, \qquad \overline{x} = \frac{\sum_{x=\alpha}^{\omega} x l_x m_x}{\sum_{x=\alpha}^{\omega} l_x m_x} = \frac{\sum_{x=\alpha}^{\omega} x l_x m_x}{R_0} \tag{5.87}$$

式 (5.87) の左側の式の右辺の分母と分子は，それぞれ定常集団における α 齢より上の齢の個体の純繁殖量，$\overline{x}$ は平均純繁殖齢である．

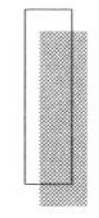

5.4　さらに学びたい方へ

この章で集団の安定性についての理論の基礎と拡張がなされた．次の 2 つの章，すなわち第 6 章 (集団 II：ステージモデル) と第 7 章 (集団 III：安定理論の拡張) は，この章と密接に関連している．第 6 章では齢/ステージモデル (レズリーモデルとレフコビッチモデル)，第 7 章では両性モデル，確率論的モデル，階層モデルを扱う．摂動解析については，第 6 章で再び詳しく説明する．本書の他の部分では，第 9 章 (応用生物人口学 I：パラメータ推定) で，集団の成長率の推定や，安定集団の定常版である $r = 0$ の場合の人口生命表の利用法などの内容が追加されている．また，第 11 章 (生物人口学小話) では，その第 2 集でいくつかの集団の事例 (小話 24〜34) を含め，集団の概念を取り上げる．

基本的な人口理論は，数理人口学者である Ansley Coale と Nathan Keyfitz らの代表的な著書である "*The Growth and Structure of Human Populations*" (Coale 1972), "*Introduction to the Mathematics of Populations*" (Keyfitz 1977, 1985), "*Applied Mathematical Demography*" (Keyfitz 1985; Keyfitz and Caswell 2010) などで扱われている．

安定理論に関する他の優れた書籍としては，"*Handbook of Population*" (Poston and Micklin 2005) に掲載されている Kenneth Land の数理人口学に関する寄稿 (Land et al. 2005) や，編著書 "*The Methods and Materials of Demography*" (Siegel and Swanson 2004) に掲載されている Stephen Perz の人口変動に関する章 (Perz 2004) などがある．全 4 巻の "*Treatise on Population*" には，人口モデル (Caselli et al. 2006b)，人口置換 (Vallin and Caselli 2006c)，人口置換と変動 (Vallin 2006a)，人口増加 (Wunsch et al. 2006)，人口動態 (Caselli and Vallin 2006) など，基本的な人口理論やモデルに関する章が多数掲載されている．Wachter (2014) の第 10 章には，定常等価集団 (stationary equivalent population)，ロトカの r，オイラー–ロトカ方程式，人口モメンタムなどの項目がある．

6
集団II：ステージモデル

博物学なしの数学は無味乾燥であるが，数学のない博物学は混乱の巷である．

John Maynard Smith (1982, p.5)

多くの場合，個体の「ステージ (stage)」は，生残確率，繁殖確率や産子数のような人口学で使われるパラメータの指標変数として，「齢」よりも適切である．例えば，樹木や多年生草本，節足動物，軟体動物や，無限成長 (indeterminate growth) する魚類，両生類，爬虫類では，体の大きさは，生存率や繁殖率を左右する齢よりも重要な因子である (Barot et al. 2002)．ステージに基づくモデルを必要とする二番目の生物群は，**複数の繁殖様式 (multiple modes of reproduction)** をもつものである．ワムシやミジンコのような無脊椎動物はもちろんのこと，植物種も含めると，多くの生物種が有性繁殖 (sexual reproduction) と栄養繁殖 (vegetative reproduction) の 2 つの繁殖様式をもっている．その 2 つの繁殖様式から生まれる同齢の子たちの生存や繁殖に違いがある場合には，齢は個体をグループ分けする指標として不適切である．同じ齢でも生存率に大きな違いがあるかもしれないからである．そのような場合，任意の時間の個体群サイズ (population size)，ステージ構造や個体群動態を記述するために，行列を使ったステージ構造モデル (stage-structured model) が使われる (Caswell 2001) [*1)]．第 5 章で説明されたように，行列モデルによる個体群の長期的動態は，安定集団理論 (stable population theory) と共通した特徴を有している．また，行列モデルの行列要素は一定の数値である必要はなく，行列要素を数式で表してモデルを拡張することも可能である．その共通性や拡張性を考慮すると，行列モデルを使う利点は大きい．行列はサイズ構造 (size-structured) モデルやステージ構造モデルを考える場合に，特に便利である．というのも，行列は，モデルの中の各行列要素が，生活環グラフの中の各要素と概念的にも視覚的にも無理なくつながるからで

*1) ヒト以外の動植物を対象とした議論が展開される時には，個体群生態学の慣習に従って，population を「個体群」と訳した．

ある (Horvitz 2011). この章では，様々な生活環をもつ種のステージ構造モデルを作成・解析するための基礎に焦点を絞って詳しく解説し，齢構造モデル (age structured model) とのつながりについても説明する．また，ステージ構造モデルの最近の改良や連続状態変数を含む行列モデル手法への拡張について紹介する．

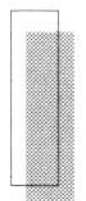

6.1 モデルの作成と解析

6.1.1 基本的なステージ構造モデル

Lefkovitch (1965) は，第5章で説明したレズリー行列モデル (Leslie 1945) を，齢区分の代わりにステージ区分を用いることで一般化した．そのモデルはレフコビッチ行列モデルといわれる．図 6.1 は，新生個体のステージ (ステージ 1)，および 2 つの繁殖ステージ (ステージ 2, 3) からなるステージ構造モデルの概念図で，生活環グラフと行列の両方を用いて，ステージ間のすべての推移を 5 種類に分解して示している．レズリー行列とレフコビッチ行列の違いは構造的なものであり，行列要素のゼロでない値が入る場所に違いがある (Horvitz 2016)．レズリー行列では，行列要素のゼロでない値は，ある齢から次の齢までの生存確率を意味する行列の副対角 (subdiagonal) 要素と，すべての新生個体の誕生を表す最初の齢階級にあたる一番上の行の要素に配置されるだけである．しかし，レフコビッチ行列では，どの行列要素もゼロにならない可能性がある．例えば，生き残った個体は次のタイムステップで，同一ステージでの滞留，ステージ進行，ステージ退行など，どのステージにも移行しうる．また，新生個体はサイズが異なる個体やタイプの異なる個体として一番上の行以外に登場するかもしれない．

図 6.1 を左から右に見ていくと，行列の 1 行 i 列目にある F_i は，2 つの繁殖ステージがステージ別繁殖率 (F_i) で新生個体のクラスに寄与することを表している．繁殖率以外のゼロでない推移確率は，すべて 1 つのタイムステップの間にあるステージから別のステージへ移行する個体の割合を示している．$(i+1)$ 行 i 列目にある G_i は，生残かつ成長を意味するステージ i からステージ $i+1$ への推移確率であり，i 行 i 列目にある P_i は滞留を意味し，ある個体がステージ i に留まり続ける確率である．個体はステージ i からステージ $i+2$ やそれよりも先まで飛ぶこともある．ステージ 1 からステージ 3 への確率は，3 行 1 列目に配置される H_1 という記号で表され，目覚ましい成長を遂げたことを意味する．最後に，個体はステージ i からステージ $i-1$ やもっと前のステージに退行することもある．例えば，ステージ 3 から 2 への退行は，2 行 3 列目に配置される確率 R_1 で表される．

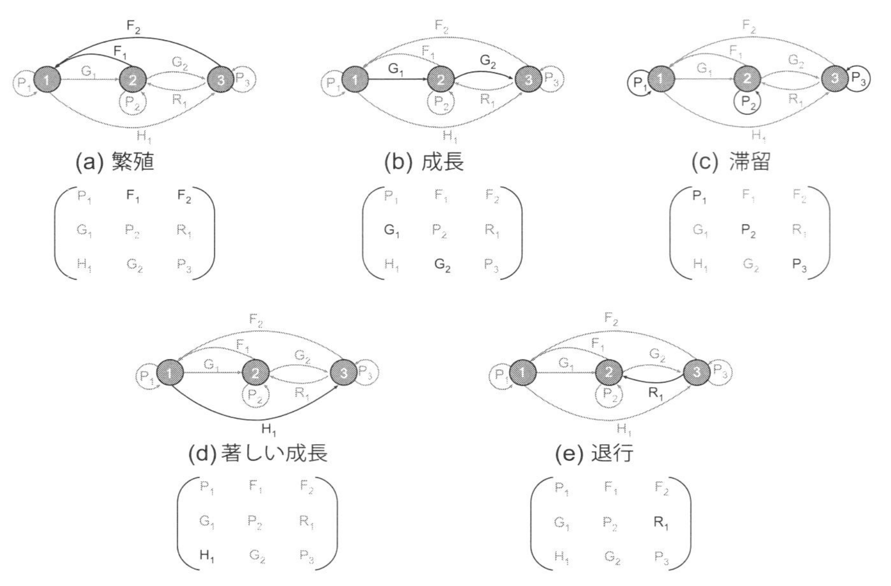

図 6.1 レフコビッチ行列の要素の分類

この基本的なステージ構造モデルで重要な仮定は，同じステージにいる個体では，生存確率などの人口学的特性は齢にはよらずほとんど同じということである．そのことはまた，それぞれの個体がどうなるかは，その個体が今いるステージに依存し，以前の時刻で属していたステージや各ステージにどのくらい長く滞在してきたかに依存しないということを意味する．他にも，移出・移入がなく個体群が閉じていること (閉鎖個体群の仮定)，人口学的確率性 (demographic stochasticity) や 環境的確率性 (environmental stochasticity) がなく行列要素が定数であること (7.2 節を参照) や，密度依存的ではないことが仮定されている．後ほどこの章で説明するように，これらの仮定を緩め，より幅広い状況に応用できるようにこのモデルを修正することも可能であるが，ここではこの基本モデルを使って説明を続ける．まず，各行列要素が変化すると，個体群成長にどう影響を与えるかを調べるために，どのように行列を使えるかについて解説する．次に，様々な生活環をもつ種でどのようにモデルを構成することができるかについて考える．

6.1.2 摂動解析

行列モデルの摂動解析 (perturbation analysis) は，各ステージの繁殖率や死亡率，ステージ移行率の変化が個体群 (集団) 成長に与える影響を評価するために用いられる (これ以降，各ステージの繁殖率や死亡率，ステージ移行率などをひとまとめにして「バイタルレート (vital rate)」と呼ぶことにする)．その方法は，それぞれのバイタルレートが適応度に与える影響やバイタルレートを変化させる複数の代替管理戦略 (例えば，生き物の収獲 (harvesting) が問題になる状況での生物種保全のための戦略) を評価する場合 (Caswell 2001) や，バイタルレートが受けている自然淘汰の強さを予測する場合 (van Tienderen 1995) に重要となる．個体群成長にバイタルレートが与える影響を考える場合，将来 (prospective) 評価あるいは来歴 (retrospective) 評価に分けられる 2 つの取り組み方がある (Caswell 1997; Horvitz et al. 1997; Caswell 2001)．将来評価を目的とした摂動解析は，将来起こりうる変化の影響を調べるためのもので，どのバイタルレートが変化したら個体群成長率に最も大きい影響を及ぼすかを判定するために用いられる．将来評価分析 (prospective analysis) は，バイタルレートの実際に過去に起こった変化や起こるであろう未来の変化を考えているのではなく，現在の状況から予想される将来の変化を分析する方法である．この分析方法には感度分析 (sensitivity analysis) と弾性度分析 (elasticity analysis) の 2 つがあり，感度分析は 1 つの行列要素の微小なプラスの変化が個体群成長率 λ を変化させる程度を，弾性度分析は 1 つの行列要素の微小な割合変化 (proportional change) が個体群成長率 λ を変化させる程度を評価する方法である．将来評価分析は管理的介入 (management intervention) のために用いられることが多い．その目指すところは，絶滅危惧種 (threatened species) の場合には λ を増加させる取り組み方を，害虫 (pest species) の制御の場合には λ を減少させる取り組み方を見極めることである．

レフコビッチ行列のような個体群の動態を記述する個体群行列 $\mathbf{A}$ は，$\mathbf{Aw} = \lambda\mathbf{w}$ を満たす最大固有値 λ と，その λ に「対応する」右固有ベクトル $\mathbf{w}$ をもつ．生態学的に言えば，最大固有値 λ は個体群成長率を意味し，要素の和が 1 になるように規格化された $\mathbf{w}$ は個体群の安定ステージ/齢分布を意味している [*2]．この行列の左固有ベクトル $\mathbf{v}$ は，$\mathbf{v}'\mathbf{A} = \lambda\mathbf{v}'$ を満たすベクトルで，各ステージの繁殖価に対応している．この式で用いた「$'$」記号は，縦ベクトルを横ベクトルに変換 (数学では「転置」と呼ぶ) する記号である．感度は

$$s_{ij} = \frac{v_i w_j}{\sum_k v_k w_k} \tag{6.1}$$

[*2] この本では，個体群行列の最大固有値や右固有ベクトルが個体群成長率や安定ステージ/齢分布に対応する根拠について，詳しく説明されてはいない．個体群行列が紹介されている生態学分野の関連書物を参照してほしい．

によって与えられ (Caswell 1978)，行列要素 a_{ij} の感度 s_{ij} は繁殖価ベクトル $\mathbf{v}$ の i 番目の要素と安定ステージ/齢分布を表すベクトル $\mathbf{w}$ の j 番目の要素との積を 2 つのベクトルのスカラー積 (内積) である $\sum_k v_k w_k$ で割ったものである．感度は，行列要素 a_{ij} の無限小の絶対変化によって引き起こされる λ の絶対変化量を示しているので，感度を使って各行列要素における微小変化の影響を比較することができる．

弾性度 e_{ij} は，行列要素の無限小の相対変化から引き起こされる λ の相対変化の量を求めている (de Kroon et al. 1986)：

$$e_{ij} = \frac{a_{ij}}{\lambda} s_{ij} \tag{6.2}$$

ここで示されている λ の弾性度公式は，密度非依存的な個体群成長，かつ時間的に変化しない行列要素の場合に用いることができる．密度依存的成長を示す個体群や，時間の経過とともに確率的に変動する行列要素をもつ個体群に対する弾性度の公式もまた存在する (Grant 1997; Grant and Benton 2000)．

もう一つの摂動解析は過去の状況を評価する来歴評価分析 (retrospective analysis) であり，複数の環境条件のもとでの行列要素のデータが必要である．この分析の狙いは，各ステージの繁殖率や死亡率，ステージ移行率が λ の実際の違いに対してどの程度寄与しているか，その度合いを決めることである．実際に観察された環境横断的なバイタルレートの違いが，どのように λ の違いに影響を与えたか，過去に目を向けている分析手法であり，生命表反応テスト (LTRE: life table response experiment) と呼ばれている (Caswell 2001)．この 2 種類の摂動解析が保全生物学で果たす役割に関しては Caswell (2000) で考察・議論されている．

6.2 モジュール型生物のステージ構造モデル：植物

ステージ構造モデルを作り上げる最初のステップは，種の人口学的特性に影響を与える最も重要な要因を反映させるように，個体群の個体をいくつかのステージに区分けすることである．体サイズは個体の生存や繁殖に強く影響を与えるため，ステージモデルでは離散的なサイズクラスがステージとしてよく採用される．もし生存や繁殖がサイズと何の関わりもない時には，サイズをステージとして採用せず，例えば，鳥類の場合では，幼鳥，非繁殖成鳥，繁殖成鳥といったステージ分けになるだろうし，昆虫では卵，幼虫，蛹，成虫のような生育段階 (developmental stage) 分けになるだろう．種の生活史の特性，例えばモジュール性 (modularity) もまたモデルの構造に影響を与える．出芽で個体数を増やすヒドラ，クローン断片を作るサンゴ，クローナル植物は，群体や個体の一部がモジュールとして独立な個体に分かれることのできる種の例である．このモジュール性のゆえに，ステージ構造モデルというツールを様々な分類レベルの生物に対して応用するようになってきた．というのも，このモジュール構造に起因して体サイズが小さくなることもあり，その結果，齢や体サイズが死亡率とは無関係になることもあるからである (Harper and White 1974)．そのため，この節では，これらのモジュール性による効果を考慮したモデルについて解説する．

この節では，様々な生活環や重要な人口学的過程 (demographic process) を表現した 3 つの仮想的なステージ構造モデルを提示する．これらのモデルをここでは「植物モデル」と称することにするが，このステージモデルの構造は動物種の一部にも応用可能である．植物モデルでは，「ステージ」はサイズを意味し，種特性に依存して葉の枚数，ロゼットの大きさ，胸高直径などを使ってサイズが決められている．最初の仮想モデルに体サイズの縮小，休眠 (dormancy)，集団間の分散 (dispersal) などの特性が追加され，二番目，三番目のモデルが構築されている．

6.2.1　モデル I：成長と繁殖

モデル I は植物の成長と繁殖を表現したモデルで，種子 (S)，幼植物個体 (J)，繁殖個体小 (SR)，繁殖個体大 (LR) の 4 つのステージから構成されている (図 6.2(a))．これらの各ステージ間の推移に対応する行列要素は図 6.2(b) にあり，各ステージからの出入りを表す数値は図 6.2(c) に示されている．種子のステージでは，個体に確率 0.8 で幼植物ステージに移行するか，確率 0.2 で死亡するかのいずれかである．0.8 と 0.2 の和が 1 であることから，種子休眠は考えていない．種子ステージへは，2 つの繁殖ステージ (SR あるいは LR) から種子が供給される．繁殖を行わない段階に属する幼植物個体は，「繁殖個体小」のステージに確率 0.7 で移行するか，幼植物段階に確率 0.2 で留まる．多くの植物種では，繁殖段階への移行はサイズに依存するが，別の植物種では，環境依存的であったりする．環境依存的であるなら，もしすべての個体が同一の環境を経験する場合には，どの個体も幼植物段階に留まらずに，繁殖段階に移行する．このモデルでは，幼植物段階の次に 2 つの繁殖ステージを設定していて，繁殖個体小 (SR) は確率 0.3 で繁殖個体大 (LR) に移行し，繁殖個体大のステージの個体は確率 0.5 で同じクラスに留まる．

モデル I で描かれている生活環は，卵から非繁殖ステージを経由して繁殖段階に至る多くの動物種にも応用可能である．しかし，多くの動物は有限成長 (determinate growth) であるから，繁殖開始齢を過ぎるとわずかしか成長しないか全く成長しない．そのため，繁殖クラスは 1 つだけになり，もし個体が 2 回以上繁殖可能なら，ある程

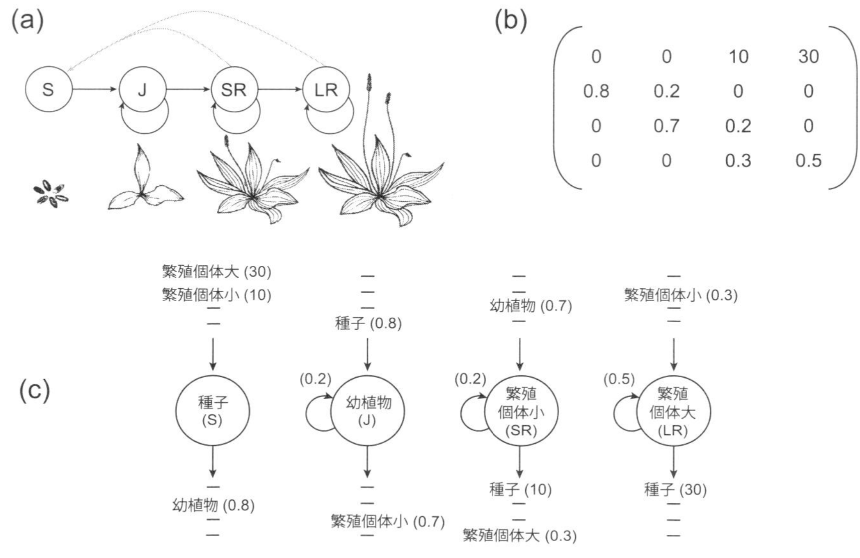

図 **6.2** 成長と繁殖を表現したモデル

(a) 生活環の図，(b) 行列，(c) ステージ間の推移．(c) では，上部に記されたステージは該当するステージに入ってきた個体がどのステージから入ってきたのかを示しており，下部に記されたステージは，該当するステージから出ていった個体の行き先を示している．このモデルの個体群成長率は $\lambda = 2.18$ であり，種子，幼植物，繁殖個体小，繁殖個体大の構成割合は，それぞれ 0.637, 0.257, 0.091, 0.016 である．

度の繁殖クラスに滞留する確率をもつことになる．

図 6.2 に示した具体的な数値を使うと，この個体群の成長率 (λ) は 2.18 であり，安定ステージ分布は種子，幼植物，繁殖個体小，繁殖個体大に対して，それぞれ，0.637, 0.257, 0.091, 0.016 である [*3]．また，モデルの行列からこの植物の生命表を計算で求めることができる．繁殖過程を示す行列の 1 行目の要素をすべてゼロとした行列を作り，その行列に，生命表の最初の行のデータである (1, 0, 0, 0) を縦ベクトルとして右からかけることによって，次の年の生命表の要素 (0, 0.8, 0, 0) が縦ベクトルとして計算できる．この縦ベクトルを再び行列にかけることによって，その次の年の生命表の要素 (0, 0.16, 0.56, 0) が求められる．この繰り返し計算により作成された生命表を表 6.1 に示す．

[*3] すでに述べられているように，個体群成長率と安定ステージ分布は，行列の最大固有値 (λ) と対応する右固有ベクトル ($\mathbf{w}$) として求められる．

表 **6.1**　植物の成長と繁殖を表現しているモデル I に対応する生命表

	ステージ				
齢 x	1	2	3	4	生残率 l_x
0	1.0000	0.0000	0.0000	0.0000	1.00
1	0.0000	0.8000	0.0000	0.0000	0.80
2	0.0000	0.1600	0.5600	0.0000	0.72
3	0.0000	0.0320	0.2240	0.1680	0.42
4	0.0000	0.0064	0.0672	0.1512	0.22
5	0.0000	0.0013	0.0179	0.0958	0.11
6	0.0000	0.0003	0.0045	0.0533	0.06
7	0.0000	0.0001	0.0011	0.0280	0.03
8	0.0000	0.0000	0.0003	0.0143	0.01
9	0.0000	0.0000	0.0001	0.0072	0.01
10	0.0000	0.0000	0.0000	0.0036	0.00
11	0.0000	0.0000	0.0000	0.0018	0.00
12	0.0000	0.0000	0.0000	0.0009	0.00
13	0.0000	0.0000	0.0000	0.0005	0.00
14	0.0000	0.0000	0.0000	0.0002	0.00
15	0.0000	0.0000	0.0000	0.0001	0.00
16	0.0000	0.0000	0.0000	0.0001	0.00
17	0.0000	0.0000	0.0000	0.0000	0.00
18	0.0000	0.0000	0.0000	0.0000	0.00
19	0.0000	0.0000	0.0000	0.0000	0.00
20	0.0000	0.0000	0.0000	0.0000	0.00

6.2.2　モデル II：成長，縮小，休眠

モジュール型生物 (modular organism) では，体サイズが小さくなり，その縮小が生存や繁殖に影響を与える場合がある．また，生物の生活環の中で，成長，発達，活動能力が一時的に停滞する時期，すなわち休眠期も生存や繁殖に影響を与えうる．というのも，集団には，繁殖可能な活発な生活期にある個体と，何年も，稀には何百年も生き残ることができる休眠状態にある個体の 2 タイプの個体が存在するからである (Baskin and Baskin 1998)．ここでは，植物の種子休眠を考えるために，種子のステージ (S) を設定し，植物学で種子バンク (seed bank) と呼ばれるそのステージの種子数は，種子量，種子の毎年の発芽割合，腐って発芽できない種子の割合や休眠の割合によって決められるとする．基本的なパラメータはモデル I と同じように設定した上で，今回のモデル II の幼植物クラスは非繁殖個体小 (SN) と非繁殖個体大 (LN) の 2 つに分かれている．大・小は，やはり植物サイズを基準にして線引きをする (図 6.3(a))．このモデルには，種子休眠 (種子ステージ内の滞留 (stasis) が起こる) と個体サイズの縮小 (ステージの退行 (regression) が起こる) という植物の 2 つの特質を

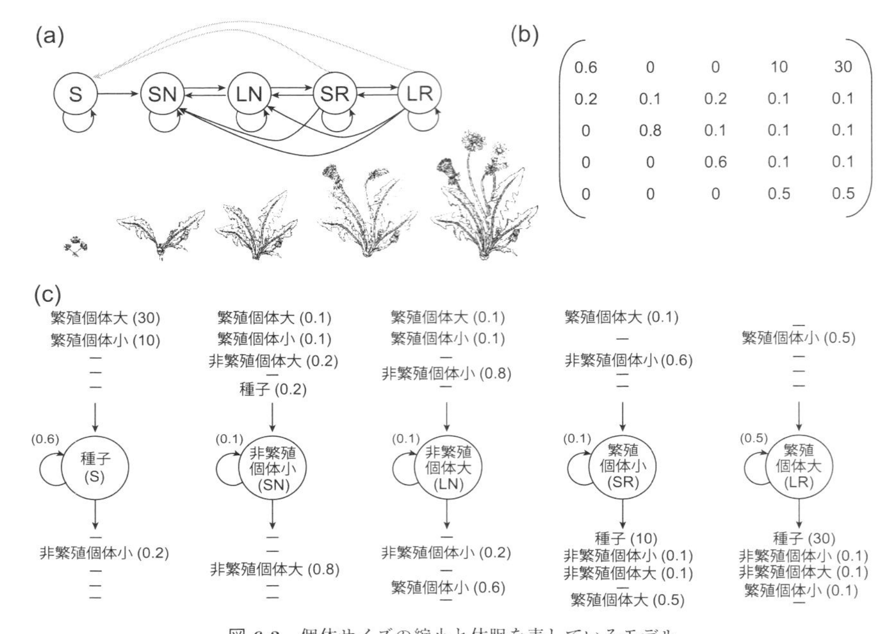

図 6.3　個体サイズの縮小と休眠を表しているモデル

(a) 生活環の図，(b) 行列，(c) ステージ間の推移が示されている．このモデルの個体群成長率は $\lambda = 1.543$ であり，種子，非繁殖個体小，非繁殖個体大，繁殖個体小，繁殖個体大の構成比は，それぞれ 0.768, 0.119, 0.069, 0.030, 0.014 である．

反映している新しい推移が含まれている．また，すべてのステージは，ある程度の滞留率，すなわち同じステージに留まる確率をもっている．あるステージに留まる確率は行列の対角部分に配置され (図 6.3(b))，これらの滞留推移と言っても同じステージに留まり，同じサイズのままである個体を表していることを覚えていてほしい．前のステージへの個体の退行は繁殖する状態から繁殖しない状態への推移で起こることもあるし，また植物がより小さいサイズクラスへサイズを縮めることによって起こることもある．各ステージからの出入りを表す数値を図 6.3(c) に記してある．また，モデル I と同様に作成した生命表を表 6.2 に示した．

モデル II の基本構造は，サイズ縮小ではなく，大きい個体がバラバラになり，それ自身のより小さいクローンを何個か作る断片化が起こる種に対しても応用することができる．個体の断片化はモジュールがバラバラになった後で生理学的に自立する植物種の場合でも起こりうるし，サンゴやモジュール性をもつ他の動物でも起こりうる．

モデル II に具体的に与えられた数値を用いると，この個体群の成長率（λ）は 1.543

表 **6.2**　植物のモデル II (成長，縮小，休眠) に対応する生命表

	ステージ					
齢 x	1	2	3	4	5	生残率 l_x
0	1.0000	0.0000	0.0000	0.0000	0.0000	1.0000
1	0.6000	0.2000	0.0000	0.0000	0.0000	0.8000
2	0.3600	0.1400	0.1600	0.0000	0.0000	0.6600
3	0.2160	0.1180	0.1280	0.0960	0.0000	0.5580
4	0.1296	0.0902	0.1168	0.0864	0.0480	0.4710
5	0.0778	0.0717	0.0973	0.0835	0.0672	0.3975
6	0.0467	0.0573	0.0822	0.0734	0.0754	0.3349
7	0.0280	0.0464	0.0689	0.0642	0.0744	0.2819
8	0.0168	0.0379	0.0578	0.0552	0.0693	0.2370
9	0.0101	0.0312	0.0485	0.0472	0.0622	0.1992
10	0.0060	0.0258	0.0407	0.0401	0.0547	0.1673
11	0.0036	0.0214	0.0342	0.0339	0.0474	0.1405
12	0.0022	0.0178	0.0287	0.0286	0.0406	0.1180
13	0.0013	0.0149	0.0241	0.0241	0.0346	0.0990
14	0.0008	0.0124	0.0202	0.0203	0.0294	0.0831
15	0.0005	0.0104	0.0169	0.0171	0.0249	0.0698
16	0.0000	0.0055	0.0048	0.0096	0.0170	0.0370
17	0.0000	0.0026	0.0020	0.0048	0.0072	0.0166
18	0.0000	0.0012	0.0009	0.0022	0.0034	0.0077
19	0.0000	0.0006	0.0004	0.0010	0.0016	0.0036
20	0.0000	0.0003	0.0002	0.0005	0.0007	0.0017

であり，安定ステージ分布は，各ステージクラスに対して，それぞれ 0.768，0.119，0.069，0.030，0.014 である．

6.2.3　モデル III：集団をつなぐ

植物では，個体間の遺伝子流動 (gene flow) は花粉の分散によって起こるが，個体自体の移動は種子分散を通じて起こる．そこで，ここまで説明してきた植物の個体群モデルの拡張として，種子分散による個体の集団間移動について目を向け，モデル III ではそれぞれの分集団 (subpopulation) の行列要素はモデル I と同じ推移確率をもち，分集団間の種子分散を表す行列要素を付け加えた行列を考える (図 6.4)．この分集団が結合された集団の構造を使うと，各分集団の個体数変化の動態や集団全体の行列の個体群成長率について考えることができる (Horvitz and Schemske 1986)．分断化された生息地を対象にした保全問題では，分散動態が個体群成長率に与える影響の理解が特に重要である (Damschen et al. 2014)．この例では，個体群成長率は $\lambda = 2.30$ である．

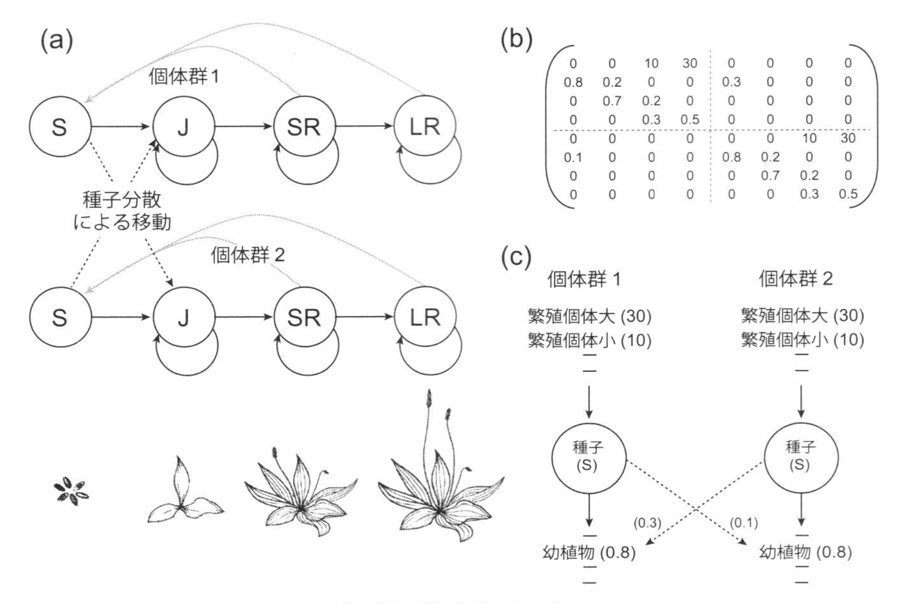

図 6.4　集団間の種子流動がある植物モデル

(a) 生活環の図，(b) 行列，(c) ステージ間・個体群間の推移を示している．個体群成長率は，$\lambda = 2.30$ である．この行列を使って安定に達するまで計算すると，種子，幼植物，繁殖個体小，繁殖個体大の各ステージの構成比は，個体群 1 ではそれぞれ，0.386, 0.179, 0.059, 0.010 であり，個体群 2 では，0.223, 0.103, 0.034, 0.006 である．安定ステージ分布は，4 つのステージそれぞれで両集団の割合を足し合わせた割合にあたる 0.609, 0.282, 0.094, 0.016 になる．

分散は複数の分集団で構成される個体群の動態において大切な役割を果たし，生態学者は分集団の集まりとしての 1 つの集団を**メタ個体群 (metapopulation)** と呼んでいる (Levins 1969, 1970; Hanski and Gilpin 1997)．その例え話として，メタ個体群は同期せずに点滅している光点群が空間的に広がっている集まりであって，「点灯」は占有パッチを，「消灯」は局所的に絶滅した空きパッチ (empty patch) を表しているというものがある．ステージ構造を考慮せずにメタ個体群の動態を表す最も簡単なモデルでは，(1) 占有パッチは空きパッチへの移入個体の供給源 (ソース；source) として機能し，(2) 空きパッチへの定着 (colonization) は占有パッチや空きパッチの空間的配置によって影響を受けず，占有パッチの割合 (P) と空きパッチの割合 ($1 - P$) だけで決まることが仮定されている．その仮想的なメタ個体群におけるパッチ占有割合 (P) の時間変化を表す微分方程式は

$$\frac{dP}{dt} = cP(1-P) - eP \tag{6.3}$$

である．式中，P は占有されているパッチの割合であり，c, e は，それぞれ，分散して空きパッチに定着する定着率，占有パッチが空きパッチになる絶滅率である (Levins 1969)．$\frac{dP}{dt} = 0$ を満たす平衡点 P^*は，

$$P^* = 1 - \frac{e}{c} \tag{6.4}$$

となる．P^* は $e/c < 1$ である限り正の値であり，この不等式は絶滅率と定着率によって決められる存続 (persistence) 条件になっている．つまり，メタ個体群は，定着率が絶滅率を上回っている限り維持される．この基本的なモデルは仮定を緩めて拡張することができるため，移住が引き起こす集団動態の帰結や不安定な局所個体群における種の存続を理解するための基礎となってきた (Hanski and Gilpin 1997; Hanski 1998)．

パッチから構成されるすべての個体群が，真の意味でのメタ個体群であるとは限らない．例えば，パッチ環境に広がっている植物であっても，もしその植物種が埋土種子バンクをもっていて，再定着が単に生息地の回復にともなう埋土種子の発芽の結果であるならば，その場所で局所集団が完全に絶滅した後で再生されたとしても，それはメタ個体群のシナリオによるものであるとは認められない．その再生は，他の分集団からの種子分散を通じて実現されたものではないからである．分散して空きパッチに再定着を果たすプロセスが，本来の考え方に沿った，メタ個体群を形成するための必須条件である．

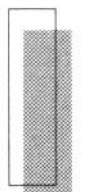

6.3　脊椎動物のステージ構造モデル

脊椎動物の基本的なステージモデルは植物用に示したモデル I に似ており，個体たちが次の時刻で現在いるステージに留まることもできれば，次のステージに移行することもできる．推移確率と繁殖率を推定するには，動的生命表 (dynamic life table) あるいはコホート生命表 (cohort life table) と呼ばれている縦断的に個体を追跡する方法か，生残スケジュールと繁殖スケジュールを推定するために，一時点での各ステージに属する個体数を使う静的生命表 (static life table) と呼ばれている方法のどちらかを使う．

6.3.1　モデル I：ウミガメ

a.　モデルの作成

Crouse と彼女の同僚は，1987 年にアカウミガメ (*Caretta caretta*) のための管理戦略上のトレードオフ (tradeoff) を調べるためにレフコビッチ行列モデルを用いた (Crouse et al. 1987)．アカウミガメの正確な齢査定方法は開発されていなかったので，彼女らは齢構造個体群モデルを使うことをやめて，ステージ構造モデルを作成した．浜辺に産卵に訪れたメスの成熟個体や卵，孵化個体，浜に打ち上げられた死亡個体しか観察されないため，ウミガメの個体数データを収集するのは難しい．加えて，繁殖率や生存率の正確な推定には動物個体の長期追跡調査が必要であるが，メス個体はいくつかの浜辺を渡り歩いて産卵し，数年に一度しか同じ浜に回帰 (remigration) しないかもしれない．

モデル作成のために，以下の 7 つのステージが定められた．ステージ 1：卵と孵化個体 ($<$ 1 歳)，ステージ 2：未成熟個体小 (1〜7 歳)，ステージ 3：未成熟個体大 (8〜15 歳)，ステージ 4：未出産成熟個体 (16〜21 歳)，ステージ 5：初産個体 (novice breeder；22 歳)，ステージ 6：回帰 1 年目の個体 (23 歳)，ステージ 7：成熟個体 (24〜54 歳) である．F_i を毎年 1 個体のメスによって産出される卵の数，P_i を同じステージに留まる確率，G_i を生き残って次のステージに進む確率とする．このウミガメ個体群モデルの生活環の図に添えて，生活環に対応した記号と行列要素の値を記した 2 つの行列が，図 6.5 に示されている．この概念図はステージ別の生活史を記述するとと

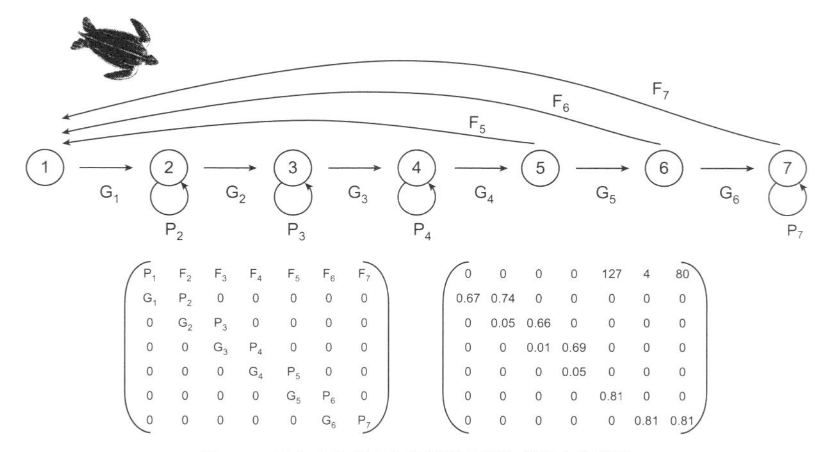

図 6.5　アカウミガメの生活環の図と対応する行列
出典：行列要素の記号と数値は Crouse et al. (1987) による．

もに，行列のパラメータ値を具体的に示していて，例えば，各時刻の間に，卵を除くすべての生きている成熟前の個体は，同じステージに留まるか，次のステージに移行することができる．このことは，若い個体にとってはステージ内・間の生存の両方とも重要であることを強く示している．未成熟個体小の毎年の生存率は未成熟個体大や未出産成熟個体における生存率よりも大きいと推定されていることに注目してほしい．

b.　行列計算による予測

バイタルレートが時間的に変化せず一定であり，将来もデータを収集した期間の環境条件と変わらないと仮定すると，将来の個体群動態を予想するために行列モデルを使うことができる (5.2.5 項の反復計算の例を参照のこと；Caswell 2001; Coulson et al. 2001; Crone et al. 2011)．7 つのステージのそれぞれに適当な数の個体がいる初期条件から始めて，アカウミガメ個体群の 20 年間の動態予想が図 6.6 に示されている．図 6.6 右の 4 つのステージの中で成熟個体はわずか約 20%だけであり，全個体群の 0.2% (1,000 個体中 2 個体) よりも少ないことに目を向けてほしい．逆に言えば，個体群の大多数は成熟前の個体で構成されている．

c.　ウミガメ個体群の摂動解析

この個体群の λ を求めると，0.9450 であったため，この集団は減少しつつある個体群であることがわかる (Crouse et al. 1987)．管理上知りたいことは，利用可能な技術や調査時にアクセスしやすいステージを考慮した上で，全ステージの中である一つのステージに保全努力が集中されるとしたら，どのステージがこの集団の個体群成長率に最大の影響を与えるだろうか？ ということである．F_i, P_i, G_i の行列要素の変化に対する λ の弾性度は，すべてを合計すると 1 になるという性質をもっているので

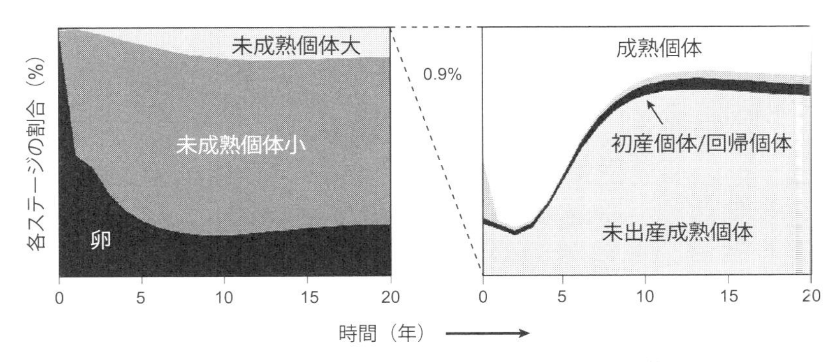

図 6.6　アカウミガメ個体群のステージ構成：20 年間の計算結果
(左) 全ステージ，(右) 個体群の 0.9%にあたる未出産成熟個体から成熟個体までの 4 ステージ (出典：Crouse et al. 1987 のデータより)．

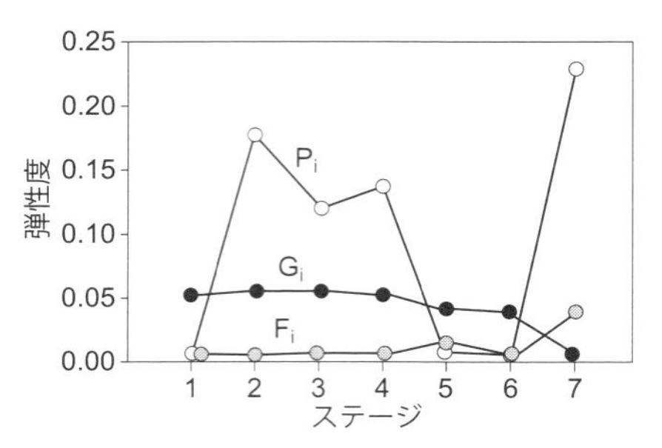

図 6.7　ウミガメの行列要素 F_i, P_i, G_i の変化に対する λ の弾性度
これらの行列要素の弾性度は合計すると 1 になるため，個体群成長率へのそれぞれの要素の寄与について直接比較できる (Crouse et al. 1987 より改変).

(de Kroon et al. 1986)，F_i, P_i, G_i による λ への相対的寄与を比較することができる (図 6.7) *4)．弾性度分析の結果によると，繁殖率の増加は λ に対してわずかな効果しかもたず，同じステージに留まる滞留率 (P_i)，特に，ステージ 2 から 4 にあたる未成熟個体と未出産成熟個体の滞留率は，個体群成長率にかなり大きい影響を与える.

6.3.2　モデル II：シャチ

a.「後繁殖ステージ」をもつ種のモデル作成

ウミガメモデルの変形モデルとして，シャチのように加齢にともない繁殖が終了した閉経後の時期である「後繁殖期」をもつ長命種に応用したモデルがある．シャチのメスは 35〜45 歳になると繁殖をやめるが，その後 90 代まで長生きし，ヒト以外の動物で最長の後繁殖期寿命を有する．シャチは社会集団の中で生活し，ポッド (pod) と呼ばれる家族を形成する．その中の後繁殖期メスは狩りの最中に息子や，より少ない程度ではあるが，娘たちの死亡リスクを減らすために不可欠な手助けをする (Foster et al. 2012).

シャチの生活環の図と対応する行列を図 6.8 に示している．この論文では，行列内の

*4)　すべての弾性度の合計が 1 であることは，右固有ベクトルを定義する数式 $\mathbf{Aw} = \lambda\mathbf{w}$ の行列要素表現である $\sum_j a_{ij} w_j = \lambda w_i$ を利用して確認できる．式 (6.1) と式 (6.2) から，すべての弾性度の和は，

$$\sum_i \sum_j e_{ij} = \sum_i \sum_j \frac{a_{ij}}{\lambda} \frac{v_i w_j}{\sum_k v_k w_k} = \frac{1}{\lambda \sum_k v_k w_k} \sum_i v_i \sum_j a_{ij} w_j$$

となる．$\mathbf{Aw} = \lambda\mathbf{w}$ の行列要素表現を使うと，上の式は

$$\frac{1}{\lambda \sum_k v_k w_k} \sum_i v_i \lambda w_i = \frac{\sum_i v_i w_i}{\sum_k v_k w_k} = 1$$

と変形され，第 2 項の分母と分子は相等しく，結果は 1 であることがわかる.

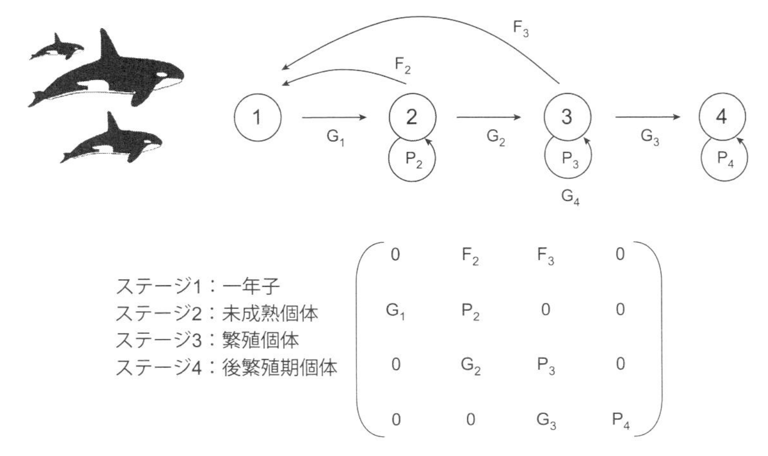

図 **6.8**　Brault and Caswell (1993) で発表されたシャチのステージ構造モデルの生活環の図と対応する行列

G_1, G_2, G_3 の値は，それぞれ 0.9775, 0.0736, 0.0452 である．P_2, P_3, P_4 の値は，それぞれ 0.9110, 0.9534, 0.9804 であり，F_2, F_3 は 0.0043, 0.1132 である．

成長確率 (G_i) を計算する際に，各ステージの平均滞在期間の逆数を利用している [*5]．例えば，一歳子 (yearling) はそのステージに 1 年しか滞在しないので，滞在時間は 1 年であり，その逆数は 1/1 である．新生個体の死亡率が 0.0225 であるというデータに合うように調整すると，$G_1 = 0.9775$ の推移率になる．未成熟個体や繁殖個体のステージの滞在期間は，それぞれ 13.6 年，22.1 年であるから，それらの逆数は，それぞれ $G_2 = 0.0736$ と $G_3 = 0.0452$ である．同じステージに戻る自己ループで表される毎年の滞留率 (P_i) は，未成熟個体，繁殖個体，後繁殖期個体のステージでは，それぞれ 0.9110, 0.9534, 0.9804 である．この行列モデルを作成した Brault and Caswell (1993) によれば，このシャチモデルはたった 4 つのステージしか設定しない比較的簡単なものだが，以前に同じデータを使って 90 の齢階級をもつ齢構造モデルを作成した時の結果と比べると，ほぼ同じ個体群成長率や繁殖価の推定値が得られている．

b.　シャチ個体群の摂動解析

図 6.8 の数値から弾性度を求めると，個体群成長率は成熟個体の生存の変化に対して最も敏感であり，長寿命の生物種で予想される結果と合致していることがわかった (Brault and Caswell 1993)．未成熟個体の生存率もまた個体群成長に大きな影響を

[*5] 理工学分野で使われるマルコフ過程の理論において，平均滞在時間と推移確率の間には逆数の関係があることが証明されている．

与えている．さらに，この研究では感度分析と弾性度分析を両方行うことの有用性も明らかにしている．というのも，行列要素の変化が絶対量変化である感度分析を行った結果，生存確率の変化はわずかであっても個体群成長に大きい影響を与えうることが示されたからである．また，シャチのポッドのデータから，それぞれの行列要素は独立に変化しているわけではなく，ある行列要素の変化が他の要素の逆方向の変化と連動している可能性も示された．そのような場合，van Tienderen が提案した**統合感度 (integrated sensitivity)** や統合弾性度 (integrated elasticity) が有用である．統合感度や統合弾性度は，行列要素が個体群成長率に与える総合的な効果を見積もり，他の要素との相関のゆえに起こる直接的・間接的効果を明らかにする方法である (van Tienderen 1995)．シャチの場合に統合弾性度を求めてみると，繁殖ステージでの滞留確率 (P_3) と後繁殖期に移行する確率 (G_3) が負に相関していることによって，G_3 の統合弾性度が負になる結果が得られた．つまり，後繁殖期に移行する確率が少し増加したとしても，ポッド個体群の成長率はその増加に見合うほど大きくは増加しない．さらに，後繁殖期のメスは子を産出しないので，直接的には個体群成長率に寄与していないが，統合弾性度分析を行うと，行列のパラメータ P_4 (後繁殖期個体の生存率) と F_3 (成熟個体の繁殖率) の間に正の共分散があるために，P_4 の増加は個体群成長率が増えるような寄与をもたらす可能性があることがわかる (van Tienderen 1995)．正にも負にもなりうる行列要素の間の相関は，人口学的特性の変化に対する個体群成長の変化を調べる感度分析という手法に大きな影響を与えるかもしれない (Doak et al. 2005) [*6]．それゆえ，個体群の動態予測を行うには，これらの相関を正確に推定することが極めて肝要である．

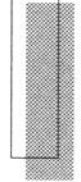

6.4　基本的なステージモデルを超えて

6.4.1　モデルの拡張および改良

基本的なステージモデルである個体群行列モデル (matrix projection model) を使うと，複数のバイタルレートと，個体群動態の特徴を示す個体群成長率や感度などの統計量を関係づけることができる．そのため，このモデルは基本的あるいは応用的な管理上の問いに答えるために，個体群の状態や絶滅リスクを知る方法となっている (Caswell 2001; Morris and Doak 2002; Crone et al. 2011)．個体群行列モデルは

[*6] Doak, D. F., W. F. Morris, C. Pfister, B. E. Kendall, and E. M. Bruna. 2005. Correctly estimating how environmental stochasticity influences fitness and population growth. *The American Naturalist* **166**: E14–E21.

とても簡単なモデルなので，個体群動態の予測や予想を行えるほど現実的なものではないとして非難されてきた．特に，その理由として，実際にはバイタルレートに個体間で違いがあり，また時間的に一定ではないことが挙げられる (Coulson et al. 2001; Crone et al. 2011, 2013)．そのため，個体群行列モデルは様々なやり方で改変され，拡張されてきている．齢の効果とステージの効果をつなぐという点では，ステージモデルから齢別の情報を引き出す理論が開発され (Cochran and Ellner 1992)，また，時間的に変動する環境条件の場合に応用するために拡張された (Tuljapurkar and Horvitz 2006)．バイタルレートは齢依存性もステージ依存性も示すことがあるため，Caswell (2012) は，それらを同時に扱えるベクトル化変換 (vec-permutation) 行列を使う方法を開発した．これらの齢・ステージ結合モデルは，サイズ分けされた個体群における老化 (senescence) の進化に関する問いに答える場合だけでなく，人口学者がバイタルレートを決めて年齢ではない因子による効果についての疑問に答えようとする場合に特に重要である (Caswell and Salguero-Gómez 2013)．他にも，この章の初めで説明した休眠ステージと活動ステージ (active life stage) の両方があるような複雑な人口学的属性をもつ生物種の場合 (Ellner and Rees 2006)，変動環境におけるバイタルレートの時系列相関 (serial correlation) がある場合 (Tuljapurkar et al. 2009) や，非平衡かつ短期の過渡的動態を調べる場合 (Ezard et al. 2010) への応用的拡張がなされてきた．

6.4.2 積分型予測モデル

個体群行列モデルは，個体を齢や生育段階のような離散的なクラスに振り分ける．種子と種子以外のように，ある場合にはそれぞれのクラスは明瞭に区別できるが，別の場合には，クラス分けに個体サイズのような連続変数が使われ，離散的なグループ区分けは恣意的に見える場合がある．Easterling らは，個体の状態として連続的な変数が使われている場合に離散的なステージクラスにグループ分けしなくて済む別の方法を考え，**積分型予測モデル (IPM: integral projection model)** という名前のモデルを提案した (Easterling et al. 2000)．個体群行列モデルでは，サイズ別の感度や弾性度に各ステージの滞在時間に依存した偏りが生じるが，積分型予測モデルではその偏りが生じずにサイズ別の感度や弾性度が求められる (Enright et al. 1995)．基本的な積分型予測モデルは決定論的かつ密度非依存的なモデルであって，その点では定数行列を使う個体群行列モデルと同じである．IPM 手法の肝となる部分は，サイズ依存的なバイタルレートの例で言えば，個体のサイズと生存，成長，繁殖に関するバイタルレートとの関係を結びつける回帰統計である．バイタルレートのバラツキを説明するために，個体の状態以外の共変量もこれらの回帰の説明変数に含めることができる．さらに，このモデルは離散・連続の状態変数を同時に組み込むこともできる．モデルの基本的な作成の手順については，Rees et al. (2014) や Merow et al. (2014) に詳しく記述されている．このモデルは，Ellner and Rees (2006) によって，複雑な生活環や密度依存的動態を示す生物種や，サイズ依存性も齢依存性もある生活史を示す生物種に対しても使えるように一般化された．さらに，基本的な積分型予測モデルは，時間遅れ，環境との共変動や環境的確率性や人口学的確率性を組み込むなどして拡張されている (Rees et al. 2014 を参照のこと).

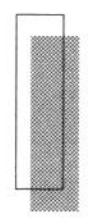

6.5　レズリー行列とレフコビッチ行列の関係

個体群の完全かつ縦断的な人口データがある時には，個体群内部の構成や個体群成長を計算するためにレズリーモデルあるいはレフコビッチモデルを作ることができる．この節では，表 6.3 の生命表に従う仮想個体群を対象に，これら 2 つのモデルから得られた結果を比較してみよう．まず，これら 2 つの個体群モデルのパラメータの計算方法の違いに焦点を当て，どのように生命表と個体群モデルが相互に関連しているかについて説明する．

表 6.3　仮想の生命表 (生活史) データ．ロトカの r (内的増加率) を計算するとともに，レズリー行列モデルとレフコビッチ行列モデルのパラメータを求めるために使用される．このデータから求めた r は 0.14949 であった．

齢	生残率	繁殖率	純繁殖率	ロトカ方程式の各項
x	l_x	m_x	$l_x m_x$	$e^{-rx} l_x m_x$
0	1.0000	0.0000	0.0000	0.0000
1	0.7000	0.0000	0.0000	0.0000
2	0.5600	0.0000	0.0000	0.0000
3	0.4480	0.0000	0.0000	0.0000
4	0.3584	0.0000	0.0000	0.0000
5	0.2867	1.2500	0.3584	0.1697
6	0.2437	2.3529	0.5734	0.2339
7	0.2072	5.8824	1.2186	0.4279
8	0.1657	2.5000	0.4143	0.1253
9	0.1326	1.2500	0.1657	0.0432
10	0.0994	0.0000	0.0000	0.0000
11	0.0000	0.0000	0.0000	0.0000
		13.2	2.7	1.0000

6.5.1　同一の生命表を用いた 2 つのモデルの作成

a.　生活環グラフと生命表

図 6.9 には，同一の生命表に基づく齢モデルとステージモデルの生活環が示されている．レズリー行列に対応する生活環グラフ (図 6.9 上段) の丸印は各齢階級を示していて，いくつかの齢階級をひとまとめにしてレフコビッチモデルで用いるステージクラスに振り分けられている．例えば，下段の図で薄い灰色で示される繁殖前のステージには，齢階級 1～4 がまとめられている．同様に，濃い灰色のステージ 3 には齢階級 5，6 が，ステージ 4 には齢階級 7，8 がまとめられている．表 6.3 には，この仮想集団の生残スケジュール l_x，繁殖スケジュール m_x が記されている．また，図 6.9 の上段の図に描かれている矢印には，齢別生存率 p_x，齢別繁殖率 F_x が記入され，下段の図中の矢印には，ステージ間の推移確率が記入されているが，それらの求め方について，これ以降に順次説明を加える．

b.　レズリーモデルとレフコビッチモデルの繁殖率の計算方法

この個体群の齢構造行列とステージ構造行列で使われる繁殖率のパラメータは，調査の時期によって変わり，また親の生存率 p_x や生まれた子の生存率 p_0 にも依存している (表 6.4)．

例えば，繁殖前に調査を行ったパルス的繁殖 (birth pulse) を示す個体群での齢構造行列では，調査時点で最も若い個体は前回のパルス的繁殖で産み落とされた個体たちである．この場合の繁殖率は，ある親個体が産出した新生個体の数 m_x に，一調査間

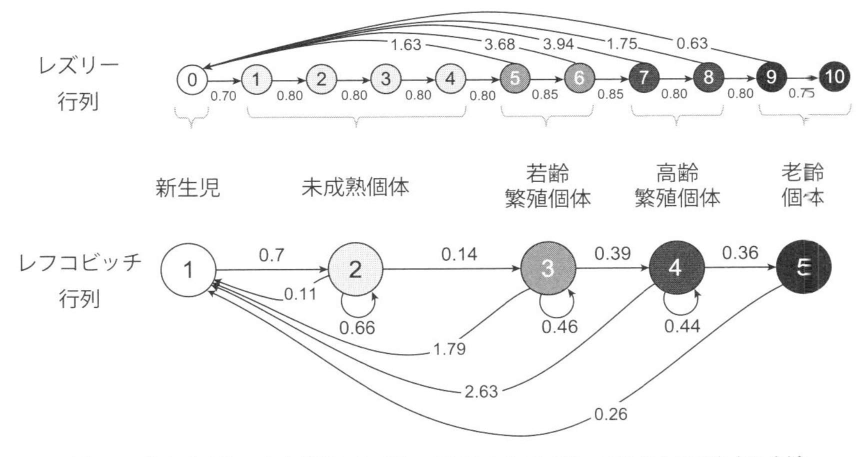

図 6.9　生命表 (表 6.3) と等価なレズリーモデルとレフコビッチモデルに対応する生活環グラフ

表 6.4 繁殖率の計算公式．調査の時期によって親の生存率 (p_x) や生まれた子の生存率 (p_0) にも依存している．

行列のタイプ	繁殖率の公式
齢構造行列	
パルス的繁殖 (繁殖前調査)	$F_x = p_0 m_x$
パルス的繁殖 (繁殖後調査)	$F_x = p_x m_{x+1}$
パルス的繁殖 (中間点近似)	$F_x = \dfrac{m_x + p_x m_{x+1}}{2}$
連続的繁殖 (中間点近似)	$F_x = (l_{0.5})\dfrac{m_x + p_x m_{x+1}}{2}$
ステージ構造行列	
パルス的繁殖 (繁殖前調査)	$F_x = l_1 m_i$
パルス的繁殖 (繁殖後調査)	$F_x = P_i m_i + G_i m_{i+1}$

注：5 行目の l_1 はステージ 1 の生存率を意味する．

隔の間の新生個体の生存率 p_0 を乗じたものである (表 6.4 の 1 行目)．また，繁殖後調査を行ったパルス的繁殖を示す個体群での齢構造行列では，調査は新生個体の誕生の直後に行われ，最も若い個体たちは生まれたばかりの個体である．繁殖した親個体は一調査間隔を生き抜いた上で繁殖しているはずである．したがって，繁殖率は，一調査間隔を生き抜いた生存率 p_x に，次の齢で産出された子の数 m_{x+1} を乗じたものである (表 6.4 の 2 行目)．その集団が，連続的繁殖 (birth flow) の場合には，繁殖が一調査間隔の間ずっと連続的に起きているので，最も簡単な計算方法は，すべての子は調査間隔の中間点で誕生すると仮定することである．そうすると，繁殖率は，新生個体が齢 0.5 まで生き残る確率 $l_{0.5}$ と，齢 x から齢 $x+1$ の間に誕生した子の平均数を乗じたものになる (表 6.4 の 4 行目)．この場合には，すべての親個体が次の調査間隔まで生き残っているとは限らないという理由から，第 2 項は齢別生存率 p_x を乗じて調整されている．

ステージ行列については，繁殖前調査を行ったパルス的繁殖の場合の繁殖率のパラメータは，単に生まれたばかりのステージにおける生残率 (l_1) と m_i の積である．繁殖後調査を行ったパルス的繁殖の場合には，繁殖率は，同じステージに留まる可能性 (P_i) と他のステージへの推移の可能性 (G_i) の両方に依存している．

c. レズリー行列の作成方法

まず，表 6.3 の生残スケジュール l_x と繁殖スケジュール m_x のデータを用いて，各齢での生存率 p_x と表 6.5 の繁殖パラメータを計算する．表 6.5 では，生残率 l_x から，各齢の p_x が求められ，また，繁殖率 m_x を使って F_x が作成されている．F_x を求める時には，表 6.4 に示されるように様々な近似の仕方があるが，この表ではパルス的

表 **6.5** 表 6.3 にある生残スケジュール，繁殖スケジュールに基づいたレズリー行列のパラメータ計算

	コホート生残率	行列の副対角要素にある生存率	繁殖スケジュール	行列の 1 行目にある繁殖率
x	l_x	p_x	m_x	F_x
0	1.000	0.700	0.000	0.000
1	0.700	0.800	0.000	0.000
2	0.560	0.800	0.000	0.000
3	0.448	0.800	0.000	0.000
4	0.358	0.800	0.000	0.500
5	0.287	0.850	1.250	1.625
6	0.244	0.850	2.353	3.676
7	0.207	0.800	5.882	3.941
8	0.166	0.800	2.500	1.750
9	0.133	0.750	1.250	0.625
10	0.099	0.000	0.000	0.000
11	0.000		0.000	0.000

繁殖 (中間点近似) の式を用いた．さらに，表 6.5 の 3 列目の p_x をレズリー行列の副対角要素に配置し，5 列目の F_x をレズリー行列の 1 行目に配置することによって，表 6.6 に示されるレズリー行列が完成する．

d. レフコビッチ行列の作成

ステージ行列を作成する場合は，ある特定のステージで十分長く生きてきた個体たちは，(もし生き残っていたら) その一部分は次のステージに移り，各ステージの滞在時間は，ステージごとに異なり，d_i 年と仮定する．あるステージの中の最初の齢 (例えば，図 6.9 の若齢繁殖ステージで言えば，齢 5) のコホートの個体数を 1 とし，ステージ i の生存率を p_i とするなら，そのステージ内で x 年生きている個体の生存率は p_i^x である．したがって，ステージ内の各齢のグループの個体数は，それぞれ $1, p_i, p_i{}^2, \ldots, p_i{}^{d_i-1}$ である．ここでは，各ステージ内の齢分布は安定であり，変わらないことを仮定している．それらの齢階級をまとめた総個体数は $1 + p_i + p_i{}^2 + \cdots + p_i{}^{d_i-1}$ という幾何級数，すなわち，等比数列の和であるから，その和の公式を使って

$$\frac{1 - p_i^{d_i}}{1 - p_i} \tag{6.5}$$

のように書き換えることができる．この式は個体の推移を計算する時に用いられる．

さて，あるステージの中の最高齢の個体は，もし生き残っていたら次のステージに移行し，それより若い個体は同じステージに留まると考えると，d_i 年目にそのステージに滞留する予定の若い方の個体の和は $1 + p_i + p_i{}^2 + \cdots + p_i{}^{d_i-2}$ であるから，その割合は，

表 6.6　表 6.5 の数値を使って作成したレズリーモデルの行列

	齢 0	齢 1	齢 2	齢 3	齢 4	齢 5
繁殖率	0	0	0	0	0.500	1.625
齢 0 から齢 1 までの生存率	0.700	0	0	0	0	0
齢 1 から齢 2 までの生存率	0	0.800	0	0	0	0
齢 2 から齢 3 までの生存率	0	0	0.800	0	0	0
齢 3 から齢 4 までの生存率	0	0	0	0.800	0	0
齢 4 から齢 5 までの生存率	0	0	0	0	0.800	0
齢 5 から齢 6 までの生存率	0	0	0	0	0	0.850
齢 6 から齢 7 までの生存率	0	0	0	0	0	0
齢 7 から齢 8 までの生存率	0	0	0	0	0	0
齢 8 から齢 9 までの生存率	0	0	0	0	0	0
齢 9 から齢 10 までの生存率	0	0	0	0	0	0

	齢 6	齢 7	齢 8	齢 9	齢 10
繁殖率	3.676	3.941	1.750	0.625	0
齢 0 から齢 1 までの生存率	0	0	0	0	0
齢 1 から齢 2 までの生存率	0	0	0	0	0
齢 2 から齢 3 までの生存率	0	0	0	0	0
齢 3 から齢 4 までの生存率	0	0	0	0	0
齢 4 から齢 5 までの生存率	0	0	0	0	0
齢 5 から齢 6 までの生存率	0	0	0	0	0
齢 6 から齢 7 までの生存率	0.850	0	0	0	0
齢 7 から齢 8 までの生存率	0	0.800	0	0	0
齢 8 から齢 9 までの生存率	0	0	0.800	0	0
齢 9 から齢 10 までの生存率	0	0	0	0.750	0

$$\frac{1 + p_i + {p_i}^2 + \cdots + {p_i}^{di-2}}{1 + p_i + {p_i}^2 + \cdots + {p_i}^{di-1}}$$

である．式 (6.5) を利用すると，

$$\frac{(1 - {p_i}^{di-1})/(1 - p_i)}{(1 - {p_i}^{di})/(1 - p_i)} = \frac{1 - {p_i}^{di-1}}{1 - {p_i}^{di}}$$

となる．そのうち，生存率 p_i で d_i 年目に生き残るので，滞留率 (P_i) は，

$$P_i = p_i \left[\frac{1 - {p_i}^{d_i - 1}}{1 - {p_i}^{d_i}} \right] \tag{6.6}$$

である．

同様に，そのステージの中の最高齢の個体はもし生き残っていたら次のステージに移行すると考えると，そのステージ内の最高齢のコホートに属する個体数は，${p_i}^{d_i-1}$ であり，そのステージから移る個体の割合は，やはり式 (6.5) を利用すると，

$$\frac{{p_i}^{di-1}}{1 + p_i + {p_i}^2 + \cdots + {p_i}^{di-1}} = \frac{{p_i}^{di-1}(1 - p_i)}{1 - {p_i}^{di}} \tag{6.7}$$

である．そのうち，生存率 p_i で d_i 年目に生き残るので，

$$G_i = p_i \left[\frac{{p_i}^{di-1}(1-p_i)}{1-{p_i}^{di}} \right] \tag{6.8}$$

となる．

図 6.9 の下段にあるレフコビッチ生活環グラフに目を移すと，レズリー生活環グラフのそれぞれの齢階級が，丸印の模様が同一のステージクラスにまとめられている．例えば，未成熟個体のステージは齢 1 から齢 4 までの個体で構成され，各ステージクラスの生存確率は時間的に一定である．ステージの滞在時間 (d_i) は図 6.9 上段のグラフから求められる．例えば，$d_2 = 4$ である．ステージ別生存確率 (p_i) はあるステージの中では一定の生存確率であるから，$p_2 = 0.8$ である．ステージ i に留まる確率とステージ i からステージ $i+1$ に成長する確率，P_i と G_i を再掲すると，

$$P_i = \left[\frac{1-{p_i}^{d_i-1}}{1-{p_i}^{d_i}} \right] p_i \tag{6.9}$$

$$G_i = \left[\frac{{p_i}^{d_i-1}(1-p_i)}{1-{p_i}^{d_i}} \right] p_i \tag{6.10}$$

であり，P_i と G_i はこれらの式を使って計算される．また，

$$p_i = G_i + P_i \tag{6.11}$$

が成立している．式 (6.11) は，ステージ内の滞留の確率 (P_i) とステージ間の移行の確率 (G_i) の和はそれぞれのステージでの生存確率 (p_i) と等しいことを意味している．表 6.7 に，図 6.9 の下段の図の例を使って求めた G_i と P_i の値を示してある．

表 6.7 に示されている F_i を求めるには，まず平均の出生数を考える．平均の出生数は，ステージ i の繁殖率 (m_i) と，ステージ i の親がその時間間隔の間に推移すると考えられるすべてのステージにおける繁殖率を推移確率で重み付けしたもの ($m_iP_i + m_{i-1}G_i$) の平均を使う．さらに，その平均出生数と新生個体が齢 0.5 まで生き残る確率 ${p_0}^{1/2}$

表 6.7 表 6.8 にあるデータの元になるレフコビッチ・ステージモデルのためのパラメータ値

ステージ	ステージ内齢別生存率 p_i	ステージ別滞在時間 d_i	ステージ別移行率 G_i	ステージ別滞留率 P_i	ステージ別平均繁殖率 F_i
1	0.70	1	0.7	0	0
2	0.80	4	0.14	0.66	0.11
3	0.85	2	0.39	0.46	1.79
4	0.80	2	0.36	0.44	2.63
5	0.75	1	0.75	0	0.26

表 6.8 表 6.7 の値を用いたレフコビッチモデルの推移行列

ステージ	1	2	3	4	5
繁殖	0	0.11	1.79	2.63	0.26
1 から 2 への成長/2 の中での滞留	0.70	0.66	0	0	0
2 から 3 への成長/3 の中での滞留	0	0.14	0.46	0	0
3 から 4 への成長/4 の中での滞留	0	0	0.39	0.44	0
5 の中での滞留	0	0	0	0.36	0

表 6.9 レズリー行列およびレフコビッチ行列のパラメータ計算のまとめ．表の中で使われている t_{ji} は，ステージ i からステージ j へ移行する確率を表す．

	モデル		
ステップ	パラメータ	レズリー行列	レフコビッチ行列
1	繁殖	$F_x = \left(\dfrac{m_x + P_x m_{x+1}}{2}\right)$	$F_i = {p_0}^{1/2}\left(\dfrac{m_i + \sum_j t_{ji} m_j}{2}\right)$
			$p_i = \sum_j t_{ji} \quad m_i = \dfrac{n \text{ 個の } m_x \text{の和}}{n}$ *7)
2	生存/成長	$P_x = p_x$	$P_i = \left[\dfrac{1 - {p_i}^{d_i - 1}}{1 - {p_i}^{d_i}}\right] p_i$
3	滞留	—	$G_i = \left[\dfrac{{p_i}^{d_i - 1}(1 - p_i)}{1 - {p_i}^{d_i}}\right] p_i$

を乗じることによって，F_i が求められる．一連の計算によって求められた P_i, G_i, F_i を各行列要素に代入すると，表 6.8 に示されるレフコビッチ行列が完成する．表 6.9 には，レズリー行列およびレフコビッチ行列のパラメータを求める計算の公式をまとめてある．

6.5.2 モデルの統合

a. ロトカ方程式はすべての出発点

レズリーモデルやレフコビッチモデルなどの個体群モデルと，これらのモデルの行列要素を導出するために使われる生命表には，密接なつながりがある．特に重要なのは，生命表と，5.2.3 項で個体群モデルから得られたロトカ方程式の時間離散形，

*7) 表 6.9 の中のステージ i の繁殖率 (m_i) は，齢 x の繁殖率 (m_x) から求められる．n 個の齢階級をある 1 つのステージ（ステージ i）にまとめた場合は，その公式は，$m_i = (n$ 個の m_xの和$)/n$ であり，簡単のために，繁殖率の単純な平均を使っている．例えば，図 6.9 のように，齢階級 5, 6 をステージ 3 にまとめた場合，ステージ 3 の繁殖率は，$m_3 = (m_5 + m_6)/2$ である．

$$1 = \sum_{x=0}^{\infty} \exp^{-rx} l_x m_x \tag{6.12}$$

の方程式が相互に関連することである．この式の中で，r は内的増加率，l_x, m_x はそれぞれコホートの齢別生残率，齢別繁殖率である．まず，生命表内の生残率 (l_x) の値と繁殖率 (m_x) の値から齢別の 2 つの積 ($l_x m_x$) を計算する．生命表内のこれら 2 つの列の積を合計 ($\sum l_x m_x$) すると，世代当たりの個体群成長率，すなわち，純繁殖率 R_0 を求めることができる．また，$l_x m_x$ と $\exp(-rx)$ の積の合計が 1 である (式 (6.12)) ことから，内的増加率 (r) を求めることができる．さらに，この r の値と式 (5.79) を使って安定齢分布 (SAD) を計算すると，生命表を出発点として，ロトカの安定集団モデルによって得られる結果をすべて導き出したことになる．また，r をゼロに設定すると，そのモデルは人口置換レベルの成長を表したモデルになり，そのロトカ方程式である $1 = \sum l_x m_x$ が成立する．この式は定常集団のモデルであり，その生命表は，定常集団における生命表と捉え直すことができる (Preston et al. 2001).

次節では，基本生命表とロトカの個体群モデルが相互に関連しているというこの考え方を拡張し，様々なタイプの生命表と個体群モデルの関係に応用してみる．すべてのタイプの生命表は定常モデルと見なすことができること，その逆の，すべての定常モデルが生命表と見なすことができることを示す．

b. 定常集団モデルとしての生命表：単要因 (減少) 生命表

これまでのことから，基本生命表 (死亡という単一の要因によって個体数が減少する生命表) については，2 つの見方ができることがわかる．一つは，出生コホートの生き残り方を追跡するツールであると見なす考え方 (すなわち，第 2 章で紹介したコホート生命表) であり，もう一つは，特定の死亡率と人口置換レベルの繁殖率 (すなわち，$R_0 = 1.0$) という条件が成立する定常集団モデルと見なす考え方である (Jordan 1967; Land et al. 2005)．定常モデルは一般的な個体群モデルの特殊なケースにあたる (Preston et al. 2001).

生命表を定常集団のものに変換すると，同じ記号が新しい意味をもつようになる：例えば，l_x は，どの年次の集団でも齢 x に到達する相対個体数であり [*8]，d_x は齢 x の個体数に対する齢 x と齢 $x+1$ の間の相対死亡数であり，e_0 は死亡個体の平均死亡齢である．また，定常集団では，ある特定の齢の個体数は時間的に変化しない出生数とその齢までの生残確率の積であるから，特定の齢の個体数も，個体群全体の個体数

[*8] 式 (5.79) に $r = 0$ を代入すると，$c_x = l_x / \sum l_x$ が導かれることから，l_x が相対個体数にあたることがわかる．

と同じように，時間が変化しても一定である．定常集団モデルでは，平均死亡齢と期待寿命 (e_0)，出生率 (b) と死亡率 (d)，生残率 (l_x) と齢分布が密接につながっている (式 (5.74), (5.79) を参照)．そのことは，あるパラメータを使って，他のパラメータの推定ができるということを意味している．また，どんな植物や動物の集団も，その動態は背景にある生命表に従っているので，こうした集団の生命表から定常集団の性質を敷衍することができる (Preston et al. 2001)．その逆も真であり，動植物の個体群モデルで定常状態を仮定すれば，対象の動植物の生命表を作り出すことができる．

c. 定常集団モデルとしての生命表：多要因 (減少) 生命表と多状態生命表

単要因生命表の概念を拡張した生命表モデルは，2 つのグループ，多要因 (減少) 生命表 (multiple-decrement life table) と多状態生命表 (multistate life table) のどちらかに位置付けることができる．多要因生命表では，「状態 (state)」が違うということは，個体が異なる齢別死亡率にさらされながら生きていることを指している．別の言い方をすると，多要因生命表は人生からの異なる去り方 (死に方) を考えている (Lamb and Siegel 2004)．一方，**多状態生命表**は，齢別の死亡リスクと状態によって異なる死亡リスクの両方にさらされている個体たちの生命表である (Ledent and Zeng 2010)．多状態生命表は，齢，性別に加えて，居住地，配偶関係 (marital status)，子供の数，就業状態 (employment status)，健康状態といった属性 (状態) によって層別化された人間集団の研究につながる多状態人口学 (multistate demography) という，より大きな分野で用いられる (Willekens 2003)．層別化された集団は，多状態であると見なされ，同じ状態にある個体がそれぞれの分集団に分けられている．ある生命表モデルでは，例えば，両性生命表や脆弱度生命表 (frailty life table) のように，異なる状態への推移は起こりえないが，別の生命表モデルでは，例えば，既婚から離婚という推移，既婚から死別への推移といった他の状態への推移も起こりうる．

多状態生命表を定常集団モデルへ変換するプロセスは，単要因生命表で行われた方法に似ていて，それぞれのパラメータに対して，記号は同じでも新しい意味をもたせている．この場合，前節と同じように，l_x はどの年次で見ても生まれてから齢 x に到達する個体数であり，d_x は齢 x と齢 $x+1$ の間の死亡数，e_0 はやはりどの年次でも死亡個体の死亡時平均年齢である．しかし，齢という 1 つの状態変数しかもたない生命表のパラメータは，多要因生命表では以下のように状態 i によってサブカテゴリーに分けられる：

l_x^i：状態 i にある齢 x まで生き残っているコホート内の割合

d_x^{ik}：齢 x で状態 i から状態 k に推移するコホート内の割合 ($k \neq i$)

$d_x^{i\delta}$：齢 x で状態 i の中で死亡したコホート内の割合 (死亡を δ で表すことにする)

状態 i で齢 $x+1$ の生残者の割合 (l_{x+1}^i) を対応する齢 x のパラメータ l_x^i と関係づけると，死亡者の割合 $(d_x^{i\delta})$ と状態 i を出て他の状態に移行した分 (式 (6.13) 右辺第3項) を引いて，さらに他の状態 k から状態 i に移行してきた分 (d_x^{ki}) を加える必要がある．そのため，

$$l_{x+1}^i = l_x^i - d_x^{i\delta} - \sum_{k\neq i} d_x^{ik} + \sum_{k\neq i} d_x^{ki} \tag{6.13}$$

となる．多状態生命表で注意すべき点は，ある齢区間の中で，個体がその区間の初めに属していた状態から他の状態に出て，次の齢区間で元の状態に戻っても構わないことである (Land and Rogers 1982; Land et al. 2005).

齢別・ステージ別の生残率と齢別・ステージ別の繁殖率が併記されている多状態生命表があると，その生命表から一般のロトカ方程式を導くことができる：

$$1 = \sum_{i=1} \sum_{x=0} e^{-rx} l_x^i m_x^i \tag{6.14}$$

もし，$r=0$ (定常集団の仮定) であるなら，数式の中の指数の項は消えて，そのモデルは

$$1 = \sum_{i=1} \sum_{x=0} l_x^i m_x^i \tag{6.15}$$

となる．

d. 生命表と定常集団モデルの等価性：レズリー行列

生命表が，あるコホートの保険数理上の特性を列挙したり計算したりするツールや定常集団モデルとして見なせるように，レズリーモデル (Leslie 1945) も同じように考えることができる．第5章で紹介したレズリーモデルを，繁殖を表す行列の一行目のすべての要素をゼロにして，

$$\mathbf{T} = \begin{pmatrix} 0 & 0 & 0 \\ p_0 & 0 & 0 \\ 0 & p_1 & 0 \end{pmatrix} \tag{6.16}$$

と変更し，$N_0 = 1$ であるベクトル $\mathbf{N}$

$$\mathbf{N} = \begin{pmatrix} N_0 \\ 0 \\ 0 \end{pmatrix} \tag{6.17}$$

を初期値に設定した上で，齢0の新生個体を表すベクトル $\mathbf{N}$ に行列 $\mathbf{T}$ を n 回 (n は

表 6.10 行列 $\mathbf{T}$ から計算した定常集団の生命表

齢 x	生残率 l_x
0	1 $(= N_0)$
1	p_0
2	$p_0 p_1$
3	0

齢階級の数) 繰り返して計算すると，生命表になると考えられる．実際にこの計算を行うと，表 6.10 の基本生命表になる [*9]．

この生命表は，以前に説明したように，個体群の中の齢 x の個体の割合を c_x とした定常集団と見なすこともできる $(c_x = l_x / \sum_{x=0}^{\omega} l_x)$．レズリー行列個体群モデルは，人口置換レベルの成長 (すなわち $\lambda = 1$) になるようにパラメータが調整された時，定常状態になる．その場合には，初めはレズリー行列内の繁殖率 F_x や生存率 p_x を $\lambda > 1$ になるように設定して，繁殖を減少させるか生存率を減少させ，繁殖率と生存率の組み合わせを変えることによって，$\lambda = 1$ になるようにレズリー行列の行列要素が修正される．

e. 生命表と定常集団モデルの等価性：レフコビッチ行列

レズリー行列では，繁殖を意味する 1 行目の行列要素より下の行にある，生存を意味するゼロではないすべての要素が生命表の中の生残率 (l_x) を作成するために使われた．それと同様に，レフコビッチ行列モデルでも 1 行目より下にあるゼロではないすべての要素を使うことが可能で，ある多状態定常集団と見なすことができる．次のレフコビッチ行列を考えてみる：

$$\mathbf{T} = \begin{pmatrix} 0 & 0 & 0 \\ P_1 & S_2 & R_1 \\ 0 & P_2 & S_3 \end{pmatrix} \tag{6.18}$$

この行列 $\mathbf{T}$ は，$N_0 = 1$ である出生コホートベクトル

$$\mathbf{N} = \begin{pmatrix} N_0 \\ 0 \\ 0 \end{pmatrix} \tag{6.19}$$

を初期ベクトル $\mathbf{N}$ に設定した上で，その初期ベクトルに行列 $\mathbf{T}$ を繰り返し乗じるために使われる．時間の経過に沿ったその計算過程は，ステージ内の齢階級とステージ

[*9] 行列 $\mathbf{T}$ を x 乗してベクトル $\mathbf{N}$ をかけた結果得られたベクトル $(\mathbf{T}^x\mathbf{N})$ の要素をすべて合計すると，表 6.10 の l_x が得られる．

表 **6.11** 3 ステージのレフコビッチモデルの生命表

齢	齢 x，ステージ i に依存する生存率 l_x^i		
	ステージ 1	ステージ 2	ステージ 3
0	$l_0^1 = 1$	—	—
1	—	$l_1^2 = P_1 l_0^1$	—
2	—	$l_2^2 = S_2 l_1^2$	$l_2^3 = P_2 l_1^2$
3	—	$l_3^2 = S_2 l_2^2 + R_1 l_2^3$	$l_3^3 = P_2 l_2^2 + S_3 l_2^3$
4	—	$l_4^2 = S_2 l_3^2 + R_1 l_3^3$	$l_4^3 = P_2 l_3^2 + S_3 l_3^3$
⋮	—	⋮	⋮
y	—	$l_y^2 = S_2 l_{y-1}^2 + R_1 l_{y-1}^3$	$l_y^3 = P_2 l_{y-1}^2 + S_3 l_{y-1}^3$
⋮	—	⋮	⋮
合計	$\sum$ ステージ 1 での生存年数	$\sum$ ステージ 2 での生存年数	$\sum$ ステージ 3 での生存年数

間の齢階級全体を合わせて計算していることになる (表 6.11)．3 つのステージのそれぞれで生存年数 (l_x^i) を合計すると (表内の最後の行)，安定状態でのレフコビッチモデルの安定ステージ分布に等しくなる．

この多状態生命表の列和を合計すると，

$$\sum_{i=1} \sum_{x=0} l_x^i \tag{6.20}$$

と書き表せる．

式 (6.20) に齢・ステージ別繁殖率の項 (m_x^i) を挿入し，その結果が 1 に等しいとすると，多状態定常モデル

$$1 = \sum_{i=1} \sum_{x=0} l_x^i m_x^i \tag{6.21}$$

になる．

表 6.11 のようにレフコビッチモデルを生命表に変換する際に生じるこのモデル特有の問題としては，各ステージの生命表に齢の上限がないことが挙げられる．その結果，ある一つのステージの中では，成長や成熟に関する情報が失われてしまう．例えば，表 6.11 の生命表の中で未成熟個体のステージ (ステージ 2) に属する 2 歳や 35 歳の個体を見ると，前者は繁殖不可能であるが，35 歳の個体は繁殖能力があると思われるのに，その 2 個体は区別されずにどちらも未成熟段階に属することになる．このモデルでは，どの個体も繁殖に貢献する能力をもっているにもかかわらず，である．また，例えば，シャチのレフコビッチ行列 (図 6.8) の一年子以外のステージでは，個体が同じステージに留まる滞留確率がいくらかでもあるために，このモデルの中に終わりの齢を設けることができない．そのことは，個体が不死であるという仮定が内在し

ていることになってしまう．そのため，一年子以外のステージには，個体のある割合がずっと残り続ける．その結果，人口置換レベルや負の成長率の時に，後繁殖期の個体よりも年老いた未成熟個体や，未成熟個体よりも何十年も若い繁殖個体が存在することになる．

6.5.3 モデル特性の比較

この章では，ステージモデルの基本構造が異なる生活環を示す広範囲の生物種に対してどのように使われるのかを説明するために，動植物の個体群行列モデルが用いられてきた．レズリーモデル，レフコビッチモデルはともに，個体群成長率を求め，個体群の内部構造を評価するために用いられるが，すでに指摘したように，これら２つの個体群モデルのパラメータの求め方にはいくつか異なる点があった．しかし，第５章で解説したエルゴード性，人口モメンタムやこの章で説明した摂動解析，安定状態への収束性などのように，齢構造モデルとステージ構造モデルの両方に共通する一般的性質も存在する．ステージの数は普通は齢の数よりも少ないため，収束性に関しては，齢構造モデルよりも，ステージ構造モデルの方が速いことが知られている．ステージモデルでより速い収束性を示すのは，いろいろな状態への推移や滞留があることがその理由である．ステージモデルでは，あるステージに入った非常に若い個体でも，次の時刻にはさらに次のステージに入ることも可能である．そのため，三番目のステージが繁殖ステージであるモデル (例えば，シャチモデル) では，実際の成熟期間が 10 年を超えていても，ある新生個体が３年目に繁殖することが可能である．齢構造モデルとステージ構造モデルのもう一つの相違点としては，ステージモデルは最大の齢や死に至るステージをもたないということが挙げられる *10)．また，ステージの中に齢階級を組み入れるモデルでは，個体はあるステージに永遠に留まる可能性がある．最後に，表 6.11 のように，多状態モデルが同じ推移確率と滞留確率をもつ多状態生命表に変換された時，各齢の生残個体の数は初期のコホートサイズに依存することを述べておく．

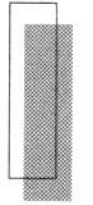

6.6 さらに学びたい方へ

この章では第５章で紹介した概念をより発展させた内容について説明してきた．そ

*10) この文章は必ずしも正しくない．一回繁殖型生物のステージモデルのように，繁殖後すぐに死に至るステージを設定することもできる．

れらの概念は，第 7 章では様々な例に応用され，さらにそれ以降の章では応用生物人口学に応用されている．植物モデル III で議論されたように，分集団をつないだ個体群の解析は第 7 章の多地域人口学 (multiregional demography) のモデルや第 9 章の標識再捕獲の概念へと拡張することができる．

ステージモデルに関するより進んだ理論について論じている重要な参考文献としては，Caswell (2001) による “*Matrix Population Models*” という本がある．この本で扱われる個体群行列モデルは，個体群や生物種を保全する際に将来の状況を予想するために頻繁に使われるようになってきた．保全分野の勉強を始めるのに適した情報源としては，Morris and Doak (2002) による “*Quantitative Conservation Biology*” という本がある．最近では，積分型予測モデル (IPM) が拡張・提案されたため，解析の中に連続形質も離散形質もともに含めることができるようになった．これらの新しいモデルの出現によって，野外の人口学的データは，どのように個体群が将来の環境変動に反応するのかに関する新しい仮説の創出や将来予想を目指した分析に使えるモデルと密接につながるようになってきた (Coulson 2012)．Griffith et al. (2016) による “Demography beyond the Population” というタイトルの論文では，最近開催されたあるシンポジウムから，人口学を生態学分野や進化学分野とつなげる 20 の論文に注目している．それらの論文には，この章に記載されている基本的な人口学ツールを新たに拡張した手法が記されている [11]．

[11] 個体群行列モデルに関して詳しく解説されている日本語の参考書としては，西村欣也『生態学のための数理的方法：考えながら学ぶ個体群生態学』(2012，文一総合出版)，大原　雅『植物生態学』(2015，海游舎)，島谷健一郎・高田壮則『個体群生態学と行列モデル―統計学がつなぐ野外調査と数理の世界―』(2022，近代科学社) などがあるので参照してほしい．

7
集団 III：安定理論の拡張

科学理論に課された務めは明らかである：それは，説明することであり，時には予測することもある．
(しかし，) 科学理論に何かを予測してほしいという要請は，新たな創造を真剣に目指すどの研究にとっても躓き(つまず)きの石であった．

Susan Gill (1986, p.21)

ロトカの連続時間モデルとレズリーの離散時間行列モデルの両方から生まれた古典的安定集団理論は，これらのモデルの考え方を様々な種類のモデルに適用するための基礎となるもので，この章ではその考え方を適用したモデルのいくつかを解説する．そうしたモデルには，オス・メスを考慮した両性モデル (two-sex model)，決定論的ではない確率論的モデル (stochastic model)，個体群をいくつかの地域に分ける多地域モデル，第 6 章で説明されていた，齢とステージの両方を考える齢・ステージモデルや個体群を階層的に考えるコロニー階層モデルなどがある．

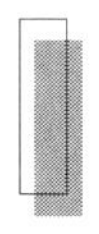

7.1 両性モデル

古典的な安定集団理論は，繁殖と死亡という 2 つの齢別スケジュールを仮定しているが，それは簡単のためにメスについてのスケジュールだけを考えているため，基本的には片方の性に関する理論である．安定集団理論で両性を考える場合は，オスの生残率，出生個体のうちのオス比率や繁殖に対するオスの貢献度合いを考慮する必要が出てくる (Pollak 1986, 1987)．ここでは，古くに考案された，両性を考慮はするが，繁殖過程については母だけが貢献している **(female dominant)** 単純な両性モデルについて紹介する (Goodman 1953, 1967) [*1]．

[*1] 人口学では，繁殖数を表す関数として，様々な関数形が考案されてきた．メス・オスの個体数をそれぞれ $n_{\rm f}$, $n_{\rm m}$ とすると，メスの個体数だけに比例している関数を使う場合 (**female dominant**) は $cn_{\rm f}$ が，メス・オス両方の個体数に依存する重み付け平均を使う場合 (weighted mean) に

7.1.1 両性モデルの基本パラメータ

オスとメスの両性を考慮したモデルの解析は，オスの誕生数・メスの誕生数や，メス個体・オス個体の生残率を記述することから始まる．まず，オス・メスそれぞれの齢 x までの生残率を l_x^{m}, l_x^{f} とする．また，メスの誕生数に対するオスの誕生数の比を s で表し，その比はメス親の齢には依存せず一定であるとする．

7.1.2 齢別性比と集団性比

オスとメスは異なる生残スケジュールをもつが，両性の個体数の増加率は同じで，r であるモデルを考える．メスの誕生数に対するオスの誕生数の比が s であるなら，齢 x での性比 (齢別性比) は，次の 2 つの式を使って表される [*2)]：

$$e^{-rx}l_x^{\mathrm{f}} = \text{安定齢集団における新生メス 1 個体に対する齢 } x \text{ のメスの数}$$

$$se^{-rx}l_x^{\mathrm{m}} = \text{安定齢集団における新生メス 1 個体に対する齢 } x \text{ のオスの数}$$

したがって，「齢 x でのメスに対するオスの比」は，

$$\frac{se^{-rx}l_x^{\mathrm{m}}}{e^{-rx}l_x^{\mathrm{f}}} \tag{7.1}$$

であり，整理すると，

$$\frac{sl_x^{\mathrm{m}}}{l_x^{\mathrm{f}}} \tag{7.2}$$

となる．

式 (7.2) からわかるように，齢 x での性比は両性の生命表と出生時の性比に依存しているが，オスとメスに共通である個体群成長率 (r) には依存しない (Keyfitz and Beekman 1984)．オスが子を産むことはないので，個体群成長率 (r) はメスのパラメータだけを用いたロトカ方程式

は，$wn_{\mathrm{f}} + (1-w)n_{\mathrm{m}}$ が提案されている．他にも様々な関数形が考案されているが，ここでは，前者の関数を使った，メスの個体数だけに依存するモデル (female dominant model) が紹介されている．

*2) 現時点での齢 x のメスの個体数を求めるために，x 年前に遡って，生まれた個体数を考えることにする．安定集団では，その x 年の間に集団の個体数も毎年の新生個体数も e^{rx} 倍に増えているので，現時点で生まれた新生個体数を b とすると，x 年前に生まれたメス数は be^{-rx} であると考えられる．それらの個体が x 年後まで生き残っている生残率を乗じることによって，現時点での齢 x の個体数，$be^{-rx}l_x^{\mathrm{f}}$ が求められる．現時点での新生メス 1 個体当たりに換算するとその答えは $e^{-rx}l_x^{\mathrm{f}}$ である．メスとオスの出生数についての仮定から，オスはその s 倍生まれ，生残率はメスとは異なり l_x^{m} であるから，現時点での新生メス 1 個体当たりのオスの個体数は，$se^{-rx}l_x^{\mathrm{m}}$ である．安定集団では，どの時点で考えても一般性を失うことなく，同様の計算が成立する．

$$\sum e^{-rx} l_x^{\mathrm{f}} m_x^{\mathrm{f}} = 1$$

から決定される．

集団性比 (intrinsic sex ratio) とは，オスとメスの子が生まれた後に，ある決まった齢別・性別生残率に従った結果生き残るであろう総メス数に対する総オス数の比のことである (Goodman 1953)．それは，指数関数で重み付けされた性別の生残率をすべての齢にわたって合計したものの比 (メスに対するオスの比) として計算される．式 (7.1) の分子と分母をそれぞれ，すべての齢にわたって合計して比を求めると，集団性比は

$$\text{集団性比} = \frac{s \sum_{x=0}^{\omega} e^{-rx} l_x^{\mathrm{m}}}{\sum_{x=0}^{\omega} e^{-rx} l_x^{\mathrm{f}}} \tag{7.3}$$

であることがわかる．

図 7.1 には，仮想的なショウジョウバエ個体群の安定齢・性別分布を示してある．個体群成長率 (r) が両性内・両性間の齢分布に与える影響について目を向けると，成長率が正である場合，成熟メスの期待寿命がオスのほぼ 2 倍であったとしても，性比

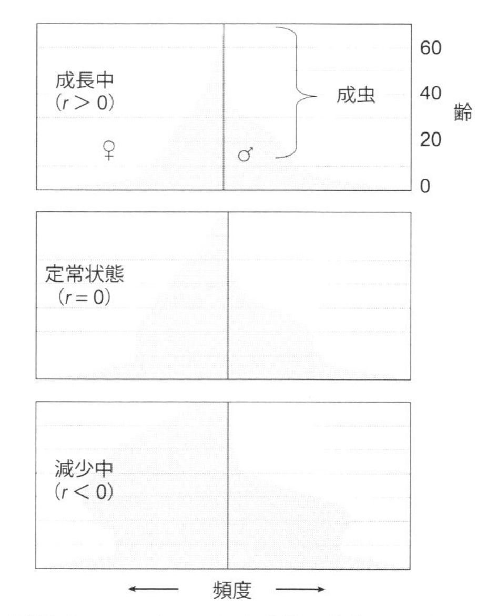

図 7.1　仮想的なショウジョウバエ個体群の齢ピラミッド (0〜70 日齢)
未成熟の時の生残率は同じであるが，成虫のオス・メスの生残率が異なり，メス，オスの羽化時の期待余命がそれぞれ 20 日，38 日になるように齢別生残率を仮定して図が作成されている．

の差はごくわずかである．定常集団 ($r=0$) の計算結果を示す図 7.1 中段の図からは，生残率の違いだけが性比に影響を与えている様子を見ることができる．

メスとオスの子の出生数の比がメス親の齢に依存する場合の性比

性比は，安定齢分布のすべての齢にわたるメスの合計に対するすべての齢のオスの合計の比として定義されているので，メスとオスの子の出生数の比がメス親の齢に依存する場合には，性比の式は

$$\mathrm{SR}=\left[\sum_{x=0}^{\omega}e^{-rx}l_x^{\mathrm{f}}m_x^{\mathrm{m}}\right]\frac{\sum_{x=0}^{\omega}e^{-rx}l_x^{\mathrm{m}}}{\sum_{x=0}^{\omega}e^{-rx}l_x^{\mathrm{f}}} \tag{7.4}$$

である [*3)]．式中にある m_x^{m} は，齢 x のメスによって産出されたオスの数を表し，産出される子の数は個体群中のメス数に依存し，オス数には依存しないという前提が置かれている．この数式は，2 つの項の積として考えると，わかりやすく直感的な解釈ができる．一つは，数式の右側，**生き残った個体 (生存)** に関する項で，オス・メスそれぞれの安定齢分布全体にわたる合計の比であり，生まれた時に 1：1 の初期性比をもつ個体群を考えた場合の性比にあたる [*4)]．もう一つの左側の項は，**繁殖に関わる項**であり，1：1 ではない初期性比が性比を歪める効果を表している．この項は，オス数で数えた齢 0 の個体の繁殖価 ($\sum e^{-rx}l_x^{\mathrm{f}}m_x^{\mathrm{m}}$) とメス数で数えた齢 0 の個体の繁殖価 ($\sum e^{-rx}l_x^{\mathrm{f}}m_x^{\mathrm{f}}$) の比であり，後者がロトカ方程式 ($\sum e^{-rx}l_x^{\mathrm{f}}m_x^{\mathrm{f}}=1$) で示されるように 1 に等しいため，この比の母数にあたる 1 は省略されている (繁殖価の公式については，第 11 章小話 83 に示されているので参照してほしい)．

この性比が個体群成長率 (r) にどのように依存しているかは，まずは，生存の効果に対する r の影響を調べるとよくわかる．例えば，$r=0$ の時は，式の右側にある生存に関する項の比はただオス・メス間の生残率の違いによって決まる．もし生残率 (l_x) が雌雄で同じであるなら，この比は 1 に等しくなる．衰退しつつある個体群 ($r<0$) では，指数項 e^{-rx} は 1 より大きく，齢 x が大きいほど大きくなるので，雌雄の生残率の違いが及ぼす影響が，特に高齢で強くなる．一方，増加しつつある個体群では，高齢の雌雄の生残率の違いの効果は弱められる．

---

*3) 式 (7.4) の大括弧の中は，式 (7.3) の右辺の s に対応する部分である．性比 s は以下のように求められる：現時点で生まれたメス・オスの数をそれぞれ $b_{\mathrm{f}}, b_{\mathrm{m}}$ とする．x 年前に生まれ現在まで生き残っている齢 x のメス数は $b_{\mathrm{f}}e^{-rx}l_x^{\mathrm{f}}$ である．各齢のメスが繁殖率 m_x^{m} でオスの子を産むのだから，現時点で生まれたオスの数 b_{m} は，$b_{\mathrm{m}}=\sum_x b_{\mathrm{f}}e^{-rx}l_x^{\mathrm{f}}m_x^{\mathrm{m}}$ であり，出生時の性比 s は，$s=b_{\mathrm{m}}/b_{\mathrm{f}}=\sum_x e^{-rx}l_x^{\mathrm{f}}m_x^{\mathrm{m}}$ となる．

*4) 式 (7.3) で $s=1$ を代入した時の集団性比に等しい．

同様に，式 (7.4) 右辺の左側の項から，オスを産出する効果についても知ることができる．その繁殖に関わる項は，「オスの繁殖率 (齢別オス産出量)」*5) とメスの生残率の積を指数関数によって重み付けした上で合計したものである．この項は，オスの子の数 (m_x^{m}) がメスの子の数 (m_x^{f}) と等しい場合には，$\sum e^{-rx} l_x^{\mathrm{f}} m_x^{\mathrm{m}} = \sum e^{-rx} l_x^{\mathrm{f}} m_x^{\mathrm{f}} = 1$ であることから，1 になる．オスとメスの子の数が異なるなら，個体群成長率がゼロである時には，この項は，メスが生涯に産むオスの子の数の期待数である (オスの子の純繁殖数 R_0^{m})．成長しつつある個体群では，この項は，指数関数 e^{-rx} の働きにより，R_0^{m} よりも小さくなり，逆に，衰退しつつある個体群では R_0^{m} よりも大きくなる．

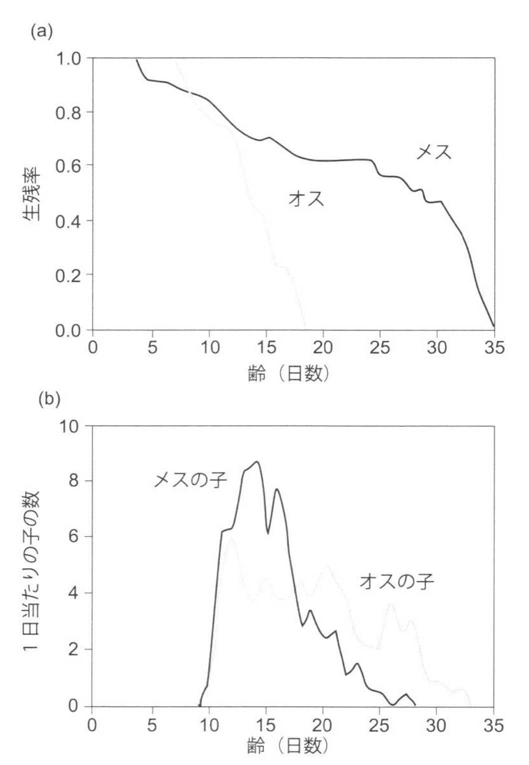

図 **7.2**　ナミハダニ (*Tetranychus urticae*) の生残曲線と繁殖率
(a) オスとメスの生残曲線 (l_x)．(b) オスとメスの子の齢別産出数 (出典：Carey and Bradley 1982)．

*5)　「オスの繁殖率」とは，オスが子を産むという意味ではなく，1 メス当たりのオスの子の産出数である．

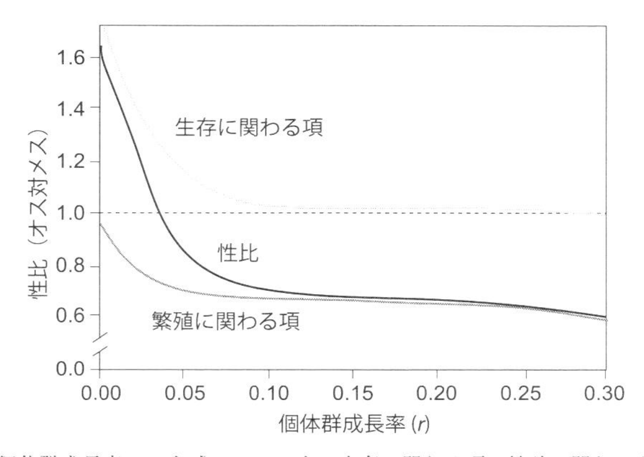

図 7.3　個体群成長率 (r) と式 (7.4) の中の生存に関わる項，繁殖に関わる項，および性比の関係

ナミハダニ ($T.urticae$) の実験データをもとにしている (出典：Carey and Bradley 1982).

このように，図 7.2 に示されるナミハダニで実際に測定された生残スケジュールや繁殖スケジュールを使うと，繁殖に関する項が個体群成長率に影響を受けていることがわかる (図 7.3)．また，総合的に見ると，性比は繁殖に関する項と生存に関する項の両方に依存し，どちらかの項だけでは予想がつかない．実際，このハダニでは，メスがオスよりもかなり長生きで，長い期間にわたってオスが産み出されているにもかかわらず (図 7.2)，性比はメスに偏っている (図 7.3)．さらに，ハダニの個体群成長率が比較的大きいことから，式 (7.4) の中の 3 つの項のそれぞれがゼロに近い値である．そのため，生存に関する項の中の分子と分母の違いや繁殖に関する項の中のオスの繁殖率の効果はとても小さくなる．以上の結果を総合して考えると，生まれた時の性比がメス親の齢に依存する場合，齢 x の性比 (齢別性比) も集団性比も個体群成長率次第であるということがわかる．ここで示された性比の個体群成長率依存性はとても重要な結果である．例えば，受精卵はメス，未受精卵はオスになるハダニのような半倍数性の生物を野外で調査した時に，性比を測定した結果がいつも異なる値になり，1：1 にならなかったとしても，個体群成長率がその生物学的な理由であるかもしれない．

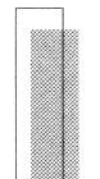

7.2　確率論的人口学

7.2.1　一般的な背景

確率論的人口学 (stochastic demography) は，繁殖率や生存率などのバイタルレー

ト (vital rate) がランダムに変動することによる影響を理論的，実験的に研究する分野である (Tuljapurkar and Orzack 1980; Tuljapurkar 1984; Pressat and Wilson 1987)．現実世界では，ヒトやヒト以外の種の個体群は偶然の作用にさらされているので，確率性 (stochasticity) が個体群動態に与える影響を理解することはとても大切である．そのため，不確実性がどのくらい出生率，死亡率や移住率に影響を与えるかを知ることは，人口学全般および具体的な人口政策 (population policy) を策定する上でも基本中の基本である．

個体群モデルに導入される確率性は，基本的に 2 種類ある．一つは，**人口学的確率性 (demographic stochasticity)** と呼ばれているもので，この確率性の考え方は，決定論的な考え方とは大きく異なる．というのも，決定論的モデル (deterministic model) では，個体群の各構成員が微小な時間間隔のたびに個体の微小なかけらを生み落とすが [*6)]，確率論的モデル (stochastic model) では，五体そろった 1 個体がある確率で生まれるからである．また，個体群の絶滅について考えても大きな違いがある．個体群の絶滅は，個体群の最後の構成員が死亡する時に起こるが，確率論的モデルでは，この最後の死は単なる偶然によるものかもしれない (Goodman 1971)．また，最後から一つ前の構成員が死んだ時に，個体群には最後の構成員が残っている状態になるが，この死もまた偶然だけに起因しているかもしれない．

人口学的確率性を考える際に最も重要な問いは，偶然性が個体数変化にどの程度大きな役割を果たすかである．個体数が少ない時には，1 個体の増減は個体群にとってかなりの影響を与えるかもしれない．1 個体は，100 あるいは 1,000 個体の個体群では小さな割合であるが，同じ 1 個体は 10 個体の個体群では，10%であり，1 個体の個体群ではすべてである．この最後の 1 個体が死ぬ時に個体群は絶滅する．そのため，個体群の個体数が少なく絶滅の可能性が高い時，人口学的確率性はとても重要である．

個体群モデルにとって重要なもう一つの確率性は**環境的確率性 (environmental stochasticity)** である．環境的確率性による変動は，厳しい冬や食物不足のような環境のランダムな変化によって，バイタルレートが外部から変化させられる時に起こる．人口学的確率性と環境的確率性の基本的な違いは，前者はバイタルレートが時間的に変動せず一定であっても生じる確率性であるのに対して，後者は時間的にバイタルレートが変動することによって引き起こされる確率性であるということである．

Cohen (1987) [*7)] は，死亡率を例に挙げて，両者の違いとその強さの違いを説明し

---

*6) ここでは，決定論的モデルとして微分方程式をイメージして，微小な時間間隔の間 (Δt) に増える微少量 (Δx) を著者がこのように表現している．

*7) Cohen, J. E. 1987. Stochastic demography. In *Encyclopedia of Statistical Sci-*

ている．例えば，個体数 N が 100 万である個体群で単位時間当たりの死亡確率 (q) が 0.002 であるとしよう．人口学的確率性の場合は，死亡過程が二項分布 (binomial distribution) に従うため，確率 q で N 回試行される場合にある事象が k 回発生する二項分布の分散の公式を使うと，単位時間間隔の間に死亡する個体数の個体群間の分散は，$Nq(1-q)$ となり，その値は $1,996$ である [*8]．しかし，q が環境変動によって平均 0.002，標準偏差 0.0001 でランダムに変動するなら，q の分散は標準偏差の二乗である 0.0001^2 であり，また 100 万個体の個体群での死亡数の期待値 Nq の分散は，$\mathrm{var}(Nq) = N^2\mathrm{var}(q) = 10000$ である [*9]．この例では，環境変動によって生まれる分散は人口学的確率性による分散の 5 倍も大きい．

次に，「人口学的確率性」と「環境的確率性」が繁殖率の分散に与える効果の違いを，以下の例で示そう．ある齢階級の繁殖率が平均 1.5 個体であったとする．しかし，動物の場合は個体単位で生まれるので，繁殖率のこの値は，例えば，親が 1 個体か 2 個体を等確率 0.5 で産んだことによって得られたのであろう．この場合には，もし繁殖個体の数が N なら，子の平均数は $1.5N$ である．各個体が独立に繁殖しているなら，子の総数の分散は各個体の子の数の分散の和である．そこで，まず，各個体から生まれる子の分散を求めると，

$$1\text{ 個体産む確率} \times (1\text{ 個体} - \text{平均})^2 + 2\text{ 個体産む確率} \times (2\text{ 個体} - \text{平均})^2$$
$$= 0.5(1-1.5)^2 + 0.5(2-1.5)^2$$

であり，子の総数の分散は，その N 倍の

$$N\left[0.5(0.5)^2 + 0.5(0.5)^2\right] = 0.25N \tag{7.5}$$

となる．これが人口学的確率性に起因する繁殖率の分散である．一方，もしすべての齢階級の繁殖数のレベルが一斉に環境の変化にともなって変化するのであれば，環境

---

ences, 8, 789–801.

*8) 例えば，2 個体だけの個体群があったとする．単位時間の間の死亡確率 q が 0.4 の場合．その個体群では次の時刻には 0.8 個体が死亡すると予想するだろう．平均の死亡数を計算すると，2 個体 $\times\, 0.4 = 0.8$ 個体になるからである．平均で考えればそうなるが，実際には 2 個体がともに生き残る確率は $(1-0.4)^2$，1 個体が死亡し，1 個体が生き残る確率は $2 \times 0.4 \times (1-0.4)$，2 個体とも死亡する確率は 0.4^2 であり，これらの確率に従って何個体が死亡するかが決まる．これらの確率は，ある事象の発生確率が 0.4 で 2 回試行される時に，その事象が 0, 1, 2 回発生する二項分布によって与えられることがわかっている．二項分布を使う考え方は，第 11 章の小話 49, 51 にも登場するので，この機会に確率論の教科書などで二項分布について勉強してほしい．

*9) q の標準偏差から分散 $\mathrm{var}(q)$ を計算する方法や N 倍された確率変数の分散を求める方法については，標準的な統計学の教科書を参照してほしい．

的確率性が生じる．例えば，繁殖率が確率 0.5 ずつの等確率で 1.0 か 2.0 であるとする．子の平均数はやはり $1.5N$ であるが，すべての個体が高低どちらかの繁殖率を経験するから，この環境的確率性に起因する分散は

$$0.5(N - 1.5N)^2 + 0.5(2N - 1.5N)^2 = 0.25N^2$$

となる．これら 2 つの分散には N 倍の違いがあるので，N が大きい場合には環境的確率性は人口学的確率性よりも非常に大きい影響を与えるということがわかる．

7.2.2　環境変動によるバイタルレートの変動

環境が時間的に変動する場合，その変動パターンによってはバイタルレート間に時間相関が生まれ，バイタルレートの分散に影響を与える．ここでは，表 7.1 で示す 2 つの齢別の繁殖スケジュールを使って，ランダムに変動する繁殖率と時間的相関がある繁殖率がその分散に与える影響を説明する．

最初の例として，繁殖スケジュールが毎年ランダムに選ばれ，そのため 2 つのスケジュール A, B が同じように起きやすいという状況を考える．その時，どのタイムステップでもそれぞれ 1/4 の確率で起こる 4 つの組み合わせが可能である．それらの繁殖率は 1 年当たりの子の数として，

〈1 歳の時にスケジュール A，2 歳の時にスケジュール A〉

$m_{1\mathrm{A}} + m_{2\mathrm{A}} =$ 1 年当たり 50 個体　　確率 1/4

〈1 歳の時にスケジュール A，2 歳の時にスケジュール B〉

$m_{1\mathrm{A}} + m_{2\mathrm{B}} =$ 1 年当たり 32 個体　　確率 1/4

〈1 歳の時にスケジュール B，2 歳の時にスケジュール A〉

$m_{1\mathrm{B}} + m_{2\mathrm{A}} =$ 1 年当たり 23 個体　　確率 1/4

〈1 歳の時にスケジュール B，2 歳の時にスケジュール B〉

$m_{1\mathrm{B}} + m_{2\mathrm{B}} =$ 1 年当たり 5 個体　　確率 1/4

となり，子の数の合計は 110 個体である．

表 7.1　2 つの仮想的な繁殖スケジュール．異なる環境変動のパターンがバイタルレートに与える影響を説明するために用意した．

齢	繁殖スケジュール A	繁殖スケジュール B
1	$m_{1\mathrm{A}}(=30)$	$m_{1\mathrm{B}}(=3)$
2	$m_{2\mathrm{A}}(=20)$	$m_{2\mathrm{B}}(=2)$

これらの仮定に従う個体群の平均繁殖率は 110/4 = 27.5 であり，その分散 (σ^2) は

$$\sigma^2 = \frac{[(50-27.5)^2+(32-27.5)^2+(23-27.5)^2+(5-27.5)^2]}{4} = 263.3$$

標準偏差 (SD) は，

$$\mathrm{SD} = \sqrt{263.3} = 16.3$$

である．

2 番目の例では，2 つの齢の繁殖率の間に時間的自己相関があり，2 つの齢階級ではともに同じスケジュールの繁殖率になり，スケジュール A, B の起こりやすさは同じで変わらないと仮定する．2 つの可能性の 1 年当たりの子の数は，

〈スケジュール A〉　$m_{1\mathrm{A}} + m_{2\mathrm{A}} = 1$ 年当たり 50 個体　　確率 1/2

〈スケジュール B〉　$m_{1\mathrm{B}} + m_{2\mathrm{B}} = 1$ 年当たり 5 個体　　確率 1/2

となり，子の数の合計は 55 個体である．

この場合の平均繁殖率も 55/2 = 27.5 であり，ランダムな場合と同じであるが，その分散は，

$$\sigma^2 = \frac{[(50-27.5)^2+(5-27.5)^2]}{2} = 506.3$$

標準偏差 (SD) は，

$$\mathrm{SD} = \sqrt{506.3} = 22.5$$

である．

一番目の例 (ランダムな場合) の分散が低い理由は，最初の時間で経験したある齢階級での高い繁殖率は，平均で考えると，他の齢階級で低い繁殖率を経験することで相殺されているからである．極端に低い繁殖率を経験するのは，わずか 25%の場合に過ぎない．対照的に，二番目の例で時間的に相関する場合には，それぞれの齢の値は一律に高いか，一律に低く，バイタルレートにおける年ごとのバラツキやすさはより大きくなる．

a. 確率的個体群成長率

上記で紹介した例から 2 つの大きな疑問が浮かぶ．一番目の疑問は，確率的に変動するバイタルレートが個体群成長率にどのような影響を与えるかである．例えば，日当たりの繁殖率で 2 倍変動すると，5 倍変動する時に比べて，個体群成長率はどう変わるのだろうか？ 二番目の疑問は，人口学的確率性のように各個体が確率的過程に従う場合と，環境的確率性のように個々のスケジュールが確率的過程に従う時では，平均の

個体群成長率はどのように違うのだろうか，である．Tuljapurkar (1990) は，個体群行列モデルの枠組みで確率的個体群成長率 (stochastic rate of population increase; r_s) を計算する公式など，これらの疑問を調べるための方法を提案した．r_s は決定論的モデルで使われる従来の個体群成長率 (r) と厳密に対応するものではない．というのも，r_s はいくつかの成長率の平均であるのに対して，従来の個体群成長率は 1 つに決まった成長率だからである．個体群行列の行列要素が確率的に変動する時の個体群成長率の平均 (r_s) の公式は，

$$r_s = r - \frac{c}{2\lambda^2} \tag{7.6}$$

である．ここで λ は，変動する個体群行列の各行列要素を時間平均したものを行列要素にもつ個体群行列の個体群成長率であり，r はその対数である．c は確率性の結果として生じる行列要素同士の相関に依存して決まる項である．行列要素が互いに独立に変化している時には，

$$c = \sum_i \sum_j \sigma^2 \left(\frac{\partial \lambda}{\partial a_{ij}} \right)^2 \tag{7.7}$$

となる．式中で，σ^2 は，各行列要素の分散であり，式 (7.7) はどの行列要素でも分散が同じであると仮定した場合の公式である．

確率的個体群成長率について 2 点言及しておきたい．一つは，式 (7.7) から c が正の値であることがわかるので，r_s の値は決して r を超えないということである．直感的な説明を与えるとすれば，変動するバイタルレートのもとでは，個体群の齢構成は新たなバイタルレートのもとで実現される安定齢構成にすぐに合わせることはできないので，個体群成長率が変化しない場合に比べて個体群は速く成長できないからである (Namboodiri and Suchindran 1987)．例えば，もし突然バイタルレートが変わったとしても，成熟した高齢個体が多いアブラムシの個体群では，主に若齢個体から構成される個体群ほど素早くは新たな安定齢構成に収束しない．もう一つは，確率的個体群成長率は，バイタルレートの分散の効果を調節する「時間」のフィルターの影響を受けていることである．例えば，個体群成長率が高齢個体の生存率の変化によってあまり影響を受けないように，個体群成長率の長時間平均も，「時間」のフィルターを通して，高齢個体の生存率の分散の影響を受けにくい．それは，高齢個体は個体群の中でほんのわずかであり，特に，継続した繁殖が見込めない生産性の低い齢階級に属するからである．

b. 強エルゴード性と弱エルゴード性

第 5 章でも説明したように，今まで紹介してきた個体群モデルは，「エルゴード性」

と呼ばれる興味深い動態特性を示すことが知られている．大きく分けて 2 種類の「エルゴード性」があり，それぞれを「強エルゴード性」「弱エルゴード性」という．ここでは，この 2 つの性質を簡単に紹介し，アブラムシのバイタルレートを使った数値計算の例で，その性質の特徴を示そう (表 7.2，図 7.4).

表 7.2 エンドウヒゲナガアブラムシの生残スケジュールと繁殖率．図 7.4 の強エルゴード性と弱エルゴード性を示す個体群の行列計算のために使用される．

齢	生残率	繁殖率					繁殖率の平均
x	l_x						
(1)	(2)	(3a)	(3b)	(3c)	(3d)	(3e)	(4)
0	1.0000	0.000	0.000	0.000	0.000	0.000	0.000
1	0.9700	0.000	0.000	0.000	0.000	0.000	0.000
2	0.9500	0.000	0.000	0.000	0.000	0.000	0.000
3	0.9000	0.000	0.000	0.000	0.000	0.000	0.000
4	0.8800	0.000	0.000	0.000	0.000	0.000	0.000
5	0.8600	0.000	0.000	0.000	0.000	0.000	0.000
6	0.8500	2.200	1.100	0.550	0.275	0.138	0.853
7	0.8200	11.800	5.900	2.950	1.475	0.738	4.573
8	0.8000	12.000	6.000	3.000	1.500	0.750	4.650
9	0.7100	11.800	5.900	2.950	1.475	0.738	4.573
10	0.6500	12.000	6.000	3.000	1.500	0.750	4.650
11	0.5000	11.800	5.900	2.950	1.475	0.738	4.573
12	0.4500	12.200	6.100	3.050	1.525	0.763	4.728
13	0.3400	11.600	5.800	2.900	1.450	0.725	4.495
14	0.3100	10.400	5.200	2.600	1.300	0.650	4.030
15	0.2800	9.600	4.800	2.400	1.200	0.600	3.720
16	0.2500	9.400	4.700	2.350	1.175	0.588	3.643
17	0.2200	8.200	4.100	2.050	1.025	0.513	3.178
18	0.1900	8.000	4.000	2.000	1.000	0.500	3.100
19	0.1400	7.700	3.850	1.925	0.963	0.481	2.984
20	0.1100	6.400	3.200	1.600	0.800	0.400	2.480
22	0.0500	4.000	2.000	1.000	0.500	0.250	1.550
21	0.0700	4.200	2.100	1.050	0.525	0.263	1.628
23	0.0300	3.600	1.800	0.900	0.450	0.225	1.395
24	0.0150	2.200	1.100	0.550	0.275	0.138	0.853
25	0.0060	1.900	0.950	0.475	0.238	0.119	0.736
26	0.0018	1.000	0.500	0.250	0.125	0.063	0.388
27	0.0004	0.840	0.420	0.210	0.105	0.053	0.326
28	0.0000	0.780	0.390	0.195	0.098	0.049	0.302
	12.4	163.62	81.81	40.91	20.45	10.23	63.40

注：列 2 と列 3a の値は Frazer (1972) 自身によって観察されたデータを用いている．列 3b〜3e の齢別繁殖率は，順次，前の列の半分になっている．そのため，繁殖率は，列 3a〜3e までそれぞれ，列 3a の 1.00, 0.500, 0.25, 0.125, 0.0625 倍となっている．

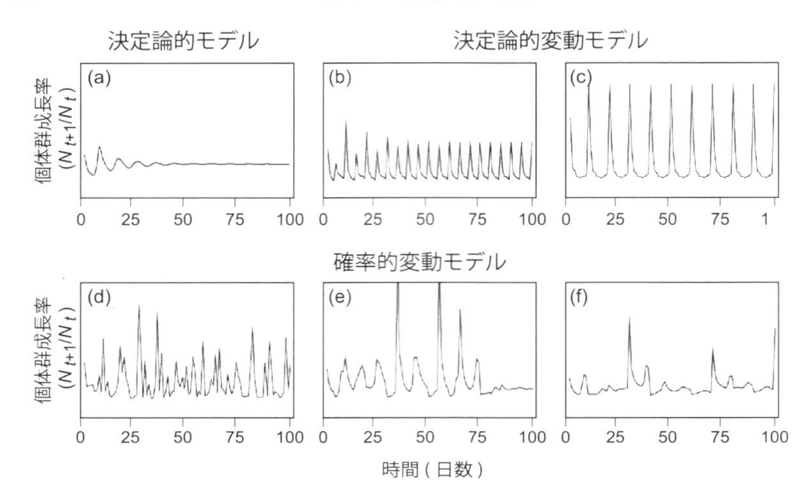

図 **7.4**　アブラムシ個体群の行列計算から求められた個体群成長率

生存率は時間的に変動せず一定であるという条件のもとで，(a) 以外は，繁殖率を決定論的に変動させるか，確率的に変動させる (表 7.2 を参照のこと)．どのパネルも繁殖率の平均が同じになるように設定され，最大の繁殖率の 100%，50%，25%，12.5%，6.25%である 5 つの繁殖スケジュール群 (3a, 3b, 3c, 3d, 3e) の中からそれぞれを等確率で選んで使っている．(b) 最高から最低まで 5 日ごとに順に発生させた場合 (表 7.2 内の繁殖スケジュールの順番が 3a–3b–3c–3d–3e)．(c) 5 つの繁殖スケジュールを 2 日ずつ発生させた場合 (繁殖スケジュールの順番が 3a–3a–3b–3b $\cdots$ 3e–3e)．(a) に示される強エルゴード性と (b)〜(f) に示される弱エルゴード性はそれぞれ，決定論的モデルと確率的変動モデルの特徴である．

一般に，個体群モデルには，確率的に時間変動するバイタルレートを組み込むこともできれば，ある決まったルールで時間変動するバイタルレートを組み込むこともできる．決定論的で，バイタルレートが全く変動しない個体群モデルの場合，特に際立つ個体群動態の特徴は，過去を「忘れ」，動態がどんな齢／ステージの初期分布から始まっても時間が経過するとある決まった齢／ステージ構成や個体群成長率に収束することである．この性質を強エルゴード性 (**strong ergodicity**；**初期状態非依存性**) と呼ぶ [*10]．一方，変動するバイタルレートを用いる個体群モデルでは，やはり過去を「忘れ」はするが，ある決まった個体群成長率や齢／ステージ構成に収束することはない．この性質を弱エルゴード性 (**weak ergodicity**) と呼ぶ．確率的に，あるいは決められたルールで変化するバイタルレートを組み入れた場合の弱エルゴード性は，

[*10] 5.2 節で説明したように，この強エルゴード性が人口学における「安定集団理論」の礎石になっている．

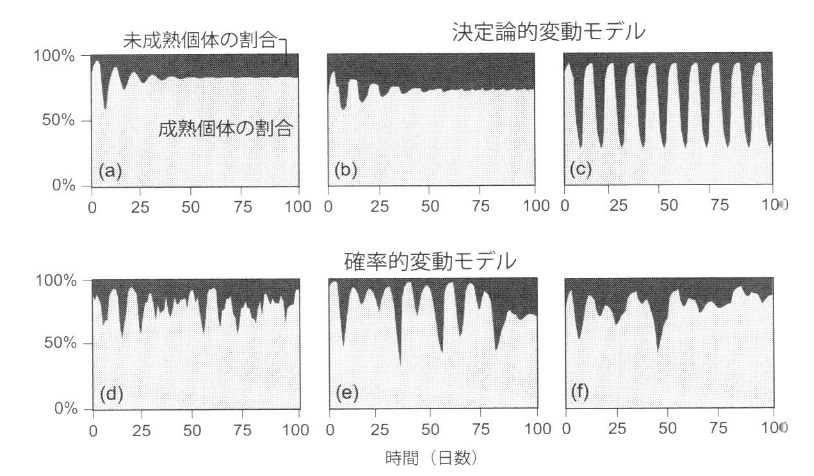

図 **7.5** アブラムシ個体群の行列計算から求められたステージ構成
生存率は時間的に変動せず一定であるという条件のもとで，(a) 以外は，繁殖率を決定論的に変動させるか，確率的に変動させる (図 7.4 の説明を参照のこと)．ステージ構成の時間変化に対応する各時刻の成長率は図 7.4 に示されている．

それぞれ，弱確率的エルゴード性 (**weak stochastic ergodicity**)，弱決定論的エルゴード性 (**weak deterministic ergodicity**) と呼ばれる．弱確率的エルゴード性の場合には，ある 2 つの個体群のバイタルレートは同一のバイタルレート候補から選ばれるが (表 7.2 の繁殖率を参照のこと)，ランダムに選ばれて変動するため，個体群の動態パターンを比較すると違いがある．しかし，長期で見ると個体群成長と齢構成は似たようなパターンを示す (図 7.4, 7.5 のパネル (d)〜(f))．このエルゴード性のキーワードは「長期」であり，バイタルレートが確率的に変動するため，ある短期間の動態パターンを見てみると 2 つの個体群で似たような傾向は見出されない．一方，弱決定論的エルゴード性の場合には，2 つの個体群のバイタルレートは，複数のバイタルレートが決まった順番で選ばれて変動するため (図 7.4(b), (c) の繁殖率の変動ルールを参照のこと)，初期の齢／ステージ分布の違いがあっても，時間が経過すれば齢構成は同じように変動し，個体群成長率も同じように変動する．このエルゴード性の場合，キーワードは「同じように変動する」である．つまり，個体群成長率や齢構成の動態は決定論的に変動するバイタルレートに従っているため，時間が経過すると個体群成長率や齢構成の変化は似たものになる．

表 7.2 に掲載したアブラムシのバイタルレートを用いてシミュレーションを行った結果をもとに，上記で述べた動態パターンやその性質について説明しよう．具体的に

計算した図 7.4, 7.5 の図には 2 つの重要なパターンがはっきりと現れている．まず，決定論的変動の場合 (図のパネル (b), (c)) も確率的変動の場合 ((d)∼(f)) も，高い値をもつ繁殖スケジュールへのシフトが突然起こると，それまでの低い個体群成長率のために成熟個体が多い方へとかたよっていた齢構成の個体群が急に高い増加率を示すことがある．例えば，図 7.4(c) に見られるように，個体群成長率が急激に増加するのは，繁殖率がとても低い時期が続いた直後に高い繁殖率になった場合である．また，図 7.4(a)〜(c) に示されている個体群成長率の急激な上昇は，低い成長率の時期が続き，個体群中に成熟個体の割合が多くなった直後に出現している (図 7.5(a)〜(c))．

これらの計算結果からもう一つ重要なことがわかる．それは，2 つの個体群が同じ繁殖スケジュールに従っていたとしても，繁殖率を決定論的に変動させた時の周期の長さが，個体群成長率や齢構成の変動に大きな影響を与えていることである (図 7.4(b), (c) と図 7.5(b), (c) を参照)．例えば，図 7.4(b) と図 7.5(b) に描かれている個体群シミュレーションで使われた繁殖スケジュールは，最高から最低まで 1 日ずつ 5 日間発生させている (表 7.2 内の繁殖スケジュールの順番は 3a–3b–3c–3d–3e)．対照的に，図 7.4(c) と図 7.5(c) に描かれている個体群成長率と齢構成は，表 7.2 の 3a から 3e の繁殖スケジュールを 2 日ずつ使っている 10 日間の繁殖スケジュールによる結果である (繁殖スケジュールの順番は 3a–3a–3b–3b $\cdots$ 3e–3e)．短い繁殖スケジュール周期を使った個体群では，未成熟個体の割合は 25%くらいで比較的安定しているのに対して，長い周期を使った個体群では，未成熟個体の割合はおよそ 10%から 70%以上に至るまで変動している．

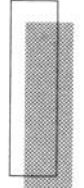

7.3 多地域人口学

Rogers (1984, 1995) は，集団の時間変化や空間的な違いを数学的に記述する人口学の一分野，多地域数理人口学の草分けであると考えられている．人口学の一分野であるこの分野は，多地域人口学 (multiregional demography) と呼ばれる．異なる地域の人々は異なる地域集団，すなわち異なる「状態」に属し，各集団の人々は集団間を「自由に」行き来できる状況を考える．Rogers は，出生率，死亡率，地域間の移住率を固定した場合，それぞれの地域 (状態) は最終的には総人口の中の各地域の専有分を占め，時間的に変化しない地域別齢分布と個体群成長率に収束するので，齢の推移を扱う人口学の概念を「複数の状態」を扱う人口学に一般化することは比較的容易であることを示した (Willekens 2003)．多地域人口学における研究の多くは，第 6 章で説明した分集団モデルや，第 9 章で説明する複数状態がある場合の標識再捕獲法

(mark-recapture model) と直接つながっている．この節では，多地域人口学の考え方を説明する 3 つの基本的な二地域モデルを紹介する．最初の 2 つの二地域モデルでは住民の年齢構成は考慮しない．一番目のモデルは，各地域の個体が土地の人か移住者であるかを区別せずに，現在住んでいる地域によって個体を区分けするモデルであり，二番目のモデルは，ある地域の個体が土地の人か移住者であるかを区別して個体を区分けするモデルである．三番目のモデルでは，個体の齢構成も居住地もともにモデルの構造に組み込まれている．

7.3.1 居住者の出生地を区別しないモデル

移住を考慮した最も簡単な集団モデルは，2 つの分集団から構成され，それぞれの分集団で齢構成を考慮しないモデルである (Rogers 1984)．$o_{\mathrm{A}}, o_{\mathrm{B}}$ をそれぞれ，地域 A, B での 1 人当たりの移出率とし，$b_{\mathrm{A}}, d_{\mathrm{A}}$ をそれぞれ，地域 A での 1 人当たりの出生率と死亡率，$b_{\mathrm{B}}, d_{\mathrm{B}}$ を地域 B での 1 人当たりの出生率と死亡率とする．

1 タイムステップの間に，2 つの地域では表 7.3 に示される出生・死亡・移動があったとすると，例えば，地域 A では，1 個体当たりの出生率は 0.20，死亡率は 0.05，移出率は 0.3 である (表 7.4)．時刻 $t+1$ における二地域それぞれの個体数，$N_{t+1,\mathrm{A}}$，$N_{t+1,\mathrm{B}}$ を求める数式は，

$$N_{t+1,\mathrm{A}} = N_{t,\mathrm{A}}\left(1 + b_{\mathrm{A}} - d_{\mathrm{A}} - o_{\mathrm{A}}\right) + o_{\mathrm{B}} N_{t,\mathrm{B}} \tag{7.8}$$

$$N_{t+1,\mathrm{B}} = N_{t,\mathrm{B}}\left(1 + b_{\mathrm{B}} - d_{\mathrm{B}} - o_{\mathrm{B}}\right) + o_{\mathrm{A}} N_{t,\mathrm{A}} \tag{7.9}$$

である．

これらの数式は，時刻 $t+1$ での集団サイズは，各地域での出生による増加，死亡に

表 7.3 二地域集団モデルの出生，死亡，移住に関する仮想的なデータ

				移住数	
地域	初期個体数	出生数	死亡数	移入数	移出数
A	1,000	200	50	100	300
B	1,000	100	20	300	100
合計	2,000				

表 7.4 1 個体当たりの出生率，死亡率，移出率

地域 A	地域 B
$b_{\mathrm{A}} = 200/1000 = 0.20$	$b_{\mathrm{B}} = 100/1000 = 0.10$
$d_{\mathrm{A}} = 50/1000 = 0.05$	$d_{\mathrm{B}} = 20/1000 = 0.02$
$o_{\mathrm{A}} = 300/1000 = 0.30$	$o_{\mathrm{B}} = 100/1000 = 0.10$

注：表 7.3 で示された仮想データをもとに計算されている．

表 7.5　多地域モデルにおけるパラメータ (表 7.4) を用いた二地域集団の動態計算の結果

時刻	個体数			集団成長率	構成割合	
T	N_A	N_B	合計	λ	$\%N_A$	$\%N_B$
(1)	(2)	(3)	(4)	(5)	(6)	(7)
0	99	1	100	1.15	99.0	1.0
1	84	31	115	1.13	73.3	26.7
2	75	55	130	1.12	57.4	42.6
3	69	77	146	1.11	47.4	52.6
4	66	96	162	1.11	40.9	59.1
5	66	114	180	1.11	36.7	63.3
6	67	131	199	1.10	33.9	66.1
7	70	149	219	1.10	32.1	67.9
8	75	167	242	1.10	30.9	69.1
9	80	186	266	1.10	30.1	69.9
10	87	207	293	1.10	29.6	70.4
11	94	228	323	1.10	29.3	70.7
12	103	252	355	1.10	29.0	71.0

よる減少，各地域からの移出による減少，および他地域からの移入による増加の結果であることを表現している．モデルを時刻 $t = 12$ まで繰り返し計算した結果は表 7.5 のようになる．

表 7.5 を見ると，全集団の中での各地域の居住者の割合は，それぞれ地域 A, B で 29%，71%あたりで安定している．また，全集団の成長率は一定の値，$\lambda = 1.1$ に近づく．全集団の成長率は，二地域のそれぞれで時間が十分経過した後に実現される成長率でもある．この簡単な二地域集団モデル (two-region population model) を使うことによって，時間が経過するとともに，地域 A では 29%，地域 B では 71%という，ある決まった**地域専有率 (regional share)** に収束し，集団成長率は各時間間隔で 1.1 倍という一定の値に収束することがわかる．

7.3.2　移住者の出生地 (birth origin) を区別するモデル

前のモデルでは，個体がどの地域で生まれたかを不問にして，2 つの地域のそれぞれの個体数だけを考えていた．しかし，ある地域の個体を土地の人か移住者であるかで分けると，前のモデルを変更する必要が生じる．上付きの文字は出生地域を表すことにして，地域 B で生まれた個体のうち，時刻 t の時点で地域 A にいる個体の数を $N^{B}_{A,t}$ で表すことにする．他の $N^{A}_{A,t}$, $N^{A}_{B,t}$ や $N^{B}_{B,t}$ も同様である．地域 A で生まれた個体のうち，時刻 $t+1$ の時点で地域 A にいる個体の数 $N^{A}_{A,t+1}$ を漏れのないように数式で表すために，以下の 3 つに分けて考えることにする．

(1) **個体の純増数．** これは，新たに生まれる子供も含めて，地域 A で生まれ時刻 t で地域 A に居住する人による出生，死亡，移出からカウントされる数で，

$$N_{A,t}^{A}(1+b_A-d_A-o_A) \tag{7.10}$$

のように表される．

(2) **地域 B で生まれ，時刻 t で地域 A に住む人による出生の純増数．** これは

$$b_A N_{A,t}^{B} \tag{7.11}$$

で表される．この出生数は，地域 A で生まれているので，$N_{A,t+1}^{A}$ の中にカウントされる．

(3) **時刻 t では地域 B に居住するが，地域 A で生まれていて，地域 B から戻ってきた人の数．** これは

$$o_B N_{B,t}^{A} \tag{7.12}$$

で表される．

以上のことから，地域 A で生まれた人で時刻 $t+1$ の時点で地域 A にいる個体の数は

$$N_{A,t+1}^{A} = N_{A,t}^{A}(1+b_A-d_A-o_A)+b_A N_{A,t}^{B}+o_B N_{B,t}^{A} \tag{7.13}$$

である．

また，地域 B で生まれ時刻 $t+1$ の時点で地域 A にいる個体の数は

$$N_{A,t+1}^{B} = N_{A,t}^{B}(1-d_A-o_A)+o_B N_{B,t}^{B} \tag{7.14}$$

によって与えられる．

地域 B で生まれて時刻 t で地域 A に居住する移入者による新たな出生は，すでに式 (7.11) でカウントされているので，この式には出生の項が含まれない．同様に，時刻 $t+1$ の時点で地域 B にいる個体の数に関する数式は

$$N_{B,t+1}^{B} = N_{B,t}^{B}(1+b_B-d_B-o_B)+b_B N_{B,t}^{A}+o_A N_{A,t}^{B} \tag{7.15}$$

$$N_{B,t+1}^{A} = N_{B,t}^{A}(1-d_B-o_B)+o_A N_{A,t}^{A} \tag{7.16}$$

となる．行列の形式では，これらの式は，

$$\begin{pmatrix} N_{\mathrm{A},t+1}^{\mathrm{A}} \\ N_{\mathrm{A},t+1}^{\mathrm{B}} \\ N_{\mathrm{B},t+1}^{\mathrm{A}} \\ N_{\mathrm{B},t+1}^{\mathrm{B}} \end{pmatrix} = \begin{pmatrix} a_{11} & a_{12} & a_{13} & 0 \\ 0 & a_{22} & 0 & a_{24} \\ a_{31} & 0 & a_{33} & 0 \\ 0 & a_{42} & a_{43} & a_{44} \end{pmatrix} \begin{pmatrix} N_{\mathrm{A},t}^{\mathrm{A}} \\ N_{\mathrm{A},t}^{\mathrm{B}} \\ N_{\mathrm{B},t}^{\mathrm{A}} \\ N_{\mathrm{B},t}^{\mathrm{B}} \end{pmatrix} \tag{7.17}$$

となる．式の中で，

$$\begin{aligned} &a_{11} = 1 + b_{\mathrm{A}} - d_{\mathrm{A}} - o_{\mathrm{A}}, \quad a_{12} = b_{\mathrm{A}}, \quad a_{13} = o_{\mathrm{B}}, \quad a_{14} = 0 \\ &a_{21} = 0, \quad a_{22} = 1 - d_{\mathrm{A}} - o_{\mathrm{A}}, \quad a_{23} = 0, \quad a_{24} = o_{\mathrm{B}} \\ &a_{31} = o_{\mathrm{A}}, \quad a_{32} = 0, \quad a_{33} = 1 - d_{\mathrm{B}} - o_{\mathrm{B}}, \quad a_{34} = 0 \\ &a_{41} = 0, \quad a_{42} = o_{\mathrm{A}}, \quad a_{43} = b_{\mathrm{B}}, \quad a_{44} = 1 + b_{\mathrm{B}} - d_{\mathrm{B}} - o_{\mathrm{B}} \end{aligned}$$

である．

表 7.6 には，集団を出生地によって分けなかった一番目のモデルで使った 6 種類のパラメータを含む行列計算の例が示されている．一番目のモデルの結果 (表 7.5) と同様に，二番目のモデルでは，各地域の集団全体の中の割合は時間の経過とともに安定する．すなわち，**固定地域専有率**が存在し，各地域の集団全体はそれぞれ 50%である．一番目のモデルにはなかった二番目のモデルに見られる特徴として，時間が経過すると**出生地別専有率**も安定になることが挙げられる．例えば，地域 A では 21%が地域 A 出身で，29%が地域 B 出身の出生地別専有率である．また，安定した集団成長率も存在し，地域 A, B を合わせた全集団の成長率は 1.13 という一定の値に近づく．全集団の成長率は，時間の十分な経過とともに実現される各地域の成長率でもある．

7.3.3 齢構造・地域をともに組み入れた個体群行列モデル

三番目のモデルとして，齢も地域もともにモデルの構造に組み込んだ数理モデルについて説明しよう．齢構成をもつ二地域集団の間の移住行列でよく見られる行列要素の配置パターンは，行列の 1 行目と副対角要素にゼロではない値があるレズリー行列に似ている．しかし，以下の式で示されているように，この行列では，レズリー行列の配置のそれぞれの部分は，地域内・地域間の出生を表す 2 行 2 列のブロック行列と地域内の生存と地域間の移動を表す 2 行 2 列のブロック行列になっている．例えば，二地域・四齢階級集団の行列モデルは，

表 **7.6** 出生地によって分けられた多地域人口モデルの計算結果

時刻 t	地域 A の個体数			地域 A の割合		地域 B の個体数			地域 B の割合		総個体数	集団成長率
	A 出身	B 出身	計	A 出身	B 出身	B 出身	A 出身	計	B 出身	A 出身		λ
0	10.0	10.0	20.0	0.2500	0.2500	10.0	10.0	20.0	0.2500	0.2500	40.0	0.92
1	11.5	7.5	19.0	0.3026	0.1974	3.0	14.8	17.8	0.0843	0.4157	36.8	1.08
2	11.6	6.4	17.9	0.3228	0.1772	3.5	18.5	22.0	0.0785	0.4215	39.9	1.08
3	11.5	6.0	17.4	0.3284	0.1716	3.5	22.3	25.7	0.0675	0.4325	43.2	1.09
4	11.3	6.1	17.4	0.3242	0.1758	3.4	26.2	29.6	0.0580	0.4420	47.0	1.10
5	11.2	6.6	17.8	0.3142	0.1858	3.4	30.5	33.9	0.0500	0.4500	51.6	1.10
6	11.1	7.3	18.5	0.3015	0.1985	3.3	35.2	38.6	0.0434	0.4566	57.0	1.11
7	11.3	8.3	19.6	0.2881	0.2119	3.3	40.6	43.9	0.0380	0.4620	63.5	1.12
8	11.6	9.4	21.0	0.2753	0.2247	3.4	46.6	50.0	0.0338	0.4662	71.0	1.12
9	12.1	10.8	22.9	0.2638	0.2362	3.5	53.5	57.0	0.0304	0.4696	79.9	1.13
10	12.8	12.4	25.1	0.2538	0.2462	3.6	61.4	65.0	0.0278	0.4722	90.2	—
安定人口構成				0.2135	0.2865				0.0190	0.4810		

$$
\begin{pmatrix} N_{\mathrm{A},t+1}(0) \\ N_{\mathrm{B},t+1}(0) \\ N_{\mathrm{A},t+1}(1) \\ N_{\mathrm{B},t+1}(1) \\ N_{\mathrm{A},t+1}(2) \\ N_{\mathrm{B},t+1}(2) \\ N_{\mathrm{A},t+1}(3) \\ N_{\mathrm{B},t+1}(3) \end{pmatrix}
= \left(\begin{array}{cccc|cccc}
0 & 0 & b_{\mathrm{A}}^{\mathrm{A}}(1) & b_{\mathrm{A}}^{\mathrm{B}}(1) & b_{\mathrm{A}}^{\mathrm{A}}(2) & b_{\mathrm{A}}^{\mathrm{B}}(2) & b_{\mathrm{A}}^{\mathrm{A}}(3) & b_{\mathrm{A}}^{\mathrm{B}}(3) \\
0 & 0 & b_{\mathrm{B}}^{\mathrm{A}}(1) & b_{\mathrm{B}}^{\mathrm{B}}(1) & b_{\mathrm{B}}^{\mathrm{A}}(2) & b_{\mathrm{B}}^{\mathrm{B}}(2) & b_{\mathrm{B}}^{\mathrm{A}}(3) & b_{\mathrm{B}}^{\mathrm{B}}(3) \\
s_{\mathrm{A}}^{\mathrm{A}}(1) & s_{\mathrm{A}}^{\mathrm{B}}(1) & 0 & 0 & 0 & 0 & 0 & 0 \\
s_{\mathrm{B}}^{\mathrm{A}}(1) & s_{\mathrm{B}}^{\mathrm{B}}(1) & 0 & 0 & 0 & 0 & 0 & 0 \\
\hline
0 & 0 & s_{\mathrm{A}}^{\mathrm{A}}(1) & s_{\mathrm{A}}^{\mathrm{B}}(1) & 0 & 0 & 0 & 0 \\
0 & 0 & s_{\mathrm{B}}^{\mathrm{A}}(1) & s_{\mathrm{B}}^{\mathrm{B}}(1) & 0 & 0 & 0 & 0 \\
0 & 0 & 0 & 0 & s_{\mathrm{A}}^{\mathrm{A}}(2) & s_{\mathrm{A}}^{\mathrm{B}}(2) & 0 & 0 \\
0 & 0 & 0 & 0 & s_{\mathrm{B}}^{\mathrm{A}}(2) & s_{\mathrm{B}}^{\mathrm{B}}(2) & 0 & 0
\end{array}\right)
\begin{pmatrix} N_{\mathrm{A},t}(0) \\ N_{\mathrm{B},t}(0) \\ N_{\mathrm{A},t}(1) \\ N_{\mathrm{B},t}(1) \\ N_{\mathrm{A},t}(2) \\ N_{\mathrm{B},t}(2) \\ N_{\mathrm{A},t}(3) \\ N_{\mathrm{B},t}(3) \end{pmatrix}
$$

として与えられる．$N_{\mathrm{A},t}(x)$ と $N_{\mathrm{B},t}(x)$ は，それぞれ時刻 t で地域 A，地域 B に居住する齢 x の個体の数を表す．出生の要素にあたる上部の行の記号の意味を説明すると，

$b_{\mathrm{A}}^{\mathrm{A}}(x) =$ 地域 A の齢 x の個体から生まれた子のうち地域 A に留まるものの数

$b_{\mathrm{B}}^{\mathrm{A}}(x) =$ 地域 A の齢 x の個体から生まれた子のうち地域 B に移動するものの数

$b_{\mathrm{A}}^{\mathrm{B}}(x) =$ 地域 B の齢 x の個体から生まれた子のうち地域 A に移動するものの数

$b_{\mathrm{B}}^{\mathrm{B}}(x) =$ 地域 B の齢 x の個体から生まれた子のうち地域 B に留まるものの数

である．また，副対角要素に配置されている記号は，

$s_{\mathrm{A}}^{\mathrm{A}}(x) =$ 地域 A の中に留まる齢 x の個体が生き残る確率

$s_{\mathrm{B}}^{\mathrm{A}}(x) =$ 地域 A から地域 B に移動する齢 x の個体が生き残る確率

$s_{\mathrm{A}}^{\mathrm{B}}(x) =$ 地域 B から地域 A に移動する齢 x の個体が生き残る確率

$s_{\mathrm{B}}^{\mathrm{B}}(x) =$ 地域 B の中に留まる齢 x の個体が生き残る確率

を表している．

表 7.7 には，時刻 $t = 0$ から $t = 5$ まで二地域集団の動態を計算した結果が示されている．その動態計算には以下の行列が使われた：

表 **7.7**　二地域間の移動のある行列モデルを使った繰り返し計算の結果

	地域 A の齢別個体数					地域 B の齢別個体数					
時刻	0	1	2	3	計	0	1	2	3	計	総計
0	1	1	1	1	4	1	1	1	1	4	8
1	12	1	1	1	15	6	1	1	1	9	24
2	12	11	1	1	25	6	8	1	1	16	41
3	46	11	10	1	68	23	8	9	1	41	109
4	81	42	10	10	144	40	31	9	9	90	233
5	224	74	40	10	348	112	54	35	9	210	558

注：すべての数値は整数になるように四捨五入されている.

$$M = \begin{pmatrix} 0 & 0 & 2 & 2 & 2 & 2 & 2 & 2 \\ 0 & 0 & 1 & 1 & 1 & 1 & 1 & 1 \\ 0.83 & 0.17 & 0 & 0 & 0 & 0 & 0 & 0 \\ 0.33 & 0.67 & 0 & 0 & 0 & 0 & 0 & 0 \\ 0 & 0 & 0.83 & 0.17 & 0 & 0 & 0 & 0 \\ 0 & 0 & 0.33 & 0.67 & 0 & 0 & 0 & 0 \\ 0 & 0 & 0 & 0 & 0.83 & 0.17 & 0 & 0 \\ 0 & 0 & 0 & 0 & 0.33 & 0.67 & 0 & 0 \end{pmatrix}$$

$t = 0$ の時，各地域・各齢の個体数が 1 個体ずつであるという初期条件から始めて，$t = 1$ から $t = 5$ まで計算した結果が，表 7.7 に示されている．その結果を見ると，安定集団理論で示されていた特性が現れ，齢・地域分布は $t = 5$ で，地域 A の全居住者については $348/558 = 62\%$，地域 B では $210/558 = 38\%$ に達し，以下で示す正確な安定齢・地域分布に近づいている．また，各地域での集団成長の効果が移住の効果を上回っている．例えば，地域 A から B への比較的大きな移住率 (行列の 4 行 1 列目など) の効果は全体の集団成長の効果の中に埋もれてしまっているように見える．

表 7.7 に示されている時刻 $t = 1$ の $N_{\mathrm{A},1}(x)$ と $N_{\mathrm{B},1}(x)$ を求める計算例を以下に示した：

$$N_{\mathrm{A},1}(0) = 0\times1+0\times1+2\times1+2\times1+2\times1+2\times1+2\times1+2\times1 = 12$$

$$N_{\mathrm{B},1}(0) = 0\times1+0\times1+1\times1+1\times1+1\times1+1\times1+1\times1+1\times1 = 6$$

$$N_{\mathrm{A},1}(1) = 0.83\times1+0.17\times1+0\times1+0\times1+0\times1+0\times1+0\times1+0\times1 = 1$$

$$N_{\mathrm{B},1}(1) = 0.33\times1+0.67\times1+0\times1+0\times1+0\times1+0\times1+0\times1+0\times1 = 1$$

$$N_{\mathrm{A},1}(2) = 0\times1+0\times1+0.83\times1+0.17\times1+0\times1+0\times1+0\times1+0\times1 = 1$$

$$N_{\mathrm{B},1}(2) = 0\times1+0\times1+0.33\times1+0.67\times1+0\times1+0\times1+0\times1+0\times1 = 1$$

$$N_{\mathrm{A},1}(3) = 0\times1+0\times1+0\times1+0\times1+0.83\times1+0.17\times1+0\times1+0\times1 = 1$$

$$N_{\mathrm{B},1}(3) = 0\times1+0\times1+0\times1+0\times1+0.33\times1+0.67\times1+0\times1+0\times1 = 1$$

この結果を足し合わせた時刻 $t=1$ での総数は 24 個体であり，時刻 $t=0$ から $t=1$ の集団の成長率は $24/8=3$ 倍で，地域 A, B それぞれの個体数は 15 (62.5%) と 9 (37.5%) である．時間が十分経過した時のこの二地域集団の安定齢・地域分布は，齢 0, 1, 2, 3 に対して，地域 A ではそれぞれ 37.9%，15.2%，6.3%，2.7% (その総和は 62.1%) であり，地域 B では，18.9%，11.1%，5.4%，2.5% (その総和は 37.9%) である．この二地域集団の安定成長率は $\lambda=2.28$ である．第 6 章で学んだように，安定齢・地域分布と安定成長率は，それぞれ行列 $\mathbf{M}$ の右固有ベクトルと最大固有値によって求められることを思い出してほしい．

移住モデルに齢構造を付け加えたことによって，移住する時期と，移住者による出生や移住者の死亡を介した移住の効果が現れる時期に「遅れ (lag)」が生まれる．Keyfitz (1985) は，この「遅れ」の効果を，それぞれの部屋の中の空気はよく混じり合うのに，部屋間の循環がほとんどない建物のようである，と例えている．この例えから考えると，空気が循環する 2 つの部屋があって，何らかの攪乱によって 1 つの部屋である変化が起こった時，その後その部屋の中では素早く安定状態に落ち着くが，隣の部屋では元の攪乱の効果が消えて落ち着くまで時間がかかる，と予想される．

7.3.4　3 つのモデルの比較

ここまで紹介した 3 つの多地域モデルによる集団構成について，適当なパラメータ値を設定して比べてみる．齢構造がない時には (図 7.6(a) と (b))，各地域の集団構成は一定の割合へ単調に収束することがわかる．図 7.6(a) のモデルでは，出生地によって地域内集団を分けていないが，図 7.6(b) では，地域ごとに出生地によって集団を分けているという違いがある．しかし，単調収束性についてはこの 2 つのモデルで違いがない．モデルに齢構造が付け加えられると (図 7.6(c))，集団が安定な齢・地域分布に収束する途中で，齢構造があることによって生じる「遅れ」のために，人口動態に振動が起きる．これらのグラフは，2 つだけの地域からなる最も簡単な多地域モデルの結果を示しているが，新しい地域が 1 つ付け加わるたびに結果の複雑さが飛躍的に増加し，将来予測が難しくなると推察される．その難しさが，多地域モデルを使った人口解析が通常は閉鎖集団 (closed population) に限られている理由だろう．

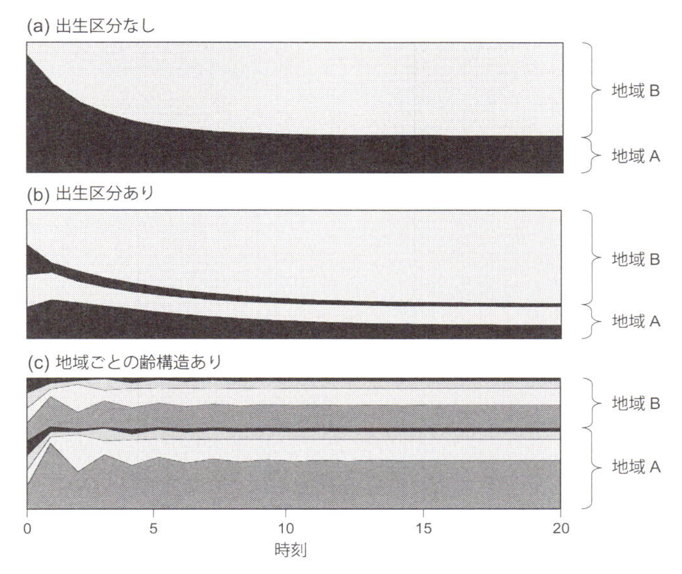

図 **7.6**　この節で扱われた 3 つの多地域モデルにおける齢・地域構成の比較

7.4　階層構造個体群の人口学

7.4.1　背　　景

生物のシステムでは，階層的な構造を示すことがよくある．例えば，個体と繁殖ユニットという 2 つの階層があって，個体は繁殖ユニットの一員であり，繁殖ユニットはそれ自体の成長サイクルをもちながら，あたかも 1 つの生命体であるかのように，存続 (生存) あるいは消滅 (死亡) し，新しい繁殖ユニットを生産する能力を有している場合がある (Al-Khafaji et al. 2008)．その好例はアリやハチのような真社会性 (eusociality) を示す昆虫社会であるが，サンゴや大型藻類のようなモジュール型生物，初期の人類集団，メタ個体群，宿主–寄生者 (host-parasite) 関係，内部共生体 (endosymbiont) とその宿主，多数種の集合体など，他の多くの例においても階層構造 (hierarchical structure) は重要な性質である．階層構造をもつ個体群を詳しく見てみると本当に様々な場合があるが，本質的に重要な共通性は，個体群全体の動態が下部構造であるユニットの生存と繁殖に依存していて，ユニットレベルの動態のある部分は繁殖ユニット内部の個体の動態によって決定されていることである．例えば，個体群の増加率の違いが，ユニット内の個体の出生率や死亡率の違いによって引き起こされる場合もあるが，繁殖開始までの時間のようなユニットの成長に関するパラメータの違いによって引き起こされる場合がある．個体レベルのバイタルレートやユニットレベルの性質を個体群成長と結びつけるためには，繁殖ユニット内での個体という階層と個体群内の繁殖ユニットという階層の双方を明示的に組み入れた個体群動態の理論が必要である．

この節では，Al-Khafaji とその同僚たちが 2008 年に研究した最近のモデルと，Carey (1993) による初期のモデルを例にして，階層性のある個体群の動態を解析する一般的な枠組みを紹介するとともに，特にミツバチ (*Apis mellifera*) を対象にした解析のための枠組みも紹介する．Al-Khafaji et al. (2008) は，個体の集まりが繁殖ユニットを構成し，その繁殖ユニットが集まって個体群を構成しているモデルを提案し，階層内の上のレベルにある繁殖ユニットに関する更新方程式 (renewal equation) を導き出した．そのモデルでは，繁殖ユニットの数の増加率は，個体群の増加率と等しく，更新過程を生物学に応用した方程式から求められる．一般的には，繁殖ユニットの死亡と繁殖は，ユニット自体の齢や多女王性のような様々な特性に依存するが，ここでは，わかりやすくするために，繁殖ユニットの齢がその死亡率や繁殖率を決めるただ一つの基本変数である場合に焦点を絞り，ここで説明した解析がどのように一般的な状況に応用できるかを指摘するにとどめる．ただ，バイタルレートが齢に依存している時には，成長率 r はロトカ方程式 (第 5 章参照) に似た方程式を満たすはずであることを覚えておいてほしい．

7.4.2 ミツバチ：個体からコロニーへ

a. 超個体という概念

ウィルソンによれば，**コロニー (colony)** という用語は，その構成個体同士が物理的に体がつながっている場合，繁殖カーストと不妊カーストに分化している場合，あるいは，その両方の条件が満たされている場合に使われる．コロニーの発達が進んだ段階でこれら 2 つの条件が満たされている時，その社会は超個体 (superorganism) と同等であると見なすことができる，もしくは 1 個体と同じであるとさえ見なすことができる (Wilson 1971, 1975)．また，その定義に従えば，以下のようなジレンマをはらんだ問いかけが可能であるとも述べている (Wilson 1971)．ある社会がほぼ完成し，もはや社会ではなくなるのはどの時点からだろうか？ 無脊椎動物のコロニーの中で極度に分化してしまった個虫 (zooid) を，どのような基準を使って後生動物の器官と区別できるのか？

それ自体がコロニーでもある超個体はいくつかのコロニーから構成されている．個々のコロニーの中の個体は，生殖腺，体細胞組織や循環器系と神経系をもっている．それと同様に，コロニーの一部でもある各コロニーは，独立した個体の生理学的な性質と似通っている組織としての性質を有していることもある．例えば，ある昆虫のコロニーは個体の生殖腺に対応する繁殖カースト (caste) と体細胞組織に対応する労働カーストに分かれている．さらに，循環器系のように栄養交換によってカースト間で養分をやり取りしていることもあるし，神経系のように行動を通して食料に関する情報を伝えていることもある．このようなコロニーに対して，人口学の立場から問いを発するとしたら，その問いは「器官」の出生率や死亡率は「個体」の個体群成長率にどのように影響を与えるのだろうか，である．

b. 階層モデルの仮定

Al-Khafaji et al. (2008) によって提案された階層モデル (hierarchical model) の仮定は以下の 6 つである．

(1) 1 つのコロニーは，繁殖可能なメスの女王バチ (queen bee) 1 個体と複数の繁殖しないメスのワーカー (働きバチ) から構成されている．オスバチ (drone) の生産量はワーカー (worker) の生産率や死亡率に影響を与えないので，モデルでは無視して考えてよいが，女王が交尾するのに十分な数のオスバチは保たれているとする．

(2) N_t は時刻 t でのコロニー内のワーカー数であり，b は女王バチがワーカーを生産する率，μ はワーカーの死亡率である．

(3) 新たな女王バチ (新女王) は，分封 (swarm) 時に生産され，コロニーはワーカー数が分封閾値サイズ (N_S) に達した時，巣を 1 つだけ分封する．二次，三次の分封や逃去 (absconding) はここでは考えない．

(4) 分封が始まった時，分封直前にいた N_S 個体のワーカーのうち，割合 g は，旧女王バチ (resident queen bee) とともに巣を離れる．残りの割合 $1-g$ は，新しく生まれた女王バチとともに巣の成長サイクルを開始するために巣に残る．

(5) N_0 を成長サイクルが始まる時のコロニー内のワーカー数とする．このコロニーとその女王バチが営巣期を生き残り，分封閾値まで到達する確率は，ワーカー数に依存する生存率 $s(N_0)$ とワーカー数に依存しない生存率の積である．ワーカー数に依存する部分 ($s(N_0)$) は，旧女王と新女王では N_0 の値の違いはあるものの，どちらの女王バチにとっても関数形は同じである．ワーカー数に依存しない部分は，女王バチが出生コロニー (母巣) を引き継ぐか巣を離れるかで異なり，その生存率を，新女王バチでは p_0，巣を離れた旧女王バチでは q_0 で表す．

ワーカー依存の部分と非依存の部分の積は，それぞれ新女王バチでは p，巣を離れた女王バチでは q で表す．すなわち，$p = p_0 s(N_0)$, $q = q_0 s(N_0)$ である．

(6) コロニーの総数については，制約はない．

c. コロニー成長の限界

ミツバチのコロニーのような真社会性昆虫のコロニーは，実質上 1 匹の個体 (女王バチ) によって繁殖が行われ，ワーカーは死亡するだけという特殊な個体群である．どんな個体群でもそうであるように，出生・死亡は第 5 章で解説したバランス方程式 (balancing equation) に従っている．しかし，コロニーでは，各メス個体が繁殖できる可能性をもっている個体群とは異なり，1 個体 (すなわち，女王バチ) による繁殖によってもたらされるコロニー成長が，ワーカーの総死亡数とつり合っている．したがって，コロニーは，コロニー内の 1 日当たりの死亡数が女王バチの 1 日当たりに生産可能な子の数の最大値を超えるほど，巨大なサイズになることはない．

このような特殊な関係を表す単純なモデルは以下のように導き出すことができる．このモデルの中で，e_0 がワーカーの期待寿命であるとすると，$\mu = 1/e_0$ がワーカーの平均的な死亡率である．例えば，もし百万個体のワーカーがいるコロニー内の個体が平均 6 週間 (42 日) 生きるとすると，全体でおよそ $24,000$ $(= 1/42 \times 10^6)$ のワーカーの死亡が毎日起こっている．

その時，女王バチがコロニーを維持するのに必要な卵の生産量は，コロニー内のワーカー数 N とワーカー当たりの死亡率の積で与えられ，

$$\mu N \tag{7.18}$$

である．

b を女王バチが 1 日当たりに産むことのできる卵数の最大値とする．それは，コロニー内のワーカーの最大数 (N^*) とワーカーの死亡率の積と同じである：

$$b = \mu N^*$$

したがって，

$$N^* = \frac{b}{\mu} \tag{7.19}$$

$$= e_0 b \tag{7.20}$$

である．この数式の意味を言葉で言うと，コロニーサイズの上限はワーカーの期待寿命と女王バチの 1 日当たりの卵生産数の最大値の積に等しい，である．女王バチの生

表 **7.8** ワーカーの期待寿命と女王バチの最大卵生産数が与えられた時の最大コロニーサイズ N^*

ワーカーの期待寿命	女王バチの 1 日当たりの卵生産数			
(日数)	100	1,000	10,000	100,000
20	2,000	20,000	200,000	2,000,000
50	5,000	50,000	500,000	5,000,000
100	10,000	100,000	1,000,000	10,000,000
200	20,000	200,000	2,000,000	20,000,000

出典：Carey (1993) の表 5.12 より.

産力とワーカーの期待寿命に対するコロニーサイズ N^*の例を表 7.8 に示してある.

この表に示されたコロニーサイズ, 女王バチの生産力, ワーカーの期待寿命の間の関係から 2 つのことが導き出される. まず, 人口学的制約がコロニーサイズの上限を与えることである. 生理学的な繁殖の上限を考慮しなくても, 例えば, アリやシロアリのワーカーが育房の中に入れるために卵を運ぶにしても, ハチや狩りバチの女王が巣房の間を移動し産卵するにしても, ある有限の時間を必要とするので, 産卵できる数にはある限界がある. 女王アリの産卵率の上限が Wilson (1971) の論文の中で引用・報告されていて, シロアリの一種 *Odontotermes obesus* の例では, 産卵能力はおよそ 1 日当たり 86,000 卵 (すなわち, 1 秒に 1 個) である. この値からワーカーの死亡数は毎日 86,000 個体であり, シロアリのワーカーの期待寿命が 50 日であると仮定すると, 最大コロニーサイズは

$$N^* = e_0 b = 50 \times 86000 = 430 \text{ 万個体} \tag{7.21}$$

であることがわかる.

また, コロニーサイズに上限があることの帰結として, ひとたび最大コロニーサイズに到達するか, あるいはその数に近づいてしまえば, 巣が成長し続けるには女王を複数にするしかないことがわかる. 多女王性のコロニーはシロアリやアリの一部の種ではよく見られる. ミツバチでは, 女王を追加すると分封が始まる.

d. コロニーレベル (繁殖ユニット) の動態

すでに述べたように, ワーカー数の時間変化率は, 単位時間当たりの卵生産数からワーカーの死亡数を引いたものであるから,

$$\frac{dN_t}{dt} = b - \mu N_t \tag{7.22}$$

で表すことができる. 式中, 生産率と死亡率はともに, ワーカー数やワーカーの齢, カーストの種類, 資源の利用可能性や他の環境変数の関数であってもよい. 女王のワーカー生産率 (b) は女王の生理学的な限界のために有限であり, ワーカーはある率で死

ぬ運命にある．そのため，コロニーの成長は，b や μ が密度依存的であってもなくても内因的に自己制御されている．分封や女王の死亡がなければ，コロニーはこの微分方程式に従って自然にサイズ N^*に到達する．その時，ワーカーの死亡数は新しいワーカーの生産と均衡しているので，式 (7.22) の右辺をゼロとすると，

$$N^* = \frac{b}{\mu} \tag{7.23}$$

であることがわかる．

すでに説明したように，$1/\mu$ はワーカーの期待寿命に等しいので，コロニーを維持できるワーカーの最大個体群サイズはワーカー生産率とワーカーの寿命との積である．このモデルの動態をわかりやすく説明するために，b や μ が定数であるという簡単な仮定をおいているが，このモデルの構造であれば，容易に b や μ に別の関数形を当てはめることができる．この簡単な仮定のもとでは，コロニーの成長サイクルの間のワーカー数は

$$N_t = N_0 e^{-\mu t} + \frac{b}{\mu}\left(1 - e^{-\mu t}\right) \tag{7.24}$$

であり，この解は式 (7.22) の微分方程式を解析的に解くことによって得られる．

ここで，ワーカー個体群が閾値サイズ N_S に達した時にコロニーは分封を始めると仮定する (図 7.7 の概念図を参照)．N_S は最大個体群サイズ (N^*) を超えることはないので，N_S は N^*の割合 f にあたるとして ($N_S = fN^*$)，f というパラメータを導入しておく．各分封は，コロニー内のワーカーの数，ワーカーの齢分布，産卵数など複数の人口学的要因に応答して起こるはずであるが (Winston 1987) [*11]，このモデルでは，簡単のために，閾値となるコロニーサイズ N_S に反応して分封が起こると仮

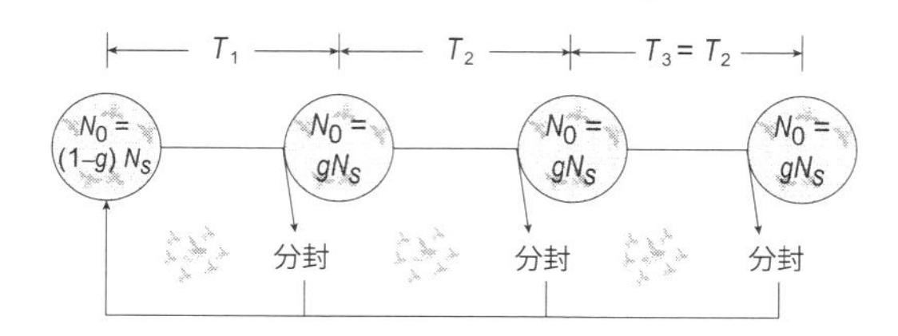

図 7.7 この節のモデルで説明されているミツバチ分封の概念図
N_S はコロニーが分封を始める時のワーカー数であり，新女王は初期個体数 $N_0 = (1-g)N_S$ で成長サイクルを始め，2 回目に旧女王となった時は，巣から離れ，$N_0 = gN_S$ で成長サイクルを始める (出典：Carey 1993; Al-Khafaji et al. 2008)．

---

*11) Winston, M. L. 1987. *A Social Insect: The Biology of the Honey Bee*. Harvard University Press, Cambridge.

定している．コロニーの成長サイクルが始まる時のワーカー数 (N_0) は，以前に産んだ新女王の数 (女王の経産回数) に依存する．新しく誕生した女王であれば，経産回数 (パリティ) はゼロであり，g を分封時に巣から離れるワーカーの割合とすると，新女王は残った $(1-g)N_S$ 匹のワーカーとともに母巣コロニーを引き継ぎ，パリティが 1 以上の旧女王であれば，巣を離れ gN_S 匹のワーカーと一緒に成長サイクルを始める．初期のコロニーサイズ N_0 と分封が起こる最終のサイズ N_S を，式 (7.24) に代入して解くと，女王が初めて新女王を産むまでの時間間隔 T_1 と，次に新女王を産むまでの時間間隔 T_2 を決めることができる [*12]：

$$T_1 = \frac{1}{\mu} \ln \left[\frac{1-(1-g)f}{1-f} \right] \tag{7.25}$$

$$T_2 = \frac{1}{\mu} \ln \left[\frac{1-gf}{1-f} \right] \tag{7.26}$$

7.4.2 項 b「階層モデルの仮定」の中で，1 回目，およびそれに続く 2 回目以降の繁殖間隔の間の女王の生存確率は，それぞれ p, q で与えられていた．これらの確率はワーカー数とは独立である部分 (例えば，婚姻飛行 (nuptal flight) 時の生存確率などがそれにあたる) の p_0, q_0 と，ワーカー数に依存する部分の $s(N_0)$ からなる．女王は繁殖に専念しているので，少なくともミツバチでは，採餌や巣を維持するワーカーなしでは生き残ることは不可能である．そのため，より多くのワーカーをかかえるコロニーは，営巣場所の防衛，資源の探索・収集，温度調節や女王・コロニーの存続のために必要な様々な役目の遂行に成功しやすくなる．そのため，女王の生存率は初期のワーカー数の増加関数であり，次式のような限界収益逓減の法則 (diminishing marginal return) に従っている：

$$s(N_0) = \frac{N_0}{v+N_0} \tag{7.27}$$

ワーカーを 1 匹増やした時の生存率の増分，すなわち，女王の生存にとってワーカーが重要な役割を果たしているかどうかの度合いは，環境条件を反映しているパラメータ v の大小で決まる．例えば，比較的温和で安定な気候条件では，ワーカーの温度調節機能はそれほど重要ではないので，同じくらいの生存確率を実現するためにもっと多くのワーカーが必要となる厳しい環境の時よりも v は低い値である．ワーカー数に非依存である生存率 p_0, q_0 もまた環境条件に依存して変化するかもしれない．今までの仮定をまとめると，p と q は，

[*12] 式 (7.24) に，$t = T_1$，$N_0 = (1-g)N_S = (1-g)fN^*$ および $N_{T_1} = N_S = fN^*$ を代入して，T_1 について解くと，式 (7.25) が求められる．同様に，$t = T_2$，$N_0 = gN_S = gfN^*$ および $N_{T_2} = N_S = fN^*$ を代入すると，式 (7.26) が求められる．

表 7.9 ミツバチの階層モデルで使われる重要なパラメータと表記法

パラメータ	説明
個体数/コロニーサイズ	
N_t	時刻 t におけるコロニー内のワーカー数
N^*	コロニーの分裂や死亡がない時の自律コロニーサイズの最大値
N_s	分封閾値サイズ
生存率	
p	時間間隔 T_1 の間の新女王の生存率
q	時間間隔 T_2 の間の離巣した旧女王の生存率
p_0	新女王バチの生存率のうち，ワーカー数に依存しない部分
q_0	離巣した旧女王バチの生存率のうち，ワーカー数に依存しない部分
$s(N_0)$	女王バチの生存率のうち，ワーカー数に依存する部分
v	女王の生存率がワーカー数に依存する度合い
ワーカーのパラメータ	
b	女王のワーカー生産率
μ	ワーカーの死亡率
分封割合	
f	最大ワーカー数に対する分封閾値の割合 (N_S/N^*)
g	分封時に巣から離れるワーカーの割合
時間	
T_1	新女王が次の女王を産み分封するまでの時間
T_2	巣を離れた女王が分封するまでの時間間隔
他のパラメータ	
R	純繁殖率
r	個体群成長率

出典：Al-Khafaji et al. (2008).

$$p = p_0 \frac{(1-g)N_S}{v+(1-g)N_S} \tag{7.28}$$

$$q = q_0 \frac{gN_S}{v+gN_S} \tag{7.29}$$

となる．

このモデルで用いられたパラメータや数式を表 7.9 にまとめてある．

e. 個体群レベルの動態

ここからは，コロニー数 (= 女王の数) の動態について考えてみる．基本的な生命表のように，ちょうど女王の齢が T_1, T_1+T_2, T_1+2T_2, T_1+3T_2 などの齢の時に分封が始まると考えると，女王が産出される繁殖率 (m_x) は 1 に等しく，その他の齢では繁殖率は 0 である．女王の生残率 (l_x) は，T_1, T_1+T_2, T_1+2T_2, T_1+3T_2 という離散的な齢系列のそれぞれで p, pq, pq^2, pq^3 である．これらの m_x, l_x を用いると，ロトカの更新方程式とも呼ばれるオイラー–ロトカ方程式は，以下のように等比級数になり，

$$e^{-rT_1} \times p \times 1 + e^{-r(T_1+T_2)} \times pq \times 1 + e^{-r(T_1+2T_2)} \times pq^2 \times 1 + \cdots$$
$$= pe^{-rT_1}\left(1 + qe^{-rT_2} + \left(qe^{-rT_2}\right)^2 + \cdots\right) = \frac{pe^{-rT_1}}{1 - qe^{-rT_2}} = 1$$

であるから，

$$1 = qe^{-rT_2} + pe^{-rT_1} \tag{7.30}$$

が成立する．女王とそのコロニーを対象とした式 (7.30) は，古典的な人口学で扱う個体群で成立するオイラー–ロトカ方程式に対応しており，個体に関わるパラメータ (p と q) とコロニーに関わるパラメータ (T_1 と T_2) がどのようにコロニー集団の成長を決めているのかを示している．人口学の基本的な手法と同じように，コロニー内のイベントとコロニーレベルのイベントの間の細かい違いを考えることなく，式 (7.30) が成立する．第 5 章で説明した方法を使って，女王の純繁殖率 (R) を計算すると

$$R = \sum l_x m_x = p + pq + pq^2 + \cdots$$

であり，これは等比級数であるから，

$$R = \frac{p}{1-q} \tag{7.31}$$

である．個体群成長率 (r) は，R が 1 より大きい (あるいは小さい) 時，0 より大きい (あるいは小さい)．式 (7.30) の指数関数を展開すると，r は近似的に

$$r \approx \frac{\ln R}{T_1 + \frac{qT_2}{1-q}} \tag{7.32}$$

と表すことができる (Al-Khafaji et al. 2008) *13)．

古典人口学の世代時間の公式 (5.59) と比較すると，式 (7.32) の分母は，真社会性女王の場合のコホート世代時間に対応すると考えることができる．また，r は単に女王数 (コロニー数) の増加率であるだけではなく，個体群全体の増加率でもある．標準的な人口学の手法を適用すれば，このモデルでの女王 (コロニー) およびワーカーの齢構成も計算することができる．ここで用いられたパラメータや数式を表 7.10 にまとめてある．

---

*13)　式 (7.30) を

$$e^{rT_1}\frac{1 - qe^{-rT_2}}{1-q} = \frac{p}{1-q}$$
$$rT_1 + \ln\frac{1 - qe^{-rT_2}}{1-q} = \ln\frac{p}{1-q} = \ln R$$

と変形したのちに，rT_2 が小さいと仮定し，$e^{-rT_2} \approx 1 - rT_2$ と $\ln\left(1 + \frac{qrT_2}{1-q}\right) \approx \frac{qrT_2}{1-q}$ を利用すると，式 (7.32) が得られる．

表 7.10 ミツバチの階層モデルにおける重要な数式

数式	説明
様々な率	
$\frac{dN_t}{dt} = b - \mu N_t$	コロニー内のワーカー数の時間変化率
$R = \frac{p}{1-q}$	女王数の動態における純繁殖率
$1 = qe^{-rT_2} + pe^{-rT_1}$	単女王性の真社会性昆虫の特性方程式 (characteristic equation)
$r \approx \frac{\ln R}{T_1 + \frac{qT_2}{1-q}}$	個体群成長率の近似式
個体数/コロニーサイズ	
$N^* = \frac{b}{\mu}$	最大コロニーサイズ
$N_t = N_0 e^{-\mu t} + \frac{b}{\mu}\left(1 - e^{-\mu t}\right)$	時刻 t におけるコロニー内のワーカー数
時間	
$T_1 = \frac{1}{\mu}\ln\left[\frac{1-(1-g)f}{1-f}\right]$	新女王が最初に分封するまでの時間
$T_2 = \frac{1}{\mu}\ln\left[\frac{1-gf}{1-f}\right]$	巣を離れた女王の分封までの時間間隔
生存率	
$s(N_0) = \frac{N_0}{v + N_0}$	ワーカー数に依存する生存率
$p = p_0 s\left[(1-g)N_S\right]$	新女王の生存率
$q = q_0 s\left(gN_S\right)$	巣を離れた旧女王の生存率

出典：Al-Khafaji et al. (2008).

f. この階層モデルの性質

ここで説明した階層モデルについて指摘しておきたいことがある．まず，T_1 と T_2 で表される分封間隔はともに，分封閾値サイズ (N_S) の増加，すなわち，閾値サイズと等価である最大コロニーサイズに対する分封閾値の比 (f) の増加にともなって増加する [*14]．そのため，f が大きいと，ワーカーが増加するのに長い時間がかかり，繁殖コロニーの成長サイクルを長くするので，コロニーを増やすには不利である．その一方で，f が大きいことは分封が始まる時のワーカー数の多さを意味するので，女王の生

[*14] 式 (7.25), (7.26) を f で微分したものが，$0 < f, g < 1$ の条件下で常に正であることから確認できる．f による微分が正であることは，f の増加にともなって T_1 と T_2 が増加することを意味する．

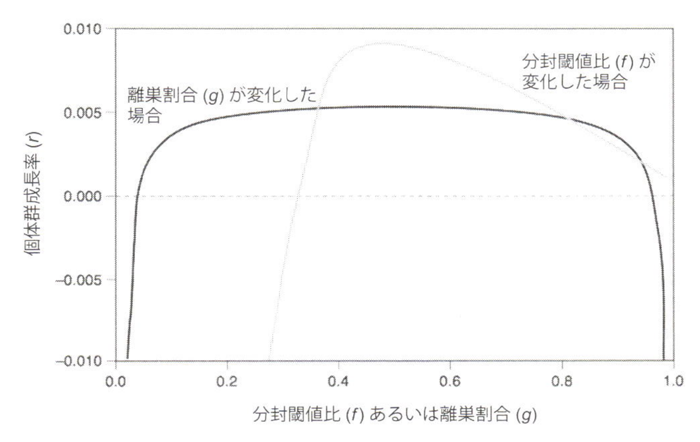

図 7.8 最大コロニーサイズに対する分封閾値の比 (f) とコロニーを離れるワーカーの割合 (g) が個体群成長率 (r) に与える影響

前者は，$g = 0.5$ に固定した条件で f を変化させた場合の結果であり，後者は $f = 0.9$ に固定した条件で g を変化させた場合の結果である．他のパラメータについては，ワーカー死亡率は $\mu = 1/30$，ワーカー生産率は $b = 1350$，新女王のワーカー数に依存しない生存率は $p_0 = 0.9$，旧女王のワーカー数に依存しない生存率は $q_0 = 0.81$，女王の生存率がワーカー数に依存する度合いは $v = 5000$ とした (出典：Al-Khafaji et al. 2008 の図 3, 4 より改変).

存確率に良い影響を与える．図 7.8 に示されるように，最大の個体群成長率が実現されるのは，分封閾値サイズが最大個体群サイズである時 ($f = 1.0$) よりかなり小さい閾値サイズの時である．二番目に指摘しておきたいことは，個体群の動態は旧女王と新女王の間で起こるトレードオフ (拮抗的関係) によっても影響を受けていることである．分封割合 (g) は，巣を離れる旧女王と新女王の間でのワーカーの分配の仕方を表している．g が大きい時，多くのワーカーが巣を離れる女王についていくので，巣を離れた女王が次に分封するまでの時間 T_2 は短くなる [*15]．それは，次の新女王の誕生が速まることを意味する．しかし，新女王は少しのワーカーしか供給されていないので，女王の生存確率が減少するだけではなく，次回の繁殖に到達するまでの時間も増える．図 7.8 を見ると，個体群成長率の曲線は鋭いピークをもつことはなく，最大個体群成長率は幅広く平坦な領域の中間あたりの g の値で実現される．三番目に指摘しておきたいことは，このモデルではコロニーと個体という異なる階層レベルの間で相

[*15] これも，式 (7.26) を g で微分したものが，$0 < f, g < 1$ の条件下で常に負であることから確認できる．g による微分が負であることは，g の増加にともなって T_2 が減少することを意味する．

互作用が生まれ，その相互作用の大きさはワーカーの死亡率 (μ) と女王のワーカー生産率 (b) の影響を受けているということである．例えば，個体レベルでは，ワーカーの生産率 (b) と死亡率 (μ) がワーカー数に直接の影響を与えている．しかし，集団レベルの量である個体群成長率という点で考えると，μ の影響はもっと複雑である．式 (7.25), (7.26) を見ると，女王の最初の分封までの時間 (T_1) と 2 回目以降の分封までの時間 (T_2) は，ともにワーカー死亡率と逆比例の関係にあるので，ある固定した f のもとでは，ワーカーの死亡率を減少させ，寿命を増大させると，分封間の時間間隔は増加する．しかし，ワーカーの寿命が長いと N^*が大きくなり，その結果 N_S が大きくなるので，分封時に新女王のために食料を供給するワーカーの数は多くなる．ワーカーの数の多さはコロニーの生存に良い影響を与えるため，ワーカーの死亡率を減少させることが個体群成長率に与える総合的な効果は，女王の生存への影響と分封の時間間隔への影響のバランスで，正にも負にもなりうる．

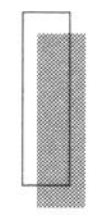

7.5　さらに学びたい方へ

この章では，安定理論をどのように両性モデル，確率論的モデル，多地域モデルや階層モデルへ応用するのか，について述べてきた．また，安定集団モデルに一貫してみられる，過去を忘れエルゴード的なパターンを示す傾向について説明してきた．上記の 4 つのモデルは安定理論を拡張したものであるので，第 5 章の安定理論に関する内容，第 6 章のステージモデルに関する内容とつながっている．第 11 章の中の小話の多くも安定理論の拡張の例である．この章に含まれていたモデルおよび安定集団理論の一般的な性質に関する主要な参考文献としては，Caswell (2001, 2012), Wachter (2003, 2014), Keyfitz and Beekman (1984), Keyfitz and Caswell (2010) や Tuljapurkar (1989, 1990, 2003) がある．

8
ヒトの生活史とヒトの人口学

ヒトは，行動の柔軟性，言語や自己認識の能力の点で独特な生き物かもしれないが，ヒトのすべての生物的，社会的特質を合わせても，それらは，無数の生物種に普通に見られる特質のうちのごく一部でしかない．

E. O. ウィルソン (Wilson 1998, p.191)

この章の主要な目的は，生物人口学に関わるヒトの特徴を示すこと，ヒト以外の種を研究する科学者に役立つ可能性のあるヒトの人口学の考え方，研究手法を説明すること，そして，従来の人口学の文献にはあまり見られないヒトに関する人口学の話題を紹介することである．

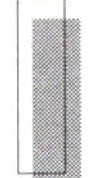

8.1 ヒトを対象とする生物人口学の概要

8.1.1 進化的産物としてのヒトの人口学的性質

現代人の生活史 (life history) の特徴と同様に，現代人のもつ人口学的特徴は，人類進化の歴史だけでなく，それ以前のすべての生物進化の歴史，すなわち，最初の原始生物から現代人に至る 40 億年の進化の歴史の結果なのである (これは，Dawkins (2004) の「進化のランデブーの 39 レベル」の話題で述べられている)．

霊長類の生活史 (図 8.1) には，社会性の芽生え，性的二型，他の哺乳類に比べて少ない産子数，母乳保育，長い発達期間とそれにともなう遅い性成熟年齢，同サイズの哺乳類に比べて長い寿命などの人口学的特徴がある．進化における類人猿の段階には，社会性の向上とそれによる共同体の発達，産子数のさらなる減少，発達と成熟の時間の延長，成体の長寿化，棲み家作り，横になって寝る姿勢などの人口学に関連する生活史の革新があったとされる．初期のヒト科に属する種の生活は，類人猿の祖先の生活と類似していたと思われる．現存する類人猿の生活史特性に照らし合わせると，これらの類似点には，成熟するまでの期間の延長 (7～13 年)，長い妊娠期間 (7～9 カ月)，3～5 年の間隔での単胎出産 (singleton birth)，遅い離乳年齢 (3～4 年)，40～60 年の寿命

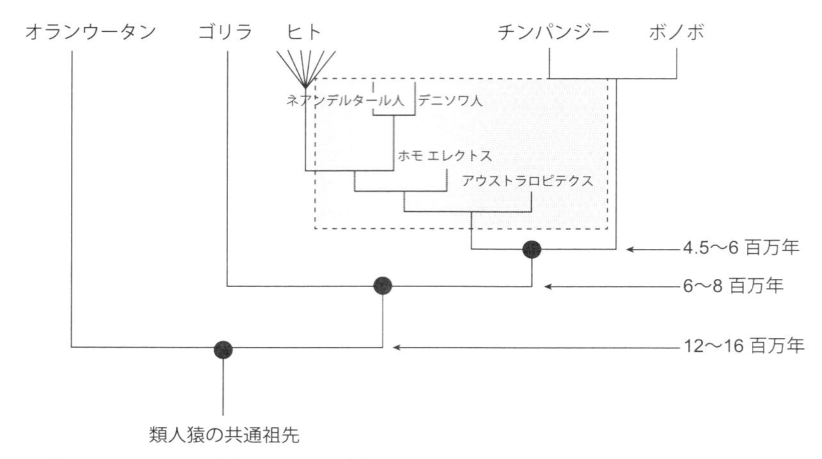

図 8.1　アフリカや東南アジアに生息する旧世界の無尾類霊長類，すなわちチンパンジー (*Pan troglodytes*)，ボノボ (*P. paniscus*)，ゴリラ (*Gorilla gorilla*)，オランウータン (*Pongo borneo*) からなる霊長目ヒト上科 (Hominoidea) における，ヒトの進化的関係を示す系統樹

絶滅したヒト科の祖先は破線の枠内に示した．重要な進化的分岐は黒丸で示し，年代をその右側に表示した．

などが挙げられる (Harvey et al. 1987; Nowak 1991)．このようなことからすると，成熟までの期間や妊娠期間や寿命が，さらに今日のように延長されたことは，ホモ・サピエンスにとっては，進化上大きな飛躍ではなかっただろう (Jones et al. 1992)．

それ自体は人口学に直接関係するものではないが，人類進化における猿人段階の重要な革新は，二足歩行の進化であった．この革新は，道具を作るための手の発達，より高度な棲み家作り，ひいては認知能力や社会の複雑化をもたらした．ホモ・ハビリス (*Homo habilis*) とホモ・エレクトス (*H. erectus*) の段階では，火の管理，狩猟採集社会，家族概念の芽生え，性的二型の減少，小児期と青年期の両方の発達段階の形成などの革新があったとされる．初期のホモ・サピエンス (*H. sapiens*) の段階では，長寿化，更年期の出現，夫婦の絆，子供の労働手伝い，家族意識，交尾の秘事化などの変化があったとされる．最後に，現代のホモ・サピエンスの段階では，高温で乾燥した砂漠から極寒の北極まで，様々な気候や地理的な地域での生活への適応が生まれた．

8.1.2　ヒトの発達ステージ

人類学者は，ヒトの生活環における成人前の期間について，4 つの段階の進化を考

えている (Bogin 1999; Bogin and Smith 2000). そのうちの 2 つは乳児期と幼児期で，ほとんどの哺乳類とすべての霊長類 (primate) に共通する．もう 2 つは，幼年期と青年期で，人間に特有のものである．幼年期はホモ・エレクトスで，青年期は現生のホモ・サピエンス (*Homo sapiens*) で初めて現れた．図 8.2 に示した成長の軌跡から，進化的に見たヒトの成長段階の年齢区分は以下のとおりである．

(1) 乳児期 (0〜3 歳)：母の授乳によって栄養のすべて，または一部がまかなわれる時期
(2) 幼児期 (3〜7 歳)：離乳後，まだ家族の年長者に食事の補助や保護を頼る時期
(3) 幼年期 (7〜10 歳)：第一永久臼歯と脳が成熟の節目を迎えるが，まだ他者による保護が行われている時期
(4) 青年期 (10〜19 歳)：思春期が始まり，成長が完了する時期
(5) 生殖可能な成人期 (19〜45 歳)：成人の体格に達し，歯の成熟が完了し，社会的成熟と親になるための発達がすみ，生殖機能が完成する時期

Gurven and Walker (2006) は，この成長の仕方は，幼い時期に脳や免疫系機能の発達への投資のために体格の成長を犠牲にすることによって，狩猟採集環境で繁殖率を高める戦略として進化したのだと考えた．彼らはまた，狩猟採集をしていた初期の

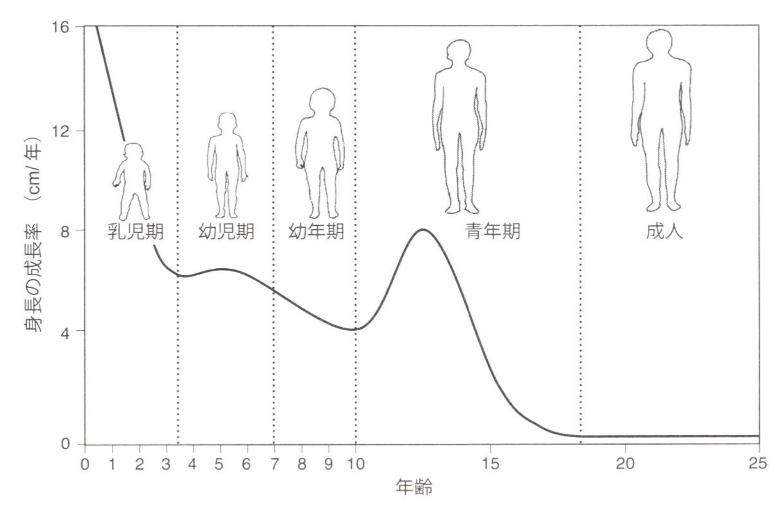

図 8.2　25 歳までのヒトの身長の成長の軌跡
乳児期 (0 歳〜3 歳半) の成長率は高いが，成長とともに減少してゆく．その後，3 歳半で小さな増加が起こる．これは小児期の特徴である．成長率は 10 歳まで減少し続け，そこから急激な増加が起こる (「思春期の成長スパート」などと言う)．そして，18 歳頃に成長率はゼロになり，成人の身長になる (出典：Bogin 1999; Bogin and Smith 2000).

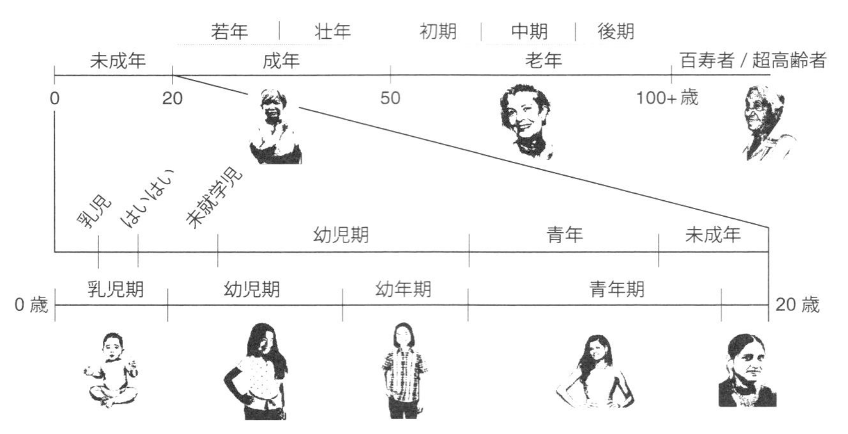

図 8.3　現代人の誕生から 110 歳以上までの生活史段階
誕生から 20 年までについて，進化的なもの (下段の生涯直線 (life-line)) と，社会学から見たもの (上段の生涯直線) を対比させてある (出典：Bogin 1999; Bogin and Smith 2000).

ヒトの生活では，このような幼児期・幼年期に比較的ゆっくりと，そして思春期にスパートが起こる成長パターンを示す子を次々に産み，同時に複数人育てることは，より多くの子孫を養うための効率的な手段であるのだろうとも考えた.

複雑な現代社会には，こうした進化論的な発達論から生まれた枠組みよりも，もっと詳細な分類が必要とされる．先史時代も現在も同じく，18 カ月の新生児と 30 カ月の乳児では，育児のレベルが違ってはいるのだが，現代の社会組織はそれまでのものと違うため，未成年期については，さらにその新しい社会的現実に合うステージ分類が必要になる．そのことは高齢期にも当てはまる．現代社会の 50 歳の人は，85 歳の人とは異なる仕事，健康，家族，経済の問題を抱えているので，高齢期グループも詳しく分類することが有用である．現代社会に合った生活段階の分類を図 8.3 に示す.

8.1.3　繁　　殖

a.　繁殖の基本間隔

Wood (1994) は，ヒトの繁殖の一般的な特徴を表す項目を列挙している．そのうちのいくつかは，霊長類の系統発生的遺産の一部であり，いくつかはホモ・サピエンスに特有のものである．ホモ・サピエンスに特有なものには，遅い性成熟 (15〜18 歳)，生涯複数回の出産，低い受胎率 (fecundability) と長い妊娠期間 (gestation)(9 カ月)，たいていの場合単胎出産，長い育児と授乳の期間，長い出産間隔 (birth interval)(約

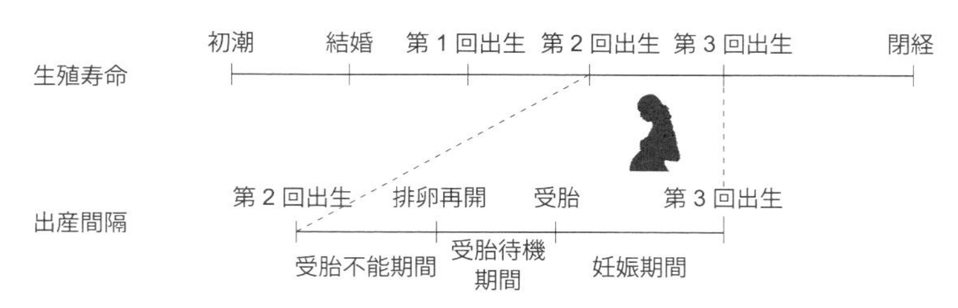

図 8.4 ヒトの生殖寿命と出産率を決定する事象 (Bongaarts and Potter 1983 の図 1.1 から再描画)

3 年)，長い生殖期間 (女性は 15 歳から 50 歳まで)，少ない生涯出産数，女性の長い生殖後生活期などがある．他のすべての類人猿では，1 回の出産では 1 個体の子を産み，子育て期間が重なることはない．

現代人の生殖寿命 (reproductive life span) と出産率を決めている事象を図 8.4 に模式的に示した．生殖期は初潮から始まり，結婚などの夫婦関係を築き，その後，閉経 (または不妊) に至るまで出産が可能な期間である．女性は，平均的な出産間隔の長さに応じたペースで生殖を重ねる．出産間隔の長さは，次の 3 つの要素で決まる．(1) 分娩後の不妊期間：これは主として母乳育児行動との関わりで決まる．(2) 受胎可能期間：自然な受胎率と性交頻度の影響を受ける妊娠までの待ち期間．(3) 通常 9 カ月の臨月までの期間：出産間隔には，子宮内死があった場合の，受胎から子宮内死までの妊娠期間，排卵復帰までの期間，受胎待機期間が加わる．このように，初潮と閉経のタイミングで生殖期間の長さが決まり，その他の要因で出産率と出産間隔の長さが決まる．

b. 事例研究：フランス系カナダ人の女性

女性が子供を産む確率には，年齢が強く影響する (Ivanov and Kandiah 2003)．その一例として，17～18 世紀のフランス系カナダ人女性について，齢にともなう出産の様子を図 8.5 に示す．この女性集団の出生数は，カナダの先住者の集団 (Howell 1979) や様々な歴史上の集団 (Bongaarts and Potter 1983; Ellison and O'Rourke 2000) を含むほとんどの集団に比べても非常に高い．生殖の開始は 10 代前半から半ばで，20 代前半から半ばにかけて急速に上昇し，20 代半ばから 30 代後半までは高く比較的一定に保たれ，50 歳になるとゼロになる．

このフランス系カナダ人女性たちの齢別出産経歴の構成 (図 8.6) を見ると，30 歳までに大多数の女性が 4～6 人の子を産み，わずかな割合で 7～9 人の子を持つ女性もいたことがわかる．40 歳になると，3/4 近くの女性が 7～12 人の子を持ち，出産を終えた 50 歳になると，半数近くが 10 人以上の子を持ち，17%が 12 人以上の子を持っ

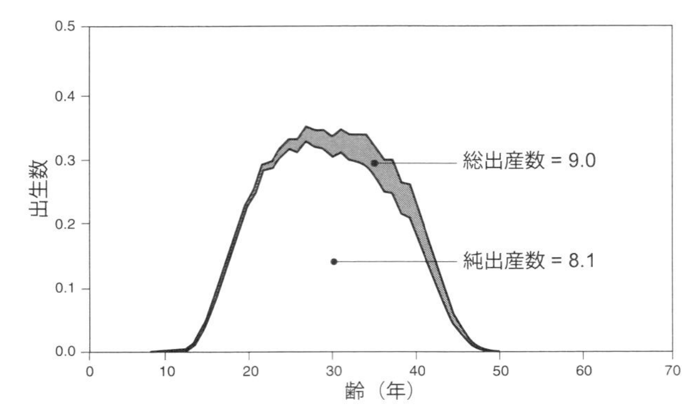

図 **8.5** 17〜18 世紀のフランス系カナダ人女性の齢別出生数および総出産数 (gross reproductive rate: GRR) と純出産数 (net reproductive rate: NRR) (出典：LeBourg et al. 1993)

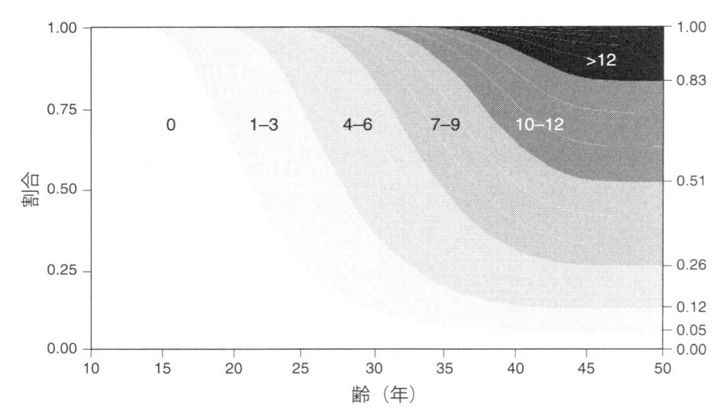

図 **8.6** 17〜18 世紀のフランス系カナダ人女性の 10 歳から 50 歳までの齢別出産経歴パターン

それぞれの影付きの帯の縦の幅は，齢別に，図中に示された数値範囲の子供を産んだ女性の割合．例えば，40 歳の時点で，子の数が 0 人，1〜3 人，4〜6 人，7〜9 人，10〜12 人，12 人以上の女性は，それぞれ 5%，7%，14%，25%，32%，17%であった (出典：LeBourg et al. 1993).

ていた．妊娠期間が 9 カ月の場合，一生に産む子の数を 8〜9 人の子として，母親は 1 人の新生児と 1 人の 1 歳児をいつもかかえていたことになる．図 8.6 を見ると，35 歳の女性の 10%以上が 10 人以上の子を持っていたことがわかる．すべての女性が出産を終える 50 歳までに，17%が 12 人以上の子を持っているのに対し，1〜3 人の子を持つ女性は 7%しかおらず，5%は子を持たなかった．子を産んだ人のうち，平均的

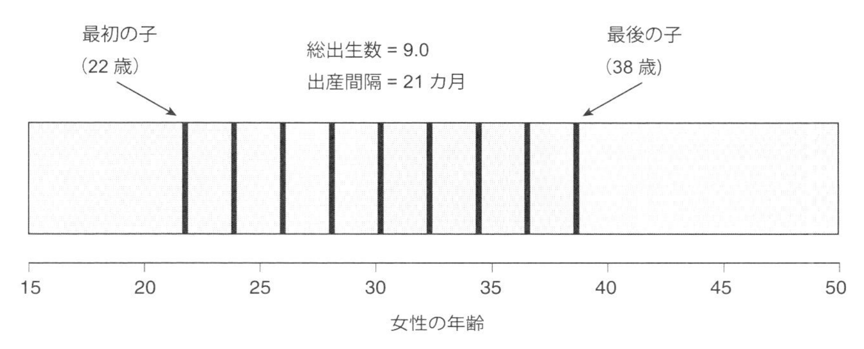

図 8.7 LeBourg et al. (1993) に掲載されたフランス系カナダ人女性の平均的な生涯の出産スケジュールの概要

な女性は 22 歳で最初の子を産み，38 歳で最後の子を産んでおり，出産間隔は平均 21 カ月であった (図 8.7)．合計 12〜23 人の子を持った女性では，出産間隔はさらに短くなった．

8.1.4 家族システムの進化

a. 背　　景

哺乳類の大半では，例えば偶蹄類やヒト以外の霊長類は単独の子，あるいは，イヌ科やネコ科は一腹の複数の子を産み，子が独立し，繁殖をするようになる前まで世話をする．いくつかの種では，3 個体かそれより多くの大人が一腹の子を集団で育てたり，繁殖ペアを助けたりと，協同繁殖を行う (Jennions and Macdonald 1994)．コヨーテ，ライオン，ゴールデンジャッカルから，ハダカデバネズミ，イブニングコウモリ，コビトマングースまで，ヒト以外の哺乳類のいくつかの種で，協同繁殖のヘルパーが繁殖者の適応度に効果を及ぼしている証拠が報告されている．

ヒトは「家族モデル *1)」と呼ばれる繁殖戦略を進化させ，子供が自立するのに必要な期間よりもはるかに短い間隔で次の子を出産するようになった．成人前の子供たちが生まれた家に留まることは，母親が出産間隔を短くして，ひいては出産数の増加を可能にする総合的な繁殖戦略の重要な一部となっている．成人姉妹 (Croft et al. 2015)，祖母 (Hawkes 2003, 2004; Croft et al. 2015)，成人男性 (Hawkes et al. 2001) が，女性の子育てに貢献することについては広範な文献があるが，家族モデルの進化をより完全に説明するための，未成年の子供による手伝いの重要性についての文献が，ここ数十年に出始めたばかりである (Kramer 2010)．

---

*1) 社会・行動科学の用語．

b. 子供による手伝い

ヒトの母親は，同時に異なる年齢の子供を育てるため，家族モデルは，母親たちの家事を手伝うヘルパーを備えている (Kramer 2011). 母親は子供に手を掛けているが，子供は母親の重要な助け手でもある．人類学者の Kathryn A. Kamp が指摘しているように (Kamp 2001)，子供たちは，家畜の世話，畑の耕し，雑草取り，植え付け，食用の植物採集，狩り，薪集め，水汲み，料理，裁縫，他の子の世話，掃除，その他のたくさんの生活に不可欠な仕事をこなす．実際，狩猟採集民の重要な仕事は，体力と技術に応じて，(1) 高体力–低技術 (例：薪割り，食材処理)，(2) 高体力–高技術 (例：道具製造，住居作り)，(3) 低体力–高技術 (例：道具作成)，(4) 低体力–低技術 (例：子の世話，薪集め) の 4 つのカテゴリーに分けられる (Kramer 2011, 536 [box 3])．大人は通常，最初の 3 つのカテゴリーの仕事を行う．一方，子供は，上記の例にある仕事ばかりでなく，果物や木の実集めや，貝や小動物の狩りといった食物収集でも低体力–低技術カテゴリーの仕事を担うことが見受けられている (Bock 2002)．このように，子供たちが家族集団に貢献することで，育児労働の一部は相殺され，母親の正味の家事労働は軽減される．Dorland (2018), Baxter et al. (2017), Watson (2018) の論文を見ると，先史時代の家族や集団に対する子供の貢献について，さらなる見解

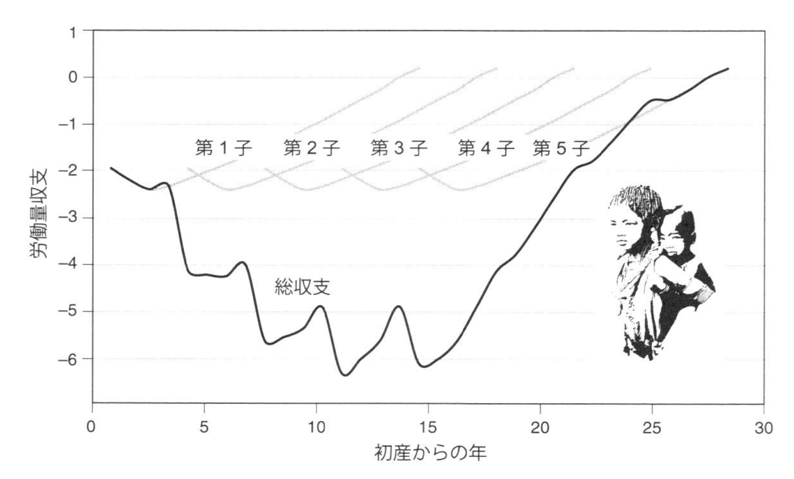

図 8.8 仮想の母親の子育てにおける，5 人の子供が生まれてから自立するまでの，各子供の子育てにかかる負担の純収支 (灰色の線) と育児・家事の純収支の合計 (黒太線)

各子供にかかる負担の単位は，母親が子の世話のために費やす時間で，食料調達や食品の加工・調理の時間のほか，住居作りや，衣服の作成などの食事以外にかける時間も含まれる (Kramer 2014 の表 2 に含まれる値をプロットしたもの).

を知ることができる．

現生のヒトは，短い間隔で子を産むため，異なる齢の子供を同時に養育することになる．他の類人猿では，このようなことはほとんどない．そのために，ヒトでは子育ての負担を軽減する子供による家事の手伝いの生活史が進化したという主張がある．Kramer (2014) は，生涯に 5 人の子を育てる仮想の母親の，各子供の子育て負担と，家事と子育てにかかる労働量の純収支の変遷を推定した (図 8.8)．図の黒太線が，母親の家事負担の正味の収支を示している．この正味の収支は，子供の手伝いによる家事負担の軽減も含めた，各年に子育てにかかる負担の合計である．第 1 子から第 3 子まで，大まかには負担が増えるばかりであるが，その間の負担の軽減を示す小山は，先に生まれた子供が弟や妹の子守をするなどの手伝いによる．そして最後に，第 5 子が生まれた後の負担軽減は，兄や姉の継続的な手伝いや上の兄姉が自立したことによるものである．

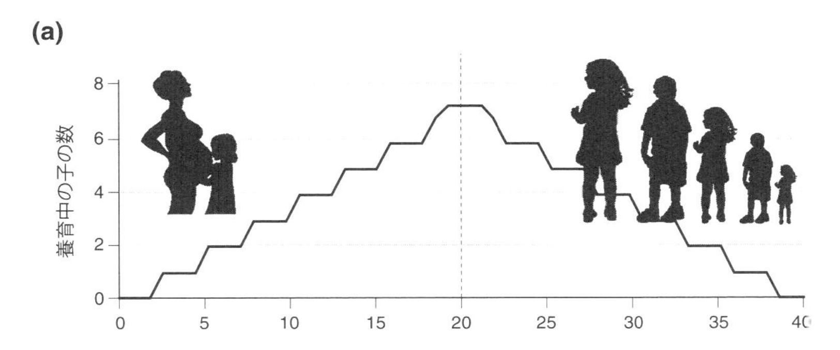

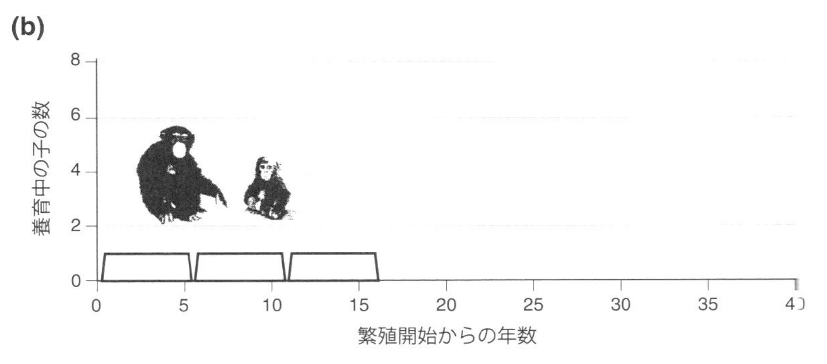

図 8.9　(a) ヒトと (b) チンパンジーの繁殖戦略 (reproductive strategy) の比較
図は，両種の母親の出産経歴 (繁殖経歴) における各年の養育中の子の数を示している (Kramer 2011 の図 1 から再描画)．

c. ヒトの家族とチンパンジーの家族

まとめとして，これまで見てきたヒトの「家族モデル」の特徴を簡単に他の霊長類の家族モデルと比較してみる．図 8.9 は，7 人の子を産んだ仮想の母親の出産と育児のパターンと，チンパンジーの出産と育児のパターンを示している．平均的なヒトの母親は，19.7 歳から 3.1 年ごとに出産し，39.0 歳で最後の出産を迎える．15 歳の期待余命は 40.3 年であり，母親は平均で 55.3 歳まで生存する．子供たちは，それぞれ 20 歳で独立する．平均的なチンパンジーの母親の初産年齢は 14.3 歳で，5.9 年ごとに 1 個体の子を出産し，その子が 5.3 歳で離乳するまで養う．15 歳における期待余命が 15.4 年であることから，29.7 歳までの生涯に出産と子育てを 3 回繰り返す (Kramer 2011).

8.1.5 ヒ ト の 寿 命

Judge and Carey (2000) は，霊長類亜科における脳容積で補正した平均体格と寿命の回帰関係を調べることによって，初期のヒト科から現代人への寿命の進化を推定した．彼らは，およそ 200 万年前から 170 万年前の間に，ホモ・ハビリスの 52～56 歳からホモ・エレクトスの 60～63 歳へと，寿命が大きく伸びたと推定した．現代人の寿命は 72～91 歳に達しているが (図 8.10 参照)，彼らは初期のヒトがこれほど長生きすることは極めて稀であっただろうと述べている．この長寿化の結果，母親が子を

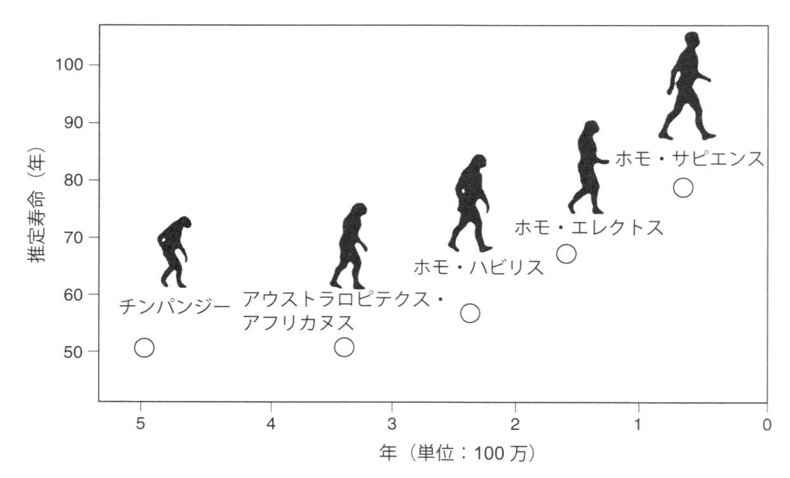

図 8.10　チンパンジー，アウストラロピテクス・アフリカヌス (「ルーシー」と名付けられた化石)，ホモ・ハビリス，ホモ・エレクトス，ホモ・サピエンス (現代人) など，ヒト科動物の推定寿命 (Judge and Carey 2000 の図 8 から再描画)

産むことができる年齢よりも長く生きられる可能性をもつ霊長類が誕生したのである．Hammer and Foley (1996) は，ホモ・ハビリスの寿命は今日の女性の閉経年齢を 7〜11 年しか超えていないのに対し，ホモ・エレクトスの寿命は閉経年齢を 15〜18 年超えていたと推定した．彼によれば，閉経後の生存は現代の生活様式の産物ではなく，200 万年から 100 万年前にアフリカからヒト科が放散してきた時に生まれた可能性がある．この主張は，生殖の停止 (閉経) 後の生活史をヒト上科に由来する特徴として捉え，ヒトの長寿化には，閉経後のメスが家族を世話する生活形態にともなう血縁選択が重要な要因であったことを示唆している．

8.1.6 ヒトの保険数理的特性

ここでは，現代人の人口学的性質を保険数理的な見地から調べる．

a. ヒトの死亡率

図 8.11 に，2006 年のアメリカ人女性の死亡率を用いて，齢別死亡率曲線の一例を示す．この曲線は典型的な J 字型の死亡率曲線であり，いくつかの興味深い特徴がある．まず，特に生後 1 カ月の乳児の死亡率が高いため，最初の 1 年目の死亡率は高くなる．そのため Frisbie (2005) は，28 日齢未満のこの非常に高い新生児死亡率を，最初の齢区間の残りの期間の死亡率と別に扱っている．死亡率は，10 歳から 11 歳頃に，年当たりで約 8,000 人に 1 人という最低の率に下がる．次に，男性で顕著なものだが

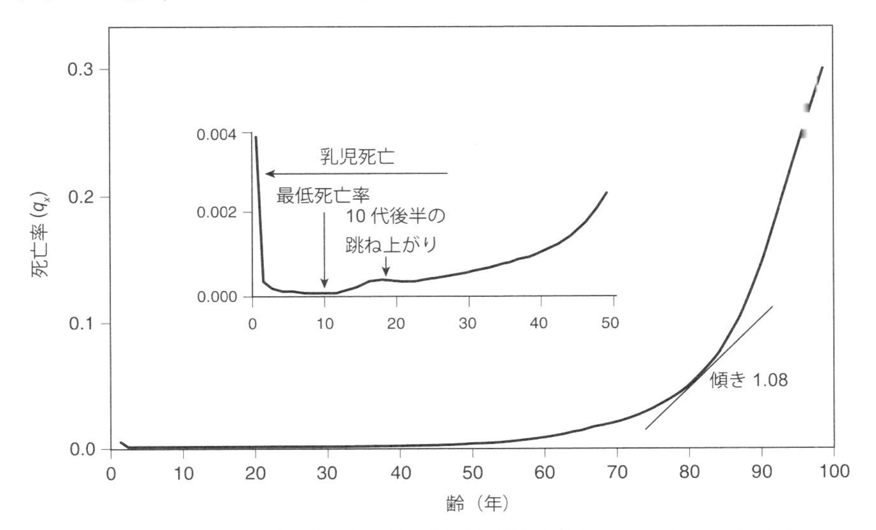

図 **8.11** ヒト (2006 年のアメリカの女性) の齢別死亡率 (age-specific mortality)
挿入図は 0〜50 歳の死亡率の拡大図 (出典：Berkeley Mortality Database).

女性でも，危険な行動の増加により13〜19歳の死亡率がわずかだが引き上げられる．30歳以降，80歳代後半から90歳代前半まで，年率8%で死亡率が指数関数的に増加する (Land et al. 2005, Rogers et al. 2005)．しかし，最も高齢の期間では，死亡率の増加は減速し，齢とともに率の上昇は鈍化する (Horiuchi 2003; Vaupel 2010)．さらにBarbiら (2018) は，イタリア人女性について，105歳以降のハザード曲線が平坦になっていることを見出している．

b.　ヒトの生命表

先進国の現代人の生命表の一例として，2006年のアメリカの女性の生命表を示す (表8.1)．この生命表からいくつかの特徴を読み取ることができる．まず，女性の新生児の96%が50歳まで生き残っている．50歳までに死亡するのは，新生児のうち4%未満である．l_x の列にあるように，新生児のうち80代前半までに死亡するのは，

表 8.1　2006年のアメリカの女性の簡易生命表 (abridged life table)

齢	生残数	生残割合	x から $x+5$ 齢の生存率	x から $x+5$ 齢の死亡率	x から $x+5$ 齢で死亡した割合	期待余命
x	N_x	l_x	${}_5P_x$	${}_5q_x$	${}_5d_x$	e_x
(1)	(2)	(3)	(4)	(5)	(6)	(7)
0	100,000	1.0000	0.9948	0.0052	0.0052	80.2
5	99,482	0.9948	0.9994	0.0006	0.0006	75.7
10	99,426	0.9943	0.9993	0.0007	0.0007	70.7
15	99,352	0.9935	0.9981	0.0019	0.0019	65.7
20	99,162	0.9916	0.9980	0.0020	0.0020	60.9
25	98,966	0.9897	0.9975	0.0025	0.0025	56.0
30	98,714	0.9871	0.9966	0.0034	0.0034	51.1
35	98,374	0.9837	0.9954	0.0046	0.0045	46.3
40	97,925	0.9792	0.9938	0.0062	0.0061	41.5
45	97,319	0.9732	0.9904	0.0096	0.0093	36.7
50	96,389	0.9639	0.9836	0.0164	0.0159	32.1
55	94,804	0.9480	0.9718	0.0282	0.0267	27.5
60	92,130	0.9213	0.9532	0.0468	0.0431	23.3
65	87,818	0.8782	0.9222	0.0778	0.0683	19.3
70	80,989	0.8099	0.8890	0.1110	0.0899	15.7
75	72,001	0.7200	0.8319	0.1681	0.1211	12.3
80	59,895	0.5990	0.7405	0.2595	0.1554	9.3
85	44,355	0.4436	0.5889	0.4111	0.1823	6.6
90	26,122	0.2612	0.3753	0.6247	0.1632	4.5
95	9,803	0.0980	0.1819	0.8181	0.0802	2.9
100	1,783	0.0178	0.0694	0.9306	0.0166	2.0
105	124	0.0012	0.0099	0.9901	0.0012	1.4
110	1	0.0000	0.0000	1.0000	0.0000	0.8
115	0	0.0000				

半数程度であり，この生き残り方が，80.2 歳という出生児の期待余命の長さに反映される．さらに，5 歳の女児がその後の 5 年間に死亡するのは 1,600 人に 1 人以下であるのに対し，85 歳では 25%以上，百寿者では 90%以上がその後の 5 年間に死亡する．全死亡の 1/5 近くが 80 歳から 85 歳の間に起こり，1/2 近くが 80 歳から 95 歳までの 15 年間に起こっていることがわかる．最後に，新生児の 2%以下が 100 歳まで生存し，これらの百寿者は平均してあと 2 年しか生きられないこともわかる．

c.　移住パターン

White and Lindstrom (2005) によれば，ヒトの移住率 (migration rate) は年齢によって異なっている．Rogers and Castro (1981) は，いくつかの国の統計をもとに，20 代前半の若年成人の移住率が最も高く，10 代の移住率が最も低く，新生児・乳児・幼児の移住率も高いという一般的傾向を報告している．その年齢別移住率の一般的パターンを図 8.12 に示した．この曲線パターンは，以下の原因別の曲線の合成である．(1) 労働に加わる前の齢区間 (0 齢から 10 代半ばにおける負の指数曲線，(2) 労働年齢 (10 代半ばから 60 代後半) の左に歪んでいる単峰曲線，(3) 労働年齢以降 (60 代後半から 70 代後半) のほぼベル型の曲線，(4) これらの合成による曲線のピークに，性別，国，時代，歴史的な出来事など，様々な要因に依存する．

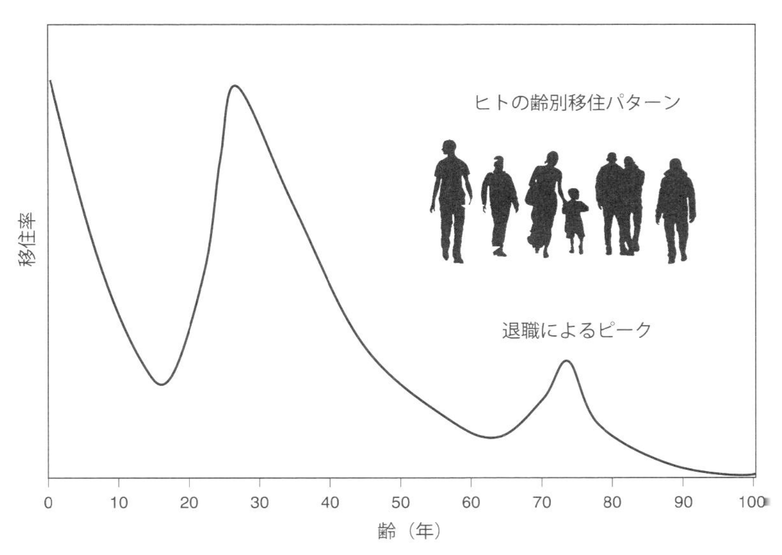

図 8.12　ヒトの移住スケジュールの概要 (Rogers and Castro 1981 の図 4 をもとに再描画)

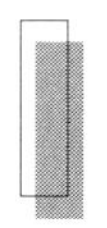

8.2 健康人口学 I：活動余命

Pol and Thomas (1992, p.1) によれば，健康人口学 (health demography) とは，健康状態や健康活動の研究に人口学の知見と方法を適用する分野のことである．つまり，健康人口学は，年齢，配偶者の有無，収入などが人々の健康状態と健康行動の両方にどのように影響するか，さらには，健康に関連する諸要因が健康にどのように影響するかに関心を寄せるものである．こうした健康人口学の利用普及が期待されてはいるものの，単なる死亡診断書に基づく死亡率や死因の統計が，依然として集団の健康調査や疫学における主役であり続けている (Kawachi and Subramanian 2005).

8.2.1 健康余命と関連する諸概念

健康人口学の研究全般，中でも健康余命の研究は，長寿にともなって，人生の健康な期間が長くなっているのか，あるいは反対に，不健康な期間が長くなっているのかを問題にするために始められた．健康余命の基本的な考え方は，平均余命を健康な状態で過ごす期間と，加齢によって障害をもったり病気を患うなど不健康な状態になったりして過ごす期間に分けることである．障害 (disability) とは，生活に必要な機能が制限される状態の総称である (WHO 2001). 生活に必要な機能の制限を診断するためのより具体的な項目は，食事，着替え，排泄，身だしなみ，寝起き，入浴などの日常の複数の生活動作で，それらは日常生活動作 (ADL: activities of daily living) と呼ばれる (Katz et al. 1983; Lamb and Siegel 2004). 自立した生活に関連した，より複雑な日常生活に関わる障害の度合いを測るための項目には，手段的日常生活動作 (IADL: instrumental activities of daily living) というものがあり，電話の使用，買い物，現金の管理などが含まれている．

集団の健康状態や障害状態に関するデータと死亡データを生命表にまとめると，様々な健康状態にある人の平均余命の推定値を算出することができる．例えば世界保健機関 (WHO) は，1979 年代と 1980 年代の国間の健康状態を比べるために，各国のそうした生命表データから無障害平均余命 (DFLE: disability-free life expectancy) を算出している (WHO 2014).

出生コホートの齢にともなう生残率，健康率，健常率の変化概要を描いた曲線を図 8.13 に示す．曲線 A の下の面積は健康平均寿命 (healthy life expectancy)，言い換えれば，病気や障害のない状態の生存延べ年数 (person-years lived) を表している (Hayward and Warner 2005). 曲線 A と曲線 B の間，曲線 B と曲線 C の間の面

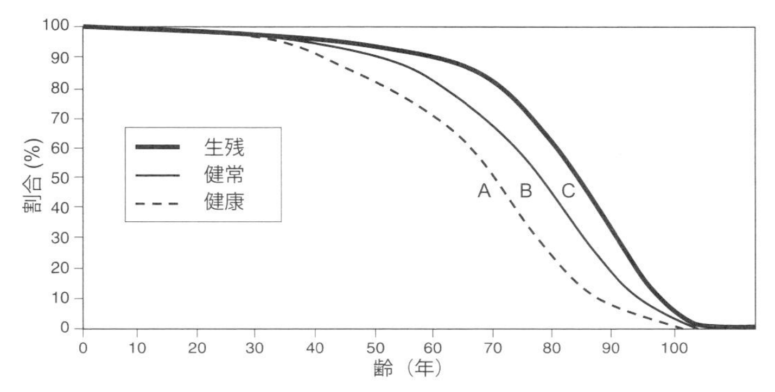

図 8.13 齢にともなう生残，健常，健康な人の割合変化の概念図 (Hayward and Warner 2005 から再描画)(原典：WHO 2001)

積は，それぞれ慢性疾患を抱えた人の生存延べ年数と障害を抱えた人の生存延べ年数を表している．曲線 A と曲線 C の間の面積は，慢性疾患を抱え，さらに障害をもった人の生存延べ年数を表している．これらの曲線により，集団における高齢者の健康状態の変化を詳しく把握することができる．このような集団の健康状態の尺度は，ある集団の健康状態と他の集団の健康状態を比較したり，同じ集団の健康状態を異なる時点で比較したり，集団内の齢別の健康格差を特定したり，定量化したりすることができる点で重要である (Lamb and Siegel 2004)．また，政策レベルでは，医療サービスの提供と計画の優先順位に関する議論に情報を提供し，ある政策の費用対効果を評価する目的で，健康への投資や保健指導による介入の有効性を分析するために使用することもできる．しかし，この方法を使う時，障害は必ずしも永続的なものではなく，また，高齢者において必ず死に先行するものでもないことに注意する必要がある (Hayward and Warner 2005)．また障害は，致死的な身体的条件と直接関係しているわけではなく，非致死的な体調を保てることもあるため，必ずしも死亡に先立つ健康不調の最終段階を意味するものでもないことにも注意する必要がある．

8.2.2 健康状態と余命

無障害平均余命 (DFLE: disability-free life expectancy) と障害平均余命 (DLE: disabled life expectancy) はどちらも，齢別生残率と，病気になったり障害を負ったりといった健康状態の変化を示す齢別罹患率や齢別障害率から求められる指標である．これらの平均余命は，齢 x の時点で生存している個体を，健康な状態と不健康な状態の 2 つの状態に分けて把握しているので，後で紹介する多状態生命表 (multistate life table) の考え方に準じたものと言える (Land and Rogers 1982)．障害なしで過ごせる期待年数である無障害平均余命の推定は，サリバン法 (Sullivan 1971) に基づくと，以下の式で表される．

$$\mathrm{DFLE}_x = \frac{1}{l_x}\sum_{y=x}^{\omega}(1 - {}_n\pi_y)\,{}_nL_y \tag{8.1}$$

ここで，DFLE_x は x 歳における無障害平均余命，つまり，x 歳に達した人の，健康であると期待される残り年数である．l_0 をコホートの実測初期人数として，l_x は x 歳における生残数，${}_n\pi_x$ は x から $x+n$ 歳の不健康な人の割合，$(1 - {}_n\pi_x)$ はその齢区間における健康な人の割合，${}_nL_x$ は，齢区間 x から $x+n$ におけるコホートメンバーの生存延べ年数，ω は最長齢を表す．

これに対して，x 歳での障害平均余命 (DLE: disabled life expectancy) は，以下の式で表される．

$$\mathrm{DLE}_x = \frac{1}{l_x}\sum_{y=x}^{\omega}\ {}_n\pi_y\ {}_nL_y \tag{8.2}$$

上記の障害者と健常者のこの 2 つの要素により，x 歳の余命 e_x は，次のように定められる．

$$e_x = \mathrm{DFLE}_x + \mathrm{DLE}_x = \frac{1}{l_x}\sum_{y=x}^{\omega}{}_nL_y \tag{8.3}$$

8.2.3 障害・無障害の多状態生命表分析

ここでは，Molla ら (2001) が提示した齢区間ごとの障害のある (あるいは不健康と見なされた) 人の割合を含むコホートデータをもとに，多状態生命表 (表 8.2) を完成させる手順を説明する．

1 列目：齢階級 x.

2 列目：初期数を 10 万人とした x 齢の生残数 l_x.

3 列目：x から $x+5$ 齢の区間の生存延べ年数 ${}_5L_x$.

4 列目：x から $x+5$ 齢の区間の障害のある人の割合 ${}_5\pi_x$．この割合は，通常，横断的調査から推定される．

5 列目：x から $x+5$ 齢の区間の健康な人の割合 $(1 - {}_5\pi_x)$.

6 列目：x から $x+5$ 齢の区間の**健康延べ生存年数** $(1 - {}_5\pi_x){}_5L_x$.

7 列目：x 齢以降の**健康延べ生存年数**．6 列目の x における値から最後の値までの合計 ${}_5T_x$.

8 列目：障害のない状態で過ごす期待年数 (障害なし余命) DFLE_x．7 列目の値を 2 列目の値で割る．

表 8.2　米国の白人女性の簡易生命表を用いた，サリバン法による齢別無障害平均余命の計算過程を含む多状態生命表

齢	齢区間の初めに生残している人数	齢区間における生存延べ年数	齢区間における障害のある人の割合	齢区間における健康な人の割合	齢区間における健康生存延べ年数	各齢区間以降における健康生存延べ年数	x における障害なし余命	x における障害期待余命	期待余命
x	l_x	${}_5L_x$	${}_5\pi_x$	$(1-{}_5\pi_x)$	$(1-{}_5\pi_x){}_5L_x$	${}_5T_x$	DFLE_x	DLE_x	e_x
(1)	(2)	(3)	(4)	(5)	(6)	(7)	(8)	(9)	(10)
0	100, 000	497, 211	0.0185	0.9815	488, 012	6, 981, 686	69.8	9.6	79.5
5	99, 321	496, 412	0.0196	0.9804	486, 682	6, 493, 674	65.4	9.6	75.0
10	99, 247	496, 020	0.0189	0.9811	486, 645	6, 006, 992	60.5	9.5	70.1
15	99, 156	495, 294	0.0435	0.9565	473, 749	5, 520, 347	55.7	9.4	65.1
20	98, 938	494, 163	0.0490	0.9510	469, 949	5, 046, 598	51.0	9.2	60.2
25	98, 720	492, 962	0.0617	0.9383	462, 546	4, 576, 649	46.4	9.0	55.4
30	98, 455	491, 441	0.0614	0.9386	461, 266	4, 114, 103	41.8	8.7	50.5
35	98, 094	489, 247	0.0773	0.9227	451, 428	3, 652, 837	37.2	8.5	45.7
40	97, 580	486, 191	0.0890	0.9110	442, 920	3, 201, 409	32.8	8.1	40.9
45	96, 861	481, 715	0.1094	0.8906	429, 015	2, 758, 489	28.5	7.7	36.2
50	95, 764	474, 612	0.1506	0.8494	403, 136	2, 329, 473	24.3	7.3	31.6
55	93, 969	463, 278	0.1919	0.8081	374, 375	1, 926, 338	20.5	6.6	27.1
60	91, 152	445, 546	0.2031	0.7969	355, 055	1, 551, 963	17.0	5.9	22.9
65	86, 772	419, 113	0.2257	0.7743	324, 520	1, 196, 908	13.8	5.1	18.9
70	80, 441	381, 366	0.2364	0.7636	291, 211	872, 388	10.8	4.4	15.2
75	71, 408	328, 775	0.2782	0.7218	237, 310	581, 177	8.1	3.6	11.8
80	59, 051	257, 187	0.3298	0.6702	172, 367	343, 867	5.8	2.9	8.7
85+	42, 880	255, 399	0.3285	0.6715	171, 501	171, 501	4.0	2.0	6.0

出典：Molla et al. (2001).

計算で登場した $_5L_x$ や $_5T_x$ などの記号は，2.2.2 項「簡易コホート生命表」で定義されたものである．また，説明は省略したが，8 列目の項目 DFLE_x を計算した同様の方法で 9 列目の DLE_x が計算される．そして，式 (8.3) により，10 列目の期待余命 (e_x) が求まる．完成した表 8.2 から，次のようなことがわかる．

出生児の期待余命 (e_0) と健康余命 (無障害平均余命：DFLE_0) は，それぞれ 79.5 年と 69.8 年と算出される．そして，0 歳時の不健康余命，すなわち障害余命 (DLE_0) は，この 2 つの値の差，すなわち 9.7 年である．つまり，1995 年の米国の死亡率と罹患率 (morbidity) を適用した場合，新生児の白人女性は 79.5 年生き，そのうち 9.7 年 (≈12%) は不健康で過ごすと予想される．同様に，65 歳時点の平均的な新生白人女性は，さらに 18.9 年生きると予想され，そのうち 1/4 以上である 5.1 年 (≈ 27%) は不健康で過ごすと予想される．

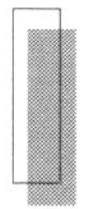

8.3 健康人口学 II：多死亡要因生命表

8.3.1 背　　景

多死亡要因生命表 (multiple-decrement life table) は，複数の死因のそれぞれの発生頻度や，ある死因を除去した場合に平均余命がどのように変化するかという問題を考えるために，保険数理において広く使用されている．通常の単要因生命表 (single-decrement life table) は，原因の区別なしに，単一の死亡要因にさらされた個体の生存の可能性を分析するためのものである．それに対して多要因生命表は，個体の死亡を病気，捕食者，寄生といった，死因別に記録する (Carey 1989; Preston et al. 2001).

死亡を研究する時，死亡確率について 2 つの捉え方がある．1 つ目は，他に死因がない場合について，ある原因による死亡確率だけに注目する場合で，それによって単要因生命表が作られる．もう一つは，複数の死亡要因がある時に，特定の原因によって死亡する確率に注目する場合であり，それを念頭にして作られるのが多要因生命表である (Preston et al. 1972)．多要因生命表は，複数の死亡要因が，ある個体の死に関して独立に作用しているという仮定に基づき，他の死因が存在するもとで，ある死因による死亡確率を問題にする．この考え方自体は，オペレーションズ・リサーチの信頼性理論に由来している．Keyfitz (1985) は，すべての部品の寿命が独自の生命表に従っており，部品のすべてが機能しているおかげで，正常に作動している時計を例にして，多要因生命表の死亡過程を説明した．ある個体がある齢まで生存する確率 (すなわち，時計が作動している確率) は，その構成部品のそれぞれがその年齢まで作動する独立した確率の積である．このようなシステムの死を引き起こす内部要因に適用される故障確率の概念は，人間の病気や事故，人間以外の種における捕食や寄生などのような，外部からもたらされる要因にも適用することができる．つまり，ある個体がある年齢 (あるいはステージ) まで生存する確率は，その齢までのすべての各齢において，独立したリスクによる死を免れる確率の積によって決まるということである．

一般的に，多要因死亡過程の理論 (multiple-decrement theory) は，次の 3 つの問いに関心をおく (Jordan 1967; Elandt-Johnson 1980; Namboodiri and Suchindran 1987).

(1) 異なる死因が同時に作用している集団における，死亡者の年齢 (あるいはステージ) 分布はどうなっているのだろうか．

(2) 生まれたばかりの個体が，特定の原因によって，ある年齢あるいはステージ後に死亡する確率はどれくらいか．

(3) ある死亡要因が取り除かれると，死亡パターンや寿命はどのように変化するか．

最初の 2 つの問いは死亡のパターンと死亡率の評価に関するものであり，最後の問いは競合リスク分析 (competing risk analysis) に関するものである．いずれの場合も，第一に，個々の死亡は，単一の原因によるものである，第二に，集団に作用している死因とそれらによる死亡確率は，どの個体も同等である，第三に，ある死因で死亡する確率は，他の死因で死亡する確率とは無関係である，という 3 つの仮定に基づいている．

8.3.2　多要因生命表の作成と分析

a.　死亡原因別データ

表 8.3 は，米国における 1999 年から 2001 年の女性の死亡者数データから，横断的簡易生命表として齢別死因別の死亡者数を再構成したものである．表では，初期年齢の人数を 1000 万人とし，x から $x+n$ までの年齢区間の死因別死亡数 ${}_nD_x^i$ (上付きの i は個別の死因を意味する)，この年齢区間での総死亡数 ${}_nD_x$ をまとめている．この期間における，腫瘍，循環器疾患・心臓疾患，事故および自殺，その他のそれぞれの項目による総死亡数は，約 180 万人，630 万人，34 万人，160 万人であった．35 歳から 90 歳の循環器疾患・心臓疾患による死者が最も多かった．1 歳から 5 歳の幼児と 15 歳から 20 歳の死亡の主な原因は事故であった．

b.　原因別の死亡割合

表 8.3 をもとに，複数の死亡原因による死亡過程を調べる方法を説明する．まず，新生個体が，x から $x+n$ までの年齢区間で原因 i で死亡する割合は，以下の式で求められる．

表 **8.3**　1999〜2001 年におけるアメリカの女性の齢別・原因別死亡数 *2)

齢区間 (年)		死亡原因 i による死亡者数 ${}_nD_x^i$				
		腫瘍	循環器疾患/心臓疾患	事故/自殺	その他	齢別総死者数
x–$(x+n)$	生残数	${}_nD_x^1$	${}_nD_x^2$	${}_nD_x^3$	${}_nD_x^4$	${}_nD_x$
0–1	10,000,000	104	1,861	2,130	7,989	12,084
1–5	9,987,916	572	697	4,316	1,097	6,682
5–10	9,981,233	654	412	3,056	461	4,583
10–15	9,976,650	649	567	3,579	508	5,303
15–20	9,971,347	849	1,244	14,817	627	17,537
20–25	9,953,810	1,250	1,863	13,766	995	17,874
25–30	9,935,936	2,303	2,893	12,070	1,575	18,841
30–35	9,917,095	4,900	5,134	13,267	2,699	26,000
35–40	9,891,095	10,705	9,717	17,021	4,598	42,041
40–45	9,849,053	21,302	17,208	18,586	7,272	64,368
45–50	9,784,685	37,606	28,782	17,683	10,712	94,783
50–55	9,689,902	65,592	53,556	15,831	16,595	151,574
55–60	9,538,328	107,295	98,276	15,596	29,392	250,559
60–65	9,287,769	159,744	172,774	15,175	50,667	398,360
65–70	8,889,409	209,197	278,354	16,030	81,989	585,570
70–75	8,303,840	261,799	451,294	19,233	131,645	863,971
75–80	7,439,870	294,531	757,774	27,080	210,723	1,290,108
80–85	6,149,763	272,558	1,138,773	34,342	294,997	1,740,670
85–90	4,409,092	197,506	1,392,993	36,594	327,968	1,955,061
90–95	2,454,031	103,294	1,227,040	28,781	260,680	1,619,795
95–100	834,237	35,353	657,775	13,913	127,196	834,237
100–105	0	—	—	—	—	—
	死因ごとの総死者数	1,787,764	6,298,985	342,865	1,570,386	10,000,000

出典：Arias et al. (2013).

$$ {}_nd_x^i = \frac{{}_nD_x^i}{D} \tag{8.4} $$

ここで D は，表 8.3 のすべての死亡者数である．

死亡を齢ごとに原因別の割合でプロットすると，いくつかの齢別のパターンが見えてくる (図 8.14)．新生児と乳児期では，「その他」に類別される死因による割合が極めて高い．10 歳から 40 歳では，事故および自殺が死因の 2/3 以上を占めている．50 歳前後で大きな転換期を迎え，腫瘍や循環器疾患/心臓疾患が全死亡の約 75%を占めるようになる．そして，高齢になると 10 人のうち 7 人が心臓病で死亡するようになる．

x 齢から $x+n$ 齢までの年齢区間に死亡する割合は，その区間のすべての死因別死者割合の合計として，次のように与えられる．

---

*2)　${}_nD_x^i$ の前下付きの n は死亡者数をまとめた年齢区間間隔，x はその齢間隔の最初の齢である．

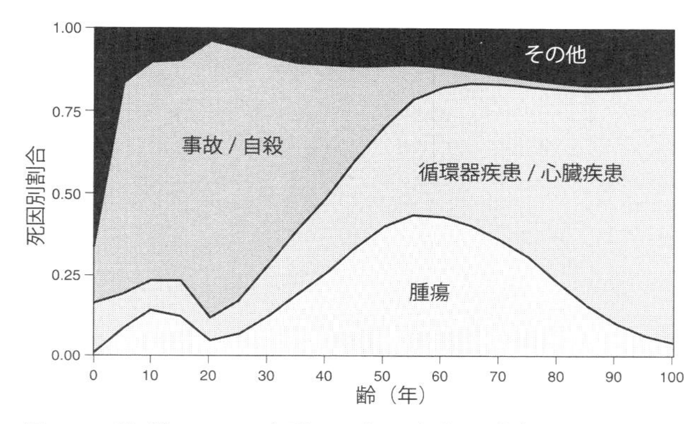

図 **8.14**　齢ごとの 3 つの主要カテゴリーと「その他」の死因別の頻度
表 8.4 に示したデータによる (出典：Arias et al. 2013).

表 **8.4**　年齢区間ごと，死因ごとの死亡者割合

齢区間 (年)	コホート生残率	死亡原因 i による死亡割合 ${}_nd_x^i$ 腫瘍 ($i=1$)	循環器疾患/心臓疾患 ($i=2$)	事故/自殺 ($i=3$)	その他 ($i=4$)	齢区間別全原因による死亡割合
x–$(x+n)$	l_x	${}_nd_x^1$	${}_nd_x^2$	${}_nd_x^3$	${}_nd_x^4$	${}_nd_x$
0–1	1.0000	0.0000	0.0002	0.0002	0.0008	0.0012
1–5	0.9988	0.0001	0.0001	0.0004	0.0001	0.0007
5–10	0.9981	0.0001	0.0000	0.0003	0.0000	0.0004
10–15	0.9977	0.0001	0.0001	0.0004	0.0001	0.0007
15–20	0.9971	0.0001	0.0001	0.0015	0.0001	0.0018
20–25	0.9954	0.0001	0.0002	0.0014	0.0001	0.0018
25–30	0.9936	0.0002	0.0003	0.0012	0.0002	0.0019
30–35	0.9917	0.0005	0.0005	0.0013	0.0003	0.0026
35–40	0.9891	0.0011	0.0010	0.0017	0.0005	0.0043
40–45	0.9849	0.0021	0.0017	0.0019	0.0007	0.0064
45–50	0.9785	0.0038	0.0029	0.0018	0.0011	0.0096
50–55	0.9690	0.0066	0.0054	0.0016	0.0017	0.0152
55–60	0.9538	0.0107	0.0098	0.0016	0.0029	0.0251
60–65	0.9288	0.0160	0.0173	0.0015	0.0051	0.0398
65–70	0.8889	0.0209	0.0278	0.0016	0.0082	0.0586
70–75	0.8304	0.0262	0.0451	0.0019	0.0132	0.0864
75–80	0.7440	0.0295	0.0758	0.0027	0.0211	0.1290
80–85	0.6150	0.0273	0.1139	0.0034	0.0295	0.1741
85–90	0.4409	0.0198	0.1393	0.0037	0.0328	0.1955
90–95	0.2454	0.0103	0.1227	0.0029	0.0261	0.1620
95–100	0.0834	0.0035	0.0658	0.0014	0.0127	0.0834
100–105	0.0000					
死亡原因ごとの合計死亡割合		0.17878	0.62990	0.03429	0.15704	1.00000

出典：Arias et al. (2013).

$$ {}_n d_x = \sum_{i=1}^{4} {}_n d_x^i \tag{8.5} $$

これらについて表 8.4 に示す.

x 齢以降の各年齢区間で死因 i によって死亡する割合の合計は，以下の式で求められる.

$$ {}_\infty d_x^i = \sum_{y=x}^{\infty} {}_n d_y^i $$

そして，x から $x+n$ の年齢区間で生残している人が，将来死因 i で生涯を終える確率は，上式を x 齢における生残率 (l_x) で割る以下の式で求められる (Arias et al. 2013).

$$ {}_\infty q_x^i = \frac{{}_\infty d_x^i}{l_x} \tag{8.6} $$

これらのことから各年齢区間ごとで，将来に死亡する原因別の確率を計算し，表 8.5

表 8.5　各年齢区間の生残個体が，将来死因 i で生涯を終える確率

齢区間 (年)	腫瘍 $(i=1)$	循環器疾患/心臓疾患 $(i=2)$	事故/自殺 $(i=3)$	その他 $(i=4)$
x–$(x+n)$	${}_\infty q_x^1$	${}_\infty q_x^2$	${}_\infty q_x^3$	${}_\infty q_x^4$
0–1	0.1788	0.6299	0.0343	0.1570
1–5	0.1790	0.6305	0.0341	0.1564
5–10	0.1790	0.6308	0.0337	0.1564
10–15	0.1791	0.6311	0.0334	0.1564
15–20	0.1791	0.6314	0.0331	0.1565
20–25	0.1793	0.6323	0.0316	0.1567
25–30	0.1795	0.6333	0.0303	0.1569
30–35	0.1796	0.6342	0.0292	0.1570
35–40	0.1796	0.6354	0.0279	0.1572
40–45	0.1793	0.6371	0.0263	0.1574
45–50	0.1783	0.6395	0.0246	0.1577
50–55	0.1761	0.6428	0.0230	0.1581
55–60	0.1721	0.6474	0.0217	0.1589
60–65	0.1652	0.6543	0.0206	0.1600
65–70	0.1546	0.6642	0.0198	0.1615
70–75	0.1403	0.6775	0.0193	0.1630
75–80	0.1214	0.6955	0.0189	0.1642
80–85	0.0990	0.7182	0.0185	0.1644
85–90	0.0762	0.7434	0.0180	0.1624
90–95	0.0565	0.7680	0.0174	0.1581
95–100	0.0424	0.7885	0.0167	0.1525
100–105				

出典：Arias et al. (2013).

に示す．新生児から 60 歳代初めまで，将来，何が原因で死亡するかは，死因ごとにほぼ一定しているが，60 歳代中頃を越えると，年齢につれて腫瘍で死ぬ可能性が減り，心臓疾患で死亡する可能性が高まることがわかる．

c.　競合死亡リスク *3)

競合する死亡リスクが，齢ごとにどのように変わるかについても見ることにする．各 x から $x+n$ の年齢区間ごとの死因 i による死亡者数の割合は，以下で計算される．

$$ {}_nr_x^i = \frac{{}_nD_x^i}{{}_nD_x} \tag{8.7} $$

これによって求めた齢ごとの死因別の死亡者割合を表 8.6 に示す．x から $x+n$ の年齢区間で死亡する確率は，以下の式で表され，

表 8.6　x 齢から $x+n$ 齢の年齢区間ごとの死因別死亡者割合 (各行の値の合計は 1 になる)

齢区間 (年)	腫瘍 ($i=1$)	循環器疾患/心臓疾患 ($i=2$)	事故/自殺 ($i=3$)	その他 ($i=4$)
x–$x+n$	${}_nr_x^1$	${}_nr_x^2$	${}_nr_x^3$	${}_nr_x^4$
0–1	0.0086	0.1540	0.1763	0.6611
1–5	0.0856	0.1043	0.6459	0.1642
5–10	0.1427	0.0899	0.6668	0.1006
10–15	0.1224	0.1069	0.6749	0.0958
15–20	0.0484	0.0709	0.8449	0.0358
20–25	0.0699	0.1042	0.7702	0.0557
25–30	0.1222	0.1535	0.6406	0.0836
30–35	0.1885	0.1975	0.5103	0.1038
35–40	0.2546	0.2311	0.4049	0.1094
40–45	0.3309	0.2673	0.2887	0.1130
45–50	0.3968	0.3037	0.1866	0.1130
50–55	0.4327	0.3533	0.1044	0.1095
55–60	0.4282	0.3922	0.0622	0.1173
60–65	0.4010	0.4337	0.0381	0.1272
65–70	0.3573	0.4754	0.0274	0.1400
70–75	0.3030	0.5223	0.0223	0.1524
75–80	0.2283	0.5874	0.0210	0.1633
80–85	0.1566	0.6542	0.0197	0.1695
85–90	0.1010	0.7125	0.0187	0.1678
90–95	0.0638	0.7575	0.0178	0.1609
95–100	0.0424	0.7885	0.0167	0.1525
100–105				

出典：Arias et al. (2013).

*3)　本項目は，著者の承諾を受け大幅に書き換えられている．

$$ {}_nq_x = \frac{{}_nd_x}{l_x} \tag{8.8}$$

一方，この年齢区間で死亡しない確率は，

$$ {}_np_x = 1 - {}_nq_x \tag{8.9}$$

である．

式 (8.7)〜(8.9) より，年齢区間における生存，競合死亡リスク別死亡のすべての事象の関係は，以下の全確率の公式でまとめられる．

$$ {}_np_x + {}_nq_x \left({}_nr_x^1 + {}_nr_x^2 + {}_nr_x^3 + {}_nr_x^4\right) = 1 \tag{8.10}$$

ここで，左辺の第 1 項はこの年齢区間の生存確率，第 2 項は死亡確率である．第 2 項の括弧内の 4 つの項は，それぞれ各競合リスクによる死亡の割合である．

表 8.7　死因 i を取り除いた場合の各 x 齢から $x+n$ 齢の年齢区間の生存率

齢区間 (年)	取り除かれる死因 i			
	腫瘍 ($i=1$)	循環器疾患/心臓疾患 ($i=2$)	事故/自殺 ($i=3$)	その他 ($i=4$)
x–$(x+n)$	${}_np_x^{(-1)}$	${}_np_x^{(-2)}$	${}_np_x^{(-3)}$	${}_np_x^{(-4)}$
0–1	0.9988	0.9990	0.9990	0.9996
1–5	0.9994	0.9994	0.9998	0.9994
5–10	0.9996	0.9996	0.9998	0.9996
10–15	0.9995	0.9995	0.9998	0.9995
15–20	0.9983	0.9984	0.9997	0.9983
20–25	0.9983	0.9984	0.9996	0.9983
25–30	0.9983	0.9984	0.9993	0.9983
30–35	0.9979	0.9979	0.9987	0.9977
35–40	0.9968	0.9967	0.9975	0.9962
40–45	0.9956	0.9952	0.9953	0.9942
45–50	0.9941	0.9932	0.9921	0.9914
50–55	0.9911	0.9899	0.9860	0.9861
55–60	0.9849	0.9840	0.9753	0.9768
60–65	0.9741	0.9755	0.9587	0.9625
65–70	0.9571	0.9649	0.9359	0.9431
70–75	0.9263	0.9489	0.8981	0.9111
75–80	0.8633	0.9244	0.8299	0.8527
80–85	0.7553	0.8913	0.7217	0.7585
85–90	0.5905	0.8450	0.5627	0.6141
90–95	0.3642	0.7698	0.3465	0.4044
95–100	0.0000	0.0000	0.0000	0.0000
100–105				

出典：Arias et al. (2013).

d.　ある死因が除外されると

これまでに用意した式 (8.8)〜(8.10) を用いて，ある死因が，他の死因による死亡に影響することなく取り除かれた場合，生存率がどうなるかを考えることができる．例えば，死因 1 が完全に除去されると，その分が生存することになる．そのことは，式 (8.10) から以下のような式を導くことによって見ることができる．

$$\overbrace{\left({}_np_x + {}_nq_x\ {}_nr_x^1\right)}^{{}_np_x^{(-1)}} + \overbrace{{}_nq_x\left({}_nr_x^2 + {}_nr_x^3 + {}_nr_x^4\right)}^{{}_nq_x^{(-1)}} = 1 \tag{8.11}$$

第 1 項で示す生存確率は，除去された死因 1 の分だけ増加し，第 2 項で示す死亡確率は，その分だけ減少している．その結果の生存率を ${}_np_x^{(-1)}$，死亡率を ${}_nq_x^{(-1)}$ と記すことにする．表 8.7 に，それぞれの死因の一つが取り除かれた時の，各年齢区間の生存率を示す．表 8.7 の列ごとの値から，以下の式により，死因 i を取り除いた場合の

表 8.8　死因 i を取り除いた場合の齢にともなう生残率

齢区間 (年)	コホート生残率	死因 i が取り除かれた場合のコホート生残率			
		腫瘍 ($i=1$)	循環器疾患/心臓疾患 ($i=2$)	事故/自殺 ($i=3$)	その他 ($i=4$)
x–$(x+n)$	l_x	$l_x^{(-1)}$	$l_x^{(-2)}$	$l_x^{(-3)}$	$l_x^{(-4)}$
0–1	1.0000	1.0000	1.0000	1.0000	1.0000
1–5	0.9988	0.9988	0.9990	0.9990	0.99[illegible]6
5–10	0.9981	0.9982	0.9984	0.9988	0.99[illegible]0
10–15	0.9977	0.9978	0.9980	0.9986	0.99[illegible]6
15–20	0.9971	0.9973	0.9975	0.9984	0.99[illegible]1
20–25	0.9954	0.9957	0.9959	0.9982	0.99[illegible]4
25–30	0.9936	0.9940	0.9943	0.9978	0.99[illegible]8
30–35	0.9917	0.9923	0.9927	0.9971	0.99[illegible]0
35–40	0.9891	0.9902	0.9906	0.9958	0.99[illegible]7
40–45	0.9849	0.9871	0.9873	0.9933	0.98[illegible]9
45–50	0.9785	0.9828	0.9826	0.9887	0.9812
50–55	0.9690	0.9770	0.9760	0.9809	0.97[illegible]8
55–60	0.9538	0.9683	0.9661	0.9671	0.95[illegible]2
60–65	0.9288	0.9537	0.9506	0.9433	0.93[illegible]9
65–70	0.8889	0.9290	0.9273	0.9043	0.9018
70–75	0.8304	0.8892	0.8947	0.8463	0.85[illegible]4
75–80	0.7440	0.8236	0.8489	0.7601	0.77[illegible]8
80–85	0.6150	0.7111	0.7848	0.6308	0.66[illegible]7
85–90	0.4409	0.5371	0.6995	0.4553	0.5012
90–95	0.2454	0.3171	0.5911	0.2562	0.30[illegible]8
95–100	0.0834	0.1155	0.4550	0.0888	0.12[illegible]5
100–105		0.0000	0.0000	0.0000	0.0000

出典：Arias et al. (2013).

x 齢におけるコホート生残率を求めることができる.

$$l_x^{(-i)} = \prod_{y=0}^{x-1} {}_n p_y^{(-i)} \tag{8.12}$$

その結果を表 8.8 に示す．この表で，どの死因も取り除かれなかった場合のコホート生残率 l_x と比較することができる．さらに表 8.9 に，どの死因も取り除かれなかった場合と，それぞれの死因を完全に取り除いた場合の，各年齢区間の生存延べ年数を示す．また最後に，どの死因も取り除かなかった場合と，それぞれの死因を完全に取り除いた場合の，各年齢区間における平均余命を示す (訳注表 8-1).

表 8.9　死因 i を取り除いた場合の x 齢から $x+n$ 齢の年齢区間の生存延べ年数 *4)

齢区間 (年)	各齢区間の生存延べ年数	死因 i が取り除かれた場合の生存延べ年数			
		腫瘍 ($i=1$)	循環器疾患/心臓疾患 ($i=2$)	事故/自殺 ($i=3$)	その他 ($i=4$)
x–$(x+n)$	${}_nL_x$	${}_nL_x^{(-1)}$	${}_nL_x^{(-2)}$	${}_nL_x^{(-3)}$	${}_nL_x^{(-4)}$
0–1	0.9994	0.9994	0.9995	0.9995	0.9998
1–5	4.9923	4.9925	4.9934	4.9944	4.9966
5–10	4.9895	4.9900	4.9909	4.9935	4.9941
10–15	4.9870	4.9878	4.9886	4.9926	4.9919
15–20	4.9813	4.9825	4.9834	4.9915	4.9865
20–25	4.9724	4.9742	4.9753	4.9898	4.9780
25–30	4.9633	4.9659	4.9673	4.9871	4.9695
30–35	4.9520	4.9564	4.9581	4.9822	4.9593
35–40	4.9350	4.9433	4.9448	4.9727	4.9441
40–45	4.9084	4.9247	4.9248	4.9548	4.9204
45–50	4.8686	4.8995	4.8964	4.9238	4.8850
50–55	4.8071	4.8634	4.8551	4.8699	4.8300
55–60	4.7065	4.8050	4.7916	4.7759	4.7404
60–65	4.5443	4.7067	4.6945	4.6189	4.5968
65–70	4.2983	4.5454	4.5548	4.3766	4.3805
70–75	3.9359	4.2820	4.3591	4.0161	4.0632
75–80	3.3974	3.8367	4.0843	3.4774	3.5888
80–85	2.6397	3.1203	3.7107	2.7152	2.9047
85–90	1.7158	2.1355	3.2264	1.7786	2.0223
90–95	0.8221	1.0816	2.6151	0.8624	1.0805
95–100	0.2086	0.2887	1.1375	0.2219	0.3111
100–105	0.0000	0.0000	0.0000	0.0000	0.0000

注：これらは，第 2 章の式 (2.19) を使って，表 8.8 内のコホート生残率より求めることができる.
出典：Arias et al. (2013).

8.4 家族人口学

家族人口学 (family demography) は人口学の一分野であり，広義には，世帯や家族単位について，その構造や形成過程も含めて研究する学問である．家族および世帯は，結婚，離婚，出産といった人口動態と関連する過程や，家族に関わる様々な出来事によって，非常に複雑になることがある．そうした出来事が起こる時期，回数，順序によって，家族構成や世帯構成も変化する．Watkins らが述べているように，すべての個人は，ある時期にはある家族の一員である (Watkins et al. 1987)．そして，あらゆる社会は家族の役割を明確にしており，家族のあり方は，家族の構成員数だけでなく，構成員の立場や属性を規定する年齢，性別，配偶者の有無といった特性に基づいている．寿命が延びるということは，子供，親，祖父母，あるいは配偶者という役割を果たしながら家族として過ごす時間が長くなるということであり，したがってそ

*4) それぞれの死因を取り除いた場合の平均余命を訳注表 8-1 に示す．寿命を大きく改善するのは，死因 2 の循環器疾患/心臓疾患を取り除くことであることがわかる．

訳注表 8-1 それぞれの死因 i を取り除いた場合の，各年齢区間の初めにおける平均余命

齢区間 (年)		取り除かれる死因			
		腫瘍	循環器疾患/心臓疾患	事故/自殺	その他
	e_x	$e_x^{(-1)}$	$e_x^{(-2)}$	$e_x^{(-3)}$	$e_x^{(-4)}$
0–1	81.62	84.28	88.65	82.49	83.14
1–5	80.72	83.38	87.74	81.58	82.18
5–10	75.78	78.43	82.79	76.59	77.22
10–15	70.81	73.46	77.82	71.61	72.25
15–20	65.85	68.5	72.86	66.62	67.29
20–25	60.96	63.6	67.97	61.63	62.4
25–30	56.06	58.71	63.08	56.66	57.5
30–35	51.16	53.8	58.18	51.7	52.6
35–40	46.29	48.91	53.3	46.76	47.71
40–45	41.48	44.06	48.47	41.87	42.89
45–50	36.73	39.24	43.69	37.06	38.12
50–55	32.07	34.46	38.96	32.33	33.43
55–60	27.54	29.74	34.34	27.76	28.87
60–65	23.22	25.16	29.86	23.39	24.49
65–70	19.14	20.76	25.55	19.29	20.35
70–75	15.32	16.58	21.38	15.45	16.43
75–80	11.81	12.7	17.4	11.91	12.79
80–85	8.758	9.318	13.62	8.843	9.563
85–90	6.229	6.527	9.977	6.288	6.811
90–95	4.2	4.321	6.349	4.232	4.521
95–100	2.501	2.5	2.5	2.499	2.499
100–105	0	0	0	0	0

れぞれの家族の役割が人口動態に果たす機能を変化させることになる.

家族人口学が重要とされるいくつかの理由がある (Höhn 1987; Ruggles 2012). まず, 家族人口学では, 出生率を, 夫婦の状態, すでに子供がいるか, 兄弟姉妹がいるかという家族の状態をふまえて評価する点である. そのため, 家族人口学では, 家族内の子供の数や兄弟の男女比, 男女の産み分けや子作りをやめるかどうかの判断に関係する情報に注目する. 例えば, ある夫婦が男女各 1 人の子供, あるいは 1 人の息子を欲しがっている場合, 希望の子供がいなければ, その夫婦は子供を作ろうとし続けるかもしれない. 第二に, 家族人口学は, 両親による子供の世話や年老いた親の面倒など, 将来的および現実的な世話に関する情報を提供する点である. さらに, 配偶者が亡くなってから再婚するまでの期間など, 寡婦・寡夫に関する統計も明らかにする.

8.4.1 家族の生活環

Höhn (1987) は, 家族の生活環 (family life cycle) に関する標準的なモデルを提案した. そのモデルは, 結婚に始まり, 両方の配偶者の死で終わる 6 つのステージを考えている (表 8.10). なお, 夫婦に子供がいない場合, II～IV のステージは削除され, 夫婦に子供が 1 人の場合, II と III のステージはひとまとめとされる. 離婚と再婚によって, 混合家族ができたり, 年長児の養子縁組をしたり, 優先親権か分離親権かで子供が分かれたりと, 無数のバリエーションがあるので, このような標準モデルはごく一部の家族にしか当てはまらないかもしれない.

8.4.2 事例：チャールズ・ダーウィンの家族

多くの科学者たちは, それぞれの分野で偉大な貢献をした「巨人」たちのことは知っていても, 彼らの配偶者の有無や子供の有無など, 家庭生活について詳しく知っている人はあまりいない. 遺伝学の父と見なされているアウグスティノ会の修道士グレゴリー・メンデル (Gregory Mendel) やイギリスの数学者アイザック・ニュートン (Isaac

表 8.10　家族の生活環における標準的ステージ

ステージ	境　目	
	始まり	終わり
I. 結成	結婚	第一子誕生
II. 拡大	第一子誕生	末子誕生
III. 拡大終了	末子誕生	第一子の独立
IV. 縮小	第一子の独立	末子の独立
V. 縮小終了	末子の独立	最初の配偶者が死亡
VI. 解消	最初の配偶者が死亡	残った配偶者が死亡

出典：Höhn (1987) の表 4.1.

Newton 卿) など，結婚せず子供も持たなかった人たちを除いて，人口学や生物学の先駆者の大半は結婚し子供をもうけている．例えば，『死亡統計表 (*Bill of Mortality*)』の著者ジョン・グラント (John Graunt) には 1 人の子供，フランスの博物学者ビュフォン伯爵 (Comte de Buffon) には 2 人の子供，『人口論』の著者であるイギリスの聖職者トマス・マルサス (Thomas Malthus)，イギリスの博物学者ヘンリー・ウォレス (Henry Wallace) にはともに 3 人の子供がいた．このように，科学界の巨人の多くは，比較的小家族であったようである．世界で最も偉大な生物学者といわれるチャールズ・ダーウィン (Charles Darwin) はそうではなかった．彼は，自然淘汰による進化という概念を提唱した人物であるだけでなく，10 人の子供を持つ父親でもあった．ダーウィンの家族構成を表 8.11 で見てみよう．

簡単に彼の経歴を説明しておくと，重要な背景が見えてくる．1809 年，ダーウィンは 6 人兄弟の 5 番目として生まれた．父親は裕福な医師で，母親は陶器で財を成したジョサイア・ウェッジウッド (Josiah Wedgwood) の孫娘であった．ケンブリッジ大学を卒業したばかりのダーウィンは，1831 年 12 月 27 日，ビーグル号で世界一周の航海に出発した．旅に出て 6 週間目に，彼は 23 歳の誕生日を迎えた．1836 年 10 月 2 日に帰国した時，彼は 28 歳の誕生日を 4 カ月後に控えていた．5 年間も世界中を旅していたため，結婚の見込みはなかったと思われていたが，帰国後 2 年足らずで，年上のいとこのエマ・ウェッジウッド (Emma Wedgwood) と結婚した (1839 年 1 月 29 日)．3 年足らずで長男 (ウィリアム・エラスマス・ダーウィン：William Erasmas Darwin) が誕生した．

表 8.11 と表 8.12 に含まれる情報から，ダーウィンの人生について興味深い点がいくつも浮かび上がってくる．まず，チャールズとエマはともに 30 歳以上の年齢で結婚した．これは当時の平均的な結婚年齢よりも高く (女性の平均結婚年齢については，Crafts 1978 を参照)，10 人の子供からなる家庭を作るには遅いスタートであった．第二に，夫婦は 17 年の間に子供を増やし，平均出産間隔は約 20 カ月だった．第三に，『種の起源』が出版された時 (1859 年)，チャールズは 50 歳であり，最初の子供 (ウィリアム・エラスマス・ダーウィン) がケンブリッジ大学に入学するために家を出るのと同じ年であったことだ．第四に，彼が 73 歳で亡くなった時，彼の子供たちは 31 歳から 43 歳までと幅広い年齢層であったことだ．そして最後に，エマはチャールズが亡くなった時 74 歳だったので，1896 年に 88 歳で亡くなるまで 14 年間未亡人だったことになる．こうしてチャールズ・ダーウィンの「家族」は 57 年間続いた．ダーウィンの家，家庭，家族が彼の科学に果たした役割についての面白い視点については，Costa (2017) と Nicholls (2017) を参照されたい．

表 8.11 チャールズ・ダーウィンの家族のライフサイクル表

家族名	創始者	名前	誕生年月日	死亡年月日	死亡年齢
ダーウィン夫妻	父親	チャールズ・ロバート・ダーウィン	1809 年 2 月 12 日	1882 年 4 月 19 日	73 歳
	母親	エマ・ウェッジウッド	1808 年 5 月 2 日	1896 年 10 月 7 日	88 歳

西暦	齢 (年) 両親 妻	夫	家族結成からの年	子供 ウィリアム エラスマス 1	アン エリザベス 2	メアリー エレノア 3	ヘンリエッタ メアリー 4	ジョージ ハワード 5	エリザベス 6	フランシス 7	レオナード 8	ホーレス 9	チャールズ ウォリング 10	子供の平均年齢
1839	31	30	0	0										0.0
1840	32	31	1	1										1.0
1841	33	32	2	2	0									1.0
1842	34	33	3	3	1	0								1.3
1843	35	34	4	4	2	—	0							2.0
1844	36	35	5	5	3	—	1							3.0
1845	37	36	6	6	4	—	2	0						3.0
1846	38	37	7	7	5	—	3	1						4.0
1847	39	38	8	8	6	—	4	2	0					4.0
1848	40	39	9	9	7	—	5	3	1	0				4.2
1849	41	40	10	10	8	—	6	4	2	1				5.2
1850	42	41	11	11	9	—	7	5	3	2	0			5.3
1851	43	42	12	12	10	—	8	6	4	3	1	0		5.5
1852	44	43	13	13	—	—	9	7	5	4	2	1		5.9
1853	45	44	14	14	—	—	10	8	6	5	3	2		6.9
1854	46	45	15	15	—	—	11	9	7	6	4	3		7.9
1855	47	46	16	16	—	—	12	10	8	7	5	4		8.9
1856	48	47	17	17	—	—	13	11	9	8	6	5	0	8.6
1857	49	48	18	18	—	—	14	12	10	9	7	6	1	9.6
1858	50	49	19	19	—	—	15	13	11	10	8	7	2	10.6
1859[a]	51	50	20	20	—	—	16	14	12	11	9	8	—	12.9
1860	52	51	21	21	—	—	17	15	13	12	10	9	—	13.9
1861	53	52	22	22	—	—	18	16	14	13	11	10	—	14.9
1862	54	53	23	23	—	—	19	17	15	14	12	11	—	15.9
1863	55	54	24	24	—	—	20	18	16	15	13	12	—	16.9

(続く)

表 8.11 (つづき)

家族名				創始者	名前			誕生年月日		死亡年月日		死亡年齢		
ダーウィン夫妻				父親	チャールズ・ロバート・ダーウィン			1809 年 2 月 12 日		1882 年 4 月 19 日		73 歳		
				母親	エマ・ウェッジウッド			1808 年 5 月 2 日		1896 年 10 月 7 日		88 歳		
西暦	齢 (年)			子供										
	両親		家族結成からの年	ウィリアム エラスマス 1	アン エリザベス 2	メアリー エレノア 3	ヘンリエッタ メアリー 4	ジョージ ハワード 5	エリザベス 6	フランシス 7	レオナード 8	ホーレス 9	チャールズ ウォリング 10	子供の平均年齢
	妻	夫												
1864	56	55	25	25	—	—	21	19	17	16	14	13	—	17.9
1865	57	56	26	26	—	—	22	20	18	17	15	14	—	18.9
1866	58	57	27	27	—	—	23	21	19	18	16	15	—	19.9
1867	59	58	28	28	—	—	24	22	20	19	17	16	—	20.9
1868	60	59	29	29	—	—	25	23	21	20	18	17	—	21.9
1869	61	60	30	30	—	—	26	24	22	21	19	18	—	22.9
1870	62	61	31	31	—	—	27	25	23	22	20	19	—	23.9
1871	63	62	32	32	—	—	28	26	24	23	21	20	—	24.9
1872	64	63	33	33	—	—	29	27	25	24	22	21	—	25.9
1873	65	64	34	34	—	—	30	28	26	25	23	22	—	26.9
1874	66	65	35	35	—	—	31	29	27	26	24	23	—	27.9
1875	67	66	36	36	—	—	32	30	28	27	25	24	—	28.9
1876	68	67	37	37	—	—	33	31	29	28	26	25	—	29.9
1877	69	68	38	38	—	—	34	32	30	29	27	26	—	30.9
1878	70	69	39	39	—	—	35	33	31	30	28	27	—	31.9
1879	71	70	40	40	—	—	36	34	32	31	29	28	—	32.9
1880	72	71	41	41	—	—	37	35	33	32	30	29	—	33.9
1881	73	72	42	42	—	—	38	36	34	33	31	30	—	34.9
1882[b]	74	73	43	43	—	—	39	37	35	34	32	31	—	35.9
1883	75	—	44	44	—	—	40	38	36	35	33	32	—	36.9
1884	76	—	45	45	—	—	41	39	37	36	34	33	—	37.9
1885	77	—	46	46	—	—	42	40	38	37	35	34	—	38.9
1886	78	—	47	47	—	—	43	41	39	38	36	35	—	39.9
1887	79	—	48	48	—	—	44	42	40	39	37	36	—	40.9
1888	80	—	49	49	—	—	45	43	41	40	38	37	—	41.9
1889	81	—	50	50	—	—	46	44	42	41	39	38	—	42.9

(続く)

表 8.11 (つづき)

家族名	創始者	名前	誕生年月日	死亡年月日	死亡年齢
ダーウィン夫妻	父親	チャールズ・ロバート・ダーウィン	1809 年 2 月 12 日	1882 年 4 月 19 日	73 歳
	母親	エマ・ウェッジウッド	1808 年 5 月 2 日	1896 年 10 月 7 日	88 歳

西暦	齢 (年)			子供										
	両親		家族結成からの年	ウィリアム エラスマス 1	アン エリザベス 2	メアリー エレノア 3	ヘンリエッタ メアリー 4	ジョージ ハワード 5	エリザベス 6	フランシス 7	レオナード 8	ホーレス 9	チャールズ ウォリング 10	子供の平均年齢
	妻	夫												
1890	82	—	51	51	—	—	47	45	43	42	40	39	—	43.9
1891	83	—	52	52	—	—	48	46	44	43	41	40	—	44.9
1892	84	—	53	53	—	—	49	47	45	44	42	41	—	45.9
1893	85	—	54	54	—	—	50	48	46	45	43	42	—	46.9
1894	86	—	55	55	—	—	51	49	47	46	44	43	—	47.9
1895	87	—	56	56	—	—	52	50	48	47	45	44	—	48.9
1896[c]	88	—	57	57	—	—	53	51	49	48	46	45	—	49.9
					—	—							—	
死亡齢	88	73		75	10	0	84	67	79	77	93	77	2	79.2[d]

[a]『種の起源』が出版された年．[b] チャールズ・ダーウィンが亡くなった年．[c] エマが亡くなった年．[d] 10 歳よりも長く生存したチャールズとエマの子供の平均死亡齢．

表 8.12　チャールズとエマのダーウィン家の生活環 (ライフサイクル)

ステージ	年 開始	年 終了	期間 (年) ステージ期間	期間 (年) 累積期間	両親の年齢 エマ	両親の年齢 チャールズ
Ⅰ. 結成	1839	1839	< 1	< 1	31	30
Ⅱ. 拡大	1839	1856	17	17	48	47
Ⅲ. 拡大終了	1856	1858	2	19	50	49
Ⅳ. 縮小	1858	1870	12	31	62	61
Ⅴ. 縮小終了	1870	1882	12	43	74	73
Ⅵ. 解消	1882	1896	14	57	88	—

Clark (2014) は，チャールズ・ダーウィンの生き延びた 7 人の子供がもうけた孫はわずか 9 人で，つまり子 1 人当たり平均 1.3 人，その孫たちがもうけたひ孫は 20 人，つまり孫 1 人当たり平均 2.2 人，またそのひ孫たちがもうけた玄孫(やしゃご)は 28 人，ひ孫 1 人当たり平均 1.4 人であったと指摘している．この最後の世代が生まれた 1918 年頃には，このエリート一族の平均家族数は置換出生率を下回っていた．しかし，玄孫たちの社会的な身分の流動性という点ではどうだろうか．ダーウィンから約 150 年後に生まれたチャールズ・ダーウィンの 27 人の成人の玄孫たちは，11 人がウィキペディアのページをもったり，タイムズ誌の死亡記事に登場したりするほど著名であり，依然として際立った一族であると言えるだろう．その中には，6 人の大学教授，4 人の作家，1 人の画家，3 人の医師，1 人の著名な自然保護論者，そして 1 人の映画監督も含まれている．

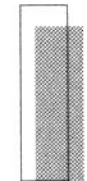

8.5　親　族　関　係

8.5.1　概　　要

親族関係 (kinship) とは，部族 (tribe)，氏族 (clan)，家族 (family) といった親戚カテゴリーに分けられる，遺伝学的あるいは民俗学的な集団の捉え方の一つである．家族の中の人間関係は，通常，共通の祖先 (例：曾祖父) または子孫 (例：息子，孫息子) の 2 つの方向に，本人を中心に構成される．どちらの場合も，その人の子孫または先祖のどちらかの直系の系譜に焦点が当てられる．誰もが親と子からなる**核家族 (nuclear family)**，核家族に直系の祖先と子孫を含む**直系家族 (stem family)**，核家族と直系家族に加えて，「おじ」「おば」，「おい」「めい」，「いとこ」など，様々な親族を含む**拡大家族 (extended family)** に属している．

8.5.2　親 族 関 係 [*5)]

社会によって親族関係の分類の仕方は異なる．西洋社会では一般に本人 (Ego) を中心人物として親族を分類する [*6)*7)]．

子，孫，曾孫などの子孫，父母，祖父母，曾祖父母などの祖先は，本人の**直系親族 (lineal kin)** のグループに属する [*8)]．

直系親族以外の親族は，本人 (Ego) と**傍系親族 (collateral)** の関係である．傍系親族関係は，さらに 2 つのタイプに分けられる．1 つ目は，**近縁傍系親族 (colineal kin)** である．本人 (Ego) の兄弟姉妹，兄弟姉妹の直系子孫 (甥姪，姪孫，…)，そして，父母，祖父母，… などの直系祖先の兄弟姉妹 (伯叔父母，伯叔祖父母，…) などが，本人 (Ego) とこの関係にあるグループに属する．訳注図 8-1 の薄い灰色の四角で示した親族たちがそれにあたる．2 つ目は，**遠縁傍系親族 (ablineal kin)** 関係である．これは本人 (Ego) との「いとこ (cousin)」関係に分類される一群である．訳注図

---

*5)　アングロサクソン英語文化圏における家族関係の呼称規則は，ある範囲で日本語による呼称規則と全く異なるため，著者の承諾を受け，日本語文化圏の呼称に合わせて大幅に書き換えた．

*6)　“Ego” は，社会人類学において，系図の起点として指定された個人のことである．

*7)　英語文化圏での親族関係の呼称の規則は，ある範囲で日本語による呼称の規則と大きく異なっている．訳注図 8-1 に，(a) 英語の呼称と (b) その和訳を示し，訳注図 8-2 には，日本の親族関係の呼称を示す．濃い灰色の部分の英語文化圏の呼称の規則性が，日本における呼称の規則と大きく異なっている．以降では，訳注図 8-1 の英語圏の呼称に従って説明を行う．

(a) 親族関係 (英語)

-4	Great-great-grandparents				
-3	Great-grandparents				Great-grandaunt/uncle
-2	Grandparents			Grandaunt/granduncle	First cousin twice removed
-1	Parents		Aunt/Uncle	First cousin once removed	Second cousin once removed
	Ego	Siblings	First cousin	Scond cousin	Third cousin
+1	Children	Niece/nephew	First cousin once removed	Second cousin once removed	Third cousin once removed
+2	Grandchildren	Grandniece/nephew	First cousin twice removed	Second cousin twice removed	Third cousin twice removed
+3	Great-grandchildren	Great-grandniece/nephew	First cousin thrice removed	Second cousin thrice removed	Third cousin thrice removed
+4	Great-great-grandchildren	Great-great-grandniece/nephew	First cousin four times removed	Second cousin four times removed	Third cousin four times removed

(b) 親族関係 (和訳)

-4	高祖父母				
-3	曾祖父母				曾祖伯叔父母
-2	祖父母			伯叔祖父母	二世代遡った第一いとこ
-1	父母		伯叔父母	一世代遡った第一いとこ	一世代遡った第二いとこ
	本人	兄弟姉妹	第一いとこ	第二いとこ	第三いとこ
+1	子	甥姪	一世代下った第一いとこ	一世代下った第二いとこ	一世代下った第三いとこ
+2	孫	姪孫	二世代下った第一いとこ	二世代下った第二いとこ	二世代下った第三いとこ
+3	曾孫	曾姪孫	三世代下った第一いとこ	三世代下った第二いとこ	三世代下った第三いとこ
+4	玄孫	玄姪孫	四世代下った第一いとこ	四世代下った第二いとこ	四世代下った第三いとこ

訳注図 8-1　(a) 英語文化圏における親族関係の英語呼称，(b) 親族関係の呼称の和訳
本人 (Ego) の直系親族 (lineal kin) を白抜きの四角で，傍系親族 (collateral kin) を灰色の四角で示してある．さらに傍系親族は，薄い灰色の四角の近縁傍系親族 (colineal) と，濃い灰色の四角の遠縁傍系親族 (ablineal) に分けられる．左側の列の数字は本人から見た世代を表す．

8-1 の濃い灰色の四角で示した親族たちと本人 (Ego) との関係がそれにあたる.

祖先世代の近縁傍系親族 (伯叔父母, 伯叔祖父母, ···) の子が, 本人 (Ego) と「第一いとこ」関係の親族グループに分類され, 本人世代に向かって一世代下るごとに「第二いとこ」「第三いとこ」··· というふうに分類される. その結果, 本人世代で, 近縁から遠縁に向かって「第一いとこ」(従兄弟姉妹),「第二いとこ」(再従兄弟姉妹), ··· と並ぶことになる. さらに「いとこ」は, 本人 (Ego) から祖先に何世代遡るかと, 子孫に何世代下るかで分類される. その結果, 遠縁傍系親族の, 異なる世代の「いとこ」は, 本人 (Ego) とは「一世代遡った第一いとこ」「一世代下った第一いとこ」··· などの関係となる [*9].

a. 家 系 図

仮想の家系図を用いて親族関係の呼称を見てみよう. 家系図 8.15 において, 6, 13, 24 番はそれぞれ, 男性創始者 (1 番) と女性創始者 (2 番) の子, 孫, 曾孫にあたる. そして, 23, 33, 40 番はそれぞれ, 45 番の曾祖母, 祖母, 母である.

12 番は 13 番の姉であり, 13 番は 12 番の妹なので両者は互いに近縁傍系親族関係である. また, 12 番は 23 番の伯母であり, 23 番は 12 番の姪にあたり, 両者も互いに近縁傍系親族関係にあたる. 同様に, 12 番は 31 番の大伯母にあたり, 31 番も 12 番の姪孫なので, 両者も互いに近縁傍系親族関係である.

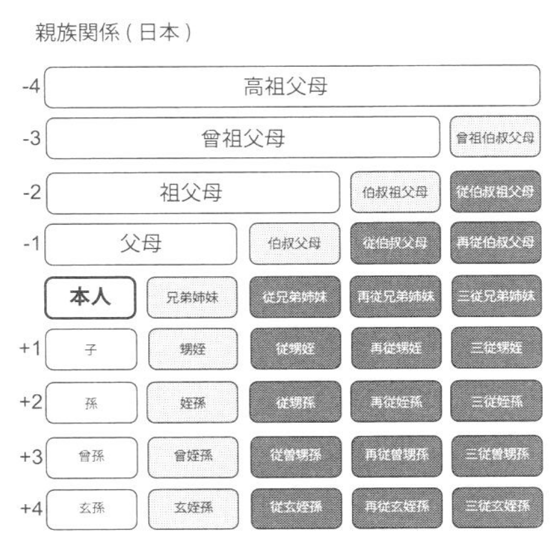

訳注図 **8-2** 日本語文化における家族関係の呼称
左側の列の数字は本人から見た世代を表す.

[*8] 訳注図 8-1 の白の四角で示した親族たちと本人 (Ego) が直系親族 (**lineal kin**) 関係にあたる.

[*9] これらの親族関係の呼称規則が, 日本の親族関係の呼称規則と大きく異なっているため, 互いの関係を訳注図 8-1(b) と訳注図 8-2 を参照して確認するとよい.

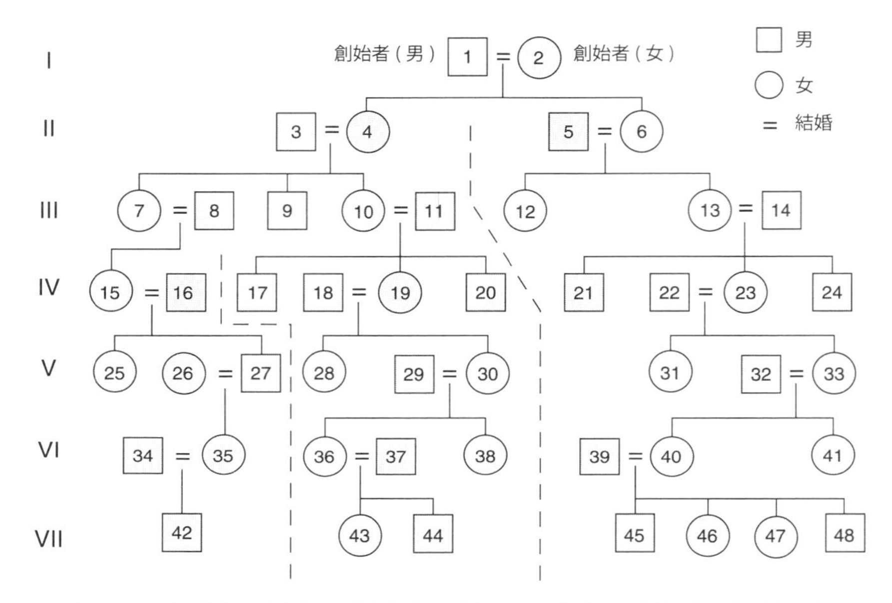

図 8.15　第一世代の創始者から第七世代の子孫 42〜48 までの 7 世代を描いた仮想の家系図. 兄弟姉妹は, 左から年長者を並べたものとする. 2 本の破線は, 15–16 夫婦からの家系と 18–19 夫婦からの家系を互いに傍系と見なすラインと, 18–19 夫婦からの家系と 22–23 夫婦からの家系を互いに傍系と見なすライン.

13, 19, 25 番は, 互いに「第一いとこ」の遠縁傍系親族関係であり, 13 番と 25 番はそれぞれ, 19 番の「一世代遡った第一いとこ」「一世代下った第一いとこ」にあたり, 13 番は 25 番の「二世代遡った第一いとこ」, 25 番は 13 番の「二世代下った第一いとこ」にあたる.

b. 血縁関係

親族関係を理解する上で重要なことは, ある人があなたと親族として, 生物学的にどのような道筋 (血筋) でつながっているかを知ることである. このことは, 傍系にあたるかもしれない人との関係において特に言えることだが, 直系親族についても重要といえる. 例えば, 血筋をたどるとたいていの人は 8 人の曽祖父母を持ち, そこまで遡ると, 慣習的に 4 つの姓ないしは家系を継承している. この 4 つの家系のうち 2 つは母方の家系, 2 つは父方の家系で, この 4 つのうち 1 つは父方の母方の家系となる. 直系親族の兄弟姉妹を見つけるには, 傍系を整理し, それに従って直系をたどることができるように, 経路を明確にすることが重要である. 例えば,「第一いとこ」ならば, その人は父方または母方のいずれかの兄弟姉妹に由来している. さらに,「第二

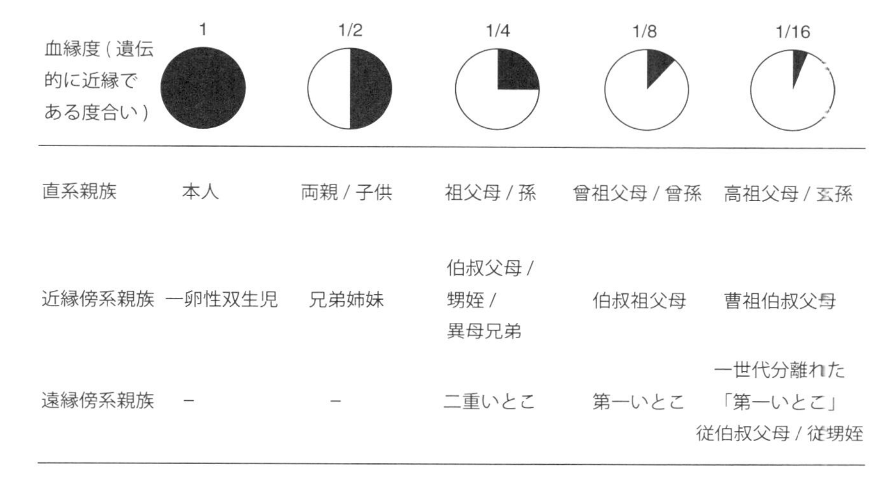

図 8.16 親族関係における近縁度

いとこ」ならば，父方の祖父，父方の祖母，母方の祖父，または母方の祖母のいずれかの兄弟姉妹に由来していることになる．それらの関係は血縁をつなぐ道筋で，そこから互いの近縁度 (血縁度；relatedness) を知ることができる (図 8.16).

8.5.3 家系の源流への収束

いま生まれた子供から，その両親，それぞれの親の両親と世代を遡っていくと，毎世代 2 倍ずつ祖先の数が増え続ける．紀元 800 年頃のヨーロッパのシャルルマーニュの時代まで遡ったら，それまでに 40 億〜170 億人もの先祖がいたことになる．この理屈によれば先祖の数は過去に向かって爆発的に増大することになるが，実際は家系の中で血縁の重複が発生することにより，そうはならない．例えば，近親の「いとこ」同士の家系やその財産を守るための意図的な結婚や，「いとこ」同士であることさえ知らない遠縁の「いとこ」同士の偶然的な結婚は，「いとこ」がすでにその家系の枠を占めているため，子孫の家系において重複を生じさせることになるので，家系の規模は広がらず，折り畳まれる．この現象は，「系図崩壊」(pedigree collapse) あるいは「祖先数崩壊」と呼ばれることがある [*10)]．図 8.17 は，祖先に向かう家系の数の増大が抑えられ，家系が折り畳まれる過程の事例を示している．どの人の家系図でも，遡

*10) 家系図を n 代遡ると祖先の数が 2 の n 乗で増えてゆく数学的規則が崩壊するという意味で，系図崩壊 (pedigree collapse) という．また，英語の "collapse" は，コンピューターのツリー状になったフォルダを折り畳むという意味を持ち，それは系図崩壊の現象の例えともなる．

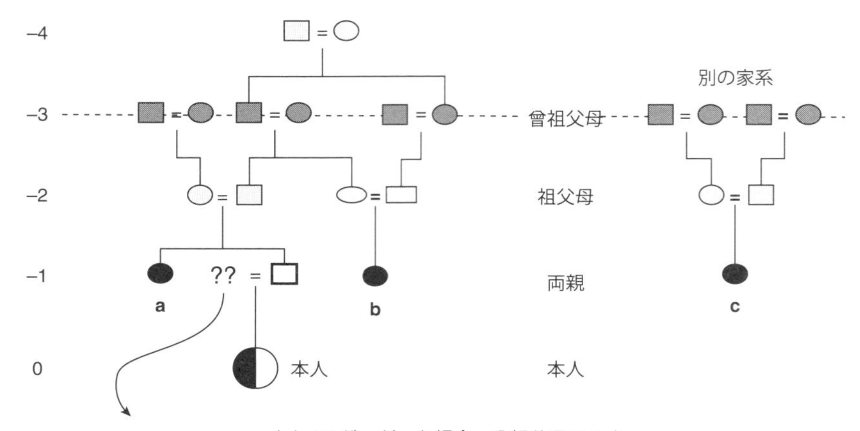

図 8.17　3 種類の配偶シナリオに対する曾祖父母の数を示すための模式的な家系図
母親となる女性 (??) がどの家系に属するかを変えると，本人 (Ego) から遡った曾祖父母の人数が変わる．a：母親が父親の姉妹の場合，b：母親が父親の「第一いとこ」の場合，c：母親が父親と血縁関係がない場合．

れば遡るほど，このような家系の重複する割合が増え，ついには，「いとこ」同士の結婚数が，家系への新規のメンバーの参入数を上回るようになると，家系の拡大が止まり，家系に属する人々の範囲が狭まり始めるのである．つまり，それぞれの人の全家系図は，菱形のような形状のイメージで捉えられることになる．家系図を現在から先祖へたどると，先祖の親族と家系の数はどんどん増えてゆくが，何百年も前のどこかの時点で拡大がピークに達し，親族数の幅は狭まり始め，もっと過去に遡ると，やがてほんのわずかの人数の創始者に行き着いてしまう．すべての人々の家系図を一括りにして現在から過去にたどると，聖書の物語では，すべての人の先祖は，最初のカップルであるアダムとイブの一点にたどり着く (Shoumatoff 1985).

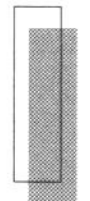

8.6　さらに学びたい方へ

人口学の概念やモデルのほとんどは，最初は人間集団を対象とした研究の文献の中に登場したものである．したがって，この章のヒトの人口学に関する内容の多くは，本書の他のほぼすべての章の内容に直接的または間接的に関連していることになる．それには，第 1 章 (基本知識) の様々な率，ライフコース，レクシス平面に関する概念，第2章 (生命表)，第3章 (死亡)，第4章 (繁殖)，第5章 (集団 I：基本モデル) の生命表，死亡率，繁殖，集団の安定理論に関する内容がほぼすべて含まれている．第6章 (集団 II：ステージモデル) と第7章 (集団 III：安定理論の拡張) の各小節には，ヒトの人口学に関連する内容が含まれており，第6章では齢/ステージ，増減の概念，第7章では両性モデル，確率モデル，多地域モデルなどが含まれている．第11章 (生物人口学小話) の人口学に関する項目の大部分は，個人からコホート，家族，集団まで，事実上すべてのレベルのヒトに関するものである．

人口統計学の方法を概説した優れた教科書や資料集は枚挙にいとまがないが，そのごく一部として，人口学の教科書である "*Measuring and Modeling Populations*" (Preston et al. 2001)，編著書である "*Methods and Materials of Demography*" (Siegel and Swanson 2004)，4巻からなる大著 "*Demography: Analysis and Synthesis-A Treatise in Population*" (Caselli et al. 2006a)，"*Handbook of Population*" (Poston and Micklin 2005) などがある．

Colchero らの論文 (2016) は，ヒトとヒト以外の広範な霊長類との間で平均寿命と寿命の不均一性 (平均寿命に対する寿命のバラツキ) の関係を比較し，霊長類の寿命の進化とヒトの進化史との深いつながりを明らかにした．Doblhammer の人口学モノグラフ (Doblhammer 2004) には，若年期の生活経験がヒトの人生後半の健康・長寿に及ぼす影響について重要なことが記載されている．Metcalf and Pavard (2007) の論文には，集団生物学と人口学の境界領域の新たな分野としての生物人口学 (biodemography) に関する重要な新しい考え方が含まれている．"*Random Families*" と題された Hertz と Nelson の本 (Hertz and Nelson 2019) は，提供された精子や卵子がすぐに利用されないことから生じる，全く新しい親族や家族のカテゴリーの出現を論じている．人口学に関する主な情報源としては，*Demography, Population Development and Review, Population Studies, Population, Genus, Biodemography and Social Biology* などの雑誌に掲載される論文を見るのがよい．

9
応用生物人口学 I：パラメータ推定

よく知られているように，高名なマルサスは，人類集団はある一定時間の間に倍加するように幾何数列的に増加する傾向があるということを法則として打ち立てた．…… 実際，他の条件がすべて変わらないという仮定のもとで 25 年後に千人が二千人になるのなら，その二千人は同じ時間が経過した後で四千人になるだろう．

Pierre-Francois Verhulst (1838) *1)

応用人口学 (applied demography) とは，基礎人口学 (basic demography) の概念や手法を個体や集団内のコホートに関する現実の諸問題に対して適用する分野である．ヒトの人口学について，Murdock and Ellis (1991) は 5 つの観点で基礎人口学と応用人口学の違いを挙げている．それは，(1) **科学としての視野**：基礎人口学ではもっぱら解釈に関心があるが，応用人口学では予測に関心がある，(2) **対象とする時**：基礎人口学は過去に関心があるが，応用人口学は現在および未来に関心がある，(3) **対象とする地理区分**：基礎人口学は世界あるいは国レベルのデータに関心があるが，応用人口学はより狭い地域の集計データに関心がある，(4) **分析の目的**：基礎人口学は科学的知見の進歩に関心があるが，応用人口学は知見を応用して，その成果を見極めることに関心がある，(5) **用途**：基礎人口学は，人口学とは無縁の人々に意思決定を伝える時に研究成果を利用するなど，知識の共有や知見の進歩に関心があるが，応用人口学はより具体的で，しばしば地域限定的な意思決定に関心がある．

ヒト以外の生物を対象とした野生生物学，水産学，保全生物学，侵入生物学 (invasion biology)，有害生物管理 (pest management)，疫学や環境科学のような応用的な生物科学の分野では，生命表を用いたコホート分析を行う時に，あるいは齢構造個体群モデルやステージ構造個体群モデルを用いて個体群成長率を操作したい状況で，人口学の手法が広く用いられる (Caughley 1977; Krebs 1999; Amstrup et al. 2005)．この章では，基礎人口学から応用生物人口学へと方向転換し，ここまでの章で説明し

---

*1) Verhulst, P. F. 1838. Notice sur la loi que la population suit dans son accroissement. *Correspondance Mathematique et Physique* **10**: 113–121.

てきたパラメータを応用目的でどのように推定するかについて焦点を当てる．まず，個体群の個体数を推定する方法を紹介する．次に生存率を推定する標識再捕獲モデル (mark-recapture model) の基礎について議論し，離散的，連続的に個体数が変化する際の個体群成長率 (λ と r) の計算法について考察し，個体群の齢構成とステージ構成を推定する手法を示す．最後に，人口学で使われるパラメータを野外から実験室に移した飼育下コホート (captive cohort) から推定するという特殊な事例について検討する．

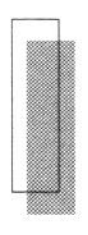

9.1 個体数の推定

コホートあるいは個体群の中の個体数の正確な推定は，生物人口学の分析においてまぎれもなく最重要事である．しかし，その推定値を求めるのが難しい場合もある．この節では，野外に生息する生物種の個体群サイズ (population size) を推定するために考案された様々な方法について，その例をいくつか説明する．

9.1.1 全数カウント調査

全数カウント調査 (complete count) は，個体群中のすべての構成員を計数するという素朴な方法のことである．この方法ではよく写真が使用される．例えば，湖にいる水鳥，浜辺のアザラシ，開けた場所に生息するゾウに対して使われている．また，動物を追い立てて通過する個体をカウントする追い立てカウント法 (deer drive) では，計数のためにすべての個体に狭い領域を通過させなければならないが，ほぼすべての個体のカウントが可能である．植物の研究では，「個体」を明瞭に決めることのできる生物種，別の言い方をすれば，クローナル成長をしているために個体の定義が不明瞭な生物種を除いて，全数カウントが可能である．個体を容易に判別することが可能で，標識を付けられる場合であれば，第1章で説明されたような縦断的研究が人口研究の王道である．

9.1.2 部分カウント調査

部分カウント調査 (incomplete count) とは，いくつかの調査区域 (quadrat) の中の個体数を計数することによって個体群全体の個体数を推定する方法である．部分カウント調査の方法の例としては，ラインセンサス法 (strip census)，ロードカワント法 (roadside count) や逃避カウント法 (flushing count) がある．個体群サイズを推定する基本モデルは，ある調査区域の面積に対するその調査区域の個体数の比は全領

域の面積に対する全個体群の個体数に等しい，という仮定に基づいている．つまり，

$$\frac{C_q}{A_q} = \frac{P_T}{A_T} \tag{9.1}$$

$$P_T = \frac{A_T C_q}{A_q} \tag{9.2}$$

である．ここで，P_T, A_T, C_q, A_q はそれぞれ，全領域の個体数，全面積，調査区域でのカウント数，調査区域の面積である．この方法では，個体は基本的に調査領域全体にランダムに散らばっているということを仮定している (Burnham et al. 1980).

9.1.3　間接カウント調査

間接カウント調査 (indirect count) は，現存量 (abundance) の相対値を表す指標として現存する動物数を直接数えるのではなく，間接的に個体の存在を示す痕跡を使う方法である．この方法は，個体群の個体数の推定値を求めるためではなく，むしろ個体数の増加，減少，横ばいなどの動向を知るために用いられる．間接カウント調査の例としては，ある一定領域内の排泄物 (糞塊) や巣あるいは巣穴の数を数えるなどのやり方がある．

9.1.4　標 識 再 捕 獲

生物個体群の個体数調査では，捕獲された個体別に標識を付け，その後に再捕獲した標識個体を利用する手法がよく用いられる．ここでは，まず標識再捕獲データが個体群サイズを推定するためにどのように使われるかについて的を絞って簡潔に解説するが，のちにこの章の中で，標識技術や標識再捕獲法が生存率を推定するためにどう使われるかについて詳しく説明する．標識再捕獲法は，当初バルト海のヨーロッパツノガレイ (カレイ目) を研究するために Petersen (1896) によって考案され，のちにカモの個体数を推定するために Lincoln (1930) によって再提案されたため，Lincoln–Petersen 指標と呼ばれることが多い．指標という名がついているが，実際には個体群サイズの推定のために使われる方法である．この方法では，多数の動物個体を捕獲し，標識を付け，解放して個体群に戻し，次回のサンプリング時に捕獲された動物の個体数に対する標識付きの個体数の比を求める．対象とする個体群の総個体数 P_T は次の公式によって推定される：

$$\frac{R}{C} = \frac{M}{P_T} \tag{9.3}$$

$$P_T = \frac{M \times C}{R} \tag{9.4}$$

ここで，M は最初の捕獲期間で標識を付けられた動物の数，C は 2 回目の捕獲期間で捕獲された動物の数，R は 2 回目の捕獲期間で再捕獲された標識付きの個体数である．

この個体数推定法では，2 回目の捕獲期間で捕獲された標識付動物個体の割合は，総個体数の中でのすべての標識付動物個体の割合と同じであるということ，毎回の捕獲期間では様々な齢区分や性別に属する代表的な標本を個体群中から捕獲していること，そして，標識付きの個体から標識が外れないことが仮定されている．他の仮定としては，標識付きであっても標識なしであっても，捕獲率や自然死亡率は同一であること，標識付きの動物個体は標識なしのものとランダムに混ざり合っていること，その個体群では他の地域との大きな出入り，すなわち加入 (出生や移入) や消失 (死亡や移出) がないことが挙げられる．

一つの例として，1 日目に 10 匹のウサギが捕獲・標識され ($M = 10$)，2 日目に全部で 20 匹捕獲された時 ($C = 20$) に標識付きは 5 個体 ($R = 5$) であったとしよう．その場合，全個体群中のウサギの総個体数の推定値は

$$P_T = \frac{MC}{R} = \frac{10 \times 20}{5} = 40$$

である．

もし複数回重複して再捕獲したデータがあるなら，Eberhardt (1969) によって考案された捕獲回数法 (frequency of capture method) を利用できる．この方法では，重複捕獲回数を横軸，それぞれの回数で捕獲された個体数を縦軸にプロットしたグラ

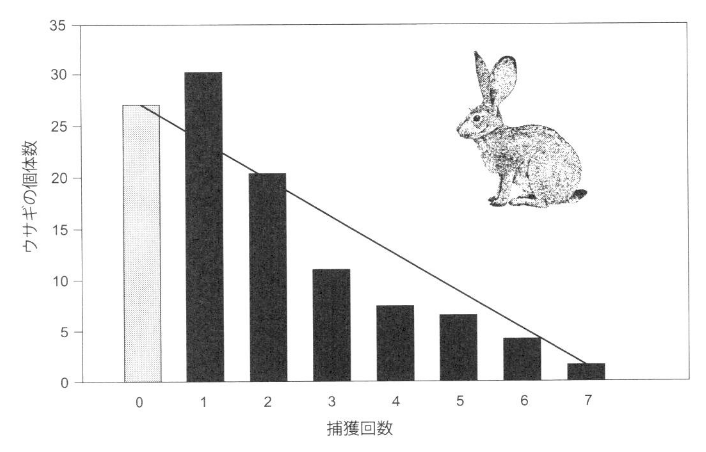

図 **9.1** 仮想的な個体群における罠にかかった回数とそのウサギの数の関係
直線は捕獲されたことのないウサギの数を推定するために使われ，その推定値を捕獲された総数に加えて，個体群の総個体数を求める．

フをもとに個体数の推定が行われる.

一つの例として，1 カ月にわたる調査で，1, 2, 3, 4, 5, 6, 7 回捕獲された標識付き個体の数は，それぞれ 30, 20, 10, 6, 5, 3, 1 であったとする (図 9.1). 存在していたにもかかわらず，一度も捕獲されなかったウサギの数を割り出すために，これらのデータを直線回帰に当てはめる. この例では，もしウサギがランダムに捕獲されているとすれば，捕獲されなかった数の推定値は 25 と 30 の間にある. 捕獲された総個体数に，その推定個体数を加えると，この個体群の総個体数の推定値になる. この例では，個体群サイズの推定値は，図 9.1 のすべての棒グラフの高さの合計値であって，100 個体を少し超えるくらいである.

9.1.5 狩猟努力

捕獲回数法に似ている手法として，DeLury 法と呼ばれているものがある (DeLury 1954). この手法は，単位狩猟時間当たりに捕殺される動物数は個体群密度に比例するはずだという考え方をベースにしている. 累積捕殺数を横軸に，捕殺速度 (1 日当たりの捕殺数) を縦軸にしてデータ点を打つと，x 軸に向かう直線を外挿することによって総個体数の推定値を求めることができる. 外挿した直線と x 軸との交点が総個体数の推定値になる (表 9.1，図 9.2). この方法では，個体群に移入も移出もないこと，狩猟される確率はすべての動物個体で同じであること，狩猟者の捕殺技量にバラツキはあったとしても，平均して捕殺速度を計算してよいこと，および，狩猟は各狩猟者が独立に行っていることが仮定されている.

9.1.6 選択除去法

Kelker (1940) によって最初に考案され，シカの個体群に応用された方法に，選択除去法 (change-in-ratio method) がある. この方法では，何らかの基準によって個体

表 9.1 狩猟時間当たりの動物個体の捕殺数を利用した応用例. 狩猟が始まる前の総個体数を推定するために用いられる.

日	捕殺数	狩猟時間	銃・時間当たりの捕殺数	累積捕殺数
1	235	940	0.250	235
2	212	881	0.240	447
3	190	964	0.198	637
4	172	952	0.180	808
5	155	917	0.169	964
6	139	905	0.153	1,102
7	125	928	0.134	1,227

出典：DeLury (1954).

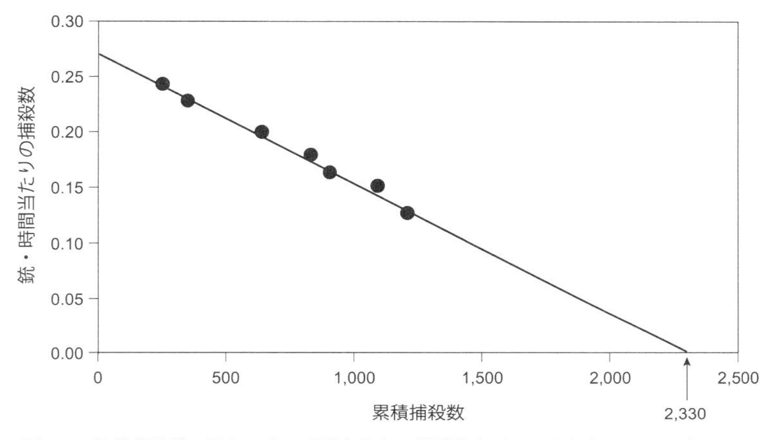

図 9.2 累積捕殺数に対して銃・時間当たりの捕殺数をプロットしたデータに当てはめた回帰直線 ($Y = 0.2815 - 0.00012X$)
狩猟前の個体数 ($N = 2330$) を求めるために，その回帰直線を x 軸まで延ばしている．

群を2つのグループに分けることが可能な場合に，片方のグループに属する個体を多めに選択的に除去することによってこの2つのグループの個体数比が変化することを利用して，個体群サイズを推定する．このグループ分けは例えば，性別，体の大きさ，齢，あるいは成熟・未成熟などの基準に基づいて行われる (Dawe et al. 1993)．性別を使った応用例としては Pierce らによって行われた研究がある (Pierce et al. 2012)．N_1, N_2 を狩猟前，狩猟後の個体数とし，T, F, P_1, P_2 を，それぞれオスとメスを合わせた捕殺数，メスの捕殺数，狩猟前，狩猟後のメスの割合とする．その時，狩猟前，狩猟後の個体数の推定公式は，それぞれ

$$N_1 = \frac{F - P_2 T}{P_1 - P_2} \tag{9.5}$$

$$N_2 = N_1 - T \tag{9.6}$$

である [*2]．4つのパラメータ (T, F, P_1, P_2) に対応する値をこれらの公式に代入すると N_1, N_2 が求められるため，この方法は簡単でわかりやすい．

---

*2) 狩猟後の個体数は狩猟前の個体数から総捕殺数を引いたものであるから，$N_2 = N_1 - T$ である．メス個体に着目すると，狩猟後のメス個体数は，狩猟前のメス個体数からメスの捕殺数を引いたものであるから，$N_2 P_2 = N_1 P_1 - F$ が成立する．この2つの式を連立して N_1 を求めると，式 (9.5) が求められる．

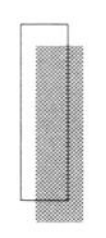

9.2 生存率の推定：標識再捕獲法

人口学のモデルを使う場合に最も重要な課題は，齢あるいはサイズに依存する生存率や状態間推移確率の正確な推定である (第 5〜7 章参照)．標識再捕獲法を使ってこれらを推定する時に誤差が最小になる最上のデータは，各調査時に標識個体の 100%が確認され，各個体の「運命 (fate)」(生存あるいは状態の変化) が正確に決定できる場合に得られる．しかし，入り組んだ場所に生息する移動性の種では，たとえ生きていたとしても，標識個体の一部は調査時に生死不明な場合が多い．その場合，総個体群サイズの推定に誤差が生じ，人口学的な解釈が難しくなることがある．そこで，各調査時に標識個体が完全には再捕獲されないデータを用いて生存率や推移確率を推定する方法が，いくつか考案されてきた．

9.2.1 方 法 の 説 明

標識再捕獲データから生存率を推定する方法は，もともと Cormack (1964), Jolly (1965), Seber (1965, 1970) によって大枠が作られ，その後他の研究者によって拡張されてきた (Pollack et al. 1990; Lebreton et al. 1992; Lebreton et al. 2009; Barbour et al. 2013; Morehouse and Boyce 2016)．これらのどの方法でも，時刻 $t = 1$ で標識を付けられた一セットの個体から調査が始まり，その後の各調査間隔で発見される個体もあれば，発見されない個体もある．その個体別の発見履歴 (sighting history) を生存率推定のために使うことができる．ここでは，まず個体に標識やタグを付ける手法について概説し，次に標識再捕獲法の根底にある考え方について紹介する．これらのモデルを使ったパラメータを推定する方法については，詳細に議論するとこの本の範囲を超えるので，研究例を 1 つ，それとは別に可視化の手法の例を 2 つ使って，この方法の基本的な考え方および応用できる範囲の広さを明らかにする．

a. 個体の標識・タグ付け

個体に標識を付ける方法は，大まかに 3 つに分類される．一つは自然標識 **(natural marking)** と呼ばれ，各個体に特有の，自然にできた個体の印や特徴のことである (図 9.3(a)〜(c))．動物を個体識別する自然標識としては，ヘビの場合に腹部の模様が使われるように，トカゲ (背中や喉の模様)，サンショウウオ (斑紋)，白鳥 (クチバシの模様)，ミサゴ (頭部の柄模様)，トラ，ライオン，チーター，ヒョウなどのネコ亜目 (特徴のある外被の模様)，キリン (外被の模様)，クジラ (尾部の形状や尾部の切れ込みパターン)，サイ (角の形や皺の模様) など，様々な動物で利用されている．カメラによ

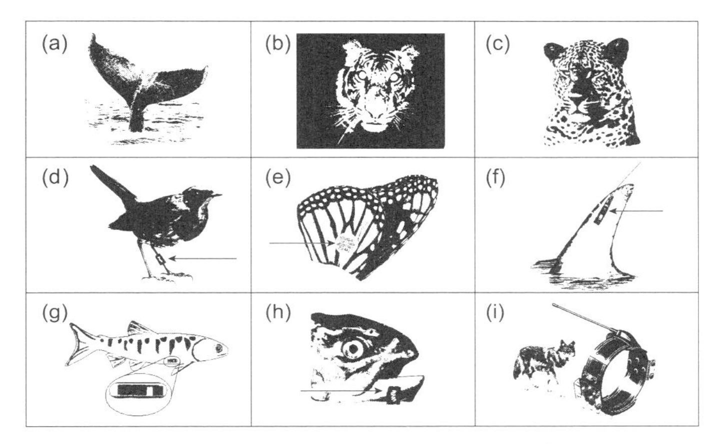

図 9.3　野生動物の標識再捕獲研究に用いられる手法の例
自然標識：(a) 鯨類で使われる尾部の形状，(b) カメラ自動撮影によるトラの画像，(c) ヒョウで使われる斑紋．非侵襲性標識：(d) 鳥に付ける足環，(e) チョウの羽タグ，(f) シュモクザメに装着される発信機．侵襲性標識：(g) マスの体内に埋め込まれた発信機，(h) サケの下顎部に付けられたタグ，(i) カラーを付けたオオカミ．写真内の矢印は標識タグあるいは送信機を指している．

る自動撮影，「体毛トラップ」を使ったDNA試料採取や音響調査 (鳥類，コウモリやクジラで使われる) もまた，非侵襲性の技術で動物の個体識別に使われる (Royle et al. 2014)．もう一つは**非侵襲性標識 (noninvasive marking)** であり，有蹄類の頸部に付けるカラー，両生類・爬虫類・鳥類・小型げっ歯類・コウモリの仲間の上・下肢や翼に付けるバンドやバックパック型ユニットから，追跡装置，テープ，飾りリボンや外表面に塗る染料・塗料に至るまで，広範囲にわたる (図 9.3(d)～(f))．これらの技術には，化学標識，発信機，刺青，耳・顎・翼に付けるタグ，焼きごてによる焼印や超低温焼印，化学物質による焼印，羽や足の爪への刻み目，貝殻への刻み目なども含まれる (Royle et al. 2014)．最後に，**侵襲性標識 (invasive marking)** として，埋め込み型の送信機やタグが挙げられる (図 9.3(g)～(i))．Silvy らは，両生類，爬虫類，鳥類や哺乳類など主要な動物の分類群で用いられる様々な標識法を説明する文献やウェブサイトの URL を紹介している (Silvy et al. 2012)．

b.　データの不完全性

ここでは，標識再捕獲研究の考え方とその限界について，図 9.4 の概念図を使いながら説明しよう．図中，チェックの付かない○印は，生きているにもかかわらず捕獲されなかったことを表している．この方法では，一度標識を付けて放した個体が単なる偶然によって捕獲できないことがあったり，捕獲用の罠に用心深い行動特性を示す

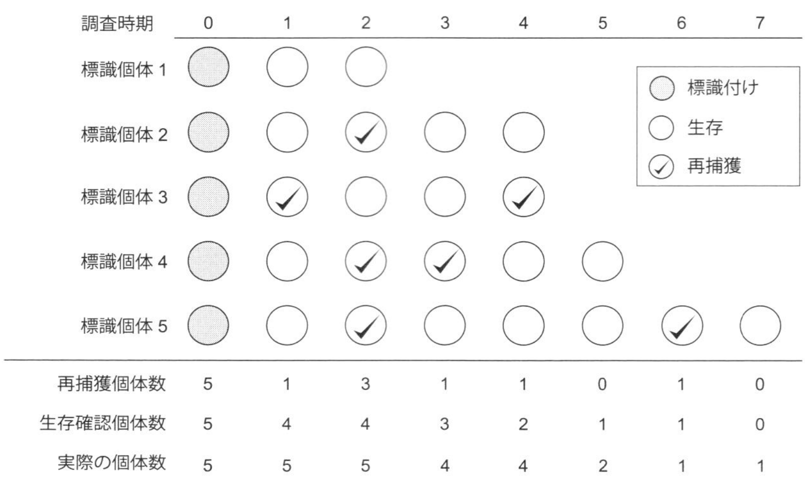

図 9.4 標識再捕獲法による生存率推定の概念図
ここでは仮想の個体が 5 個体解放され，再捕獲の対象となっている．ある個体がその調査後に再捕獲された場合，それ以前の調査時点では生きていたということが確認されていることになる．そのため，それぞれの調査時期の再捕獲個体数よりも生存確認個体数の方が多くなることに注意してほしい．

トラップシャイ (標識個体 1) と呼ばれる個体がいることから，捕獲されない個体が出るのが普通である．そのため，数回のサンプリングの機会に生きていても，一度標識を付けて解放した個体のすべてが記録されるわけではない．図 9.4 は，調査期間中に生存していた標識個体が各サンプリングの機会に発見されているわけではないことを示す不完全なデータの模式図である．標識個体 2 から 5 のデータの中で，チェックの付かない○印は，構造的ゼロ (structural zero) ではなく，たまたま起こる標本ゼロ (sampling zero) を意味している *3)．この例のようなことが起こるので，ある調査期間内でまだ死んでいない個体が，その後の調査期間で捕獲されて，生きていると確認されることがよくある．その一方で，多くの研究での捕獲効率は 100%には程遠いのが普通なので，標識個体 2, 4, 5 の例のように，大多数の個体は，センサスで発見されずに過ごしてから死ぬことがある．つまり，最後の捕獲時の齢 (あるいは日付) は，必ずしも死亡齢を表すわけではない．したがって，標識再捕獲法は必ずしも正確な生存

*3) 「標本ゼロ」という言葉は，個体数が少ない場合や捕獲努力が少ない場合など，たまたま偶然に捕獲できずにデータがないことを指す．一方，「構造的ゼロ」という言葉は，トラップシャイという行動によって捕獲されなかった場合や，死亡してから生き返る個体や卵から急に成虫になる個体はいないなどの生物学的理由によってデータがない場合を指す．

率推定値を与えてはくれない．例えば，図 9.4 のデータでは調査時期 2 の実際の生存率は 100%であったが，生存個体が 5，再捕獲個体が 3 で，確認されたデータによる生存率はたった 60%であった．調査時期 5 では，実際の個体数は，生きていると確認された個体数の 2 倍であった．

9.2.2 モデルによる解析

a. CJS モデル

標識再捕獲法から生存率を推定する方法は，Cormack と Jolly, Seber の 3 人が独立に考案した幾つかのバージョンに基づき (Cormack 1964; Jolly 1965; Seber 1970)，標識個体の捕獲数と捕獲されなかった個体数のデータを使うものである．生物の死，機械システムの故障を扱う一般の生存解析やここで紹介する標識再捕獲法では，死亡リスクをもつすべての個体の数に対する，ある決まった期間中に生き残った個体の数を推定する必要がある．したがって，必要な作業は，死亡する可能性のある個体の数と生き残った個体の数の両方を計算するために必要な「簿記業」である．

CJS 標識再捕獲法は以下の A, B 2 つの比が等しいはずであるという自然な考え方から出発する：

$$A = B \tag{9.7}$$

式の左辺，右辺は，それぞれ，

$$A = \frac{\text{調査時期 } j \text{ で観察されなかったが，のちに生存が確認された標識済みの個体数}}{\text{調査時期 } j \text{ で観察されなかったが，死亡する可能性がある標識済みの個体数}} \tag{9.8}$$

$$B = \frac{\text{調査時期 } j \text{ での生存がのちに確認された数}}{\text{調査時期 } j \text{ での生存が確認された数}} \tag{9.9}$$

である．

この基本的な考え方に基づいて，式 (9.8) と式 (9.9) が等しいことを示す以下の式を使って，調査時期 j での総標識個体数 (M_j) を求めることになる．その式は，

$$\frac{z_j}{M_j - m_j} = \frac{r_j}{R_j} \tag{9.10}$$

である．ここで，

M_j：調査時期 j の直前の標識個体の数

m_j：調査時期 j で捕獲された標識済みの生残個体数

z_j：調査時期 j で捕獲されなかったがのちに再捕獲された標識個体の数

R_j：調査時期 j で捕獲され解放された個体の総数 (以前に標識されて捕獲された個体と新しく標識を付けられた個体の両者を含む)

r_j：R_j のうち，のちに再捕獲された個体の総数

u_j：調査時期 j で捕獲された標識されていない個体の数 (R_j と m_j の差；表 9.2, 9.4 の中で示される)

である．

式 (9.10) の左辺の比の分母は，時刻 j で死亡する可能性のある標識済みの総個体数 (M_j) と，生きていることが確認された標識個体数 (m_j) の差である．この差は，ある調査時期で未発見の標識個体数にあたる．したがって，左辺の比は，調査時期 j で未発見であり，その後生存が確認された個体数 (左辺の分子) を，死亡する可能性があるが調査時期 j で未発見である総個体数 (左辺の分母) で割ったものである．また，右辺の比は，標識・解放された総数に対する標識後再捕獲された個体の割合である．式 (9.10) を整理して書き直すと

$$M_j = m_j + \frac{R_j z_j}{r_j} \tag{9.11}$$

となる．次に，調査期間 j から $j+1$ の間の生存確率の推定値 ϕ_j を計算するために，m_j，M_j，M_{j+1} と R_j の値が使われる：

$$\phi_j = \frac{M_{j+1}}{R_j + (M_j - m_j)} \tag{9.12}$$

言葉で表現すると，調査時点 j から $j+1$ までの生存確率の推定値は，j から $j+1$ の間に生き残った個体の数を，調査時点 j で死亡する可能性のある個体の数で割ったものである．この死亡する可能性のある個体の数 (分母) は，捕獲され解放された個体の総数と，調査時点 j で生きてはいたが，捕獲できなかったために生きていることが観察されなかった個体の数の推定値を合計したものである．この計算では，調査地域から出ていってしまって再捕獲される可能性のない個体のことを考慮していないので，推定された「表面上の」生存確率であることに留意してほしい．

b. 研　究　例

この CJS モデルの応用例として，ムナジロカワガラス (European dipper) として知られるスズメ目の鳥について 7 年間にわたって生存率を推定した際の元データが表 9.2 に示されている (注：元データは Marzolin (1988) にあるが，McDonald et al. (2005) からデータを拾っている)．オス・メス両方を合わせた表 9.2 の再捕獲データは，表 9.3 の中の m 行列と呼ばれる行列に縮約される．例えば，m 行列の 2 行 2 列の要素は，表 9.2 の中で，調査時期 2 の列で 1，調査時期 3 の列でも 1 である捕獲歴 (捕

表 **9.2** オス・メス合わせたムナジロカワガラスの解放・再捕獲の時系列．解放・再捕獲は 1981 年から 1987 年にかけて行われた．

捕獲歴番号	調査時期 j							標識個体		
	1	2	3	4	5	6	7	捕獲歴ごとの個体数	解放数 (u_j)	調査年
1	0	0	0	0	0	0	1	39	39	1987
2	0	0	0	0	0	1	0	23	46	1986
3	0	0	0	0	0	1	1	23		
4	0	0	0	0	1	0	0	16	41	1985
5	0	0	0	0	1	1	0	9		
6	0	0	0	0	1	1	1	16		
7	0	0	0	1	0	0	0	16	45	1984
8	0	0	0	1	0	0	1	2		
9	0	0	0	1	0	1	1	1		
10	0	0	0	1	1	0	0	11		
11	0	0	0	1	1	1	0	7		
12	0	0	0	1	1	1	1	8		
13	0	0	1	0	0	0	0	29	52	1983
14	0	0	1	0	1	1	0	1		
15	0	0	1	1	0	0	0	12		
16	0	0	1	1	1	0	0	6		
17	0	0	1	1	1	1	0	2		
18	0	0	1	1	1	1	1	2		
19	0	1	0	0	0	0	0	29	49	1982
20	0	1	1	0	0	0	0	11		
21	0	1	1	0	1	1	0	1		
22	0	1	1	1	0	0	0	2		
23	0	1	1	1	1	0	0	3		
24	0	1	1	1	1	1	0	1		
25	0	1	1	1	1	1	1	2		
26	1	0	0	0	0	0	0	9	22	1981
27	1	0	1	0	0	0	0	2		
28	1	1	0	0	0	0	0	6		
29	1	1	0	1	1	1	0	1		
30	1	1	1	1	0	0	0	2		
31	1	1	1	1	1	0	0	1		
32	1	1	1	1	1	1	0	1		
									294	

出典：McDonald et al. (2005, p.199) の表 9.1.

注：毎年の解放個体数 (u_j) は一番右の列に逆年代順で示されている．各調査時期 j (例えば，1981 年は $j = 1$，1982 年は $j = 2$ など) に対して，表中の “1” は鳥が捕獲された場合，“0” は捕獲されなかった場合を示している．

獲歴番号 20～25 と 30～32) の個体数の総和 (11 + 1 + 2 + 3 + 1 + 2 + 2 + 1 + 1 = 24) である．また，m 行列の 1 行 2 列の要素である 2 は，時期 1 で標識が付けられたが，時期 2 では捕獲されずに，時期 3 で捕獲された 27 番の捕獲歴の個体数である．表 9.3 には，この m 行列の値を使って求めた 3 つのパラメータ r_j, m_j, z_j が示されている．それらの値は，すべて M_j(式 (9.11)) と ϕ_j (式 (9.12)) を計算するために使われる．

生存率を計算するために必要な他の重要な値としては，調査時期 j で解放された個体の総数 (R_j) があるが，それらは表 9.4 に与えられている．最終的に，R_j, r_j, m_j や z_j に関する情報，およびそれらを使って推定された M_j や ϕ_j が表 9.5 にまとめられている．例えば，式 (9.11), (9.12) を使うと，

$$\begin{aligned} M_2 &= m_2 + \frac{R_2 z_2}{r_2} \\ &= 11 + \frac{60 \times 2}{25} = 15.80 \end{aligned} \tag{9.13}$$

$$\begin{aligned} \phi_2 &= \frac{M_3}{R_2 + (M_2 - m_2)} \\ &= \frac{28.17}{60 + (15.8 - 11.0)} = 0.4347 \end{aligned} \tag{9.14}$$

となる．

表 9.3　表 9.2 中のムナジロカワガラスのデータで観察された m 行列

標識後解放時期 (j)	m 行列 ($m_{jj'}$) $j' = 2$	3	4	5	6	7	区切り線右側の和 (z_{j+1})	時期 j より後の再捕獲総数 (r_j)
1	11	2	0	0	0	0	2	13
2		24	1	0	0	0	1	25
3			34	2	0	0	2	36
4				45	1	2	3	48
5					51	0	0	51
6						52		52
7								
$m_{j'} =$	11	26	35	47	52	54		

出典：McDonald et al. (2005, p.200) の表 9.2.
注：r_j は，調査時期 j で捕獲・解放された個体のうち，のちに再捕獲された個体の総数．これは，表 9.2 で時期 j の列に 1 が記されている行のうち，時期 $j+1$ 以降に再捕獲された捕獲履歴をもつものの個体数の総和にあたる．行列の中の $m_{jj'}$ は調査時期 j で標識後解放された個体のうち，それ以降の再捕獲時期 j' で初めて捕獲された鳥の数である．次の再捕獲時期で捕獲されず，それ以降に捕獲された標識済み個体の数 (z_j) の値は，上側の副対角要素の区切り線の右側にある数の行和である．調査時期 j' で捕獲された標識済みの生残個体の数 ($m_{j'}$) の値は，表の一番下に示されている列和である．式 (9.10), (9.11) で m_j として使用される．

表 9.4　表 9.2 中の (0, 1) 情報に基づいた各調査時期で解放されたムナジロカワガラスの標識個体数 (R_j) の計算

調査時期 (j)	新規標識解放個体数 (u_j)	以前に標識を付けられ再捕獲された個体の各調査時期での数 標識後解放時期 1	2	3	4	5	6	以前に標識を付けられ再解放された個体の総数 (m_j)	解放された個体の総数 ($R_j = u_j + m_j$)
1	22	—	—	—	—	—	—	0	22
2	49	11	—	—	—	—	—	11	60
3	52	6	20	—	—	—	—	26	78
4	45	5	8	22	—	—	—	35	80
5	41	3	7	11	26	—	—	47	88
6	46	2	4	5	16	25	—	52	98
7	39	0	2	2	11	16	23	54	93

注：中央の行列の中の各セルの値は，以前の調査時期のどれかで標識を付けられた個体のうち，調査時期 j で再捕獲された各捕獲歴に対応する個体数の合計である．例えば，表 9.2 の中で，調査時期 4 で解放された個体のうち，調査時期 6 で再捕獲された個体は，捕獲歴番号 9, 11, 12 に対応し，それぞれ 1, 7, 8 個体 (合計 16) 存在する．

表 9.5　ムナジロカワガラスの例における生存率の推定値 (一番右の列の ϕ_j)

調査時期	解放された個体の総数	再捕獲された標識済み個体の数	調査時期 j よりも後に捕獲された標識済み個体の数	標識済みだが，j では捕獲されず，j よりも後に捕獲された個体の数	標識済み個体の推定個体数	生存率の推定値
j	R_j	m_j	r_j	z_j	M_j	ϕ_j
1	22	0	13	—	0.0	0.7182
2	60	11	25	2	15.8	0.4347
3	78	26	36	1	28.2	0.4782
4	80	35	48	2	38.3	0.6261
5	88	47	51	3	52.2	0.5985
6	98	52	52	0	52.0	—
7	93	54	—	—	—	—

出典：McDonald et al. (2005, p.202) の表 9.3.

c.　多状態の標識再捕獲モデル

CJS モデルに類似するいくつかのモデルは，標識再捕獲法を用いた生存率推定の最も標準的なアプローチであるが，このモデルでは捕獲確率や生存確率がすべての個体で同一であることが前提とされているので，多くの状況で制約があり使いにくい場合がほとんどである (Cormack 1964; Lebreton et al. 1992)．野外研究での複雑な状況に対応するために，一連の多状態モデル (multistate model) が考案され，そのモデル群は第 6 章で議論したステージ構造行列モデルととても近いものである．多状態

の標識再捕獲モデルは，異なる「状態」にある動物を扱うモデルである．ここでいう「状態」は，例えば，生理学的状態，繁殖状況や病気の有無などであっても構わない．地域もまた「状態」の一つとして考えることが可能であり，地域を考えると第6章で紹介されたメタ個体群モデルにつながる．その場合には，動物個体の状態はある調査時点から次の調査時点までに変わることもあるし，その状態にあることが生存確率や捕獲確率を変えるかもしれない．また，より高度なモデルでは，環境要因間の共変動や複数の死亡要因を扱う問題に取り組むこともできれば，離散的な時間間隔での再捕獲ではなく，連続時間のモデルを使った再捕獲の問題にも取り組むこともできる．これらの多状態モデルの基礎について包括的に説明されている文献としては，Lebreton et al. (2009) がある．多状態の標識再捕獲モデルは，幅広い応用範囲を備えていて，集団生物学，保全生物学やメタ個体群動態を研究する際に生まれる様々な疑問に取り組むことができる．多状態標識再捕獲モデルを統合的に扱える，MARK (White and Burnham 1999) や M-Surge (Choquet et al. 2009) などのソフトが利用可能である．どちらのソフトパッケージも，広範囲の状況に適用可能である．また，King (2012) や Cohchero and Clark (2012) によって考案されたモデルのように，ベイズ状態空間モデル (Bayesian state-space model) の枠組みに適用可能なものもある．

d.　標識再捕獲データのコホート分析

標識再捕獲データを用いた生存解析の代替アプローチとして，コホート分析がある．その際，それぞれの調査時期に標識して解放したグループを，その後の何年かの再捕獲データによって長期的 (縦断的) 生存率を推定する 1 つのコホートと考える．各標識コホートの毎年の生存率は，別の年に標識されたコホートの生存率と比較することもできるし，また全コホートにわたる平均の生存率を計算するためにも用いられる．つまり，横断的および縦断的生存率も計算することができる．もう一度，表 9.2 にあるムナジロカワガラスのデータを使ってレキシス図を描いてみると (Marzolin 1988; McDonald et al. 2005)，各標識コホートの再捕獲履歴は，西暦年を横軸，捕獲後の齢を縦軸にした平面 (齢–期間平面) 上の斜めの線に沿って追うことができる (図 9.5) *4)．表 9.6 には，ムナジロカワガラスの標識再捕獲データを標識年のコホートごとに並べ，実際に個体数が減少していく縦断的コホートと標識年ごとに合成された横断的コホートの生存率が示されている．

この方法について言及しておいた方がよいと思われることが少なくとも 2 つある．1 つ目は，レキシス図 (図 9.5) は，再捕獲データを図示するために役立つばかりでな

---

*4)　図 1.8 で紹介されたレキシス図の説明を読み直してみてほしい．

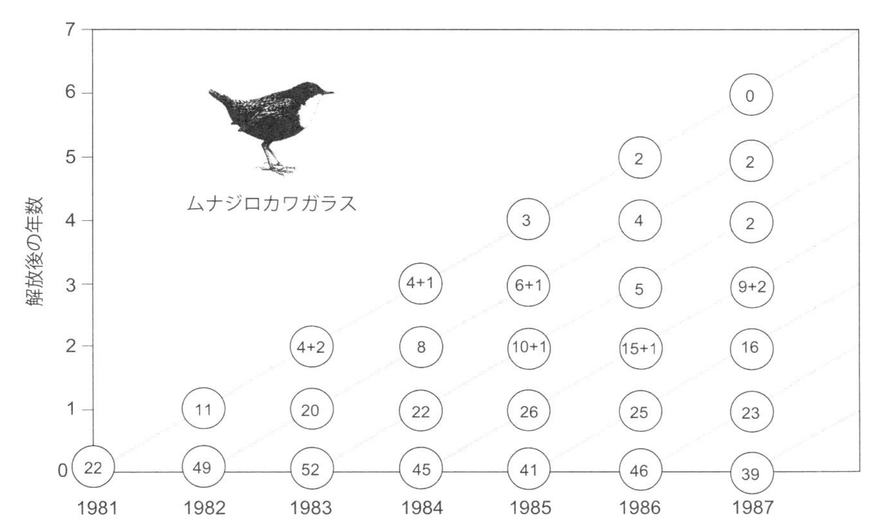

図 9.5　1981 年に始まった 7 年間のムナジロカワガラスの標識再捕獲データを示すレキシス図

それぞれの左下から右上への線は各標識年における標識コホートについて，その後再捕獲が試みられた様子を示している．それぞれの線の縦軸 0 の時点にある○印の中に記入された数字は，新規に標識された個体数を表している．○印の中にある“+”記号の後に付けられた数字は，以前には発見されなかった各コホート内の個体のうち，その年に捕獲された標識個体の数を示している．例えば，1981 年コホートの中で 1984 年に捕獲された個体 (○印は 1984 年の列の上部に配置されている) について言えば，○印の中の 4+1 は 1981 年コホートからは合計で 5 個体が捕獲され，1 個体は 1982，1983 年のいずれでも捕獲されなかったことを示している (出典：Marzolin 1988).

く，標識して放った年と再捕獲された年を同時に示す平面図からより詳細な問題を把握するのに役立つ．ほぼ生データに近い 0 と 1 にコード化された表 9.2 から，データやデータの中に潜んでいるより深い中身を同時に見通すのは極めて難しい．しかし，レキシス図でデータを縦断的かつ横断的に眺めると，異なる年に始まったコホートや異なるコホートの各西暦年の生存率について示唆的な知見を得ることができる．その一つに，標識コホートの中で生存個体が次第に減少するために，極めて少数の個体を対象にして生存率などを推定することになる問題がある．例えば，縦断的かつ横断的にデータを整理した表 9.6 を見てみる．1981 年と 1982 年のコホートの解放後には，年生存率はコホート間でおよそ 20%の違いがある．それぞれの解放コホートの全期間の幾何平均はほぼ同じくらい異なっていた．例えば，1981 年解放コホートの年生存率の縦断的幾何平均はおよそ 0.62，1983 年解放コホートの場合は 0.44 で，その違い

表 9.6 ムナジロカワガラスの標識再捕獲データを解放年ごとのコホートに沿って並べたもの．縦断的に推定された生存率 ($p(t) = N(t+1)/N(t)$) も示してある．

時刻 t	1981		1982		1983		1984		1985		1986		横断的
	$N(t)$	$p(t)$	$N(t)$	$p(t)$	$N(t)$	$p(t)$	$N(t)$	$p(t)$	$N(t)$	$p(t)$	$N(t)$	$p(t)$	幾何平均
0	22	0.5909	49	0.4082	52	0.4423	45	0.6444	41	0.6098	46	0.5000	**0.5251**
1	13	0.5385	20	0.4500	23	0.4783	29	0.6207	25	0.6400	23		**0.5403**
2	7	0.7143	9	0.7778	11	0.4545	18	0.6111	16				**0.6268**
3	5	0.6000	7	0.5714	5	0.4000	11						**0.5157**
4	3	0.667	4	0.5000	2								**0.5774**
5	2		2										
縦断的 幾何平均		**0.6190**		**0.5274**		**0.4429**		**0.6253**		**0.6247**		**0.5000**	**0.5556** **0.5518**

注：$N(t)$ は，その後の再捕獲数によって図 9.5 に示されている数字が調整されている．例えば，1981 年の解放コホートの 22 個体のうち 3 個体は，1983 年か 1984 年のどちらかで初めて再捕獲され，1982 年には生きていたことが確認されている (表 9.2 内の捕獲歴番号 27, 29 番を指す)．そのため，1983 年に再捕獲された 2 個体はその年に捕獲された 11 個体 (表 9.2 内の捕獲歴番号 28～32 番の個体数の合計である) に加算され，その結果生きていると確認された個体数は 13 個体となる．他の数値も表 9.2 を参考に丁寧に計算することによって求められる．太字になっている数値は幾何平均である．

は 0.18 である．一方，右端の欄に示されている横断的生残率については，解放後の生存率の違いのバラツキ具合は比較的小さかった (例えば，$t = 2$ では 0.6268 に対して，$t = 3$ では 0.5157)．したがって，これらの値は解放後の生存率の長期平均をより正確に反映している．2 つ目の点は，すべての解放コホート・すべての時刻にわたる平均生存率の値は，列に沿った縦断的生存率を使って計算されるか，行に沿った横断的な生存率に基づいて計算されるかによって異なるが，その違いは小さく，ほんの 0.0038 (0.5556 と 0.5518 の差) であることである．これらの推定値は表 9.5 の CJS モデルで得られた年生存率の幾何平均 0.56176 と 1%しか違わないことに注意してほしい．この解放コホートを使うコホート分析法は CJS 法に代わる方法が見つからなかった時に補完的な役割を果たす．

9.2.3　生残曲線推定にまつわる問題の可視化

標識再捕獲法を使って生存率推定を行う際の問題点をわかりやすく示すために，コンピューターシミュレーションで生成されたデータを用いて，実際の生残曲線と標識再捕獲法によって推定された生残曲線を描き，標識再捕獲法によって描かれる推定生残曲線の性質を明瞭に可視化できる図を紹介しよう．そのシミュレーションでは，ゴンペルツ死亡モデル (パラメータ a, b がそれぞれ 0.0005 と 0.02) に従う 1,000 個体のチョウの仮想的なコホートを作成した．コホートの期待寿命 (e_0) は 45.8 日，最大寿命は 100 日に設定された．この設定のもとで，1 日当たり 10%の捕獲確率で各個体が捕まり，その後解放されるというシミュレーションを行った．このシミュレーションの結果を可視化したものが，図 9.6 に示されている．

図 9.6 と表 9.7 に示されたシミュレーションの結果には，標識再捕獲モデルの結果に普通に見られる特徴が現れている．まず，死亡するまで一度も捕獲されなかった個体は全部で 63 個体いた．捕獲されなかった個体の平均寿命は 13.2 日であるが，ほんの数日の寿命の個体がいる一方，捕まらずに 81 日も生き残った個体がいるように，寿命は広範囲に広がっている．この事実は，偶然に任せるだけでは超高齢の個体を全く捕獲できない可能性があることを示しており，それよりもまず，捕獲されない個体がかなりの割合で存在していた．また，生涯の中で初期の捕獲とその後の捕獲によって記録に残されているのは，そのコホートで過ごした全個体の生存延べ日数の約 80%であった．つまり，もし最後に捕獲された時の齢が各個体の死亡齢として扱われるなら，それは期待寿命を 20%過小評価したことになる．さらに，捕獲後未確認の生存延べ日数はそのコホートで過ごした生存延べ日数全体のほぼ 18%にまで達する．別の言い方をすれば，非捕獲個体の分と捕獲後未確認の日数を合わせた分を考えると，このコホート

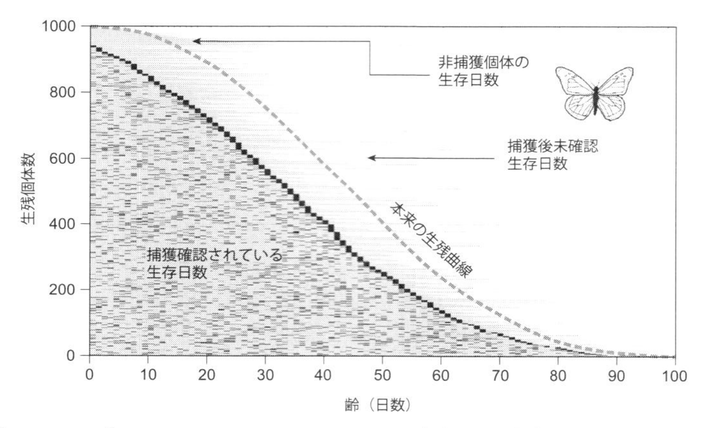

図 9.6　コンピューターシミュレーションによって生成された仮想的なチョウ個体群の標識再捕獲研究の結果

野外研究に基づくゴンペルツ死亡過程モデル ($a = 0.0005$, $b = 0.02$) と 1 日当たりの捕獲 (あるいは再捕獲) 確率が 10%であるという設定で計算されている．図の上から下にくだるにつれて最終捕獲齢が最短のものから最長のものになるように，横軸に平行な生涯直線 (life-line) が 1,000 本示されている．図中左側の小さい灰色の四角は捕獲された日を，黒い四角は最終捕獲日を表している．図の上部の矢印で示している薄い灰色の生涯直線の長さは，死亡するまで一度も捕獲されなかった個体の生存日数を示す．「捕獲後未確認の生存日数」と書いている矢印で示している薄い灰色の直線の長さは，ある個体の最終捕獲から死亡するまでの生存日数を示している．生存日数の区分けについては表 9.7 を参照のこと．破線で示される本来の生残曲線は，ゴンペルツモデルから得られたものである [*5]．

表 9.7　チョウの仮想のコホートでの標識–解放–再捕獲シミュレーションの結果

	個体数	生存日数の総計	平均生存日数 (日)
非捕獲個体	63	830	13.2
捕獲個体	937		
確認済み分		35,809	38.2
最終捕獲時以降未確認		7,615	8.1
		44,254	

注：生存延べ日数がまとめられている．総生存延べ日数 (44,254 日) は，死亡するまで一度も捕獲されなかったチョウの場合，一度解放されてから最終捕獲時までに確認された場合，捕獲後未確認の場合に分けられている．

*5)　第 3 章の表 3.1 によれば，ゴンペルツ関数の場合の生残率 $(l(x))$ は，$l(x) = \exp[\frac{a}{b}(1 - e^{bx})]$ であるから，この公式を使って，本来の生残曲線が描かれている．

の個体たちは，ほぼ5日のうち1日くらい，研究の「外側」で生きていたことになる．最後に，高齢時は死亡率が高く再捕獲される前に死にやすいことから，高齢時に死んだ個体に比べて，若齢時に死んだ個体の方が，捕獲後未確認期間の平均値は大きい．

再捕獲の確率はシミュレーションの中で設定されているので，私たちは再捕獲率が10%であることを知っている．もしそれを知らなかったとしても，再捕獲確率は生存延べ日数のデータ (表 9.7) を用いて次のように近似できる：

$$\text{捕獲確率} = \frac{\text{灰色・黒色の四角の総数} - \text{捕獲された個体の数}}{\text{捕獲されるまでの延べ日数}} = \frac{4391 - 937}{35809} = 0\ 0965$$

捕獲間隔の長期平均は捕獲確率の逆数であるので，その間隔は 10.4 日 (= 1/0.0965) であると推定される．この値を使って，図 9.6 の最終捕獲齢に基づいた生残曲線を補正することができる．一度も捕獲されたことのない個体も含めて各個体で 10.4 日から 20.8 日の間の捕獲間隔をランダムに生成し，その値を追加した日齢を各個体の寿命として，生残曲線を作成した．図 9.7 には，その補正された生残曲線とともに，ゴンペルツモデルを使って計算された本来の生残曲線と最終捕獲齢を使った生残曲線を比較した結果が示されている．補正された生残曲線は，野外研究から得られたパラメータを使った本来の生残曲線をよく近似している．若齢時のこの 2 つの曲線の違いは，若齢時には実際の平均より長い捕獲後未確認の寿命があることによる．また，高齢時のズレは平均より短い捕獲後未確認の寿命があることに起因している．

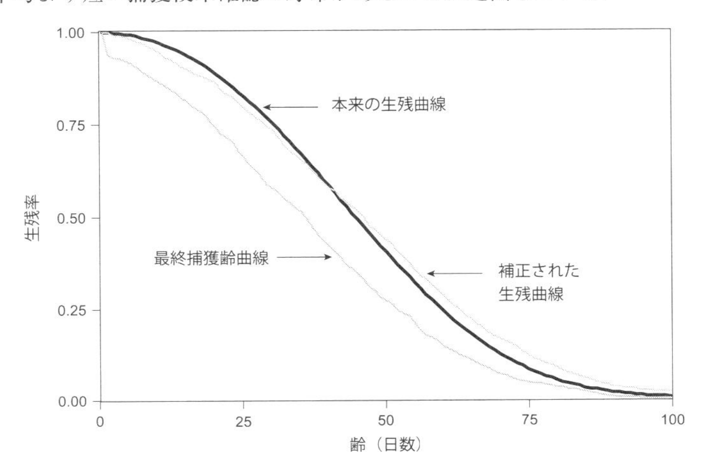

図 **9.7**　仮想的なチョウのコホートにおける 3 つの生残曲線の比較
この 3 つは，チョウの野外研究から得られた本来の生残曲線，最終捕獲齢から作った生残曲線，およびランダムシミュレーションによって求められた捕獲後未確認の寿命を追加して補正された生残曲線である．

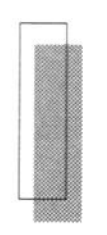

9.3 個体群成長率の推定

個体群成長率とは，個体群の個体数のある決められた期間中の変化率である．第5章と第6章では，個体群成長率という概念を導入し，個体群成長率は時間離散のモデルで使われる期間増加率 (λ) あるいは，時間連続のモデルで使われる成長率 (r；この章では，「連続版の成長率」と呼ぶことにする) で表されることを述べた．ここでは，個体群成長率がどのように個体数の変化あるいは個体群の齢構成の変化の観察値から推定されるかについて考えよう．

9.3.1 個体数から求められる個体群成長率

表9.8には，仮想個体群の個体数変化から求められる期間増加率 (λ) と連続版の成長率 (r) の両方が示されている．λ と r は

$$\lambda = \frac{N_{t+1}}{N_t} \tag{9.15}$$

$$r = \frac{\ln \frac{N(t+1)}{N(t)}}{\Delta t} = \frac{\ln \lambda}{t+1-t} = \ln \lambda \tag{9.16}$$

を用いて計算される．例えば，

$$\lambda = \frac{N_3}{N_2} = \frac{159}{137} = 1.16 \tag{9.17}$$

であり，

$$r = \ln\left(\frac{159}{137}\right) = 0.149 \tag{9.18}$$

である．λ の値は，

$$N_{t+1} = \lambda N_t \tag{9.19}$$

のように動態モデルに使われ，r の場合は，

$$N(t+1) = e^{rN(t)} \tag{9.20}$$

のように動態モデルに使われる．この2つのモデルは，それぞれ同一のモデルの時間離散版および時間連続版である．

表 9.8 仮想個体群の個体数時間変化．期間増加率 (λ) と連続版の成長率 (r) の両方が示されている．

時間 (t)	0		1		2		3		4
$N(t)$	100		121		137		159		183
λ		1.21		1.13		1.16		1.15	
r		0.191		0.124		0.149		0.141	

9.3.2 齢構成から求められる個体群成長率

表 9.9 は，齢構成から個体群成長率を推定する方法の基礎となっている考え方を示している．この表の中の数は，3 つの齢階級 (0, 1, 2 齢) をもつ仮想個体群で時刻 0 から 2 までに観察された個体数だとする．すべての個体は最後の齢 (齢階級 2) まで死亡しない．一つ違いの齢階級の間の個体数比はいつでも 2：1 である．つまり，齢階級 0 と 1 での個体数と齢階級 1 と 2 での個体数には 2 倍の違いがある．齢 0 と齢 2 の間の途中の死亡はないので，この 2 倍の違いは，厳密に成長率が齢構成に与える効果によって生まれる．そのため，途中の死亡がないということがわかっていれば，個体群の齢構成しかわからないこの場合でも，その個体群は毎年倍々に成長しているということができる．

齢構成から個体群成長率を推定する公式は，以下の関係

$$c_x = \frac{N_x}{N} \tag{9.21}$$

$$c_y = \frac{N_y}{N} \tag{9.22}$$

を使って一般化することができる．N_x と N_y は齢階級 x と y の個体数，c_x と c_y は齢階級 x と y での総個体数に対する割合，N は個体群の総個体数である．その時，

$$\frac{c_x}{c_y} = \frac{N_x}{N_y} \tag{9.23}$$

から，2 つの齢階級における割合の比は，それぞれの個体数の比である．また，齢階級 x と y での安定個体群全体に対する割合の公式は，第 5 章の式 (5.73),(5.79) を利用すると，

$$c_x = be^{-rx} l_x \tag{9.24}$$

$$c_y = be^{-ry} l_y \tag{9.25}$$

である．r は内的増加率を意味し，b は内的出生率 (intrinsic birth rate)，l_x と l_y はそれぞれ齢 x と齢 y までの生残率である．したがって，c_x と c_y の比は

表 9.9 3 つの齢階級から構成される個体群の個体数．各齢階級では一時刻ごとに個体数が倍加する．

	時間 (t)		
各齢の個体数	0	1	2
N_0	12	24	48
N_1	6	12	24
N_2	3	6	12
総計	21	42	84

表 **9.10**　仮想的な節足動物個体群の卵・未成熟段階の個体数と個体群成長率の推定値

サンプル番号	1	2	3	4	5
卵段階の個体数	2,311	1,150	2,048	3,654	2,145
未成熟段階の個体数	824	596	541	5,820	4,643
r の推定値	0.206	0.131	0.266	−0.093	−0.154

注：個体群成長率の推定値は，卵と未成熟段階の間の齢間隔と生残率の仮定に基づいて計算されている．

$$\frac{c_x}{c_y} = \frac{be^{-rx}l_x}{be^{-ry}l_y} \tag{9.26}$$

$$= \frac{e^{-rx}l_x}{e^{-ry}l_y} \tag{9.27}$$

である．式 (9.23) より，

$$\frac{N_x}{N_y} = e^{r(y-x)}\frac{l_x}{l_y} \tag{9.28}$$

となる．途中の死亡はないので，$l_x = l_y = 1$ を代入して，整理し直して対数をとると，r の解は，

$$r = \frac{\ln \frac{N_x}{N_y}}{y - x} \tag{9.29}$$

であり，式 (9.16) で与えられる成長率の公式と同じ形をした式になる．

表 9.10 に，節足動物の仮想個体群のデータにこの公式を応用した例を示している．この 5 つの仮想個体群の卵と未成熟段階の平均の齢は，それぞれ $x = 2.5$ 日，$y = 7.5$ 日であり，段階間の死亡は起きていない．その時，$y - x = 5$ 日，$l_x = l_y = 1.0$ であり，サンプル 1 の成長率は $r = \frac{1}{5}\ln\frac{2311}{824} = 0.206$，サンプル 2 の成長率は，$r = \frac{1}{5}\ln\frac{1150}{596} = 0.131$ などと計算することができる．サンプル 4，サンプル 5 の r の推定値は負であり，これらのサンプルでは個体数が減少しつつある．

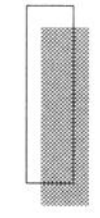

9.4　個体群の齢・ステージ構成の推定

9.4.1　齢に関するデータの重要性

ヒトの人口学の研究に携わる時に，もし齢に関する情報が手に入らなかったとすると，どう研究したらよいか思いつきもしないだろうし，実際不可能なものもあることだろう．例えば，第 1 章で紹介したレキシス図の作成や齢–期間–コホート効果の分離，あるいは，保険数理学で使用される生命表などの数表の作成，将来の出生数・死亡数の予測，人口移動の動向分析，人口推計，人口政策の策定などは不可能である (Carey et al. 2018). 基本的にヒト集団に関心がある人口学者にとっては，まぎれもなく齢は人口学の中核をなす概念であり，そこからは抜け出せないものとして考えてしまう．それは，経済学者にとって需要・供給という概念がそうであり，進化生物学者にとってダーウィン淘汰が，機械工学者にとって微分解析がそうであるのと似ている．もし齢データがなかったら，人口学分野は最善でも現在の姿から見れば影の薄いものに変わっていただろうし，最悪なら影もなく消えていただろう．例えば，辺境に住む先住民族の研究といった，人口学の中でもマイナーな分野における集団研究を別にすれば，ヒト集団の研究で齢データが欠落しているケースは非常に稀な例外である．

ヒト以外の生物種の研究で個体や集団の齢に関する情報が欠落していることは非常に大きな問題だが，ヒトだけに注目する一般の人口学者はその深刻さに十分に気づいているわけではない．しかし，齢情報を入手するのに苦労する大多数の個体群生態学者にとっては，齢情報の欠落はとても苛立ちを感じさせる問題である．と言うのも，ヒト以外の個体群において齢や齢構造に関する情報が欠落していると，研究上重要な場面で，集団分析やモデル作成の範囲を狭め，分析の深さが大きく制限されるからである．例えば，過去の文献に見られる十分に洗練された人口学のモデルの大部分は，ヒト集団のために考案され，ヒト集団に関心があった．これらのモデルは，個体の齢や集団の齢構造に関する情報を想定し，必要ともしている．そのため，ヒト以外の生物種で齢に関するデータがない場合には，コホート生命表や齢構造個体群モデルなどの古典的な人口学モデルの多くは，最も妥当と思われる自然条件下での研究ではなく，主に理論的研究や実験室で行われる研究の場合に応用されている．また，齢は死亡リスクの主要な要因であるだけではなく，一般的な概念として，性成熟，結婚・離婚，繁殖，罹患，身体障害，退職，死亡のような齢特異的な「状態推移力」を定量化する基礎となっている．「状態推移力」は，一般の生物種における状態推移にも適用できる概念なので (Jones et al. 2013)，齢に関する情報の欠落は人口学的な分析に制限を与えることになる．さらに，野生生物のコホートや個体群の齢データが利用できなければ，実験室内に限られた研究結果は限定的な価値しかもたなくなる．これらの制限があると，ヒト以外の種の個体群解析で使うための有力な研究ツールを，洗練し，適用し，拡張する機会を妨げることにもなる．また，「生命の樹」全体を見渡した時の生活史特性 (人口学的特性でもある) というまだ発掘されていない宝物を研究することを通じて，新たな人口学の概念を創り出したり新しいモデルを構築する可能性の幅を狭めることとなる．

9.4.2 齢推定の方法

ヒト以外の種の未成熟段階の齢推定は，明確にわかる発達 (生育) 段階の期間の長さについては広範囲の文献に記されているため，比較的容易である (Lyons et al. 2012). センチュウなどの多くの無脊椎動物や，魚類，爬虫類の 2 つの脊椎動物群では，未成熟段階の個体の齢推定はもっぱら個体のサイズをもとにして行われるが，他の種について言えば，昆虫の場合には幼虫や無翅未成熟段階，両生類の場合はオタマジャクシなどの発達 (生育) 段階に基づいて齢が推定される．同様に，鳥類と哺乳類の未成熟段階は比較的わかりやすいので，未成熟段階の期間の長さについては十分な記録がある．例えば，タイランチョウの仲間の若い個体は，孵化個体，巣内乳児，巣立ち個体としてクラス分けされ，それぞれの既知の発達タイミング (齢間隔) を使って齢が推定される．多くの鳥類では，初列風切羽 (primary feather) の生え変わりや成長度合いは，成鳥へと移行する幼鳥を見極める手立てとなる羽毛の発色とともに，未成熟個体の後期段階を示す手がかりとなる．哺乳類の未成熟個体は，通常は個体サイズによってクラス分けされるが，子鹿の体表の斑点のような体表面の色パターン (模様)，有蹄類の幼獣の頭部形状の短さのような頭部の特徴や，ネコ亜目やげっ歯類では歯の発達度合い，生え具合，磨耗度も頻繁に使われる．

今まで述べてきたように，未成熟個体の齢推定の方法は比較的容易であるが，成熟個体の齢推定は，多くの種で，特に中くらいの齢や高齢の場合に，うまくいっても難しい場合が多いし，最悪のケースでは手に負えないこともある．野外で捕獲された個体の齢を推定する方法は，多くの場合「記録構造体 (recording structure)」と呼ばれるものに依拠している (Klevezal 1996). この用語は，軟体動物の外殻，魚類の鱗・耳石や骨，両生類・爬虫類や哺乳類の骨，哺乳類の歯の象牙質やセメント質，一部の哺乳類では爪の角質のような動物の構造体を指している．これらの例からわかるように，記録構造体は，個体が成長する時にその生理学的条件の変化に反応する形態構造である (Klevezal 1996). どの記録構造体でも，形態的に変化する特性が長期間持続する必要がある．個体の齢を推定する他の方法，あるいは記録構造体を利用した例を図 9.8 で取り上げておいた．

昆虫の成虫の齢を推定する方法には，磨耗度，破損度や卵胞痕 (Tyndale-Biscoe 1984)，転写プロファイリング (Cook et al. 2006, 2008; Cook and Sinkins 2010)，眼胞内のプテリジン密度 (Lehane 1985; Krafsur et al. 1995) や昆虫のクチクラ層内の炭化水素 (Desena et al. 1999; Moore et al. 2017) を使うものがある．どの方法を用いた場合でも若齢個体と高齢個体を区別することはできるが，正確に中間の齢の

図 **9.8**　齢推定の方法の概観

(a) チョウの磨耗度や破損度 (Molleman et al. 2007), (b) 蚊のクチクラの炭化水素分析 (hydrocarbon analysis)(Gerade et al. 2004), (c) 樹木の年輪年代測定 (tree ring dating) (Baillie 2015), (d) 淡水性イガイの殻の薄片 (Neves and Moyer 1988), (e) 魚類の耳石の構造 (Campana and Thorrold 2001), (f) ワニの個体サイズ (Zug 1993), (g) 水鳥の初列風切羽 (Lyons et al. 2012), (h) オジロジカの歯の磨耗度や生え具合 (Gee et al. 2002), (i) ザトウクジラの遺伝子機能変化を使った推定 (Polanowski et al. 2014), (j) オサガメの骨格年代解析 (Avens et al. 2009), (k) 野生種のイヌのセメント質環の数え上げ (Mbizah et al. 2016), (l) ヒトの頭蓋縫合の閉鎖 (Key et al. 1994).

個体を分けることができる方法はほとんどなく，高齢個体でもその後期の個体の齢を見分けることができる方法はない．鳥類や哺乳類の成熟個体の齢を推定する方法については，Lyons et al. (2012) の中で包括的な概要が述べられている．耳石の層構造を用いる齢査定の方法は Campana and Thorrold (2001) や Limburg et al. (2013) に見られ，年輪解析を使う樹木の齢推定の方法は Baillie (2015) や Speer (2010) にある．Haussmann and Vleck (2002) は，野外で捕獲された齢不詳のフィンチ類などの動物の齢査定のためにテロメア長を使うことができると提案している．上記で説明した様々な方法を用いて各個体の齢が推定され，それに基づいて齢構造が推定される．

9.4.3　ステージ頻度分析

ステージ頻度分析 (**stage-frequency analysis**) は，節足動物や他の変温動物で，様々な発達段階に達するのにかかる平均時間や各発達段階までの生残率を求める方法である (Pontius et al. 1989)．この分析方法は，応用生態学上有用であったため，かなり注目されてきた．その分析方法を適用するためには，個体レベルの成長率や生存率を求める必要があるが，その確かな方法は，1 個体ずつ別の場所に閉じ込めて，各個体の生存や成長を追跡調査することである．しかし，管理上の理由や，グループで生活する単独行動性ではない昆虫のような動物では 1 個体ずつ飼うことは難しいなどの理由で，単独で飼うことができない場合がある．必然的に，データを収集する時は，集団で飼育された個体の成長や生存の結果について情報を集めることになる．

例として，新しい 100 個のハダニの卵がペトリ皿の中の円形の葉の上に置かれた状況を考えよう．ペトリ皿には，保湿のために湿った綿を敷いておく．そのペトリ皿の中のすべての個体が成長を終えるか死ぬまでの間，毎日それぞれのステージ (卵，未成熟，成熟) の個体数を数え上げる．図 9.9 には，ハダニの日々の個体数カウントデータから求められたステージ内・ステージ間の移行確率が記されている．各ステージ内の個体の成長速度にはバラツキがあるので，早く次の段階に進む個体もあれば，遅くなる個体もある．そのため，卵の孵化時期は 3 日目から 5 日目，未成熟ステージは 4

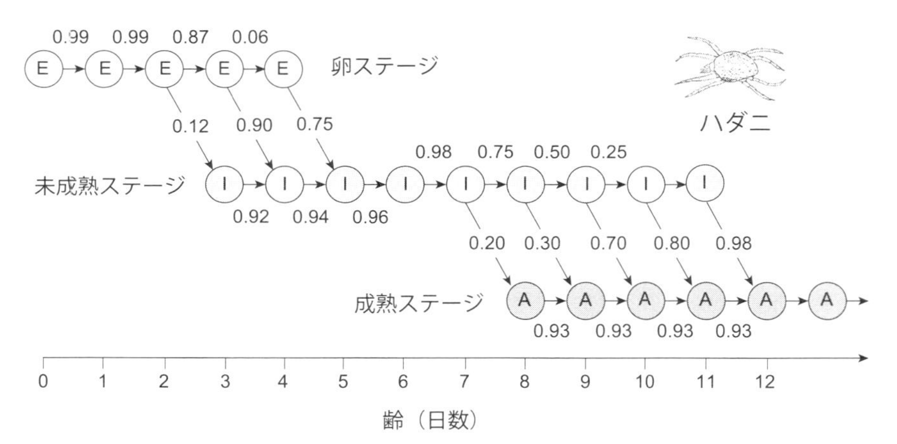

図 9.9　ハダニ (*Tetranychus urticae*) が，新生卵から成熟ステージまで発達する時のステージ内・ステージ間移行確率 (Carey and Bradley 1982)
ステージ間の移行にかかる時間は個体によって異なっている．卵の孵化時期は 3 日目から 5 日目まで，未成熟ステージに滞在するのは 4 日目から 12 日目の範囲に広がっている．

日目から 12 日目の範囲に広がっている (図 9.9)．その結果，2 つ以上のステージの個体が同時に存在する調査日がある．図 9.9 内の横向きの矢印に添えられた数値は齢別ステージ内移行確率 (p_x^i) であり，下向きの矢印に添えられた数値はステージ間移行確率 ($p_x^{(i-1)\text{ to }i}$) である．x は齢，$i=1,2,3$ はそれぞれ卵，未成熟段階，成虫段階を表している．この例を使って，最初の 2 つのステージの平均滞在時間を求めたい．

ある齢階級に属する個体が，次の時刻にその齢階級を抜け出る道筋は，(1) 現在属しているステージの中で次の齢に移行する，(2) 次の齢に進むとともに別のステージに移行する，(3) 死亡する，の 3 通りである．つまり，(1) を除いて各個体は競合する 2 種類のリスク，すなわち，死亡リスクとステージ移行のリスクのもとにあると見なすことができる．数式で表現すると，

$$N_{x+1}^i = N_x^i p_x^i + N_x^{i-1} p_x^{(i-1)\text{ to }i} \tag{9.30}$$

となる．式中，N_x^i はステージ i にある齢 x の生残個体数である．式 (9.30) の第 1 項は，あるステージの中での次の齢への移行個体数を表し，第 2 項は，次のステージへの移行個体数を表している．この式を使って計算すると，表 9.11 の中の多段階生命表 (multistage life table) 内の，各齢・各ステージごとの生残個体数が順次求められる．例えば，未成熟段階かつ 3 日齢の欄で示されている移行個体は，未成熟 ($i=2$) で齢

表 9.11 ハダニ (*Tetranychus urticae*) の卵から成虫までのステージ別生残率を推定する多段階生命表 (multistage life table)

齢	ステージごとの生残数 (N_x^i)			時刻	卵の生残率	成熟前個体 (卵+未成熟段階)
	卵	未成熟段階	成虫段階			の生残率
(x)	($i=1$)	($i=2$)	($i=3$)	(t)		
(1)	(2)	(3)	(4)	(5)	(6)	(7)
0	100			0	1.0000	1.0000
1	99			1	0.9900	0.9900
2	98			2	0.9800	0.9800
3	85	12		3	0.8526	0.9702
4	5	88		4	0.0490	0.9245
5	0	86		5	0.0000	0.8598
6		83		6	—	0.8254
7		81		7	—	0.8089
8		61	16	8	—	0.6066
9		30	33	9	—	0.3033
10		8	52	10	—	0.0758
11		1	55	11	—	0.0076
12		0	52	12	—	0.0000
滞在時間					3.37	7.85

出典：Carey and Bradley (1982).

4 に移る個体 ($x = 3$) の数，N_3^2 と表され，その数は 12 である．移行した先の N_4^2 の値は，未成熟段階のままで 4 日目 ($x = 4$) まで生き残った未成熟個体の数 ($N_3^2 p_3^2$) と，3 齢の卵の数 (N_3^1) と卵から未成熟段階 (1 から 2) への移行確率 ($p_3^{1\,\mathrm{to}\,2}$) の積を足したものになる．式 (9.30) を用いて求められた N_x^i をもとに，卵の生残率 (表 9.11 第 6 列) と，卵と未成熟個体の和である成熟前個体の生残率 (表 9.11 第 7 列) が求められる．卵の状態にある平均滞在時間は，他の生育段階に移行するまでの卵の各齢までの生残率の総和であるから，表 9.11 第 6 列の総和は，卵の状態にある平均滞在時間であり，3.37 日である (表 9.11)．同様に，卵と未成熟個体を合わせた成熟前の状態にある平均滞在時間は，表 9.11 第 7 列の総和に等しく，7.85 日である．2 つの値の差をとって，未成熟段階の平均滞在期間は 4.48 ($= 7.85 - 3.37$) 日であることがわかる [*6)]．

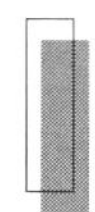

9.5　飼育下コホートのパラメータ推定

この章では，人口学で使われるパラメータを野外個体群のデータを用いて推定する話題に焦点を当ててきたが，今まで紹介した方法とは別に，野外個体群から捕獲された個体の死亡するまでの時間 (残余年数) に関する収集データを使って，野外個体群の齢構成を推定する飼育下コホート (captive cohort) 用に考案されてきたモデル群を紹介する (Müller et al. 2004; Carey, Papadopoulos, et al. 2012)．その背景にある考え方は，定常集団であれば，個体群の齢構成と死亡齢分布は同一で，ある簡単化のための仮定をおけば，参照生命表と呼ばれる定常集団の生命表を用いて計算された死亡齢分布から齢構成が推定可能だというものである (第 2 章表 2.8 参照)．飼育下コホート法の基礎理論 (Müller et al. 2007; Vaupel 2009; Carey et al. 2018) は，様々に拡張されてきた．例えば，野外のチチュウカイミバエ個体群の齢構成を推定する研究 (Carey, Papadopoulos, et al. 2008; Carey 2011) や，捕獲後の繁殖パターンの詳細を調べる研究 (Kouloussis et al. 2011)，捕獲後の齢構成の偏りの意味を調べる研究

---

*6)　第 2 章 2.1 節の式 (2.15) で，期待寿命は，各齢までの生残率を足し合わせると求められることを学んだ．期待寿命は，「死」という状態に移行するまでの「生」の状態に滞在する平均滞在時間と読み替えることができるので，その考え方を応用すると，卵の状態にある平均滞在時間は，他の生育段階に移行するまでの卵の各齢までの生残率の総和である．したがって，表 9.11 第 6 列の総和は，卵の状態にある平均滞在時間となる．同様に，卵と未成熟個体を合わせた成熟前の状態にある平均滞在時間は，表 9.11 第 7 列の総和に等しい．

　この例のように，多段階 (多状態) 生命表を使って，各段階 (各状態) にある平均滞在時間を求めることができる．この考え方は，第 10 章の表 10.5 でミバエの活動寿命を求める際にも応用される．

(Kouloussis et al. 2009)，平均齢の変化を推定する研究 (Carey, Papadopoulos, et al. 2012) や，蚊の個体群が晩秋に冬季休眠に備える時に起こる生理学的変化を同定する研究 (Papadopoulos et al. 2016) などがある．この節では，生命表のようにコホート研究で一般に使われてきた方法を用いて，飼育下個体群の情報を解析する方法について説明する．また，簡単な仮定を使うことによって，その情報が個体群の齢構成を推定するためにどのように用いられるか，について説明する．

9.5.1　飼育下コホートの生命表

生きたまま捕獲した昆虫を 1 つの「個体群コホート」(同じ捕獲という事象を同時に経験する個体の集まり (コホート)，別の言い方では「飼育下コホート」) であると見なすことによって，生命表の概念と方法を昆虫の飼育下コホートに応用することができる．飼育下コホートの個体の生存や死亡は，普通は捕獲から最後の個体の死亡まで実験室の中で追跡調査されるため，生命表を飼育下コホートに応用する際に注意しなければいけないことがある．標準的な生命表はコホートデータを解析する時に用いられ，生命表内に示されるコホート生残率や期間死亡率などのパラメータは齢に依存して変化するという仮定のもとで生命表が作られているが，それらのパラメータは，生存率を下げる齢以外の要因 (例えば寄主の存在や繁殖状況) と切り離して考えることはできない．同じように，捕獲後に飼育されている 2 つのコホートのコホート生残率や期間死亡率を解釈する時には，捕獲後の齢に依存する飼育下コホートの生残率パターンの違いは，死亡の主要因である暦年齢も含めたすべての要因を考えた時の個体の虚弱度を表す生残率の違いであると考える．

ここで飼育下コホートを使ったミバエの一例を示そう．ギリシャで 7 月と 9 月に捕獲されたチチュウカイミバエの捕獲後の一生が，表 9.12 の簡易生命表 (abridged life table) と図 9.10 にまとめられている (Carey, Papadopoulos, et al. 2008)．捕獲されたチチュウカイミバエの期待寿命を見ると，7 月捕獲では 42 日，9 月捕獲では 56 日と 2 週間の違いがあった．9 月の捕獲分については，捕獲後の初期に捕獲後生存率が高いことからわかるように，生存率を下げる虚弱度が相対的に低く，寿命が大幅に長かった．捕獲時期が 2 カ月違う 2 つのコホートでは，最後に死亡したミバエの寿命にはおよそ 40 日 (140 日 − 100 日) の差があった．図 9.10 の挿入図には，9 月と 7 月に捕獲されたミバエの捕獲後の生残率および寿命の違いを示してある．

表 9.12 チチュウカイミバエの飼育下コホートの 5 日間隔の簡易生命表．捕獲個体数は，7 月では $n = 195$ であり，9 月では $n = 268$ であった．

捕獲後の経過日数	7 月捕獲分					9 月捕獲分				
(捕獲後齢)	N_x	l_x	q_x	d_x	e_x	N_x	l_x	q_x	d_x	e_x
0	195	1.0000	0.0359	0.0359	42.1	268	1.0000	0.0261	0.0261	56.0
5	188	0.9641	0.0426	0.0410	38.6	261	0.9739	0.0077	0.0075	52.4
10	180	0.9231	0.0444	0.0410	35.2	259	0.9664	0.0039	0.0037	47.8
15	172	0.8821	0.0523	0.0462	31.7	258	0.9627	0.0155	0.0149	43.0
20	163	0.8359	0.1227	0.1026	28.4	254	0.9478	0.0354	0.0336	38.6
25	143	0.7333	0.0839	0.0615	27.0	245	0.9142	0.0898	0.0821	35.0
30	131	0.6718	0.1069	0.0718	24.2	223	0.8321	0.0987	0.0821	33.2
35	117	0.6000	0.1111	0.0667	21.8	201	0.7500	0.1443	0.1082	31.5
40	104	0.5333	0.1635	0.0872	19.2	172	0.6418	0.0930	0.0597	31.4
45	87	0.4462	0.2069	0.0923	17.5	156	0.5821	0.1795	0.1045	29.4
50	69	0.3538	0.1449	0.0513	16.4	128	0.4776	0.1328	0.0634	30.3
55	59	0.3026	0.2034	0.0615	13.8	111	0.4142	0.1441	0.0597	29.5
60	47	0.2410	0.3617	0.0872	11.6	95	0.3545	0.0632	0.0224	29.1
65	30	0.1538	0.2333	0.0359	11.8	89	0.3321	0.1348	0.0448	25.9
70	23	0.1179	0.5652	0.0667	9.7	77	0.2873	0.1948	0.0560	24.5
75	10	0.0513	0.1000	0.0051	14.0	62	0.2313	0.1774	0.0410	24.8
80	9	0.0462	0.3333	0.0154	9.3	51	0.1903	0.0980	0.0187	24.7
85	6	0.0308	0.3333	0.0103	9.2	46	0.1716	0.1304	0.0224	22.1
90	4	0.0205	0.5000	0.0103	7.5	40	0.1493	0.0750	0.0112	20.0
95	2	0.0103	0.5000	0.0051	7.5	37	0.1381	0.1622	0.0224	16.4
100	1	0.0051	0.0000	0.0000	7.5	31	0.1157	0.3226	0.0373	14.1
105	1	0.0051	1.0000	0.0051	2.5	21	0.0784	0.0952	0.0075	14.6
110	0	0.0000		0.0000	0.0	19	0.0709	0.2632	0.0187	9.9
115						14	0.0522	0.5000	0.0261	8.9
120						7	0.0261	0.2857	0.0075	9.4
125						5	0.0187	0.4000	0.0075	8.5
130						3	0.0112	0.0000	0.0000	7.5
135						3	0.0112	1.0000	0.0112	2.5
140						0	0.0000		0.0000	0.0

出典：Carey, Papadopoulos, et al. (2008).

9.5.2 期待寿命に合わせた死亡スケジュールのスケーリング *7)

チチュウカイミバエの飼育下コホートの捕獲後期待寿命は，6 月から 10 月にかけておよそ 40 日弱から 60 日まで大きく変動する (図 9.11 の挿入図)．この節では，この捕獲後期待寿命の変動をもたらす死亡スケジュールの変化を理解するために，平均のハザード関数を係数倍 (スケーリング) する方法を紹介する (Carey 1993)．シーズン

*7) この項は，著者の承諾を得てタイトルと内容を変更した．

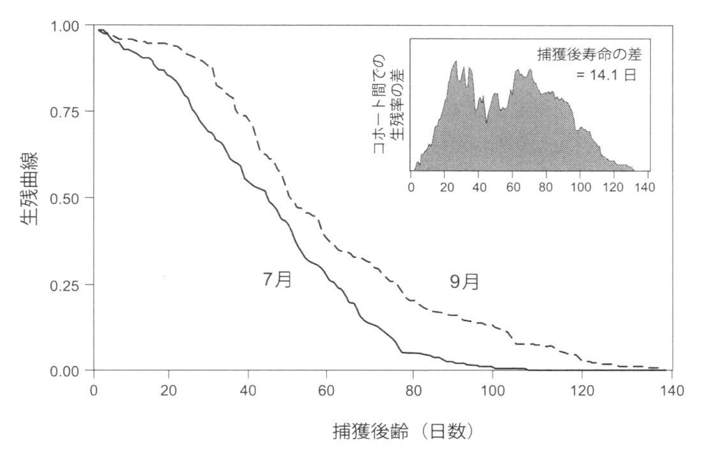

図 **9.10**　チチュウカイミバエの捕獲後生残率
2005 年の 7 月 (期待寿命 42.1 日) と 9 月 (期待寿命 56.0 日) にギリシャのキオス島でトラップを用いて個体を捕獲した．挿入図には，コホート間の生残率の違いが示されている．その差は，平均の捕獲後寿命の差が 14.1 日になるほどの違いをもたらしている．挿入図の灰色部分の面積が捕獲後寿命の差を意味している (出典：Carey, Papadopoulos, et al. 2008).

全体の平均ハザード関数としては，データに基づいて求められたゴンペルツモデル：

$$\mu_x^{\mathrm{mean}} = 0.0001e^{0.072x} \tag{9.31}$$

を用いた．チチュウカイミバエの死亡スケジュールの季節変化を，平均ハザード関数を係数倍した

$$\mu_x = \delta \times \mu_x^{\mathrm{mean}} \tag{9.32}$$

であると仮定し，観察された捕獲後期待寿命 (e_0^{obs}) と，μ_x から得られた各週の飼育下コホートの期待寿命 (e_0^{est}) が等しくなるような係数 (δ) を 6 月から 10 月の各週について求めた．e_0^{est} を求める際には，ゴンペルツモデル μ_x から得られる生残曲線 (l_x) を計算し，期待寿命の公式 (第 2 章の式 (2.15) 参照)

$$e_0^{\mathrm{est}} = \frac{1}{2} + \sum_{x=0}^{\infty} l_x \tag{9.33}$$

を用いている．

図 9.11 には，上記の計算によって得られた δ 値の季節変化が描かれている．その結果によれば，最高の死亡率は 7 月前半，最低の死亡率は 9 月から 10 月にかけてであった．δ 値はほぼ 8 倍異なり，およそ 4 から 0.5 まで変化した．

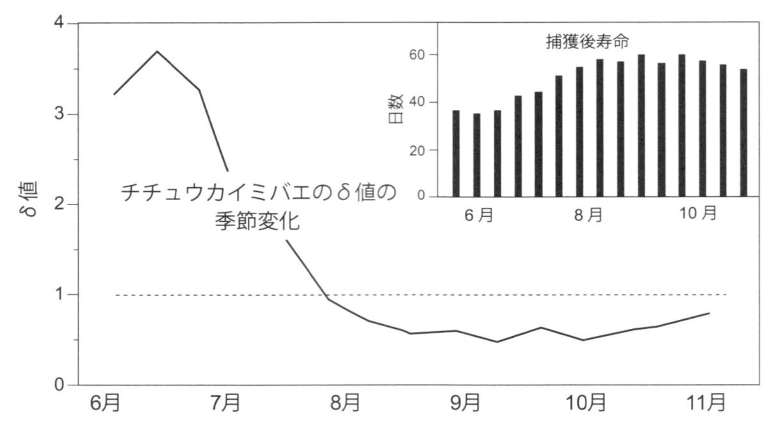

図 9.11　チチュウカイミバエの死亡スケジュールの季節変化を知るために計算された δ 値の季節変化

シーズン全体のハザード関数の平均値を用いて δ 値が求められている．挿入図は，夏から秋にかけて個体を捕獲した後の寿命を示している．

9.5.3　生残曲線を 3 つの時期に分ける

ここでは，飼育下コホートのデータを例にして，生残曲線を 3 つの時期に分ける方法について解説する．Robine や Cheung らは，生残曲線から得られる以下の 3 つの指標を新たに導入した (Robine 2001; Cheung et al. 2005)．(1) **水平期係数**：死亡によって生残者の割合が大きく減少する前にコホートがどのくらい長く多数の個体を維持しているのかを示す指標．指標の値の絶対値が小さいほど，コホートが長く維持される．(2) **垂直期係数**：齢依存的な死亡が，どの程度死亡齢の最頻値の周りに集中しているのかを示す指標．指標の値の絶対値が大きいほど，死亡が最頻値の周りに集中している．(3) **寿命延長期係数**：最長寿命がどのくらい死亡齢の最頻値を超えることができるのかを示す指標．この値の絶対値が小さいほど，最長寿命が死亡齢の最頻値を大きく超える．これら 3 つの指標は，ヒトの生残曲線がある齢で急に減少し矩形に近くなるか (「生残曲線の矩形化」と呼ばれる) を調べ，急に減少し始める齢や矩形化の度合いが，時代とともにどう変化したかを明らかにするために考案された (図 9.12)．

ヒトとヒト以外の寿命のデータベースを比較した時，一つの大きな違いは，標本数である．ヒトでは，齢ごと性別ごとに分けても数千から数万の死亡記録があるのが普通であるのに対して，ヒト以外の生物種の研究から得られた寿命の記録では，数十 (霊長類)，数百 (げっ歯類)，数千 (昆虫，蠕虫類) の範囲であることが多い．死亡齢の最頻値はどのデータセットからでも計算することができるが，統計的に有意な最頻値は，

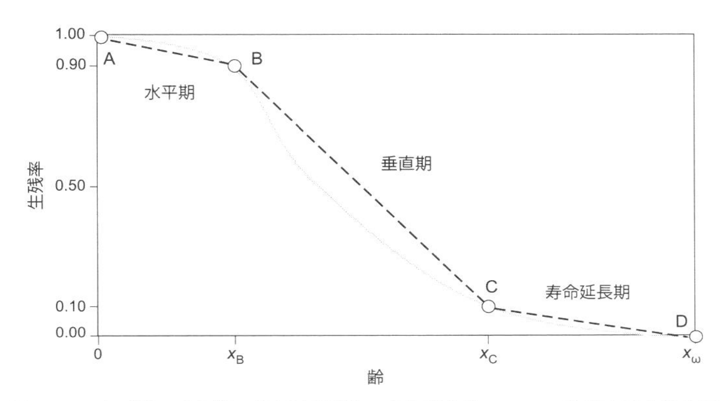

図 9.12 水平期，垂直期，寿命延長期という生残曲線の 3 つの時期を示す概念図
実線は生残率の観察値を表し，破線はそれぞれ，生残率が 1.0, 0.9, 0.1, 0 である点 A, B, C, D の間を結んだ直線を表している．これら 3 つの直線 (AB, BC, CD) は生残曲線の 3 つの時期を示している (Cheung et al. 2005 より改変).

数千個体の死亡データがないと求めることができない．特に飼育下コホート法を使う場合には，標本数は数十個体や数百個体であり，少なめである．そのため，死亡齢分布の最頻値を推定するには不十分な飼育下コホートのデータではあるが，一生を 3 つの時期に分けて生残曲線の傾きを求める簡単なアプローチを紹介する．まず，生残曲線を 3 つの直線をつないで近似した図 9.12 の考え方を説明する．3 つの直線の傾きの定義は：

(1) **水平期係数**：齢 0 から $l_x = 0.90$ までの生残曲線の傾き
(2) **垂直期係数**：$l_x = 0.90$ から $l_x = 0.10$ までの間の生残曲線の傾き
(3) **寿命延長期係数**：$l_x = 0.10$ から最後の個体の死亡齢 (x_ω) までの生残由線の傾き

である．上記 3 つの傾きをそれぞれ，$S_{\mathrm{H}}, S_{\mathrm{V}}, S_{\mathrm{LE}}$ とすると，それぞれの傾きは以下の式を使って簡単な代数計算によって求められる．図 9.12 の中の $x_{\mathrm{A}}, x_{\mathrm{B}}, x_{\mathrm{C}}$ はそれぞれ，生残率が 100%，90%，10%の時の齢を表し，x_ω は最長寿命個体の齢を表している．

$$S_{\mathrm{H}} = \frac{l_0 - l_{x_{\mathrm{B}}}}{x_{\mathrm{B}}} \tag{9.34}$$

$$S_{\mathrm{V}} = \frac{l_{x_{\mathrm{B}}} - l_{x_{\mathrm{C}}}}{x_{\mathrm{C}} - x_{\mathrm{B}}} \tag{9.35}$$

$$S_{\mathrm{LE}} = \frac{l_{x_{\mathrm{C}}} - l_{x_\omega}}{x_\omega - x_{\mathrm{C}}} \tag{9.36}$$

例えば，チチュウカイミバエを 7 月，9 月に捕獲した後の生残曲線データを使って (図 9.13)，2 回の捕獲時期に対する 3 つの傾きを比較することができる．水平期では，7 月捕獲の生残曲線の減少率は，9 月に捕獲された場合に比べて 2 倍以上大きい．7 月捕獲の場合には最初に 10%死亡するのは 2 週間後であったが，9 月捕獲の場合には約 1 カ月後であり，2 倍長い．垂直期では，7 月捕獲と 9 月捕獲の生残曲線の傾きはほぼ 1.5 倍違う．垂直期の長さは，7 月，9 月捕獲でそれぞれ 58 日と 75 日であった．寿命延長期では，2 回の調査時期に捕獲されたチチュウカイミバエの生残曲線のすそのの傾きは非常に近く，小数第 3 位まで同じである．また，その期間の長さは，7 月捕獲では 34 日，9 月捕獲では 38 日であり，4 日しか違っていない．

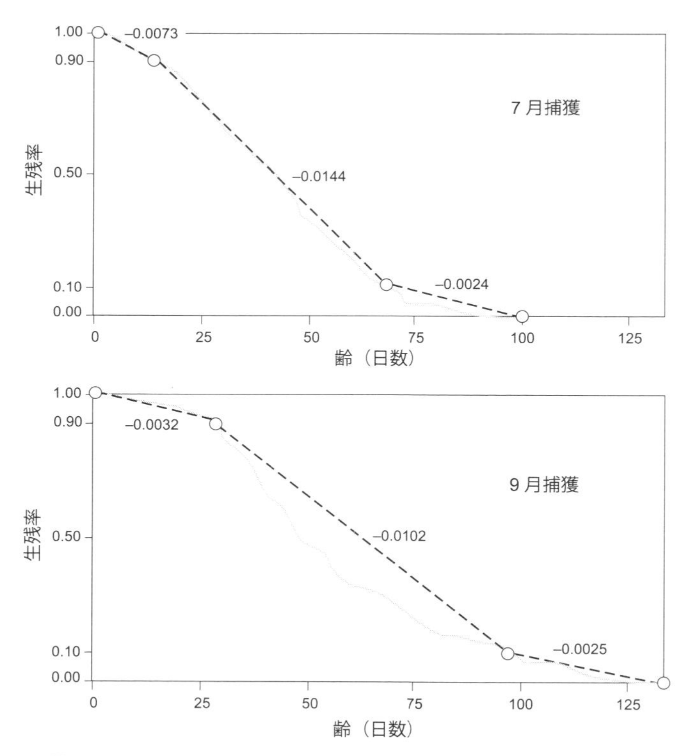

図 9.13　7 月と 9 月の調査でのチチュウカイミバエの捕獲後生残曲線
破線はこの曲線の 3 つの時期の生残曲線を直線で近似した結果である．図 9.12 の説明を参照のこと．

9.5.4　個体群内の構造

a.　虚弱度構造

飼育下コホートを解析する時には,「コホート」は質の異なる個体の集まりかもしれないので，そのコホートの生残率の推定には独特の問題が持ち上がる．昆虫や他の無脊椎動物の個体群について言えば，カゲロウのように羽化して成虫が同時に現れる種は，捕獲コホートの個体は単一の齢階級である．しかし，多くの他の動植物では，飼育下コホートは齢が異なる個体の混合集団であり，正確な構成比率は未知である．虚弱度 (frailty) や虚弱度に依存して決まる死亡率は齢とともに変化するため，野外で捕獲された個体サンプルの死亡率がどう時間変化するかは，捕獲されたコホートの齢構成によって決まる．この齢構成は，捕獲した季節によっても捕獲場所によっても変わるだろう．ここでは，捕獲齢が異なるコホートの混合集団のシナリオを仮想的に 4 つ設定し，コホートの生残率に対する捕獲齢の影響を調べてみる．

シナリオ I

最初のシナリオでは，捕獲齢が異なるコホートを 3 つ考える．図 9.14(a) に示されている生残曲線は，野外のチチュウカイミバエのコホートから，羽化直後 (若齢個体)，50 日目 (中間齢個体)，90 日目 (老齢個体) に個体が収集された仮想的な 3 つのコホートのものである．若齢個体のコホートの生残率は，急速に減少し始める 50 日あたりまでは極端に高く，曲線の傾きはほぼ水平である．注目に値するのは，125 日を超えても生き残る個体がいることである．50 日目に収集された中間齢の個体では，初期の生残率はまあまあであるが，捕獲後初期でも若齢個体の生残率に比べるとかなり低い．その後，生残率は急速に降下し，75 日を超えて生き残る個体はいない．90 日齢の老齢個体の生存期間は比較的短く，生残率は捕獲直後に急速に降下し，捕獲後 30 日を超えて生き残る個体はいない．

シナリオ II

二番目のシナリオでは，若齢コホートと中間齢コホートの混合コホートを考える．捕獲時には，この仮想個体群は，若齢個体 (0 齢) と 50 日齢の個体の混合からなる (図 9.14(b))．中間齢のサブコホートの初期死亡はコホート全体の生残をすぐに降下させる．その降下の速さは，コホートの中間齢個体の初期の割合に依存する．元の中間齢サブコホートが死に始めるにつれて，元の若齢サブコホート (その時には歳をとっているが) が全体の中で大きい割合を占めるようになる．その結果，元の若齢コホートが高齢に達する時まで，生残率の降下は緩和されたまま，捕獲後齢の中期に至る．その後，生残率の降下速度は劇的に大きくなる．元のコホートに若齢個体がいたおかげで捕獲後寿命の最大値は 140 日である．

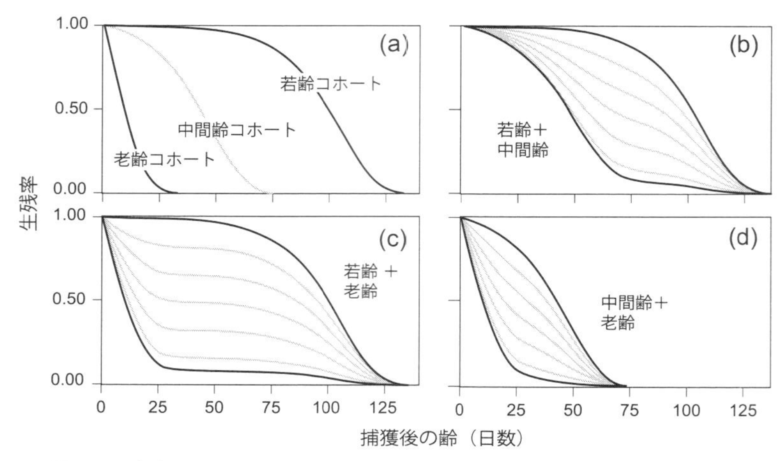

図 **9.14**　仮想的なチチュウカイミバエの個体群の飼育下コホートの生残パターン
(a) 捕獲時の齢が異なるコホート．それぞれ，若齢 (0 齢)，中間齢 (50 日齢)，老齢 (90 日齢) 時に捕獲されている．(b) 若齢コホートと中間齢コホートの混合．(c) 若齢コホートと老齢コホートの混合．(d) 中間齢コホートと老齢コホートの混合．上部と下部の黒の実線は，混合割合の両極に対応し，灰色の実線は最も虚弱なコホートの割合が多いものから少ないものまでの曲線を描いている．捕獲元のコホートは，パラメータ a, b がそれぞれ 0.0001, 0.072 であるゴンペルツモデルから作り出されている．捕獲時の期待寿命 (e_0) は，若齢コホート，中間齢コホート，老齢コホートでそれぞれ 83.0 日，35.4 日，8.6 日であった．

シナリオ III

三番目のシナリオでは，若齢コホートと老齢コホートの混合コホートを考える．捕獲時には，この仮想個体群は，若齢個体 (0 齢) と 90 日齢個体の混合からなる (図 9.14(c))．老齢個体の死亡率が非常に高いために，コホート全体の生残率は急激に降下する．捕獲後の日数が中位の時の降下の深さと速さは，コホート内の老齢個体の相対割合に依存する．およそ 3 週間後，老齢サブコホートの個体がすべて死亡した時に，コホート全体の生残は，残りのサブコホート (元の若齢個体) の生残だけで決まる．このコホート構成の変化によって，元の若齢コホートがより高齢に達する時まで，捕獲後齢の中期の生残率は大きく減少することはない．元のコホートに若齢個体がいたおかげで捕獲後寿命の最大値は 140 日である．

シナリオ IV

四番目のケースでは，中間齢コホートと老齢コホートの混合コホートを考える．捕獲時には，この仮想個体群は，中間齢個体 (50 日齢) と老齢個体 (90 日齢) の混合からなる (図 9.14(d))．若齢個体がいないため，コホート全体の平均齢は高いので，生残率の降下は捕獲後すぐに始まり，捕獲後の最高齢 75 日まで一貫して緩やかになることはない．

b. 齢 構 成

飼育下個体群の個体は，普通は野外個体群からランダムに捕獲されるため，個体の本当の齢は未知である．そのため，飼育下個体群では，捕獲時の齢をゼロとする捕獲後の齢 (捕獲後齢) を軸にして生命表を作成する．ここでは，捕獲後齢を軸にして作り上げた生命表から，野外個体群の齢構成を推定する方法について説明する．図 9.15 には，飼育下個体群の捕獲後の死亡齢分布は，捕獲後齢および，捕獲された個体群が若齢個体からなる個体群であるか，あるいは老齢個体からなる個体群であるかによって大きく異なることが示されている．そのため，もし，飼育下個体群が野外からランダムに捕獲されるならば，その捕獲後の死亡齢分布は野外個体群の齢分布を反映していると考えられる．ここでは，Müller と彼の同僚によってチチュウカイミバエの野外実験に応用された野外個体群と捕獲後の飼育下個体群の関係をつなぐモデルを紹介する (Müller et al. 2007; Carey, Papadopoulos, et al. 2008)．そのモデルでは，3 つのコホート，S：野外で捕獲された飼育下コホート，R：齢が均一であり出生の時から実験室で育てられている参照 (reference) コホート，W：野外 (wild) のコホートを考え，飼育下コホートの捕獲後経過時間 (捕獲後齢) を x^* で表す．飼育下コホートの個体の齢は未知なので，x^* はどの個体の実際の齢にも対応していないことに注意してほしい．齢分布を推測しようとしている野外個体群の実際の齢には変数 x をあてる．これらの記法を使うと，Müller たちの論文の式 (3) は，捕獲個体群の生残率関数 ($l_S(x^*)$)，参

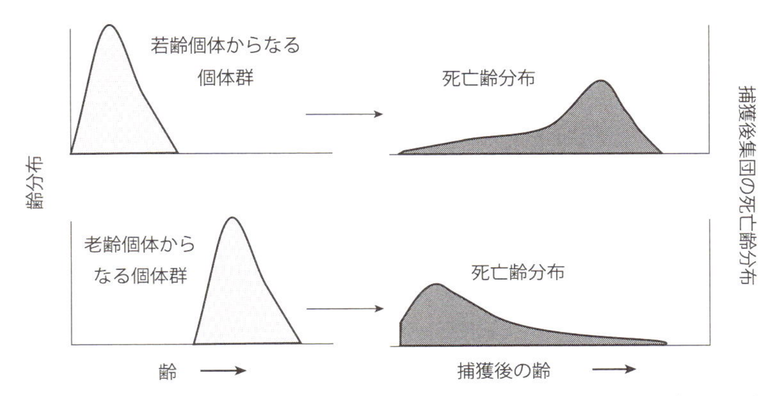

図 9.15　若齢個体からなる個体群と老齢個体からなる個体群の仮想的な齢分布と，対応する捕獲後死亡齢分布を描いている概念図

照コホートの生残率関数 ($l_{\mathrm{R}}(x)$)，野外個体群の齢分布 ($c_{\mathrm{W}}(x)$) の間に成立する関係を与えている．その時間離散の方程式は，

$$l_{\mathrm{S}}(x^*) = \sum_x c_{\mathrm{W}}(x) \frac{l_{\mathrm{R}}(x+x^*)}{l_{\mathrm{R}}(x)} \tag{9.37}$$

である．

この式は，Müller たちの原論文中の時間連続版のモデルで使われていた参照コホートと飼育下コホートの生残率関数を，離散版の l_{R}, l_{S} に置き換え，野外個体群での連続版の齢分布関数を c_{W} で置き換えることで得られる．式 (9.37) の両辺を x^* で微分すると，

$$c_{\mathrm{S}}(x^*) = \sum_x c_{\mathrm{W}}(x) \frac{c_{\mathrm{R}}(x+x^*)}{l_{\mathrm{R}}(x)} \tag{9.38}$$

が得られる．飼育下コホートと参照コホートで観察された生残率から c_{S} と c_{R} が求められた場合，式 (9.38) は，この式の「畳み込み (convolution)」を数値的に解くことによって，未知の量 c_{W} を求めるために使われる．求めたい量 c_{W} は，式 (9.38) の右辺の和の中に複数個現れるため，この計算は簡単とは言い難い．Müller たちの論文では，やや複雑なこの計算手順に必要な仮定や，計算手順を実行するためのプログラムについて解説している．

飼育下コホート法では，参照生命表を使う飼育下コホート法によって齢分布を推定する際，「一度野外から切り離しそれ以降は実験室で飼育したとしても，飼育下コホートの個体は齢が既知の参照個体と同じ齢別死亡率に従う」という基本的な仮定がおかれている．その仮定に従えば，捕獲時に 10 日齢であるすべての個体は，過去の状況に関わらず，ずっと実験室で飼われていた 10 日齢の個体と同じ率で死亡する．この仮定が厳密に成立していなかったとしても，もし，齢が虚弱度のような死にやすさを支配する要因として一般化可能であり，この実験室での結果が野外個体群の虚弱度を反映していると考えることができるなら，上記の厳密な仮定が成立しないようなより広い場合についても，この手法を応用することができるだろう．

具体的な例を使って式 (9.37) の意味について考えてみよう．例えば，2 つの齢階級，10 日齢と 15 日齢の個体で構成されているハエの個体群のサンプルがあるとする．$N_{\mathrm{W}}(10) = 800$ と $N_{\mathrm{W}}(15) = 200$ はそれぞれの齢階級の個体の数を表している (表 9.13)．もしこれらのハエが表 9.13 に与えられる参照コホートの齢別生存率 $p_{\mathrm{R}}(x)$ に従うなら，

表 **9.13** 10 日齢と 15 日齢のサブコホートで構成されるハエのサンプル集団の動態. $p_R(x)$ は参照コホートの齢別生存率である.

捕獲後	10 日齢と 15 日齢の各コホートの捕獲後の動態								飼育下コホート	
	10 日齢のコホート				15 日齢のコホート				生残数	死亡数
の齢 x^*	x	$N_W(x)$	$p_R(x)$	$d(x)$	x	$N_W(x)$	$p_R(x)$	$d(x)$	$N_S(x^*)$	$d(x^*)$
0	10	800	0.95	40	15	200	0.70	60	1,000	100
1	11	760	0.90	76	16	140	0.65	49	900	125
2	12	684	0.85	103	17	91	0.60	36	775	139
3	13	581	0.80	116	18	55	0.55	25	636	141
4	14	465	0.75	116	19	30	0.50	15	495	131
5	15	349	—		20	15	—		364	

$$N_S(0) = N_W(10) + N_W(15) = 1000$$

$$N_S(1) = p_R(10)N_W(10) + p_R(15)N_W(15) = 900$$

$$N_S(2) = p_R(10)p_R(11)N_W(10) + p_R(15)p_R(16)N_W(15) = 775$$

$$N_S(3) = p_R(10)p_R(11)p_R(12)N_W(10) + p_R(15)p_R(16)p_R(17)N_W(15) = 636$$

$$N_S(4) = p_R(10)p_R(11)p_R(12)p_R(13)N_W(10) + p_R(15)p_R(16)p_R(17)p_R(18)N_W(15) = 495$$

$$N_S(5) = p_R(10)p_R(11)p_R(12)p_R(13)p_R(14)N_W(10) + p_R(15)p_R(16)p_R(17)p_R(18)p_R(19)N_W(15) = 364$$

となる.

同じように，参照コホートの齢別生存率 $p_R(x)$ ではなく，齢別生残率 $l_R(x)$ を用いて定式化を試みてみる．複数の齢の個体が混ざっている 1,000 匹の新規捕獲個体コホートでは，最初のタイムステップまでの生存数 $N_S(1)$ は，それぞれの齢階級で捕獲された個体の 1 タイムステップの間の生き残りの総和である．例えば，齢階級 0 の野外個体 ($N_W(0)$) が 1 タイムステップ生き残る割合は，$p_R(0) = l_R(1)/l_R(0)$ である (すなわち，齢階級 0 から 1 まで生き残る確率)．同様に，齢階級 1 の野外個体 ($N_W(1)$) が 1 タイムステップ生き残る割合は，$p_R(1) = l_R(2)/l_R(1)$ と計算される (すなわち，齢階級 1 から 2 まで生き残る確率)．齢階級 3 まで生き残る齢階級 2 の個体の割合も同様に考えると，$N_S(1)$ は

$$N_S(1) = N_W(0)\frac{l_R(1)}{l_R(0)} + N_W(1)\frac{l_R(2)}{l_R(1)} + N_W(2)\frac{l_R(3)}{l_R(2)} \quad (9.39)$$

表 9.14 飼育下コホート解析のために用いられる仮想野外個体群のパラメータ値

齢あるいは捕獲後の齢	野外個体群の齢分布	参照生命表	捕獲個体の生残数	捕獲個体の死亡齢分布
x または x^*	$N_{\mathrm{W}}(x)$	$l_{\mathrm{R}}(x)$	$N_{\mathrm{S}}(x^*)$	$d_{\mathrm{W}}(x^*)$
(1)	(2)	(3)	(4)	(5)
0	300	1.000	1,000	579
1	125	0.750	421	229
2	225	0.500	192	117
3	350	0.250	75	75
4	0	0.000	0	

となる．この式では，表 9.14 [*8] の参照生命表の $l_{\mathrm{R}}(4) = 0$ を考慮し，四番目以降の項はない．表 9.14 の参照生命表を用いて具体的に計算すると，$N_{\mathrm{S}}(1)$ は，

$$N_{\mathrm{S}}(1) = 300 \times \frac{0.75}{1.00} + 125 \times \frac{0.50}{0.75} + 225 \times \frac{0.25}{0.50} = 421$$

である．

2 日間生き残った個体数にも同じように計算すると，

$$N_{\mathrm{S}}(2) = N_{\mathrm{W}}(0)\frac{l_{\mathrm{R}}(2)}{l_{\mathrm{R}}(0)} + N_{\mathrm{W}}(1)\frac{l_{\mathrm{R}}(3)}{l_{\mathrm{R}}(1)} \tag{9.40}$$

となる．齢階級 0 の野外個体 $(N_{\mathrm{W}}(0))$ が 2 タイムステップ生き残る割合は，参照生命表を使って $l_{\mathrm{R}}(2)/l_{\mathrm{R}}(0)$ となる (すなわち，齢階級 0 から 2 まで生き残る確率)．同様に，2 タイムステップ生き残る齢階級 1 の個体の割合は，$l_{\mathrm{R}}(3)/l_{\mathrm{R}}(1)$ と計算される．したがって，

$$N_{\mathrm{S}}(2) = 300 \times \frac{0.50}{1.00} + 125 \times \frac{0.25}{0.75} = 192$$

となる．

さらに，3 日間生き残る齢階級の個体にも同じ計算ができて，

$$\begin{aligned} N_{\mathrm{S}}(3) &= N_{\mathrm{W}}(0)\frac{l_{\mathrm{R}}(3)}{l_{\mathrm{R}}(0)} \\ &= 300 \times \frac{0.25}{1.00} = 75 \end{aligned} \tag{9.41}$$

となる．$N_{\mathrm{S}}(x^*)$ を求める際に，表 9.14 の 2 列目の野外個体群の齢分布と 3 列目の参照生命表が使われた．その結果，4 列目の捕獲個体の生残数が得られ，それらをもとにして 5 列目の死亡齢分布が求められている．

[*8] 原著の表 9.16 を移動し，表 9.14 に変更した．その変更にともなって，それ以降の表番号が変更されている．表 9.14 の $N_{\mathrm{W}}(x)$ と $N_{\mathrm{S}}(x^*)$ を総個体数 1,000 で割ると，それぞれが野外個体群の齢分布 $c_{\mathrm{W}}(x)$ と捕獲個体群の生残率 $l_{\mathrm{S}}(x^*)$ に対応している．

表 9.15 飼育下コホートの生残数 $N_{\mathrm{S}}(x)$ の公式．10 日間隔でデータが収集された野生のキイロショウジョウバエ (*D. melanogaster*) の個体群を対象とした例を示している．

齢階級	$N_{\mathrm{S}}(x)$	公式
0	$N_{\mathrm{S}}(0) =$	1000
10	$N_{\mathrm{S}}(10) =$	$N_{\mathrm{W}}(0)\dfrac{l_{\mathrm{R}}(10)}{l_{\mathrm{R}}(0)} + N_{\mathrm{W}}(10)\dfrac{l_{\mathrm{R}}(20)}{l_{\mathrm{R}}(10)} + \cdots + N_{\mathrm{W}}(70)\dfrac{l_{\mathrm{R}}(80)}{l_{\mathrm{R}}(70)}$
20	$N_{\mathrm{S}}(20) =$	$N_{\mathrm{W}}(0)\dfrac{l_{\mathrm{R}}(20)}{l_{\mathrm{R}}(0)} + N_{\mathrm{W}}(10)\dfrac{l_{\mathrm{R}}(30)}{l_{\mathrm{R}}(10)} + \cdots + N_{\mathrm{W}}(60)\dfrac{l_{\mathrm{R}}(80)}{l_{\mathrm{R}}(60)}$
30	$N_{\mathrm{S}}(30) =$	$N_{\mathrm{W}}(0)\dfrac{l_{\mathrm{R}}(30)}{l_{\mathrm{R}}(0)} + N_{\mathrm{W}}(10)\dfrac{l_{\mathrm{R}}(40)}{l_{\mathrm{R}}(10)} + \cdots + N_{\mathrm{W}}(50)\dfrac{l_{\mathrm{R}}(80)}{l_{\mathrm{R}}(50)}$
40	$N_{\mathrm{S}}(40) =$	$N_{\mathrm{W}}(0)\dfrac{l_{\mathrm{R}}(40)}{l_{\mathrm{R}}(0)} + N_{\mathrm{W}}(10)\dfrac{l_{\mathrm{R}}(50)}{l_{\mathrm{R}}(10)} + \cdots + N_{\mathrm{W}}(40)\dfrac{l_{\mathrm{R}}(80)}{l_{\mathrm{R}}(40)}$
50	$N_{\mathrm{S}}(50) =$	$N_{\mathrm{W}}(0)\dfrac{l_{\mathrm{R}}(50)}{l_{\mathrm{R}}(0)} + N_{\mathrm{W}}(10)\dfrac{l_{\mathrm{R}}(60)}{l_{\mathrm{R}}(10)} + \cdots + N_{\mathrm{W}}(30)\dfrac{l_{\mathrm{R}}(80)}{l_{\mathrm{R}}(30)}$
60	$N_{\mathrm{S}}(60) =$	$N_{\mathrm{W}}(0)\dfrac{l_{\mathrm{R}}(60)}{l_{\mathrm{R}}(0)} + N_{\mathrm{W}}(10)\dfrac{l_{\mathrm{R}}(70)}{l_{\mathrm{R}}(10)} + \cdots + N_{\mathrm{W}}(20)\dfrac{l_{\mathrm{R}}(80)}{l_{\mathrm{R}}(20)}$
70	$N_{\mathrm{S}}(70) =$	$N_{\mathrm{W}}(0)\dfrac{l_{\mathrm{R}}(70)}{l_{\mathrm{R}}(0)} + N_{\mathrm{W}}(10)\dfrac{l_{\mathrm{R}}(80)}{l_{\mathrm{R}}(10)}$
80	$N_{\mathrm{S}}(80) =$	$N_{\mathrm{W}}(0)\dfrac{l_{\mathrm{R}}(80)}{l_{\mathrm{R}}(0)}$
90	0	

注：齢が未知の 1,000 個体の捕獲個体を生命表の基数として作成され，表 9.14 中の参照コホートの生命表にある生残率 $l_{\mathrm{R}}(x)$ に基づいて計算される．

表 9.16 3 つの仮想的なキイロショウジョウバエ飼育下個体群の捕獲後生残数と捕獲直後の齢構成．捕獲後生残数は，2 列目の参照生命表の値と $N_{\mathrm{W}}(x)$ の値から計算される．3 つの個体群は，それぞれ若齢，中間齢，老齢個体から構成されている．

		若齢個体群		中間齢個体群		老齢個体群	
		捕獲後生残数	捕獲直後の齢構成	捕獲後生残数	捕獲直後の齢構成	捕獲後生残数	捕獲直後の齢構成
齢	参照生命表	$N_{\mathrm{S}}(x)$	$N_{\mathrm{W}}(x)$	$N_{\mathrm{S}}(x)$	$N_{\mathrm{W}}(x)$	$N_{\mathrm{S}}(x)$	$N_{\mathrm{W}}(x)$
0	1.0000	1,000.0	500	1,000.0	0	1,000.0	0
10	0.9851	912.4	300	663.7	0	263.6	0
20	0.8785	748.4	200	369.9	200	38.2	0
30	0.6690	533.6	0	165.7	500	2.0	0
40	0.4629	335.1	0	53.5	300	0.0	0
50	0.2553	170.2	0	9.8	0	0.0	200
60	0.1138	68.1	0	0.6	0	0.0	500
70	0.0348	18.2	0	0.0	0	0.0	300
80	0.0025	1.3	0	0.0	0	0.0	0
90	0.0000	0.0	0	0.0	0	0.0	0
		3,787.3		2,263.3		1,303.8	

同様の計算方法を応用することによって，ショウジョウバエの野外個体群から捕獲した飼育下コホートの 10 日間隔の生存数 $N_S(x)$ を求める式が得られる．それらの式を表 9.15 に，それらの式を用いて計算された捕獲後生残数と野外での齢分布を表 9.16 に示す．これらの結果から，野外個体群齢分布と捕獲後の飼育下個体群の生残数 (生残率) が密接に関係していることがわかる．

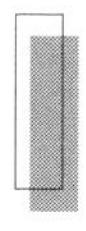

9.6　さらに学びたい方へ

この章の多くの内容が依拠している基本的な考え方やモデルは，例えば，第 1 章「人口学の基本知識」，第 2 章「生命表」，第 5 章の中の安定集団理論のように，以前の章にも述べられている．また，動物の生物人口学に関する第 11 章の第四集で登場する生物人口学小話の多くは人口学の概念や原理の応用である．応用人口学をより深く探求したい読者にとって，出発点になるのは Swanson et al. (1996) と Burch (2018) である．両方とも応用人口学の中心テーマに関係する内容である．また，キーフィッツによる著書 (Keyfitz and Beekman 1984; Keyfitz and Caswell 2010) やキャズウェルによる教科書 (Caswell 2001) では，それぞれヒトの人口学や個体群生物学を俯瞰することができる．

より詳細な人口学に関する内容については，不完全な標識再捕獲/回収データから齢別生残率をベイズ推定する方法 (Colchero and Clark 2012; Colchero et al. 2012) やヒトの人口学や疫学への標識再捕獲概念の応用 (Fienberg 1972; Hook and Regal 1995; van der Heijden et al. 2009; Coumans et al. 2017)，出生・死亡データが未知の場合の野生生物の老化研究 (Zajitschek et al. 2009) に関する優れた文献がある．“*Wildlife Techniques Manual*” の第 7 版のほぼすべての章 (特に Pierce et al. (2012) による動物の現存量推定に関する章) は標識再捕獲法を扱っている (Silvy 2012)．MARK と名付けられたソフトは，標識動物個体の再捕獲・再遭遇データを利用した研究において生存率などのパラメータを推定してくれる．そのプログラムと機能については，White and Burnham (1999) に記されていて，`http://www.phidot.org/software/mark/index.html` から利用できる．米国疾病予防管理センター (CDC) は基本的な疫学の考え方や原理と方法について `https://www.cdc.gov/ophss/csels/dsepd/ss1978/index.html` でオンライン講義を提供している．Jean-Dominique Lebreton and Jean-Michel Gaillard (2016) によって書かれた野生生物の生物人口学に関する章では，野生生物の人口学の研究史や個体群動態評価のための手法から，緩急生活史連続体 (slow-fast continuum) *9) に沿った野生生物の生活史や個体群成長率の全体像に関する内容まで，多様な内容が紹介されている．Carey (2001) の昆虫人口学に関する論文では，昆虫学から見た応用人口学について述べられている．Hargrove et al. (2011) では，アフリカで重要な病原媒介生物であるツェツェバエのために考案された一般死亡過程モデルについて説明されている．飼育下コホート法に関する追加文献としては，Carey, Müller やその同僚たちによる研究がある (Müller et al. 2004, 2007; Carey, Papadopoulos, et al. 2008; Carey, Müller, et al. 2012; Carey 2019).

*9) 生物には，速く成長し多数の子供を残して短い生涯を終える種もあれば，ゆっくりと成長し長く繁殖を繰り返す長寿命の種もある．様々な生物種の寿命や成長に関連する生活史特性を定量化しプロットすると，連続的につながる分布ができる．その分布は slow-fast continuum と呼ばれている．確定した邦訳語はないようである．

10
応用生物人口学II：個体群の現状評価と管理

モデルというものには，真も偽もない．ただ，モデルが表しているものと理論が似ているかどうかがあるだけである．したがって，理論はモデルとデータをつなぐ比喩である．そして，科学における理解とは，複雑なデータと取っ付きやすいモデルが似ているという感覚のことである．

Julian Jaynes (1976) "The Origin of Consciousness in the Breakdown of the Bicameral Mind" (柴田裕之訳 (2005)『神々の沈黙―意識の誕生と文明の興亡』)

この章では，主に個体群の現状評価，比較，管理のための人口モデルの利用について解説する．10.1 節「比較人口学」では，ここまでの章で紹介した概念を利用して，個体群間の人口学指標の違いを定量化する方法について解説する．10.2 節「健康と健康寿命」では，公衆衛生 (population health) の概念を生命表分析に応用した多彩なトピックを紹介する．例えば，アフリカスイギュウの個体群に健康指標による多状態生命表を適用する方法や，ミバエの活動的平均寿命を推定するための老化のバイオマーカー，ミバエの都市への「侵入状況」に基づいた都市の健康管理区分 (health classification)，生物的防除 (biological control) への多要因生命表の応用について解説する．10.3 節「個体群からの収獲 (harvesting)」では，大量飼育 (mass rearing) や間引き (culling) を行う際に個体群を最適に操作する方法を決める人口学的な手法を紹介する．生物種の保全 (conservation) に関する最後の 10.4 節では，狩猟や密猟の効果を評価するためのモデルを紹介し，飼育下繁殖 (captive breeding) から得られたデータを定量化する方法を説明する．

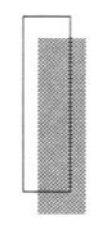

10.1 比較人口学

この節では，老化学，個体群生物学のような基礎研究や保全生物学，個体群制御のような応用研究の双方で用いられるコホートの保険数理的特性を定量化する方法や，複数のコホートの保険数理的特性を比較するための方法を，すでに出てきたものも含め紹介することから始める．具体的には，3 種のミバエのコホート生命表のデータを使いながら，生残率や死亡率の図示の方法，生命表で使われる統計量の概要を紹介することに始まり，齢別の死亡率勾配 (mortality slope)，ゴンペルツパラメータ，死亡率比 (mortality ratio) の交差，期待寿命の違いに寄与する齢別貢献度など一連の方法について詳しく解説していく．

以下では，3 種のミバエ，チチュウカイミバエ (*Ceratitis capitata*) とメキシコミバエ (*Anastrepha ludens*) のミバエ科 2 種とショウジョウバエ科のキイロショウジョウバエ (*Drosophila melanogaster*) の保険数理的特性を比較する (Carey et al. 1998a, 2005)．ミバエ科の 2 種は，キイロショウジョウバエよりも 5〜8 倍の大きさ，例えば，イエバエかそれよりも少し大きいものとブヨの大きさ程度の違いがある．また，腐った果実の表面あるいは内部に卵を産むキイロショウジョウバエとは異なり，ミバエ科の 2 種は市場への流通の途上で熟していく成長中の果実の中に卵を産む．これらの種の生態の違いが，果実中の生存・死亡のパターンの違いをもたらしてきた．

10.1.1 比較に役立つ基本統計量

個体群を比較する最初のステップは，第 2，3 章で説明された概念や図を使った分析から始まる．第 2，3 章では，生残スケジュール，死亡スケジュールおよび生命表で使われる他の統計量やゴンペルツ死亡モデルを紹介していた．ここでは，3 種のミバエのデータを例にして，個体群を比較するために，それらの基本統計量やモデルを用いた事例を紹介する．

a. 生残曲線と死亡曲線

どんな保険数理の比較解析でも，まずコホートの生残スケジュール (l_x) と死亡スケジュール (q_x) を調べ，図による比較を行う．3 種のハエの生残・死亡スケジュールを見ると，似通っている点と異なる点がある (図 10.1)．メキシコミバエの生残率パターンはチチュウカイミバエやキイロショウジョウバエのものとは異なっている．後者の 2 種の生残曲線は最初の 20〜30 日間は接近しているが，その後は少し離れていく (図 10.1 左)．こうした生残曲線の違いは，図 10.1(右) でメキシコミバエの死亡率が，どの齢でも他の 2 種の死亡率に比べてかなり低いこと，チチュウカイミバエやキイロショウジョウバエの死亡率が最初の 20 日くらいまでは似ていることにも反映されている．すべての種の死亡率はおよそ 25 日目から違いが広がり，曲線の傾きが示す老化率に違いが生まれる．しかし，60 日齢を少し過ぎた頃には，3 種の死亡率はほぼ同じ値に近づく．

b. 生命表で使われる統計量

保険数理における通常の比較分析では，先に示したミバエのグラフによる比較分析

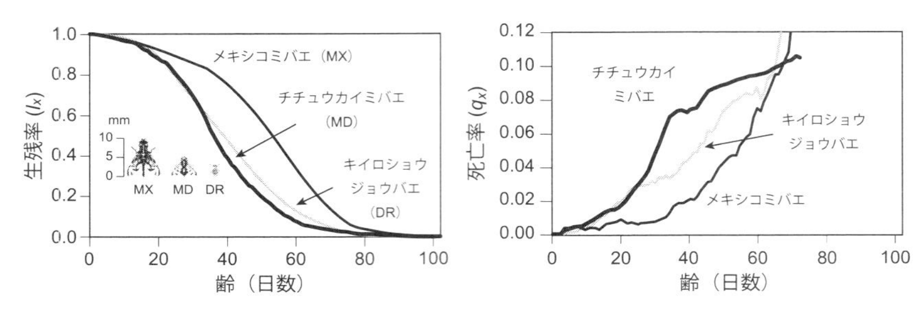

図 10.1　チチュウカイミバエ，メキシコミバエ，キイロショウジョウバエのメスの齢別生残率 (左) と死亡率 (右)

この図は，それぞれの種のデータを平滑化して作成されている．種によって個体の大きさに違いがあることに注目してほしい (左図の挿入図).

に加えて，生命表から主要な統計量をまとめ，それらの評価も同時に補足的に行う．主要な統計量には，「代表値 (central tendency)」，生残率が特定の値になる齢として定義される「コホート生残齢 (cohort survival age)」(例えば，コホート生残率が 0.2 になる齢を指して，「20%のコホート生残齢」と表現する)，および「コホート生残齢間の幅」の 3 つがある．表 10.1 は，3 種のミバエについて，それらの統計量を示している．

2.3 節で紹介したように，**代表値**とは平均値，中央値，最頻値の 3 つを指す．メキシコミバエの寿命の平均値 (48.7 日) は，チチュウカイミバエ (34.1 日) よりほぼ 2 週間長く，キイロショウジョウバエ (38.0 日) よりもほぼ 11 日長い (表 10.1 上段)．コ

表 10.1　3 種のミバエのメスのコホートの生命表解析から得られる主要な統計量．最頻値としては，死亡頻度の値 (d_x) が最大の時の日齢を示してある．

パラメータ/統計量 (日数)	ミバエ 3 種 メキシコミバエ	 チチュウカイミバエ	 キイロショウジョウバエ
代表値			
寿命の平均値 (e_0)	48.7	34.1	38.0
寿命の中央値 ($l_x = 0.5$)	52	35	42
寿命の最頻値 (d_x 最大)	60	35	36
コホート生残齢 (x)			
$l_x = 0.75$	39	27	26
$= 0.25$	62	45	50
$= 0.10$	71	56	62
$= 0.01$	87	81	75
コホート生残齢間の幅			
75%〜25% (生残率の中央の 50%)	23	18	24
10%〜1% (生残率のすその長さ)	16	25	13

ホートの50%だけが生き残っている齢である寿命の中央値は，3種すべてで平均寿命を超えているが，最も死亡頻度が高い齢(寿命の最頻値)は，メキシコミバエでは平均寿命を超えており，チチュウカイミバエでは平均寿命とほぼ同じで，キイロショウジョウバエでは平均寿命より低い．

コホート生残率を比較する方法として，生残率が特定の値になる齢として定義される「コホート生残齢」を使って3種を比較するやり方もある(表10.1中段)．例えば，コホート生残率が75%である点を選ぶと，メキシコミバエでは40日目，他の2種では26〜27日目である．ほぼ60日経った頃には，最初からいたメキシコミバエの25%は生き残っており，他の2種では生残率は10%かそれ以下である．メキシコミバエでは，ほぼ3カ月経つまで元のコホートの1%まで下がることはなかったが，チチュウカイミバエやキイロショウジョウバエでは1〜2週間早く同じ生残率に落ち込んだ．

平均寿命に比べれば，コホート生残齢間の幅はすべての種を通してそう大きな違いはなかった(表10.1下段)．メキシコミバエとキイロショウジョウバエでは平均寿命に10日を超える違いがあるものの，コホート生残率が75%から25%まで落ち込むのにかかる時間は両種間で1日しか違わなかった(それぞれ23日と24日)．面白いことに，チチュウカイミバエでは平均寿命は最も短かったが，元のコホートの生残率が10%から1%まで減少するのに時間がかかったことを反映して，生残曲線のすそのの長さは最も長かった．

c. ゴンペルツモデルを使った比較 [*1)]

ゴンペルツモデル($\mu(x) = ae^{bx}$)は，死亡過程のデータに当てはめると，ハザード関数(死力)の切片(パラメータa)，傾き(パラメータb)や倍加時間($\mathrm{DT} = (\ln 2)/b$)の違いがわかるため，個体群比較の際に有用である．3種のミバエの最初の30日の死亡スケジュールにモデルを当てはめた結果が表10.2に示されている．推定されたパラメータaの値である初期の死亡レベルは大まかには似ていて，キイロショウジョウバエの約0.002からメキシコミバエの0.004までの範囲にあり，極端に低い．初期のハザード関数の値がとても低く比較的似ているので，種間の寿命の違いにはほとんど影響を与えていなかった．30日間の生残率における大きな種間差は，ゴンペルツモデルの傾きのパラメータ(b)で示される加齢にともなう変化速度の違いによってもたらされた．bの値は，メキシコミバエに比べて，チチュウカイミバエやキイロショウジョ

*1) 原著では，この節全体でmortalityという単語が頻繁に使われている．その単語は，ある時には生命表内の死亡率(q_x)を意味し，ある時には第3章で導入した「ハザード関数(死力)」の意味で使われていたため，その2つの間で混同しないように，mortalityという同一の単語を，「死亡率(q_x)」「ハザード関数」と分けて翻訳している．

表 10.2　3 種のミバエにおけるゴンペルツモデルのパラメータと倍加時間の比較

ゴンペルツモデルのパラメータおよび倍加時間	3 種のミバエ		
	メキシコミバエ	チチュウカイミバエ	キイロショウジョウバエ
a (初期死亡率)	0.0037	0.0034	0.0019
b (傾き)	0.0310	0.10047	0.1180
倍加時間 (日数)	22.4	6.9	5.9

注：モデルのパラメータ推定の際には，最小二乗法を利用して，最初の 30 日間の日齢とハザード関数 ($\mu(x)$) の対数に線形モデルを当てはめている ($\ln \mu(x) = \ln a + bx$).

ウバエでは 3 倍以上大きいことに注目してほしい．この違いはハザード関数の倍加時間が大きく違うことに反映されていて，メキシコミバエの倍加時間は 3 週間以上であり，他の 2 種ではともに 1 週間以下である．

10.1.2　死亡率の変化度合いの比較

a.　死亡率の勾配

第 2 章で説明した生命表老化率 (life table aging rate: LAR) は，k_x という記号で表され，次の公式を使って中央死亡率 (central death rate; m_x) の齢にともなう変化率として定義されている (Horiuchi and Coale 1990)：

$$k_x = \ln(m_{x+1}) - \ln(m_x) \tag{10.1}$$

図 10.2 に示されるミバエ 3 種の LAR は，死亡率の齢にともなう変化度合いやその種間差を示している．メキシコミバエの LAR は急速な増加を示す 0.6 を超える値から緩やかな減少を示すおよそ -0.2 の範囲に広がる死亡率勾配 (mortality slope) を示し，40 日の間に大きく変化している．メキシコミバエの 40 日齢から 70 日齢までの死亡率は，0.2 という緩やかな勾配で増加し，その後急速に減少した後，急速に増加している (図 10.2(c))．チチュウカイミバエやキイロショウジョウバエの LAR の全体的な傾向はほぼ同じで，初期の高い値からだいたい安定する 30〜40 日齢まで徐々に減少する (図 10.2(b), (d))．30〜40 日齢までのほぼ一定に見える LAR は正の値ではあるが，チチュウカイミバエでは極端に低く，キイロショウジョウバエでは 0.01〜0.02 の値である．

b.　死 亡 率 比

2 つのコホートの齢別死亡スケジュールの死亡率比 (mortality ratio: MR) は

$$\mathrm{MR} = \frac{q_x^{\mathrm{A}}}{q_x^{\mathrm{B}}} \tag{10.2}$$

である．ここで，q_x^{A} と q_x^{B} はそれぞれ，コホート A, B の齢 x における死亡率を表す．

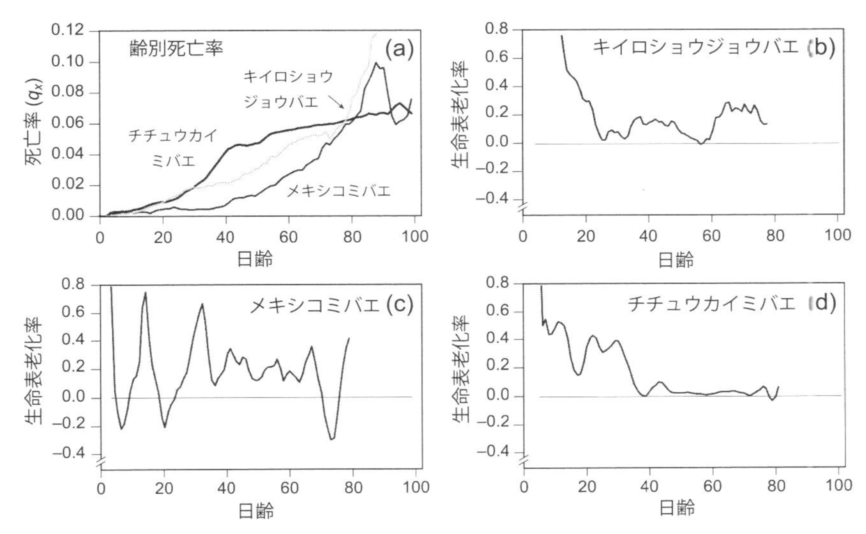

図 10.2 3 種のミバエのメスのコホートでの生命表老化率 (b〜d) と生命表老化率を求めるために使われた種別の死亡スケジュール (a)

この比は 2 つの調査コホートのそれぞれの齢での死亡率の相対的な違いを示している．例えば，比の値がすべての齢で 1 より大きい場合は，生涯全体でコホート B よりもコホート A の死亡率が大きいことを示している．片方のコホートの死亡率が生涯全体で大きいこともあるが，2 つのコホートの死亡率が齢の進行とともに接近し，死亡率の交差が起こることがある．死亡率の交差は人口学的選択 (demographic selection) によってもたらされている可能性があるため，死亡率比はその可能性を考える一助になる．

例えば，第 3 章の図 3.8(f) で示したように，ヒト集団では死亡率の交差が起こることがある．その場合，集団内の 2 つのグループの齢別死亡率の相対的な違いを見て，死亡率が相対的に低い場合には，「有利」，高い場合には「不利」と表現することがある (Manton and Stallard 1984)．その表現を使うと，交差が起こる場合には，不利な集団は，死亡率が変化し始める中年期に，有利な集団に比べて齢別死亡率が著しく高くなる．死亡率の交差は，個体レベルでの老化率の違いが原因で起こり，高い死亡率をもつ個体が個体群からはじき出され，頑健な個体だけが高齢まで生き残るという人口学的選択によってもたらされると考えられる (Manton and Stallard 1984)．このような結果をもたらすモデルは，「コホート逆転モデル (cohort-inversion model)」とも呼ばれ，人生の初期に生存が難しい時あるいは生存しやすい時を経験するコホートは，その後の人生で逆に反応するだろうということから名前が付けられている (Hobcraft et al. 1982). 死亡率比は 2 つのコホートの各齢での死亡率の違いについて見通しを与えるが，これらの違いがどの程度期待寿命の違いに寄与するかを量的に示すものではない．ここでは詳しく説明はしないが，他にも，期待寿命や生残率など他の量の齢別比も，各齢での死亡率が蓄積された結果をコホート間で比較・定量化する時に役に立つ (Carey 1993).

図 10.3 に示されるキイロショウジョウバエとチチュウカイミバエの死亡スケジュールの比を見ると，両者の死亡スケジュールの違いにいくつか重要な特徴がある．まず，60 日齢を過ぎるまでは，2 種間の死亡率の相対的な違いはそう大きくはない．キイロショウジョウバエの死亡率がチチュウカイミバエの死亡率を大きく超えるのは，60 日齢を過ぎてからである．それより以前ではほんの少ししか違わないが，60 日齢を過ぎると 2 倍から 3 倍の違いになる．また，両者の死亡スケジュールの大きな違いは，キイロショウジョウバエの死亡率は，18 日齢から 20 日齢までの短期間の例外を除いて，ほぼ 2 カ月間チチュウカイミバエよりも低かったことである．さらに，18 日齢，20 日齢，60 日齢の時に，死亡率の大きさが逆転する交差が起こることから，2 種の死亡率の違いが齢の進行とともに拡大したり縮小したりすることがわかる．それは，齢に依存して老化が進む速度に浮き沈みがあることを示している．

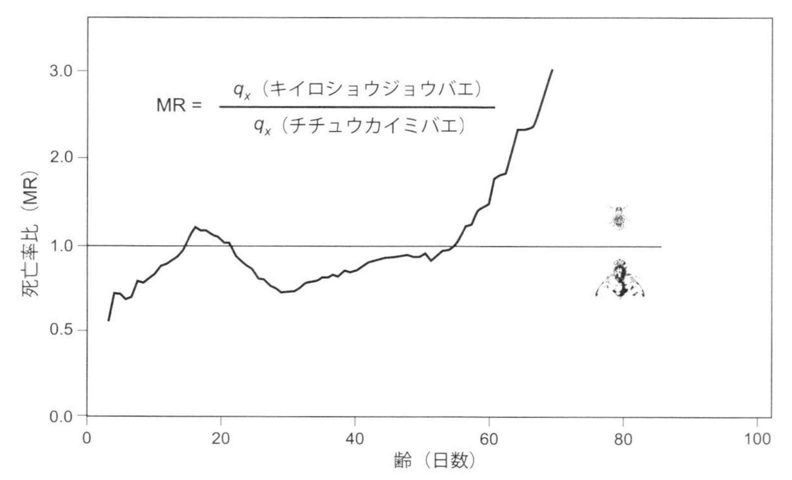

図 10.3　キイロショウジョウバエとチチュウカイミバエの死亡率比
死亡率の交差 (比が 1 である時) が 3 回起こっている．

c. 各齢階級の死亡が期待寿命に与える影響

メキシコミバエとキイロショウジョウバエの期待寿命はそれぞれ 48.7 日と 38.0 日で，10.7 日の差がある (表 10.1).「この差に大きく寄与しているのはどの齢階級だろうか？」という問いには，Carey (1993) によるコホート間の期待寿命の違いを分解する公式を使って答えることができる (Jdanov et al. 2017; Chisumpa and Odimegwu 2018 も参照のこと). Δ_x を齢 x から齢 $x+1$ までの間の 2 つのコホート間の期待寿命の違い，l_x^{A} および l_x^{B} をそれぞれコホート A, B の齢 x での生残率，e_x^{A} および e_x^{B} をそれぞれコホート A, B の齢 x での期待余命とする．その時，期待寿命の差への各齢における寄与度は，

$$\Delta_x = E_x - E_{x+1} \tag{10.3}$$

と表すことができる．式 (10.3) のそれぞれの項は，

$$E_x = \left(e_x^{\mathrm{A}} - e_x^{\mathrm{B}}\right)\left[\frac{l_x^{\mathrm{A}} + l_x^{\mathrm{B}}}{2}\right] \tag{10.4}$$

$$E_{x+1} = \left(e_{x+1}^{\mathrm{A}} - e_{x+1}^{\mathrm{B}}\right)\left[\frac{l_{x+1}^{\mathrm{A}} + l_{x+1}^{\mathrm{B}}}{2}\right] \tag{10.5}$$

である．

上記の式を利用して，キイロショウジョウバエとメキシコミバエのデータから，期待寿命に対する各齢階級の死亡率の違いによる寄与度を計算した結果を図 10.4 に示す．このグラフのすべての棒 (毎日の寄与) の長さを正負も考慮して和を求めると，2 種の期待寿命の差，10.7 日に等しくなる．寄与度がゼロである水平な線より下にある負の数値はキイロショウジョウバエが優っている寄与を示し，水平な線より上にある正の数値はメキシコミバエが優っている寄与を示している．

図 10.4 に示される死亡率の違いによる期待寿命の違いへの日々の寄与分布は，2 つの重要なことを示している．一つは，図 10.2(a) の結果に示されるように，キイロショウジョウバエの死亡率は最初の 1 週間はメキシコミバエよりもほんの少し有利なだけなのに，その違いに比べて期待寿命の差への寄与は不釣り合いに大きい．これは，キイロショウジョウバエが若齢でより多く生き残り，そうでなかった場合よりもより多くの生存延べ日数を期待寿命に与えることができたからで，期待寿命に対して若い齢の効果が大きいことが原因である．もう一つ重要なことは，寄与の違いの大部分は，2 種の死亡率が収束し始める中期の初めの頃に集中していることである．したがって，これら 2 種間の死亡率の相対的あるいは絶対的な違いは高齢の時にはるかに大きいにもかかわらず，e_0 の違いに対しては前半の死亡が最も大きい影響を与えていることがわかる．

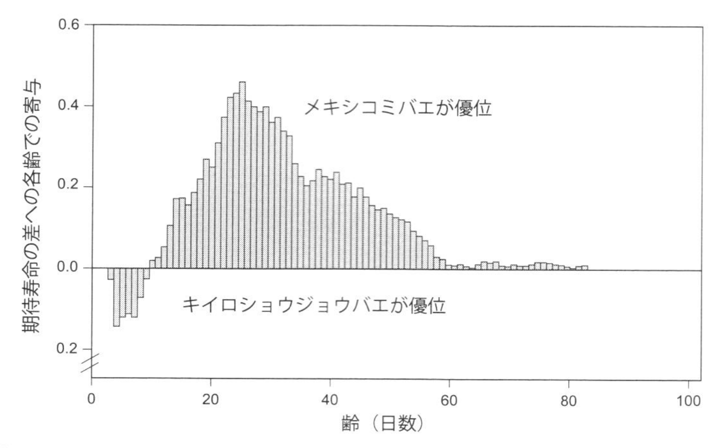

図 10.4 キイロショウジョウバエとメキシコミバエを比較した齢別死亡率の違いによる期待寿命の違いへの寄与

d. 期待寿命が等しくなるような死亡率係数

2 つのコホートの期待寿命が 10%違っていても，それは生涯の死亡率曲線が 10%違うということを意味しているわけではない．実際に多くの人口学者たちが「死亡率の違いに期待寿命の違いをどの程度決めるのか」という問いを投げかけてきた (Pollard 1982; Keyfitz 1985; Vaupel 1986)．この問いに答えるために人口学者たちから提案された一つの方法として，係数 δ を使って変更された齢別死亡率 $\hat{q}_x^{\mathrm{A}}$ と $\hat{q}_x^{\mathrm{B}}$ から得られるコホート A, B の新しい期待寿命を求めるというものがある：

$$\hat{q}_x^{\mathrm{A}} = (1+\delta)q_x^{\mathrm{A}} \tag{10.6}$$

$$\hat{q}_x^{\mathrm{B}} = (1+\delta)q_x^{\mathrm{B}} \tag{10.7}$$

式中，q_x^{A} と q_x^{B} は，それぞれコホート A, B の元の死亡スケジュールである (Carey 1993)

3 種のミバエの死亡スケジュールに対して，死亡率をどの齢でも均一に δ 倍 ($\delta = -0.5$ ～1.0) 変化させた時の新しい期待寿命は図 10.5 のようになる．図中の太い実線に示されるように，もしメキシコミバエの齢別死亡スケジュールにすべての齢階級で均一に 40%減少させる係数 ($\delta = -0.4$ の時，$1+\delta = 0.6$ であるから，元の 60%になる) をかけると，メキシコミバエの期待寿命 (図 10.5 の点 A の白丸) は元の値の 49 日弱 (表 10.1 を参照) から 60 日くらいまで増加する．したがって，死亡率がすべての齢で 40%減少すると，この種では期待寿命は 20%増加する．同様に，$\delta = 1.0$ であれば，$1+\delta = 1+1 = 2$ であるから，メキシコミバエのすべての齢で死亡率が倍増する．そ

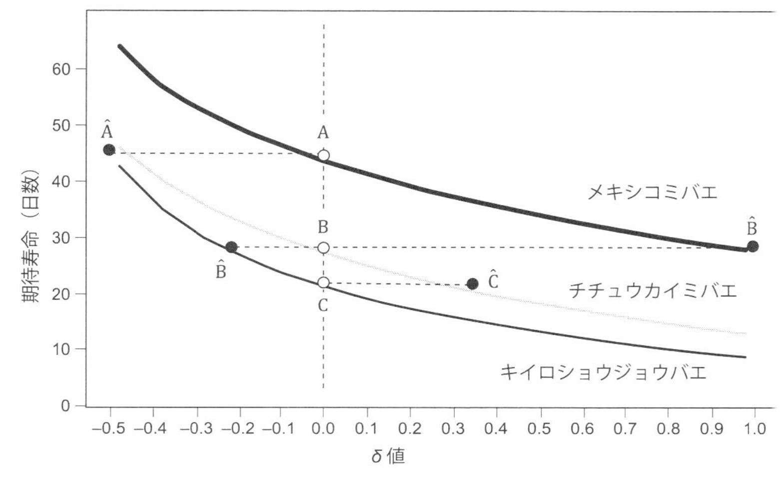

図 10.5 死亡率をどの齢でも均一に係数倍変化させた時の 3 種のミバエの期待寿命の変化

白丸は A, B, C とラベルされた種別の e_0 の観察値を表し，黒丸は別種の死亡率を修正した時に期待寿命が等しくなる δ 値を示している．例えば，点 A はメキシコミバエの e_0 の観察値を示し，$\hat{\mathrm{A}}$ は，チチュウカイミバエとキイロショウジョウバエの両方の死亡率を半分に減少させた場合 ($\delta = -0.5$) を示している．その時，両種の e_0 はメキシコミバエと同じになる．

の時の期待寿命を計算するとおよそ 30 日である．つまり，死亡率の 100%均一増加によって期待寿命は 40%減少という結果になる．

それぞれの種の期待寿命が他の種の期待寿命と同じになるために必要とされる死亡率変化の程度を求める時にも同様の考え方を応用する (図 10.5)．例えば，

(1) チチュウカイミバエやキイロショウジョウバエの e_0 をメキシコミバエと同じにするため (点 A から点 $\hat{\mathrm{A}}$) には，2 種の死亡スケジュールで死亡率を均一に 50%減少させることが必要である．

(2) チチュウカイミバエの e_0 がキイロショウジョウバエのものと等しくなる (点 B から左側の点 $\hat{\mathrm{B}}$) には，チチュウカイミバエの死亡率の 20%減少 ($\delta = -0.2$) が必要である．

(3) メキシコミバエの e_0 がチチュウカイミバエの e_0 と等しくなる (点 B から右側の点 $\hat{\mathrm{B}}$) には，メキシコミバエの死亡率の 100%増加 ($\delta = 1.0$) が必要である．

(4) キイロショウジョウバエの e_0 がチチュウカイミバエのそれと等しくなる (点 C から点 $\hat{\mathrm{C}}$) には，死亡率の約 35%の増加 ($\delta = 0.35$) が必要である．

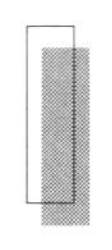

10.2　健康と健康寿命

Tatar (2009) は，動物を材料にして健康寿命 (health span) を評価することを目指し，遺伝を扱えるモデル実験系の開発を行った．彼は，健康寿命の理解は，臨床的，社会的，経済的にみてヒトの老化研究の最重要課題であり，蠕虫やハエ，ネズミを使ったモデル実験系は，その目的を達成する有望で強力なツールであると主張した．とりわけ重要なのは，ヒトの高齢時の健康について研究するために，ヒト以外の研究系を最大限有効活用するには，その系で健康寿命を使用可能な指標にする必要があるということである．

ヒト以外の生物種の健康寿命に関する基礎研究は，少なくとも以下の 4 つの理由から大切である (Grotewiel et al. 2005; Kirkland and Peterson 2009; Hamerman 2010; Murphy et al. 2011)．

(1) **機能不全器官の同定**：機能的老化 (functional senescence) の研究が進むと，加齢とともに機能不全を起こす重要な器官を同定できるようになるだろう．直接生存に関わっている器官もあれば，死亡に直接つながるわけではないが，身体機能の障害につながる器官もある．

(2) **寿命と健康寿命の関係の解明**：機能的老化の研究は，寿命と健康寿命の間をつなぐ重要なメカニズムを明らかにする．例えば，寿命を延ばす操作が体全体に等しく影響を与えるのか，あるいは選択的であるのかはよくわかっていないことが多い．

(3) **生体指標の確定**：健康寿命の研究を進めると，老化や健康に関わる生体指標を見つけだすことができるかもしれない．そのような生体指標をキーにして，寿命や健康寿命を延ばすことを目指す医療的介入が効果的であるかどうかを調べることができるようになる．

(4) **医療的介入の際の考え方と技術**：高齢者が延命よりも晩年の機能性を優先することがよくある．そのような場合に，機能的老化の研究は，老化にともなう病態生理学的な変化を明らかにし，機能性優先の判断をする際の手がかりを与えるだろう．そういった研究は，病態生理学的な変化が健康寿命と寿命双方に与える影響について私たちの理解を深め，加齢が健康状態を悪化させる作用を軽減する医療的介入の方法を見つける助けになる．

10.2.1　健康状態モデル：アフリカスイギュウを例にして

人口学では,「人生の量 (quantity of life)」, 言い換えると個体の寿命は, 一般に「人生の質 (quality of life)」, すなわち個体の健康の結果であるということがよく知られている. ヒト集団の保健統計 (health statistic) は, 過去の死亡率の傾向を解釈するために用いられ, 将来の死亡率を予想するための前提の根拠となる (Lamb and Siegel 2004). ヒト集団の健康を考える時には, 期待寿命や幼児死亡率だけではなく, 疾病の罹患状況, 健康期待寿命や健康に過ごすことのできる人生の質を示す指標などが用いられる (Manton and Stallard 1991). 健康に関する要約指標は, ある集団の健康と他の集団の健康を比較する場合や, 時期を変えて同じ集団を比較する場合などの様々な場面に応用可能である. これらの指標は, 死に直結しない健康状態の変化が集団全体の健康に与える効果について見通しを与え, 健康調査をする際の優先項目について議論する際に情報を提供する (Murray et al. 1999).

上記の人間集団の健康に関する考え方や議論は, 多くの場合ヒト以外の生物種の個体群にも応用可能であるし, 絶滅危惧種 (threatened species), 絶滅寸前種 (critically endangered species) や季節的なストレスにさらされる種とは特に深い関わりがある.

a.　健康状態指標の重要性

保全生物学者たちは, 個体レベルの指標に着目せずに, 伝統的に個体群変動に基づいて野生種の健康について研究し, 個体数が増加する個体群は健全であり, 減少する個体群は不健全であると考えてきた (Stevenson and Woods Jr. 2006). しかし, 個体群変動の根底にある機構を明確に知りたい時には, 少なくとも一部は獣医学関連の文献に基づいて, 野生動物の個体の健康状態を調査する方向に研究目的を変更することもできる (Edmonson et al. 1989). 例えば, 様々な野生動物の研究で, 個体の年生存率は個体の体重と強く相関し, 特に冬季間で相関が強いことが示されてきた (Harlamis et al. 1986). アフリカスイギュウでは, ほぼ毎年干ばつストレスにさらされるだけではなく, 数十年に一度サバンナで水不足が極めて劣悪になる時があり, 厳しいストレスにさらされる. 以下では, 個体レベルの健康状態に着目した事例研究としてアフリカスイギュウの健康調査法と健康状態を評点化する方法の概要を紹介する.

b.　健康指標による多状態生命表

この項では, 集団の健康状態を調べるための「健康状態モデル」を詳しく説明する. まず, アフリカスイギュウのこれまでの研究をもとに, 齢と健康度を加味して仮想的に健康状態推移を設定して, ステージ構造モデルから健康状態に基づく多状態生命表を作成する. そのためには, 個体の健康状態を評価する基準が必要である. アフリカスイギュウの健康状態と死亡リスクを評価する基準を表 10.3 にまとめてある. 次

表 10.3　アフリカスイギュウの体調を評価するために作成された項目別の評点基準

番号	ステージ	成獣の健康状態に関する説明	死亡リスク
1	新生児・幼獣	—	高から中
2	成獣 (健康度 I)	肋骨目視不可；肋骨上部・肋間に脂肪層；椎骨目視不可；背面は滑らかで凸状；寛骨 (坐骨) は目視不可；尾基底にくぼみ；外被は艶やかで全身を覆う；並足・駆足十分に可能；社会的順位高；優位 (あるいは示威) 行動 (dominance behavior)・威嚇行動 (threat display) が普通に見られる	低
3	成獣 (健康度 II)	肋骨目視可；椎骨目視不可；背面部は平坦気味；寛骨目視可，湾曲し滑らか；尾基底は周辺組織と同じ高さ；外被は全身を薄く覆い，まだら禿げ有；並足十分可能；駆足に少々難；社会的順位保持；優位行動・威嚇行動の頻度若干減少	中
4	高齢成獣 (健康度 III)	肋骨は胸郭の中心で明瞭に目視可；腹部肋骨は隆起；椎骨については，やや隆起した骨中心線を触知可；腰角 (points of hip) は明瞭に目視可；寛骨は触知容易；尾基底はやや突出；肩・側腹の陰の外被にまだら禿げ有；並足・走行に問題有；社会的順位はやや後退；優位行動・威嚇行動は稀；服従行動の頻度増加	高
5	老齢成獣 (健康度 IV)	肋骨は明瞭に目視可 (深いくぼみ)；椎骨は目視で区別可能；寛骨は腰角を越えて突出；背面部にやつれ；尾基底を囲む周辺組織に円形の穴；体表の大部分は禿げるかわずかな外被；並足・走行に重大な支障；社会的順位低；群れの後方に位置取り；示威・威嚇行動無く，服従行動が普通に見られる	最大

出典：Ezenwa et al. (2009) にある表 1 の簡易版.
注：健康状態の変化にともなって起こりやすい，あるいはそれに起因する行動の変化を推測する手引きとして，"*The Behavior Guide to African Mammals*" (Estes 1991) を用いた．健康状態が悪化したり，死亡リスクが増大する生態学的条件については，Hafez and Schein (1962), Sinclair (1977), Mloszewski (1983), Jolles et al. (2008), Peterson and Ferro (2012) を参照してほしい.

に，基準表に示されたステージ番号に基づいてアフリカスイギュウの生活環を描き (図 10.6(a))，図中の矢印に付けられたステージ間の推移確率をまとめた推移行列を作成した (図 10.6(b))．そして，推移行列から得られる多状態生命表 (multistate life table) を表 10.4 に示した (多状態生命表に関する詳しい説明については第 6 章の 6.5.2 項を参照してほしい).

図 10.6 や表 10.4 からわかる大事な点について説明を加えておきたい．まず，図 10.6 で同じステージに留まる確率があることからわかるように，ステージを移行する齢は個体によって異なる．すべての個体が同じ齢で成熟個体になるわけではないし，異なる健康状態のステージへ等確率で移行するわけでもない．また，同じ齢でも健康状態が異なれば，死亡率は大きく異なるかもしれない．例えば，14 歳から 18 歳の個体は健康状態 2 から 5 まで広く分布しており (表 10.4)，死亡リスクは個体の年齢ではなく，むしろ健康状態によって決まることがわかる．14 歳から 18 歳のある個体の死亡

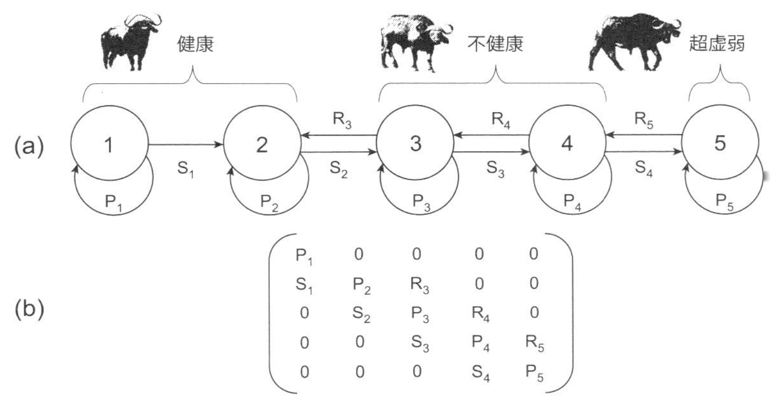

図 10.6 アフリカスイギュウの健康モデル

(a) アフリカスイギュウの仮想コホートのステージ内・ステージ間の推移を描いた生活環図，(b) 5 つの状態からなる多状態生命表を作成するために用いられる推移行列 (表 10.4 も参照のこと)．(a) に繁殖を表す矢印を追加し，(b) の行列で繁殖を表す行列要素を付け加えると，この繁殖の項をもたない生命表作成のための行列モデルは個体群モデルに変わる．

リスクは低いが，別の個体では深刻かつ大きい死亡リスクを抱えている．さらに，アフリカスイギュウの個体は，環境条件の変化にともない，様々な健康状態の間を行ったり来たりする可能性がある．採食場と水飲み場の間の距離が長くなると，移動時に経験するストレスはますます増大し，健康リスクや死亡リスクが増大する (Dublin and Ogutu 2015; van Wyk 2017).

野生生物管理や保全生物学の研究で健康人口学の手法を使う場合に留意してほしいことがある．それは，ヒトの健康人口学で使われる方法や概念は，ヒト以外の生物種の個体群においても，健康を体系的に研究・分析する場合に使って構わないということである (Meine et al. 2006; Mills 2013)．アフリカスイギュウに関して言えば，病気とは無縁な個体は個体群のほんの約 2%である．その情報を野生個体群の健康動態のより詳しい解析に組み込むと，スイギュウの死亡動態の重要な側面を明らかにすることができるかもしれない (van Wyk 2017)．ヒト集団と同様に，野生動物の個体群では，普通は死亡リスクにほとんど影響を与えない病気であっても，例えば，厳しい干ばつのような環境条件のもとでは，悲惨な結果を招くことがある．同様に，特定の病気が野生動物の死亡の潜在的要因 (**underlying cause**) になることもあれば，他の病気が死亡の誘因 (**contributing cause**) になることもあるし，死亡の介在原因 (**intervening cause**) になることもある．これらの死因すべてを眺めてみると，捕

表 10.4　アフリカスイギュウの健康状態に基づいた仮想の多状態生命表

	齢	齢 x で生残している個体数	齢 x の生残率	表 10.3 のステージ番号				
				新生児・幼獣	成獣			
ステージ	x	$N(x)$	$l(x)$	1	2	3	4	5
新生児	0	1,000	1.000	1,000				
幼獣	1	740	0.740	740				
	2	629	0.629	629				
	3	535	0.535	535				
	4	454	0.454	364	90			
成獣	5	386	0.386	221	165			
	6	328	0.328	102	226			
	7	318	0.318		318			
	8	309	0.309		308	1		
	9	300	0.300		298	2		
	10	291	0.291		290	1		
	11	282	0.282		279	3		
	12	273	0.273		269	3	1	
	13	265	0.265		249	11	5	
	14	257	0.257		231	12	13	1
高齢・老齢成獣	15	250	0.250		100	99	48	3
	16	242	0.242		68	115	55	4
	17	177	0.177		8	32	131	6
	18	129	0.129		1	12	112	4
	19	94	0.094			2	87	5
	20	69	0.069			1	53	15
	21	50	0.050				28	22
	22	37	0.037				13	24
	23	27	0.027				8	19
	24	24	0.024				3	21
	25	14	0.014				1	13
	26	8	0.008					8
	27	6	0.006					6
	28	4	0.004					4
	29	1	0.001					1
	30	0	0.000					0
				生存延べ年数				
		期待寿命	7.50	3590.3	2901.4	294.0	558.0	156.0
		生存延べ年数の割合		(0.4787)	(0.3869)	(0.0392)	(0.0744)	(0.0208)

注：齢別生残率は，Jolles (2007) の論文の中の表 2 にある値を使用した．ステージ間の推移確率は仮想的な値である．3 列目の $N(x)$ は，5 列目から 9 列目にある各ステージに属する個体数の和である．一番下の行には，各ステージの生存延べ年数の割合を計算してある．生存延べ年数のほぼ 90%は新生児・幼獣と健康な成獣のものである．

食は死亡の直接的な原因 (**immediate cause**) である場合が多く，アフリカスイギュウの場合，ライオンによる捕食が直接の原因である．

ヒト以外の様々な種や様々な状況で用いられる健康調査 (health assessment) でも，同じ研究方法が広範囲に応用されている．例えば，釣り具による海鳥類の怪我 (Dau et al. 2009)，モーターボートによるヌマガメ類の負傷 (Lester et al. 2013)，自動車による爬虫類の負傷 (Rivas et al. 2014)，野生のヒヒで見られる身体障害 (Beamish and O'Riain 2014)，樹上性霊長類に見られる怪我や身体障害 (Arlet et al. 2009)，人間活動が原因となっている野生生物の怪我 (Schenk and Souza 2014) や，果実食のチョウの羽の磨耗や破損 (Molleman et al. 2007) などに応用されている．

10.2.2　健康に過ごす活動寿命 (active life expectancy)：ミバエを例にして

健康という概念は，昆虫などの無脊椎動物を含むすべての動物種に適用することができる．この節では，第 8 章の中で紹介された概念と方法を使って，ミバエのデータに生命表の手法を応用してみる．その際，ミバエ個体の一生を健康，あるいは不健康という 2 つの状態に分けるために，以下で説明するある行動を判断基準として採用する．

a.　老化の生体指標

老化の生体指標は，年齢を予測因子として使うよりも適切に将来の身体機能性や死亡リスクを予測できるような個体の行動あるいは他の生物学的指標のことである (Markowska and Breckler 1999)．行動は老化の生体指標として重要である．と言うのも，行動は加齢にともない変容するため，行動そのものを老化の指標とすることが可能だからである．また，加齢にともなう老化の進行を改善する目的でいかなる医学的介入が行われる場合でも，新しい治療が生活の質に与える影響を調べる時には，行動を使って評価されなければならない．

Papadopoulos と彼の共同研究者は，チチュウカイミバエのオスの行動を生涯にわたって観察する中で，一般に年老いた高齢のハエや，特に徐々に死に近づいているハエに独特な行動特性を発見した (Papadopoulos et al. 2002)．この行動特性は，一時的に動かなくなったハエが仰向けの状態になることにちなんで，「仰臥行動 (supine behavior)」と呼ばれている．仰向けになったオスは，背中を容器の底に付けたまま寝ていて，死んでいるか瀕死の状態にあるように見える．しかし，これらのハエが自発的に普通の状態に戻ったり，そっと刺激された時に普通の状態に戻るので，個体がすこぶる健康であることがわかるし，歩行・採餌・羽ばたき行動を見ると普通に健全であることもわかる．それ以外のほとんどの行動は仰向けにならないミバエの行動と区別がつかない．ここで湧き上がる疑問は，「この行動は老化の生体指標と言ってよいだ

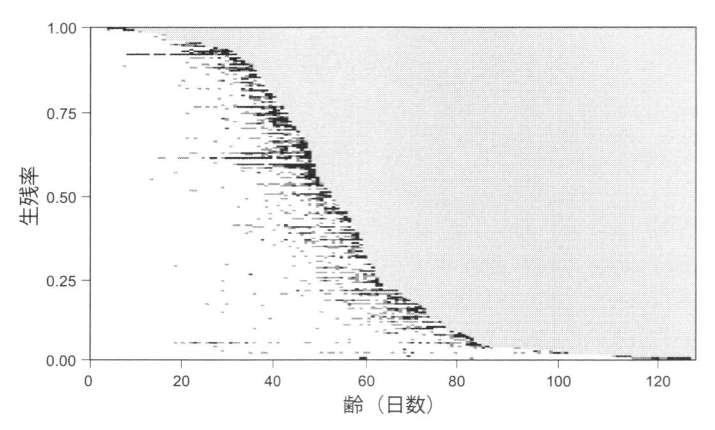

図 10.7　203 匹のチチュウカイミバエのオス個体が示す仰臥行動をコホート生残曲線と関連づけた事象履歴図
各個体は，水平方向の「線」として描かれていて，その長さは寿命に比例している．仰臥行動を示した個体は毎日発症回数を記録される．白い部分は仰臥行動が観察されなかった齢，薄い黒点は 1 回から 6 回の仰臥行動が観察された齢，濃い黒点は 7 回から 12 回の仰臥行動が観察された齢を意味する (出典：Papadopoulos et al. 2002).

ろうか」である．

b. 事象履歴図で老化を調べる

200 匹以上のチチュウカイミバエのオスのデータから，仰臥行動の齢依存的パターンを示す事象履歴図 (event history graph；付録 I を参照) を作成してみると (図 10.7)，個体の寿命とこの行動の発症齢や頻度の間に明瞭な関係があることが明らかになった．多くの個体で，仰臥行動は死亡するおよそ 2，3 週間前から始まり，その行動の発生時期はコホート生残率 (l_x) と密接に関連している．仰臥行動は 25 日齢より若いハエではめったに見られないが，50 日齢を超えるハエでは頻繁に見られる．この齢は死亡率が大きく増加し始める齢である．この事象履歴図は，チチュウカイミバエの仰臥行動が示す 4 つの特性を確認するのに役に立つ．その 4 つとは，発症後続いて起こる**持続性**，齢とともに頻度が増加する**進行性**，発症や仰臥行動の頻度が死が差し迫っていることの指標となる**予測性**，ほぼすべてのミバエのオスが死に先立ってこの行動を示す**普遍性**である．仰臥行動に見られるこれらの特性は老化の生体指標に求められる一般的特性と一致している (Papadopoulos et al. 2002).

c. 活動寿命の評価

チチュウカイミバエでは，仰臥行動を老化の生体指標とすることができることから，この指標をさらに，老化の進行にともなう不健康の指標と見なし，チチュウカイミバ

表 10.5 健康状態を記録したチチュウカイミバエの簡易生命表．仰臥行動を不健康の生体指標として記録した．

齢区間 (5 日間隔)	各齢区間の初めの生残率	各齢区間の生存延べ日数 *2)	各齢区間で不健康状態にあるミバエの割合	各齢区間で健康状態にあるミバエの割合	各齢区間で不健康状態にあるミバエの生存延べ日数	各齢区間で健康状態にあるミバエの生存延べ日数	各齢区間以降の健康な個体の総生存延べ日数	各齢区間の初めにおける無障害平均余命
x	l_x	${}_5L_x$	${}_5\pi_x$	$(1-{}_5\pi_x)$	${}_5L_{x5}\pi_x$	${}_5L_x(1-{}_5\pi_x)$	${}_5T_x$	DFLE$_x$
(1)	(2)	(3)	(4)	(5)	(6)	(7)	(8)	(9)
0	1.0000	4.9989	0.0000	1.0000	0.0000	4.9989	51.2821	51.3
5	0.9996	4.9887	0.0038	0.9962	0.0191	4.9697	46.2832	46.3
10	0.9959	4.9635	0.0092	0.9908	0.0457	4.9178	41.3135	41.5
15	0.9895	4.9272	0.0184	0.9816	0.0909	4.8363	36.3957	36.8
20	0.9814	4.8815	0.0350	0.9650	0.1711	4.7105	31.5594	32.2
25	0.9712	4.8185	0.0592	0.9408	0.2852	4.5333	26.8490	27.6
30	0.9562	4.7151	0.0954	0.9046	0.4499	4.2652	22.3156	23.3
35	0.9298	4.5396	0.1445	0.8555	0.6560	3.8836	18.0505	19.4
40	0.8860	4.2726	0.2081	0.7919	0.8893	3.3833	14.1668	16.0
45	0.8230	3.9046	0.2804	0.7196	1.0950	2.8096	10.7836	13.1
50	0.7388	3.4498	0.3528	0.6472	1.2171	2.2327	7.9740	10.8
55	0.6411	2.9521	0.4181	0.5819	1.2342	1.7179	5.7413	9.0
60	0.5397	2.4352	0.4801	0.5199	1.1691	1.2661	4.0234	7.5
65	0.4344	1.9346	0.5458	0.4542	1.0559	0.8787	2.7573	6.3
70	0.3395	1.5075	0.6127	0.3873	0.9237	0.5838	1.8786	5.5
75	0.2635	1.1670	0.6738	0.3262	0.7863	0.3807	1.2947	4.9
80	0.2033	0.9028	0.6682	0.3318	0.6032	0.2996	0.9141	4.5
85	0.1578	0.6935	0.6483	0.3517	0.4496	0.2439	0.6145	3.9
90	0.1196	0.4990	0.6321	0.3679	0.3154	0.1836	0.3706	3.1
95	0.0800	0.2000	0.0650	0.9350	0.0130	0.1870	0.1870	2.3
100	0.0000	0.0000	0.0000	1.0000	0.0000	0.0000	0.0000	0.0
		62.8			11.5	51.3		

出典：Papadopoulos et al. (2002).

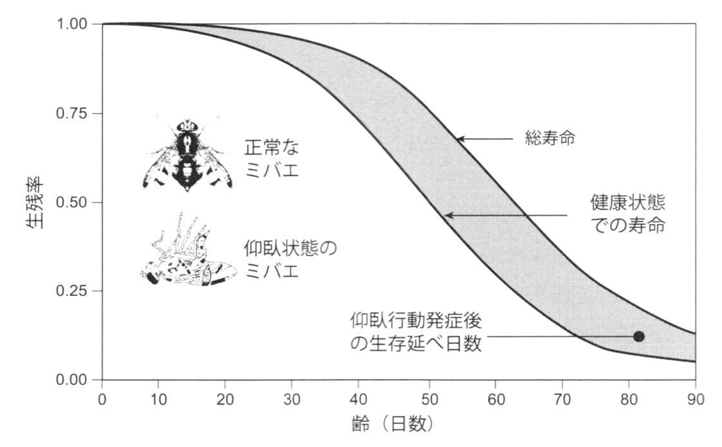

図 10.8 チチュウカイミバエのオスの生残曲線と健康状態曲線
健康状態の終了齢は，仰臥行動が最初に観察された齢として定義され，不健康状態の長さは発症開始齢を過ぎたすべての生存日数として定義されている．灰色の領域の面積は，総寿命と健康状態での生存延べ日数 (活動寿命) との差にあたる．生残曲線より下の面積が生存延べ日数にあたることを思い出してほしい．

エの個体群の健康寿命について考えてみることにする．表 10.5 は，仰臥行動発現で判断した健康状態を記録した簡易生命表で，無障害 (健康) 余命 (DFLE: disability-free life expectacy) を計算するのに必要な項目が含まれている．この生命表の作り方はサリバン法とも呼ばれていて，詳しい説明は第 8 章にあるので参照してほしい．表中の 3, 6, 7 列の列和は，それぞれ総寿命 (62.8 日)，仰臥行動を示し不健康な状態にあるハエの生存延べ日数 (11.5 日)，健康な状態にある活動寿命 (51.3 日) である．この結果によれば，このコホートの平均的なチチュウカイミバエのオスは，一生の 18%は不健康な状態で過ごしていることになる．このハエの総寿命と不健康な個体の寿命の違いが，図 10.8 の簡略化されていない生残スケジュールを使って示されている．

10.2.3 都市の健康管理区分に使われるミバエの侵入状況

a. 背　景

生命表をはじめとするすべての保険数理モデルの根底にある考え方は，死亡，病気，損傷などの良くない出来事をリスクと考えることである．しかし，一般化するならば，リスクを，独身から結婚，非雇用から雇用状態のような単なる状態の変化の確率として定義してもよいので，生命表は状態の変化が起こる広範囲の問題に当てはめることが

---

*2) 式 (2.19) を参照．

できる．今までに生命表が応用されたことはないが，生命表の方法や概念が当てはまる一つの例は侵入生物学 (invasion biology) の事例である (Davis 2011; Simberloff and Rejmanek 2011)．この場合，害虫の侵入によって都市 (あるいは，より一般的な地域) の「健康」状態が変化する様子を，健康状態の変化を経験する個体と同じく考えることができる．例えば，果実の害虫であるミバエの発生を経験したことのない都市の「健康」状態は，何年間も連続してミバエの発生を経験したことのある都市とは大きく違っていると考えられる．というのも，特に大発生を経験した都市は害虫制御 (pest control) のために長期間にわたり化学駆除剤の使用を余儀なくされるからである．

この節では，20 世紀の中盤に始まり，21 世紀まで続いているカリフォルニア州のミバエ害虫の侵入データに，生命表の概念と方法を当てはめた研究を紹介する (Papadopoulos et al. 2013)．カリフォルニア州では，20 世紀の中盤に世界で最も有名な農業害虫である数種の外来性ミバエの発生が始まった．双翅目ミバエ科 (Tephritidae) に属するこれらの種は，ミカンコミバエ (*Bactrocera dorsalis*)，この章ですでに話題にした 2 種，チチュウカイミバエ (*Ceratitis capitata*) とメキシコミバエ (*Anastrepha ludens*) である．これらのミバエ科の種は，腐った果実を餌とするキイロショウジョウバエ (*Drosophila melanogaster*) とは異なり，国内外の市場向けに出荷される完熟していない果実を標的とするので，農業に携わる人々にとって重大な脅威となっている．以下では，カリフォルニア州の 331 都市にミバエが侵入したデータに多要因生命表の考えを応用してみる．

b.　ミバエの侵入状況評価のために生命表を応用する

カリフォルニア州の都市を，ミバエの発生によって「不健康」な状態に移行するリスクにさらされている (まだミバエに侵入されていない) 健康な「個体」のコホートと考えて，ミバエの侵入問題を考えてみる．全く侵入を受けていなかった健康な都市の，健康持続 (未侵入) と罹患 (既侵入) の履歴を表す生命表を表 10.6 に示す．1950 年にはカリフォルニアのどの都市もミバエの発生を経験していなかった．しかし，2016 年までに州の 478 都市のうち 331 都市が少なくとも 1 回のミバエの発生を経験した．これらの発生には，新種の侵入によるものもあれば，以前に発見されていた種が再び発生する場合もあった．1950 年から 2016 年までの間に「侵入された」331 都市のうち 189 (表 10.6 の 3 列目，$331-142=189$)，122 (表 10.6 の 4 列目，$331-209=122$)，91, 60 の都市がそれぞれ 2, 3, 4, 5 回の発生を経験した．全部で 44 都市が 10 回以上のミバエの発生を経験し，3 つの都市 (ロサンゼルス，アナハイムとサンディエゴ) は 20 回以上のミバエの発生を経験した．最低 1 回のミバエの発生が起こった 331 のカ

表 10.6　南カリフォルニア 331 都市へのミカンコミバエの侵入に応用された健康寿命生命表

年	都市数 N_t^j			都市の割合 l_t^j		
	$j=1$	$j=2$	$j=3$	$j=1$	$j=2$	$j=3$
(1)	(2)	(3)	(4)	(5)	(6)	(7)
1950	331	331	331	1.0000	1.0000	1.0000
1955	330	331	331	0.9970	1.0000	1.0000
1960	328	330	330	0.9909	0.9970	0.9970
1965	328	330	330	0.9909	0.9970	0.9970
1970	321	329	330	0.9698	0.9940	0.9970
1975	300	326	329	0.9063	0.9849	0.9940
1980	266	319	325	0.8036	0.9637	0.9819
1985	206	301	320	0.6224	0.9094	0.9668
1990	126	251	294	0.3807	0.7583	0.8882
1995	76	212	264	0.2296	0.6405	0.7976
2000	41	187	247	0.1239	0.5650	0.7462
2005	18	168	231	0.0544	0.5076	0.6979
2010	3	145	215	0.0091	0.4381	0.6495
2015	0	142	209	0.0000	0.4290	0.6314

注：N_t^j, l_t^j はそれぞれ，該当する年 (t) で j 回の発生を経験していない都市数とその割合である．

リフォルニアの都市のデータが，西暦年 (1 列目) の順に生命表の形式で表 10.6 に示されている．2 列目から 4 列目には，それぞれ 1, 2, 3 回の発生が起こっていない都市数が記入されている．5 列目から 7 列目には，それぞれ 1, 2, 3 回のミバエの発生をまだ経験していない都市の割合が記入されている．ここでは，健康状態のモデルと同じように，ミバエの発生を状態の変化とみなしている．

ミバエの侵入時期・拡散を分析するために用いられた表 10.6 と図 10.9 の結果について，5 つ説明を加えておきたい (Zhao et al. 2019a, b)．まず，この生命表のアイデアに基づく分析は，ミバエの侵入の一般的傾向を明らかにする枠組みになっている．例えば，図 10.9 の生残曲線の図は，1954 年に始まった最初の都市から最後の都市の侵入まで 60 年間かかっていることを表している．また，この図を見ると，最初の都市が発生を経験したのち 2 つ目の都市が侵入されるまでかなり時間がかかり，1980 年までに一度の発生を経験した都市の数はほんの 60 都市 (全体の 20%) であった．その後，残りの 270 都市は，30 年以上経ってから 1 回目の発生を経験した．三番目に，生残曲線を使ったアプローチによって，侵入の軌跡を把握・比較することができる．例えば，図 10.9 を見ると，初期に発生が起こったほぼ 10% $(n=30)$ の都市では，1 回目と 2 回目の発生の間の時間の長さはおよそ 11 年であったが，2 回目と 3 回目の発生の間隔はたった 3 年であった．したがって，発生を何回も経験しているのは少数の都

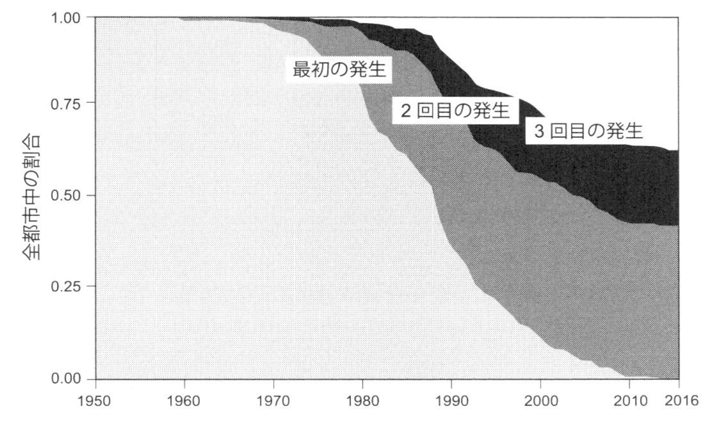

図 10.9 カリフォルニア州の 331 都市におけるミバエ侵入に応用された生残曲線
州内でまだミバエが確認されていなかった 1950 年から侵入後の 2016 年までのデータが使われた．それぞれの生残曲線は，都市が一度も発生を経験していなかった状態から一度経験した状態への推移 (最初の侵入確認)，一度発生を経験した状態から二度経験した状態への推移 (2 回目の侵入確認) などを表している．

市である．四番目に，生命表を使ったアプローチは，都市の「健康」状態の推移の過程を明らかにしている．例えば，ミバエが侵入していない状況から侵入された不健康な状態に推移した都市の頻度が最高になるのは 1980 年代である (表 10.6)．1980 年代には，ほぼ半数の都市が「害虫侵入」の状態に推移し，かなりの割合の都市が 2 回目，3 回目の発生を経験している．最後に，生命表アプローチは，シミュレーションしなくても視覚的にミバエ発生の将来の傾向を予測できる枠組みを提供している．例えば，この結果をさらに 21 世紀中頃まで伸ばしてみると，毎年ミバエの発生が起こる可能性が高い都市はまだ 50 都市くらいあることがわかる．

10.2.4 健康人口学の方法を応用した生物的防除

生物的防除 (biological control, biocontrol) とは，捕食者，捕食寄生者や病原菌などの天敵 (natural enemy) を利用して，昆虫や植物などの人間生活や経済活動に害を与える有害生物 (pest) の個体数を制御する方法のことである．その有害生物が本来生息している外部地域から天敵を導入することもあれば，保全生物学的視点から本来その地域に生息する捕食者や捕食寄生者が個体数を増加させるように，捕食者や寄生捕食者，微生物農薬と呼ばれる土壌細菌の一種 (*Bacillus thuringiensis*) のような生物農薬を大量に放つこともある (Heimpel and Mills 2017)．生物的防除は何世紀にもわたって実践されてきたが，19 世紀後半から 20 世紀前半にかけて本格的に実践されるようになった．その後，カーソンが『沈黙の春』を 1962 年に出版したことがきっかけとなり，生物的防除は有害生物防除の世界で最前線に躍り出た (Carson 1962)．著者のカーソンが化学農薬の利用に代わるものを探すことを強く主張したからである (Gay 2012)．どの場合でも，生物的防除の目的は有害生物の個体の健康にダメージを与え，個体の寿命を減らすことである．

有害生物の生存や個体群成長に対する天敵の影響評価は，生物的防除の研究における中心的な課題である．そのため，その影響を定量化する方法が必要となる．20 世紀中盤から後半にかけて，数多くの生物的防除の調査で用いられてきた方法は，Morris (1959) や Varley and Gradwell (1960) の研究に端を発する死亡主要因分析 (key factor analysis) であった．彼らの発想は，個体の死亡はキーとなる 1 つの要因によって引き起こされているという仮定のもとで，観察された集団の個体数変化を大きく左右する要因を特定するというものである．要因を特定するために，死亡率の変化とほぼ同期して時間変化する量，k 値を用いる．k 値は各ステージで定義され，a_x をステージ x での個体数とすると，

$$k_x = \log_{10} a_x - \log_{10} a_{x+1}$$

によって求められる．例えば，ステージ 0, 1, 2 での個体数が，$a_0 = 44000$, $a_1 = 3513$, $a_2 = 2539$ とすると，k_x の値はそれぞれ $k_0 = 1.09$, $k_1 = 0.15$ である (Begon et al. 1996, p.150 の表 4.1)．k 値の意味を言葉で言うと，各ステージの「個体数の減少度合いを 10 のべき乗で表した時のべき数」である．例えば，ステージ 0 での個体数の減少度合いが $44000/3513 = 12.52$ であるとすると，その値は $10^{1.09}$ に等しいので，1.09 がステージ 0 での k 値である．各ステージでの個体数の減少度合いを示す k 値から全ステージの k 値の総和を求め，世代間の k 値の総和の変動に最も大きく貢献している k 値を示すステージの死因が主要因であると考える．

しかし，この方法を批判する論文も発表された．例えば，Royama (1996) は，死亡主要因分析の考え方の根本的な問題点は，個体数の変動の要因を，個体数の分散だけを使って説明できると考えられていることであると注意を促している．彼は，どの要因が重要であるかを判断する時には，変動の主要因を検出するという単純すぎる考え方をやめて，多角的に詳細な分析をするべきであると主張し，論争を投げかけた．Carey (1989) は，死亡主要因分析とは別の方法として，多要因生命表 (multiple-decrement life table) の利用を生態学分野に導入し，その後 Peterson らは，特に置換不能死亡率に力点を置いて，昆虫の有害生物防除の際に多要因生命表を使うことを提案し，その方法を応用した (Peterson et al. 2009)．多要因生命表の考え方の詳細については第

8 章を参照してほしい.

a.　置換不能死亡率

置換不能死亡率 (irreplaceable mortality) という考え方は，有害昆虫の生物的防除を行う際に，2 種類の捕食寄生者が与える影響を調べた研究で最初に導入された (Huffaker and Kennett 1966)．その研究では，置換不能死亡率を，捕食寄生を例にして「もしその死因がなかったと仮定しても，他の死因で置き換えることができない部分」として定義している．この節では，競合リスクや多要因生命表の考え方に合わせて表現を変えて，「すべての死亡要因によって引き起こされる死亡率と，死亡要因をいくつか除いた時の死亡率との差」として定義する (第 8 章 8.3 節参照)．例えば，もし卵，幼虫，蛹の死亡率がそれぞれ 10%，40%，90%とすると，1,000 個の卵のうち，全部で 900 個体 $(= 1000 \times (1 - 0.1))$，540 個体 $(= 900 \times (1 - 0.4))$，54 個体 $(= 540 \times (1 - 0.9))$ が幼虫，蛹，成虫ステージに生き残る．しかし，卵の時の死亡がなかったとしたらそれぞれのステージに生き残るのは，全部で 1,000，600，60 個体である．言い換えると，卵の死亡率がないとすると，6 個体多く成虫段階へと生き残ることになる．すべての死因を考えた時の死亡率は，$(1000 - 54)/1000 = 94.6\%$ であり，卵の死亡を除いた時の死亡率は，$(1000 - 60)/1000 = 94\%$ であるから，成虫ステージに至るまでの生残については，卵の置換不能死亡率は 0.6%である．

b.　事例研究：有害生物ゾウムシの多要因生命表を用いて

実例として，牧草のアルファルファに付いて被害を与えるゾウムシの研究を紹介する．この研究の目的は，複数の死因の有無の組み合わせを考え，それぞれの組み合わせに対する死亡確率を計算することである．表 10.7 には，このゾウムシの多要因生命表のデータを示している．表中，ad_{1x} から ad_{5x} は，それぞれ狩りバチ，未受精，生

表 10.7　アルファルファに付くゾウムシ (*Hypera postica*) の多要因生命表

				死因別の割合				
	ステージ別死亡率	生残率	死亡齢分布	狩りバチ	未受精	生育不良	菌類	降雨
ステージ (x)	aq_x	al_x	ad_x	ad_{1x}	ad_{2x}	ad_{3x}	ad_{4x}	ad_{5x}
卵	0.021	1.000	0.021	0.002	0.019	0.000	0.000	0.000
幼虫前期	0.257	0.979	0.252	0.000	0.000	0.252	0.000	0.000
幼虫後期	0.853	0.727	0.620	0.000	0.000	0.000	0.606	0.014
前蛹	0.222	0.107	0.023	0.007	0.000	0.000	0.016	0.000
蛹	0.114	0.084	0.010	0.000	0.000	0.000	0.010	0.000
成虫		0.074						
合計			0.926	0.009	0.019	0.252	0.632	0.014

出典：Peterson et al. (2009) の表 3.

育不良，菌類，降雨の各要因による死亡率を表す．表 10.7 の数値は，表 10.8 に示される「他の死亡要因が作用しなかった時の各要因による死亡率」を計算するために用いられる．さらに，表 10.7 の数値を用いると，1 つ，あるいは 2 つの死因を取り除いた場合の置換不能死亡率も計算することができる (表 10.9)．

これらの表によれば，1 つの死因を除いた時の置換不能死亡率は 0.2%から 58.9%までの幅があり，最大の死因は菌類による病気であった．もし菌類による病気が死亡要

表 10.8　ゾウムシ (*H. postica*) の他の要因が除去された場合のそれぞれの死因による死亡率

	生残個体数	ステージ別死亡率	他の要因が除去された場合のそれぞれの死因による死亡率				
			狩りバチ	未受精	生育不良	菌類	降雨
ステージ (x)	l_x	aq_x	ad_{1x}	ad_{2x}	ad_{3x}	ad_{4x}	ad_{5x}
卵	421	0.021	0.002	0.019	0.000	0.000	0.000
幼虫前期	412	0.257	0.000	0.000	0.257	0.000	0.000
幼虫後期	306	0.853	0.000	0.000	0.000	0.850	0.020
前蛹	45	0.222	0.070	0.000	0.000	0.164	0.000
蛹	35	0.114	0.000	0.000	0.000	0.114	0.000
卵から成虫への生残数	31						

出典：Peterson et al. (2009) の表 4.

表 10.9　アルファルファに付くゾウムシ (*H. postica*) の置換不能死亡率

死因の組み合わせ	死亡率 (%)	除去された死因	置換不能死亡率 (%)
すべての死因 (狩りバチ ＋ 未受精 ＋ 生育不良 ＋ 菌類 ＋ 降雨)	92.6	—	—
狩りバチ ＋ 未受精 ＋ 生育不良 ＋ 菌類	92.5	降雨	0.2
狩りバチ ＋ 未受精 ＋ 生育不良 ＋ 降雨	33.8	菌類	58.9
狩りバチ ＋ 未受精 ＋ 菌類 ＋ 降雨	90.1	生育不良	2.6
狩りバチ ＋ 生育不良 ＋ 菌類 ＋ 降雨	92.5	未受精	0.1
未受精 ＋ 生育不良 ＋ 菌類 ＋ 降雨	92.1	狩りバチ	0.6
狩りバチ ＋ 未受精 ＋ 生育不良	32.4	菌類，降雨	60.2
狩りバチ ＋ 未受精 ＋ 菌類	89.9	生育不良，降雨	2.8
狩りバチ ＋ 未受精 ＋ 降雨	10.8	生育不良，菌類	81.8
狩りバチ ＋ 生育不良 ＋ 降雨	32.5	未受精，菌類	60.2
狩りバチ ＋ 菌類 ＋ 降雨	89.9	未受精，生育不良	2.7
未受精 ＋ 生育不良 ＋ 菌類	91.9	狩りバチ，降雨	0.7
未受精 ＋ 生育不良 ＋ 降雨	28.6	狩りバチ，菌類	64.0
未受精 ＋ 菌類 ＋ 降雨	89.3	狩りバチ，生育不良	3.3
生育不良 ＋ 菌類 ＋ 降雨	91.9	狩りバチ，未受精	0.7

出典：Peterson et al. (2009) の表 5.

因から除かれたなら，死亡率は，92.6%から 33.8%まで変化し，ほぼ 60%減少した．この減少分は，菌類以外の死亡要因によって置き換えることができない．さらに，2つの要因を除いた場合には，置換不能死亡率は 0.7%から 81.8%の幅があり，最大の置換不能要因は菌類による病気と発育不良の組み合わせであった．有害生物種の生物的防除の計画を策定する時のキーとなる要因を決定するためにこの方法を使うことができる．

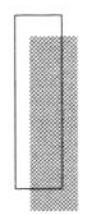

10.3　個体群からの収獲

人口学の立場から言えば，収獲 (harvesting) は，個体群成長ゼロを実現すべく，個体群からちょうどよい個体数を取り除くというコホート集団の問題である (Beddington and Taylor 1973; Getz 1984; Connelly et al. 2012)．例えば，野生生物や漁業の管理者は，最大持続可能収量 (highest sustainable yield) を維持することを目指して，どの齢階級の個体を収獲するべきかを判断するために，収獲問題を解析する様々な人口学的手法を開発してきた (Caughley 1977, 1983; Goodman 1978)．この節では，個体群成長率を制御する単一齢・単一ステージ収獲，全齢・全ステージ収獲の問題や個体群の間引き (culling) 問題など，様々な収獲問題を調べる際に基礎となる個体群モデルについて説明する．また，次節では，保全生物学上の問題として，個体群からの収獲の一形式と見なすこともできる狩猟や密猟について検討する．

10.3.1　昆虫の大量飼育

果実害虫のミバエ類では，大量飼育によって生産された不妊虫を放飼して根絶を狙う不妊虫放飼法が，防除のために採用されてきた歴史がある．このような生物的防除のために昆虫を大量飼育 (mass rearing) するケースに，飼育個体群の人口学的分析に基づいて収獲するという考え方が適用された (Carey and Vargas 1985)．大量飼育では，キーとなる 2 つの齢で収獲と殺処分を行い，飼育コホートの持続可能収量を決定することになる．2 つの齢とは，基本的に繁殖前に設定される第一次収獲齢と，繁殖期か繁殖後に殺処分する第二次収獲齢である．収獲されることによって，その個体群の生残スケジュールは，収獲時の生存率が低くなるなど，本来のものから変化する (図 10.10；Beddington and Taylor 1973)．ここでは，個体群の収獲モデルを説明するために，頻繁に大量飼育が行われたチチュウカイミバエを扱った例を紹介する．

a.　単一齢・単一ステージ収獲モデル

生残曲線を使った単一齢・単一ステージの収獲の概念図を図 10.10 に示す．c を第

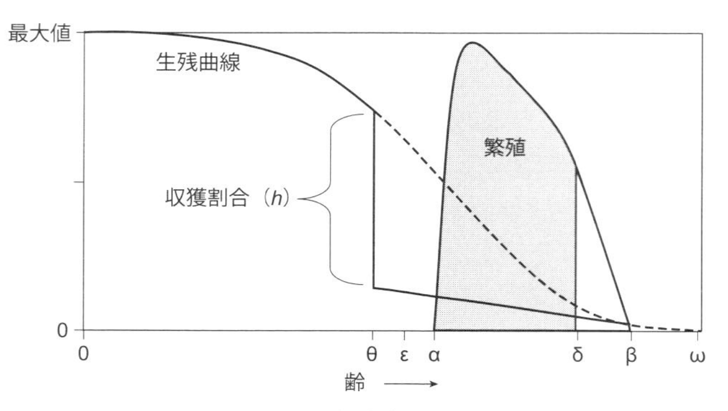

図 10.10　単一齢収穫モデル

$\theta, \varepsilon, \alpha, \delta, \beta, \omega$ はそれぞれ，第一次収穫齢，羽化齢，繁殖開始齢，殺処分齢 (第二次収獲齢)，収獲しなかった時の最終繁殖齢，最終齢を表す．

一次収獲齢，h を収獲齢の時に収獲された個体の割合とすると，割合 $(1-h)$ が次の世代の再生産のために残される．収獲割合は個体群のゼロ成長を担保するように決定するため，h の値は次の方程式の解になる：

$$1 = (1-h)R_0 = (1-h)\sum_{x=0}^{\delta} l_x m_x \tag{10.8}$$

$$h = 1 - \frac{1}{R_0} = 1 - \frac{1}{\sum_{x=0}^{\delta} l_x m_x} \tag{10.9}$$

式の中で，δ は殺処分する日齢であり，人間が決めた最終繁殖日である．R_0 は，その最終繁殖日までの純繁殖率である．

このモデル個体群の安定 (かつ定常) 齢分布は

$$c_x = \frac{l_x}{s}, \qquad x < \theta \tag{10.10}$$

$$c_x = \frac{l_x(1-h)}{s}, \qquad x \geqq \theta \tag{10.11}$$

で与えられ [*3]，式の中で s は，式 (10.10), (10.11) の齢分布をすべての齢にわたって合計したものがちょうど 1 になるように規格化するための係数で，

$$s = \sum_{x=0}^{\theta-1} l_x + (1-h)\sum_{x=\theta}^{\delta} l_x \tag{10.12}$$

[*3] この 2 つの式は，第 5 章の式 (5.79) に $r=0$ を代入し，収獲率 h による個体数の減少を考慮すると得られる．

である.

c_θ を収穫処理後のコホートでの齢 θ の個体の割合とすると，以下の式：

$$P = h\frac{c_\theta}{1-h}\Bigg/\sum_{x=\varepsilon}^{\delta} c_x \qquad (10.13)$$

は，メス 1 個体当たりの収穫齢個体の収穫量 (P) を，ε は羽化齢を表している [*4]．収穫量は，オスも勘定に入れると，オス：メスの性比が 1：1 である時には，2 倍にあたる $2P$ にする必要がある．Carey (1993) によると，P は次の式からも計算することができる：

$$P = \frac{h}{1-h}\frac{l_\theta}{\sum_{x=\varepsilon}^{\delta} l_x} = \frac{l_\theta(\sum_{x=0}^{\delta} l_x m_x - 1)}{\sum_{x=\varepsilon}^{\delta} l_x} = \frac{l_\theta(R_0 - 1)}{\sum_{x=\varepsilon}^{\delta} l_x} \qquad (10.14)$$

チチュウカイミバエのデータを使って，収穫に関するパラメータを決定するには以下の 2 つのステップが必要である (Carey 1993).

ステップ 1：**収穫割合 $(\boldsymbol{h})$** を求める段階．収穫齢 $\theta = 19$ 日 (蛹の時期にあたる) と殺処分齢 $\delta = 40$ 日 (成虫中期にあたる) を使うと，収穫割合 (h) は $h = 1-(1/120) = 0.9917$ となる．この式の中に代入された 120 は殺処分齢 40 日までの純繁殖率である．

ステップ 2：**収穫量 $(\boldsymbol{P})$** を求める段階．チチュウカイミバエのデータを用いると，収穫齢まで (卵から蛹まで) の生残率は $l_\theta = 0.55$，殺処分齢までの純繁殖率 R_0 は 120，および式 (10.14) の分母は 10.9 日である．これらの数値を代入すると，収獲量 (P) は 1 メス当たり約 6 蛹となる [*5].

b. 全齢・全ステージ収獲モデル

作物に発生し食害をもたらすハダニは，農薬散布の効果を評価する実験やハダニの天敵昆虫を飼育する際の餌として利用するために，大量飼育されてきた．ここでは，大量飼育したハダニの集団にすべての齢・すべてのステージにわたって収獲するモデルを導出・応用した例を取り上げる (Carey and Krainacker 1988)．このハダニは，通常サヤインゲンの新芽のような若い宿主植物の飼育ケースに寄生させて大量飼育する．普通は 2 週間後に一部の飼育ケースから植物に付いているすべてのハダニを収獲し，残りの飼育ケース内のハダニは，ハダニが付いていない飼育ケースで育てている植物に寄生させるために使われる．その 2 週間後に，同じ一連の作業が繰り返され，人口置換 (population replacement) レベルを正確に維持できるようにハダニを収獲する．

λ をハダニの個体群成長率，h を全個体群のうちの収獲割合とすると，人口置換レ

[*4] 式 (10.13) の分母は総メス数にあたり，分子は収獲量にあたる．

[*5] 代入する数値は Carey (1993) 著書中の表 6.12 から求められている．

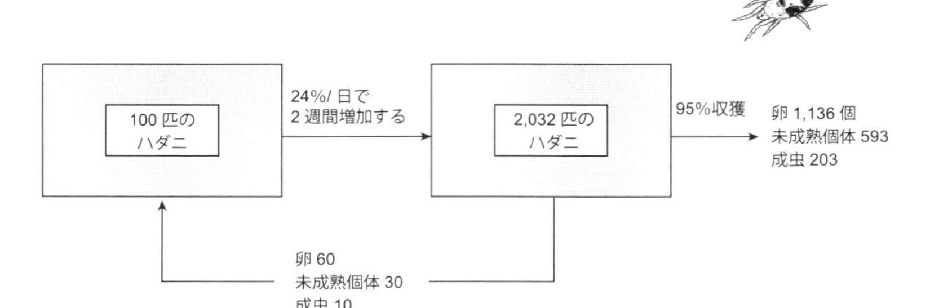

図 10.11　すべての齢/ステージの個体を収獲するモデル
安定齢分布に落ち着いているハダニの集団からすべての齢/ステージに属する個体がまとめて収獲される．収獲された分が繁殖によって回復することを狙い，1 つか 2 つの分集団を残しておく．

ベルを維持しつつ，全ステージの個体から収獲できる割合は，以下の方程式の解である [*6)]：

$$
\begin{aligned}
1 &= (1-h)\lambda \\
h &= \frac{\lambda - 1}{\lambda} = 1 - \lambda^{-1}
\end{aligned}
\tag{10.15}
$$

それぞれの齢階級で同じ割合を個体群から除くため，大量飼育個体群の齢構成は，収獲しない個体群の齢構成と同一になるだろう．ハダニの個体群成長率は，$\lambda = 1.24$ [*7)] であるから，個体群全体のうち $1 - 1.24^{-1} = 19.4\%$の割合を毎日除くと，人口置換レベルを維持することが可能である．あるいは，2 週間当たりに換算すると，ハダニ集団の λ は 1.24^{14} と考えられるから，2 週ごとに $h = 1 - 1.24^{-14} = 95\%$の割合を収獲しても，人口置換レベルを維持することができる．このハダニ収獲モデルの概念図を図 10.11 に示しておく．

10.3.2　間引き：アフリカゾウの例

前節のハダニの個体群に応用された収獲モデルでは，人口置換レベルを保つ定常集団になるようにハダニを収獲することが目的であった．この節では，ゾウの個体群サイズを適切な大きさにまで減少させるためにどう間引きしたらよいかについて考える．飼育ケースのようなひとまとめに収獲可能な部分個体群から構成されているハダニの場合とは異なり，ゾウのように社会集団からなる個体群を間引く場合には，家族ある

---

*6)　人口置換レベルを保てる定常個体群を仮定しているので，最初の式の左辺が 1 となっている．
*7)　第 5 章のロトカ方程式 (5.43) から得られる．

いは社会的つながりのある群れを丸ごと取り除く間引き方法が適切である．というのも，大人のゾウを選択的に殺すと，群れの社会組織が崩壊するからである．以下で，この間引き問題の背景についてもう少し詳しく説明する．

a. 背　　景

クルーガー国立公園は，約 20,000 km^2 の広大な地域に広がる，ゾウなどのアフリカ五大哺乳類 (Big Five species) すべてが生息する南アフリカ北東部の鳥獣保護区域である．アフリカのある地域では，ゾウの個体数は生息地破壊と密猟のために減少傾向にあるが，クルーガー国立公園では公園の環境収容力をはるかに超える個体数にまで拡大しつつある．その結果として，その公園のゾウは，保護地域の環境を完全に変える主要な生態系エンジニア (ecosystem engineer) として作用する可能性がある (Fazio 2014)．1 頭の大人のゾウが 1 日当たり 180 kg の植物を消費し，2，3 種の好みの樹種の葉だけを食べることを考えると，ゾウはそれらの樹種を根絶させ，その生息地を密林地帯から低木疎林へと変える潜在力をもっている．そのため，その公園に生息する他の動植物に対して大きな波及効果をもたらす可能性がある．この潜在的な破壊力を鑑みて，ゾウを選択的に間引きする計画が 1967 年に開始された．社会的論議が巻き起こったため，公園管理者は 1994 年にこの計画を中止したが，その結果 2006 年にはゾウの個体群は 15,000 頭を超えるまでに増加した (Owen-Smith et al. 2006; Fulton 2012).

ゾウの個体群を管理する方策として 3 つの選択肢がある (Fulton 2012)．一つは，ゾウの「避妊薬」を用いる免疫避妊，あるいは不妊施術を行う避妊 **(contraception)** である．個体群モデルを使った試算によれば，避妊という選択肢の一つの問題点は，その計画が効果を発揮するには，南アフリカの国立公園の年間管理予算の総額を超えるコストをかけて，毎年数千頭のメスに処置を行わなければならないと予想されることである．この方策のもう一つの問題点は，避妊具を埋め込むとゾウにやっかいな術後効果や行動異常をもたらすことである．さらに，この方法による不妊化は可逆的ではなく，もし別の時に，病気の蔓延や大規模な密猟があって個体群が減少した場合に，元に戻すことが難しいことである．二番目の選択肢は移送 (relocation) である．移送にともなう問題点は少なくとも 3 つある．その問題点は，(1) 大人になったゾウの移送は，動物にとってストレスになり，体が大きいため極端にコストがかかり，移送管理がかなり難しいことである．(2) 子象の移送は，家族から引き離すため非人道的と考えられている．(3) ゾウを移送することのできる場所はほとんど残されていないので，移送に適切な機会が限られている，というものである．三番目の選択肢は，間引き，すなわち選択的殺処分による収獲である．ゾウの社会性は高度に発達しているので，どの個体が除かれたとしても家族レベル，群れの一部や群れ全体のレベルでダメージが大きい．もし，除去個体がリーダーメスである場合や，たとえ年長の順位の低い繁殖メスを1頭除去する場合でも，メスの除去はリーダーシップや蓄積された知識や生活の知恵の喪失をもたらすので，所属グループに与える影響は壊滅的なものになる可能性がある．

b.　人口学的管理戦略としての間引き

仮に，15,000頭のゾウの初期個体群の個体群サイズを半分に減少させるには，すべての年齢のゾウを10年間間引きする必要があるとしよう(図10.12)．第5章の式(5.8)の個体群成長の式を用いると，

$$N_{t+1} = N_t(1 + b - d) \tag{10.16}$$

である．すなわち，

$$N_{t+1} = N_t\lambda \tag{10.17}$$

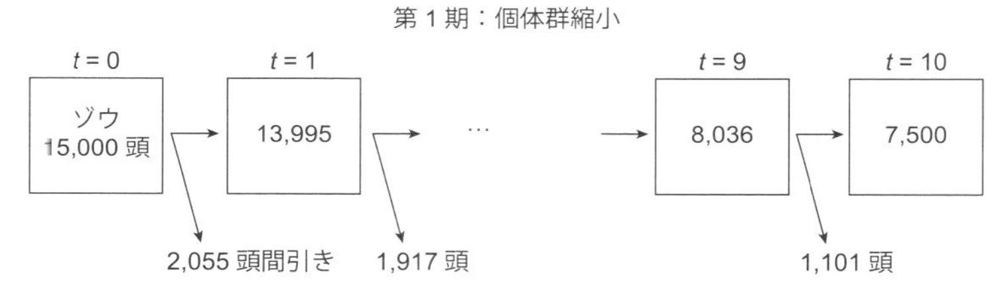

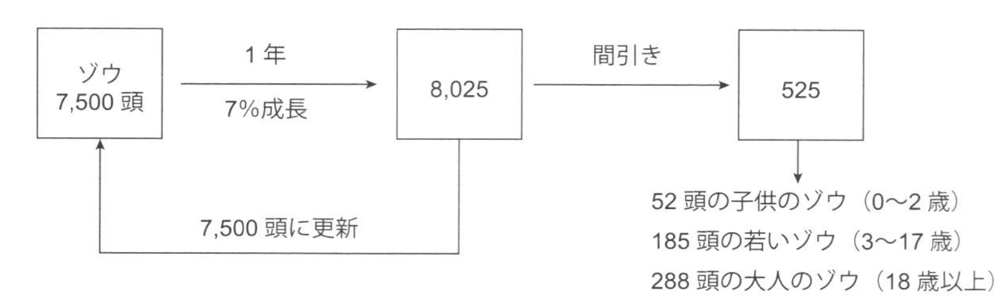

図 **10.12**　間引きによるアフリカゾウ管理

この集団の年成長率が7%とすると，1年後には $15000 \times 1.07 = 16,050$ 頭となる．そこから2,055頭を間引きすることで，$13995/15000 = 0.933$ の年成長率に落とすことができる．

であるから (第 9 章の式 (9.19) と同じ)，10 年間で 15,000 頭の個体群を 1/2 の 7,500 頭に減らすために必要な年当たりの個体群成長率は，

$$\lambda^{10} = 0.5$$
$$\lambda = \sqrt[10]{0.5} = 0.933$$

である．つまり，10 年間にわたってゾウの年当たりの個体群成長率を人口置換レベルよりも低い 0.933 まで減少させる (6.7%低い) と，その個体群は現有の 15,000 頭のレベルから半減することになる．

この仮想的な間引き計画に関して，3 つのことに触れておきたい．まず，間引きすべき割合は減少している個体群の個体数にかけ算されるため，間引きされるゾウの数は第 1 期の間は徐々に少なくなっていく．第 1 期の最初の 1 年に殺される数は 2,000 頭を超えているが，第 1 期の最終年には約 1,100 頭とほぼ半分になる．二番目に，ゾウの個体群がおよそ 7%の年成長率であれば，第 2 期の定常期には，第 1 期の最終年に間引きが必要とされたゾウの数の半分 (すなわち，525 頭) を毎年間引きする必要がある．まだ多数のゾウが殺処分されることになるが，計画開始時に間引きされたほんの 1/4 に減少する．最後に，この間引き計画には運営管理上の問題や，解決すべき社会的問題があると言っても過言ではなく (Caughley 1981, 1983; deVos et al. 1983)，熟慮すべき賛否両方の意見がある (Bell 1983).

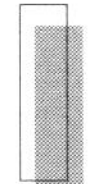

10.4 生物種の保全

生物人口学は保全生物学に必須の構成要素である．と言うのも，絶滅の恐れのある生物の個体群の大きさ (個体数)，個体群構造 (齢構成や性比)，空間分布 (分断化の程度) や個体群成長率などの特性は，保全状況を分類するために用いられるデータだからである．この節では，狩猟や密猟によって危機に瀕している個体群を対象にして，飼育下繁殖プログラムから得られるデータをどのように定量化し保全に利用するかについて考える．

10.4.1 狩　猟

過剰狩猟は，哺乳類，爬虫類，鳥類の個体群において，生息地の破壊に引けを取らない深刻な脅威の一つであり (Weinbaum et al. 2013)，多くの場合，個体群維持が不可能な規模で狩猟が行われている．したがって，種の絶滅を回避し，生態系や生態系構造を健全なレベルに維持するためには，少なくとも自然死亡と狩猟による死亡の

2 つの競合リスクを組み込んだモデルによって得られた知識に基づいて，狩猟ルール (hunting policy) を策定しなければならない (Weinbaum et al. 2013)．他にも，対象種の保全を行うための民間の野生生物牧場や公的な狩猟保護区が保全のためのツールとして果たす役割を調べた知見を利用することも可能である (Cousins et al. 2008)．この節では，大型動物の死亡率の競合リスクを評価する人口学的な方法を説明する．

a.　季節的狩猟 [*8)]

狩猟の影響を被る動物のハザード関数の総計 (μ_x) には，少なくとも 2 つの競合要因がある．一つは，自然に死亡するリスク (μ_x^{N}) で，もう一つは，狩猟の結果として死亡するリスク (μ_x^{H}) である：

$$\mu_x = \mu_x^{\mathrm{N}} + \mu_x^{\mathrm{H}} \tag{10.18}$$

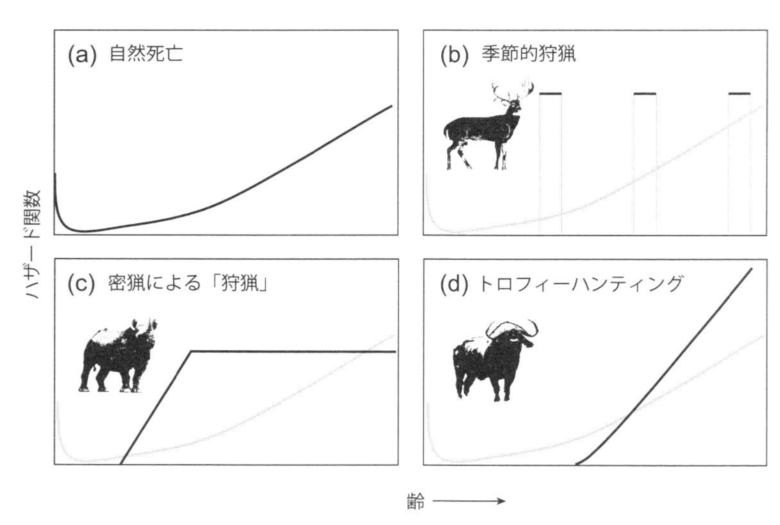

図 10.13　ベースラインとなる自然死亡ハザード関数と狩猟死亡ハザード関数の図解
(a) 狩猟以外のすべての原因による自然死亡ハザード関数 (ベースライン)，(b) 規制によってあるシーズンに限って行われる狩猟によるハザード関数，(c) 密猟や，規制されていない原住民の生活狩猟によるハザード関数，(d) トロフィーハンティングによるハザード関数．より大型の高齢個体が上位の賞をもらえるため，高齢になるほどハザード関数の値が高くなる．

---

*8)　原著では，この節全体で mortality という単語が頻繁に使われている．その単語は，ある時には生命表内の死亡率 (q_x) を意味し，ある時には第 3 章で導入した「ハザード関数 (死力)」の意味で使われていたため，その 2 つの間で混同しないように，mortality という同一の単語を，「死亡率 (q_x)」「ハザード関数」と分けて翻訳している．

図 10.13 には，齢に依存する仮想の死亡パターンを，ベースラインとなる自然死亡によるハザード関数と季節的狩猟，密猟，トロフィーハンティングによるハザード関数に分けて描いてある．図 10.13 を見ると，狩猟の性質によって，ハザード関数のパターンが異なることがわかる．

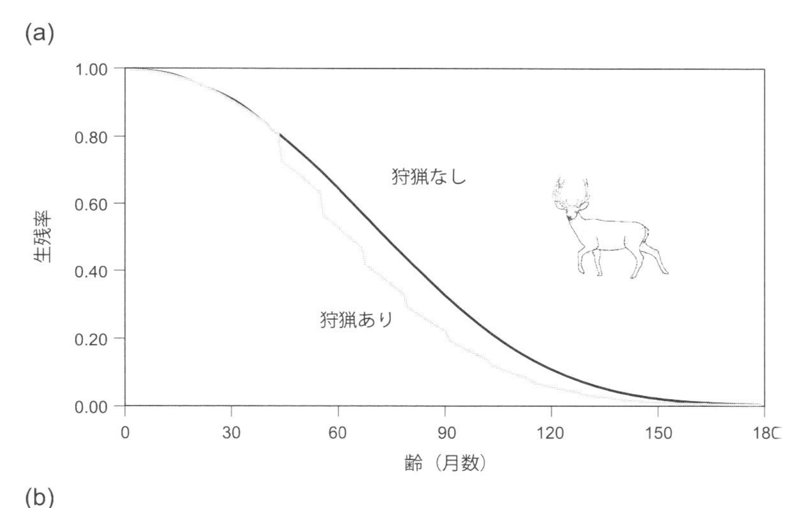

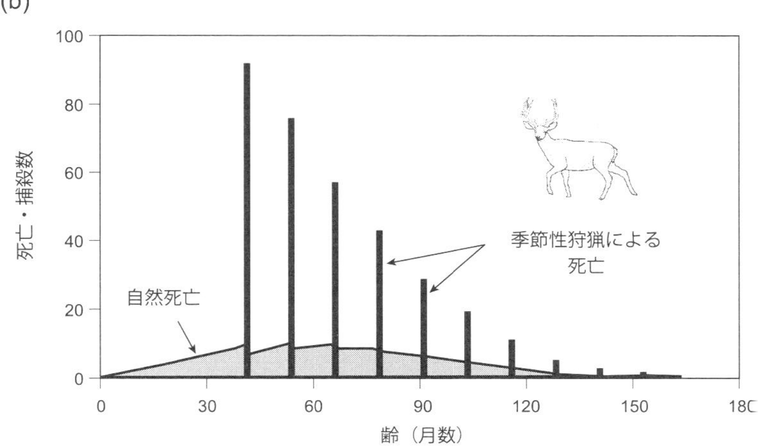

図 10.14　仮想的なオジロジカ 1,000 個体のコホートで狩猟による影響を調べた応用例パラメータを $a = 0.002$, $b = 0.01$ としたゴンペルツ死亡モデル (Gompertz mortality model) による自然死亡と狩猟による 1 カ月当たり 10%の死亡という競合リスクを仮定している．(a) 狩猟ありと狩猟なしの場合の生残率，(b) 自然死亡の場合および狩猟死亡の場合の死亡数の齢分布．

競合するリスクである狩猟死亡と自然死亡を適用した計算例の結果を図 10.14 に示す．この仮想のオジロジカのモデルでは，季節的狩猟による捕殺率は月当たり 10%，成熟までの月数は 42 カ月であり，成熟までの成長期には狩猟されないと仮定されている．図 10.14(a) の生残関数から，狩猟がある場合には平均寿命は 66.3 カ月 (5.5 年) であり，ない場合には 75.1 カ月 (6.3 年) であることがわかった．すべての死亡のうち，75%が自然死亡による死亡であり，残りの 25%が狩猟による死亡であった．言い換えると，1,000 頭のシカのうち 250 頭が狩猟者によって収獲されていた．面白いことに，季節的狩猟圧が 10%から 90%に増加しても，平均寿命は 66 カ月からおよそ 48 カ月へとわずかしか減少しなかった．狩猟圧が 9 倍も増加したにもかかわらず減少が緩やかであった理由として，(1) シカは 42 カ月経つまで狩猟から守られていること，(2) およそ 20%のシカが，狩猟による死亡にさらされる時にはすでに死亡していて，10%から 90%への死亡率の増加は全コホートのうち減少した部分にしか作用していないこと，が挙げられる [*9)]．

b.　飼育後解放狩猟

一般に，「飼育後解放 (rear and release)」狩猟は，管理下で飼育されたのちに狩猟者が射撃するために野外に放たれるか，あるいは孵化場で育てられたのちに釣り人が捕獲するために川や沼に放たれる動物を対象としたゲーム狩猟のことをいう (Thacker et al. 2016; Kientz et al. 2017)．図 10.15 は，仮想のキジの放鳥プログラムにおける解放個体の生存数を示している．図中，N_{R} は放鳥の数，C は放鳥間隔 (放鳥周期)，N_{L} は個体群の最小個体数，すなわち，次回の放鳥直前の個体数を表している．興味深いことに，図 10.15 では，それぞれの解放コホートの個体の生存延べ時間は，各解放周期での生存延べ時間数に等しい．というのも，図で見ると，1 回目の解放コホートのすその部分にある濃い灰色の面積は，2 回目の解放コホートのすその部分にある薄い灰色の面積に等しいからである．表 10.10 を見てもそのことがわかる．それぞれの放鳥周期番号の欄の列和 (4, 5, 6 列目の列和) を計算すると，286 であり，それぞれの解放サイクルで生きていた生存時間数の合計 (8 列目 = 286) と等しくなる．

c.　ライオンのトロフィーハンティング

ライオンは，最も絶滅が危惧されるアフリカ五大哺乳類に属する種としてシンボル

[*9)] このオジロジカのモデルでは，自然死亡によるハザード関数として，ゴンペルツ係数 $a = 0.002$，$b = 0.01$ であるゴンペルツ関数 $\mu(x) = ae^{bx}$ を使っている．第 3 章の表 3.1 によれば，ゴンペルツ関数の場合の生残率 $(l(x))$ は，$l(x) = \exp[\frac{a}{b}(1 - e^{bx})]$ であるから，この公式を使って，図 10.14(a) の生残曲線が描かれている．狩猟が始まってからは，狩猟が行われるたびに，狩猟がなかった時よりも 10%下がった曲線になる．

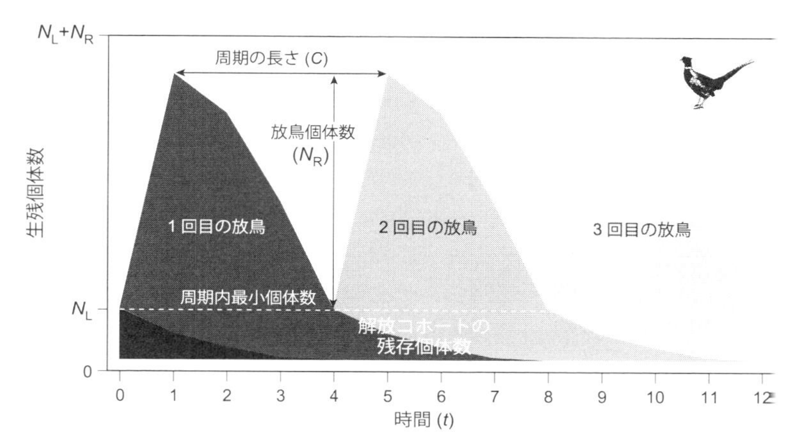

図 10.15 キジ飼育場での仮想的な放鳥補充と解放周期の図解
表 10.10 に詳細な数値が示されている.

表 10.10 ある決められた生残スケジュールに従う仮想キジ個体群における 4 日周期 ($C = 4$) の放鳥

	時間	放鳥周期番号				各時刻の合計個体数	各周期内の総個体数
		−1	1	2	3		
	t	20				20	
第一周期	$t+1$	10	100			110	286
	$t+2$	5	90			95	
	$t+3$	1	60			61	
	$t+4$	0	20			20	
第二周期	$t+5$		10	100		110	286
	$t+6$		5	90		95	
	$t+7$		1	60		61	
	$t+8$		0	20		20	
第三周期	$t+9$			10	100	110	286
	$t+10$			5	90	95	
	$t+11$			1	60	61	
	$t+12$			0	20	20	
	$t+13$				10		
	$t+14$				5		
	$t+15$				1		
	$t+16$				0		
	各周期コホートの合計		286	286	286		

注：キジの放鳥された個体 ($N_R = 100$) は各放鳥周期番号の欄に示されるようなペースで死んでいく. 次回の放鳥直前の最小個体数 ($N_L = 20$) と新たな放鳥日の最大個体数 ($= 110$) の間の個体数変化は各周期で同じである.

的存在であるため，トロフィーハンティングの問題では特に重要視される種である (Whitman et al. 2004; Lindsey et al. 2012, 2013; San Diego Zoo 2016)．ライオンを対象とした狩猟ツアーは，トロフィーを狙う狩猟の中では狩猟認可料が高額であり，加えて狩猟ツアー自体が食事，宿泊，ガイド，装備，旅行の費用がかさむ大きな収入源であるために，アフリカ諸国では重要な財源になっている．ライオンは，アフリカに生息する動物の狩猟の中では，サイに次いで高額の収入をもたらす．アフリカ大陸全体のライオンの保全状況から考えると，狩猟ルールは，特に人口学的知見に依拠した戦略にのっとって作成されなければならない．ライオンの個体群では，優位繁殖オスを取り除くと，新しいオスが群れ (pride) を奪った際に子殺し (infanticide) が起きやすく，群れの家族社会の崩壊を引き起こすことから，トロフィーハンティングの影響を受けやすい．そのため，人口学的知見に基づいた狩猟ルールの策定は特に重要である．

この問題を扱う時にベースラインとして用いられる自然死亡のモデルは，サイラーモデルと呼ばれる以下のハザード関数

$$\mu_x = e^{a_0 - a_1 x} + c + e^{b_0 + b_1 x} \tag{10.19}$$

である．このサイラーモデル (第 3 章の表 3.1 を参照) を使うと，図 10.16 に示されるようにオス・メス別にハザード関数の軌跡を求めることができる (Siler 1979)．Barthold らが指摘しているように，このモデルは 3 つのハザード関数の和になっている (Barthold et al. 2016)．式 (10.19) の右辺第 1 項は，出生個体や幼獣の頃の初期のハザード関数の減少を表し，第 2 項は，メイカムモデルで使われている齢に依存しないハザード関数を表している (Makeham 1860；やはり第 3 章の表 3.1 を参照)．最後の項は，基本的なゴンペルツモデルであり，加齢にともなうハザード関数の指数的増加を表している (Gompertz 1825) [*10]．

特にトロフィーハンティングの対象となるライオン，そして一般的なトロフィー種であるゾウ，バッファロー，ヒョウ，サイでは，持続可能な狩猟ルールを作成するには，それぞれの種の個体群動態や行動習性について十分に理解する必要がある．実際，どんな単純なモデルや，どんな人口モデルの組み合わせであっても，ガイドラインを作り上げるには十分ではない．しかし，単純なモデルを使うと，様々な狩猟ルールの長所・短所を見極めることはできる．簡単なモデルではあるが，ここでは，Barthold らが利用可能なデータの中で最も質の良いデータを使って求めたライオンのオスとメ

[*10] 第 3 章の式 (3.15) より，サイラーモデルの齢別死亡率 q_x は，$1 - \mu_x$ である．この式を使って，図 10.16 が描かれている．

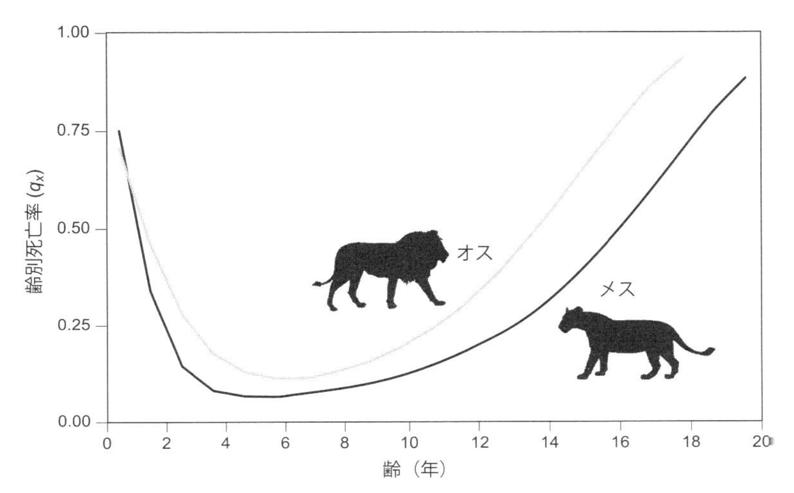

図 10.16 野生のライオンのオス・メスの齢別死亡率

セレンゲティ国立公園のライオンのハザード関数から求めた齢別死亡率を，Barthold らの研究で使用されたサイラーモデルのパラメータを使って描いている (Barthold et al. 2016). モデルで使用されたパラメータの値，a_0, a_1, c, b_0, b_1 はそれぞれ，オスの場合は 0.150, 0.727, 0.025, −4.388, 0.297，メスの場合は 0.280, 1.277, 0.032, −5.019, 0.287 である．ライオンの幼獣，大型幼獣，未出産成獣，初期の若い成獣の最終齢は，それぞれ 1, 2, 4, 6 年である．活発に繁殖を行う壮年期の成獣 (prime adult) は 6 歳を超えていて，オスもメスも 15〜16 歳まで繁殖に携わる．成熟年齢 (6 歳) まで生き残るのは，オスでは 8%，メスでは 12%だけである．

スのハザード関数モデルを利用する (図 10.16；Barthold et al. 2016). 以下では，自然死亡と狩猟死亡という 2 つの死亡リスクを考慮した 2 つのトロフィーハンティングのモデルを作り出すために，オスのライオンのハザード関数を使用する．

このトロフィーハンティングのモデルでは，ライオンのハザード関数の総計 (μ_x(total)) は，自然死亡によるハザード関数 ($\mu_x(n)$) とトロフィーハンティングによるハザード関数 ($\mu_x(h)$) の和であると仮定した：

$$\mu_x(\text{total}) = \mu_x(n) + \mu_x(h) \tag{10.20}$$

$\mu_x(n)$ には図 10.16 に示された関数をベースラインとして用い，狩猟によるハザード関数は自然死亡ハザード関数に係数 s を乗じたもの ($\mu_x(h) = s\mu_x(n)$) としている．例えば，$s = 2.0$ の場合，狩猟によるハザード関数はベースラインの自然死亡ハザード関数の 2 倍になる．

ここでは，次の 2 つのモデルを調べた結果を紹介する．

モデル 1：**狩猟によるハザード関数の倍率 s を変化させたモデル**

このモデルでは，すべての 6 歳以上のオスライオンはトロフィーハンティングされる可能性があり，係数 (s) は様々な値をとると仮定している．

モデル 2：**狩猟対象となるライオンの最小年齢を変化させたモデル**

このモデルでは，オスライオンの狩猟が許可される最小年齢を 6 歳から 14 歳まで一歳間隔で変化させている．また，係数 (s) は変えずに，$s = 3$ と固定する．つまり，最小年齢までは自然死亡ハザード関数だけで，その後その 3 倍の狩猟ハザード関数が加わることになる．

表 10.11 の結果を見ると，6 歳以上のオスを狩猟できると仮定したモデル 1 では，自然死亡が個体数を減少させる前のまだ比較的若い時にハンティングされるために，新生コホートごとの狩猟可能なトロフィー付きのライオンの数は最高値を示した．狩猟死亡が自然死亡の 5 倍である狩猟ルールの場合，100 頭の新生個体のうち 6.3 頭のオスライオンが殺される (図 10.17)．この狩猟ルールの場合には，少なくとも 2 つの問題が持ち上げる．まず，この倍率の場合には，1：1 だった性比が 1 成熟オス当たり 4 成熟メスの比になるまで偏る．次に，成熟初期に死亡が 5 倍増加するためにかなりの数のライオンが高齢まで生き残れなくなり，群れを支配するオスはほぼすべてが比較的若い個体である．

モデル 2 の結果では，ルール上殺しても構わないライオンの最小年齢が成熟に達し始める 6 歳の場合，狩猟が許されるオスの数が最大になる (表 10.12，図 10.17)．狩猟可能なライオンの数は最小狩猟年齢が上がるほど減少し，最小年齢が 13 歳以上になると 1.0 頭以下になる．100 頭の新生オスのうち 1 頭しか 14 歳以上まで生き残れ

表 10.11　モデル 1 (狩猟ハザード関数が自然死亡のハザード関数の係数倍である場合) の結果．100 頭の新生個体当たりの狩猟が許されるオスライオンの頭数 (トロフィーの数) とメス対オスの性比を示している．

係数倍率	ライオンのトロフィー数	メス対オスの性比
1.0	0.0	1.3
1.5	2.6	1.7
2.0	3.9	2.0
2.5	4.7	2.3
3.0	5.2	2.6
3.5	5.6	2.9
4.0	5.9	3.2
4.5	6.1	3.5
5.0	6.3	3.8

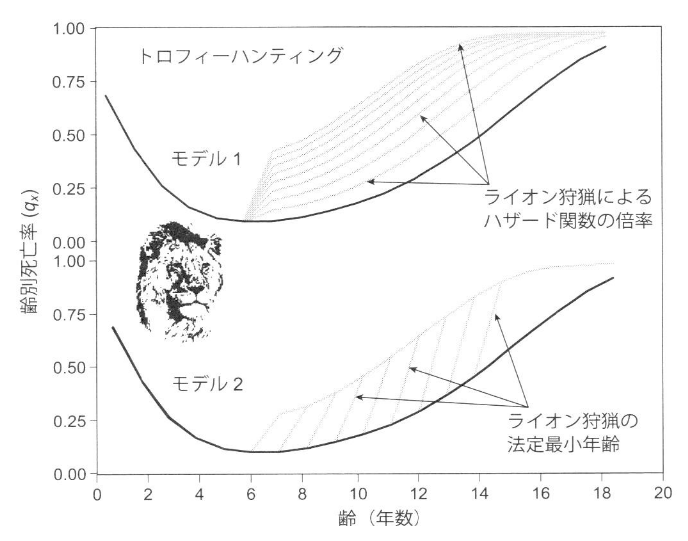

図 10.17 ライオンのトロフィーハンティングモデル

両方のモデルで，自然死亡によるハザード関数として図 10.16 を描く際に用いたベースライン関数が用いられている．モデル 1 では，6 歳以上のライオンを狩猟してもよいと仮定し，その年齢を超えたオスの狩猟によるハザード関数は，ベースライン関数の 1 倍から 5 倍まで，0.5 倍刻みに係数倍した関数とした．モデル 2 では，オスのライオンを狩猟してもよい最小年齢を 6 歳から 14 歳まで 1 歳刻みで変化させる．狩猟によるハザード関数は，最小年齢を超えた時にベースライン関数より 3 倍大きい値に設定した．

表 10.12 モデル 2 (最小狩猟年齢を変化させた場合) の結果．最小狩猟年齢を変化させた時の，100 頭の新生個体当たりの狩猟が許されるオスライオン数 (ライオンのトロフィー数) と，メス対オスの性比を示している．

最小狩猟年齢 (歳)	ライオンのトロフィー数	メス対オスの性比
狩猟なし	—	1.3
6	5.2	2.2
7	4.7	1.9
8	4.1	1.8
9	3.5	1.6
10	2.8	1.5
11	2.2	1.4
12	1.5	1.4
13	1.0	1.4
14	0.5	1.3

注：狩猟によるハザード関数はベースラインとなる自然死亡によるハザード関数の 3 倍になるように係数倍されている．

ないこの狩猟ルールの場合には，これらの高齢オスは極端に少なくなるだろう．メス対オスの性比も最小狩猟年齢が 6 歳の時に最大になり，最小狩猟年齢が上昇すると減少する．

10.4.2　サイの密猟 (poachng)

a.　背　　景

アフリカサイの 2 種，クロサイ，シロサイは，両種とも絶滅寸前種 (critically endangered species) に分類されており，大型哺乳類の中で最も絶滅の恐れのある種の一つである．かつては，アフリカ大陸サハラ砂漠南部の大部分に数十万頭単位で分布していたが，クロサイの個体数は 1970 年までに 65,000 頭に減少し，2016 年までにジンバブエ，南アフリカ，ケニア，ナミビア，タンザニアの狭い孤立地帯に 2,500 頭だけが残るのみとなった．生息地の喪失が個体数減少の主要因の一つであるが，現在ではサイの死亡数の 90%がサイの角(つの)を狙う密猟者によるものであり，そのサイの角は装飾用として短剣の柄(え)やアジアの伝統医療で使われる薬を作るために利用されている．サイはトロフィーハンティングや食肉用としても捕殺されており，その獣皮は防具の材料やお守りに加工されている．

口の形が鉤(かぎ)状に突き出ているクロサイは，草原から森林への移行帯に生息し，樹木の新芽や若葉をむしり取る草食動物である．一方，口の形が四角いシロサイは草原地帯に点在する森林に生息し，草本を餌とする草食動物である (Nowak 1991)．両種のメスは 4〜6 歳で，オスは 7〜10 歳で成獣になる．約 450 日の懐胎期間 (gestation period) ののちに，メスは 1 頭の子供を産み，出産間隔は 2〜5 年である (duToit 2006)．1 年当たりの齢別死亡率は，0〜1 歳で 15%，1〜4 歳で 4%，5〜6 歳で 8%，6 歳を超える個体では 5%と推定されている (Anderson-Lederer 2013)．また，寿命は約 40〜50 年と推定されている．

b.　サイの競合リスクモデル

Anderson-Lederer (2013) に示された 6 歳までの齢別自然死亡率に基づいて，サイ個体群の管理を行うための多要因生命表を作成した (表 10.13)．その際，7 歳以降はサイのハザード関数 (死力) として，$a = 0.02, b = 0.0453$ であるゴンペルツモデルを採用した．また，表 10.13 の 3 列目に示されるように，密猟による年間のハザード関数増加分は 6 歳以降の個体で 0.10 とし (Ferreira et al. 2015)，表 10.13 の 4 列目の狩猟によるハザード関数増加分は年間 0.10 で，5 歳から 10 歳までしか続かないという仮定をおいている (Linklater et al. 2011)．

このように，仮想的ではあるが現実に近い多要因生命表を分析すると明らかになる

表 **10.13** サイの多要因生命表．1,000 頭の新生個体が 3 種類の競合リスクにさらされている．7 歳以降の自然死亡ハザード関数は $a = 0.02$, $b = 0.0453$ に設定したゴンペルツモデルから計算されている．

	要因別ハザード関数			コホート生残数	要因別死亡数			総死亡数	齢別繁殖率	純繁殖率
齢 (x)	自然死亡	密猟死亡	狩猟死亡	l_x	自然死亡	密猟死亡	狩猟死亡		m_x	$l_x m_x/1000$
(1)	(2)	(3)	(4)	(5)	(6)	(7)	(8)	(9)	(10)	(11)
0	0.1500	0.00	0.0000	1,000	139.3	0.0	0.0	139.3	0.0	0.0000
1	0.0400	0.00	0.0000	861	33.7	0.0	0.0	33.7	0.0	0.0000
2	0.0400	0.00	0.0000	827	32.4	0.0	0.0	32.4	0.0	0.0000
3	0.0400	0.00	0.0000	795	31.2	0.0	0.0	31.2	0.0	0.0000
4	0.0400	0.00	0.0000	763	29.9	0.0	0.0	29.9	0.0	0.0000
5	0.0800	0.00	0.1000	733	53.7	0.0	67.1	120.8	0.0	0.0000
6	0.0800	0.10	0.1000	613	42.7	53.4	53.4	149.6	0.3	0.1838
7	0.0275	0.10	0.1000	463	11.4	41.4	41.4	94.2	0.3	0.1389
8	0.0287	0.10	0.1000	369	9.5	33.0	33.0	75.4	0.3	0.1106
9	0.0301	0.10	0.1000	293	7.9	26.2	26.2	60.3	0.3	0.0880
10	0.0315	0.10	0.1000	233	6.5	20.8	20.8	48.2	0.3	0.0699
11	0.0329	0.10	0.0000	185	5.7	17.3	0.0	23.0	0.3	0.0555
12	0.0344	0.10	0.0000	162	5.2	15.2	0.0	20.4	0.3	0.0486
13	0.0360	0.10	0.0000	142	4.8	13.2	0.0	18.0	0.3	0.0425
14	0.0377	0.10	0.0000	124	4.4	11.5	0.0	15.9	0.3	0.0371
15	0.0395	0.10	0.0000	108	4.0	10.0	0.0	14.0	0.3	0.0323
16	0.0413	0.10	0.0000	94	3.6	8.7	0.0	12.3	0.3	0.0281
17	0.0432	0.10	0.0000	81	3.3	7.6	0.0	10.8	0.3	0.0244
18	0.0452	0.10	0.0000	70	3.0	6.6	0.0	9.5	0.3	0.0211
19	0.0473	0.10	0.0000	61	2.7	5.7	0.0	8.3	0.3	0.0183
20	0.0495	0.10	0.0000	53	2.4	4.9	0.0	7.3	0.3	0.0158
21	0.0518	0.10	0.0000	45	2.2	4.2	0.0	6.4	0.3	0.0136
22	0.0542	0.10	0.0000	39	2.0	3.6	0.0	5.6	0.3	0.0117
23	0.0567	0.10	0.0000	33	1.7	3.1	0.0	4.8	0.3	0.0100
24	0.0593	0.10	0.0000	29	1.6	2.6	0.0	4.2	0.3	0.0086

25	0.0621	0.10	0.0000	24	1.4	2.2	0.0	3.6	0.3	0.0073
26	0.0649	0.10	0.0000	21	1.2	1.9	0.0	3.1	0.3	0.0062
27	0.0680	0.10	0.0000	18	1.1	1.6	0.0	2.7	0.3	0.0053
28	0.0711	0.10	0.0000	15	1.0	1.4	0.0	2.3	0.3	0.0044
29	0.0744	0.10	0.0000	12	0.9	1.1	0.0	2.0	0.3	0.0037
30	0.0778	0.10	0.0000	10	0.7	1.0	0.0	1.7	0.3	0.0031
31	0.0815	0.10	0.0000	9	0.7	0.8	0.0	1.5	0.3	0.0026
32	0.0852	0.10	0.0000	7	0.6	0.7	0.0	1.2	0.3	0.0022
33	0.0892	0.10	0.0000	6	0.5	0.6	0.0	1.0	0.3	0.0018
34	0.0933	0.10	0.0000	5	0.4	0.5	0.0	0.9	0.3	0.0015
35	0.0976	0.10	0.0000	4	0.4	0.4	0.0	0.7	0.3	0.0012
36	0.1022	0.10	0.0000	3	0.3	0.3	0.0	0.6	0.3	0.0010
37	0.1069	0.10	0.0000	3	0.3	0.3	0.0	0.5	0.3	0.0008
38	0.1118	0.10	0.0000	2	0.2	0.2	0.0	0.4	0.0	0.0000
39	0.1170	0.10	0.0000	2	0.2	0.2	0.0	0.4	0.0	0.0000
40	0.1225	0.10	0.0000	1	0.2	0.1	0.0	0.3	0.0	0.0000
41	0.1281	0.10	0.0000	1	0.1	0.1	0.0	0.2	0.0	0.0000
42	0.1341	0.10	0.0000	1	0.1	0.1	0.0	0.2	0.0	0.0000
43	0.1403	0.10	0.0000	1	0.1	0.1	0.0	0.2	0.0	0.0000
44	0.1468	0.10	0.0000	1	0.1	0.1	0.0	0.1	0.0	0.0000
45	0.1536	0.10	0.0000	0	0.1	0.0	0.0	0.1	0.0	0.0000
46	0.1607	0.10	0.0000	0	0.1	0.0	0.0	0.1	0.0	0.0000
47	0.1681	0.10	0.0000	0	0.0	0.0	0.0	0.1	0.0	0.0000
48	0.1759	0.10	0.0000	0	0.0	0.0	0.0	0.1	0.0	0.0000
49	0.1841	0.10	0.0000	0	0.0	0.0	0.0	0.0	0.0	0.0000
50	0.1926	0.10	0.0000	0	0.1	0.0	0.0	0.1	0.0	0.0000
				8,322	455.3	302.7	242.0		9.6000	1.0000

注：競合するリスク要因 (死亡要因) は，生涯続く自然死亡，6 歳以上が対象の密猟，5 歳から 10 歳までが対象の狩猟の 3 つである．表に示された密猟率と狩猟率のもとでは，純繁殖率は人口置換レベルにあり ($NRR = 1.0$)．密猟と狩猟を「死亡要因と見なす」なら期待寿命は 8.3 年 (= 8322/1000) である．密猟も狩猟もない場合を計算すると，純繁殖率，期待寿命はそれぞれ 4.16，19.2 年となる [*11]．

ことがある．例えば，この仮想例で設定した密猟率と狩猟率の場合，全死亡の半分弱は自然死亡によるものであり，死亡のほとんどがサイの一生の最初の10年間に起きている．また，すべての死亡の1/3弱は毎年10%の密猟によるもので，1/4強は5歳から10歳までの毎年10%の狩猟によるものであった．広く言えば，このような分析を通じて，複数の管理オプション間のトレードオフや，アフリカで絶滅の危機に瀕している大型狩猟動物の生存に与える密猟(もっと一般的に言えば，狩猟)の影響を調べるために多要因生命表をどう使うかを理解することができる．

10.4.3 保全生物学的観点からみた飼育下繁殖

a. 背　　景

生物多様性の減少(Butchart et al. 2010)や絶滅が危惧される種数の増大(Ricketts et al. 2005)という最近の傾向を考慮すると，飼育下繁殖(captive breeding)は，いくらかはその傾向を緩和できる方策として注目を集めつつある．2010年には，現存する脊椎動物のほぼ20%(鳥類の13%から両生類の41%まで)が絶滅の恐れのある種に分類された(Hoffmann et al. 2010)．動物園での哺乳類の飼育下繁殖は，実務的(Kawata 2012; Whitham and Wielebnowski 2013; Fa et al. 2014)，行動的(Slade et al. 2014)，資金的な限界(Conway 1986; Conde et al. 2013)があるにもかかわらず，よく知られている絶滅危機種にとっては最後の希望であると提言されてきた(Alroy 2015)．図10.18の飼育下繁殖の概念図に示されるように，飼育個体群が十分に拡大し管理期に入ると，個体の野生への導入・再導入や，個体群の拡大に利用することもできる．飼育下繁殖プログラムの一つの利点は，野生への再導入が可能になるまでの間，病気や外来種による競争圧の脅威に備える「保険」としての役割を果たすことである(Conde et al. 2011; Conde et al. 2019)．加えて，動物園で管理される生息域外(ex situ)個体群は，絶滅寸前種にとって遺伝的，人口学的な保存庫として機能(「最後の手段」戦略と呼ばれる)し，生物多様性の保全に貢献することができる(Fa et al. 2011)．ここでは，飼育下繁殖プログラムの長所や短所を調べるために，ライオンの飼育下繁殖プログラムから得られたデータを細かく調べてみる．

b. 飼育下にあるライオンの生物人口学

ライオンは，現在は絶滅の危機に瀕している種ではないが，アフリカ全土で急速に個体数が減りつつある(Bauer et al. 2015)．実際，国際自然保護連合(IUCN)の「絶滅のおそれのある生物種のレッドリスト(Red List of Threatened Species)」では，

---

*11) 表中7列目と8列目の死亡数をゼロにした時の生残数を，あらためて5列目に入力し，表を作り直すと，期待寿命19.2年を求めることができる．

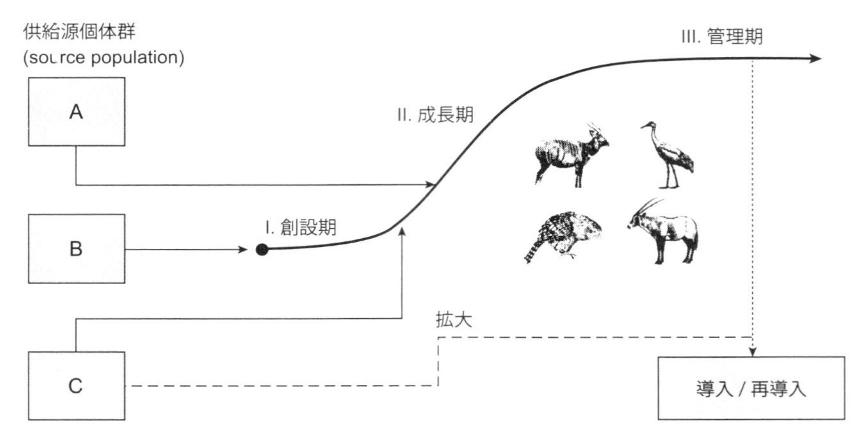

図 10.18　創設期，成長期，管理期などの飼育下繁殖プログラムの発展段階を表す概念図　個体群が十分に拡大し管理期に入ると，個体の野生への導入・再導入や，個体群の拡大に利用することもできる．図中の動物の絵は，左上：ケニアボンゴ (eastern bongo)，右上：アメリカシロヅル (whooping crane)，左下：フクロウオウム，右下：アラビアオリックスである (出典：Fa et al. 2011 より改編)．

1993 年から 2014 年の間に個体数が 43%減少したと報告されている (Bauer et al. 2016)．そのため，この種は「危急種 (vulnerable species)」の位置付けにあり，生存や繁殖をおびやかす状況が改善されなければ，絶滅危機の状態に陥ると予想されている．

ライオンの飼育下繁殖プログラムを実行する際，その再生産能力の推定に必要な出生率と死亡率については，人間の管理下にある野生動物のオンラインデータベースを維持管理する国際 NPO (非営利団体)，Species360 が蓄積したデータベースから手に入れることができる (Species360 2018)．そのデータベースでは，ライオンの出生と死亡に関する情報は，153 頭のメスライオンから得られており，それらの各個体の事象履歴図が図 10.19 に示されている．データを分析すると，153 頭のメスのライオンは全部で 654 頭，メス 1 頭当たり 4.3 頭 (メスとオスを合わせた数) の子供を産み，純繁殖率 (R_0) は 2.15 (メス 1 頭当たりの 1 世代のメスの子供の数) であった．また，期待寿命は 14.3 年である．この数値は，Barthold らが推定した死亡率を使って計算された野生のライオンの平均寿命 (2.1 年) よりもほぼ 7 倍長い (Barthold et al. 2016)．平均繁殖齢 (T) は 7.1 歳で，すべての子供のおよそ 85%は，母親が 2 歳から 10 歳までの間に生まれている (図 10.19 内の挿入図)．この T を世代時間の近似値として用いると，内的増加率 (r) は，$r = \frac{\ln R_0}{T} = \frac{\ln 2.15}{7.1} = 0.1067$ であり，期間増加率 (λ) は，$\lambda = e^r = 1.11$ である．その結果，倍加時間は，$\mathrm{DT} = \frac{\ln 2}{r} = \frac{0.6931}{0.1067} = 6.5$ 年となる．この倍加時間から，飼育下にある 10 頭の動物園の個体群は 7 年弱で 20 頭にな

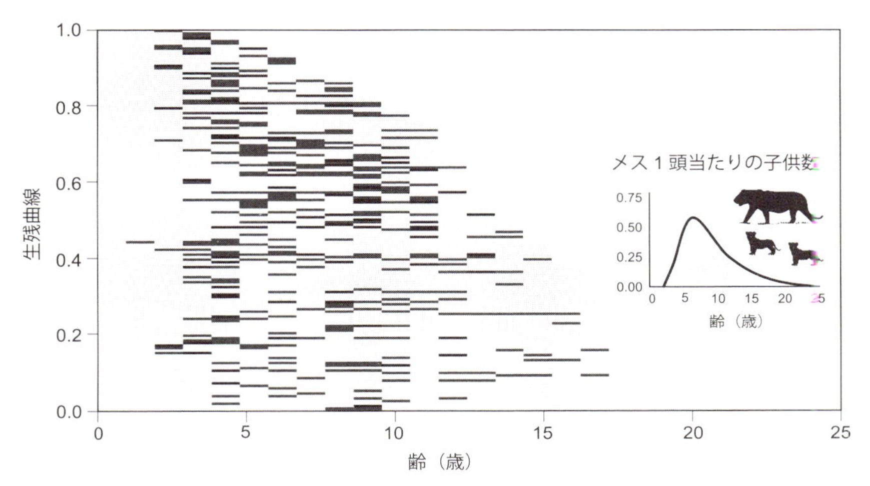

図 10.19 飼育下にあるライオンの繁殖頭数を示す事象履歴図

調査個体数は 153 頭である．それぞれの横方向の線は 1 頭のライオンを表し，その長さは各メスの寿命に対応する．横方向のそれぞれの生涯直線の中の細い長方形は出産を表し，薄い灰色の長方形は 1〜2 頭の子供の出産を，濃い長方形は 3〜5 頭の子供の出産を意味する．挿入図には，平滑化処理をした齢別繁殖スケジュールを示してある．挿入図の灰色の領域は繁殖の盛んな時期を示し，ライオンの子供の 85%は，母親が 2 歳から 10 歳までの灰色の領域で生まれている (出典：Species360 2018).

り，25 年で 150 頭を超えることがわかる．

10.5 さらに学びたい方へ

第 9 章と同様に，この章の内容の土台となっている基本的な概念や方法は，前半の章 (例えば，第 1 章，第 2 章，第 5 章 5.2 節) や，付録 I〜III の中に記されている．この章で触れた様々な方法について詳しい内容を知るには，個体群過程，分析ツール，個体群管理への応用に関する野生生物人口学の最近の総説 (Lebreton and Gaillard 2016)，野生生物の人口学に関する著書 (Skalski et al. 2005) や野生生物を扱うテクニックに関する手引き (Silvy 2012) がある．一般的な人口学の概念も説明されているクマの生物人口学の論文としては，ハイイログマにおける空間明示型捕獲再捕獲法に関する論文 (Morehouse and Boyce 2016)，狩猟規制によってスウェーデンのヒグマの生活史を元に戻す手法について研究した論文 (Bischof et al. 2018) の 2 つがある．

あまり知られていないが，フィンランドの人口学者 Väinö Kannisto による生存と高齢に関するモノグラフには，老化の比較人口学に関する独創的な見解が記されている

(Kannisto 1994, 1996). 今までに健康人口学の様々な方法や概念が個体群生物学に持ち込まれてきた歴史があるが，健康人口学の論文としては，傑出した人口学者 Mark Hayward らの研究 (Hayward et al. 1998; Hayward and Gorman 2004; Hayward and Warner 2005) や，Eileen Crimmins らの研究 (Crimmins et al. 1994, 1996; Crimmins and Beltran-Sanchez 2011; Crimmins 2015) および Vicky Freedman, Emily Agree らの研究 (Agree and Freedman 2011; Freedman et al. 2011, 2013) がある．

健康関連の人口学に関する重要な文献としては，Graziella Caselli と彼女のヨーロッパの共同研究者たちによる人口学に関する学術論文集の第 2 巻に掲載された論文がある (Caselli et al. 2006a). その本には，例えば，健康，病気，死 (Gourbin and Wunsch 2006) や健康状態の評価 (Sermet and Camboi 2006)，死亡の医学的原因 (Mesle 2006)，死亡に関与する要因と関与しない要因 (Wunsch 2006)，罹患と死亡の関係 (Egidi and Frova 2006) に関する論文が収められている．収獲の理論と実践に関する重要な文献として，Wayne Getz による魚類，森林や動物資源の人口学モデル (Getz 1984; Getz and Haight 1989) や，Niclas Jonzén らによる空間的に広く分布する個体群の収獲 (Jonzén et al. 2001) に関する本や論文が挙げられる．"*Handbook of Population*" という本には，この第 10 章の内容に深く関係している章が多数ある (Poston and Micklin 2005). 例えば，生態学における人口学 (Poston and Frisbie 2005)，健康人口学 (Kawachi and Subramanian 2005)，公衆衛生人口学 (Hayward and Warner 2005) に関する論文が含まれている．Anderson らの論文には，彼らが「過程重視型 (process point of view) モデル」と名付けたモデルを通して，死亡パターンと死因について新しい見方が提案されている (Anderson, Li, and Sharrow 2017). 最後に，最近報告された論文で，野生個体群の分析に関する重要なものが 2 つある．一つは，野生生物における要因別老化の調査手法に関する論文 (Koons et al. 2014) であり，もう一つは個体群解析での死亡ハザード比の利用に関する論文 (Ergon et al. 2018) である．

11
生物人口学小話

科学は，主に技術の発展と未来への展望という 2 つの動因によって推進されてきた．適切な技術発展がなければ前途は閉ざされ，未来への展望がなければ進路を見失ってしまう．

Carl Woese (2004, p.173)

この章の内容の大部分は分野横断的な話題で構成されているため，私たちは「生物人口学小話」と名付けた．この章には，これまでの章構成では扱えない新しい研究素材が盛り込まれているので，その内容は，知見を提供し，啓発し，ある場合には知的刺激を与えてくれる可能性を秘めている．また，読者がほぼ間違いなく知っている簡単な概念や手法もいくつか含まれているが，人口学の有用性を再認識してもらうために紹介し，さらに，人口学の境界を広げるような話題も紹介してある．

また，この章の小話は，今まで研究されてこなかった社会問題に人口学の手法の応用範囲を広げるような話題も提供する．例えば，プロの運動選手の選手寿命をどのように生命表分析によって推定したらよいだろうかという話題がある．あるいは，野生の霊長類の個体数が減少しつつあるなら，現在の個体数の半分になるのには，何年くらいかかるのだろうか，どのように魚は老化するのだろうか？ どのように人口学の原理が法医学分析に応用できるのだろうかといった，人口学の中心テーマではあるがめったに人口学の教科書で取り上げられない話題などがある．これらの話題から様々な問題が人口学と深くつながっていることがわかるだろう．

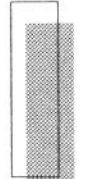

11.1　第一集：生存，寿命，死亡，その他

11.1.1　生 存 と 寿 命

◈ 小話 1　生残率を比較する新しい見方―寿命増分

生残曲線の違いを評価する際，2 通りの比較の仕方が考えられる (図 11.1)．一つは，素直に同齢の個体の生残率を比較する方法で，生残曲線の垂直方向の差を評価す

る．その差は，各齢区間の生存延べ年数の差でもある (図 11.1(a)；式 (2.19) 参照)．もう一つの新しい方法は，ある特定の割合だけ生き残っていた齢 (10.1 節で紹介したコホート生残齢) を 2 つのコホートで比較する方法である (図 11.1(b)；Feeney 2006)．Feeney はこの水平方向の差を各生残率での「寿命増分 (life increment)」と名付けた．例えば，もしコホート A の 80%が 60 歳まで生き残り，コホート B の 80%が 70 歳まで生き残っているなら，生残率 80%における「寿命増分」は 10 年である．2015 年

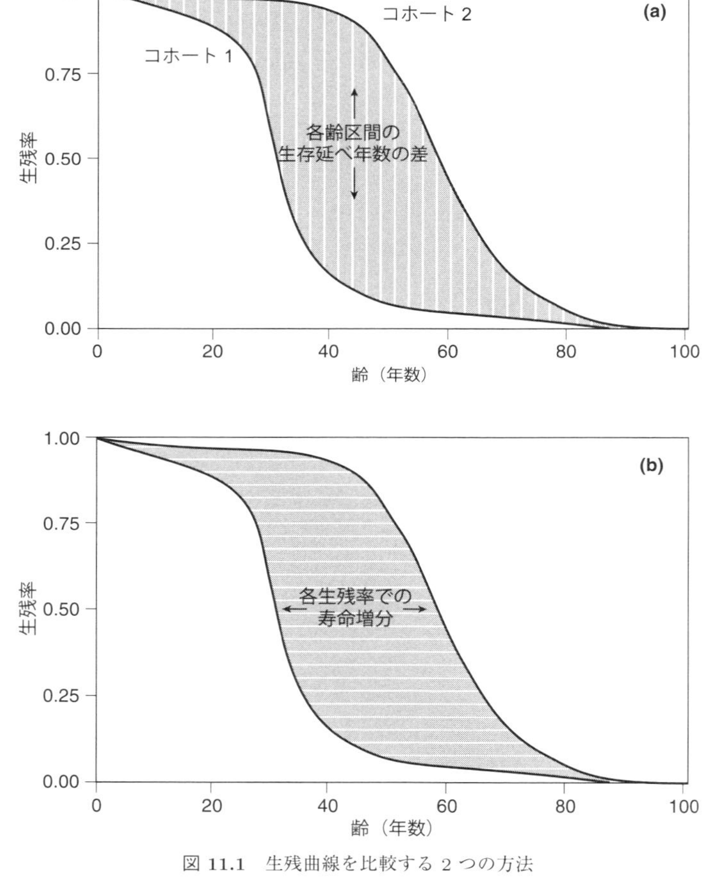

図 11.1　生残曲線を比較する 2 つの方法

(a) 縦の両矢印は，各齢区間における生存延べ年数の差で，その総計である灰色の領域の面積は両コホートの平均寿命の差である．(b) 横の両矢印は，コホート 2 のコホート 1 に対する各生残率での「寿命増分」で，その総計である灰色の領域の面積は，寿命増分の合計，すなわち，両コホートの平均寿命の差である．

の米国の男女の生命表データを用いた例で，コホート生残率が 0.928 の時の寿命増分を考えると，男性のコホートでは 36 歳でこの生残率になるが，女性では 50 歳までこのレベルにはならないので，14 年の違いがある (図 11.2(a))．この男女の間の水平距離 14 年が，女性の男性に対する生残率 0.928 の時の寿命増分である．そのため，男女 1,000 人ずつを眺めてみると，男性では最初の 72 人は 36 歳までに亡くなると予想

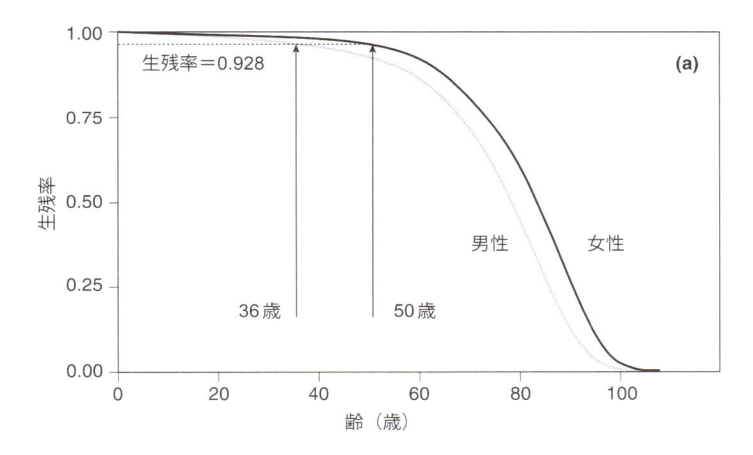

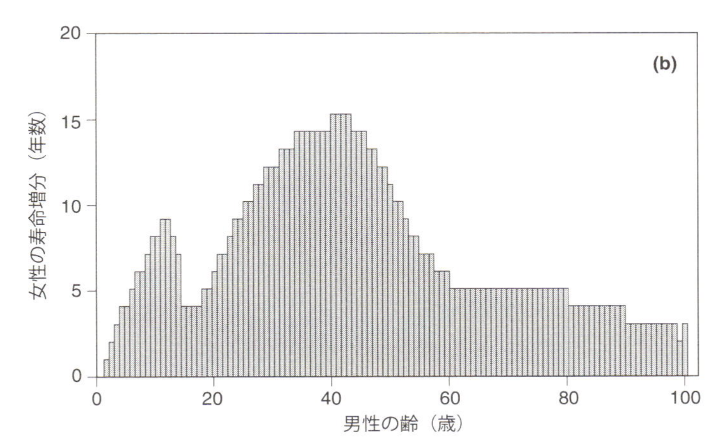

図 11.2 (a) 2015 年の米国の生命表から求めた男女別生存曲線
生残率が 0.928 に等しい年齢間の水平距離は男性に対して女性の寿命が 14 年増していることを示している．(b) 2015 年の米国の男女の生命表から求めた寿命増分．グラフ内の棒は，女性コホートが男性コホートと同一の生残レベルに達するのに要する年数を示している．

されるが，女性の場合は 50 歳まで 72 人が死ぬことはないと予想される．

◈ 小話 2　齢を 1 年延ばす錠剤を投与するなら 0 歳が最も効果的

もし 1 年だけ死亡率をゼロにすることのできる魔法の錠剤を作れるとしたら，平均寿命を最大にするにはどの年齢でその薬を与えるべきだろうか？ この問いに対する答えは，(a) その齢までの生残率，(b) その齢での死亡率，(c) その齢以降の死亡率の大きさと変化パターン，(d) その薬がなければ死ぬ可能性があったのに生き延びた個体に残されている生存年数，などの保険数理学的パラメータの間の差し引きで決まる．2015 年のアメリカ人女性のデータでは，その答えは，死亡率をゼロにする薬は 0 歳あるいは 77 歳の時にほぼ同じ影響を与えるだろうというものであった (図 11.3)．死亡率が平均寿命に与える影響を調べた経験則によれば，死亡率を減らして命を永らえるのに最適な時期は集団の平均寿命のあたりである (Vaupel 1986)．

◈ 小話 3　システムの冗長度が信頼性を高める

信頼性工学の理論は，生命体の加齢にともなう「故障 (failure)」に応用することが可能である．複数の要素で構成されているシステムの各要素で独立に故障が発生する場合の直列システム (serial system) 全体の信頼度 (S_{s}) は，それぞれの要素の信頼度 (故障しない確率) の積である (Gavrilov and Gavrilova 2006)：

$$S_{\mathrm{s}} = p_1 p_2 p_3 p_4 \cdots p_n$$

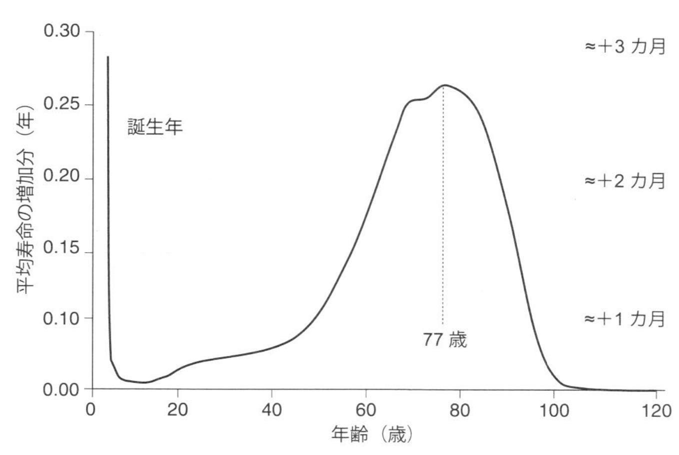

図 11.3　出生児 (0 歳) あるいは 77 歳の時に死亡率をゼロに減らすと，それぞれ 0.30 年 (110 日)，0.27 年 (100 日)，平均寿命を伸ばす (2015 年のアメリカ人女性のデータから)．

式中で，$p_1, \ldots, p_n$ はシステムの各要素の信頼度である (図 11.4(a))．一方，同じ信頼度 (p) の n 列のユニットからなる並列システム (parallel system) の信頼度は，

$$S_{\mathrm{p}} = 1 - (1-p)^n$$

と表される．ここで，n は並列システムにおける冗長ユニットの数で，冗長度 (redundancy) と呼ばれる (図 11.4(b)〜(d))．図 11.4 からシステムの冗長度がその信頼性を大きく高めている様子がわかる．

システム工学で使われるこのモデルを応用した Gavrilov たちの研究によれば，一つ一つは老化しない (信頼度が時間変化しない) 要素から構成される冗長度の大きい並列システムには以下の 3 つの重要な性質がある：(1) その並列システムでは，システムの冗長度の直接的な結果として，システム全体としては時とともに老化するようにシステムの信頼度が減少する．(2) 時間が十分に経つと，システム全体としての故障率 (信頼度の補数) は一定の値に収束し，老化の進行が止まるように見える．(3) 冗長度が異なるシステム同士を比べると，初期段階ではシステムの故障率に大きく差が出る．しかし，この差は時とともにシステムの故障率が上限に近づくにつれて縮まっていく．これら 3 つの性質は，システムが故障しないためには構成要素の 1 つだけが故障しなければよいという並列システムの特性によって生まれている．

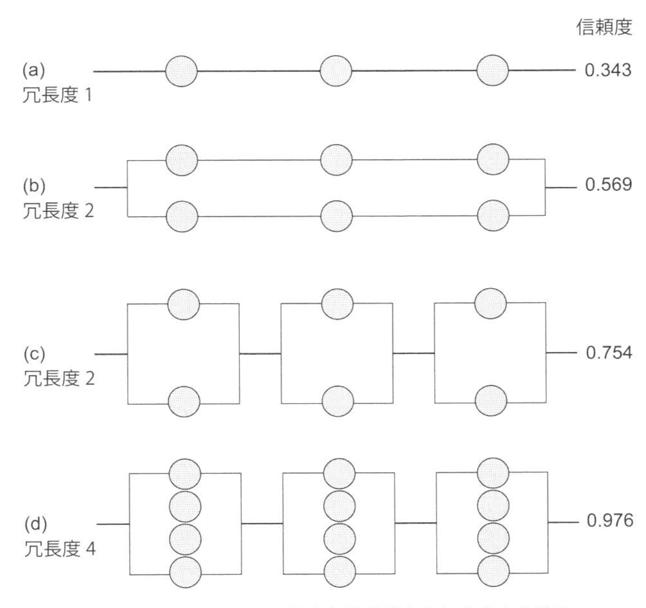

図 11.4　システムの冗長度が信頼度を大きく高める様子

図 11.4 の中で，それぞれの丸印はシステムが機能するために必要な構成要素を表し，それぞれの故障確率は 0.3 である．図に示される 4 つのシステムの論理回路図は，それぞれ次のとおりである．(a) 直列システム：その信頼度は 0.343 ($= 0.7^3$) である．(b) それぞれが 3 つの要素の直列ユニットからなる冗長度が 2 の並列システム：その信頼度は，少なくとも 2 つのユニットのうち 1 つが故障しない確率であるから，0.569 ($= 1 - (1 - 0.343)^2$) である．(c) 冗長度が 2 の並列ユニット 3 つからなる直列システム：その信頼度は 0.754 ($= (1 - (1 - 0.7)^2)^3$) である．(d) 冗長度が 4 の並列ユニット 3 つからなる直列システム：その信頼度は 0.976 ($= (1 - (1 - 0.7)^4)^3$) である．

◈ 小話 4　テンポ効果に関係する 5 つの寿命指標の比較

結婚，出産の平均年齢や死亡率は時代とともに変化するのが普通である．時の経過 (temporal) にともなってそれらの平均年齢や率が変化すると，ある年の観察によって求められる期間指標 (period measure) とコホートを追いかける観察によって求められるコホート指標の間に食い違いが生じる．例えば，第 2 章表 2.6 で学んだように，死亡率が変化しない時期の期間生残率とコホート生残率は一致するが，死亡率が改善される時期では期間生残率とコホート生残率の間に違いが現れている．このように，時の経過にともなって結婚，出産の年齢や死亡率が変化する場合に期間指標とコホート指標が食い違うことを，「テンポ効果 (tempo effect)」と呼ぶ．死亡率に対するテンポ効果は，期待寿命の推定値にも影響を与える．例えば，時代とともに医療が発達することにともなって死亡率が改善される場合，各齢の個体は過去に今より高めの死亡率を経験しているので，現時点の期間生命表から得られた齢別死亡率はコホート観察による過去の齢別死亡率よりも低めになる．そのため，期間生命表から得られた齢別死亡率を使って求めた期間期待寿命も，実際よりも長めの見積もりとなる [*1)]．

この小話では，Bongaarts (2008) の論文の内容に沿って，時とともに死亡率が改善される際の「テンポ効果」に関係する 5 つの期待寿命の指標を比較検討した結果を紹

---

*1) この段落は，原著の内容を補完するために，翻訳者によって加筆挿入された部分である．また，この段落以降の 5 つの指標の説明についても，加筆修正を行った．ここでは，死亡率や期待寿命に働くテンポ効果について説明しているが，晩婚化が進み出産するタイミングが遅れる場合にもテンポ効果が現れる．例えば，出産するタイミングが遅れる場合には，ある年齢層を見ると出生率は減少する．しかし，もし生涯に産む子の数を変えていないのであれば，それぞれのコホートの生涯の合計出生率は変化しないため，ある年の合計出生率 (TFR) には，コホートを継続的に観察した場合には見られない減少が起こることになる．合計出生率 (TFR) に対するテンポ効果については，河野稠果『人口学への招待』(2007，中公新書)，人口学研究会編『現代人口辞典』(2010，原書房)，日本人口学会編『人口学事典』(2018，丸善出版) で詳しい解説がなされているので参考にしてほしい．

介する．5つの期待寿命の指標を以下で順次説明する．

［指標 1］期間生命表から求められる通常の期待寿命 (期間期待寿命)

$$e_0(t) = \int_0^\infty \exp\left\{-\int_0^x \mu(a,t)\,da\right\} dx \tag{11.1}$$

式の中で $\mu(a,t)$ は，時刻 t での期間生命表から求められる齢 a のハザード関数 (死力) である．このハザード関数は，時刻 t での齢 a の個体がそれまでに過去に経験した死力ではないことに注意してほしい．

［指標 2］横断的期待寿命 (CAL(t): cross-sectional average length of life)

第2章2.4節，図2.7で詳しく説明した横断的期待寿命の公式 (2.22) を，Bongaarts (2008) の説明に合わせて積分形で表現すると，

$$\mathrm{CAL}(t) = \int_0^\infty l^c(a,t-a)\,da \tag{11.2}$$

である．式の中で，$l^c(a,t-a)$ は時刻 $t-a$ で誕生した出生コホートの齢 a までのコホート生残率である．CAL(t) は，各出生コホートの時刻 t における生残者の割合を合計したものであり，時刻 t における各齢コホートの生残割合は，それまでに過去の死力にさらされて生きてきた結果の値である．それらの合計は，過去に年当たり1個体ずつ子が誕生してきた毎年の出生コホートの集まりからなる集団の時刻 t における集団サイズに等しい．

［指標 3］テンポ効果調整後の寿命 (tempo-adjusted life expectancy)：テンポ効果の補正 1

$$e_0^*(t) = \int_0^\infty \exp\left\{-\int_0^x \frac{\mu(a,t)}{1-r(t)}\,da\right\} dx \tag{11.3}$$

この式は，指標1で表される通例の期間期待寿命の変化形である．死亡率が改善される場合，各齢の個体は過去に今より悪い死亡率を経験しているので，現時点の時刻 t における各齢 a のハザード関数 $\mu(a,t)$ を使って期待寿命を計算すると，実際よりも長めの見積もりとなる．$1-r(t)$ で割り算することによって，時刻 t における各齢の個体が過去に経験してきた高い死力を現在の死力に上乗せし，ハザード関数 (死力) に生じるテンポ効果を取り除こうとしている．Bongaarts and Feeney (2003) [*2] に，ある簡単な仮定のもとでは，$r(t)$ は $\frac{d\mathrm{CAL}(t)}{dt}$ に等しいことを示している．

[*2] Bongaarts, J. and G. Feeney. 2003. Estimating mean lifetime. *Proceedings of the National Academy of Sciences* **100**: 13127–13133.

［指標 4］ 時間差 (ラグ) のあるコホート期待寿命 (lagged cohort life expectancy)：テンポ効果の補正 2

$$\mathrm{LCLE}(t) = e_0^c(t_0) = e_0^c\left(t - e_0^c(t_0)\right) \tag{11.4}$$

式中，$e_0^c(t_0)$ は，時刻 t_0 で生まれたコホートの期待寿命を意味し，その定義式は

$$e_0^c(t_0) = \int_0^\infty l^c(a, t_0 + a)\, da$$

である．LCLE(t) は，現在の時刻 t から期待寿命分を遡った時刻 t_0，すなわち $t_0 = t - e_0^c(t_0)$ で生まれたコホートの期待寿命として定義されている．期待寿命分の時間差がある時刻に生まれた出生コホートの期待寿命であることからこの名前が付けられている．この量は時刻 t で平均死亡齢に達するコホートの期待寿命に等しい [*3]．この指標は主に人間集団の期待寿命の計算に応用されている．

［指標 5］ コホート平均寿命の重み付け平均 (average weighted cohort life expectancy)：テンポ効果の補正 3

$$\mathrm{ACLE}(t) = \int_0^\infty \omega(a, t) e_0^c(t - a)\, da \tag{11.5}$$

この指標は，テンポ効果を補正するために Schoen と Canudas-Romo によって提案されたものである．式中で $\omega(a, t)$ は時刻 $t - a$ で生まれたコホートの期待寿命に対する重み付け係数であり，$\omega(a, t) = \frac{l^c(a, t-a)}{\mathrm{CAL}(t)}$ によって計算される (Schoen and Canudas-Romo 2005) [*4]．

ある簡単なハザード関数を仮定して具体的にこれらの指標の数値を比較した Bongaarts (2008) の結果について 3 点述べておきたい．まず，指標 2 から指標 4 の 3 つの期間寿命の指標 (CAL(t), $e_0^*(t)$, LCLE(t)) はほぼ同じ値であった．また，指標 1 の通常の期待寿命 e_0(式 (11.1)) はこの 3 つの寿命より大きい値を示した．最後に，コホート平均寿命の重み付け平均 ACLE(t) は，他の 4 つの指標よりかなり大きい値であった．というのも，時刻 t で生存しているコホートの期待寿命にかけられる重み付け係数は，時刻 t の近くで生まれた最も若いコホートで最大になるからである．この指標は若いコホートが将来経験するであろう死亡率によって大きく左右される．

[*3] 式 (11.4) の第 3 項の中には，第 2 項がそのまま含まれていて，式 (11.4) は再帰的な定義式となっている．

[*4] Schoen, R. and V. Canudas-Romo. 2005. Changing mortality and average cohort life expectancy. *Demographic Research* **13**: 117–142.

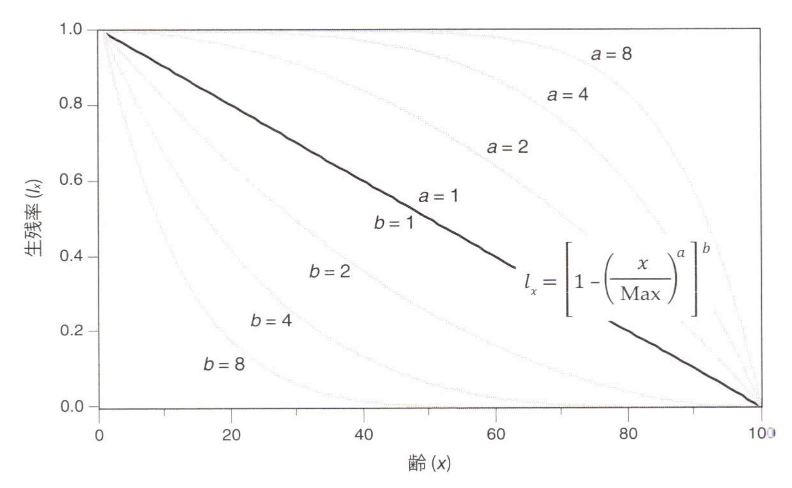

図 11.5　パラメータ a, b が異なる値の時に式 (11.6) によって作り出される生残曲線の例

◆ 小話 5　多様な生残曲線を表すための簡易式

生残曲線の関数として，比較的簡単な以下の式を用いると，

$$l_x = \left[1 - \left(\frac{x}{\text{Max}}\right)^a\right]^b \tag{11.6}$$

パラメータ a と b に適当な値を当てはめることによって，広範かつ多様な生存パターンに対して生残率をモデル化することができる (図 11.5)．Max は最も長く生き残った個体の齢を表す．$a > 1, b = 1$ の時には，上に凸の生残率パターンになり，$a = 1, b > 1$ の時には下に凸のパターンになる．

◆ 小話 6　複数人の人生が重なる年数の計算

同じ年に生まれ，同じ生残曲線に従う 2 人の人生が重なる平均年数は，各人が出生後に齢 x まで生きる確率の二乗の和と等しい [*5]．もし，l_x を新生個体が齢 x まで生き残る確率とすると，同じコホートに属する 2 人が齢 x まで生き残る確率は簡単で $(l_x)^2$ である．2 人の人生が重なる確率の和を $\bar{l}$ という記号で表すと，

$$\bar{l} = \sum_{x=0}^{\omega} (l_x)^2 \tag{11.7}$$

[*5] もしこの 2 人のグループを 1 個の生命体と考えると，その生命体はどちらが欠けても死んだことになる．したがって，その生命体の生残曲線は $(l_x)^2$ であり，その生命体の生存延べ年数 (期待寿命) は，$(l_x)^2$ の和である．

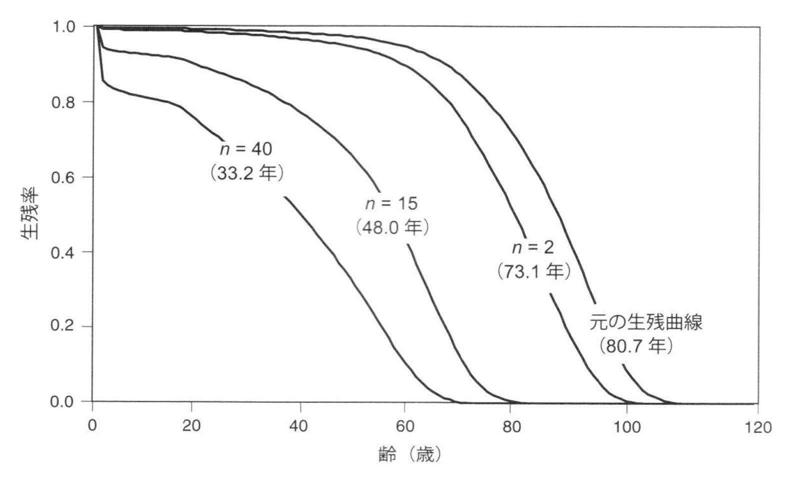

図 11.6 元の 1 個体のコホート生残率と比較した 2, 15, 40 人の人生の平均重複年数
これらの重複年数は，それぞれの生残曲線より下の面積を計算して求められる．

である．この公式が成立するなら，この考え方を一般化して，n 人の人生がすべて重なる平均年数を決めることができる：

$$\bar{l} = \sum_{x=0}^{\omega} (l_x)^n \tag{11.8}$$

2015 年のアメリカ人女性の生命表を用いて計算すると，その生命表の生残率に従う 2 人は平均で 73 年ちょっとの人生をともに生きることになり，15 人あるいは 40 人の新生個体の人生はそれぞれ，48 年，33 年かぶることになる (図 11.6).

◈ 小話 7　10 歳の少女の死亡率は驚くほどに低い

先進国では 10 歳と 11 歳の女性の死亡率は極端に低い (同年齢の男性はそれよりも少し低い)．そこで，もし 10 歳の女性の死亡率が一生続くとすれば，10 万人の新生個体のうち何人が 100 年間生き残るだろうか，という問いを発してみよう．2015 年のアメリカ人女性の 10 歳時の死亡率を用いると，そのコホートの 100 年後の生残数は，$100000 \times (1 - 0.00009)^{100} = 99,104$ 個体である．つまり，元のコホートの 99%強は百寿者になるだろう．さらに，生き残る年数を増やして計算すると，約 $90,000$ 人，$40,000$ 人，10 人が，それぞれ千年，一万年，驚くべきことに十万年生き残る．

11.1.2 死　亡　率

◈ 小話 8　死亡率が最も高くなる齢を使ったゴンペルツモデルの変化形

ゴンペルツモデルは死亡率を記述するために最もよく使われる方程式であるが，この方程式のパラメータ b と，高齢時の死亡率が最も高くなるピーク齢 (M) を使って，ゴンペルツ関数を表現するパラメータ変更の方法が Missov et al. (2015) によって提案されている．

ゴンペルツ方程式は

$$\mu(x) = ae^{bx} \tag{11.9}$$

であり，M を使った変化形の式は

$$\mu(x) = be^{b(x-M)} \tag{11.10}$$

である．式 (11.9), (11.10) が等しくなる M を求めると，M と a, b の間の関係式は

$$M = \frac{1}{b} \ln \frac{b}{a} \tag{11.11}$$

である．その結果，死亡齢分布 (death distribution; $d(x)$) は

$$d(x) = a \left[\exp \left\{ bx - \frac{a}{b} \left(e^{bx} - 1 \right) \right\} \right] \tag{11.12}$$

である [*6)]．様々なデータからゴンペルツ方程式のパラメータ a と b を求めてみると，a と b の間に負の相関が見出されるが，このようにパラメータを変換して，$\mu(x)$ からパラメータ a を除いてみると，M と b の間には正の相関がある．式 (11.10) のように，0 齢の時の死亡率 (a) の代わりに高齢の時のピーク齢 M を用いることには，2 つ利点がある．まず，実際のデータを使ってモデルパラメータを推定すると，その推定値の間の相関が低いため，統計検定が楽になる．また，M の推定値は a の推定値よりも理解しやすく，解釈が容易である．

◈ 小話 9　超過死亡率

超過死亡率 (excess mortality rate) は，特定の病気がもたらす過剰リスクによって生じる集団全体の死亡率の超過分として定義される (Lenner 1990)．集団全体の個体数を N，特定の病気の影響を受けた集団内の部分集団の個体数を n，病気の影響を受けている n 人の部分集団の中の死亡個体の数を a，病気の影響を受けなかった部分集団の個体数 $(N-n)$ の中の死亡個体数を b とする．個体数 n の部分集団内の超過死亡リスクは，病気の影響を受けなかった部分集団との差をとって，以下のようになる：

---

*6) 第 2 章の式 (2.6) を変形すると，

$$d_x = l_x - l_{x+1} = -\frac{l_{x+1} - l_x}{(x+1) - x} \approx -\frac{dl(x)}{dx}$$

となる．第 3 章の表 3.1 によれば，ゴンペルツ方程式の生残率 $(l(x))$ は，$l(x) = \exp[\frac{a}{b}(1-e^{bx})]$ であるから，その $l(x)$ を使って，式 (11.12) が得られる．

$$\frac{a}{n} - \frac{b}{N-n} \tag{11.13}$$

この超過死亡リスクによる n 個体の集団の死亡数の超過分は

$$n\left\{\frac{a}{n} - \frac{b}{N-n}\right\} \tag{11.14}$$

であり，超過死亡リスクによってもたらされる個体数 N の集団の死亡率 (超過死亡率) は

$$\frac{n}{N}\left\{\frac{a}{n} - \frac{b}{N-n}\right\} \tag{11.15}$$

である．

◈ 小話 10　死亡率をゼロにすると？

小話 2 では，ある年齢の時だけ死亡率をゼロ (mortality elimination) にする魔法の薬が期待寿命に与える影響を考えた．ここでは，0 歳から中高年まで長い期間にわたり死亡率をゼロにする効果を考える．図 11.7 は，70 歳までずっと死亡率をゼロにした時の全体の死亡齢分布に与える効果を示している．この死亡率ゼロの効果は期待寿命にほんの少ししか影響がないか，中くらいの影響しか与えない．というのも，死亡率をゼロにした齢階級のほとんどは元々死亡率が低いからである．また，多くの人がより高齢まで生き延びて高い死亡リスクにさらされるため，齢別死亡分布は右 (より高齢の領域) へではなく，上へ係数倍増加する．2015 年のアメリカ人女性の期間死亡

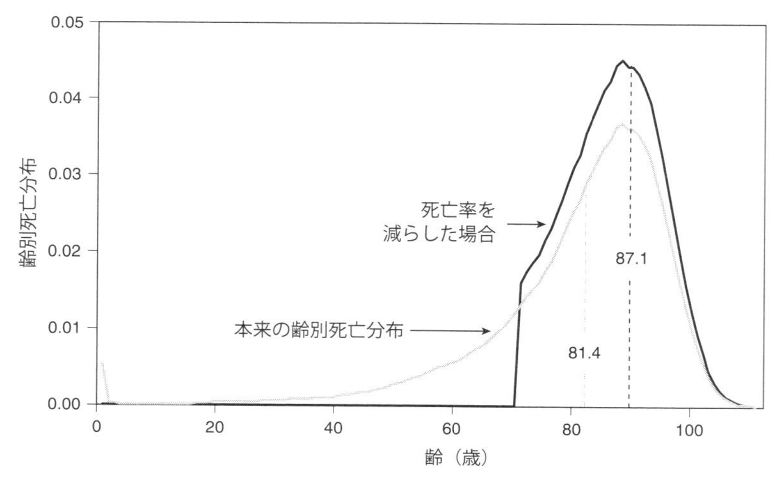

図 11.7　70 歳までの死亡率をゼロにした時の齢別死亡分布
本来の齢別死亡分布 (灰色) は 2015 年のアメリカ人女性のデータに基づいている．

率を用いると，出生時の期待寿命は，$e_0 = 81.4$ 年であり，50, 60, 70, 80, 90, 100 歳まで死亡率をゼロにすると，期待寿命はそれぞれ，83.6, 85.1, 87.1, 90.4, 95.7, 103.3 歳まで増加する．

◈ 小話 11　死亡率の休止期間は期間死亡率ではなくコホート死亡率に現れる

死亡率の休止期間 (quiescent phase；Q 期) は，1920 年代のスウェーデン人女性の死亡率データで観察された珍しい特徴である (図 11.8)．そのデータによれば，子育てや資産形成，人間関係構築に努力する青年期から壮年期の死亡率は比較的低い値のままであまり変化しない (Engelman et al. 2017)．この特徴は Finch (2012) によって初めて発見されたが，縦断的データを使ったコホート死亡率にのみ観察され，面白いことに横断的データを使った期間死亡率には観察されない (図 11.8)．

◈ 小話 12　姉妹が同じ年に死亡する確率は極端に低い

25 歳と 30 歳の 2 人の姉妹が，60 年後のちょうど同じ年に死亡する可能性はどのくらいだろうか？ この問題に対して大雑把に答えるなら，その確率はとても低い，である．というのも，その確率は，両方とも低い値である二組の確率の積になるからで

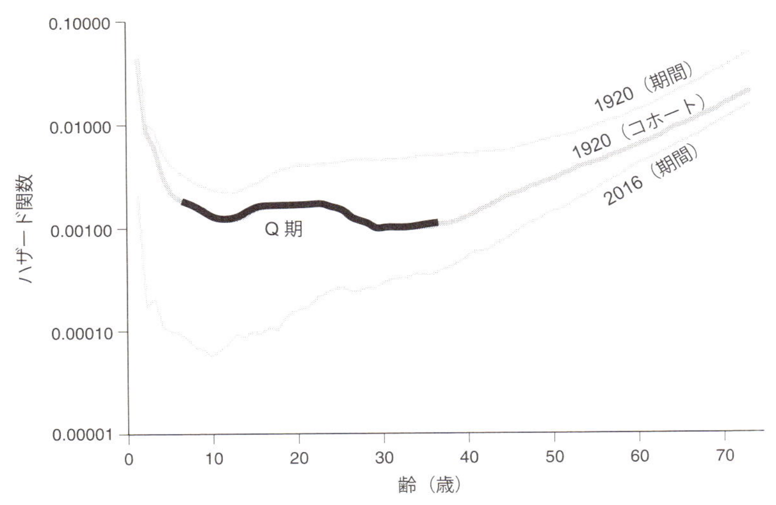

図 11.8　スウェーデン女性の 1920 年コホートのハザード関数に見られる死亡率の休止期間 (太線部)

8 歳の頃から 40 歳まで全体的に曲線が下がる傾向がある．比較のために 1920 年と 2016 年のコホートの期間死亡率から得られたハザード関数も示してある (Human Mortality Database 2018)．Engelman et al. (2017) の図を改変した．

ある．一組目の確率は，2 人のそれぞれが 60 年後まで生き残る確率の結合確率 (joint probability)，すなわち，25 歳から 85 歳まで生き残る確率 ($_{60}p_{25} = 0.448$) と 30 歳から 90 歳まで生き残る確率 ($_{60}p_{30} = 0.265$) であり，その積は 0.119(12%) で，2 人とも将来 60 年間生き残る可能性を意味している．二組目の確率は，彼女らが同時に 60 年後に亡くなる確率である．85 歳から 86 歳までの間に死亡する確率 (q_{85}) と 90 歳から 91 歳までの間に死亡する確率 (q_{90}) は，それぞれ 0.079 と 0.140 であり，これら 2 つの確率の積は 0.011 である．そのため，2 人とも 60 年以上生き延びたとして，ちょうど 60 年目から 61 年目までの間に亡くなる確率は 1%をわずかに超えるくらいである．結局，彼女らがこれから 60 年間生きて次の年に亡くなる結合確率は $0.011 \times 0.119 = 0.0013$ であり，1/767 の可能性しかない．

◈ 小話 13　110 歳以上の長寿者 (超百寿者) の死亡までの軌跡の評価

ヒトの保険数理研究の中で最も困難な課題の一つに，個体数が少なく死亡率が高い超高齢の人の死亡率の推定がある (Mesle et al. 2010)．図 11.9 を見ると，この課題が困難である理由が見えてくる．図 11.9 には，高い齢別死亡率 (q_x) の仮定のもとで，110 歳以上の個体が死亡するまでの軌跡をシミュレーションし，各年齢での平均の死亡率を求めた結果が示されている．少ない初期個体数から始めてシミュレーションを行った場合には，仮定された齢別死亡率曲線 (灰色の線) に比して平均の死亡率が大きくばらつくため，本来の齢別死亡率 (q_x) に近い値が得られず，死亡率推定は役に立たない．その理由は，個体が死亡すること自体が個体数をさらに減少させ，死亡率を大きくばらつかせ，その後の死亡率の値をますます信頼性の低いものにするからである．これと同様の結果は，数百万個体のチチュウカイミバエを研究した Carey et al. (1992) の研究の中でも説明されている．

◈ 小話 14　寿命に限界がない証拠—105 歳のイタリア人女性

人口学，生物人口学，老年学の分野で今でも激しい論争が続いている問題の一つに，ヒトの寿命に決まった上限があるのか，がある (Fries 1980; Olshansky et al. 1990, 2001; Vaupel et al. 1998; Gavrilov and Gavrilova 2012, 2015)．死亡率が齢とともに増加し続けるという仮説は，死亡率が高齢時に横ばいになるという 2 種のミバエの観察結果から否定されているが (Carey et al. 1992; Curtsinger et al. 1992)，このことがヒトでも当てはまるのかというと，未だはっきりしていない．「高齢時の死亡率減速」は，一定の寿命の限界が存在しないということを意味しているので，とても重要な研究課題である．

イタリアの人口学者たちは 105 歳まで長生きした 3,800 人以上の女性の死亡率デー

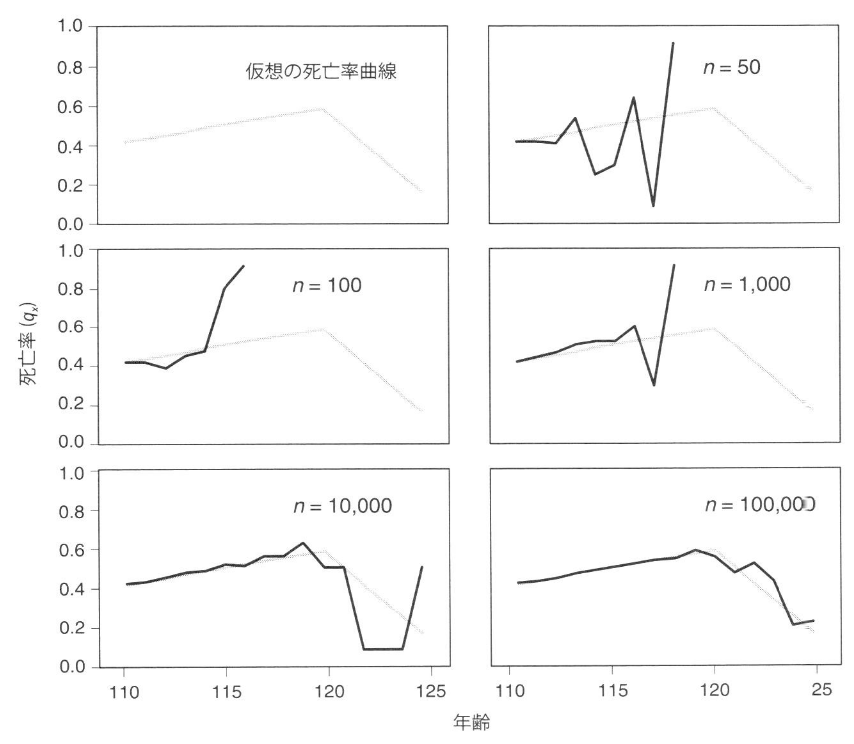

図 11.9 齢別死亡率が極端に高い高齢者の死亡率の評価

灰色の曲線は仮想の齢別死亡率曲線 (q_x) である．齢別死亡率の平均値 (実線) は，個体数 (n) が 1,000 までは，仮想の齢別死亡率曲線と大きくずれた値を示すが，10,000 を超えると，仮想の齢別死亡率曲線と同じように最高齢部分で緩やかな減少を示すようになる．

タを集め，死亡率が年当たり 0.5 を超えるほど極端に高いとはいえ，基本的には齢には依存しないと報告している (図 11.10；Barbi et al. 2018)．この結果は，超高齢者，いわゆる「長寿のパイオニア (longevity pioneers)」では死亡率があまり変化しないことを示す証拠となっている．別の言い方をすると，何か決まった寿命の上限があるという証拠は見出されていない．しかし，小話 13 で示したように，超高齢者の標本サイズはとても小さいので，人生終盤の死亡率曲線の正確な形をはっきりさせるのはとても難しい．Salinari (2018) や Gavrilov and Gavrilova (2019) は，最高齢周辺でのヒトの死亡率のデータを解釈する別の考え方を提案しているので参照してほしい．

小話 15 高齢者生存率研究の最先端—死亡齢分布の進行波

小話 14 では，超高齢のイタリア人女性の死亡率曲線の分析によって，その齢別死

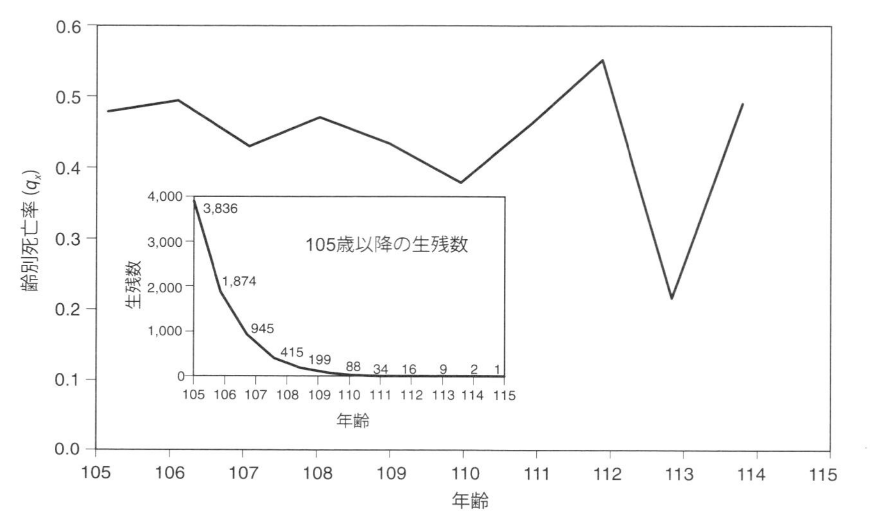

図 11.10 105 歳から 114 歳までの 3,800 人を超えるイタリア人女性の死亡率の軌跡 挿入図は，標本サイズ (3,836 人) を基数として描いた生残曲線である (出典：Barbi et al. 2018).

亡率は齢には依存せず，ヒトの寿命には明確に決まった上限がないということが推測された (Barbi et al. 2018). ヒトの寿命に上限がないことについては，全く異なるアプローチによる分析の結果もある (Zuo et al. 2018). この研究者たちは，20 の先進国の 50 年間の死亡齢分布を調べ，高齢者の死亡齢分布に進行波 (traveling wave) のような右向きに進む波があることを示した．図 11.11 には，アメリカ人女性のデータを使った結果が示されている．この図の中で，水平な直線の右端が年代を追うごとにずっと右に進み続けていることに注目してほしい．そのことは，寿命に決まった上限がないことを暗に示唆している．

◈ 小話 16 保険数理学的に言えば，92 歳は 100 歳までの道半(なか)ば

デンマークの生物人口学者 Kaare Christensen は，「何歳の時までの死亡数が 100 歳に到達するまでの死亡数のちょうど半分だろうか？」という問いを投げかけた．彼によれば，デンマーク人の場合，それはおよそ 92 歳であった．つまり，人生の最初の 92 年の間に人を死に至らしめる力は，それ以降の 8 年 (92 歳から 100 歳) の間に死に至らしめる力と相等しい．この問いを少し一般化して，(1) 30, 60, 100 歳などの固定した年齢と (2) それらの年齢までの死亡率のちょうど半分になる年齢，の組み合わせを考えることができる．アメリカ人女性のデータをもとに，死亡率の合計が等し

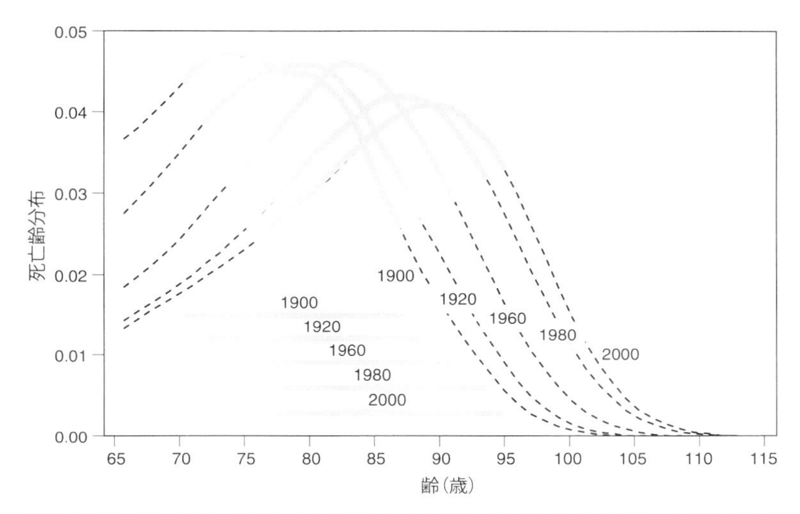

図 11.11　アメリカ人女性の 20 年ごとの死亡齢分布が「進行波」のように右に進んでいる例

進行波の実線部分は，死亡率が 25％から 90％までの間の死亡齢分布を示し，水平な直線は，死亡齢分布の実線部分の始まりの年齢から終わりの年齢を示している (Zuo et al. 2018).

くなる年齢を求めた結果が図 11.12 に示されている．それによれば，12 歳から 30 歳までの死亡率合計は，生まれてから 12 歳までの死亡率合計に，51 歳から次の 9 年までの死亡率合計は，生まれてから 51 歳までの死亡率合計に，93 歳から次の 7 年までの死亡率合計は，生まれてから 93 歳までの死亡率合計に等しいことがわかった

◈ 小話 17　なぜ世界最高齢の人ばかりが死に続けるのか？

安定齢構成に従う人口 1,000 人の仮想的な定常集団を考え，その集団の中からランダムに選ばれた女性が 100 年の間に最高齢になる確率はどのくらいだろうか？ また，最高齢に君臨する女性の平均齢と在位期間はどのくらいだろうか？

上記の 2 つの問いは，「なぜ世界最高齢の人ばかりが死に続けるのか？」というタイトルのニューヨークタイムズ誌の記事 (Goldenberg 2015) と，最高齢の構成員が王になる架空の部族の話がきっかけとなって始まった．この架空の部族の問題設定と解析の結果については，Keyfitz (1985, pp.74–75) を見てほしい．これらの問いに答えるために，2015 年のアメリカ人女性の生命表に基づいてある架空の集団を作り，1,000 人の集団の各個人に対して，各人のその時の年齢から死ぬまで，あるいは全構成員が消滅するまで 100 年間にわたって死亡シミュレーションを行い，毎年最高齢の人を記録した．シミュレーションは 100 回繰り返された．

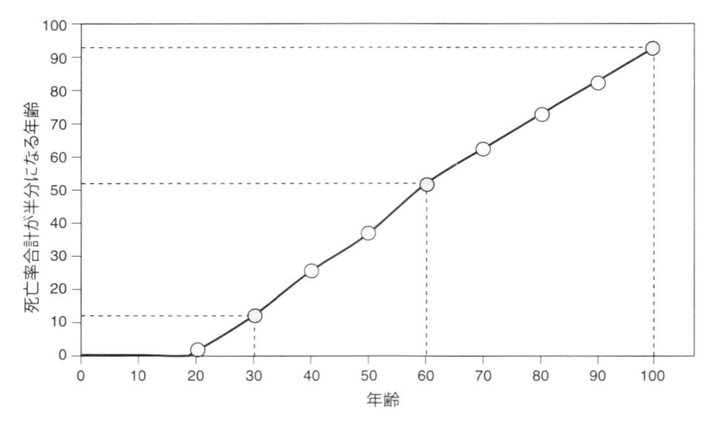

図 11.12 決められたある年齢までの死亡率の合計のちょうど半分になる年齢
例えば，灰色の丸は，生まれてから 30, 60, 100 歳 (横軸) までの死亡率の合計が，それぞれ 12, 51, 93 歳 (縦軸) でちょうど半分になることを示している．注：バークレー死亡データベース (Berkeley Mortality Database) からとった 2000 年のアメリカ人女性の生命表パラメータを使った結果.

その試行シミュレーションの結果が図 11.13 に示されている．シミュレーションを 100 回行ったすべての結果を総合すると，100 年間の間に最高齢の一人になった人の数は平均で 22 人 (2 人以上の人が同時に最高齢になることもある)，約 2%の確率である．そのうち，およそ 6 割の人が，1 年から 3 年間王国に君臨し，10 年間以上王国が続いた人は 2%よりも少なかった．この「最高齢の人」という発想は，共同体の長や，町長，市長の引退の問題にも応用できる．もし「死亡」を「現在の状態からの離脱」と一般化すれば，チームの最高齢の人や会社や学部の最高齢の人についても当てはめることができる．

この話題について Rau たちは，最高齢で生きている人がどれくらい頻繁に亡くなるのかという問題を待ち行列理論 (queuing theory) につなげている (Rau et al. 2018)．彼らのモデルでは，110 歳より長生きする人数は，母数 λ/μ のポアソン分布 (Poisson distribution) に従っていた．λ は 110 歳になる速度であり，μ は死亡速度 (死力) を表している．彼らのシミュレーション研究によれば，それぞれの最高齢の人の死までの待ち時間 (waiting time) はパラメータ μ をもつ指数分布に従っていて，その平均時間は，$\lambda > \mu$ の条件では $1/\mu$ であった．しかし，$\lambda \leqq \mu$ の場合には，はっきりした結果を得ることができなかった [*7]．

[*7] 待ち行列理論やポアソン分布については，確率論の教科書を参照してほしい．

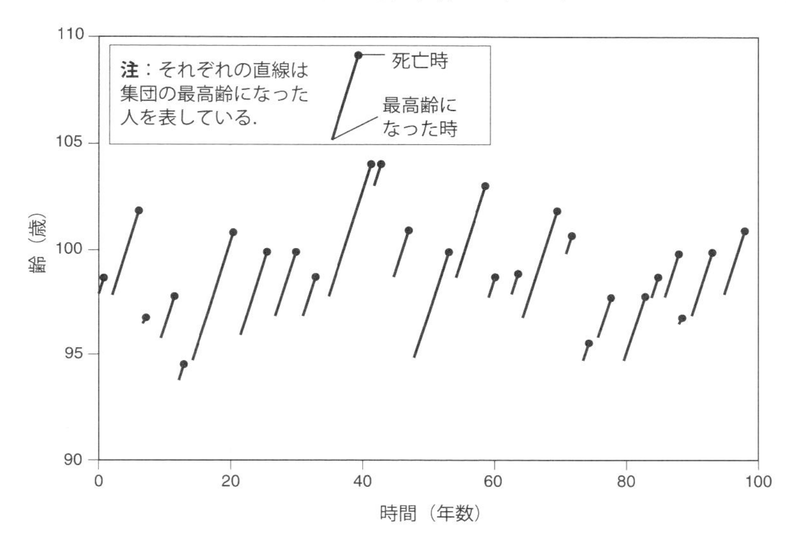

図 11.13 1,000 個体からなる安定定常集団について，100 年間のシミュレーションを行った時の最高齢で生きている女性の例
ここに示したある 1 回のシミュレーションでは，全部で 26 人の女性が最高齢になった．

◈ 小話 18 寿命の上限：データ解釈への挑戦

100 歳を超えた人の生存率は時代が進むにつれ上昇していたが，その傾向は下降気味になり，世界最高齢の人の死亡年齢は 1990 年以降増えていない (図 11.14(a))．これらの観察結果に基づいて，Dong らは，人間の最高寿命は一定の値に固定されているという考えを提唱した (Dong et al. 2016)．その後，彼らの手法と結論，いずれについても，批判する論文がいくつか発表された．その批判は以下のとおりである．(1) データセットを分ける時に，データにはただ 1 カ所だけ平らな部分があり，データを分ける境目の年は 1994 年であると仮定していることに問題がある (Hughes and Hekimi 2017)，(2) 同一のデータセットを，人間の寿命傾向の変化に関する仮説を提案する時にも，その仮説を検定する時にも使っていることや，生物学的見地からより広く議論をするための根拠に欠けることに問題がある (Rozing et al. 2017)，(3) データを分けて別の回帰に適合させたので，ある齢までの生残確率の予測値が，より高齢まで生き残る確率の予測値よりも高くなるという自然な前提が保証されない (Lenart and Vaupel 2017)，(4) 調査対象は 1968 年で 21 個体，1995〜2006 年では 12 個体であり，調査標本数が少ないことに問題がある．別の統計モデルを用いた結果との比較もなく，この結果はもっぱら 122 歳で亡くなった Jeanne Calment の例外的な 1

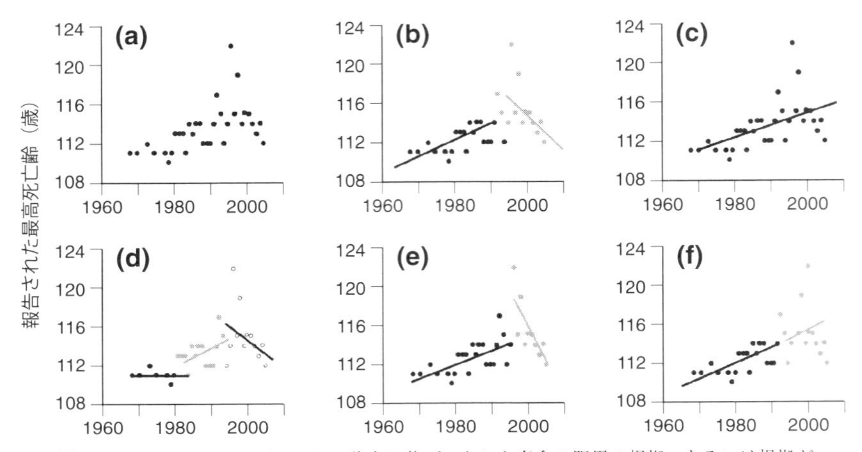

図 11.14 Dong et al. (2016) の論文に基づいたヒト寿命の限界の根拠，あるいは根拠がないことを示すための図

(a) 最高死亡齢の記録の傾向を示したオリジナルデータ．(b) Dong らによって行われたデータを 2 グループに分けた時の回帰．(c), (d), (e) は，それぞれ，データを分けずに直線回帰した場合，3 つに分けた場合，分け方を 2 年分シフトさせた場合を示している (Hughes and Hekimi 2017)．(f) 死亡の最高齢 (122 歳) であると報告されたデータ点を 7 年分右にシフトさせた場合の結果 (Brown et al. 2017).

ケースに依存している (Brown et al. 2017)，というものである．その後，原論文をきっかけに生まれたそれぞれのコメントに対して，Dong たちは一つ一つ回答している．図 11.14(a)〜(f) には，最高死亡齢の傾向に関する同一のデータを，様々な分け方で解析した結果を示している．

11.1.3 ライフコース全体

◈ 小話 19 相対年齢

> 私の亡き友人 Stan Ulam は，自分の人生はきれいに 2 つに分けられるとよく言っていたものだ．人生の前半では，友達の中でいつも最も若かったが，後半ではいつも最高齢で，途中に中途半端な時期はなかったというのである．
>
> マサチューセッツ工科大学・数学者 Gian-Carlo Rota (1996)

A_C は，生まれてからの年数を表す暦年齢，A_R は相対年齢 (relative age)，すなわち，全世界でその人より若い暦年齢である人の割合であるとする．「相対年齢」は，世界の全人口の齢構成におけるパーセンタイルでもある *8)．図 11.15 のデータを見る

*8) 「パーセンタイル」は統計学用語で，あるデータが全データの中で小さい方から何%の位置にあ

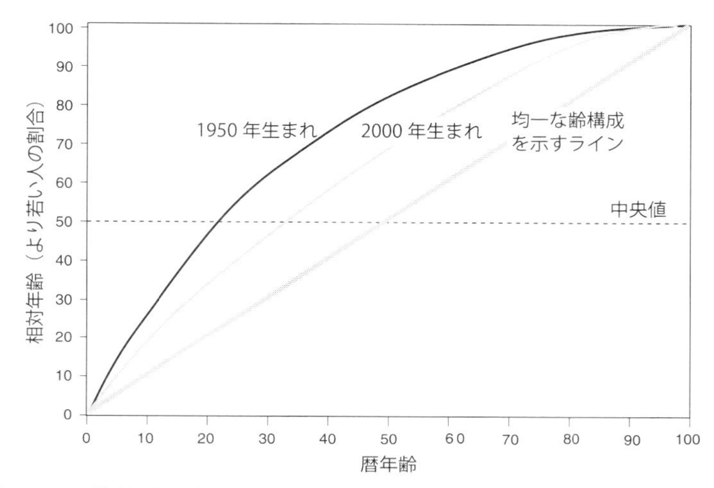

図 11.15　暦年齢と相対年齢 (世界全体の自分より若い人の割合) との関係 (Hayes 2012 より改変)

と，1950 年に誕生した女性は 10 歳の時に地球上の 1/4 の人よりも高齢で，同じ女性が 20 歳の時には，世界の半分の人より高齢であり，30 歳の時には世界人口の 2/3 以上の人より高齢である (Hayes 2012)．60 歳以降は彼女の相対年齢は 90%台になり，相対年齢で言えばだが，その後彼女はゆっくりと年老いていく．この図から，2000 年に誕生した人の相対年齢は 1950 年に誕生した人たちに比べて短期間の間に急に減少していることがわかる．

◈ 小話 20　平均余命で考える退職年齢

今までの人口学の歴史を振り返ると，人口高齢化 (population aging) による社会的負荷の特徴を定量化するために，伝統的に 2 つの指標が用いられてきた．一つは，老年従属人口指数 (old-age dependency ratio: OADR) であり，生産年齢 (working age) の人口に対するそれより上の年齢の人口の比を表す．もう一つは，65 歳潜在扶養指数 (potential support ratio: PSR65) であり，65 歳以上の人口に対する 20 歳から 64 歳までの人口の比を表す [*9]．社会全体に対する高齢者の負荷が増え続けている現状を鑑みて，ドイツで約 100 年前から推進され，今ではアメリカを含む多くの国で採用されている 65 歳定年制が見直されつつある (Costa 1998)．多くの国で大変注

るかを示す指標である．

*9)　世界人口推計では，「65 歳以上の人口に対する 25 歳から 64 歳までの生産年齢人口の比」として計算する．

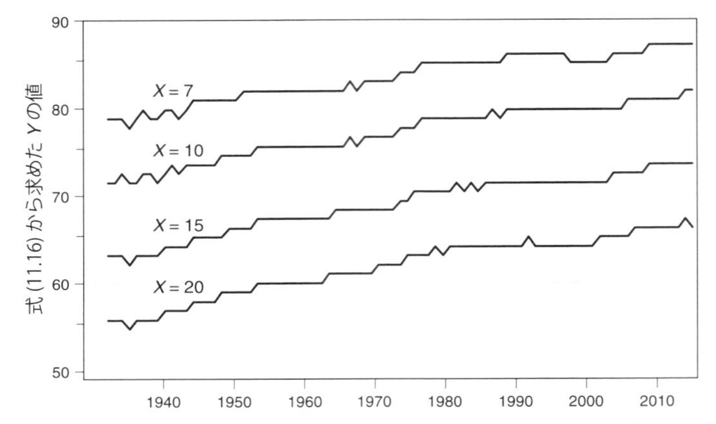

図 11.16 アメリカ人女性の余命が X 年である年齢 (出典：バークレー死亡率データベース，http://www.mortality.org/)

目を集め，現在デンマークで採用されている考え方は，平均余命がある定めた年数 (X 年) になった年齢を使って退職年齢を決めるというものである (Canudas-Romo et al. 2018)：

$$e_Y(t) = X \tag{11.16}$$

$e_Y(t)$ は，西暦年 t における Y 歳の人の平均余命を表す．X を定めると式 (11.16) を使って Y を求めることができる．図 11.16 に示されるように，退職年齢を決めるこの方法を用いると，西暦年や X が変化すると対象者数が変化することがわかる (図 11.16).

◈ 小話 21　同級生の月齢差効果

子供が小学校に入学する時，ある決まった就学基準日を定めていることによって，入学時の子供の月齢は連続的に分布する．そのため，図 11.17(a) に示されるように，「最も年上」の子供は「最も年下」の子供よりもおよそ 20% (12 カ月/60 カ月) 年上である (Bedard and Dhuey 2006)．この割合を相対年齢という．相対年齢は，知能の高さ，学校の成績，人格形成 (identity formation)，有能感 (peer-perceived competence) や統率力，スポーツの成績，自己肯定感，自尊心と関連すると考えられてきた (Jeronimus et al. 2015)．詳細については図 11.17(b) の説明を参照してほしい．

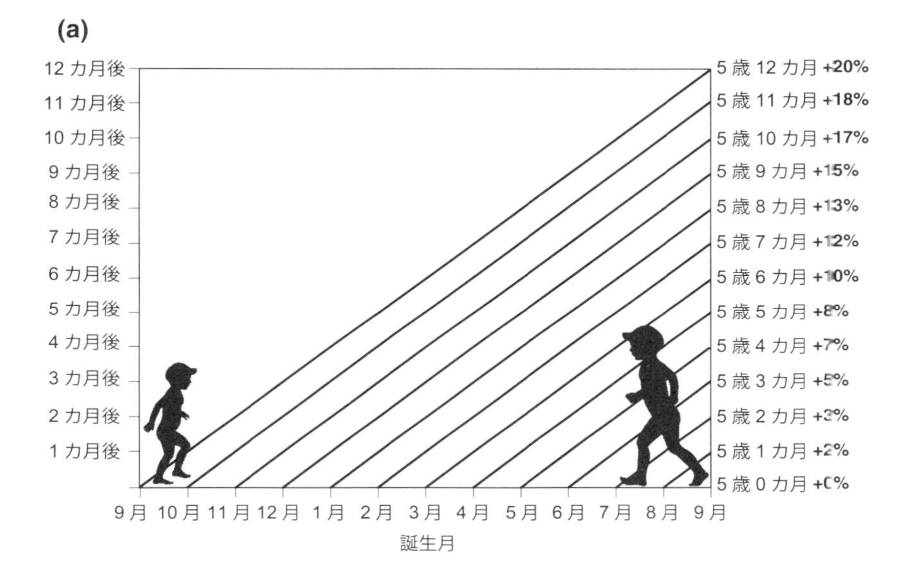

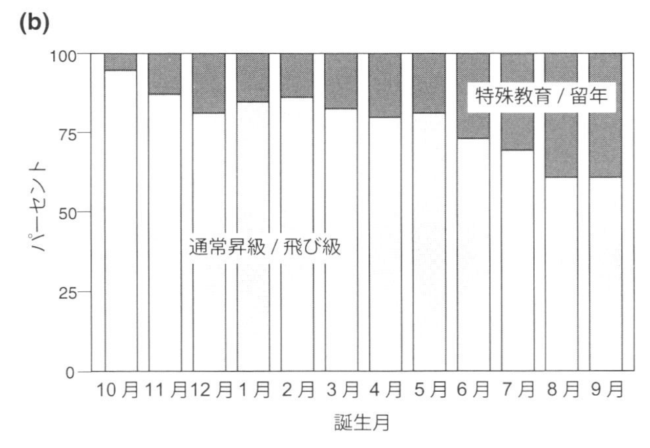

図 11.17　(a) 9月入学の場合の5歳児の年齢差．右端の数値はそれぞれの誕生月の児童が5歳 (60カ月) ちょうどと比べて何%年上であるか (相対年齢) を示している．(b) Jeronimus らによる研究結果の図1より改変 (Jeronimus et al. 2015)．詳しくデータを解析すると，誕生月が1カ月違うと，留年の起こりやすさ（オッズ比）は17%低くなり，飛び級の起こりやすさ（オッズ比）は47%高くなることがわかる．7月生まれから9月生まれの子供は，他の子供と比べて留年しやすさがほぼ4倍 (29.6%対 8.2%) 多かった．また，10月生まれから12月生まれの子供に比べると，飛び級の子供の割合には20倍以上 (0.3% 対 7%) の違いがあった．

11.1.4　スポーツ選手の経歴

◈ 小話 22　サッカー・メジャーリーグ (MLS)

アメリカのプロサッカーのメジャーリーグ (Major League Soccer: MLS) に 21 歳でプレーヤーとして選ばれた若者が 30 歳の誕生日を過ぎてもプレーしている確率はどのくらいだろうか？ この疑問に答えるために生命表を応用することができる．表 11.1 を使うと，30 歳の時にまだプレーしている確率は 10%強である (Boyden and Carey 2010)．また，32 歳の誕生日を超えてプレーしている確率は，ほぼないといってよい．

◈ 小話 23　ナショナルバスケットボール連合 (NBA)

NBA のプロバスケットボールプレーヤーの獲得点数の履歴と経歴年数はどう関係しているだろうか？ この問題に答えるために事象履歴図 (event history chart) を使うことができる．NBA での毎年の獲得点数と経歴年数を示した図 11.18 によると，ほとんどのプレーヤーにとって，高得点はリーグに入ってから 2 年目から 8 年目の間に獲得され，高得点を記録したプレーヤーは少なくとも 10 年間活躍した．また，12 年から 20 年を超えて活躍したスーパースターは，キャリアの初期から中期の間に高得点を獲得したプレーヤーであった (図 11.18)．

表 11.1　1996 年から 2007 年までプレーしていたサッカーメジャーリーグの選手の経歴年数に関する生命表

MLS 在籍時間 (年数)	MLS で現役中の選手のコホート生残率	期間生存率	期間死亡率	引退した選手の割合	MLS 経歴の期待余命
x	$l(x)$	$p(x)$	$q(x)$	$d(x)$	$e(x)$
0	1.0000	0.7100	0.2900	0.2900	3.4
1	0.7100	0.7500	0.2500	0.1775	3.6
2	0.5325	0.7600	0.2400	0.1278	3.6
3	0.4047	0.7600	0.2400	0.0971	3.5
4	0.3076	0.7600	0.2400	0.0738	3.5
5	0.2338	0.7800	0.2200	0.0514	3.5
6	0.1823	0.7700	0.2300	0.0419	3.3
7	0.1404	0.8500	0.1500	0.0211	3.1
8	0.1193	0.8800	0.1200	0.0143	2.6
9	0.1050	0.8100	0.1900	0.0200	1.9
10	0.0851	0.6900	0.3100	0.0264	1.2
11	0.0587	0.0000	1.0000	0.0587	0.5
12	0.0000			0.0000	

出典：Boyden and Carey (2010).

注：この表の中の x は，リーグにドラフトされてからの時間である．

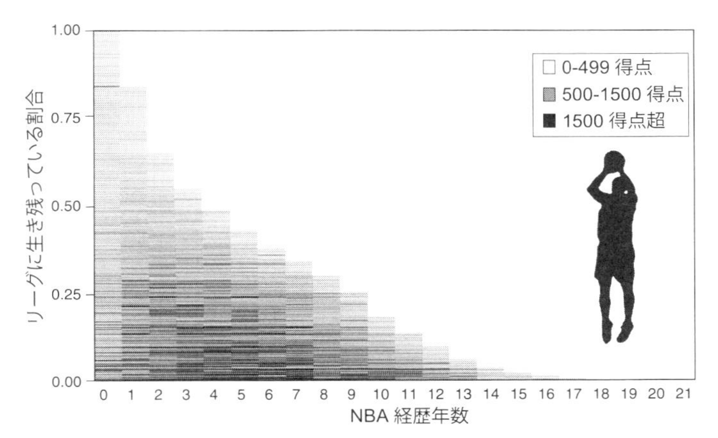

図 11.18　2,575 人の NBA プレーヤーの得点獲得履歴を表す事象履歴図
NBA プレーヤーの生データ (1940〜2005) は 2007 年の SportsData.com (https //www.sportsdata.ag/about-us/group-set-up/) からダウンロードした．NBA リーグでは，最初の 2 年目までの選手の「生存率」は低いのが普通である．それは，1940 年代から 1960 年代の NBA の採用戦略が最近の戦略とは違ったためである．

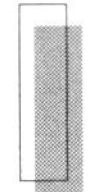

11.2　第二集：集団，統計，疫学，カタストロフィ

11.2.1　集　　　団

◆ 小話 24　40 歳の夫が 20 歳の妻を 2 人もつことができる集団成長率

ある架空の原始共同体を考え，その共同体では男性は 40 歳の時に結婚し，女性は 20 歳で結婚するとする．男性が 2 人の妻をもつには，どのくらい速く共同体が大きくならなければいけないだろうか？ 男性も女性も同じ増加率 (r) で増加する安定集団で男児と女児が同数で生まれると仮定すると，Keyfitz and Beekman (1984) の p.60 にある問題 41 の解答にあるように，その増加率 (r) は，

$$r = \frac{1}{20} \ln \left(\frac{2l_{40}^*}{l_{20}} \right) \tag{11.17}$$

である．式中，l_{20} と l_{40}^* は，それぞれ女性が 20 歳，男性が 40 歳の時の生残率を表す [*10]．男性と女性の齢別生残率がほぼ同じで，40 歳の時の生残率が 20 歳の時の生残率があまり変わらないとすると，r の近似値は $(\ln 2)/20 = 0.035$ である．

[*10] 第 7 章の式 (7.1) には，安定集団の男女比が与えられているので，出生時の性比に $s = 1$ を，男性の年齢 x には 40，女性の年齢 x には 20 を代入して，この比が 1/2 になるような r を求めると式 (11.17) が得られる．

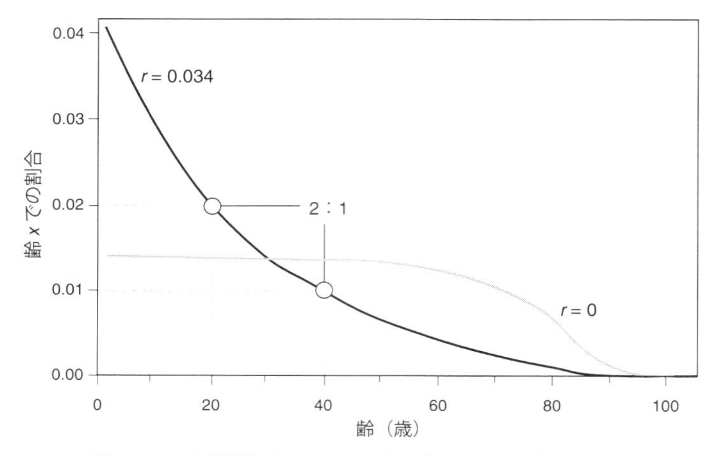

図 11.19　内的増加率が 0.034 である集団における安定齢分布
20 歳と 40 歳の時の割合に注目すると，それぞれ，0.02 と 0.01 である．このことは，20 歳と 40 歳の人の個体数比は 2 対 1 であることを示している．灰色の曲線は，$r = 0$ を仮定した時の齢分布であり，20 歳と 40 歳の時の個体数比はほぼ 1：1 である．

実際，アメリカ人女性の齢別生残率を使い，男性と女性の齢別生残率が同じであると仮定して計算した集団成長率の推定値は 0.034 で，上記の仮想原始共同体の試算との違いは 0.001 である (図 11.19)．このアメリカ人女性の安定齢分布を計算すると，20 歳と 40 歳の時の個体数比は 2：1 である．また，$r = 0$ の定常集団では，その個体数比はほぼ 1：1 である．

◈ 小話 25　内的増加率 (r) に影響を与える生残率・繁殖率の間の交互作用

生残率と繁殖率の間の交互作用は，内的自然増加率 (r) に対してどのような影響を与えるだろうか？ その問いに答えるために，まず図 11.20(a),(b) に示されている種 A (チチュウカイミバエ) と種 B (メキシコミバエ) の生残率と齢別繁殖率をそれぞれ，$l_{\mathrm{A}}, l_{\mathrm{B}}$ と $m_{\mathrm{A}}, m_{\mathrm{B}}$ で表す．図 11.20 によれば，チチュウカイミバエはメキシコミバエよりも一貫して生残率が高く，長生きする．一方，メキシコミバエの方がチチュウカイミバエよりも，生涯を通しての繁殖率は高い．

さらに，内的自然増加率 (r) をそれらの関数として表すことにする．というのも，生残率と齢別繁殖率はともに内的自然増加率に影響を与えるからである．生残率と齢別繁殖率の交互作用を調べるために，生残率と齢別繁殖率を入れ替えた時の内的増加率も含んだ交互作用の大きさを示す量，

$$r\left(l_{\mathrm{B}}, m_{\mathrm{B}}\right) + r\left(l_{\mathrm{A}}, m_{\mathrm{A}}\right) - r\left(l_{\mathrm{B}}, m_{\mathrm{A}}\right) - r\left(l_{\mathrm{A}}, m_{\mathrm{B}}\right) \tag{11.18}$$

を定義する *11)．

表 11.2 を見ると，チチュウカイミバエの生残率・繁殖率をそれぞれメキシコミバエのものに入れ替えた時，生残率の入れ替えでは，元のチチュウカイミバエの r よりも 1.08 倍に増加し，繁殖率の入れ替えでは 1.39 倍に増加するという結果であった．逆に，メキシコミバエの生残率・繁殖率をそれぞれチチュウカイミバエのものに入れ替えると，元のメキシコミバエの r がほぼ同じ倍率で減少していた．面白いのは，た

---

*11) 生残スケジュールと齢別繁殖率はともに内的自然増加率に影響を与えるため，数学的にいえば，内的増加率は生残スケジュールと齢別繁殖率の関数である．そのため，生残スケジュールや齢別繁殖率を別種のものと入れ替えた時の内的増加率も求めると，全部で 4 通りの内的増加率を求めることができる (訳注図 11-1)．図のパネル (a) のように，種 A の齢別繁殖率のもとで生残スケジュールが種 A のものから種 B のものへと変化した時の r の増分が，種 B の齢別繁殖率のもとで生残スケジュールが種 A のものから種 B のものへと変化した時の r の増分と同じであったとしよう．その場合，図中の 2 つの直線は平行になる．r の増分が変わらないことは，齢別繁殖率が違ったとしても，生残スケジュールの違いは r に同じだけ作用していることを意味する．このような場合，生残スケジュールの違いの効果と齢別繁殖率の違いの効果は r に対して「独立に作用」していて，2 つのスケジュールの間に「交互作用はない」という．交互作用がない場合には，r の増分が変わらないため，$r(l_B, m_B) - r(l_A, m_B) = r(l_B, m_A) - r(l_A\ \ m_A)$ が成立し，式 (11.18) の値はゼロになる．

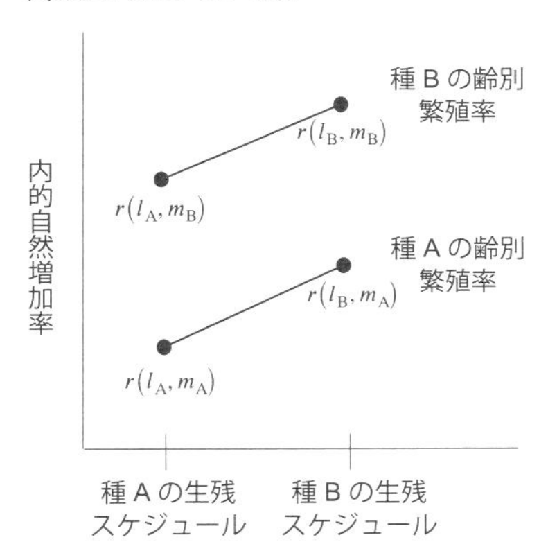

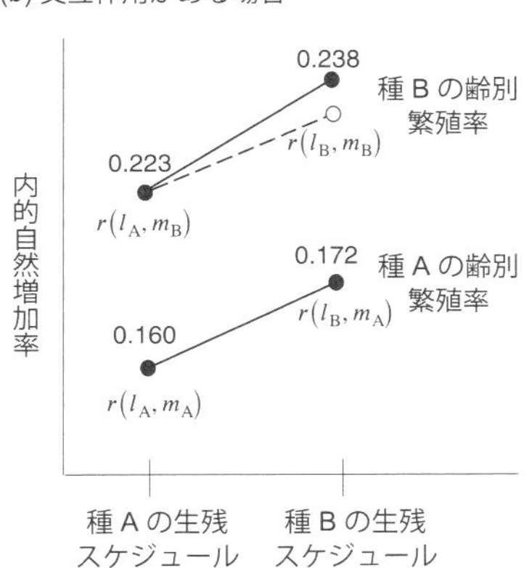

訳注図 11-1　生残率と繁殖率の交互作用

一方，図 (b) のように，$r(l_B, m_B)$ の値が交互作用がない場合の破線上の点よりも上にあると，種 B の齢別繁殖率のもとでは，生残スケジュールの違いが r に与える効果を増幅させている．すなわち，齢別繁殖率の違いは，生残スケジュールの違いの効果に影響を与え，独立ではない．そのため，この小話では生残スケジュールと齢別繁殖率を入れ替えた時の内的増加率を比較しながら，交互作用の大きさを評価するために式 (11.18) の値を求めている．

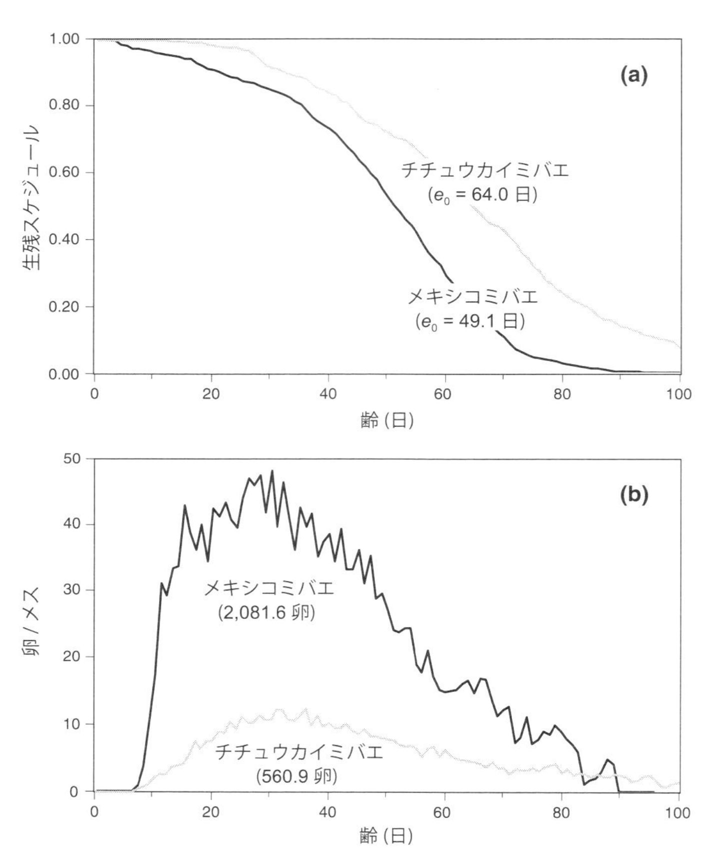

図 11.20 チチュウカイミバエ (*Ceratitis capitata*) とメキシコミバエ (*Anastrepha ludens*) の (a) 生残スケジュール，(b) 齢別繁殖率

表 11.2 チチュウカイミバエ (*C. capitata*)，メキシコミバエ (*A. ludens*) の本来の生残スケジュール・繁殖スケジュールと入れ替え後の生残スケジュール・繁殖スケジュールから求めた内的増加率の値

適用する種		純繁殖数	内的自然増加率
生残スケジュール	繁殖スケジュール		
チチュウカイミバエ	チチュウカイミバエ	412.7	0.160
チチュウカイミバエ	メキシコミバエ	1, 694.7	0.223
メキシコミバエ	チチュウカイミバエ	331.2	0.172
メキシコミバエ	メキシコミバエ	1, 424.2	0.238

注：交互作用の結果を示す式 (11.18) の値は 0.0027.

とえチチュウカイミバエの生残率がメキシコミバエのものよりも高かったとしても，チチュウカイミバエの生残率とメキシコミバエの繁殖率を組み合わせると，メキシコミバエの r が増加することはなく，減少するということである．このようなことが起こるのは，高い生残率が世代時間を増加させ，生残率の効果と世代時間の効果の差し引きが r を減少させる結果を引き起こしたからである (Keyfitz and Beekman 1984, p.72，問題 35 を参照してほしい．また，世代時間の変化が r に与える影響については，Lewontin (1965) に説明されている)．表 11.2 の数値を使って，交互作用の大きさを示す式 (11.18) の値を求めると，0.0027 とあまり大きくはない (表 11.2).

◈ 小話 26　安定集団での性比は個体群成長率とは無関係

安定集団における齢 x での性比 (sex ratio: SR) は以下の式で与えられていた (第 7 章の式 (7.1) と同じ)：

$$\mathrm{SR} = \frac{se^{-rx}l_x^{\mathrm{M}}}{e^{-rx}l_x^{\mathrm{F}}} \tag{11.19}$$

その集団では，オス・メスとも同じ個体群成長率 (r) で成長すると仮定されていたので，指数の項はキャンセルされて，

$$\mathrm{SR} = \frac{sl_x^{\mathrm{M}}}{l_x^{\mathrm{F}}} \tag{11.20}$$

となる．式の中で，s は出生時の性比を，l_x^{M} と l_x^{F} はそれぞれ，オスとメスの生残スケジュールを表す．そのため，齢 x での性比は単にオスとメスの各齢の生残率の比に出生時の性比をかけて調整したものになる．

◈ 小話 27　集団は「過渡的」な静止状態を通過することがある

個体数変化の「過渡的」な静止状態 (transient stationarity) とは，安定かつ定常な状態へ収束する途中で，たまたま出生率と死亡率が等しい時に起こる状態を指す (Rao and Carey 2019).「過渡的な」静止状態の意味を視覚的に理解するために，仮想的な人口動態における時刻 $t+1$ と時刻 t の時の集団サイズの比 ($N(t+1)/N(t)$) の変化を計算した結果を図 11.21 に示す．この計算では，時刻 0 での初期齢分布については 2000 年のアメリカの人口統計から得られた齢分布を使っている．また，繁殖率については，純繁殖率 (NRR) が 1.0 になるように調整されたヒトの標準的な齢別繁殖スケジュールを，齢別生残率については，2006 年のアメリカ人女性のデータを使っている．図の縦軸は，時刻 $t+1$ と時刻 t の時の集団サイズの比である．挿入図の中の齢構成は集団の各齢の頻度分布を示している．図 11.21 の中の点 A は初期の集団成長率を，点 B は最初に置換レベルに達した時 (この時を過渡的な静止状態と呼ぶ) の成

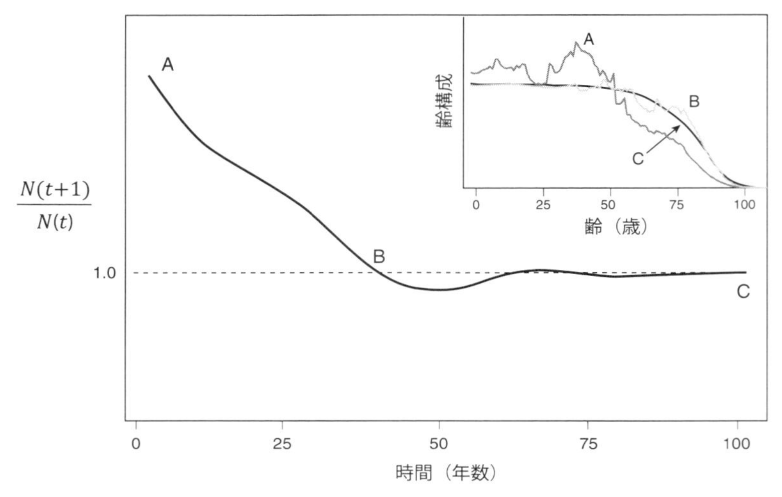

図 11.21　100 年後まで計算した仮想的な人口動態における個体群成長率の変化
挿入図の中に齢構成が示されている．この説明については本文を参照のこと (出典：Rao and Carey 2019).

長率，点 C は成長率がゼロ (固定的な静止状態) になった時を示す．これらの計算では，置換レベルに到達する点 A から点 B まで 40 年くらいかかり，固定的静止状態になるには，点 B から点 C までさらに 60 年かかる．また，点 B を過ぎてから齢構成が点 C で収束するまで，個体数は静止状態の周りで小さく振動する．

◈ 小話 28　内的増加率に与える移動の影響

もしショウジョウバエが羽化してから 7 日間の間に成虫の 80%が新天地へ移動したとしたら，内的増加率はどのくらい減少するだろうか？ 以下の 2 つの方程式から求められた r の差をとると，この答えが得られる：

$$\sum_{\alpha}^{\alpha+7} e^{-rx} l_x m_x + 0.2 \sum_{\alpha+8}^{\beta} e^{-rx} l_x m_x = 1 \tag{11.21}$$

$$\sum_{\alpha}^{\beta} e^{-rx} l_x m_x = 1 \tag{11.22}$$

ここで，α, β はそれぞれ，繁殖開始齢，繁殖最終齢を意味する．2 つの式から求められた r の違いが，羽化してから 7 日間の若いメス成虫が 80%移動した時の r の減少度合いである (Keyfitz and Beekman 1984, p.88，問題 22 を参照してほしい).

◈ 小話 29 過去に生きていた人の総数

西暦 1600 年では 1,000 人，1900 年では 50,000 人の子供が生まれていたとする．もし，その期間に一定の増加率で子供の出生数が指数関数的に増加していたとすると，その全期間で生きていた人の数はどのくらいだろうか？ この答えを出すには，まず 300 年の間の 1 年当たりの人口増加率 (r) を求める：

$$50000 = 1000e^{300r} \tag{11.23}$$

$$r = 0.01304 \tag{11.24}$$

時刻 t における出生数を $B(t)$ とすると，その期間の総出生数は以下の式で与えられる．

$$\text{総出生数} = \int_0^{300} B(t)\,dt \tag{11.25}$$

$$= \int_0^{300} 1000e^{0.01304t}\,dt \tag{11.26}$$

したがって，この 300 年の間に生きていた人の総数 (P_{300}) は

$$P_{300} = 3758000 \tag{11.27}$$

であると推定される (Keyfitz and Beekman 1984, p.60，問題 43 を参照してほしい)．

◈ 小話 30 「寿命延長」の薬によるテンポ効果

小話 4 の冒頭で説明したように，時の経過にともなって結婚，出産，死亡などの人口学的事象が起こる平均年齢が変化することによって，期間指標が大きくなったり，小さくなったりすることをテンポ効果という．Bongaarts and Feeney (2008) は，ある仮想的な薬の例を使って，その薬を服用するとハザード関数が高齢へとシフトし，シフトしたハザード関数を使って計算される期間期待寿命 (式 (11.1)) がコホート観察によって得られる期待寿命よりも大きくなることを説明している．

Bongaarts and Feeney (2008) は，期待寿命が 70 歳である定常集団を考え，3 カ月「寿命延長」できる薬が発明されるまでは，その集団の各個体が死亡する正確な年齢はあらかじめ決められていると仮定した．集団の全員が西暦 T 年の 1 月 1 日にその薬を飲むと，その年の最初の 3 カ月は誰も死なない．西暦 T 年での死者数は，その 3 カ月分の 25%減少し，あらかじめ決まっていた死亡齢の平均は 70 歳から 70.25 歳になる．薬の効果はどの年齢でも同じなので，ハザード関数 (死力) の値はすべての齢で 25%減少し，ハザード関数のそれぞれの値に対応する齢は 0.25 歳分高齢へとシフトする．高齢へのシフトにともなうハザード関数の値の減少により，従来の方法で計

算された期待寿命は西暦 T 年では 73 歳に増加し，70.25 歳よりも多く見積もられる．Barbi らが編集した本には，生命表の歪みや寿命推定の変動も含めた様々なテンポ効果について詳しい解説があるので，参照してほしい (Barbi et al. 2008).

◈ 小話 31　安定集団と定常集団での内的出生率と内的死亡率

内的出生率 (b) や内的死亡率 (d) は安定集団と定常集団ではどう違うのだろうか？ b は，それぞれの集団で，$1/\sum e^{-rx}l_x$, $1/\sum l_x$ である．これらの結果は式 (5.73) およびその式に $r=0$ を代入することで得られる．定常集団では，$b-d=0$ が成立するから，定常集団での死亡率は出生率に等しく，$1/\sum l_x$ である．また，安定集団での死亡率は，式 (5.74) より $d=1/\sum e^{-rx}l_x - r$ である (Keyfitz and Beekman 1984, p.56 の問題 6 の答えを時間離散の公式に変更したもの．第 5 章でも，式 (5.74) に同じ結果が得られている).

◈ 小話 32　超指数関数的集団成長

Cohen (1995) は，ヒト集団は有史以来のある時期に超指数関数的な成長 (super-exponential growth) を経験したと述べている．超指数関数とは，以下のように a がべき乗の形で n 回現れる関数を指す (Bromer 1987)：

$$ {}^{n}a = a^{a^{a^{\cdot^{\cdot^{\cdot^{a}}}}}} \tag{11.28} $$

この数学的表現は，べき乗が n 回繰り返されており，a の和が n 回繰り返されている $a \times n$ や，a の積が n 回繰り返されている a^n と比べると違いがよくわかる．例として，$a=3$ かつ $n=2$ の簡単な指数の答えを考えると，

$$ {}^{2}3 = 3^3 = 27 $$

である．しかし，最初の指数にさらに指数をつけると，$n=3$ の場合にあたり，

$$ {}^{3}3 = 3^{3^3} = 3^{27} = 7625597484987 $$

となる．さらに n を 3 増やすと，$a=3$, $n=6$ であり，その答えは驚くほど大きい数になる：

$$ {}^{6}3 = 2.65912 \times 10^{36305} $$

しかし，Cohen が彼の論文中で示した超指数関数的成長率の値は，これらの例のどれよりもはるかに小さい．

◈ 小話 33　成長する集団の平均齢

死力がどの齢でも μ である時，定常集団の平均齢 (および平均死亡齢) は $1/\mu$ であるが，増加率 r で成長する安定集団の平均齢は $1/(\mu + r)$ である．例えば，$\mu = 0.0125$ かつ $r = 0.01$ であるなら，この仮想集団の平均齢は $1/0.0225 = 44.4$ 歳である．この値は，定常集団の個体の平均齢 80 歳 $(= 1/0.0125)$ のほぼ半分にあたり，大きく異なっている (Keyfitz and Beekman 1984, p.90，問題 28 より)[*12)].

◈ 小話 34　安定集団で成立する方程式

Vaupel と Villavicencio は，もともと定常集団の齢構成を推定するために導入された「生存年数 (life-lived)」「残余年数 (死亡するまでの時間；life-left)」という概念 (第 2 章 2.3.7 項，第 9 章 9.5 節参照) が，安定集団の齢構成を推定するためにも使えることを示した (Vaupel and Villavicencio 2018)．すべての個体の齢は未知であるが，観察を始めた時から死ぬ時まで各個体を追跡調査していると仮定する．その場合，コホートを観察したデータから，未知ではあるがデータの根底にある集団の生残スケジュール $l(x)$ を導き出すことができる．

$$l(x) = \frac{N(x, t+x)}{N(0,t)} = \frac{D^+(x,t) + rN^+(x,t)}{D^+(0,t) + rN^+(0,t)} \tag{11.29}$$

式中，$N(x, t+x)$ は，時刻 $t+x$ で，年齢 x である個体の数を表す．また，$D^+(x,t)$ は観察を始めてから x 年後に死んだ個体の数であり，残余年数が x 年であった個体数である．$N^+(x,t)$ は，観察を始めた集団の個体のうち，時刻 $t+x$ でまだ存命中の個体の数であり，生存年数が x 年である個体数である．また，r は集団成長率である．同様に，未知の齢構成 $c(x,t)$ も求められる：

$$c(x,t) = \frac{N(x,t)}{N(t)} = e^{-rt}\frac{D^+(x,t) + rN^+(x,t)}{N(t)} \tag{11.30}$$

式中，$N(x,t)$ は時刻 t において年齢 x である個体の数，$N(t)$ は時刻 t における集団全体の個体数である[*13)].

---

*12) 第 3 章の式 (3.17) に，$\mu_a = \mu$ を代入すると，安定集団および定常集団の生残率 $l(x) = \exp(-\mu x)$ が得られる．また，小話 8 の脚注 6 で求められた死亡齢分布の公式 $d(x) = -\frac{dl(x)}{dx}$ を使うと，死亡齢分布は $d(x) = \mu\exp(-\mu x)$ である．さらに，式 (5.79) を用いると，安定集団の齢分布

$$c(x) = \frac{\exp(-rx)l(x)}{\int_0^\infty \exp(-rx)l(x)\,dx} = \frac{\exp(-(r+\mu)x)}{\int_0^\infty \exp(-(r+\mu)x)\,dx} = \frac{\exp(-(r+\mu)x)}{1/(r+\mu)}$$

が得られる．これらの式を，平均齢の定義 $\int_0^\infty xc(x)\,dx$ および平均死亡齢の定義 $\int_0^\infty xd(x)\,dx$ に代入してこれらの積分を求めると，定常集団の平均齢と平均死亡齢，および安定集団の平均齢が得られる．

*13) 式 (11.29)，(11.30) の証明については，Vaupel and Villavicencio (2018) を参照してほしい．

Vaupel と Villavicencio はこのモデルを使って，過去のスウェーデンの生残曲線と集団成長率を推定し，人口調査を開始した時の齢構成の推定や一般的な概念である多状態集団モデルへの拡張などいくつかの応用方法を提案した (Carey, Silverman, and Rao 2018 も参照のこと).

11.2.2　統　　　　計

◈ 小話 35　アンスコムの 4 つの数値例

アンスコムは，11 個の (x, y) のペアからなる 4 つの架空のデータセットを考え出した (図 11.22；Anscombe 1973). その 4 つのデータセットでは，いずれも x, y の平均は，それぞれ 9.0, 7.5 であり，回帰直線を当てはめた時の回帰式は $y = 3 + 0.5x$, 最小二乗法のために用いられる残差平方和は 110.0，相関係数は $r^2 = 0.667$ と同一である．図 11.22 のパネル (a) は多くの人が回帰直線の式から想定するデータの散らばり方を示している．パネル (b) は，直線回帰では気づけないような滑らかな曲線関係

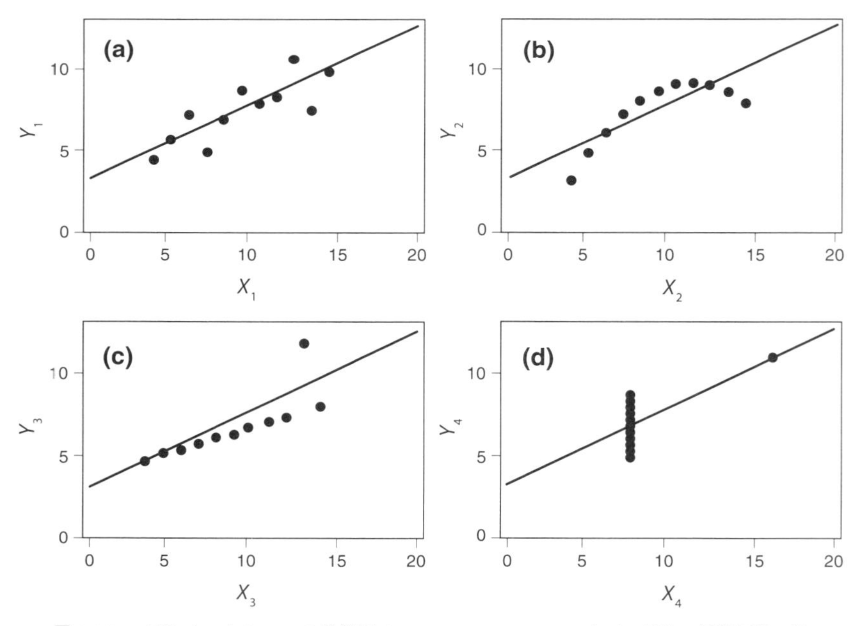

図 11.22　アンスコムの 4 つの数値例 (Anscombe's quartet) とは，平均，標準偏差，相関係数，直線回帰という基本的な統計量が同一である 4 つのデータセットのことである (Anscombe 1973). 図に描いて調べると，データの構造がどのように異なるかが簡単にわかる．

にあるデータを示している．パネル (c) は，たった 1 個の外れ値がどのように回帰直線を誤って導き出してしまうかを示している．その回帰直線の傾きは外れ値以外のすべての点を説明する直線の傾きと一致しない．パネル (d) のデータは，データから自明な直線関係とほぼ直角に交わる回帰直線を導き出してしまう．アンスコムによって提示されたこれらのデータ群は，標準偏差，平均，回帰係数のような統計量だけでは，不適切どころか，誤った結論を導き出してしまう場合があることを示している．

◈ 小話 36　記述統計量

ほぼすべての人口解析では，まず平均，標準偏差，最頻値という基本的な記述統計量 (descriptive statistics) を計算する．図 11.23 には，2 種のミバエの死亡齢分布を用いて，3 つの記述統計量を示した．ここで示した死亡齢分布は，生命表の中の d_x スケジュールに対応する各齢での死亡数であり，統計学でよく用いられる確率密度関数 (probability density function) に当てはめた結果も示してある．

◈ 小話 37　*t* 検定による寿命比較

小話 36 のチチュウカイミバエとメキシコミバエの例を使って，死亡齢分布の平均値 (期待寿命 e_0) が，$\overline{x}_1 = 36.1$ 日である標本と，$\overline{x}_2 = 48.6$ 日であるもう一つの標本に差があるかどうかを検定するには，平均の標準誤差 (standard error of the mean; SEM) を計算する必要がある．標準誤差はそれぞれの分散 (var_i) と個体数 (N_i) を使って，

$$\mathrm{SEM} = \sqrt{\frac{\mathrm{var}_1}{N_1} + \frac{\mathrm{var}_2}{N_2}} \tag{11.31}$$

によって求められる．この 2 つのミバエのデータでは，標準偏差がそれぞれ 15.1，18.2 であり，標本数がそれぞれ，1,000，1,152 であるから (図 11.23)，その値は，

$$\mathrm{SEM} = \sqrt{\frac{(15.1)^2}{1000} + \frac{(18.2)^2}{1152}} \tag{11.32}$$

$$= 0.718 \tag{11.33}$$

である．

t 検定を行うための t 値は，次の式で求められる (Lee 1992)．

$$t = \frac{\overline{x}_2 - \overline{x}_1}{\mathrm{SEM}} \tag{11.34}$$

$$= \frac{12.5}{0.718} \tag{11.35}$$

$$= 17.4 \tag{11.36}$$

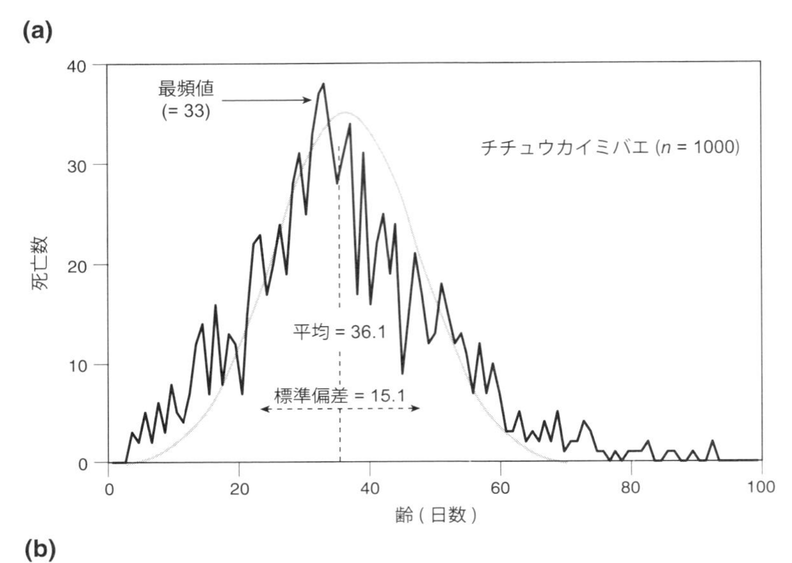

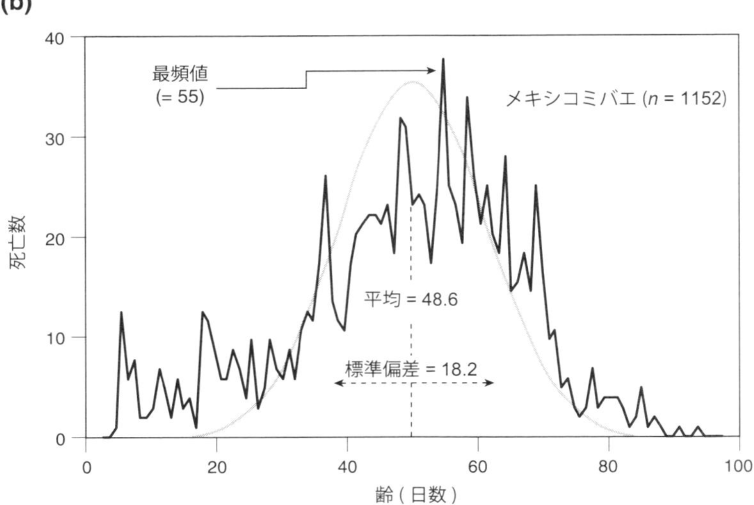

図 11.23　死亡齢分布とその記述統計量

(a) チチュウカイミバエの場合 (Carey et al. 1998b), (b) メキシコミバエの場合 (Carey et al. 2005). 灰色の曲線は平均と標準偏差の値を使って当てはめた正規分布を示している.

両側検定を行うと，この例の p 値は $p < 10^{-5}$ であり，2 つのコホートの死亡齢の平均は極めて有意に異なっている．

小話 38　アルツハイマー病の条件付き確率

ある特定の病気である人が女性である確率はどのくらいだろうか？ ある女性がその病気である確率はどれくらいだろうか？ この 2 つの問いの答えは，条件付き確率 (conditional probability) であり，可能なすべての組み合わせを考えた 2 行 2 列の表を作成することによって求められる．例えば，237 人の男性 (M) と 425 人の女性 (F) の中から，33 人の男性，97 人の女性がアルツハイマー病 (A; Alzheimer's disease) になり，残りの 532 人が健康 (H) であったとする (下表)．

	男性 M	女性 F	
健康 H	$n(MH)$ 204	$n(FH)$ 328	$n(H)$ 532
アルツハイマー病 A	$n(MA)$ 33	$n(FA)$ 97	$n(A)$ 130
	$n(M)$ 237	$n(F)$ 425	総計 662

アルツハイマー病になった人のうち，女性である条件付き確率は，

$$\Pr(F|A) = \frac{n(FA)}{n(A)} = \frac{97}{130} = 0.746 \tag{11.37}$$

である．女性の中で，アルツハイマー病になった人の条件付き確率は，

$$\Pr(A|F) = \frac{n(FA)}{n(F)} = \frac{97}{425} = 0.228 \tag{11.38}$$

である．

すなわち，標本集団の中でアルツハイマー病にかかった人の約 3/4 は女性であり，女性がアルツハイマー病になる確率はおよそ 1/4 である．

小話 39　ピークを合わせた平均化

人口学のデータを分析すると，齢別繁殖率や齢別死亡率など様々な量でピークが現れる．個々のコホートではピークが現れる時期にバラツキ (変異) があるため，いくつ

かのコホートの平均をとると，曲線のピークが消えて「平らになり」がちである (図 11.24(a))．ピークをそのまま保つようにするにはどのような方法があるだろうか？複数のコホートにわたってピークを平均すると平均ピーク点と各コホートのピーク点との間にずれが生まれるので，Müller たちは，それらがずれないようにするための方法を考案した (Müller et al. 2001)．j 番目のコホートのハザード率 (hazard rate) が $\theta_j (j = 1, \ldots, N)$ でピークをもつとする．まず，j 番目のコホートのハザード率を推定すると (第 3 章の方法を参照)，推定されたハザード率のピーク点 (θ_j) がそれぞれのコホートで求められる．すべてのコホートのピーク点を平均すると，平均ピーク点

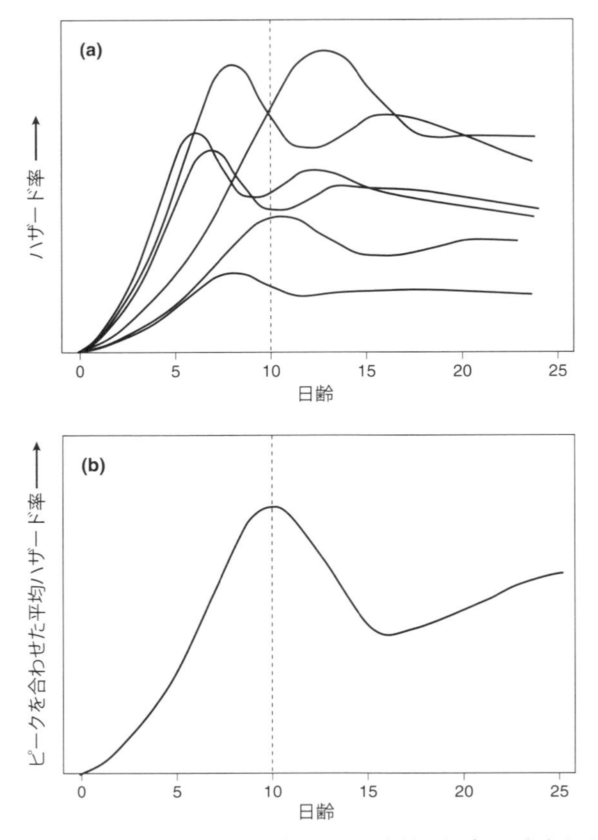

図 11.24 チチュウカイミバエのコホートのデータを用いたピークを合わせた平均化 (peak-aligned averaging)

Müller et al. (2001) の図 1～3 を改変した図．(a) 複数のコホートそれぞれのハザード率，(b) ピークを合わせた平均ハザード率 (0 日齢から 25 日齢まで)．

$(\hat{\theta})$ が得られる：

$$\hat{\theta} = \frac{1}{N}\sum_{j=1}^{N}\theta_j \tag{11.39}$$

次に，以下の式を用いて N 個のコホートのそれぞれで時間軸を変換すると，個々のコホートのハザード率のピークを平均ピーク点 $(\hat{\theta})$ に合わせることができる：

$$t'_j = \frac{t\hat{\theta}}{\theta_j} \tag{11.40}$$

この時間軸変換はすべてのピーク点 (θ_j) に対して行われる．各コホートで別々に時間軸変換をした後で，第 3 章「死亡」で説明された方法をもう一度用いて，図 11.24(b) に示されるようなピークを合わせたハザード率を平均したものが得られる．

◈ 小話 40　双生児の死亡齢の相関

世間一般の通念や，特に老年学の常識では，長寿の人には長寿の親戚がいる傾向があると思われている (Christensen et al. 2006)．長寿の親を持つ子供ではより高齢になる確率が高いと想像されるが，その相関は特に強いものではない．McGue らは，双生児の死亡齢を調査・分析し，寿命は「半ば (moderately) 遺伝的」であると結論づけている (図 11.25；McGue et al. 1993)．図 11.25 で示された散布図からははっきりとした傾向は見出せないが，Hjelmborg らは，一卵性双生児と二卵性双生児のどちらでも寿命に対する遺伝的な影響は 60 歳までは少ないが，それ以上の年齢になると遺伝的な影響が増加することを見出している (Hjelmborg et al. 2006)．

◈ 小話 41　80 人のグループの中で同じ誕生日の人が 2 人いる確率はほぼ 100%

80 人の学生がいるクラスの中で少なくとも 2 人の学生が同じ誕生日である確率はどのくらいだろうか？ その答えは 99.99%である．この直観に反するように見える結果は，「誕生日のパラドックス」と呼ばれる有名な話で，以下のように考えると答えが得られる．

- 最初の 1 人がある誕生日になる確率は，もちろん 100%である．
- 2 番目の人が 365 日の中で，他の誕生日である確率は，$(1 - 1/365)$ である．
- 3 番目の人が前の 2 人と異なる誕生日である確率は，$(1 - 2/365)$ である．

  ⋮

- 79 番目の人が前の 78 人と異なる誕生日である確率は，$(1 - 78/365)$ である．
- 80 番目の人が前の 79 人と異なる誕生日である確率は，$(1 - 79/365)$ である．

したがって，少なくとも 2 人の人が同じ誕生日でない確率 p (異なる誕生日) は，

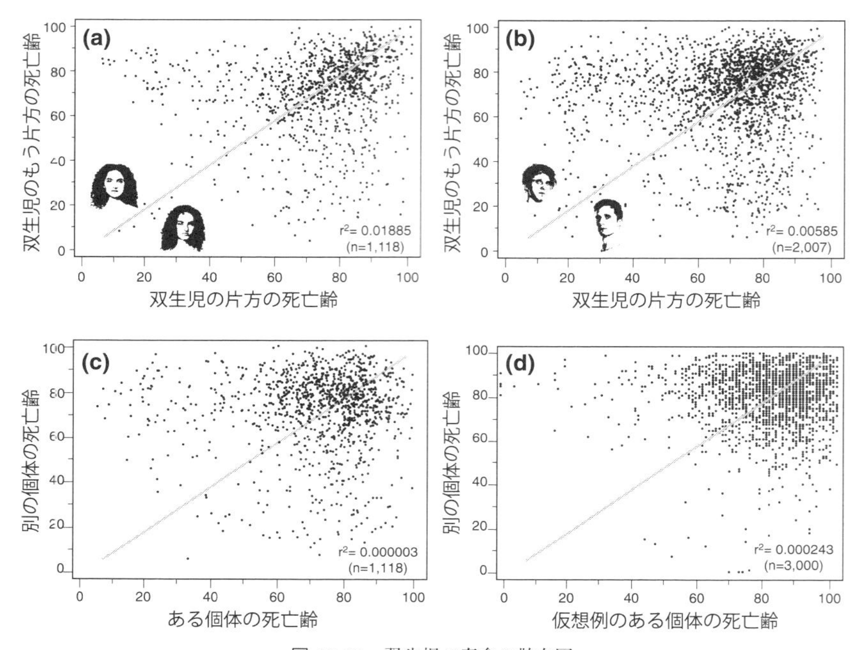

図 11.25 双生児の寿命の散布図

(a) デンマーク人の遺伝的に同一な一卵性双生児 (男女を合わせたデータ). (b) デンマーク人の二卵性双生児 (男女を合わせたデータ). (c) デンマーク人の一卵性双生児のデータからランダムに 2 人の人の死亡齢のペアを作った場合 (遺伝的にはつながりがない). (d) 2015 年のアメリカ人女性の死亡率を用いてコンピューターによって生成された仮想的な 2 人の死亡齢ペア (出典：Kaare Christenson より許可を得て掲載).

$$p(\text{異なる誕生日}) = 1 \times \left(1 - \frac{1}{365}\right) \times \left(1 - \frac{2}{365}\right) \times \cdots \times \left(1 - \frac{79}{365}\right) \quad (11.41)$$

である. x が小さい時に成立する近似式

$$e^x \approx 1 + x$$

を応用すると,

$$1 - \frac{1}{365} \approx e^{-1/365}$$

であるから,

$$p\,(\text{異なる誕生日}) = e^{-(1+2+\cdots+79)/365} \quad (11.42)$$

$$= 0.0001 \quad (11.43)$$

となる. したがって, 少なくとも 2 人の学生が同じ誕生日である確率は, $1 - 0.0001 =$

$0.9999 = 99.99\%$である．この考え方を拡張して，T 個の可能性の中から 2 つ以上が同じになる確率が m であるために必要とされる標本数 (n) を考えると，その近似精度が高い一般公式は，

$$n \approx \sqrt{-2\ln(1-m)} \times \sqrt{T}$$

であることが知られている (Mathis 1991; Brink 2012 を参照されたい)[*14]．

11.2.3 疫　　　学

◈ 小話 42　胎児期飢餓曝露 (prenatal famine exposure)

妊娠中に胎児が飢餓のようなストレスにさらされる場合，そのタイミングによっては，生まれてからの生活条件とは無関係に，その後の健康に大きな影響を与える場合がある．第二次世界大戦の末期，1944 年から 45 年にかけてオランダは食糧不足 (「飢餓の冬」と呼ばれた) に陥り，その結果として市民が餓死するに至った．その飢餓状況のデータは，妊娠時の栄養状態や出産状況，生まれた子のその後の人生での罹患率の関係を研究するために用いられている (Ekamper et al. 2014)．オランダの食糧不足は，ドイツ占領軍が食糧供給のための輸送を禁止したことに起因し，妊娠コホートが被った影響は食糧不足になったタイミングによって異なっていた (図 11.26)[*15]．オランダ全体の男性の出生コホートでは，胎児期に食糧不足の影響を受けた人の死亡率は増加していた．妊娠初期に食糧不足の影響を受けた人の死亡率は増加したが，妊娠後期にのみ影響を受けた人では死亡率の増加は見られなかった．これらの結果から，ストレスにさらされる妊娠中のタイミングは，生まれた子のその後の健康状態を決定するのに極めて重要であり，生まれてからの生活条件は食糧不足と生まれた子の死亡率の間の関係に影響を与えないことがわかった．

◈ 小話 43　人口学的選択の直接的証拠

ヒト集団において人口学的選択 (demographic selection) が起こっているという確たる証拠を提示している文献は少ないが，その一つとして Ho たちの研究が挙げられる (Ho et al. 2017)．この研究では，インド洋で大規模な地震と津波が発生した 2004 年から 5 年間，インドネシア・アチェ州の居住者の中から集団を代表する個体をサン

---

*14)　式 (11.42) を一般化すると，T 個の可能性が異なる確率は，

$$1-m = \exp\left(-\frac{1+2+\cdots+n-1}{T}\right) = \exp\left(-\frac{n(n-1)}{2T}\right) \approx \exp\left(-\frac{n^2}{2T}\right)$$

となる．この近似式から，n を求めると，与式が求められる．

*15)　図 11.26 における分類群ごとの死亡リスクについては，Ekamper et al. (2014) の表 3 を参照のこと．

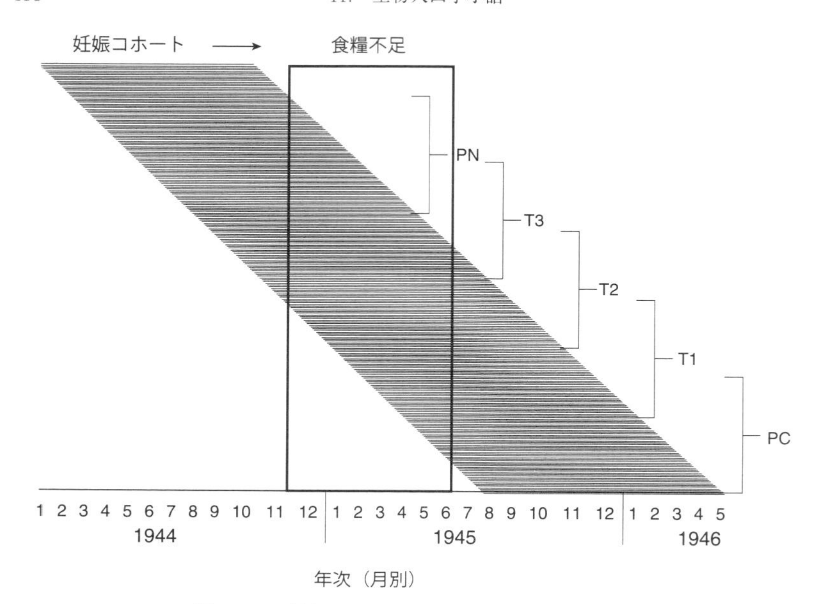

図 11.26　妊娠コホートごとの食糧不足状況の分類

PN：出産後すぐに食糧不足に影響された場合，T1：妊娠最初の 3 カ月間に影響を受けた場合，T2：妊娠後二度目の 3 カ月間に影響を受けた場合，T3：妊娠してから三度目の 3 カ月間に影響を受けた場合，PC：受胎予想日の前に影響を受けた場合 (Ekamper et al. 2014)．1 日当たりの平均摂取カロリー量は，食糧不足以前で 1, 500 kcal，食糧不足期間で 600 kcal，食糧不足以後で 2, 000 kcal であった．

プリングし，対象者の死亡率を調べた．その研究の方法と主要な結果は図 11.27 に示されている．男性では，すべての年齢層で，津波の時に被害にあわなかった地域に住んでいた人の死亡率が被害にあった地域の人よりも高かった．地域間の差は，50 歳手前まで年齢とともに着実に増加し，75 歳までにその違いは約 10%に達する．この報告を行った Ho らは，この事実は，津波の影響を受けた地域に住んでいて生き延びた男性はプラスの方向に選択され，集団の不均一性 (異質性) が変化した証拠であり，その結果，津波の被害にあった地域に住んでいた男性のその後の死亡率が低くなった，と主張している．

◈ 小話 44　生物検定法 (バイオアッセイ) における計数データ解析

毒性学分野でよく使われる生物検定法 (bioassay) において，0, 1 で表されるような離散的反応に関心がある場合に応用されるモデルには，人口学にも応用できるものがある．一つは，毒性学で用いられるプロビット解析 (probit analysis) であり，Finney

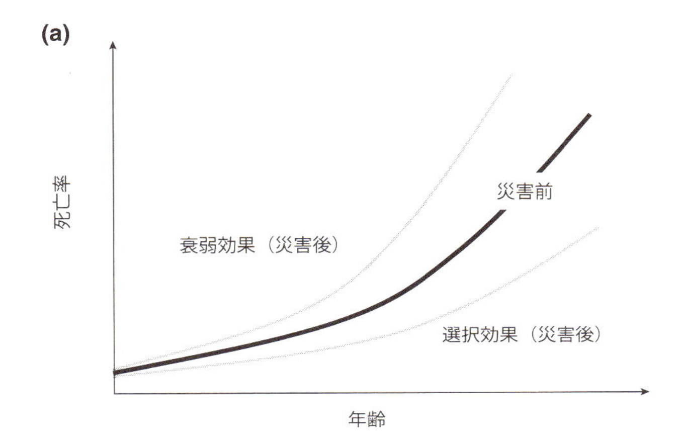

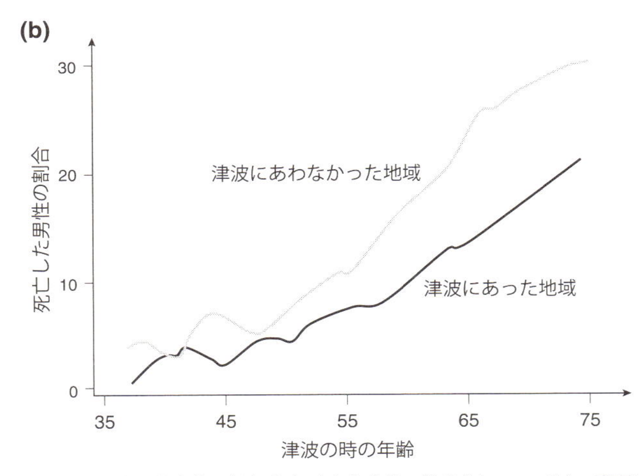

図 11.27　(a) 災害前，災害後の仮想的な死亡率曲線．災害後については，衰弱による死亡率と選択効果による死亡率を示してある．(b) 2004 年の津波後 5 年間の死亡率．津波にあった地域の男性とあわなかった地域の男性が死んだ割合を比較している (Ho et al. 2017 の図 2 を改変).

(1964) によって考案された．Carey (1993) が述べているように，加齢は時間という毒物の投与にあたると考えれば，生命表で使われる統計量はプロビット解析で使われる統計量と同じであると考えられる．例えば，(1) 生命表とプロビット解析はともに「生か死か」のような 0, 1 的な結果に関心がある，(2) 生命表における死亡齢分布 (d_x) は，プロビット解析における毒物の増加量当たりの死亡数の標準正規分布に対応する，(3) 生物検定法で投与量の対数と死亡率の関係を示す曲線は普通は累積正規分布であり，その曲線は生命表における生残曲線の補数 (1 から引いたもの) である．(4) プロビット解析では，50%が死ぬ投与量の対数 (LD_{50}) は平均投与量であり，中央値 (メジアン) であると仮定されている (Carey 1993)．生命表を使って求められる期待寿命は，コホートの平均死亡齢であると定義し直すことができるので，通常は死亡時の齢の中央値 ($l_x = 0.5$ である齢) に近い．したがって，生命表の中でコホートの半数が死ぬ齢は，人々が時間の「過剰投与」によって死ぬ LD_{50} であると見なすことができる．

もう一つ，生物検定法関連で紹介したい話題は，アボット補正 (Abbott's correction) である (Abbott 1925)．アボット補正は，殺虫剤を用いた時の生物検定法による結果を，自然死亡の効果を考慮して調整するための公式である．アボット補正は，本質的に，齢区間だけを軸にして，競合する死亡リスクを調べる二要因生命表と同じである．この場合，要因の一つは自然死亡であり，もう一つは殺虫剤であると考えて，二要因の生命表を作成する．アボットが有効殺虫率 (effective kill rate; EKR) と名付けた率は，A, B をそれぞれ，自然死亡の影響を受けている対照群 (control) での死亡個体の割合，処理区 (treatment) の死亡個体の割合であるとすると，$(A - B)/A$ によって計算される．

11.2.4　カタストロフィ (大惨事)

◈ 小話 45　ナポレオンの大陸軍—モスクワへの行進

この小話では，生存データの効果的な使い方，および空間と時間を同時に可視化するデザインと作図の考え方について説明する (Tufte 2001)．ナポレオンの指揮のもと，ロシアへのフランス軍の侵攻が始まったのは 1812 年 6 月 24 日のことである．その日，ナポレオンの大陸軍はベラルーシにあるネマン川を越えた．11 月，帰路にベレジナ川を越えてベラルーシに戻ってきた時には，わずか 27,000 人の軍勢しか残っていなかった．その軍事作戦は，その年の 12 月 14 日に終了した．ナポレオンの大陸軍では，全部で 38 万人の兵士が失われ，さらに 8 万〜10 万の兵士が捕虜となった (Zamoyski 2005; Mikaberidze 2007)．図 11.28 は，大遠征中の軍隊の生残曲線を示している．図 11.28 の挿入図では，灰色の太い線がベラルーシからモスクワまでの進軍行を，黒い線が退却行を示している．線の太さは軍隊の生き残った兵士数を表している．

◈ 小話 46　ドナー隊事件—年齢，性，親族関係による影響

この小話では，歴史に残る悲惨な事件の死亡データがある傾向を明らかにした例を紹介する．ドナー隊事件は，アメリカ人の間で語り継がれている事件の中で，よく知られているものの一つである (Wallis 2017)．1846 年の夏にイリノイ州から，男女子

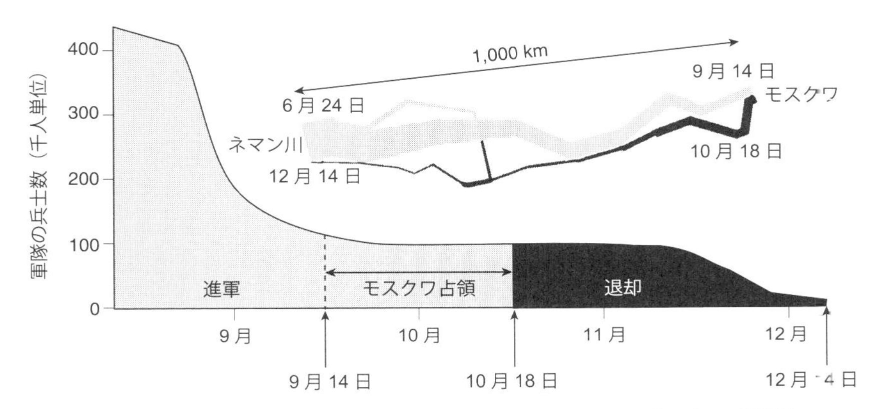

図 11.28　1812 年のナポレオンによるロシア侵攻の際のモスクワ進軍中の軍隊損耗
挿入図：Charles Minard によって描かれた有名な図．1812 年のロシア侵攻中に被った
ナポレオン軍の災害級の損失を示す数値データが地図上に描かれている．

供を合わせて 90 人の幌馬車隊がカリフォルニアを目指して出発した．しかし，不運な出来事，判断ミス，運の悪さのために，11 月にシエラネバダ山脈東部で例年より早い時期の大雪に巻き込まれた．4 カ月後，出発時は 90 人だった一行のうちカリフォルニアにたどり着いたのは 48 人だけであった．

Grayson (1990) のデータから明らかなように，ドナー隊の一行の運命はほぼすべてが 3 つの要因によって決まっていた (表 11.3)．まず，中年層よりも 5 歳以下の子供や高齢者が高い確率で死ぬという生存率の齢依存性があった．確かに，1 つの例外を除いて男女どちらでも 49 歳を超えた生存者はいなかった．第二に，死亡率に男女差があった．男性は女性に比べてほぼ 2 倍の死亡率であっただけではなく，多くの男性が旅の初期に死んでいた．三番目に，親戚の人数と関係性が生存率と大きく関係していた．親族がいなかった人は親族がいた人に比べてはるかに高い率で死亡した．一人も死亡者が出なかった親戚グループが何組か存在した (Wallis 2017)．女性はより虚弱であるという世間一般の通念にもかかわらず，ドナー隊の統計や他の多数の事例によってその通念は正しくないことがわかっている (Widdowson and McAnce 1963; Widdowson 1976)．極限状況下では先に倒れるのは普通男性である．この事実は，男性は肉体的にはより強靱であり障害者は少ないが，どの年齢でも女性に比べて大きく死亡率が高いと言われる，いわゆる「男女の健康・生存パラドックス (male-female health-survival paradox)」とも整合性がある (Wingard 1984; Oksuzyan et al. 2008, 2009)．

表 11.3 1846〜1847 年のドナー幌馬車隊の数値データや死亡率

特性	個体数	死亡者数/母数	死亡率	死亡率の比
幌馬車隊の人数	90	42/90	47%	—
年齢				
不詳	2	2/2	100%	—
< 5	19	11/19	58%	6.6
6〜14	21	2/21	10%	1.0
15〜34	34	16/34	47%	3.3
≧ 35	14	11/14	79%	8.4
性別				
男性	55	32/55	58%	2.0
女性	35	10/35	29%	1.0
親戚の有無				
有	72	27/72	38%	1.0
無	18	15/18	83%	2.0

出典：McCurdy (1994) の表 1.
注：それぞれのグループで最低の死亡率に対する相対比が計算されている.

◈ 小話 47 タイタニック号事件の保険数理的分析：仮説検定

客船タイタニック号 (Titanic) は処女航海の途上で 1912 年 4 月 14 日の夜に氷山に衝突した．3 時間も経たずに船は沈没し，その結果 1,517 人の命が失われ，その数は全乗員・乗客 2,207 人の 2/3 以上に及んだ．その惨事で生き残った人に関する仮説を検証するために，Frey たちは，全乗員・乗客を一等船室か否かの経済的要因，年齢や性別の生物学的要因，国籍・グループ旅行などの社会的要因によって分け，タイタニック大惨事での生き残り方を，競技者の間でのリスク回避勝ち抜きゲームと見なして解析を行った (Frey et al. 2009)．その解析によれば，機関士に比べて，一等船室の乗客や一般乗務員・甲板乗務員，また，壮年の人や生殖可能年齢の女性，子供連れの女性，子供の生存率が高い，という仮説が支持された．団体旅行者に対して単身旅行者，イギリス人以外に対してイギリス人がより生存率が高いという仮説は支持されなかった．タイタニック号沈没も含めた自然災害の犠牲者については，Dudasik (1980) と Rivers (1982) の論文に参考になる面白い見解が述べられている．

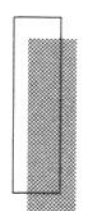

11.3 第三集：家族，保険数理，組織

11.3.1 家　　族

◈ 小話 48 「最高」の配偶者を選ぶ戦略

大金持ちの結婚相手を見つける確率を最大化するための結婚戦略とはどのようなものだろうか？ ある王女が国中で最も裕福な男性と結婚したいと願っている．一人一人

の男性に財産状況を尋ねるために面接することはできるが，一度次の人と面接すると決めれば，今の男性は候補からは外れてしまうとする．この架空の結婚戦略問題に使われるストーリー展開は，統計学では「秘書問題」として知られていて，「最適停止問題」と呼ばれるより一般的な問題群の一つである．秘書問題の場合には，多数の応募者に面接し，その場で雇用するか次の人と面接するかを決めなければいけない時の戦略をどのように工夫するのかというのが問いになる．その場合，面接後採用されなかったすべての応募者はライバル会社に雇用されてしまうという前提がある．最適な停止戦略については，広範囲の似たような問題に対して答えがわかっていて，最も富裕な男性と結婚する確率を最大化する戦略は以下のものである．まず，$(1/e) \times n = 0.37n$ 人の男性と面接をする．e は自然対数の底 ($e = 2.718 \cdots$)，n は面接候補者の数である．次に，残りの $0.63n$ 人の中から，最初の $0.37n$ 人の中で最も富裕であった人を超える人が現れたらその人に決める．この戦略を使うと，王女さまが候補者の中から最富裕の男性と結婚できる確率は 37%になる (この結論の導出と証明については Bruss 2000 を参照してほしい)．

◈ 小話 49　子供の数を決めた時の女児数の確率分布

ある夫婦が 4 人の子供を持とうと決めたとする．女の子の数が 0, 1, 2, 3, 4 人になる確率はどのくらいだろうか？ 二項定理 (binomial theorem) を使うと，次のような公式を求めることができる：

$$P[x = k] = \binom{n}{k} p^k (1-p)^{n-k} \tag{11.44}$$

$$= \frac{n!}{k!(n-k)!} p^k (1-p)^{n-k} \tag{11.45}$$

ここで，p, n, k はそれぞれ女児が生まれる確率，子供の総数，女児の数を表す．この確率分布の値はすべて表 11.4 に示されている．4 人の子持ちの家庭の 1/3 強 (37.5%)

表 11.4　$n = 4$ 人の子を持つ家庭の中で，k 人の女の子を持つ二項分布の確率

女児の数 (k)	女児が k 人である確率 (P)
0	0.0625
1	0.2500
2	0.3750
3	0.2500
4	0.0625
	1.0000

注：女の子が生まれる確率 p は 0.5 で，男の子が生まれる確率は $1 - p = 0.5$ であると仮定している．

が 2 人の女の子と 2 人の男の子を持つことになる．半分の家庭が，1 人または 3 人の女の子で，1/8 の家庭はすべて男の子か，すべて女の子になる．

◈ 小話 50　すでに産んだ子とこれから産む子

定常集団では，集団の齢分布と集団メンバーの余命齢 (残余年数) の分布が同じとなる性質が，Carey の同等性として知られている (Vaupel 2009；本書 2.3.7 項を参照のこと)．また，第 2 章の図 2.9 で示されているように，例えば，定常集団中の 0 齢の個体の割合は，その時点から 0 年間，1 年間，$\cdots$ 生き残る個体の割合の合計と等しい．定常集団で成立するこの同等性は経産回数進展 (parity progression) の様子の見方でも応用することができるのだろうか *16)？ もし応用できるなら，どのように応用するのだろうか？ 図 11.29 に示されるように，この同等性は定常集団における経産回数進展表の場合にも応用できる (Feeney 1983)．図 11.29(a) は，フランス系カナダ人の女性が生涯に産んだ子供の数の分布を示し，図 11.29(b) は，任意の時点から産み足される子の数の分布を示している．図 (a), (b) から，定常集団においては，生涯に産む子の数の分布と，任意の時点から産み足される子の数の分布は等しくなることがわかる．また，図 11.29(a) の黒色のバー，濃い灰色のバーは，生涯に 3 人あるいは 12 人の子を産んだ女性の割合を示し，その面積は，それぞれ図 11.29(b) の黒の領域，濃い灰色の領域の面積と等しい．

◈ 小話 51　男児女児の目標数がある場合の家族サイズ

ちょうど男児が 2 人，女児が 2 人生まれるまで子供を作ろうと夫婦が考えていたら，子供の総数が 7 人になる確率はどのくらいだろうか (第 8 章 8.4 節「家族人口学」でも兄弟姉妹の構成によって，子供の数が変化するという指摘がなされている)？ 女児と男児が生まれる確率を，それぞれ p, q，希望する最低の女児数が g 人，男児数が b 人で，子供の総数が n 人であるとすると，この問題を解く公式は，

$$P(N=n)=\frac{(n-1)!}{(g-1)!(n-g)!}p^{g-1}q^{n-g}p+\frac{(n-1)!}{(b-1)!(n-b)!}q^{b-1}p^{n-b}q \quad (11.46)$$

である (Keyfitz and Beekman 1984, p.116，問題 16)．この式の第 1 項は，子供が $(n-1)$ 人生まれた時までに女児が $(g-1)$ 人，男児が $(n-g)$ 人生まれる確率と最後の 1 人が女児である確率の積を表している．第 2 項の意味も同様である．この公式に，$p=q=0.5$, $g=b=2$, $n=7$ を代入すると，その答え，子供の総数が 7 人になる確率はおよそ 9%である．

---

*16)　第 4 章の表 4.11 のキイロショウジョウバエの産卵進展表も参照してほしい．

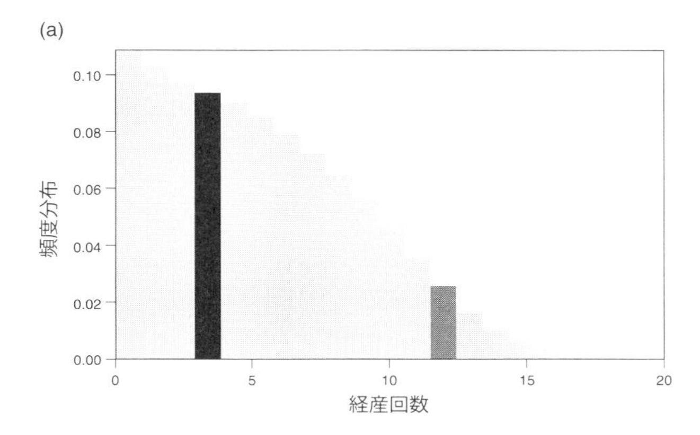

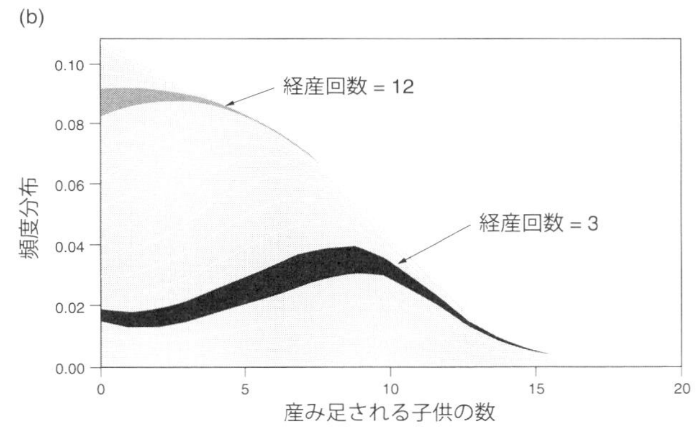

図 11.29　Carey の同等性を経産回数分布に応用する

(a) フランス系カナダ人の女性の生涯の経産回数の頻度分布．経産回数が 3 回，12 回の場合の割合は，それぞれ黒色，濃い灰色のバーで示されている．(b) 任意の時点から産み足される子の数の分布 (データは LeBourg et al. 1993 より)．産み足される回数が 0〜20 回の女性が，すでに何人かの子を産んでいた割合をそれぞれの波状の帯の縦幅で表す．すでに 3 人あるいは 12 人の子供を産んだ女性の割合が，黒色，濃い灰色の帯領域の縦幅で示されている．

◈ 小話 52　結婚継続期間

新婦が 25 歳，新郎が 30 歳の時の結婚で，どちらかが死ぬまで連れ添う年数にどのくらいだろうか？ この問いに対する解は，齢別生存率を以下のように足し合わせることで求められる：

$${}_1p^{\mathrm{f}}_{25}\,{}_1p^{\mathrm{m}}_{30} + {}_2p^{\mathrm{f}}_{25}\,{}_2p^{\mathrm{m}}_{30} + {}_3p^{\mathrm{f}}_{25}\,{}_3p^{\mathrm{m}}_{30} + \cdots$$

この式中で，${}_np^{\mathrm{f}}_{25}$ は 25 歳の女性が 25 歳を超えてさらに n 年生き残る確率を，${}_np^{\mathrm{m}}_{30}$

は 30 歳の男性が 30 歳を超えてさらに n 年生き残る確率を表す．第 2 章 2.3 節の式 (2.28) で，期待寿命は，各年齢までの生残率を足し合わせると求められることを学んだ．したがって，結婚してからの年数を n 年とすると，${}_np^{\mathrm{f}}_{25}\,{}_np^{\mathrm{m}}_{30}$ は夫婦ともに n 年生き残る確率 (夫婦の生残率) であるから，そのすべての和は，結婚継続期間の期待値である．2015 年のアメリカ人の齢・性別生命表を用いて計算すると，その答えは 42.9 年である．したがって，25 歳と 30 歳で結婚した平均的な夫婦は，どちらかが死ぬまでおよそ 43 年間結婚生活を続ける．

◈ 小話 53　避妊の有効性

すべての夫婦が，避妊率 (e) が同じ避妊具を使い，同じ自然妊孕率 (fecundability; f_n) である場合，避妊に失敗する確率はどのくらいであろうか？ 毎月の避妊失敗リスクは $(1-e)f_n$ である (Bongaarts and Potter 1983)．ある月に失敗しない確率は，$1-(1-e)f_n$ であり，1 年間全体で失敗してしまう確率は，$F=1-\{1-(1-e)f_n\}^{12}$ である．

◈ 小話 54　金婚式の可能性

金婚式を祝える確率や，夫が先立つ確率はどのくらいだろうか？ 25 歳の女性と 40 歳の男性が結婚した 500 組の夫婦を考えてみる．シミュレーションの結果では，500 組のうち 37 組だけが 50 周年記念の金婚式を祝うまで生き残り，37 組の夫婦のうち 31 組 (84%) で夫が妻よりも先に他界する (図 11.30)．結婚が続く平均年数は 30.4 年で，8 割の確率で夫が先に他界する．男性が，亡くなるまで男やもめでいる時間の平均は 13.6 年で，女性が未亡人でいる時間の平均は 26.7 年である．

◈ 小話 55　人生の価値は？ 子供の就業期間推定

人生の価値をお金に換算するという発想に出会うと，奇異に感じる人もいれば，不愉快になる人や，嫌な気分になる人がいるだろう (Peeples and Harris 2015)．人口学者は人の一生を研究する人種であるが，1 人の人生に値段をつけるのはその職務ではない (Herzman 1999; Billari 2003)．しかし，民事不法行為を担当する弁護士にとっては，この問いは，交通事故や医療過誤のような違法な死亡・傷害事件において日常的に問題になる．未成年の子供の稼得能力 (earning capability) を推定するには，その子供の教育達成度の可能性について情報が必要であり (Gill and Foley 1996)，それぞれの教育レベルについて賃金労働による所得額を決める必要がある (Tamborini et al. 2015)．

例えば，Spizman (2016) によって報告されたケースでは，マイケル・ブーンという

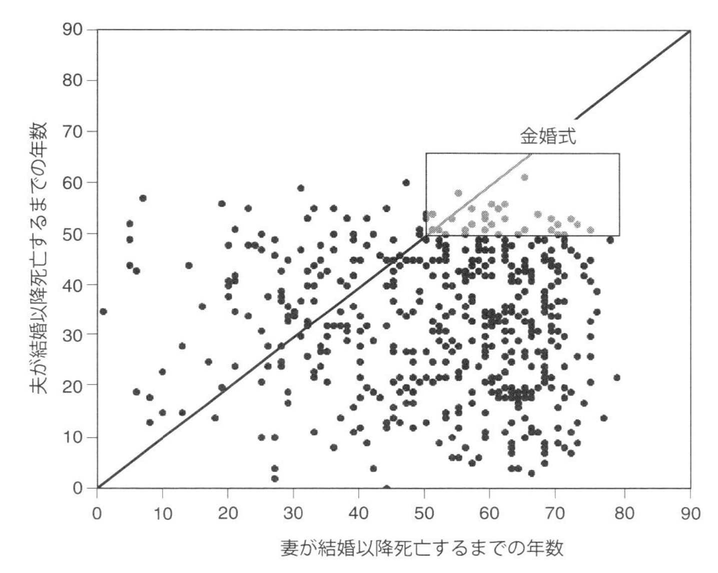

図 11.30　妻が 25 歳，夫が 40 歳で結婚した 500 組の夫婦が結婚以降死ぬまでの年数の分布

各点は，女性と男性の死ぬまでの年数の組み合わせを示している．2015 年のアメリカの Berkeley Mortality Database のデータを用いて計算されている．

7 歳の子供は，2012 年 9 月 11 日に外傷性脳障害をもって生まれた．彼の両親に，もしマイケルが普通に生まれたなら稼いだであろう金額に基づいて，不当な傷害に対する賠償を求めている．生涯稼得能力を評価するために，家族の社会経済学的情報や家族の教育レベルに関する情報を利用して，個人の教育レベルの確率が計算される．児童期の子供の傷害や死亡の場合，あるいは不法死亡訴訟の場合には，その確率が，個人の生涯収入 (lifetime earning) の予測をするために，以下の式の中で用いられる：

$$\text{生涯収入の予測値} = \sum_{i=1}^{n} S_i P_i$$

ここで，S_i, P_i は，それぞれ教育レベル i に到達する確率，教育レベル i での生涯収入を表す．マイケルのケースでは，彼の生涯収入は 1 億 8000 万円強であると推定された (表 11.5)．

11.3.2　保険数理学

ここで述べられる小話の多くは，簡単な利息計算から投資信託の話題まで一連の例題を載せている Norberg のウェブサイトの内容に基づいている (Norberg 2002)．主

表 11.5　マイケル・ブーンの事例での各教育レベルでの男性の収入および確率

教育レベル	達成確率	各教育レベルでの生涯収入 (単位：億円)	収入の期待値 (単位：万円)
	P_i	S_i	$P_i \times S_i$
高校まで	10.2%	1.13	1, 150
高校卒業	48.1%	1.54	7, 410
大学入学	9.5%	1.76	1, 670
大学卒業	27.1%	2.43	6, 590
大学院レベルの教育	5.1%	3.05	1, 560
		総計	18, 380

出典：Spizman (2016).

に生命保険，年金や健康管理について研究する分野である保険数理学を，多少なりとも生物人口学につなげることを目指した内容となっている．保険数理を職業としている人は，通例，英国保険数理雑誌 (*the British Actuarial Journal*)，北米保険数理雑誌 (*the North American Actuarial Journal*)，保険問題ジャーナル (*the Journal of Insurance Issues*) やリスク・不確実性雑誌 (*the Journal of Risk and Uncertainty*) などの，人口学分野とは別の学術雑誌に研究成果を発表する．そのため，人口学者にはあまりその成果は知られていないので，ここでいくつか紹介しておく．

◈ 小話 56　利率 r の P 円の定期預金の元利合計

年利率 5% ($r = 0.05$) で 1 万円の定期預金 (P) を預けた時の 10 年後の元利合計はいくらだろうか？ この額 (A) は，次の式で計算される：

$$A = P(1 + r)^{10} = 10000(1 + 0.05)^{10} = 16300 \text{ 円} \qquad (11.47)$$

◈ 小話 57　目標を定めた積立金

25 歳のメアリーは，退職した後のことを考えて，50 歳の時に 2000 万円を手に入れたいと思っている．年利率が 5%だとして，この目標達成のために月々いくらお金を預ける必要があるだろうか？ P を投資するか誰かに借りる元金，A を最終収支，r を年利率，Y を年数，PMT を毎回の預け金額，n を年当たりの預け回数 (毎月なら $n = 12$) とする．もし，P が一度に満額預けられたとすると，年利率 r で Y 年後に戻ってくる金額は，

$$A = P(1 + r)^Y \qquad (11.48)$$

である．この公式から，一度に預けるなら，メアリーは 590 万円を預ければよいことがわかる．もし，年利率 r の貯蓄預金口座に，毎年 n 回 PMT だけ預け，Y 年続けたとすると，総額 (A) は，次の公式で求められる：

$$A = \mathrm{PMT}\left[\frac{\left(1+\frac{r}{n}\right)^{nY}-1}{\frac{r}{n}}\right] \tag{11.49}$$

この式を使って計算すると，退職時に 2000 万円を手に入れるためには，メアリーは 25 年間毎月 34,000 円預けるとよい [*17]．

◈ 小話 58　30 年ローンの支払い月額

メアリーは 35 歳の時に，住宅購入のために 2500 万円を借りることにした．満期 30 年，年利率 5%の借り入れであると，65 歳の時にこのローンを返し終わるためには月々いくらの支払いが必要だろうか？

もし年利率 r で P を借り，毎年 n 回同じ額を Y 年にわたって返し続けるとすると，毎回の返済金額は次の公式で与えられる．

$$\mathrm{PMT} = \frac{P\left(\frac{r}{n}\right)}{\left[1-\left(1+\frac{r}{n}\right)^{-nY}\right]} \tag{11.50}$$

式 (11.50) を使って毎月の支払額を求めると，PMT は 134,205 円である．

◈ 小話 59　クレジットカードの借金返済

メアリーは利率 18%のクレジットカードの借金が 50 万円に増えてしまった．これ以上クレジットカードで何かを購入しなかったとして，この借金を 4 年間で返済するためには月々いくら支払う必要があるだろうか？ やはり，式 (11.50) を使って PMT を求めると，毎月 14,687 円支払う必要があることがわかる．彼女は，総額で 70 万円くらい支払うことになり，返済金の 40%以上が利息である．

◈ 小話 60　退職時のための銀行貯蓄

メアリーは，50 歳の誕生日を記念して，70 歳の時の退職を目指してお金を投資することにした．まず，彼女が考えた戦略は資本金 1000 万円 (S_0) を貯蓄預金口座に預け，複利利息を稼いだ 20 年後に全額を引き出すというものである．この口座は年 5%の利息を生み出す．メアリーが，70 歳になる前に死ぬ確率は 15%であると仮定すると，彼女が 20 年後に自由に使える金額の期待値はいくらだろうか？ 年利率が i であるとすると 1 年後に，彼女の投資は

$$S_1 = S_0 + S_0 i = S_0(1+i) \tag{11.51}$$

[*17] 式 (11.49), (11.50) の導出方法は，様々なウェブサイトに掲載されているので，そちらを参照してほしい．

のように増加する．2 年経つと，

$$S_2 = S_0(1+i)^2 \tag{11.52}$$

になり，20 年後には，

$$S_{20} = S_0(1+i)^{20} \tag{11.53}$$

になる．この数式を使うと，彼女の元手の 1000 万円の投資は 20 年後には

$$S_{20} = 1000(1+0.05)^{20} = 2653.3 \text{ 万円}$$

まで大きくなることがわかる．メアリーが 70 歳までに死ぬ確率，15%を考えると，20 年後に彼女が自分で使うことのできる金額の期待値は，70 歳までの生残確率と貯蓄総額の積であるから，

$$0.85 \times S_{20} = 0.85 \times 2653.3 = 2255.3 \text{ 万円} \tag{11.54}$$

となる．

◈ 小話 61　少人数の投資信託

メアリーは，退職時を目指した投資戦略を考え直して，50 歳の彼女の友達，エミリーとオリビアと相談をし，それぞれが，1000 万円を預け，70 歳まで生きていた人で総額 $(3 \times S_{20})$ を等分するという戦略を考えた．彼女が 20 年後に使えるお金はどのくらいだろうか？ 70 歳まで生き残る確率は 0.8 であるという仮定のもとで，3 人が参加している貯蓄預金の可能性を表 11.6 に示してある．表の中の「+」記号は 70 歳の時に生きていることを，「−」記号は 70 歳になる前に死亡することを表している．

70 歳までに生き残っている人の数を L_{70} とすると，70 歳の時に生きていた人が各自獲得する金額は $3S_{20}/L_{70}$ である．メアリーには，以下に示すような様々な可能性がある．

表 11.6　3 人が参加している貯蓄預金の可能性．L_{70} は 70 歳までに生き残っている人の数である．70 歳まで生き残る確率は 0.8 であるとして計算した．

	名前					
	メアリー	エミリー	オリビア	L_{70}	$3S_{20}/L_{70}$	確率
1	+	+	+	3	S_{20}	$(0.8)(0.8)(0.8) = 0.512$
2	+	+	−	2	$1.5S_{20}$	$(0.8)(0.8)(0.2) = 0.128$
3	+	−	+	2	$1.5S_{20}$	$(0.8)(0.2)(0.8) = 0.128$
4	+	−	−	1	$3S_{20}$	$(0.8)(0.2)(0.2) = 0.032$
5	−	+	+	2	$1.5S_{20}$	$(0.2)(0.8)(0.8) = 0.128$
6	−	+	−	1	$3S_{20}$	$(0.2)(0.8)(0.2) = 0.032$
7	−	−	+	1	$3S_{20}$	$(0.2)(0.2)(0.8) = 0.032$
8	−	−	−	0	—	$(0.2)(0.2)(0.2) = 0.008$

- 確率 0.512 で，彼女も他の 2 人の友達も 70 歳まで生き，それぞれが $3S_{20}/3$ (= 2653 万円) を受け取る．
- 確率 $2 \times 0.128 = 0.256$ で，彼女ともう一人の友達が 70 歳まで生きていて，彼女はもう一人の友達と $3S_{20}/2 = 3980$ 万円ずつを手に入れる．
- 確率 0.032 で彼女が唯一の生き残りとなり，$3S_{20} = 7960$ 万円全額を受け取る．
- 確率 0.200 で，彼女は亡くなり，何も受け取らない．

この戦略は小話 60 でメアリーがとった一人だけで貯蓄する戦略より優れている．というのも，70 歳まで生き残っている限り，彼女は少なくとも，一人だけで貯蓄した時の額に等しい 2653 万円を受け取ることができるからである．メアリーの 20 年後の受取額の期待値は

$$\begin{aligned}&(0.512 \times S_{20}) + (0.256 \times 1.5 \times S_{20}) + (0.032 \times 3 \times S_{20})\\&\quad = 0.992S_{20} = 0.992 \times 2653 \text{ 万円} = 2632 \text{ 万円}\end{aligned} \tag{11.55}$$

である．この期待値はほぼ 380 万円，単独で投資した時よりも多い額である．

◈ 小話 62　人数の多い投資信託の考え方

単独投資よりも少人数の投資信託が有利であることがわかってきたので，メアリーは参加者の人数を増やすことを考えるようになった．50 歳の人のグループのメンバー (人数は L_{50} 人) が全員，3 人の時と同じように投資者の組合に参加することに同意したと仮定する．そうすると，20 年後の貯蓄総額は $L_{50}S_{20}$ である．例えば，$L_{50} = 1{,}000$ 人として，小話 60 の結果を使って計算すると，総額は，$L_{50}S_{20} = 265$ 億円である．メアリーが 20 年後に自由に使える金額の期待値はいくらだろうか？ 大数の法則によって，生残者の割合は個々人の生存確率 0.80 に近くなる傾向があるので，参加者の数が増えると生残者当たりの受取額は

$$L_{50}S_{20} \div 0.8L_{50} = \frac{1}{0.8}S_{20} \tag{11.56}$$

に近づく．

その場合，メアリーが直面する状況は

- 確率 0.8 で，彼女は 70 歳まで生き，$1/0.8 \times S_{20}$ (= 3317 万円) を受け取る．
- 確率 0.2 で死亡し，何も受け取れない．

である．メアリーが 20 年後に自由に使える金額の期待値は

$$0.8 \times \frac{1}{0.8}S_{20} = S_{20} = 2653 \text{ 万円} \tag{11.57}$$

である．したがって，投資信託による遺贈システムを利用すると，将来もらえる年金

の期待値は，もし彼女が不死である場合に単独で結んだ貯蓄契約で実現できる金額まで上がった．その結果，ポートフォリオの参加者の規模によって，死ぬリスクを除去することができた．これが，「保険リスクの分散」という考え方である．

◈ 小話 **63** 老齢年金の社会負荷

20 歳から 65 歳までの生産年齢人口に対する 65 歳を超えた人の人口の比率を考えると，老齢年金 (old-age pension) の社会負担の重さはどの程度だろうか (Keyfitz and Beekman 1984)？ また，この負担は毎年 2%ずつ人口増加している集団 ($r = 0.02$) の場合と定常集団 ($r = 0$) の場合でどのくらい違うのだろうか？ 高齢者の負荷は，式では以下のように表される：

$$\text{高齢者の負荷} = \frac{\sum_{66}^{\omega} e^{-rx} l_x}{\sum_{20}^{65} e^{-rx} l_x}$$

式の中で r, l_x は，それぞれ内的増加率，齢 x の個体の生残率を表す．2015 年のアメリカ人女性の生命表データを使うと，その負荷は，$r = 0.02$ および $r = 0$ の場合，0.1845 と 0.3808 である．これらの数字は，65 歳を超えた人の年金 1 人分を労働人口 5.4 人，2.6 人で支えていることに対応する．

11.3.3 組　　織

◈ 小話 **64** 組織の若返り

組織を若く保つために最も良い採用戦略とはどのようなものだろうか？ 企業，大学，学会，政治団体，チーム，国立アカデミーなどの組織体は若返りの方法を模索している．Dawid たちは，組織を若く保つ最良の方策は，若い世代と高齢世代を一緒に採用する混合戦略が最良のものであるということを数学的に証明し，具体的にオーストリア科学アカデミーの年齢構成データをもとに最適採用関数を求めた (Dawid et al. 2009；図 11.31)．この図によれば，私たちの直感に反し，より若い齢構成を維持するためには，中年層を採用する方法は最も効果的でないことがわかる．

◈ 小話 **65** 大学での雇用における男女均等

もし，死亡や移住，退職による減員に対する補充戦略が，30 歳の助手教員を雇うというものなら，教職員の数が男女均等 (gender parity) になるためには，カリフォルニア州立大学の組織ではどのくらいの時間を必要とするのだろうか？ この問いに対する答えは，現在の齢構成 (男性：女性 = 7：3) と新たな雇用の際の女性雇用の割合に依存している (図 11.32)．2013 年のカリフォルニア州立大学の教職員の齢構成に基づいて著者が行った未発表の試算によると，新規雇用の 50%が女性である場合には男

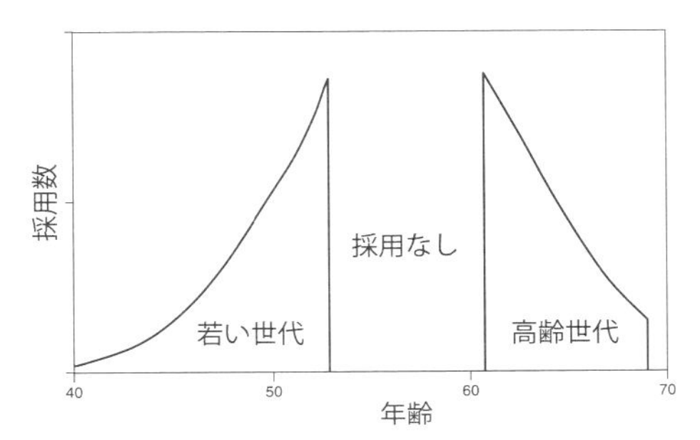

図 11.31　組織を若く保つための最適採用密度関数 (Dawid et al. 2009 から改変) Leridon (2004) も参照のこと．

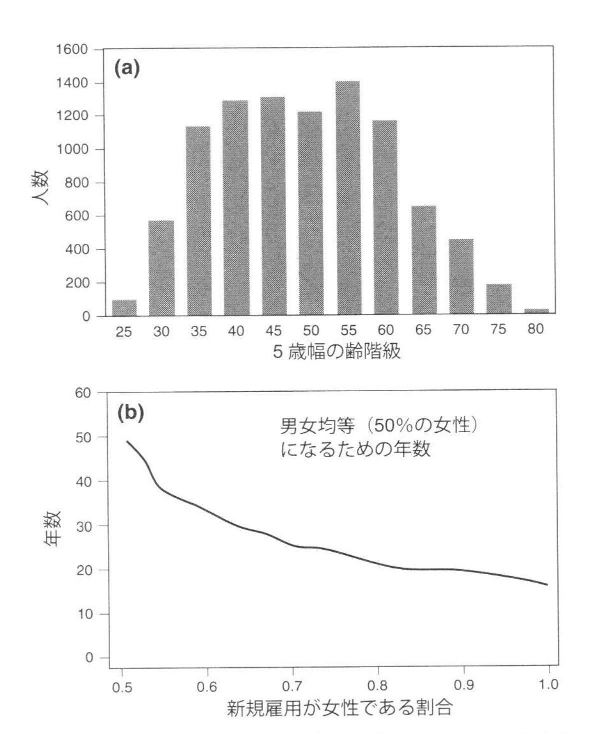

図 11.32　(a)2013 年におけるカリフォルニア州立大学 10 キャンパスの約 9,500 人の教職員の齢構成 (男性 70%，女性 30%)，(b) 新規雇用の人が全員 30 歳だとして男女が同数になるまでの時間 (著者の一人による未発表試算)

女均等になるには半世紀が必要であり，新規雇用の 100%が女性である場合でも約 15 年かかるということがわかった．

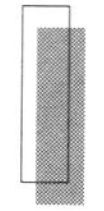

11.4 第四集：生体医療学と生物学の話題

11.4.1 生体医療学

小話 66 病気にかかっても治癒する人がいる

古典的な生存解析 (survival analysis) の主要な前提の一つに，すべての被験者は最終的には対象とする事象を必ず経験するというものがある．その前提通りだとすると，ある病気にかかった患者は，時期の違いはあるにせよ，その病気によってやがて死に至る．しかし，被験者の一部がその事象を経験せずに，病気の例えで言えば，死に至ることなく治癒したといってもよい状況も数多く見受けられる (Amico and Keilegom 2018)．病気からの回復の例以外にも，同様の見方ができる様々な場合が考えられる．例えば，経済学では，着目する事象が就職である場合に，再就職しない人もいる．工学では，故障までの時間に関心があるが，故障が起こらない場合もある．また，結婚するまでの時間を考えると，結婚しない場合もあるし，囚人の再逮捕までの時間を考えても，再逮捕されない囚人もいる．このような場合について，生き残る個体の割合を求める簡単な公式は，

$$P = pl_0 + (1-p)\,l_0e^{-\beta t}$$

で与えられる．P は時刻 t まで生き残る割合，p は病気から治癒する割合，β は治癒しない個体の死亡係数，l_0 は治癒した個体の時刻 t までの生残率である (Berkson and Gage 1952) *18)．

小話 67 がん診断の場合の偽陽性確率

ある婦人が，乳がん検査の結果，陽性であると告知された．どの年でも 1%の婦人が乳がんになるとすると，1 万人の女性のうち，100 人はがんで，9,900 人はがんではない．乳がんでは 80%ががん検査によって発見され，1 万件のスクリーニングを行った時，がんではない人の 9.6% $(= 9900 \times 0.096 = 950$ 人$)$ は偽陽性 (false positive) であるとすると，告知された女性が実際に乳がんである確率はどの程度であろうか？問題は上記の仮定のもとでのこの検査の信頼性である．

小数を使うのを避け，確率を 10,000 件のうちの件数として表記すると，次のよう

---

*18) Berkson and Gage (1952) の原論文では，治癒しなかった個体は治癒した個体よりも生残率が低いと考え，l_0 に $e^{-\beta t}$ を乗じたものを時刻 t までの生残率としている．

に真・偽と陽性・陰性の組み合わせを示す 2 行 2 列の表ができる.

	真 (T)	偽 (F)	
陽性 (X)	80	950	1,030
陰性 (非X)	20	8,950	8,970
	100	9,900	10,000

この婦人が検査で陽性とされた時の乳がんである確率 $\Pr(T \mid X)$ は

$$\Pr(T \mid X) = \frac{\text{真陽性}}{(\text{真陽性} + \text{偽陽性})} \tag{11.58}$$

$$= \frac{80}{(80 + 950)} = 0.0776 \tag{11.59}$$

である. 乳がん検査で陽性と判断されたこの女性が実際に乳がんである確率はたったの約 8%である.

この結果を導き出した理論はベイズ理論 (Bayesian theory) と呼ばれている (Bayes 1763). この理論の公式であるベイズ定理は,

$$\Pr(T \mid X) = \frac{\Pr(X \mid T)\Pr(T)}{\Pr(X \mid T)\Pr(T) + \Pr(X \mid \text{非}\ T)\Pr(\text{非}\ T)} \tag{11.60}$$

である. 式の中の記号の定義を以下に列挙する：

- $\Pr(T \mid X)$ は, 求めたい確率, すなわち, 検査が陽性 (X) であるという条件のもとで, 実際にがんである (T) 確率である. つまり, 陽性であるという検査結果をもらった女性ががんであるという確からしさを示している.
- $\Pr(X \mid T)$ は, 女性ががんである (T) という条件のもとで, 検査結果が陽性 (X) である確率である. つまり, 真の陽性結果である確率である.
- $\Pr(T)$ はがんである割合であり, この例では 1%である.
- $\Pr(\text{非}\ T)$ はがんでない割合であり, この例では 99%である.
- $\Pr(X \mid \text{非}\ T)$ は偽陽性, すなわち, がんではないのに, 検査で陽性となる確率 (9.6%) である.

ベイズ定理のより簡単な公式は

$$\Pr(A \mid X) = \frac{\Pr(X \mid A)\Pr(A)}{\Pr(X)} \tag{11.61}$$

Bijak と Bryant は, 人口学でベイズ理論を使うのは特にデータ数が少なく不完全あるいは信頼性に欠けるデータの時に適していると述べている (Bijak and Bryant

2016). この論文では，人口予測のために限られたデータで複雑なモデルを使う場合にベイズ理論を応用する方法について丁寧に概説されている．

◈ 小話 68 個体の健康状況推移の可視化—高血圧を例にして

肥満度指数 (BMI)，コレステロール値，高血圧 (hypertension) のような個体の健康・不健康のレベルを示す量は，普通はカテゴリー変数を使った段階分けによって示される．例えば，アメリカ心臓協会は，HDL (善玉コレステロール)，LDL (悪玉コレステロール)，中性脂肪という 3 種類の血中脂質の値に関する段階分けの指針を公表している (American Heart Association 2018)．同様に，アメリカ心臓病学会は，高血圧に対して，正常・上昇中・ステージ 1・ステージ 2・高血圧緊急症という 5 段階の分類を紹介した指針を示している (American College of Cardiology 2017)．この種のガイドラインなど，ほぼすべての健康関連情報に欠けているのは，それぞれの人

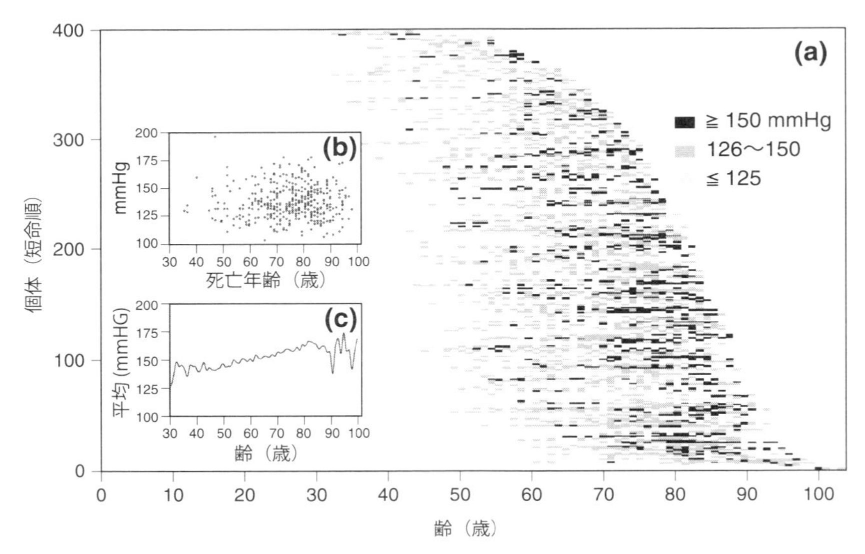

図 11.33 ボルティモア縦断的研究プロジェクトに参加している 400 人の故人の収縮期血圧データ

各水平線は各個人を表していて，検査年齢時の血圧が高いほど濃い色の線分で描かれている．(a) 研究に参加した年齢と収縮期血圧の定期検査 (2 年あるいは 3 年ごと) の結果を示す事象履歴図．寿命が短い人から長い人を上から下に順に並べている．水平線の左側がデコボコで規則性がないのは，研究に参加した年齢が人によって異なるためである．(b) 研究に参加した個々人の参加期間中の血圧レベルと死亡年齢の関係．(c) 各年齢ごとの全個体の平均血圧 (データ提供：Bos 医学博士，Medstar 研究所，アメリカ国立老化研究所臨床研究部縦断的データ研究課)．

の生涯を通した変化や，個体間の違いを考慮するという視点である．例えば，高コレステロール・高血圧の人は短命になりやすいのだろうか？ 心臓の収縮期血圧について言えば，この問いに対する答えは，ボルティモア縦断的研究プロジェクト (Baltimore Longitudinal Study of Aging) のサイト (`https://www.blsa.nih.gov/`) にアップロードされているデータを用いて示されている (図 11.33).

図 11.33 の事象履歴図は血圧と健康の間の関係をうまく表している．図 11.33(a) では，個体内・個体間の血圧の変異が大きいことを，図 11.33(b) では，生涯の血圧レベルと寿命の間にほとんど相関がないことを，図 11.33(c) では，加齢とともに血圧の平均値が着実に上昇していることを示している．

◈ 小話 69　慢性病患者の心身機能減退の軌跡

死亡する可能性が高い病気を患う高齢者の心身機能は，普通は時間の経過とともに減退していく軌跡をたどる．図 11.34 には，主要な 3 つの病因それぞれに特徴的な機能性減退の軌跡が示されている．アメリカの社会保障プログラムの報告によれば，3 つの病因にはそれぞれ一貫した軌跡パターンがあり，死亡する患者のそれぞれ 20%，20%，40%が図 11.34 の一，二，三番目の軌跡と一致する経過をたどり，残りの 20%は突然死か分類できない減退パターンを示す場合のどちらかに分かれる (Lynn and Adamson 2003).

◈ 小話 70　ロジャース現象：虚弱部分集団の移住

アメリカのユーモア作家，ウィル・ロジャースは「オクラホマ人が故郷を離れてカリフォルニアに移住すると，彼らのおかげで両方の州で平均的な知性レベルが上昇した」と言っている．このジョークは，人口学に関わりが深い「集団の不均一性 (異質性)」という考え方そのものである．異質性がある場合，虚弱な個体が他の集団に移住すると，両方の集団の死亡率を減少させる可能性がある．例えば，個体数は同じであるが生存率が異なる部分集団から構成されている A, B の 2 つの集団を考えてみる．各部分集団の生存率を大括弧の中に示し，それをもとに各集団の生存率の平均を求めると，

集団 A[10%, 20%, 30%] ——生存率の平均は 20%
集団 B[40%, 50%, 60%] ——生存率の平均は 50%

である．もし，生存率が 40%の集団 B 内の部分集団が集団 A に移住したとすると，

集団 A[10%, 20%, 30%, 40%] ——生存率の平均は 25%

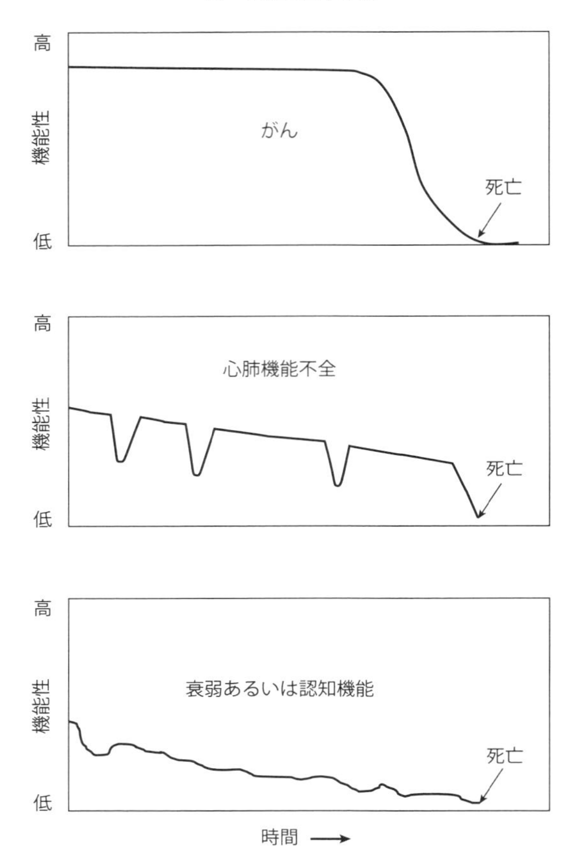

図 **11.34** 慢性病 (chronic illness) による死亡までの機能減退の軌跡 (Lynn and Adamson 2003 より改変)

集団 B[50%, 60%] ——生存率の平均は 55%

となる.

この「ロジャース現象」は, 最初医学の分野で Feinstein らによって, がんのステージ間移動の結果を説明する時に用いられた. 肺がんが転移したと早期に診断されると, 診断前に「良好」のステージに分類されていたがん患者が「不良」というステージに分類されてしまう. 彼らは,「移動した患者の予後は, 良好グループの他の個体よりは悪いのだが, 不良グループの他の個体よりも良いために, 個々の患者の状態は何も変化していないのに両グループの生存率を上昇させる」と述べている (Feinstein et al.

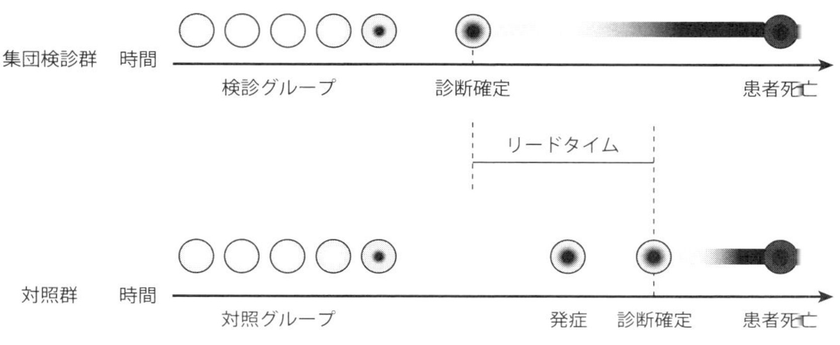

図 11.35　リードタイムバイアスの図解

たとえ早期治療ががんの自然な進行に何の効果をもたらさなくても，早期発見によって生存率の増加があったように見える．この増加は，臨床的にがんであることがはっきりする前に，単に腫瘍を早期に見つけたことによる「リードタイム (先行期間)」効果によるものである．そのため，この用語は「リードタイムバイアス」と呼ばれている (Science Based Medicine のブログから改変，`https://sciencebasedmedicine.org/`)．

1985)．

同様のステージ間移動の効果は，神経系の病気である多発性硬化症の研究でも指摘されている (Sormani et al. 2008)．そのケースでは，平均的な健康な人よりも具合が悪いという理由で，一部の人が健康な人のリストから病気の人のリストに移された．そうして健康な人のリストから外されたことによって，健康な人のリストの人々の平均余命や平均の健康度が増加した．リードタイムバイアス (lead time bias) として知られるこの概念を説明する図解が図 11.35 に示されている [*19)]．

11.4.2　動物の生物人口学

◆ 小話 71　アメリカシロヅルの個体群

規制なき狩猟と生息地の喪失によって，アメリカシロヅルの個体群は 1941 年に 21 個体にまで減少した (Cannon 1996)．その後の保全努力 (conservation effort) のおかげで，限定的ではあるが，2015 年には 603 個体にまで回復した．実に 74 年の間に 28.7 倍に増加している．この回復過程に関する以下の問いについて考えてみたい：(1) 個体群の倍加は何回起こったのか？ (2) 倍加するまでの時間は平均何年くらいだったのか？ (3) 年当たりの内的増加率 (r) はどれくらいだったか？

一番目の問いの答えは，

---

*19)　リードタイムとは，病気を発見した時点から症状が出る時点までの期間を指す医学用語．

$$28.7 = 2^n$$
$$\ln 28.7 = n \ln 2 \tag{11.62}$$
$$n = \frac{\ln 28.7}{\ln 2} = 4.8 \text{ 回}$$

であり，二番目の問いの答えは，

$$\frac{74}{4.8} = 15.4 \qquad 1 \text{ 回当たり } 15.4 \text{ 年} \tag{11.63}$$

である．また，三番目の問いの答えは，第 5 章の式 (5.16) を使って，

$$28.7 = e^{74r} \tag{11.64}$$
$$r = \frac{\ln 28.7}{74} = 0.0454 \ (= \text{指数的増加率})$$

である．

◈ 小話 72　ゴリラ個体群の減少

世界全体のマウンテンゴリラの個体数はおよそ 700 個体である．もし，年に 1%ずつ減少すると，現在の個体群サイズの半分になるのに何年かかるだろうか？ その答えは，

$$P_t = P_0(1 - 0.01)^t \tag{11.65}$$
$$0.5 = 0.99^t$$
$$t = \frac{\ln 0.5}{\ln 0.99} = 69.0 \text{ 年}$$

となり，約 70 年である．年に 1%ずつ増加する時の個体数倍加にかかる時間とほぼ同じである．

◈ 小話 73　寿命最短の生物：カゲロウの死亡率

カゲロウ (mayfly) のような短命な生物種の生活史戦略を理解すると，寿命にかかる自然淘汰について，より一般的に見通すことができるようになる．例えば，どのような要因が寿命短縮の進化を引き起こすのか，という問いに答えを与えてくれるかもしれない．カゲロウの生活史を調べると，この疑問に対していくつかヒントを得ることができる．極端に短い寿命の生物に必要とされる条件として，(1) 交尾相手を見つける可能性を最大にするために，成熟個体が群れになって集まれるように同じタイミングで羽化すること，(2) カゲロウについて言うならば，口器が退化しているため餌を食べることができず，個体が餌をとるために時間を費やす必要がないこと，(3) 羽化幼虫

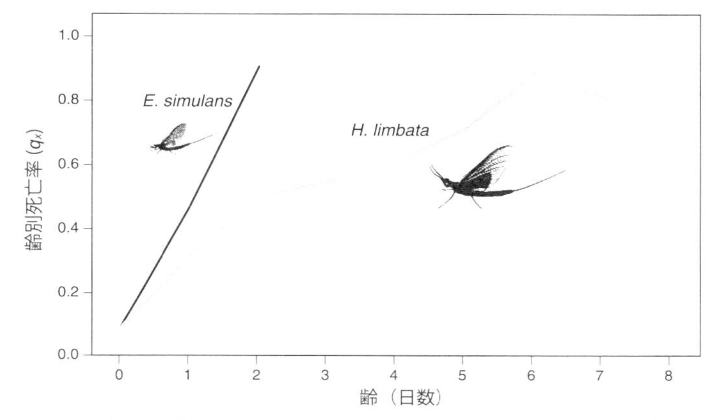

図 11.36 カゲロウ 2 種 (*Ephemera simulans*, *Hexagenia limbata*) の成虫の齢別死亡率 (出典：Carey 2002)

の一般的な生息地である湖や小川などが近くにあり，メスが卵を産むために飛ぶ距離が短くて済むこと，などが考えられる (Carey 2002)．これらの条件を満たす実例として，よく知られているカゲロウ (*Ephemera simulans*) や大型のカゲロウ (*Hexagenia limbata*) が挙げられる．実際，これら 2 種の成虫の平均寿命は，それぞれ 2.0 日，2.6 日と極端に短い．図 11.36 に示されている死亡率のデータには，カゲロウの生活史に組み込まれている急激な死亡率の増加，いわゆる「死の壁」が現れている．「死の壁」は，ヒトなどのより長寿命で多数回繁殖する種には見出されない特性である．

◈ 小話 74　イヌと人間の年齢換算式は犬種によって異なる

よく言われるように，イヌの人生の 1 年は人間の人生の 7 年にあたるのだろうか？多くの動物では，体サイズが大きいと寿命が長くなる傾向があるが，イヌの場合は逆の関係になっている．つまり，小型犬は一般に大型犬よりも長寿命である (Patronek et al. 1997; Cooley et al. 2003)．そのため，図 11.37 に示されるように，イヌと人間の年齢換算式は犬種によって異なる．

◈ 小話 75　有害昆虫への寄生の影響はすべての死亡要因に依存する

生物農薬 (biological control agent) が完全変態性の有害昆虫の蛹を捕食寄生する確率が 95%であれば，その有害昆虫が成虫になるまでの死亡率にどの程度影響を与えるだろうか？ その影響は，蛹になる前の死亡率に依存している．例えば，もしその死亡率が 90% (生存率が 10%) であれば，その後の生存率は 10%から 0.5%まで減少するだろう．つまり，死亡率は 90%から 99.5%まで，9.5%増加する．しかし，もし

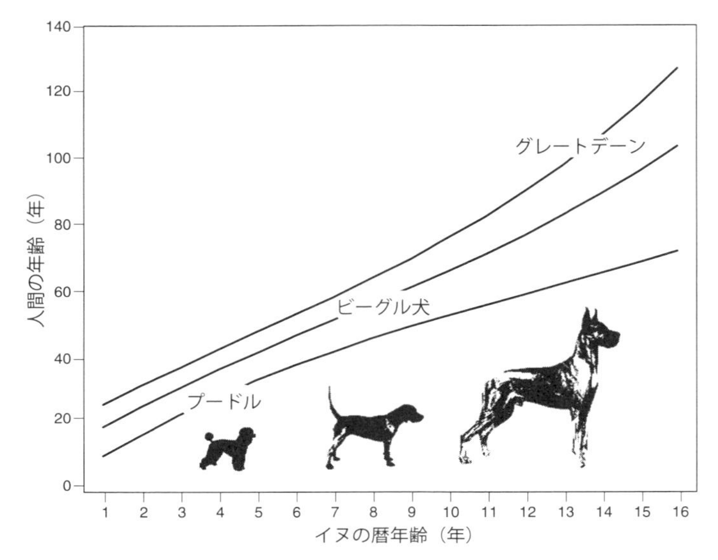

図 **11.37**　平均余命を用いて換算されたイヌの暦年齢と人間の年齢の関係 (Patronek et al. 1997)

蛹になる前の死亡率がほんの 10% (生存率が 90%) であれば，同じようにその後の生存率は 90%から 4.5%まで減少する．このことは，死亡率にすれば 10%から 95.5%に 85.5%増加したことになる．この例からわかるように，生物農薬に限らず，他の死亡要因でも，その影響はすべての死亡要因を考慮せずに理解することはできない．

◈ 小話 **76**　老化のペースとシェイプ

Baudisch (2011) は，多数種の老化パターンを比較する際には，齢にともなう死亡率の変化について 2 つの量，「ペース (pace，速さ)」と「シェイプ (shape，パターン)」を明確に区別することが重要であると指摘した．彼女は，寿命の長さが広範囲にわたる多数種の老化パターンをペースの効果を除いて比較するために，標準化齢と標準化死亡率という新しい概念を導入し，新たな解析方法を提案した．標準化齢 (x_s) とは，$x_s = x/L$ (x は齢，L は期待寿命) であり，期待寿命が標準化齢 1 に対応するように規格化されている．また，標準化死亡率 ($\mu_s(x_s)$) は，普通に求めた死亡率 (ハザード関数 $\mu(x)$) を期待寿命倍したもの ($\mu_s(x_s) = \mu(x)L$) である．

さらに Baudisch は，老化のシェイプを特徴づけるために，生命表から求められる 5 つの指標を計算し，表 11.7 に示される 5 つの比を求めた．5 つの指標とは，(1) $x_{0.01}$：コホート内の 1%の個体が生き残っている年齢．1935 年，2015 年のアメリカ人女性の

表 **11.7**　老化のシェイプパラメータ

#	比	算出式	各西暦年での値	
			1935	2015
1	1%の個体が生き残っている年齢と期待寿命の比	$\dfrac{x_{0.01}}{e_0}$	1.55	1.39
2	1%の個体が生き残っている年齢での死亡率と出生時の死亡率の比	$\dfrac{\mu(x_{0.01})}{\mu(0)}$	34.4	1091.8
3	期待寿命での死亡率と出生時の死亡率の比	$\dfrac{\mu(e_0)}{\mu(0)}$	2.8	69.6
4	1%の個体が生き残っている年齢での死亡率と生涯平均死亡率の比	$\dfrac{\mu(x_{0.01})}{\bar{\mu}}$	17.6	28.9
5	期待寿命での死亡率と生涯平均死亡率の比	$\dfrac{\mu(e_0)}{\bar{\mu}}$	1.4	1.8

出典：Baudisch (2011).
注：一番目の比は寿命の指標間の関係を，残りの比は死亡率の指標間の比を示している．表中の具体的な値は，それぞれ 1935 年，2015 年のアメリカ人女性の期間生命表から求められている．2015 年の結果は，Human Mortality Database (2018) を用いて求められた結果である．

コホートでは，それぞれ 96 年，104 年である．(2) $\mu(x_{0.01})$：$x_{0.01}$ での死亡率．1935 年，2015 年のアメリカ人女性のコホートでは，それぞれ 0.2853, 0.3842 である．(3) $\mu(e_0)$：期待寿命 e_0 での死亡率．1935 年，2015 年では，0.0232, 0.0245 である．(4) $\mu(0)$：出生時の死亡率．1935 年，2015 年では，0.008297, 0.000352 である，(5) $\overline{\mu}$：平均死亡率．1935 年，2015 年では，0.0162, 0.0133 である．

Baudisch が求めたシェイプを特徴づける 5 つの比の説明と式を表 11.7 に示した．その表では，1935 年，2015 年のアメリカ人女性の期間生命表を用いて，シェイプを特徴づける値を比較する例も示している．表の一番目に挙げたコホート内の 1%の個体が生き残っている年齢 ($x_{0.01}$) と期待寿命 (e_0) の比以外は，すべての比の値が 1935 年よりも 2015 年で高かった．Baudisch (2011) に説明されているように，それぞれの比の変化を詳しく見てみると，老化の速度とパターンについて様々な特徴が見てとれる．

◈ 小話 **77**　集団の絶滅

Pielou (1979) は，時刻 t における集団の絶滅確率に関する公式 ($p_0(t)$) を，出生率 (b)，死亡率 (d)，集団サイズ (N) を用いて以下のように導出した：

$$p_0(t) = \left(\frac{d \exp[(b-d)t] - d}{b \exp[(b-d)t] - d} \right)^N \qquad (11.66)$$

この式では，出生率と死亡率は2通りの形で $p_0(t)$ を左右する．一つは出生率と死亡率の差として，もう一つは比として，絶滅確率に影響を与える．前者は，集団サイズの成長率 $(b-d)$ であり，後者は b/d，すなわち，死亡数当たりの出生数にあたる．このことから，成長率が同じ2つの集団であっても，出生率と死亡率の比が異なることがあり，差と比は絶滅確率に異なる影響を与えることがわかる．

もし，$b > d$ ならば，時間が無限大に近づけば，絶滅確率は

$$p_0(t) = \left[\frac{d}{b}\right]^N \tag{11.67}$$

となる．この式では，絶滅確率はゼロにはならないため，集団がずっと絶滅しないことは起こりえない．しかし，出生率が死亡率を大きく超えているか，あるいは集団のサイズが大きければ，この確率はより小さくなる．

◈ 小話 78　空間明示型の捕獲再捕獲法

個体の現存量推定に使われる古典的な捕獲再捕獲法 (capture-recapture method) の大きな欠点は，個体の行動範囲や捕獲装置の位置などの空間構造を考慮していないことである (Royle et al. 2014) *20)．空間明示型の捕獲再捕獲法 (SCR: spatial capture-recapture) は，個体数密度，個体の空間分布，個体の移動や空間利用パターンなどの生態学的過程をモデルの中に明示的に組み込むことによって，古典的な方法では解決できなかった様々な技術的な問題を解決してくれる (Parmenter et al. 2003; Efford 2004; Royle et al. 2014)．長距離を移動するタイプの動物は，調査トラップや普通の調査でカバーできる周辺地域より外側の地域を利用するのが普通で，効率的な調査面積を定めるのは難しいと長い間考えられてきた (Bondrup-Nielsen 1983)．しかし，個体の行動圏がどのくらい調査範囲と重なっているのかは，個体の発見可能性に影響を与えるし，従来の捕獲再捕獲法では仕組み的に対処することのできなかった発見確率の空間依存性の要因でもある．SCR モデルでわかることをまとめると，(1) 各個体のトラップとの遭遇位置の履歴，(2) ある地域 (A) 内の個体数 (N)，(3) 地域内の全個体の位置 $(s_i,\ i = 1,\ 2, \ldots,\ N)$，(4) 各個体の活動中心 (行動圏)，(5) 単位面積当たりの個体数である個体数密度 $(D = N/A)$ などである．SCR の考え方の大枠を図 11.38 に示してある．

---

*20) この方法は，第9章で「標識再捕獲法 (mark-recapture method)」と呼ばれていたものと同じ方法である．9.2 節には，すでに個体の行動範囲や捕獲トラップの位置を考慮しない方法の説明があるので，比較参照してほしい．9.2 節では，各個体には縄張りもなく，調査範囲全体を均等に動き回るという仮定が暗黙になされており，捕獲トラップの配置などは無視されている．

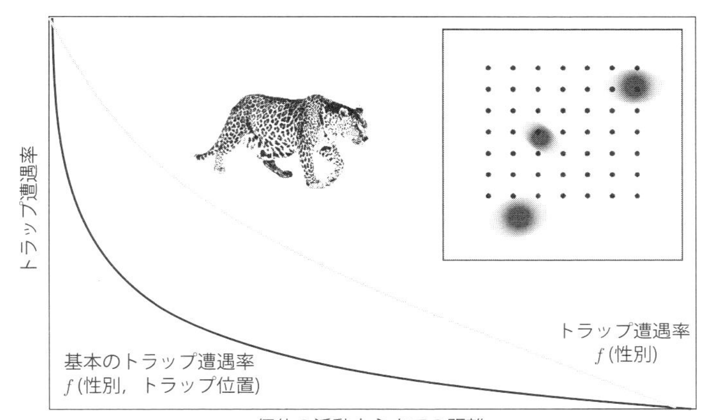

図 11.38　トラップ遭遇率と各個体の活動中心までの距離の関係
トラップ遭遇率はオス・メスで異なっているし，トラップの位置にも依存している．太い実線は，性別とともにトラップの位置も変数として推定したトラップ遭遇率を示し，細い実線はトラップの位置を考慮せずに推定した結果を示している．
挿入図：調査領域内のトラップ (格子状の点) と活動中心 (灰色部分) の概念図．ある活動中心は完全に調査領域の内部であるが，残りの 2 つは辺縁部にあり，辺縁部にある 2 個体の活動域の一部は調査領域の外側になっている．SCR 法は，トラップの位置を考慮した場合に起こるこれらの個体との遭遇回数の減少を補正してくれる (出典：Royle et al. 2014).

◈ 小話 79　媒介能モデルにおける死亡率一定の仮定

病原菌を媒介する蚊の役割を調べ，媒介昆虫の制御戦略が公衆衛生にもたらす影響を予測してきたモデルでは，1950 年代以来，蚊は老化せず，死亡率は一定のままであるという仮定が用いられてきた．この仮定が明示されたのは，MacDonald (1952, 1957) の研究が最初である．彼は，蚊は老衰で死ぬ前に環境の悪化や病気，捕食で死ぬだろうから，死亡率は一定のままでよいと考えていた．Garrett-Jones (1964) は，現在当たり前のように用いられているこの死亡率一定の仮定に基づいて，例えば，マラリアやデング熱のような蚊が媒介昆虫である病気のモデルを考案し，そのモデルを**媒介能 (vectorial capacity: VC)** モデルと名付けた：

$$\mathrm{VC} = \frac{A}{-\ln p} \tag{11.68}$$

この式で，p は日ごとの生存率，分子の A は

$$A = ma^2bp^n \tag{11.69}$$

である．m はホスト当たりのメスの蚊の数，a は毎日の吸血率，b は蚊の間の病原菌

の伝達率，n は潜伏期間 (incubation period) を表す．

第 3 章の式 (3.14) より，$-\ln p$ は各齢での死力を表し，死力はどの齢でも同じである．死力が一定の指数モデルの場合（表 3.1, 3.5.1 項参照），死力の逆数は期待余命であることから，媒介能（VC）は不死の仮定のもとで求められていることになる．というのも，どの齢でも死亡率が同じということは，どの齢でも期待余命が同じということを意味するからである．この媒介能モデルでは，成虫になりたての蚊も 100 日齢の蚊も同じ期待余命であり，モデルの中に蚊が必ず死亡する最終齢が設定されていないので，一部の蚊は永遠に生き続ける．Styer たちは，蚊は実際には老化しており，死亡率は間違いなく齢に依存していることを示した (Styer et al. 2007)．その後，このモデルは修正され，死亡率が齢に依存しているという仮定が組み込まれた，新しい媒介能モデルが提案されている (Novoseltsev et al. 2012)．

11.4.3 進化人口学

進化人口学 (evolutionary demography) は，進化学，個体群生態学，人口学，文化人類学，遺伝学，ゲノム科学，統計学，疫学，公衆衛生学で用いられる概念や方法を統合する学問分野である (Kaplan 2002a; Sear 2015)．その分野の目的は，様々な人口学的過程がどのように進化に影響を与えるのか，どのように進化が生命の樹全体にわたる生物種の人口学的特性を決めるのかを研究することにある．人口学と進化生物学は，ダーウィンがマルサスによって影響を受け，自然淘汰という彼独自のアイデアを発展させた時に始まる長い歴史を有している (Carey and Vaupel 2005; Sear 2015)．この 2 つの学問分野の考え方が互いに連関していることは，以下の Carey と Vaupel の著書の 1 節に見られる：

> ドブジャンスキーが強く主張しているように，どの生物現象も，進化的視点で考えることなく説明することはできない (Dobzhansky 1973)．彼の発言に似せてより強調するなら，どの進化現象も，人口学的視点で考えることなく理解することはできない，と言っていいだろう．進化の駆動力は，齢別の出生力と齢別生存率に支配されている集団動態である．ロトカは彼の先駆的な研究の中でこのことを強く主張している．ロトカの研究以来，出生力，死亡率や生活史パターンの進化を議論する数理モデルは安定集団理論に基づいて発展してきた．　(Carey and Vaupel 2005, p.84)

このサブセクションでは，進化人口学に関連する重要な人口学的概念であると考えられるものを 4 つ紹介する．適応度の指標となる内的増加率 (r)，生活史のトレードオフ (trade-off)，r–K 連続体仮説 (r-K continuum)，フィッシャーの繁殖価 (reproductive value) がそれにあたる．

◈ 小話 80　適応度の指標としての内的増加率

第 5 章で定義したように，内的増加率 (intrinsic rate of increase; r) は以下の方程式の正の実根である：

$$1 = \int_0^\infty e^{-rx} l(x) m(x)\, dx \tag{11.70}$$

式の中で，$l(x)$ と $m(x)$ は，それぞれ齢別の生残率，繁殖率である．1 個体当たりの集団成長率にあたるパラメータ r はまずオイラーによって数学分野に導入され (Euler 1760)，人口学分野には Lotka (1907, 1922, 1928) と Sharpe and Lotka (1911) によって，生態学には Leslie and Ransom (1940), Birch (1948), Cole (1954) によって導入された．しかし，r を適応度の指標として議論したのは Fisher (1930, 1958) が最初である．彼は，r は特定の生活史をつかさどる遺伝子型と関係があり，自然淘汰は最大の r をもつ遺伝子型を選び取る，と主張した (Charlesworth 1994; Roff 2002). McGraw and Caswell (1996) や Brommer (2000) には，適応度を表すパラメータとして r を用いる際の重要な見解について述べられているので参照してほしい．

◈ 小話 81　生活史のトレードオフ

生活史 (life history) 理論に大きな影響を与えた論文の一つに，アメリカ・コーネル大学の生物学者コールの論文「生活史が人口に及ぼす影響」がある (Cole 1954)．この論文は 2 つの意味で大きな影響を与えた．一つは，適応度 (fitness) の指標として r を利用することが再確認されたことである．もう一つは，生活史のトレードオフという考え方を導入したことである．コールはその論文で，相対的に生活史終盤での繁殖は重要ではないということを明らかにした：「生活史後期の繁殖を表すロトカ方程式中の和の最後のいくつかの項は，r の値に与える影響という点で，他の項に比べて重要ではない．このことは極めて注目に値する」(Cole 1954, p.133)．様々な生活史形質間のトレードオフが適応度 (r) へ与える影響の違いを説明するとてもわかりやすいアプローチは，Lewontin (1965) の論文に見られる (図 11.39)．彼は，総繁殖数を変えずに生活史形質を変更する 3 つの簡単なケースを想定して分析を行い，生活史前半で繁殖関数が大きく変化する繁殖開始年齢の変更が，r に最大の影響を与えることを明らかにした (図 11.39(b))．

◈ 小話 82　r–K 連続体仮説

ロバート・マッカーサーと E. O. ウィルソンによって初めて提案された r 選択–K 選択という概念は，それぞれ，早い時期に繁殖し急速に成長をする個体が好まれる r 選択と，環境収容力に達した状態で集団に大きく貢献する個体が好まれる K 選択を指

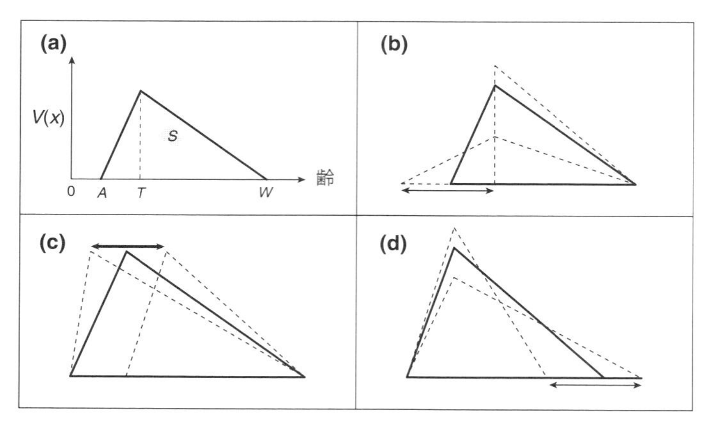

図 11.39 Lewontin (1965) によって考案された繁殖関数
(a) 一般化された繁殖曲線 $V(x)$．図中，A は繁殖開始齢，T は繁殖転換点，W は最終繁殖齢，S は総繁殖数を表す．S の値は，繁殖関数 $V(x)$ と x 軸に挟まれた三角形の面積に相当する．(b)〜(d) には，それぞれ，繁殖開始齢 (A)，繁殖転換点 (T)，最終繁殖齢 (W) だけを変更した場合の繁殖曲線を破線で表している．(b)〜(d) のすべてで，$V(x)$ より下の面積 (総繁殖数) は変わらないように A, T, W を変えている．

す (MacArthur and E. O. Wilson, 1967)．r と K は，それぞれ内的増加率と環境収容力を表し，以下のロジスティック方程式 (logistic equation) の中で使われている文字に由来している：

$$\frac{1}{N}\frac{dN}{dt} = r\left(1 - \frac{N}{K}\right) \tag{11.71}$$

K 選択の種の特徴は，緩やかな成長，低い資源要求性，遅い繁殖開始，大きな体サイズ，繰り返し繁殖である．それとは対照的に，r 選択の種の特徴は，速い成長，早い繁殖開始，小さな体サイズ，1 回のみの繁殖である (Pianka 1978)．昆虫は典型的な r–K 連続体の r 側の端に位置しており，鳥や哺乳類は K 側の端にある．

◈ 小話 83　フィッシャーの繁殖価

繁殖価はフィッシャーによって最初に導入された量で，齢 x まで生き残ってきた個体が残りの一生で産出すると期待される子の数を集団の成長率によって調整したものである (Fisher 1930, 1958)．その量は，基本的に比の合計であり，合計の中の一つ一つの項は，ある齢 y の時の $e^{-ry}l_y$ に繁殖率で重み付けしたものと齢 x の時の $e^{-rx}l_x$ の比，すなわち，$e^{-ry}l_y m_y / e^{-rx}l_x$ である．この比は，個体数を個体数で割っている無次元量であるため，個体数などの量とは違って，生物学的な単位はもたない．数式では，

$$V(x) = \sum_{y=x}^{\infty} \frac{e^{-ry} l_y m_y}{e^{-rx} l_x} = \frac{1}{e^{-rx} l_x} \sum_{y=x}^{\infty} e^{-ry} l_y m_y \tag{11.72}$$

と表され，将来世代の子孫に齢 x のメス 1 個体がどの程度貢献するかを計算した相対的な指標である [*21)].

◈ 小話 84　生残曲線の分類

パールは，1928 年に生残率を対数でプロットした生残曲線のグラフの形を凸型，直線型，凹型の 3 つに分類し，それぞれに I 型，II 型，III 型と名前を付けた (Pearl 1928)：

I 型：先進国のヒト，多くのヒト以外の霊長類，大型哺乳類で見られる．生涯のほとんどで死亡率はとても低く，高齢時に増加するタイプ．

II 型：死亡率はほぼ一定を保ち，齢とともにゆっくり増加するタイプ．

III 型：魚類や多くの植物の実生に見られる．初期に大きな死亡率を被る (Begon et al. 1996).

これら 3 つのタイプの生残曲線の形状とそれぞれに対応する死亡スケジュールが図 11.40(a),(b) に示されている．III 型では，初期の死亡率が高い時期の後に，死亡率は齢とともに減少し，高齢時に増加すると考えられている．

11.4.4　生物年代学 (chronodemography)

◈ 小話 85　ブラックボックスの役割を果たす魚の耳石

耳石 (otolith) は，内耳にある炭酸カルシウムでできた構造体で，現生魚類では聴覚と平衡感覚をつかさどる器官の一部をなしている (Limburg et al. 2013; Starrs et al. 2016)．耳石は，炭酸カルシウムの結晶であるアラゴナイトをタンパク組織上に析出させ，樹木の年輪 (tree ring) のように成長輪 (growth band) を形成しながら日々固まってゆく．そのため，水産学者が「生物年代学におけるブラックボックス」と呼んでいる物質ができる．その構造体を使うと個々の魚が過去にどこで過ごし，どのような時間を過ごしたかを遡って決定することができる．言い換えれば，耳石には齢，成

---

*21)　この式が意味するところは，「母親の残りの一生で産出すると期待される子の数の現価」である．母親が齢 x の時に，それ以降その母親が産む子供の数は，齢 y の時は m_y 個体である．齢 x の母親が齢 y まで生き残る確率は，l_y/l_x であるから，齢 y の時に産出すると期待される子の数 (子の数の期待値) は，$l_y m_y/l_x$ である．個体数は毎年 e^r 倍になっているので，齢 y の時に産んだ子供 1 個体の齢 x の時の価値 (現価) は，齢 y の時には $e^{-r(y-x)}$ 倍に目減りしている．その結果，齢 y の時に産んだ子の数の現価は $l_y m_y/l_x \times e^{-r(y-x)}$ である．母親の残りの一生を全部考えて，子の数の現価を齢 x から無限大まで足し合わせることによって，式 (11.72) が得られる．

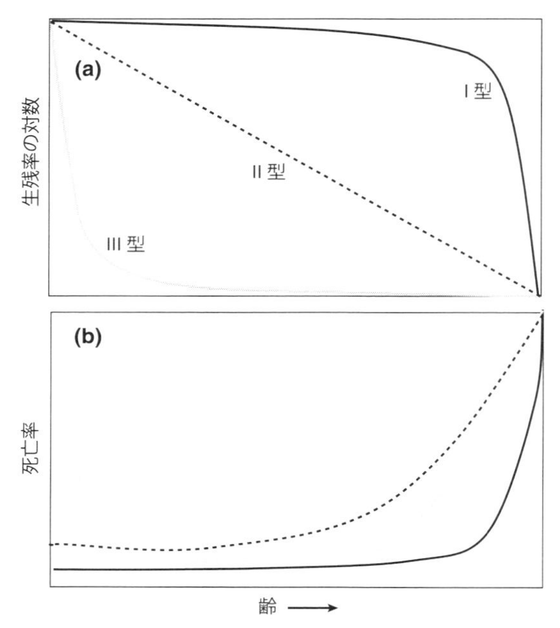

図 11.40 (a) 生残率を対数でプロットした生残曲線の 3 つのタイプ分け (Pearl 1928; Deevey 1947). (b) それぞれのタイプの死亡率曲線.

長，その魚が経験した環境条件などの情報が隠されている (Campana and Thorrold 2001)．耳石の成長輪から個体の年齢がわかり，成長輪間の距離は個体の成長速度を反映している．また，ミクロスケールの成長輪の微量元素分析および同位体解析によって環境の変遷を明らかにすることができる．それらのデータは，生活史の初期における魚の成長速度を決定したり，岩礁帯に生息する種の遠洋での幼生期間の長さを推定したり，孵化日の分布から物理学的過程が幼生の生存率に与える影響を調べたりするために用いることができるため，齢や成長に関する情報は重要である．耳石によって，成魚になってから 1 世紀にわたる年単位の成長を見ることができるし (Boehlert et al. 1989)．成魚になる前の 1 年間の日単位の細かい成長輪も見ることができる．耳石の化学的性質は，周囲環境内の微量元素の濃度を正確に反映し，周囲の塩分濃度も反映しているため，サケのような淡水河川から降海する回遊種の生活史を再構成するために使うことができる (Campana and Thorrold 2001)．耳石の利用法について図 11.41 に図示しておく．

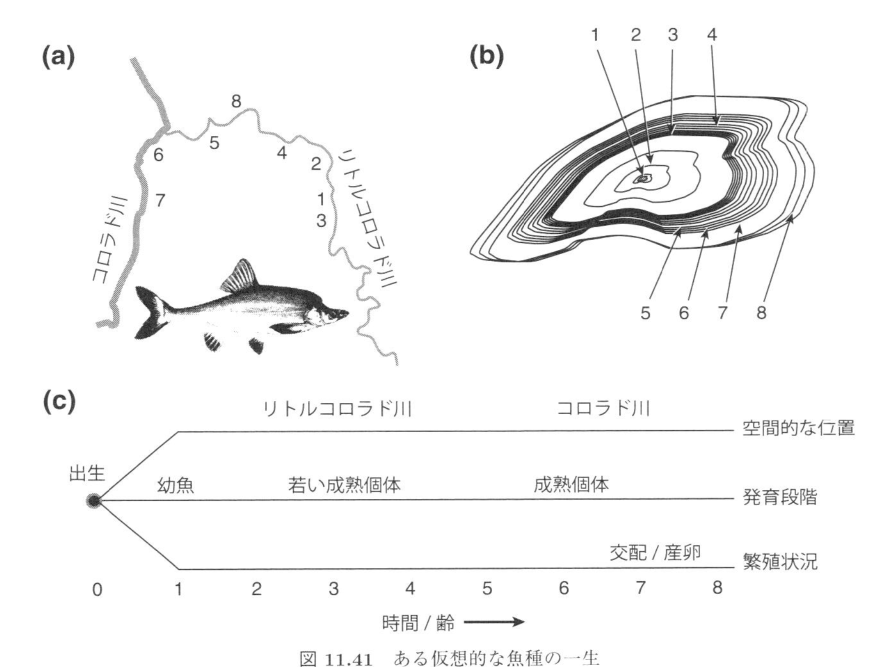

図 11.41　ある仮想的な魚種の一生

(a) コロラド川本流に流れ込むリトルコロラド川の河川図．(b) 年齢を査定し空間的な環境の変化を再構成するために用いられる魚の耳石の年輪．(c) 魚の一生．生息場所，発育段階，繁殖状況に分けて示されている (出典：(a), (b) を描くために Limburg et al. 2013 を利用した)．

◈ 小話 86　樹木の年輪：齢と成長阻害の記録

年輪年代学 (chronodendrology) では，環境変化の履歴を再構成するために樹木の年齢を用いる．交差年代決定法 (cross-dating) の原理は，いくつかの年輪列から年輪の幅や濃淡パターンなどの年輪特性が一致するものを見つけると，それぞれの年輪が形成された正確な年を決めることができるというものである (Baillie 1999, 2015)．例えば，納屋などの建物からとってきた木材の年輪パターンと現在生きている樹木の年輪パターンを比較照合すると，その建物が作られた年代がわかる．交差年代決定法は年輪年代学を支える基本になっているので，もしその方法の精度が高くなければ，年輪を数え上げる以上のことはしていないことになる．図 11.42 には，樹木の年輪線の合わせ方が示されている．

◈ 小話 87　法医昆虫学：犯罪捜査の道具として用いられる昆虫

法医昆虫学 (forensic entomology) は，生態学，昆虫学，人口学の基本的な法則を法医

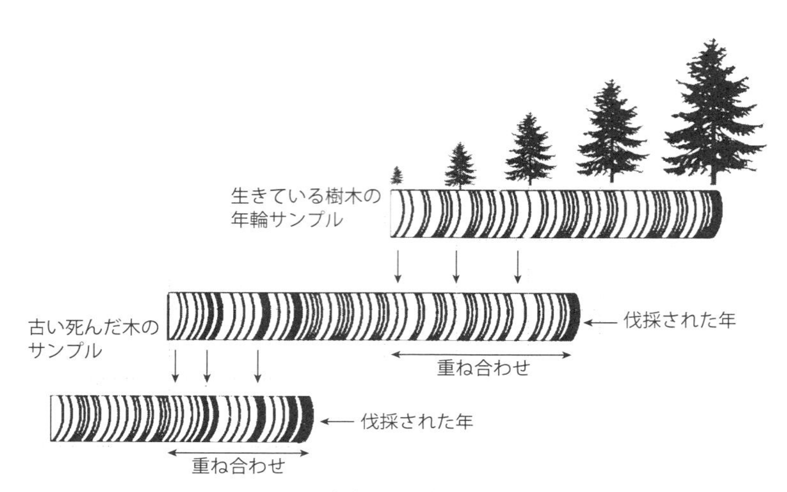

図 11.42 年輪による交差年代決定法
年齢は違うが成長時期が重なっている樹木の年輪を使って，成長の良い年および悪い年を重ね合わせて年代を決定する．

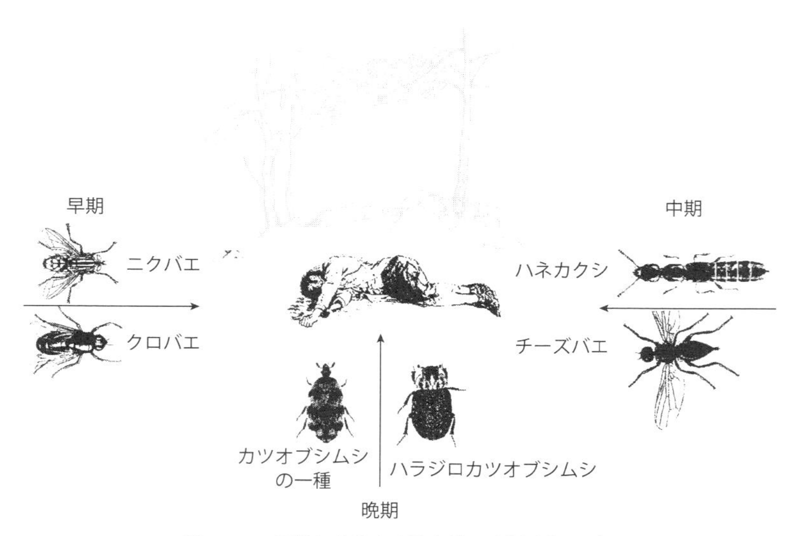

図 11.43 死骸に定着する昆虫種の死後遷移の図解

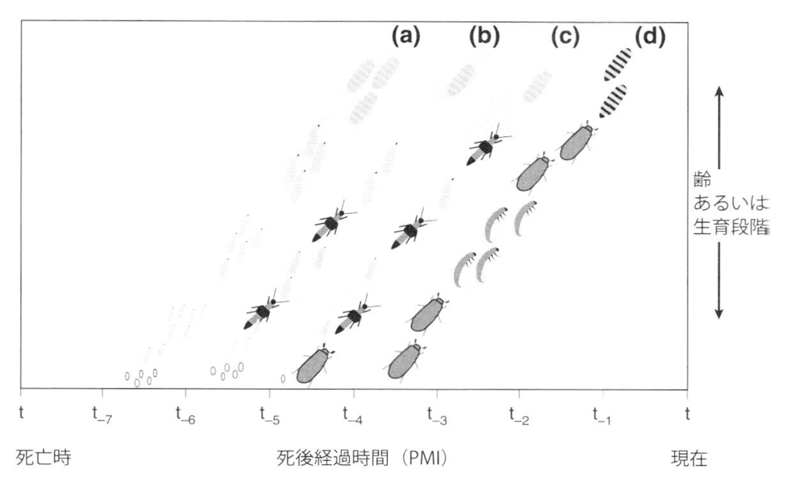

図 11.44　死後経過時間を推定する際の昆虫種遷移と齢 (あるいは生育段階) を示すレキシス図に似せた図解
(a) 早期：シマバエ，クロバエ，ハネカクシ科の昆虫．(b) 中期：ニクバエ，クロバエ，チーズバエに加えてハネカクシ．(c) 中期の後半：ハラジロカツオブシムシ，エンマムシ．(d) 晩期：ハラジロカツオブシムシ，別種のカツオブシムシ．

学的な問いに応用する学問である．特に，死後経過時間 (PMI: postmortem interval)，すなわちある個体の死から遺体発見までの時間を推定する分野である (Nenecke 2001; Gennard 2012; McDermid 2014)．PMI の推定は，遺体あるいは犯行現場で見つかる昆虫の同定や，該当する昆虫種の生育段階，遺体が発見された環境条件のもとでの昆虫の生育段階の推移パターンに基づいて行われる (Catts and Goff 1992; Tomberlin et al. 2011)．PMI を推定する際，基本的に 2 つの考え方がある (Wells and Lamotte 2010; Gennard 2012)．一つは，**発育モデル (development model)** で，最小死後経過時間は様々な発育段階 (ステージ) を経て昆虫が成長する時の所要時間から推定できるという考え方である．もう一つは，**遷移モデル (succession model)** で，死骸への動物の到来や定着は，時間経過とともに群集構造がある決まった順番で予測可能な変化を遂げる生態遷移の過程である，という考え方である (Kreitlow 2010; VanLaerhoven 2010)．死骸がどのような動物群を引き付けるかは，腐敗状態に依存し，そのため，ある腐敗段階での動物相は予測可能である．法医昆虫学の基本的な考え方について図 11.43, 11.44 を使って説明してある．

付録：人口データの可視化，説明，管理

建物のしっかりした土台があってこそ素晴らしい大聖堂の姿があるのと同様に，データがあってこそ事実の効果的な表現が可能になる．

Willard C. Brinton (Few (2013) での引用)

私は言葉で考えることは稀なので，いつも視覚イメージを言葉に翻訳することになる……

アルバート・アインシュタイン

簡略化とは自明なものを取り去り，意味のあるものを付け加えることである．

John Maeda

付録I　人口データの可視化

生物人口学は，個体・コホート・集団の情報に関する豊富なデータが集まる分野である．それらのデータは，歴史・地理・経済・政治・生物・生医学という分野から広く集められる．効果的にその情報が伝えられるためには，情報がグラフィックスという言語で正確にわかりやすく効率的に示される必要がある．グラフの強みは，比較したい時やパターンを同定したい時に，複雑な関係を可視化できる力にある．人口学で得られるデータには実に様々な量的関係があるので，それぞれの人口データの性質や，データに内在する伝えられるべきメッセージが自ずと適切なグラフを決めることになる．とはいえ，情報を図示するわかりやすく有効かつ戦略的な技術があれば，理解を深め，よりうまく情報を伝え，データを解釈する助けにもなる．この付録では，まずこの本のいくつかの章で用いられてきた事象履歴図 (event history chart) を紹介し，他のよく使われるグラフの定石的な使用法について概要を説明する．

I.1　事象履歴図

I.1.1　個体レベルのデータ

個体の縦断的データ (longitudinal data) は，グループ化されたデータあるいは横断的データ (cross-sectional data) より頻繁に好んで使われるので，個体レベルのデータを可視化するグラフテクニックは重要である．人口データの場合，個体レベルのデータ解析が特に重要である特殊な状況がある．例えば，一生の中で起こる選択による変化，コホート内の構成の変化，個体内の変化や寿命比較がそれにあたる．研究対象の集団が齢を重ねるにつれて，個体たちはある選択された一部だけが生き残り，さらに歳を重ねると元々のコホート中のわずかな個体しか生きていないだろう．そのため，若い個体を対象にした測定値は，一部は高齢まで生き残ることのない個体の観察に基づいているわけである．その一方で，高齢の個体のデータは生き残ってきた選択された集団のものである．選択的死亡 (selective mortality) が起こっているならば，個体の縦断的データは，齢とともに個体特性が変化することを理解するために当然必要とされる．個体レベルのデータは，例えば，ミバエ個体間の産卵のバラツキについて見通しを与え，コホート全体の特性にコホート内の構成が与える影響を明らかにする．

個体レベルのデータがあれば，あるミバエのコホートの繁殖量が齢とともに減少するのは，産卵ゼロのメスの割合の増加によるものなのか，各個体の産卵レベルが全体的に減少することによるものなのかを示すことができる．また，個体内変化を見るためにも，個体別の縦断的データは必要である．もし集中的に産卵する時期が個体ことに異なるなら，全個体で平均をとる解析ではこの個体内変化の情報は失われることがある．例えば，平均的な，あるいは横断的な産卵量のグラフにおける産卵のピークは，個々の産卵行動で観察されたピークのどれにも合わないことがある．さらに，個体レベルのデータがあれば，ミバエの各個体の生涯の総繁殖量について，ひいては，ある特定の期間における各個体の繁殖量の長期的な軌跡について比較することができる．特に，生涯繁殖率の高低，繁殖開始時期の早い遅い，寿命の長短を比較することによって，ミバエの繁殖の齢依存パターンについて重要な知見をもたらす．

I.1.2 事象履歴図の作成方法

個体の繁殖データとコホートの生残データを統合する事象履歴図は，以下の 3 つの方針に基づいて描かれる．(1) メスの各個体の一生は水平方向の直線上に描かれ，線の

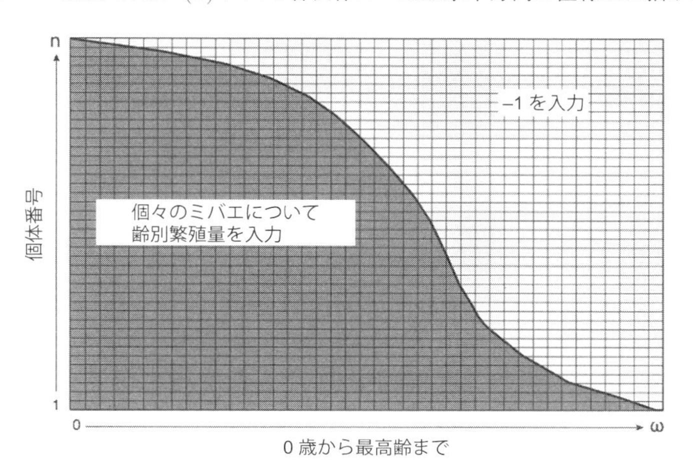

図 I.1 齢別繁殖量 (age-specific reproduction) とコホート生残率を同時に図示するスプレッドシートの説明

各セル内の数値に基づいて色塗りが可能 (条件付き書式) なソフトウエアを用いている．生存と死亡を分ける生残曲線の右側のセルは，マイナス 1 でコードされている．右側の死亡領域と，各メス個体の産卵情報が入力される左側の生存領域の中の産卵数ゼロの日 (0 の値が入力される) を区別するためである (Carey et al. 1998b で説明されている考え方に基づいている)．縦軸の個体番号は，生きていた期間が短いものから長いものの順に上から下へ個体が並べられている．

長さはその個体の寿命に比例する．(2) 直線上のそれぞれの齢区画は，産卵数に応じて色分けしたり陰影をつける．(3) 直線を図に記入する時に各齢で生きている個体数を示す生残スケジュール (l_x) が出来上がるように，すべての個体は生きていた期間が短いものから長いものの順に並べられる．個体レベルの繁殖データと寿命を同時に表すための仕組みと図の作成方法を図 I.1 の概念図に示している．第 4 章の図 4.6 にはミバエの例について詳しく説明されているので参照してほしい．このテクニックの背景にある考え方は，繁殖のような人口学的事象の縦断的データは，個体別の繁殖データをその数値によって色分けした上で，何らかの生活史特性を表す量を基準にして順に並べて図示することができるというものである．例えば，生存期間が短いものから長いものの順に個体を並べてデータをプロットすると，コホートの生残スケジュールが出来上がる．個体レベルの生涯繁殖量や成熟年齢によって順位付けするなどしてこのテクニックを用いると，他の重要な人口学的関係も図に表すことができる．

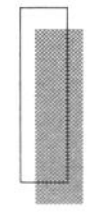

I.2 よく使われる他のグラフの概説

最もよいグラフの作り方は，強調したい内容 (例えば，傾向，相関関係，外れ値) や研究の目的 (例えば，比較，分布，関係，構成) によって異なる．実際，どんな数の集合でも，それゆえ，どんな具体的な数値データの集まりでも，様々な表し方がある．例えば，1, 2, 7 という仮想的な 3 つの測定値は，時系列データ (1, 2, 7) として，順番のあるデータ (7, 2, 1 あるいは 1, 2, 7) として，割合 (70%，20%，10%) として，2 に対する比 (3.5 倍，1/2 倍) として，差の数列 (7–1; 7–2; 2–1) として，標準偏差 (= 3.2) として，データ範囲 (= 6) として，平均 (= 3.3) として表現することができる．何が強調されるべき (例えば，平均) か，付加情報 (例えば標準偏差やデータ範囲) が含められるべきかは，伝えようとするメッセージに全面的に依存する．経験則的にわかっていることとしては，棒グラフや折れ線グラフは比較する時に役に立ち，散布図，棒グラフや折れ線グラフは分布を示す時に，散布図やバブルチャートは関係性を示す時に，積み重ね棒グラフ，100%積み重ね棒グラフ，面グラフ，円グラフは構成を示す時に役に立つ (Wolfe 2014)．この節では，生物人口学で最もよく使用されるグラフ表示について，グラフは良いか悪いかではなく，効果的かどうかだけを基準にして判断されることに留意しながら，概要と定石的な考え方を説明する．

I.2.1 棒 グ ラ フ

棒グラフは時間変化を示すために使われ，そのため，左から右へ並べられるべきであ

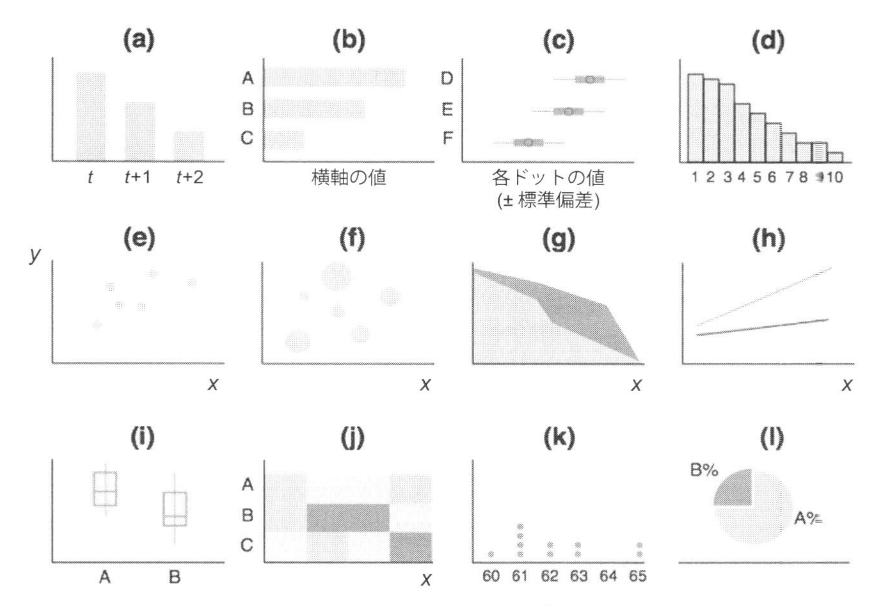

図 I.2 人口学研究でデータの可視化のために使われる標準的なグラフ
(a) 縦棒グラフ，(b) 横棒グラフ，(c) ドットプロット，(d) ヒストグラム，(e) 散布図，(f) バブルチャート，(g) 面グラフ，(h) 折れ線グラフ，(i) 箱ひげ図，(j) ヒートマップ，(k) ストリッププロット，(l) 円グラフ.

る (図 I.2(a))．基本的な棒グラフには 3 つの派生形がある．(1) 積み重ね棒グラフ：複数個の項目を全体と比較する必要がある時に使われる．(2)100%積み重ね棒グラフ：総量には意味がなく，最も伝えたいメッセージが下位カテゴリーのデータの構成比である場合に使われる．(3) 横並び棒グラフあるいは集合棒グラフ (複数のカテゴリーを横に並べたもの)：異なるカテゴリーに対応する値を比較する場合に使われる．例えば，数十年にわたる男性と女性の婚姻率の傾向を示す時に使われる．棒グラフは普通に見かけるので，ほとんどの人口学者や生物学者に馴染みがある．また，棒の端点を比較することによってデータを読み取りやすいため，よく使われている．

棒グラフをデザインする際の定石は以下の通りである．(1) 横向きのラベルを使うこと．データを読み取りにくい斜め円柱や垂直円柱を使わないようにすること．(2) 棒同士の間隔が棒の幅の半分になるように，適切に棒間の間隔を空けること．(3) 棒の長さはデータの値に比例することが前提であるので，違いを評価する時に錯覚しないように，y 軸はゼロから始めること．(4) ある特定のデータを強調する場合以外には，統一された色や陰影パターンを使うこと．(5) 横向きの棒グラフの場合は，データの値によって上から下まで降順に，見やすいように並べること (図 I.2(b)).

I. 2. 2 ドットプロット

ドットプロット (図 I.2(c)) は，散布図の縦軸が質的変数である場合に使われる散布図の変化形であると考えられる (Feeney 2014). このグラフデザインを発案した Cleveland (1984) は，ドットプロットは量的情報をより効果的に可視化し，より広範囲のデータに使えるので，棒グラフの代替グラフとして使用されるべきであると主張している. ドットプロットの派生形には，値が重ならない 2 つの変数を同時に示して変数間の違いを強調するものや，y 軸の全範囲にわたって目盛り省略線を使うもの (full-scale break) がある. 目盛り省略線は，使わないとデータ間の違いがわからなくなるほど狭い範囲の中にデータが閉じ込められる場合に使用される. ドットプロットでは目盛り省略線を使っても構わないが，棒グラフで目盛り省略線を使うと棒の長さを無意味にしてしまうので，棒グラフでは目盛り省略線を使ってはならない.

I. 2. 3 ヒストグラム

ヒストグラムは頻度分布を表すために棒を用いるグラフである (図 I.2(d)). 棒グラフに似ているが，棒グラフと異なる点が 2 つある. 一つは，ヒストグラムは，横軸として量的変数データが使われ，データの全範囲がひとつづきの重複しない複数の階級に分割されている. それに対して，棒グラフは横軸として質的変数のデータが使われ，それぞれの質的変数に対する数値を図にしている. 次に，棒同士が離れている棒グラフとは異なり，ヒストグラムの棒同士は接していて棒の間に空白がない.

ヒストグラムを作成する際の定石は，棒の間に隙間がないこと以外は棒グラフと同じである. 横棒を使うと効果的な場合があるが，普通は縦棒を用いる. 頻度データを図示するヒストグラムの代替方法として，頻度多角形 (frequency polygon) がある. 頻度多角形では，分布の形を描くために一本の線が用いられる. 棒を並べずに一本の線を用いる利点は，各階級の値に目を惹きつける視覚効果を捨てて，見る人の注意を分布の形に引き寄せることである (Few 2013). 頻度多角形の一本線のもう一つの利点は，累積分布を表現する場合に最適であることである.

I. 2. 4 散 布 図

散布図は 2 つの変数のデータの集合から得られる 2 つの量の間の関係を示している (図 I.2(e)). 2 つの量を x 軸と y 軸に同時に割り当てて，大きなデータセットの中の二変数間の相関関係を視覚的に示すのに最適である. デザインする際の定石として以下がある．(1) 可能な限り y 軸の値はゼロから始める．もし y 軸に複数の変数を入れる必要があるなら，追加する y 軸のデータを記号にする時にはマーカーの大きさや色を変える．(2) 傾向を示すために変数間の相関に注目させたい場合には，回帰直線を使う．(3) 傾向を示す回帰直線を 3 つ以上比較しない．線が多すぎると説明が難しくなる．

I.2.5　バブルチャート

バブルチャートは，1 つの名義変数 (国名や教科名など) に割り当てられた 3 つの量的変数からなるデータのセットについて適用される．最初の 2 つの量的変数によって表される散布図の各ポイントに名義変数を表示し，3 つ目の変数量を各ポイントに置いたバブルの大きさで表現することにより，それらのバブルを比較したり，相関関係の順位を視覚化できるようにしたものである (図 I.2(f))．この図をデザインする際の定石は以下である．(1) すべてのラベルがきちんと見えて，重ならず，対応するバブルが容易に識別できるようになっていることを確認すること．(2) 面積や直径を基準にデータの大きさがわかるように，バブルの大きさを調整すること．(3) 真円でない形を使うと不正確になることがあるので，三角形や正方形のような変わった図形を使わないこと．

I.2.6　面　グ　ラ　フ

面グラフは時系列データを図示するグラフである (図 I.2(g))．折れ線グラフとは異なり，量の多さを視覚的に示すことができる．面グラフには，3 つの派生形がある．(1) 標準面グラフ：経時的な量の変化を示したり比較するために使われる．(2) 積み重ね面グラフ：部分と全体の関係を図示するために使うのに最適であり，各カテゴリーがどの程度累積合計に寄与しているかを示す手助けにもなる．(3) 100%積み重ね面グラフ：累積合計が重要ではない場合に，全体の中の部分として各カテゴリーの割合を図示するために使われる．

面グラフをデザインする際の定石は以下である．(1) 図は見やすいように作ること．(2) 積み重ね面グラフでは，変動が大きいデータのカテゴリーは積み重ね棒の一番上に，変動が小さいカテゴリーのデータは積み重ね棒の一番下になるように配置すること．(3) y 軸はゼロから始めること．y 軸の値をゼロより上の値から始めると，端の値が削られて少なめに見えてしまう．(4) 5 つ以上のカテゴリーを 1 枚の面グラフで表示してはならない．カテゴリー数が多すぎると，読み取ることができないほど乱雑な図になってしまう．(5) データ値ラベルが面の背景に埋もれてしまわないように，背景には薄めの色を使用すること．(6) 面グラフに表示される折れ線は，連続データの場合にのみ存在する中間の値を実際の値のように示してしまうので，y 軸が離散データの場合には面グラフを用いてはならない．

I.2.7　折れ線グラフ

折れ線グラフは，例えば，増減の傾向，加速/減速，山/谷や全体的な変動パターンなどの経時的変化のような連続したデータ系列を描くために使われる (図 I.2(h))．折れ線グラフはカテゴリー的あるいは離散的な人口データのどちらにも使うことができるが，出生率，死亡率，成長率の時間的変化を表す連続的な人口データを可視化する場合に特に適している．

折れ線グラフの定石は以下である．(1) 値がゼロのベースラインは重要な参照基準となるので，できる限りゼロラインを図に含めること．(2) 折れ線の数は最大でも 4，5 本までにしておくこと．それ以上折れ線を使うと，俗に言うスパゲッティグラフのように理解不能になる．もしそれ以上の線が必要なら，2 つの図にするか，それぞれが 1 本の線だけのパネルを集めた図を作ること．(3) 破線は混乱をもたらすので，実線だけを使うこと．(4) 見る人が折れ線と凡例の間で視線を行ったり来たりさせなくてもよいように，折れ線に直接ラベルを付けること．(5) すべての折れ線の変動幅は y 軸の高さの 2/3 程度に収まるようにするべきであるという一般のガイドラインに従い，y 軸の高さは適切に選ぶこと．

I.2.8　箱ひげ図

箱ひげ図は，値の範囲あるいは分布を片方の端からもう片方の端までを使って表現する箱とひげを組み合わせた図のことである (図 I.2(i))．箱ひげ図の中間には，その箱を 2 つに分けて分布の中心を示す水平な線があり，その線は通常は中央値 (メジアン) を示している．分布の形を示す情報を追加するために，「ひげ」と呼ばれる 2 本の線がある．1 本の線は，箱の天井から上に最大値まで伸び，もう 1 本の線は箱の底から下に最小値まで伸びている．箱ひげ図で示される全情報は，最大値，最小値，最大から最小までの値の範囲，分布の中央値，値の中央部 50%の範囲 (四分位範囲) である．四分位範囲は，箱の天井にあたる最大から 25%のデータが位置する値 (75%パーセンタイル) と，箱の底にあたる最小から 25%のデータが位置する値の差である．

I.2.9　ヒートマップ

ヒートマップは，質的変数に依存して変わるデータ値や，地理上の領域のデータ値を示すために，色強度の違いやグレースケールを用いて作成する図である (図 I.2(j))．ヒートマップに関するデザインの定石は以下である (Gehlenborg and Wong 2012a; Few 2013)．(1) 簡潔な白地図を使うこと．(2) 強度を示すために，濃淡のある単一の色，もしくは似通った二色の間のグラデーションを使うこと．ひときわ目立つような不必要にデータを強調する色 (例えば赤色) を避けること．(3) 相対的な値の違いが直感的にわかるように強度を色づけすること．(4) パターン (模様) を使うのは控えめにすること．二番目の変数の値を示すために模様を重ね合わせることは許されてはいるが，3 つ以上を重ね合わせるとくどくなり散漫になる．(5) データを区分する範囲を適切に選ぶこと．データが均等に分布するように，データの区分数を 3〜5 個までにする．データ区分の範囲を最高や最低の範囲まで広げる時にはプラス記号やマイナス記号を使うこと (例えば，60, 70, 85+のように)．ヒートマップの派生形としては，Vaupel とその共同研究者が 1997 年に導入した陰影付き等高線図がある (Vaupel et al. 1997)．

I.2.10　ストリッププロット

ストリッププロット (strip plot) は，複数個の分布を同時に図示し比較するために使われる (図 I.2(k))．ストリッププロットは数値や割合をいくつかの区間に集約することはせずに，データセットのすべての数値を図示する．この図は，分布の形を明瞭に示せるという利点をもっているが，データの個数が少なめで，各データが数値目盛のどこに落ちるかを正確に示したい時に特に有用である．データが多数あり，全く同じ位置に点が位置する時には，点を見えやすくする 2 つの方法がある．(1) 図内で重なり合ったマーカーが表示されるようにずらすテクニック (ジッタリング) を使って配置し直す．例えば，縦に積み重ねるなどの方法がある．(2) 黒丸ではなく白丸を使うなど，データの点を薄めの色にする．

I.2.11　円　グ　ラ　フ

円グラフは全体に対する比率を比較する時に最適な方法である (図 I.2(l))．円グラフの使用については，もしデータが，25%，50%，75%のようなわかりやすいパーセンテージでなければ，異なる扇形の大きさを正確に把握・比較しにくいという反対意見がある．円グラフをデザインする際の定石は以下である．(1) カテゴリー数に 5 を超えないように使うこと．(2) 見えにくくなるので，小さい扇形は避けること．(3) 2 つ以上の円グラフの間では，扇形の大きさを比較しにくいため，複数の円グラフを並べて用いないこと．(4) 全部の扇形を足し合わせて 100%になることを確かめること．

(5) 最大の扇形を 12 時の位置に置き，残りをパーセンテージの降順に反時計回りあるいは時計回りになるように並べること．

I.2.12 データの可視化に役に立つ教材

人口情報の可視化に関する定石をもっと学びたい時には，Tufte の草分け的テキスト，“*The Visual Display of Quantitative Information*” から始めるのがよい (Tufte 2001)．もう一つの重要な教材としては，図と表の両方の定石を知ることができる Stephen Few の本，“*Show Me the Numbers*” (Few 2013)，Matt Carter の “*Designing Science Presentations*” (Carter 2013) や Dona M. Wong による “*The Wall Street Journal Guide to Information Graphics*” (Wong 2010) が挙げられる．さらに，科学や科学者に関する情報デザイン・情報グラフ化のほぼすべての話題を網羅する三十数本の論文シリーズが，科学雑誌 *Nature Methods* に掲載されている (B. Wong 2010a–f, 2011a–i, 2012; Gehlenborg and Wong 2012a–d; Shoresh and Wong 2012; Wong and Kjaergaard 2012; Krzywinski 2013a–c; Krzywinski and Cairo 2013; Krzywinski and Savig 2013; Krzywinski and Wong 2013; Lex and Gehlenborg 2014; McInerny and Krzywinski 2015; Streit and Gehlenborg 2015; Hunnicutt and Krzywinski 2016a–b)．

情報デザインと情報グラフ化に関するより高度な専門的な話題については，“population graphs and landscape genetics” (Dyer 2015)，“data visualization and statistical graphics in big data analysis” (Cook et al. 2016)，“data visualization in sociology” (Healy and Moody 2014)，“multistate analysis of life histories” (Willekens 2014) や “visualizing mortality dynamics in the Lexis diagram and demographic surfaces” (Rau, Bohk-Ewald, et al. 2018; Vaupel et al. 1997) がある．印刷の体裁を整える方法を概観するには，Butterick による書物，“*Practical Typography*” がある (Butterick 2015)．スライド準備の定石本としては Duarte (2008) などの文献があり，科学者や地図製作者が地図やその他の作図のために適切な配色を選ぶ際に手助けとなるように設計された便利なオンラインツールとしては，ColorBrewer (2018) がある．このウェブサイトは，ペンシルバニア州立大学によって管理されている．

付録II　人口学のストーリーテリング

物語は，読者を巻き込み，読者に発見的かつ探索的な思考を促すためにデザインされた思考実験と考えることもできる．Revkin (2012) が言及しているように，科学は「悩ましき疑問，矛盾，行き詰まり，新たな知見，偶発的に生まれる感動的飛躍に満ちて」いる．そのため，科学的な話題を説明する場合にも，込み入った内容を解きほぐしていく連続した小話やエピソードを盛り込んだ，聞き手を惹きつける物語を使うことは，情報が「放り出されている」ものに比べて，はるかに人の心を動かす．歴史的には，考えや説明したいことを伝えるために物語を使うというストーリーテリング (storytelling) の手法は，様々な科学分野でデータやそれ以外の情報を全体としてつながりのあるものへとまとめ上げるために利用されてきた．読み手にとっては，箇条書きや番号付きのリストで並べられるよりも，わかりやすく語られる物語にまとめ上げられている方が，その情報を平易であると思うのが普通である (Munroe 2015)．語り手にとっては，ストーリーテリング手法の基本要素を使って，数多くの断片的な情報を全体的によりつながりのあるものに整理統合することができる (Krzywinski and Cairo 2013)．雄弁な科学物語は，読み手に吸収されやすい形で比較的少ない語数によって，大量の情報を伝達してくれる (Gershon and Page 2001)．近年では，ストーリーテリングは，強力で効率的なコミュニケーションのための考え方として，医学 (Krzywinski and Cairo 2013)，生物学 (Knaflic 2015)，地質学 (Phillips 2012; Lidal et al. 2013) からコンピューター科学 (Gershon and Page 2001; Kosara and Mackinlay 2013)，化学 (Hoffman 2014)，ビジネス (Roam 2009, 2014; Knaflic 2015) などの多様な科学分野に登場している．現代科学におけるストーリーテリングでは，グラフや概念図を使用している．物語とそこで使用される視覚的素材は，互いに補完的な役割を果たす．前者は，様々な難しい概念やデータをつなぐ接着剤として役に立ち，後者は視覚的に把握できる構造を物語に提供して，物語を理解させる手助けとなる (Ma et al. 2012; Borkin et al. 2013; Kosara and Mackinlay 2013)．同じように，私たちがここで紹介する「人口学に関するストーリーテリング」では，様々な人口学の概念や観察結果を統合するツールとして物語構造 (narrative structure) を利用している．また，この付録の後半では，人口学に関する物語でグラフや概念図を利用した例を紹介する [*1]．

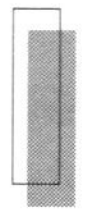

II. 1 人口学に関するストーリーテリング：お勧めの例

ストーリーテリングの必須要素は，物語の構造 (すなわち，起承転結)，話者の音声，登場人物の成長 (すなわち，主題) の 3 つである．どの物語も，(1) 展開に時間をかけ，(2) 人々の注目を引き，(3) 消えにくい印象を残すような，因果的につながっている出来事の連鎖である (Ma et al. 2012)．ここでは，簡単にではあるが，4 人の著名な科学者がストーリーテリングという手法を使って，どのように人口学的概念の基本的な考え方を組み立て，説明したかを紹介しよう．

II. 1. 1 レオナルド・フィボナッチ：ウサギの繁殖

レオナルド・フィボナッチは，1202 年に，複数世代にわたる集団成長を表現する数列を作り出す仮想的なモデルを導入したイタリアの数学者である．その一連の数はフィボナッチ数として知られるようになった．フィボナッチが発表した元々の物語はウサギの集団成長の例え話である：

> 生まれたてのウサギのペア，1 匹のオスと 1 匹のメスが野に放たれたとしよう．その 2 匹は月齢 1 の時に交尾し，メスは 2 カ月目の終わりにもう一組のペアを産むことができる．ウサギたちは死ぬことはなく，メスは生まれて 2 カ月後からは毎月必ず一組の新しいペア，1 匹のオスと 1 匹のメスを産むとする．1 年経つと何ペアになるだろうか？
>
> 2 カ月目に入った時，ウサギは交尾はしていても出産していないので，結局一組のウサギがいるだけである．3 カ月目に入った時，最初のペアがもう一組のペアを産んでいるので，二組となる．4 カ月目に入った段階では，最初のペアはもう一度子供を産むが，二番目のペアは交尾はするもののまだ子供を産みはしないので，合計で 3 ペアになる．これが 1 年過ぎるまで続くと，233 ペアのウサギになるだろう．
>
> (Posamentier and Lehmann 2007, p.173)

この思考実験からフィボナッチが作り出した数列，X_1 から X_{12} はそれぞれ 1, 2, 3, 5, 8, 13, 21, 34, 55, 89, 144, 233 であり，この数列を表す一般式は，

$$X_{n+1} = X_n + X_{n-1}$$

である．この数列は，$X_1 = 1$, $X_2 = 2$ から始めて逐次計算で求められる．この式はウサギ集団の成長を模したものとしては非現実的なモデルではあるが，自然の中に見られる様々な現象に当てはまることがわかった．例えば，1 つの花の中の花びらの数

---

*1) この段落は，翻訳者によって大幅に加筆修正された．

(例えば，ユリは3枚，キンポウゲは5枚，ヒナギクは34枚) はフィボナッチ数である．同様に，ミツバチは，オスが未受精卵から発生する半数倍数性の交尾様式をもっているので，オスミツバチの親の数もフィボナッチ数であり，オスミツバチの親の数は1匹，祖父母の数は2匹，曾祖父母の数は3匹，曾曾祖父母の数は5匹などと続く．

また，

$$\phi = \frac{X_{n+1}}{X_n}$$

で与えられるフィボナッチ列の比は，黄金比 (φ) として知られる値に収束するもう一つの数列を生成する：

$$\varphi = \frac{1+\sqrt{5}}{2} = 1.618$$

このフィボナッチ比は，オウムガイ，ハリケーンや銀河系の渦の直径の比の中にも見出される (Posamentier and Lehmann 2007)．フィボナッチ数や黄金比に見られる単純で基本的な数式は，ともにウサギの繁殖に関するフィボナッチの元の物語から生まれてきたものである．もしフィボナッチがこの注目すべき数式を紹介するために，ウサギの例ではなく単に数式を使った議論を展開していたとしたら，これらの数字が分野を超えてこれほどの反響を招くことはなかっただろう．

II.1.2　トーマス・マルサス：人口成長と食糧供給

トマス・マルサスは，イギリスの聖職者，経済学者，人口学者であり，「人口は幾何級数的に成長するが，食糧供給は算術的にしか成長できない」という仮説を提案したことで有名である．その仮説の帰結として，常に人口成長が食糧供給を超える事態を引き起こすことになる．その事態から派生する社会・政治・経済に対するマルサスの主張は**マルサス主義**と呼ばれている．彼は彼自身の考えを以下の物語で説明した．

> さて地球上のとある場所，例としてこの「島」を取り上げ，島がまかなうことができる生活資源はどのくらいの比率で増加すると考えられるかを探ってみよう．…… 実現可能な最上の政策を実行し，土地を開拓し，農業を大きく奨励すれば，この島の生産量は最初の25年で2倍になるかもしれないと認めたとしても，…… 最もうまくことが運んだ結果を想像すると，おそらく次の25年間の増加量は現在の生産量と等しい．……したがって，生活のための資源は算術的に増加すると言っていいだろう．この島の人口は現在約700万人であると算出されており，現在それだけの数を支えるに十分な生産量があると仮定しよう．…… 最初の100年後には，人口は1億1200万人となるだろうし，生活のための資源は，3500万人の生活を維持する量に相当するだけである．つまり，7700万人が全く何も供給されないままになるだろう．(Malthus 1798, p.8)

人口学者 Kenneth Boulding は，マルサスの著作 (Malthus 1798) を1959年に再

版した時の本の前書きで，2つの要因，あるいはそれらの組み合わせが，マルサスの言う人口成長に終わりをもたらすことができると指摘している．その2つとは，出生力の減少と死亡率の増加である．マルサスは，「性行為への欲望を抑えることについては，これまでにどんな方策が講じられても進歩なし」であると述べ，出生力の減少については悲観的であった．そのため平衡人口に達する唯一の方策は死亡率の増加であり，死亡率は主に悲惨な出来事と飢えの結果増加すると述べている (Malthus 1798). マルサスは，もし人口成長の唯一究極の防止策が悲惨さであるとしたら，人口はその成長を止めるほど十分に悲惨な状況になるまで成長するだろうと論じ，それを自ら「憂うつ定理 (dismal theorem)」と名付けた．さらに，彼はこの定理を「完全憂うつ定理」に拡張し，どんな技術的な改善も悲惨さをしばらくの間救済することしかできない，なぜなら，悲惨さが唯一の人口防止策である限り，技術的改善は人口成長を可能にし，以前よりもより多くの人々が悲惨に生きることを可能にするだけだからであると述べている (Malthus 1798).

II.1.3 チャールズ・ダーウィン：生存競争

Lennox (1991) は，チャールズ・ダーウィンは彼の仮説の説明力を立証するために思考実験 (物語) を用いていたと示唆している．例えば，ダーウィンが考案したオオカミによる捕食という架空の物語は，対象 (オオカミ) と過程 (淘汰) が具体的であり，その説明は科学的実験を想起させるため説得力がある．さらに，シカの群れを襲うオオカミの集団は，どの人も無理なく想像することができるので，もっともらしく聞こえる例えである．総じて言えば，理論を説明する具体的な例と抽象的な言葉の間の関係がわかりやすく，ダーウィンの自然淘汰理論の重要な要素は，すべて具体的な説明とつながっている．以下に，その説明の原文を紹介しておく．

> (私が信じている) 自然淘汰がどのように作用するかを明瞭にするために，1つか2つの仮想的な説明をすることをお許しいただかなければならない．ある場合は狡猾さ，ある場合は強さ，ある場合は俊敏さによって様々な動物を捕まえて捕食するオオカミを例として取り上げてみよう．とても逃げ足の速い被食者 (例えば，シカ) が，オオカミが食べ物に窮迫する季節に個体数を減少させたとする．そのような状況では，最も素早く細身のオオカミが生き延びる確率は高く，死なずに選択されるだろうことを疑う理由はどこにもないと私は思う． (Darwin 1859, p.90)

II.1.4 ピーター・ブライアン・メダワー：潜在的に不死である集団

ピーター・ブライアン・メダワー卿は，イギリスの生物学者で，移植片拒絶反応と獲得免疫寛容の発見という発展性のある研究を行ったため，「移植の父」と考えられている．彼はその研究で1960年にノーベル賞を受賞している．1952年に発表された老化の進化に関する随筆，「生物学の未解決問題」の中で，集団の適応度に対する重要性は高齢になるほど減少するという彼の考えを主張するために，試験管を使った思考実験の小話を考案した．彼は，以下のように書いている：

> さて，創設時に1,000本の試験管の在庫を用意した化学実験室を思い描き，試験管が偶発的にランダムに毎月10%ずつ壊れたとしよう．……その実験室の備品担当者は毎月壊れた試験管を入れ替えることだろう．……さて，死亡と出生，すなわち試験管の破損と入れ替えという管理方法が何年も続いたとすると，試験管集団の月齢分布はどうなるだろうか？ その集団は，0〜1月齢の試験管は100本，1〜2月齢は90本，2〜3月齢は81本，……である安定齢分布に達することだろう．この齢分布パターンは，「潜在的に」不死である集団，すなわち，死ぬ確率が齢とともに変化しない集団の特徴である*2)．　(Medawar 1981, pp.43–44)

この簡単な数値を使った物語では，メダワーがストーリーを展開する架空の舞台を設定するために試験管を用いた．メダワーは，それぞれの試験管は月10%の一定の死亡リスクにさらされていて，現実にはありえないが，試験管は月10%の「繁殖」率で自分自身を入れ替えることができるという仮定を導入した．メダワーは，この簡単な「潜在的に不死である集団」の例を使って，最高齢の個体の期待余命が若い個体の期待余命と全く同じであったとしても，試験管集団全体に対する高齢の試験管の相対的寄与は見えないほど小さくなる，ということを示した．彼はこう述べている：「このモデルは……理論的には不死の集団であっても実際に死亡リスクにさらされている限り，高齢になるにつれて自然淘汰の力が弱まるのは極めて当然であることを示している．もし，破損に至るほどの遺伝的災難がかなり遅い時期に起こるのなら，……その帰結は全く重要ではないだろう」(Medawar 1981, p.46)．この簡潔な物語は，老化の進化に関する現在の理論の基礎を作り上げた．

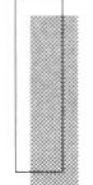

II.2　グラフや概念図を使った人口学物語

言葉で語る物語に加えて，物語が簡単な図解を通して語られることもある．ここでは，3つの例を取り上げる．

---

*2) どの齢でも死亡率が同じ場合，死亡最終齢が設定されていないため，高齢になっても生き残る個体がある正の確率で存在する．この場合，各齢の死亡率を $q_x = q$ として期待余命を計算すると，どの齢でも同じ値 $1/q$ になる．このことは，潜在的に不死であることを意味し，第6章の表6.11や第11章の小話79でも触れられている．

II.2.1　人　口　転　換

人口転換 (demographic transition) とは，死亡率および出生力が，前近代の低所得社会に特徴的に見られる高い値から，現代の高所得社会に特徴的な低い値へと減少することを指す (Casterline 2003)．出生率と死亡率の変化の概念図を図 II.1 に示し，集団の出生率・死亡率・成長率の変化に付随して起こる人口転換の 5 つの段階について表 II.1 で説明されている．

出生率についてみると，ステージ I, II で出生率が高いのは，多くの子供たちが農作業に必要とされたからであるが，同時に若者の死亡率は高い．また，宗教的・社会的圧力が存在していたことや，家族計画が欠落していたことが，結果として高い出生率をもたらしている．ステージ III で出生率が落ち始めるのは，医療や食事が改善されたことの結果である．ステージ IV, V で出生率が落ち込み，低くなったのは，家族計画をする家庭の拡大，健康状態の良好さ，女性の地位の向上と晩婚化がその原因である (Casterline 2003)．死亡率の変化に着目すると，ステージ I で死亡率が高い理由は，

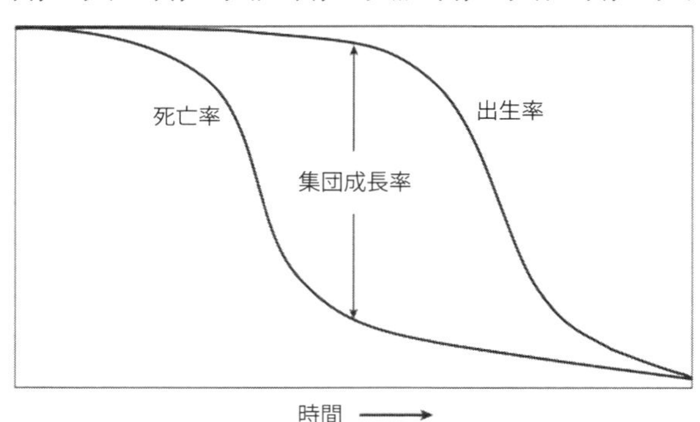

図 II.1　人口転換の概念図 (http://www.net/jakeroyles/population-34509341 より改変)

表 II.1　人口転換の諸段階

集団の率	段階				
	多産多死安定期	拡大期初期	拡大期後期	少産少死安定期	安定期
	I	II	III	IV	V
出生率	高	高	降下	低	とても低い
死亡率	高	急速な降下	緩やかな降下	低	低
自然増加率	安定あるいは緩増	急増	緩増	安定あるいは緩増	緩増

疾病，飢餓や医学知識の貧困さである．ステージ II, III では，医療，水道設備，衛生環境が改善されたために，死亡率が降下し，死亡する子供が減少している．ステージ IV, V での低い死亡率は健康管理の充実と安定した食糧供給が理由である．

II.2.2　人口ピラミッド

1996 年のドイツの人口構成を図示している人口ピラミッド (age pyramid) は，集団齢構成の可視化の大切さを 2 つ示している (図 II.2)．一つは，齢構成の凹凸(おうとつ)は戦争，疾病，経済不況などの過去の出来事の軌跡を示しているため，人口ピラミッドに集団が経験した歴史を明らかにすることである (Keyfitz 1985)．例えば，出生年が 1916, 1931, 1945 年頃の数年間に見られる齢構成の収縮は，それぞれ第一次世界大戦，世界大恐慌，第二次世界大戦が出生数に与えた影響を反映している (図 II.2)．55 歳より高齢の男性の少なさは，2 つの大戦が，10 代後半，20 代初期から中期の男性の減少をもたらした結果である．また，戦後のベビーブームは 20 歳から 45 歳までの齢区間の膨らみに現れている．もう一つは，人口ピラミッドで齢構成を可視化すると，将来

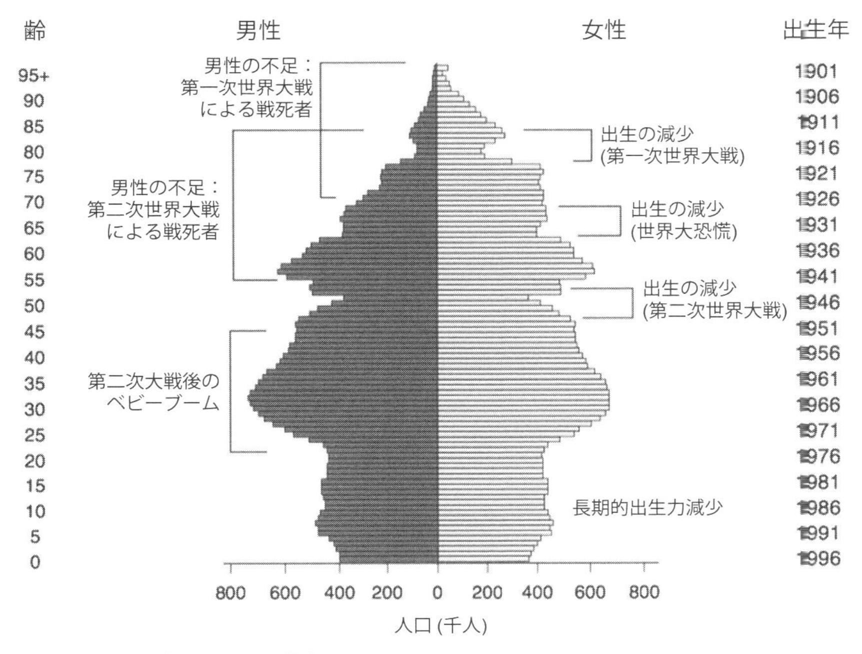

図 II.2　1996 年のドイツの齢構成 (http://healthan.ccnmtl.columbia.edu/demography/the$_c$auses$_a$nd$_e$ffects$_o$f$_p$opulations$_s$tructures.html より改変)

の人口推計に関する情報を得ることができる．図 II.2 では，この 1996 年の人口ピラミッドにくっきりと現れているベビーブーム世代の膨らみは，この世代のうち，年長の人々が 65 歳に達する 2016 年には退職者集団になるだろう．その大きな団塊の未来については，退職者たちを支えることになる若者の集団がかなり小さいことを考慮して検討されるべきである．人口ピラミッドは，今日の子供は明日の母親や働き手であり，今日の働き手や母親は明日の退職者であることをはっきりと示してくれる．

II.2.3　人類大移動

人類は，アフリカを出発したのち，進化時間から見れば一瞬の間に地球大陸の最終端，南アメリカのティエラ・デル・フエゴに到達した (図 II.3)．それは，アフリカから地中海東部のレバント地域・アジアを通り抜け，アメリカに至る 35,000 km を超える旅であった (Djibouti 2013)．「人類大移動 (The greatest walk)」は，世界を横断する「高速道路」のような幹線ルートを離れて，ヨーロッパやアジアに向かうルート，東南アジアやインドネシアを通って，オーストラリアやタスマニアに到達する南下ルート，アメリカ内陸部に東進するルートなどの重要な分岐ルートに進んだ (図 II.3)．その後，世界全体に居住するようになるには，人類を生物学的，文化的に形作ってきた環境の時間変化や空間的異質性が深く関係している．図 II.3 は，人類が地球全体を覆い尽くした物語を視覚的に示し，また，移動拡散の機構やその速度に関して謎や疑問を想起させて好奇心をくすぐり，その成果を期待させてくれる．

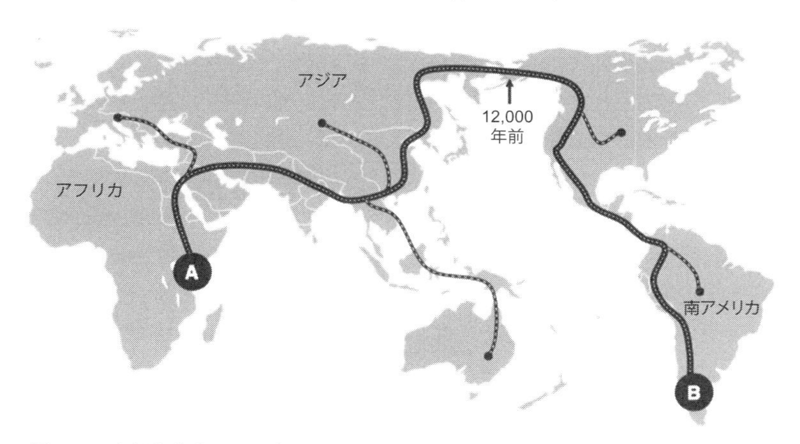

図 II.3　人類大移動は 7 万年前にアフリカから始まった (Jeff Blossom, Center for Geographic Analysis, Harvard University による the Out of Eden Walk (2013) より改変)．

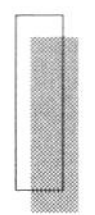

II.3　人口学ストーリーテリングに関連する有用情報

科学ストーリーテリング向けの優れた教材として，Gerson and Page (2001), Lidal et al. (2013), Ma et al. (2012) の論文がある．視覚に訴えるストーリーテリング向けの優れた教材に，Duarte (2010) があり，Alley (2013) や Healy (2019) は，科学論文の執筆や発表という視点から，ストーリーテリングにおける可視化の今後の展望について述べている．

付録III　可視化のための十の経験則

以下の経験則は，広範囲の書籍，論文，記事にある可視化の定石をまとめたものである (Tufte 2001; Maeda 2006; Duarte 2008, 2010; Mazza 2009; Few 2013; Wolfe 2014; Butterick 2015).

経験則 1：原稿にはローマン体を，スライドにはサンセリフ体を使うこと．ローマン体のフォント (字画の終わりに少し飾りがついている文字) は，読み手が一度に 1 行を追えるように誘導するので原稿に適している．一方，飾りなしのサンセリフ体は，簡潔できれいに見えるため，部屋のどこからでもスライドを容易に読むことができる．

経験則 2：表形式のデータは主に強調したい順序で並べること．例えば，国ごとの人口を比較する表では，人口が記入されている列は，国名のアルファベット順ではなく，人口最多の国から最少の国へと並べるべきである．

経験則 3：比較するために用いられる表形式のデータは，データを縦方向に表示すること．統計量を比較する際の自然な並べ方は，横並びではなく，縦並びである．例えば，人口や平均年齢を比較する表は，これらの各データを横にではなく，縦に並べるべきである．

経験則 4：図でラベル付きの引き出し線を使う時は水平な線を使うこと．不必要に引き出し線の角度やラベルの角度が変化すると，統一感のない図になってしまう．もし角度をつける必要があるなら，30° あるいは 45° のような決まった角度を使うこと．

経験則 5：グラフの中では，安全確実なマーカーとして白抜きの円を使うこと．白抜きの円は使いやすく失敗することのない作図マーカーである．他のマーカーが固まりになってしまった時とは違って，1 つの円と他の円が交わってもそれ自体が 1 つのマーカーに見えない利点がある．

経験則 6：箇条書きの内容によって，数字や中黒 (・) を使い分けること．料理の材料のように，順序が任意であるリストには中黒を使い，料理のレシピのような一連の手順を示す場合には数字を用いるのがよい．決して箇条書きを入れ子にしないこと．

経験則 7：口頭発表での図の表題は，結論を述べるように表現すること．見ている人に持ち帰ってもらうメッセージを瞬時に伝えるために，表題には結果を含めるべきである．例えば，「性別死亡率の曲線」よりも「高齢期における男女死亡率の逆転」の方が優れている．

経験則 8：スライドには **16：9** のアスペクト比 (**aspect ratio**) を使うこと．アスペクト比とは画像の幅と高さの比のことである．16：9 のアスペクト比は映画プロデューサーが考え出したもので，4：3 のアスペクト比に比べて，より大きな映像を見る人に提供することができる．

経験則 9：文章は読みやすいものにすること．すべて大文字の小見出しや見出しは構わないが，読みにくいので文章全体を大文字にすることはない．タイトルケース (すべての単語の先頭文字の大文字指定) は，ほとんどの見出しで使うことが可能である．センテンスケース (最初の単語だけを大文字で始める指定方法) は，最も自然に読むことができる．特殊な状況では，すべて小文字を使う方が適切である場合もある．

経験則 10：少なめが勝ることを心に留めておいてほしい．少なさによって表現する機会が減ったとしても，示したいことをより強調できるので得をする (Wong 2011h).

付録IV　人口データの管理

データのコード化，管理，命名，アーカイブ，選別は，どれも人口データのライフサイクル (データの登録から削除まで) の中で重要な段階である．データ管理には，データセットの設計だけではなく，データの文書化，データファイルの命名，整理，保存，共有，検索も含まれる．どの科学研究の領域でもそうであるように，生物人口学のデータも，研究プロジェクトの開始前から遂行中，終了後に至るまできちんと管理されなければならない．総じて言えば，データキュレーションとも呼ばれるデータ管理は，データに付加価値を与える可能性も合わせて，明確な方針のもとで統制されたデータの作成，維持，管理のためのすべてのプロセスに及んでいる (Miller 2014).

データの分析・可視化やモデリング・仮説検定・傾向把握の際のデータ利用は，生物人口学研究の核心部分である．そのため，データの収集・分析・可視化・選別のためのわかりやすい体系的なガイドラインによってデータ管理の原理や方法の基本を理解すると，研究遂行の効率を増大させることにもなる．また，とても費用がかかった代替不可能なデータを紛失したり，間違って名前を付ける可能性を減らす．さらに，データの共有や再利用を促進し，オープンアクセスを求める研究費配分機関の要請にも応えることになる．以下の説明の多くは，データ管理に関する有用なテキスト“*Data Management for Researchers*” (Briney 2015) からのものである．

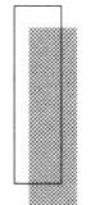

IV.1　データ管理の設計とデータのライフサイクル

人口データの管理は，データライフサイクルの一巡りとして概念化できる (図 IV.1)．というのも，研究過程のすべての段階はデータ収集に始まり，その後，表や図の作成，分析，まとめ，最後に発表というように，様々なステージに移っていく．最近になるまでは，研究過程は発表で終わるというのが普通であった．しかし，現在は，二次的な目的のためにデータが頻繁に共有・再解析されることを予想した上で，データを適切に命名し，目録を作り，アーカイブするプロセスが必須とされている (Briney 2015).

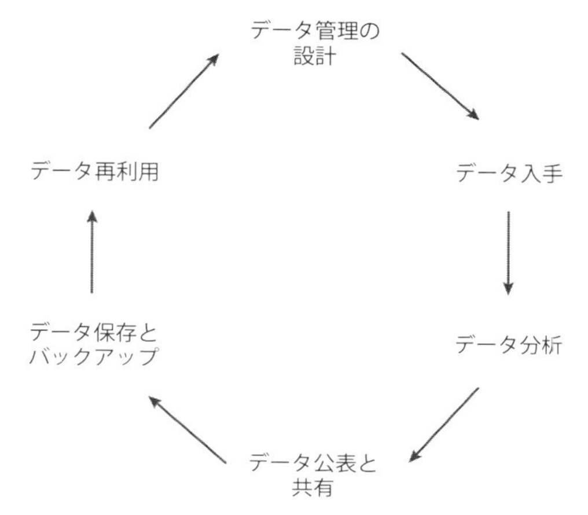

図 IV.1　データのライフサイクルの主な構成要素 (段階) (出典：Briney 2015)

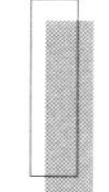

IV.2　データとデータの文書化

IV.2.1　データ，データカテゴリー

人口学者 Griffith Feeney は，一般の辞書に記載されているデータの定義は大まかすぎて役に立たないものになってきており，専門家による定義も特定の応用例に結びつきすぎている傾向にあると述べ，データを「何らかの統計的集合を構成する独立体に関する，体系的にまとめられた情報」と再定義している (Feeney 2013)．その定義には，データの個々の要素が明瞭に定義され同定できなければいけないという条件があるだけなので，定義の中の「独立体」は個人であってもよいし，世帯，新生児，死亡者や，他の何かであってもよい．彼が言うところの「体系的にまとめられた」に，具体的に 4 つのことを意味している．(1) 統計的集合に属するそれぞれの独立体に，変数の値 (例えば，性別は変数で，男性あるいは女性は値) という形式で独立体の情報が記録された「レコード」をもっていなければいけない．(2)「レコード」上の情報は，例えば，“1” は男性，“2” は女性というように，コード化されていなければならない．(3) 変数の値を示しているコードはすべての「レコード」上で同じ位置に割り当てられ，その割り当て方は「レコードレイアウト」と呼ばれる．(4)「レコードレイアウト」は，行列形式でまとめられており，各行の複数のセルには，複数の変数の値が入っていて，各列のセルには，対応する変数が定義されている対象 (あるいは人) のそれぞれに関する，その列が表している変数の値が入っている．

データには 4 つのカテゴリーがあり，いずれも生物人口学のデータで使用されている (Briney 2015)．一番目のカテゴリーは，**観察データ (observational data)** であり，社会調査や人口調査のデータ，登録された人々のバイタルレート，人工気候室や環境制御装置を使って得られた測定値，野外での個体数のカウント値など，ある地域で時間を追って事象を観察した結果から得られる．二番目は，**実験データ (experimental data)** で，制御された条件のもとで調査者によって得られたものである．例えば，自動化された環境制御装置の中で異なる餌条件のもと飼育されたミバエの生命表に用いる特性や，植物の反復処理区画の中の 1 個体当たりの結実数がそれにあたる．三番目は，**シミュレーションデータ (simulation data)** で，例えば，人口の将来推計や将来の死亡率のデータのような科学的な系をモデル化することによって得られるデータや，モンテカルロシミュレーションによって得られる希少種現存量のデータがそれにあたる．四番目は**編集データ (compiled data)** で，二次的利用のために供された他のデータソースから収集したデータや，あるテーマに関係する様々なデータが入っているデータベース由来のデータがそれにあたる．

上記 4 つのカテゴリーとはレベルが異なる**メタデータ (metadata)** と呼ばれるデータがある．この「データについてのデータ」は，実験ノートや調査ノートの代わりとして用いられるようになってきた．調査ノートは一般的に非公式で，ある程度体系的ではあるが，メタデータはきちんとしたデータ構造を備えたデジタル化ファイルである．メタデータの例を挙げると：

作成者：Stephen C. Thompson

日付：2017 年 10 月 9 日

表題：キイロショウジョウバエにおける餌制限

説明：個体別に管理された 400 個体のメスの生命表特性と繁殖のデータ．それぞれ 100 匹を対象にして，3 通りの量のイーストを与えた処理区と無処理区の 4 回の繰り返し実験を行った．

注記：反復 2 と反復 3 から得られたチェック済みデータ

対象：キイロショウジョウバエ

ファイル名：2017-10-9_DietRestrict.xlsx

形式：Microsoft Excel

このようなメタデータ記録の利点は，情報に関する重要な項目が漏れなく記録されるようにルールが決められているだけではなく，メタデータの構造のおかげで検索が容易になり，他のユーザーと情報交換しやすくなることである．調査ノートや実験ノートの場合，こういう利点を有することもあれば，そうでないこともある．研究プロジェクトが大量のデータを生み出す場合にはメタデータファイルは特に有用である.

IV.2.2 方法の記録，データ辞書，コード化

科学的な研究には，方法の一貫性と結果の再現性が求められる．そのため，どんな人口調査プロジェクトでも，その方法部分については注意深く記録されなければならない．そのため，方法の記録には，どのようにデータが取得されたか，および特定の条件や，場所，時間などが記述されている．そこに記載されている情報は，複数のデータファイルを結びつけるが，それ自体はデータではない．方法に関する情報は，保存され，データとともに保管される (それがとても重要である) 必要があり，方法の目的を明示するだけではなく，g, kg などの単位も記載されていなければならない．これらはすべて，論文の中の「方法」のセクションに記載される情報でもある．

データ辞書はとても重要である．というのも，データ辞書があれば，誰でもデータのスプレッドシートにアクセスし，それぞれの属性をコード化した数値あるいは多数のアクロニムや略語が何を意味するのかを素早く理解することができるからである．データ辞書はまたデータの背景や意味も教えてくれる．データ辞書には，変数名，変数の定義，変数の測定方法，データの単位，データ形式，最小値・最大値，コード化された値とその意味，空値 (null value) の表記方法，測定精度，欠損値などのデータの既知の問題点，他の変数との関係，データに関する他の重要事項などの情報が入っている (Briney 2015).

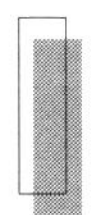

IV.3 データ整理

IV.3.1 フォルダーとファイルの命名規則

命名規則の定石を使うと，電子フォルダーの中でファイルを体系的に並べてくれる機能を利用して，適切にフォルダーの中身を整理できるという利点がある．そのため，うまい命名規則を考え出して採用すると，調査者が簡単に素早くファイルを見つけることが可能になり，またファイルの重複を避けることができる．ファイル名の付け方が適切であれば，実験の種類 (数字で表す)，調査者の名前 (イニシャルで表す)，標本の種類 (数字で表す)，日付，場所や調査バージョンなどの情報が明示されることによって，ファイルの内容に関する情報を伝えることができる．ファイル名はその内容がわかりやすく，短く一貫性がなければいけない．また，空白は使わずにハイフンを使い，YYYY-MM-DD や YYYYMMDD のような慣習的な日付の付け方に従うべきである．日付をファイル名の最初あるいは最後につけると，ファイルが日付順に並べられ

るので便利である．

主フォルダー (Drosophila_CalorieRestriction)，副フォルダー (日付を明示した二次，三次レベルのフォルダー) とファイル (拡張子.xlsx をもつもの) の命名法の定石的な例を以下に示す：

Drosophila_CalorieRestriction [主フォルダー]
　2016 [二次副フォルダー]
　　2016-10-30 [三次副フォルダー]
　　　2016-10-30_FlyExpt1.xlsx
　　　2016-10-30_FlyExpt2.xlsx
　　　2016-10-30_FlyExpt3*v*01.xlsx
　　　2016-10-30_FlyExpt3*v*02.xlsx
　　2016-11-14 [三次副フォルダー]
　　2016-12-2 [三次副フォルダー]
　2017 [二次副フォルダー]
　　2017-03-24 [三次副フォルダー]
　　2017-06-9 [三次副フォルダー]

このフォルダーやファイルの命名例では，コンピューター科学の専門家が「キャメルケース (camel case)」「ポットホールケース (pothole case)」と呼んでいるものがあることに気づいてほしい．前者は，“FlyExpt1” のように，大文字と小文字を合わせて使う命名法のことであり，後者は “2016-10-30_Fly”…… のように，名前をアンダースコアで分ける命名法のことである．バージョン管理に備えるファイル命名の定石もある．上記の例は，“2016-10-30_FlyExpt3” のファイル名には 2 つのバージョンがあって，前半の文字列とアンダースコアで分けながら，最初のものには v01 を，二番目のものには v02 を付している．また別の便利なバージョン管理法としては，ファイル名の最後の接尾辞として日付を使う方法がある．その場合は，いつも最後のバージョンは最も近い日付のものである．例えば，一連のファイル名

FlyCalorieExpt_20181003
FlyCalorieExpt_20181113
FlyCalorieExpt_20181222

は，2018 年 10 月 3 日に作成されたデータベースが，11 月 13 日と 12 月 22 日に更新されたことを示す．年月日を示す最後の数字は，コンピューター内では，それぞれ，

20, 181, 003; 20, 181, 113; 20, 181, 222 という単なる数字の列として解釈されているので，電子フォルダー内で順に並べられるという利点がある．

IV.3.2　保　　存

大きめのデータの管理戦略の一環として，データ保存にはレベルが異なる 2 つの課題がある．一つは，現に使用中の作業ファイルのバックアップのための短期的な保存をどうするかという問題である．ほとんどの調査データでは，原則的に，3-2-1 バックアップルールに従う．このルールは，データは 3 個のコピーを作り，ハードディスクと CD のような少なくとも 2 つの異なる保存媒体に分けて保存し，別の場所にコピーを 1 つ残す，というものである．別の場所にコピーがあると，火災や自然災害からデータを守ることができる．三番目のコピーは「もしもの時」のバックアップである．

もう一つの課題は，もはや使用しなくなった後にデータをどうするかという長期の保存と保管の問題である．保管には，データ辞書やコード表などを注意深く文書にする作業とともに，データを保存しバックアップをとる作業も含まれる．その基本方針は，出版物や報告書の裏付けとなるデータや，再現不可能な，言い換えると，特定の時間と場所に結びついているデータを保持することである．

デジタル情報を長期保管する際の大きな障害は，ソフト・ハード両面におけるデジタル化技術の急速な進歩である．例えば，運用中止になったスプレッドシート型のソフトウエアで保存されたデータやフロッピーディスク上に保存されたデータが将来利用できる確率は低い．そのため，人口データの長期保管の基本ルールとして，(1) 研究の終了時には，重要なファイル群は，例えば，.txt，.rtf，.pdf の拡張子をもつファイルのような読み取り可能なフォーマットに変換すること，(2) データの文字化けを最少にし，より新しく常に変化し続けるハードウエア技術のもとでデータ維持が保証されるように，保存用のハードウエアを 3 年から 5 年ごとに更新することが挙げられる．

文　献

Abbott, W. S. 1925. A method of computing the effectiveness of an insecticide. *Journal of Economic Entomology* **18**: 265–267.

Agree, E. M., and V. A. Freedman. 2011. A quality-of-life scale for assistive technology: Results of a pilot study of aging and technology. *Physical Therapy* **91**: 1780–1788.

Al-Khafaji, K., S. Tuljapurkar, J. R. Carey, and R. E. Page Jr. 2008. Life in the colonies: Hierarchical demography of social insects. *Ecology* **90**: 556–566.

Alley, M. 2013. *The Craft of Scientific Presentations*. 2nd ed. Springer, New York.

Alroy, J. 2015. Limits to captive breeding of mammals in zoos. *Conservation Biology* **29**: 926–931.

American College of Cardiology. 2017. New ACC/AHA high blood pressure guidelines lower definition of hypertension. Accessed October 21, 2018. https://www.acc.org/latest-in-cardiology/articles/2017/11/08/11/47/mon-5pm-bp-guideline-aha-2017.

American Heart Association. 2018. What your cholesterol levels mean. Accessed October 21, 2018. http://www.heart.org/HEARTORG/Conditions/Cholesterol/AboutCholesterol/What-Your-Cholesterol-Levels-Mean_UCM_305562_Article.jsp#.W1NRkLgnaUm.

Amico, M., and I. V. Keilegom. 2018. Cure models in survival analysis. *Annual Review of Statistics and Its Application* **5**: 311–342.

Amstrup, S. C., T. L. McDonald, and B. F. J. Manly, editors. 2005. *Handbook of Capture-Recapture Analysis*. Princeton University Press, Princeton, NJ.

Anderson-Lederer, R. M. 2013. Genetic management of wild and translocated black rhinoceros in South Africa's KwaZulu-Natal region. PhD diss., Victoria University, Wellington, New Zealand.

Anderson, J. J., T. Li, and D. J. Sharrow. 2017. Insights into mortality patterns and causes of death through a process point of view model. *Biogerontology* **18**:149–170.

Anscombe, F. J. 1973. Graphs in statistical analysis. *American Statistician* **27**: 17–21.

Arias, E., M. Heron, and B. Tejada-Vera. 2013. National Vital Statistics Reports: United States life tables eliminating certain causes of death, 1999–2001. Vol. 61. Division of Vital Statistics. Washington, DC.

Arlet, M. E., J. R. Carey, and F. Molleman. 2009. Species, age and sex differences in type and frequencies of injuries and impairment among four arboreal primate species in Kibale National Park, Uganda. *Primates* **50**: 65–73.

Arthur, W. B. 1981. Why a population converges to stability. *American Mathematic Monthly* **88**: 557–563.

Arthur, W. B. 1982. The ergodic theorems of demography: A simple proof. *Demography* **19**: 439–445.

Avens, L., J. C. Taylor, L. R. Goshe, T. T. Jones, and M. Hastings. 2009. Use of skeletochronological analysis to estimate the age of leatherback sea turtles *Dermochelys coracea* in the western North Atlantic. *Endangered Species Research* **8**: 165–177.

Baillie, M. 1999. *Exodus to Arthur: Catastrophic Encounters with Comets*. B. B. Batsford, London.

Baillie, M. G. L. 2015. *Tree-Ring Dating and Archaeology*. Routledge Library Editions, London.

Barbi, D., J. Bongaarts, and J. W. Vaupel. 2008. *How Long Do We Live? Demographic Models and Reflections on Tempos Effects*. Springer, Rostock, Germany.

Barbi, E., F. Lagona, M. Marsili, J. W. Vaupel, and K. W. Wachter. 2018. The plateau of human mortality: Demography of longevity pioneers. *Science* **360**: 1459–1461.

Barbour, A. B., J. M. Ponciano, and K. Lorenzen. 2013. Apparent survival estimation from continuous mark-recapture/resighting data. *Methods in Ecology and Evolution* **4**:846–853.

Barker, D. P. J. 1994. *Mothers, Babies and Diseases*. 1st ed. BMJ Publishing Group, London.

Barot, S., J. Gignoux, and S. Legendre. 2002. Stage-classified matrix models and age estimates. *Oikos* **96**: 56–61.

Barthold, J. A., A. J. Loveridge, D. W. Macdonald, C. Packer, and J. Colchero. 2016. Bayesian estimates of male and female African lion mortality for future use in population management. *Journal of Applied Ecology* **53**: 295–304.

Baskin, C. C., and J. M. Baskin. 1998. *Seeds: Ecology, Biogeography and Evolution of Dormancy and Germination*. Academic Press, San Diego.

Batten, R. W. 1978. *Mortality Table Construction*. Prentice-Hall, Englewood Cliffs, NJ.

Baudisch, A. 2011. The pace and shape of ageing. *Methods in Ecology and Evolution* 2: 375–383. doi: 10.1111/j.2041–210X.2010.00087.x.

Bauer, H., G. Chapron, K. Nowell, P. Henschel, P. Funston, L. T. B. Hunter, D. W. Macdonald, and C. Packer. 2015. Lion (*Panthera leo*) populations are declining rapidly across Africa, except in intensively managed areas. *Proceedings of the National Academy of Sciences* **112**: 14894–14899.

Bauer, H., C. Packer, P. F. Funston, P. Henschel, and K. Nowell. 2016. *African lion, Panthera leo*. IUCN Red List of Threatened Species 2016. http://dx.doi.org/10.2305/IUCN.UK.2016–3.RLTS.T15951A107265605.en.

Baxter, J. E., S. Vey, E. H. McGuire, S. Conway, and D. E. Blom. 2017. Reflections on interdisciplinarity in the study of childhood in the past. *Childhood in the Past* **10**: 57–71.

Bayes, T. 1763. An essay towards solving a problem in the doctrine of chances. *Philosophical Transactions of the Royal Society of London* **53**: 379–418.

Beamish, E. K., and M. J. O'Riain. 2014. The effects of permanent injury on the behavior and diet of commensal chacma baboons (*Papio ursinus*) in the Cape Peninsula, South Africa. *International Journal of Primatology* **35**: 1004–1020.

Bedard, K., and E. Dhuey. 2006. The persistence of early childhood maturity: International evidence of long-run age effects. *Quarterly Journal of Economics* **121**: 1437–1472.

Beddington, J. R., and D. B. Taylor. 1973. Optimum age specific harvesting of a population. *Biometrics*:801–809.

Begon, M., J. L. Harper, and C. R. Townsend. 1996. *Ecology: Individuals, Populations and Communities*. 3rd ed. Blackwell Science, Oxford, UK.

Bell, R. H. V. 1983. Decision-making in wildlife management with reference to overpopulation. Pages 145–172 *in* R. N. Owen-Smith, editor, *Management of Large Mammals in African Conservation Areas*. Haum Educational Publishers, Pretoria.

Berkson, J., and R. P. Gage. 1952. Survival curve for cancer patients following treatment. *Journal of the American Statistical Association* **47**: 501–515.

Berrigan, D., J. R. Carey, J. G. Aguilar, and H. C. Hurtado. 1988. Age and host effects on clutch size in *Anastrepha ludens*. *Entomologia Experimentalis et Applicata* **47**: 73–80.

Bijak, J., and J. Bryant. 2016. Bayesian demography 250 years after Bayes. *Population Studies* **70**: 1–19.

Billari, F. C. 2003. Life course analysis. In P. Demeny and G. McNicoll, editors, *Encyclopedia of Population*, Vol. 2. Gale Group, New York.

Birch, L. C. 1948. The intrinsic rate of natural increase of an insect population. *Journal of Animal Ecology* **17**: 15–26.

Bischof, R., C. Bonenfant, I. M. Rivrud, A. Zedrosser, A. Friebe, T. Coulson, A. Mysterud, and J. E. Swenson. 2018. Regulated hunting re-shapes the life history of brown bears. *Nature Ecology & Evolution* **2**: 116–123.

Bock, J. 2002. Learning, life history, and productivity. *Human Nature* **13**: 161–197.
Boehlert, G. W., M. M. Yoklavich, and D. B. Chelton. 1989. Time series of growth in the genus *Sebastes* from the northeast Pacific Ocian. *Fisheries Bulletin of the United States* **87**: 791–806.
Bogin, B. 1999. Evolutionary perspective on human growth. *Annual Review of Anthropology* **28**: 109–153.
Bogin, B., and B. H. Smith. 2000. Evolution of the human life cycle. Pages 377–424 *in* S. Stinson, B. Bogin, R. Huss-ashmore, and D. O. Rourke, editors, *Human Biology: An Evolutionary and Biocultural Perspective*. Wiley-Liss, New York.
Bondrup-Nielsen, S. 1983. Density estimation as a function of live trapping grid and home range size. *Canadian Journal of Zoology* **61**: 2361–2365.
Bongaarts, J. 2008. Five period measures of longevity. Pages 237–245 *in* D. Barbi, J. Bongaarts, and J. W. Vaupel, editors, *How Long Do We Live? Demographic Models and Reflections on Tempos Effects*. Springer, Rostock, Germany.
Bongaarts, J., and G. Feeney. 2008. Estimating mean lifetime. Pages 11–27 *in* D. Barbi, J. Bongaarts, and J. W. Vaupel, editors, *How Long Do We Live? Demographic Models and Reflections on Tempos Effects*. Springer, Rostock, Germany.
Bongaarts, J., and R. G. Potter. 1983. *Fertility, Biology and Behavior: An Analysis of the Proximate Determinants*. Academic Press, New York.
Borkin, M. A., A. V. Z. Bylinski, P. Isola, S. Sunkavalli, A. Oliva, and H. Pfister. 2013. What makes a visulaization memorable? *IEEE Transactions on Visualization and Computer Graphics* **19**: 2306–2315.
Bowers, N. L., H. U. Gerber, J. C. Hickman, D. A. Jones, and C. J. Nesbitt. 1986. *Actuarial Mathematics*. Society of Actuaries, Itasca, IL.
Boyden, N. B., and J. R. Carey. 2010. From one-and-done to seasoned veterans: A demographic analysis of individual career length in Major League Soccer. *Journal of Quantitative Analysis in Sports* **6**. doi: 10.2202/1559–0410.1261.
Brault, S., and H. Caswell. 1993. Pod-specific demography of killer whales (*Orcinus orca*). *Ecology* **74**: 1444–1454.
Briney, K. 2015. *Data Management for Researchers*. Pelagic Publishing, Exeter, UK.
Brink, D. 2012. A (probably) exact solution to the birthday problem. *Ramanujan Journal* **28**: 223–238.
Bromer, N. 1987. Superexponentiation. *Mathematics Magazine* **60**: 169–174.
Brommer, J. E. 2000. The evolution of fitness in life-history theory. *Biological Reviews* **75**: 377–404.
Brouard, N. 1986. Structure et dynamique des populations la pyramide des annees a vivre, aspects nationaux et examples regionaux [Structure and dynamics of population pyramids of the years to live, national aspects and regional examples]. *Espace, populations, sociétés: Visages de la population de la France* **4**: 157–168.
Brouard, N. 1989. Mouvements et modeles de population [Population movements and models]. Institut de Formation et de Recherche Démographiques, Yaoundé, Cameroon.
Brown, N. J. L., C. J. Albers, and S. J. Richie. 2017. Contesting the evidence for limited human lifespan. *Nature* **546**: E6.
Bruss, F. T. 2000. Sum the odds to one and stop. *Annals of Probability* **28**: 1384–1391.
Burch, T. 2018. *Model-Based Demography: Essays on Integrating Data, Technique and Theory*. Springer, Cham, Switzerland.
Burnham, K. P., D. R. Anderson, and J. L. Laake. 1980. Estimation of density from line transect sampling of biological populations. *Wildlife Monographs* **72**: 1–202.
Butchart, S. H. M., M. Walpole, B. Collen, et al. 2010. Global biodiversity: Indicators of recent declines. *Science* **10**: 1164–1168. doi: 10.1126/science.1187512.
Butterick, M. 2015. *Typography for Lawyers*. 2nd ed. O'Connor's, Houston.

Campana, S. E., and S. R. Thorrold. 2001. Otoliths, increments, and elements: Keys to a comprehensive understanding of fish populations? *Canadian Journal of Fisheries and Aquatic Science* **58**: 30–38.

Cannon, J. R. 1996. Whooping crane recovery: A case study in public and private cooperation in the conservation of endangered species. *Conservation Biology* **10**: 813–821.

Canudas-Romo, V., S. Mazzuco, and L. Zanotto. 2018. Measures and models of mortality. In A. S. R. Srinivasa Rao and C. R. Rao, editors, *Handbook of Statistics 39:* 405–442. North-Holland, Amsterdam.

Carey, J. R. 1989. The multiple decrement life table: A unifying framework for cause-of-death analysis in ecology. *Oecologia* **78**: 131–137.

Carey, J. R. 1993. *Applied Demography for Biologists with Special Emphasis on Insects*. Oxford University Press, New York.

Carey, J. R. 1995. Insect demography. Pages 289–303 *in* W. A. Nierenberg, editor, *Encyclopedia of Environmental Biology*. Academic Press, San Diego.

Carey, J. R. 2001. Insect biodemography. *Annual Review of Entomology* **46**: 79–110.

Carey, J. R. 2002. Longevity minimalists: Life table studies of two northern Michigan adult mayflies. *Experimental Gerontology* **37**: 567–570.

Carey, J. R. 2011. Biodemography of the Medfly: Aging, longevity, and adaptation in the wild. *Experimental Gerontology* **46**: 404–411.

Carey, J. R. 2019. Aging in the wild, residual demography and discovery of a stationary population identity. In R. Sears, R. Lee, and O. Burger, editors, *Human Evolutionary Demography*. Open Book Publishers, Cambridge, UK (in press).

Carey, J. R., and J. W. Bradley. 1982. Developmental rates, vital schedules, sex ratios and life tables of *Tetranychus urticae*, *T. turkestani* and *T. pacificus* (Acarina: Tetranychidae) on cotton. *Acarologia* **23**:333–345.

Carey, J. R., L. Harshman, P. Liedo, H.-G. Müller, J.-L. Wang, and Z. Zhang. 2008. Longevity-fertility trade-offs in the tephritid fruit fly, *Anastrepha ludens*, across dietary-restriction gradients *Aging Cell* **7**: 470–477.

Carey, J. R., and D. S. Judge. 2000a. *Longevity Records: Life Spans of Mammals, Birds, Reptiles, Amphibians and Fishes*. Odense University Press, Odense, Denmark.

Carey, J. R., and D. S. Judge. 2000b. The mortality dynamics of aging. *Generations* **24**:19–24.

Carey, J. R., and D. Krainacker. 1988. Demographic analysis of tetranychid spider mite populations: Extensions of stable theory. *Experimental and Applied Acarology* **4**:191–210.

Carey, J. R., P. Liedo, H.-G. Müller, J.-L. Wang, and J.-M. Chiou. 1998a. Relationship of age patterns of fecundity to mortality, longevity, and lifetime reproduction in a large cohort of Mediterranean fruit fly females. *Journal of Gerontology: Biological Sciences* **53A**: B245–B251.

Carey, J. R., P. Liedo, H.-G. Müller, J.-L. Wang, and J. W. Vaupel. 1998b. A simple graphical technique for displaying individual fertility data and cohort survival: Case study of 1000 Mediterranean fruit fly females. *Functional Ecology* **12**: 359–363.

Carey, J. R., P. Liedo, H.-G. Müller, J.-L. Wang, D. Senturk, and L. Harshman. 2005. Biodemography of a long-lived tephritid: Reproduction and longevity in a large cohort of Mexican fruit flies, *Anastrepha ludens*. *Experimental Gerontology* **40**: 793–800.

Carey, J. R., P. Liedo, D. Orozco, M. Tatar, and J. W. Vaupel. 1995. A male-female longevity paradox in Medfly cohorts. *Journal of Animal Ecology* **64**: 107–116.

Carey, J. R., P. Liedo, D. Orozco, and J. W. Vaupel. 1992. Slowing of mortality rates at older ages in large Medfly cohorts. *Science* **258**: 457–461.

Carey, J. R., H.-G. Müller, J.-L. Wang, N. T. Papadopoulos, A. Diamantidis, and N. A. Kouloussis. 2012. Graphical and demographic synopsis of the captive cohort method for estimating population age structure in the wild. *Experimental Gerontology* **47**: 787–791.

Carey, J. R., N. Papadopoulos, H.-G. Müller, B. Katsoyannos, N. Kouloussis, J.-L. Wang, K. Wachter, W. Yu, and P. Liedo. 2008. Age structure changes and extraordinary life span in wild Medfly populations. *Aging Cell* **7**: 426–437.

Carey, J. R., N. T. Papadopoulos, S. Papanastasiou, A. Diamanditis, and C. T. Nakas. 2012. Estimating changes in mean population age using the death distributions of live-captured Medflies. *Ecological Entomology* **37**: 359–369.

Carey, J. R., S. Silverman, and A. S. R. S. Rao. 2018. Chapter 5: The life table population identity: Discovery, formulations, proof, extensions and applications. Pages 155–186 *in* A. S. R. Srinivasa Rao and C. R. Rao, editors, *Handbook of Statistics 39*. North-Holland, Amsterdam.

Carey, J. R., and S. Tuljapurkar, editors. 2003. *Life Span: Evolutionary, Ecological and Demographic Perspectives*. Population and Development Review, New York.

Carey, J. R., and R. Vargas. 1985. Demographic analysis of insect mass rearing: Case study of three tephritids. *Journal of Economic Entomology* **78**: 523–527.

Carey, J. R., and J. W. Vaupel. 2005. Biodemography. Pages 625–658 *in* D. Poston and M. Micklin, editors, *Handbook of Population*. Kluwer Academic/Plenum Publishers, New York.

Carey, J. R., and J. W. Vaupel. 2019. Biodemography. In D. Poston and M. Micklin, editors, *Handbook of Population*. Kluwer Academic/Plenum Publishers, New York (forthcoming).

Carey, J. R., P. Yang, and D. Foote. 1988. Demographic analysis of insect reproductive levels, patterns and heterogeneity: Case study of laboratory strains of three Hawaiian tephritids. *Entomologia Experimentalis et Applicata* **46**: 85–91.

Carmichael, G. A. 2016. *Fundamentals of Demographic Analysis: Concepts, Measures and Methods*. Springer, Cham, Switzerland.

Carson, R. 1962. *Silent Spring*. Houghton Mifflin, Boston.

Carter, M. 2013. *Designing Science Presentations*. Academic Press, London.

Caselli, G., and J. Vallin. 2006. Chapter 4: Population dynamics: Movement and structure. Pages 23–48 *in* G. Caselli, J. Vallin, and G. Wunsch, editors, *Demography: Analysis and Synthesis*. Academic Press, Amsterdam.

Caselli, G., J. Vallin, and G. Wunsch, editors. 2006a. *Demography: Analysis and Synthesis—A Treatise in Population*. Four-volume set. Academic Press, Amsterdam.

Caselli, G., J. Vallin, and G. Wunsch. 2006b. Chapter 20: Population models. Pages 249–267 *in* G. Caselli, J. Vallin, and G. Wunsch, editors, *Demography: Analysis and Synthesis*. Academic Press, Amsterdam.

Casterline, J. B. 2003. Demographic transition. In P. Demeny and G. McNicoll, editors, *Encyclopedia of Population*. Gale Group, New York.

Caswell, H. 1978. A general formula for the sensitivity of population growth rate to changes in life history parameters. *Theoretical Population Biology* **14**: 215–230.

Caswell, H. 1997. Methods of matrix population analysis. In S. Tuljapurkar and H. Caswell, editors, *Structures: Population Models in Marine, Terrestrial, and Freshwater Systems*. Chapman and Hall, New York.

Caswell, H. 2000. Prospective and retrospective perturbation analysis: Their roles in conservation biology. *Ecology* **81**: 619–627.

Caswell, H. 2001. *Matrix Population Models*. Sinauer Associates, Sunderland, MA.

Caswell, H. 2012. Matrix models and sensitivity analysis of populations classified by age and stage: A vec-permutation matrix approach. *Theoretical Ecology* **5**: 403–417.

Caswell, H., and R. Salguero-Gómez. 2013. Age, stage and senescence in plants. *Journal of Ecology* **101**: 585–595.

Catts, E. P., and M. L. Goff. 1992. Forensic entomology in criminal investigations. *Annual Review of Entomology* **37**: 253–272.

Caughley, G. 1977. *Analysis of Vertebrate Populations*. John Wiley & Sons, Chichester, UK.

Caughley, G. 1981. Overpopulation. Pages 7–19 *in* P. A. Jewell, S. Holt, and D. Hart, editors, *Problems in Management of Locally Abundant Wild Mammals*. Academic Press, New York.

Caughley, G. 1983. Dynamics of large mammals and their relevance to culling. Pages 115–126 *in* R. N. Owen-Smith, editor, *Management of Large Mammals in African Conservation Areas*. Haum Educational Publishers, Pretoria.

Chamberlain, A. T. 2006. *Demography in Archaeology*. Cambridge University Press, Cambridge, UK.
Charlesworth, B. 1994. *Evolution in Age-Structured Populations*. Cambridge University Press, Cambridge, UK.
Cheung, S. L. K., J.-M. Robine, E. J.-C. Tu, and G. Caselli. 2005. Three dimensions of the survival curve: Horizontalization, verticalization, and longevity extension. *Demography* **42**: 243–258.
Chiang, C. L. 1984. *The Life Table and Its Applications*. Robert E. Krieger Publishing, Malabar, FL.
Chisumpa, V. H., and C. O. Odimegwu. 2018. Decomposition of age- and cause-specific adult mortality contributions to the gender gap in life expectancy from census and survey data in Zambia. *SSM—Population Health* **5**: 218–226.
Choquet, R., L. Rouan, and R. Pradel. 2009. Program E-Surge: A software application for fitting multievent models. Pages 845–865 *in* D. L. Thomson, E. G. Cooch, and M. J. Conroy, editors, *Modeling Demographic Processes in Marked Populations*. Springer US, Boston.
Christensen, K., T. E. Johnson, and J. W. Vaupel. 2006. The quest for genetic determinants of human longevity: Challenges and insights. *Nature Reviews Genetics* **7**: 436–447.
Clark, G. 2014. *The Son Also Rises*. Princeton University Press, Princeton, NJ.
Cleveland, W. S. 1984. Graphical methods for data presentation: Full scale breaks, dot charts, and multibased logging. *American Statistician* **38**: 270–280.
Coale, A. J. 1957. How the age distribution of a human population is determined. *Cold Spring Harbor Symposium on Quantitative Biology* **22**: 83–89.
Coale, A. J. 1972. *The Growth and Structure of Human Populations*. Princeton University Press, Princeton, NJ.
Coale, A. J., and T. J. Trussell. 1974. Model fertility schedules: Variations in the age of childbearing in human populations. *Population Index* **40**: 185–258.
Cochran, M. E., and S. Ellner. 1992. Simple methods for calculating age-based life history parameters for stage-structured populations. *Ecological Monographs* **62**: 345–364.
Cohen, J. E. 1979. Ergodic theorems in demography. *Bulletin of the American Mathematical Society* **1**: 275–295.
Cohen, J. E. 1984. Demography and morbidity: A survey of some interactions. Pages 199–222 *in* N. Keyfitz, editor, *Population and Biology*. Ordina Editions, Liege, Belgium.
Cohen, J. E. 1995. *How Many People Can the Earth Support?* W. W. Norton, New York.
Colchero, F., and J. S. Clark. 2012. Bayesian inference on age-specific survival for censored and truncated data. *Journal of Animal Ecology* **81**: 139–149.
Colchero, F., O. R. Jones, and R. Maren. 2012. BaSTA: An R package for Bayesian estimation of age-specific survival from incomplete mark-recapture/recovery data with covariates. *Methods in Ecology and Evolution* **3**: 466–470.
Colchero, F., R. Rau, O. R. Jones, J. A. Barthold, D. A. Conde, A. Lenart, L. Nemeth et al. 2016. The emergence of longevous populations. *Proceedings of the National Academy of Sciences* **113**: E7681–E7690.
Cole, L. C. 1954. The population consequences of life history phenomena. *Quarterly Review of Biology* **29**: 103–137.
Collett, D. 2015. *Modelling Survival Data in Medical Research*. 3rd ed. CRC Press, Boca Raton, FL.
ColorBrewer. 2018. http://www.personal.psu.edu/cab38/ColorBrewer/ColorBrewer_intro.html.
Conde, D. A., F. Colchero, M. Gusset, P. Pearce-Kelly, O. Byers, N. Flesness, R. K. Browne, and O. R. Jones. 2013. Zoos through the lens of the IUCN Red List: A global metapopulation approach to support conservation breeding programs. *PLoS ONE* **8**: e80311.
Conde, D. A., N. Flesness, F. Colchero, O. R. Jones, and A. Scheuerlein. 2011. An emerging role of zoos to conserve biodiversity. *Science* **331**: 1390.
Conde, D. A., J. Staerk, F. Colchero, R. da Silva, J. Schöley, H. M. Baden, L. Jouvet, J. E. Fa, H. Syed, E. Jongejans, S. Meiri, J.-M. Gaillard, S. Chamberlain, J. Wilcken, O. R. Jones,

J. P. Dahlgren, U. K. Steiner, L. M. Bland, I. Gomez-Mestre, J.-D. Lebreton, J. González Vargas, N. Flesness, V. Canudas-Romo, R. Salguero-Gómez, O. Byers, T. Bjørneboe Berg, A. Scheuerlein, S. Devillard, D. S. Schigel, O. A. Ryder, H. P. Possingham, A. Baudisch, and J. W. Vaupel. 2019. Data gaps and opportunities for comparative and conservation biology. *Proceedings of the National Academy of Sciences* **116**: 9658–64.

Connelly, J. W., J. H. Gammonley, and T. W. Keegan. 2012. Harvest management. Pages 202–231 *in* N. J. Silvy, editor, *The Wildlife Techniques Manual: Research*. Johns Hopkins University Press, Baltimore.

Conway, W. G. 1986. The practical difficulties and financial implications of endangered species breeding programmes. *International Zoo Yearbook* **24**: 210–219.

Cook, D., E.-K. Lee, and M. Majumder. 2016. Data visualization and statistical graphics in big data analysis. *Annual Review of Statistics and Its Application* **3**: 133–159.

Cook, P. E., L. E. Hugo, I. Iturbe-Ormaetxe, C. R. Williams, S. F. Chenoweth, S. A. Ritchie, P. A. Ryan, et al. 2006. The use of transcriptional profiles to predict adult mosquito age under field conditions. *Proceedings of the National Academy of Sciences* **103**: 18060–18065.

Cook, P. E., C. J. McMeniman, and S. L. O'Neil. 2008. Modifying insect population age structure to control vector-borne disease. *Advances in Experimental Medicine and Biology* **627**: 126–140.

Cook, P. E., and S. P. Sinkins. 2010. Transcriptional profiling of *Anopheles gambiae* mosquitoes for adult age estimation. *Insect Molecular Biology* **19**: 745–751.

Cooley, D. M., et al. 2003. Exceptional longevity in pet dogs is accompanied by cancer resistance and delayed onset of major diseases. *Journal of Gerontology: Biological Sciences* **58A**: 1078–1084.

Cordes, E. E., D. C. Bergquist, M. L. Redding, and C. R. Fisher. 2007. Patterns of growth in cold-seep vestimenferans including *Seepiophila jonesi*: A second species of long-lived tube-worm. *Marine Ecology* **28**: 160–168.

Cormack, R. M. 1964. Estimates of survival from the sighting of marked animals. *Biometrika* **51**: 429–438.

Costa, D. L. 1998. *The Evolution of Retirement. An American Economic History, 1880–1990*. University of Chicago Press, Chicago.

Costa, J. T. 2017. *Darwin's Backyard: How Small Experiments Led to a Big Theory*. W. W. Norton, New York.

Coulson, T. 2012. Integral projection models, their construction and use in posing hypotheses in ecology. *Oikos* **121**: 1337–1350.

Coulson, T., G. M. Mace, E. Hudson, and H. Possingham. 2001. The use and abuse of population viability analysis. *Trends in Ecology and Evolution* **16**: 219–221.

Coumans, A. M., M. Cruyff, P. G. M. VanderHeijden, J. Wold, and H. Schmeets. 2017. Estimating homelessness in the Netherlands using a capture-recapture approach. *Social Indicator Research* **130**: 189–212.

Cousins, J. A., J. P. Sadler, and J. Evans. 2008. Exploring the role of private wildlife ranching as a conservation tool in South Africa: Stakeholder perspectives. *Ecology and Society* **13**: 43. https://www.ecologyandsociety.org/vol13/iss2/art43/.

Crafts, N. F. R. 1978. Average age at first marriage for women in the mid-nineteenth-century England and Wales: A cross-section study. *Population Studies* **32** :21–25.

Crick, F. 1986. The challenge of biotechnology. *Humanist* **46**: 8–9, 32.

Crimmins, E. M. 2015. Lifespan and healthspan: Past, present, and promise. *Gerontologist* **55**: 901–911.

Crimmins, E. M., and H. Beltran-Sanchez. 2011. Mortality and morbidity trends: Is there compression of morbidity? *Journal of Gerontology: Social Sciences* **66B**: 75–86.

Crimmins, E. M., M. D. Hayward, and Y. Saito. 1994. Changing mortality and morbidity rates and the health status and life expectancy of the older population. *Demography* **31**: 159–175.

Crimmins, E. M., M. D. Hayward, and Y. Saito. 1996. Differentials in active life expectancy in the older population of the United States. *Journal of Gerontology: Social Sciences* **51B**: S111–S120.

Croft, D. P., L. J. N. Brent, D. W. Franks, and M. A. Cant. 2015. The evolution of prolonged life after reproduction. *Trends in Ecology & Evolution* **30**: 407–416.

Crone, E. E., et al. 2013. Ability of matrix models to explain the past and predict the future of plant populations. *Conservation Biology* **27**: 968–978.

Crone, E. E., E. S. Menges, M. M. Ellis, T. Bell, P. Bierzychudek, J. Ehrlén, T. N. Kaye, et al. 2011. How do plant ecologists use matrix population models? *Ecology Letters* **14**: 1–8.

Crouse, D. T., L. B. Crowder, and H. Caswell. 1987. A stage-based population model for loggerhead sea turtles and implications for conservation. *Ecology* **68**: 1412–1423.

Curtsinger, J. W. 2015. The retired fly: Detecting life history transition in individual *Drosophila melanogaster* females. *Journals of Gerontology: Series A* **70**: 1455–1460.

Curtsinger, J. W. 2016. Retired flies, hidden plateaus, and the evolution of senescence in *Drosophila melanogaster*. *Evolution* **70**: 1297–1306.

Curtsinger, J. W., H. H. Fukui, D. R. Townsend, and J. W. Vaupel. 1992. Demography of genotypes: Failure of the limited life-span paradigm in *Drosophila melanogaster*. *Science* **258**: 461–463.

Damschen, E. I., D. V. Baker, G. Bohrer, R. Nathan, J. L. Orrock, J. R. Turner, L. A. Brudvig, et al. 2014. How fragmentation and corridors affect wind dynamics and seed dispersal in open habitats. *Proceedings of the National Academy of Sciences* **111**: 3484–3489.

Darwin, Charles. 1859. *On the Origin of Species by Means of Natural Selection*. J. Murray, London.

Dau, B. K., K. V. K. Gilardi, F. M. Gulland, A. Higgins, J. B. Holcomb, J. S. Leger, and M. H. Ziccardi. 2009. Fishing gear-related injury in California marine wildlife. *Journal of Wildlife Diseases* **45**: 355–362.

Davis, M. A. 2011. Invasion biology. Pages 364–369 *in* D. Simberloff and M. Rejmanek, editors, *Encyclopedia of Biological Invasions*. University of California Press, Berkeley.

Dawe, E. G., J. M. Hoenig, and X. Xu. 1993. Change-in-ratio and index-removal methods for population assessment and their application to snow crab (*Chionoecetes opilio*). *Canadian Journal of Fisheries and Aquatic Science* **50**: 1467–1476.

Dawid, H., G. Feichtinger, J. R. Goldstein, and V. M. Veliov. 2009. Keeping a learned society young. *Demographic Research* **20**: 541–558.

Dawkins, R. 2004. *The Ancestor's Tale*. Houghton Mifflin, Boston.

Deevey, E. S. J. 1947. Life tables for natural populations of animals. *Quarterly Review of Biology* **22**: 283–314.

de Kroon, H. A., A. Plaisier, J. v. Groenendael, and H. Caswell. 1986. Elasticity: The relative contribution of demographic parameters to population growth rate. *Ecology* **67**: 1427–1431.

DeLury, D. B. 1954. The assumptions underlying estimates of mobile populations. In O. Kempthorne, editor, *Statistics and Mathematics in Biology*. Iowa State College Press, Ames.

Demetrius, L. 1978. Adaptive value, entropy and survivorshop. *Nature* **275**: 213–214.

Desena, M. L., J. D. Edman, J. M. Clark, S. B. Symington, and T. W. Scott. 1999. *Aedes aegypti* (Diptera: Culicidae) age determination by cuticular hydrocarbon analysis of female legs. *Journal of Medical Entomology* **36**: 824–830.

deVos, V., R. G. Bengis, and H. J. Coetzee. 1983. Population control of large mammals in Kruger National Park. Pages 213–231 *in* R. N. Owen-Smith, editor, *Management of Large Mammals in African Conservation Areas*. Haum Educational Publishers, Pretoria.

Dharmalingam, A. 2004. Reproductivity. Pages 407–428 *in* J. S. Siegel and D. A. Swanson, editors, *The Methods and Materials of Demography*. Elsevier Academic Press, Amsterdam.

Djibouti, T. 2013. The greatest walk. https://www.nationalgeographic.org/projects/out-of-eden-walk/media/2013–03-the-greatest-walk/.

Doblhammer, G. 2004. *The Late Life Legacy of Very Early Life*. Springer, Berlin.

Dobzhansky, T. 1973. Nothing in biology makes sense except in the light of evolution. *American Biology Teacher* **35**: 125–129.

Dong, X., B. Milholland, and J. Vijg. 2016. Evidence for a limit to human lifespan. *Nature* **538**: 257–259.

Dorland, S. G. H. 2018. The touch of a child: An analysis of fingernail impressions on Late Woodland pottery to identify childhood material interactions. *Journal of Archaeological Science: Reports* **21**: 298–304.

Duarte, N. 2008. *Slideology: The Art and Science of Creating Great Presentations*. O'Reilly, Beijing.

Duarte, N. 2010. *Resonate: Present Visual Stories That Transform Audiences*. John Wiley & Sons, New York.

Dublin, H. T., and J. O. Ogutu. 2015. Population regulation of African buffalo in the Mara Serengeti ecosystem. *Wildlife Research* **42**: 382–393.

Dublin, L. I., and A. J. Lotka. 1925. On the true rate of natural increase. *Journal of the American Statistical Association* **20**: 305–339.

Dudasik, S. W. 1980. Victimization in natural disaster. *Disasters* **4**: 329–338.

duToit, R., editor. 2006. *Guidelines for Implementing SADC Rhino Conservation Strategies*. SADC Regional Programme for Rhino Conservation, Harare, Zimbabwe.

Dyer, R. J. 2015. Population graphs and landscape genetics. *Annual Review of Ecology, Evolution, and Systematics* **46**: 327–342.

Easterling, M. R., S. P. Ellner, and P. M. Dixon. 2000. Size-specific sensitivity: Applying a new structured population model. *Ecology* **81**: 694–708.

Eberhardt, L. L. 1969. Population estimates from recapture frequencies. *Journal of Wildlife Management* **33**: 28–39.

Edmonson, A. J., I. J. Lean, I. D. Weaver, T. Farver, and G. Webster. 1989. A body condition scoring chart for Holstein dairy cows. *Journal of Dairy Science* **72**: 68–78.

Efford, M. 2004. Density estimation in live-trapping studies. *Oikos* **106**: 598–610.

Egidi, V., and L. Frova. 2006. Chapter 47: Relationship between morbidity and mortality by cause. Pages 81–92 *in* G. Caselli, J. Vallin, and G. Wunsch, editors, *Demography: Analysis and Synthesis*. Elsevier, Amsterdam.

Ekamper, P., F. van Poppel, A. D. Stein, and L. H. Lumey. 2014. Independent and additive association of prenatal famine exposure and intermediary life conditions with adult mortality between age 18–63 years. *Social Science & Medicine* **119**: 232–239.

Elandt-Johnson, R. C. 1980. *Survival Models and Data Analysis*. John Wiley and Sons, New York.

Ellison, P. T., and M. T. O'Rourke. 2000. Population growth and fertility regulation. Pages 553–586 *in* S. Stinson, B. Bogin, R. Huss-Ashmore, and D. O. Rourke, editors, *Human Biology: An Evolutionary and Biocultural Perspective*. Wiley-Liss, New York.

Ellner, S. P., and M. Rees. 2006. Integral projection models for species with complex demography. *American Naturalist* **167**: 410–428.

Engelman, M., C. L. Seplaki, and R. Varadhan. 2017. A quiescent phase in human mortality? Exploring the ages of least vulnerability. *Demography* **54**: 1097–1118.

Enright, N. J., M. Franco, and J. Silvertown. 1995. Comparing plant life-histories using elasticity analyses: The importance of life-span and the number of life-cycle stages. *Oecologia* **104**: 79–84.

Ergon, T., Ø. Borgan, C. R. Nater, and Y. Vindenes. 2018. The utility of mortality hazard rates in population analyses. *Methods in Ecology and Evolution*. doi: 10.1111/2041–210X.13059.

Estes, R. D. 1991. *The Behavior Guide to African Mammals, Including Hoofed Mammals, Carnivores, Primates*. University of California Press, Berkeley.

Euler, L. 1760. A general investigation into the mortality and multiplication of the human species. Translated to English from French by N. and B. Keyfitz. *Theoretical Population Biology* **1** (1970): 307–314.

Exter, T. G. 1986. How to think about age. *American Demographics* **8**: 50–51.

Ezard, T. H. G., J. M. Bullock, H. J. Dalgleish, A. Millon, F. Pelletier, A. Ozgul, and D. N. Koons. 2010. Matrix models for a changeable world: The importance of transient dynamics in population management. *Journal of Applied Ecology* **47**: 515–523.

Ezenwa, V. O., A. E. Jolles, and M. P. O'Brien. 2009. A reliable body condition scoring technique for estimating condition in African buffalo. *African Journal of Ecology* **47**: 476–481.

Fa, J. E., S. M. Funk, and D. O'Connell. 2011. *Zoo Conservation Biology*. Cambridge University Press, Cambridge, UK.

Fa, J. E., J. Gusset, N. Flesness, and D. A. Conde. 2014. Zoos have yet to unveil their full conservation potential. *Animal Conservation* **17**: 97–100.

Fazio, S. 2014. The impacts of African elephant (*Loxodonta africana*) on biodiversity within protected areas of Africa and a review of management options. Grand Valley State University, Grand Rapids, MI. Honors project. http://scholarworks.gvsu.edu/honorsprojects/271.

Feeney, G. 1983. Population dynamics based on birth intervals and parity progression. *Population Studies* **37**: 75–89.

Feeney, G. 2003. Lexis diagram. Pages 586–588 *in* P. Demeny and G. McNicoll, editors, *Encyclopedia of Population*. Macmillan Reference, New York.

Feeney, G. 2006. Increments to life and mortality tempo. *Demographic Research* **14**: 27–46.

Feeney, G. 2013. What is data? *Demography-Statistics-Information Technology Letter* **3** (October 31). http://demographer.com/dsitl/03-what-is-data/.

Feeney, G. 2014. Dot chart or bar graph? The demography-statistics information technology letter. Letter No. 8. http://demographer.com/dsitl/08-cleveland-dot-plots/.

Feinstein, A. R., D. M. Sosin, and C. K. Wells. 1985. The Will Rogers phenomenon: Stage migration and new diagnostic techniques as a source of misleading statistics for survival in cancer. *New England Journal of Medicine* **312**: 1604–1608.

Feller, W. 1950. *An Introduction to Probability Theory and Its Applications*. Wiley, New York.

Ferreira, S. M., C. Greaver, G. A. Knight, M. H. Knight, I. P. J. Smit, and D. Pienaar. 2015. Disruption of rhino demography by poachers may lead to population decline in Kruger National Park, South Africa. *PLoS ONE* **10**: e0127783. https://doi.org/10.1371/journal.pone.0127783.

Few, S. 2013. *Show Me the Numbers: Designing Tables and Graphs to Enlighten*. Analytical Press, Burlingame, CA.

Fienberg, S. E. 1972. The multiple recapture census for closed populations and incomplete 2k contingency tables. *Biometrica* **59**: 591–599.

Finch, C. E. 1990. *Longevity, Senescence, and the Genome*. University of Chicago Press, Chicago.

Finch, C. E. 2012. Evolution of the human lifespan, past, present, and future: Phases in the evolution of human life expectancy in relation to the inflammatory load. *Proceedings of the American Philosophical Society* **156**: 9–44.

Finney, D. J. 1964. *Probit Analysis*. Cambridge University Press, Cambridge, UK.

Fisher, R. A. 1930. *The Genetical Theory of Natural Selection*. Dover Publications, New York.

Fisher, R. A. 1958. *The Genetical Theory of Natural Selection*. 2nd ed. Dover Publications, New York.

Foster, E. A., D. W. Franks, S. Mazzi, S. K. Darden, K. C. Balcomb, J. K. B. Ford, and D. P. Croft. 2012. Adaptive prolonged postreproductive life span in killer whales. *Science* **337**: 1313.

Frank, S. A. 2007. *Dynamics of Cancer*. Princeton University Press, Princeton, NJ.

Frazer, B. D. 1972. Population dynamics and recognition of biotypes in the pea aphid (Homoptera: Aphididae). *Canadian Entomologist* **104**: 1717–1722.

Freedman, V. A., J. D. Kasper, J. C. Cornman, et al. 2011. Validation of new measures of disability and functioning in the National Health and Aging Trends study. *Journal of Gerontology: Medical Sciences* **66A**: 1013–1021.

Freedman, V. A., B. C. Spillman, P. M. Andreski, et al. 2013. Trends in late-life activity limitations in the United States: An update from five national surveys. *Demography* **50**: 661–671.

Frey, B. S., D. A. Savage, and B. Torgler. 2009. Surviving the *Titanic* disaster: Economic, natural and social determinants. CESifo Working Paper No. 2551, Category 2: Public Choice. CESifo Group, Munich.

Fries, J. F. 1980. Aging, natural death, and the compression of morbidity. *New England Journal of Medicine* **303**: 130–135.

Frisbie, W. P. 2005. Infant mortality. Pages 251–282 *in* D. Poston and M. Micklin, editors, *Handbook of Population*. Springer, New York.

Fulton, W. C. 2012. The population growth and control of African elephants in Kruger National Park, South Africa: Modeling, managing, and ethics concerning a threatened species. Master's thesis, Regis University, Denver. https://epublications.regis.edu/theses/560.

Gage, T. B. 2001. Age-specific fecundity of mammalian populations: A test of three mathematical models. *Zoo Biology* **20**: 487–499.

Garrett-Jones, C. 1964. Prognosis for interruption of malaria transmission through assessment of the mosquito's vectorial capacity. *Nature* **204**: 1173–1175.

Gavrilov, L. A., and N. S. Gavrilova. 2006. Reliability theory of aging and longevity. Pages 3–42 *in* E. J. Masoro and S. N. Austad, editors, *Handbook of the Biology of Aging*. Elsevier/Academic Press, San Diego.

Gavrilov, L. A., and N. S. Gavrilova. 2012. Mortality measurement at advanced ages: A study of the Social Security Administration death master file. *North American Actuarial Journal* **15**: 432–447.

Gavrilov, L. A., and N. S. Gavrilova. 2015. New developments in the biodemography of aging and longevity. *Gerontology* **61**: 364–371.

Gavrilov, L. A., and N. S. Gavrilova. 2019. Late-life mortality is underestimated because of data errors. *PLOS Biology* **17**: e3000148.

Gay, H. 2012. Before and after *Silent Spring*: From chemical pesticides to biological control and integrated pest management—Britain, 1945–1980. *AMBIX* **59**: 88–108.

Gee, K. L., J. H. Holman, M. K. Causey, A. N. Rossi, and J. B. Armstrong. 2002. Aging white-tailed deer by tooth replacement and wear: A critical evaluation of a time-honored technique. *Wildlife Society Bulletin* (1973–2006) **30**: 387–393.

Gehlenborg, N., and B. Wong. 2012a. Heat maps. *Nature Methods* **9**: 213.

Gehlenborg, N., and B. Wong. 2012b. Into the third dimension. *Nature Methods* **9**: 851.

Gehlenborg, N., and B. Wong. 2012c. Mapping quantitative data to color. *Nature Methods* **9**: 769.

Gehlenborg, N., and B. Wong. 2012d. Power of the plane. *Nature Methods* **9**: 935.

Geist, V. 1966. Validity of horn segment counts in aging bighorn sheep. *Journal of Wildlife Management* **30**: 634–646.

Gennard, D. 2012. *Forensic Entomology*. 2nd ed. Wiley-Blackwell, West Sussex, UK.

Gerade, B. B., S. H. Lee, T. W. Scott, J. D. Edman, L. C. Harrington, S. Kitthawee, J. W. Jones, and J. M. Clark. 2004. Field validation of *Aedes aegypti* (Diptera: Culicidea) age estimation by analysis of cuticular hydrocarbons. *Journal of Medical Entomology* **41**: 231–238.

Gershon, N., and W. Page. 2001. What storytelling can do for information visualization. *Communications of the Association of Computer Machinery* **44**: 31–37.

Getz, W. M. 1984. Population dynamics: A per capita resource approach. *Journal of Theoretical Biology* **108**: 623–643.

Getz, W. M., and R. G. Haight. 1989. *Population Harvesting: Demographic Models of Fish, Forest, and Animal Resources*. Princeton University Press, Princeton, NJ.

Gill, A. M., and J. Foley. 1996. Predicting educational attainment for a minor child: Some further evidence. *Journal of Forensic Economics* **9**: 101–112.

Gill, S. P. 1986. The paradox of prediction. *Daedalus* **115**: 17–48.

Goldenberg, D. 2015. Why the oldest person in the world keeps dying. *New York Times*, May 25, 2015.

Goldman, N., and G. Lord. 1986. A new look at entropy and the life table. *Demography* **23**: 275–282.

Goldstein, J. R. 2009. Life lived equals life left in stationary populations. *Demographic Research* **20**: 3–6.

Goldstein, J. R., and K. W. Wachter. 2006. Relationships between period and cohort life expectancy: Gaps and lags. *Population Studies* **60**: 257–269.

Gompertz, B. 1825. On the nature of the function expressive of the law of human mortality, and on a new mode of determining the value of life contingencies. *Philosophical Transactions of the Royal Society of London* **115**: 513–585.

Goodman, D. 1978. Demographic intervention for closely managed populations. Pages 171–195 *in* M. E. Soule and B. A. Wilcox, editors, *Conservation Biology: An Evolutionary-Ecological Perspective*. Sinauer Associates, Sunderland, MA.

Goodman, L. A. 1953. Population growth of the sexes. *Biometrics* **9**: 212–225.

Goodman, L. A. 1967. On the age-sex composition of the population that would result from given fertility and mortality conditions. *Demography* **4**: 423–441.

Goodman, L. A. 1971. On the sensitivity of the intrinsic growth rate to changes in the age-specific birth and death rates. *Theoretical Population Biology* **2**: 339–354.

Gourbin, C., and G. Wunsch. 2006. Chapter 40: Health, illness, and death. Pages 5–12 *in* G. Caselli, J. Vallin, and G. Wunsch, editors, *Demography: Analysis and Synthesis*. Elsevier, Amsterdam.

Grant, A. 1997. Selection pressures on vital rates in density dependent populations. *Proceedings of the Royal Society B* **264**: 303–306.

Grant, A., and T. G. Benton. 2000. Elasticity analysis for density-dependent populations in stochastic environments. *Ecology* **81**: 680–693.

Grayson, D. K. 1990. Donner party deaths: A demographic assessment. *Journal of Anthropological Research* **46**: 223–242.

Griffith, A. B., R. Salguero-Gómez, C. Merow, and S. McMahon. 2016. Demography beyond the population. *Journal of Ecology* **104**: 271–280.

Grotewiel, M. S., I. Martin, P. Bhandari, and E. Cook-Wiens. 2005. Functional senescence in *Drosophila melanogaster*. *Ageing Research Reviews* **4**: 372–397.

Guillot, M. 2003. The cross-sectional average length of life (CAL): A cross-sectional mortality measure that reflects the experience of cohorts. *Population Studies* **57**: 41–54.

Guillot, M. 2005. Life tables. Pages 594–602 *in* D. Poston and M. Micklin, editors, *Handbook of Population*. Springer, New York.

Gurven, M., and R. Walker. 2006. Energetic demand of multiple dependents and the evolution of slow human growth. *Proceedings of the Royal Society B: Biological Sciences* **273**: 835–841.

Hafez, E. S. E., and M. W. Schein. 1962. The behavior of cattle. Pages 256–296 *in* E. S. E. Hafez, editor, *The Behavior of Domestic Animals*. Bailliere, Tindall & Cox, London.

Hamerman, D. 2010. Can biogerontologists and geriatricians unite to apply aging science to health care in the decade ahead? *Journal of Gerontology: Biological Sciences* **65A**: 1193–1197.

Hammer, M., and R. Foley. 1996. Longevity, life history and allometry: How long did hominids live? *Human Evolution* **11**: 61–66.

Hanski, I. 1998. Metapopulation dynamics. *Nature* **396**: 41–49.

Hanski, I., and M. E. Gilpin. 1997. *Metapopulation Biology: Ecology, Genetics, and Evolution*. Academic Press, San Diego.

Haramis, G. M., J. D. Nichols, K. H. Pollock, and J. E. Hines. 1986. The relationship between body mass and survival of wintering canvasbacks. *Auk* **103**: 506–514.

Hargrove, J. W., R. Ouifki, and J. E. Ameh. 2011. A general model for mortality in adult tsetse, *Medical and Veterinary Entomology* **25**: 385–94.

Harper, J. L., and J. White. 1974. The demography of plants. *Annual Review of Ecology and Systematics* **5**: 419–463.

Harper, S. 2018. Demography. A very short introduction. Oxford University Press, Oxford, UK.

Harvey, P. H., R. D. Martin, and T. H. Clutton-Brock. 1987. Life histories in comparative perspective. Pages 181–196 *in* B. B. Smuts, D. L. Cheney, R. M. Seyfarth, R. W. Wrangham, and T. T. Struhsaker, editors, *Primate Societies*. University of Chicago Press, Chicago.

Hauer, M., J. Baker, and W. Brown. 2013. Indirect estimates of total fertility rate using child woman/ratio: A comparison with the Bogue-Palmore method. *PLoS ONE* **8**: e67226.

Hauser, P. M., and O. D. Duncan, editors. 1959. *The Study of Population*. University of Chicago Press, Chicago.

Haussmann, M. F., and C. M. Vleck. 2002. Telomere length provides a new technique for aging animals. *Oecologia* **130**: 325–328.

Hawkes, K. 2003. Grandmothers and the evolution of human longevity. *American Journal of Human Biology* **15**: 380–400.

Hawkes, K. 2004. The grandmother effect. *Nature* **428**: 128–129.

Hawkes, K., J. O'Connell, and N. Blurton-Jones. 2001. Hunting and nuclear families. *Current Anthropology* **42**: 681–709.

Hayes, B. 2012. Methuselah's choice. Bit-player: An amateur's outlook on computation and mathematics. Accessed October 21, 2018 http://bit-player.org/2012/methuselahs-choice.

Hayward, M., E. M. Crimmins, and Y. Saito. 1998. Cause of death and active life expectancy in the older population of the United States. *Journal of Aging and Health* **10**: 192–213.

Hayward, M. D., and B. K. Gorman. 2004. The long arm of childhood: The influence of early-life social conditions on men's mortality. *Demography* **41**: 87–107.

Hayward, M. D., and D. F. Warner. 2005. The demography of population health. Pages 809–825 *in* D. Poston and M. Micklin, editors, *Handbook of Population*. Springer, New York.

Healy, K., and J. Moody. 2014. Data visualization in sociology. *Annual Review of Sociology* **40**: 105–128.

Healy, J. 2019. *Data Visualization: A Practical Introduction*. Princeton University Press, Princeton, NJ.

Heimpel, G. E., and N. J. Mills. 2017. *Biological Control: Ecology and Applications*. Cambridge University Press, Cambridge, UK.

Herzman, C. 1999. The biological embedding of early experience and its effects on health in adulthood. *Annals of the New York Academy of Sciences* **896**: 85–95.

Hertz, R., and M. K. Nelson. 2019. *Random Families. Genetic Strangers, Sperm Donor Siblings, and the Creation of New Kin*. Oxford University Press, Oxford, UK.

Hjelmborg, J. v., I. Iachine, A. Skytthe, J. W. Vaupel, M. McGue, M. Koskenvuo, J. Kaprio, et al. 2006. Genetic influence on human lifespan and longevity. *Human Genetics* **119**: 312–321.

Ho, J. Y., E. Frankenberg, C. Sumantri, and D. Thomas. 2017. Adult mortality five years after a natural disaster. *Population and Development Review* **43**: 467–490.

Hobcraft, J., J. Menken, and S. Preston. 1982. Age, period, and cohort effects in demography: A review. *Population Index* **48**: 4–43.

Hoffman, R. 2014. The tensions of storytelling. *American Scientist* **102**: 250–253.

Hoffmann, M., C. Hilton-Taylor, A. Angulo, M. Böhm, et al. 2010. The impact of conservation on the status of the world's vertebrates. *Science* **330**: 1503.

Höhn, C. 1987. The family life cycle: Needed extensions of the concept. Pages 65–80 *in* J. Bongaarts, T. K. Burch, and K. W. Wachter, editors, *Family Demography: Methods and Their Application*. Clarendon Press, Oxford, UK.

Hook, E. B., and R. R. Regal. 1995. Capture-recapture methods in epidemiology: Methods and limitations. *Epidemiologic Reviews* **17**: 243–264.

Horiuchi, S. 2003. Age patterns of mortality. Pages 649–654 *in* P. Demeny and G. McNicoll, editors, *Encyclopedia of Population*. Gale Group, New York.

Horiuchi, S., and A. J. Coale. 1990. Age patterns of mortality for older women: An analysis using the age-specific rate of mortality change with age. *Mathematical Population Studies* **2**: 245–267.

Horvitz, C. C. 2011. Demography. Pages 147–150 *in* D. Simberloff and M. Rejmanek, editors, *Encyclopedia of Biological Invasions*. University of California Press, Berkeley.

Horvitz, C. C. 2016. Life history theory: Basics. Pages 384–389 *in* R. M. Kliman, editor, *Encyclopedia of Evolutionary Biology*. Academic Press, Oxford, UK.

Horvitz, C. C., and D. W. Schemske. 1986. Seed dispersal of a neotropical Myrmecochore: Variation in removal rates and dispersal distance. *Biotropica* **18**: 319–323.

Horvitz, C., D. Schemske, and H. Caswell. 1997. The relative "importance" of life-history stages to population growth: Prospective and retrospective analyses. Pages 247–271 *in* S. Tuljapurkar and H. Caswell, editors, *Structures: Population Models in Marine, Terrestrial, and Freshwater Systems*. Chapman and Hall, New York.

Hosmer, D. W. J., S. Lemeshow, and S. May. 2008. *Applied Survival Analysis*. Wiley, Hoboken, NJ.

Howell, N. 1979. *The Demography of the Dobe !Kung*. Academic Press, New York.

Huffaker, C. B., and C. E. Kennett. 1966. Biological control of *Parlatoria oleae* (Colvee) through the compensatory action of two introduced parasites. *Hilgardia* **37**: 283–335.

Hughes, B. G., and S. Hekimi. 2017. Many possible maximum lifespan trajectories. *Nature* **546**: E8–E9.

Human Mortality Database. 2018. Human Mortality Database. University of California, Berkeley (USA), and Max Planck Institute for Demographic Research (Germany). Accessed January 15, 2018. www.mortality.org or www.humanmortality.de.

Hunnicutt, B. J., and M. Krzywinski. 2016a. Neural circuit diagrams. *Nature Methods* **13**: 189.

Hunnicutt, B. J., and M. Krzywinski. 2016b. Pathways. *Nature Methods* **13**: 5.

Ivanov, S., and V. Kandiah. 2003. Fertility, age-patterns. In P. Demeny and G. McNicoll, editors, *Encyclopedia of Population*. Gale Group, New York.

Jacquard, A. 1984. Concepts of genetics and concepts of demography: Specificities and analogies. Pages 29–40 *in* N. Keyfitz, editor, *Population and Biology*. Ordina Editions, Liege, Belgium.

Jdanov, D. A., V. M. Shkolnikov, A. A. van Raalte, and E. M. Andreev. 2017. Decomposing current mortality differences into initial differences and differences in trends: The contour decomposition method. *Demography* **54**: 1579–1602.

Jegou, B., and M. Skinner. 2018. Volume I: Male reproduction. *Encyclopedia of Reproduction*. 2nd ed. Academic Press, New York.

Jennions, M. D., and D. W. Macdonald. 1994. Cooperative breeding in mammals. *Trends in Ecology and Evolution* **9**: 89–93.

Jeronimus, B. F., N. Stavrakakis, R. Veenstra, and A. J. Oldehinkel. 2015. Relative Age Effects in Dutch Adolescents: Concurrent and Prospective Analyses. *PLoS ONE* **10**: e0128856.

Jolles, A. E. 2007. Population biology of African buffalo (*Syncerus caffer*) at Hluhluwe-iMfolozi Park, South Africa. *African Journal of Ecology* **45**: 398–406.

Jolles, A. E., V. O. Ezenwa, R. S. Etienne, W. C. Turner, and H. Olff. 2008. Interactions between macroparasites and microparasites drive infection patterns in free-ranging African buffalo. *Ecology* **89**: 2239–2250.

Jolly, G. M. 1965. Explicit estimates from capture-recapture data with both death and immigration-stochastic model. *Biometrika* **52**: 225–247.

Jones, S., R. Martin, and D. Pilbeam. 1992. *The Cambridge Encyclopedia of Human Evolution*. Cambridge University Press, Cambridge, UK.

Jones, W. R., A. Scheuerlein, et al. 2013. Diversity of ageing across the tree of life. *Nature* **505**: 169–173.

Jonzén, N., P. Lundberg, and A. Gårdmark. 2001. Harvesting spatially distributed populations. *Wildlife Biology* **7**: 197–203.

Jordan, C. W. 1967. *Life Contingencies*. Society of Actuaries, Chicago.

Judge, D. S., and J. R. Carey. 2000. Post-reproductive life predicted by primate patterns. *Journal of Gerontology: Biological Sciences* **55A**: B201–B209.

Kallmann, F. J., and J. D. Rainer. 1959. Physical anthropology and demography. Pages 759–790 *in* P. M. Hauser and O. D. Duncan, editors, *The Study of Population*. University of Chicago Press, Chicago.

Kamp, K. 2001. Where have all the children gone? The archaeology of childhood. *Journal of Archaeological Method and Theory* **8**: 1–34.

Kannisto, V. 1994. *Development of Oldest-Old Mortality, 1950–1990: Evidence from 28 Developed Countries*. Odense University Press, Odense, Denmark.

Kannisto, V. 1996. *The Advancing Frontier of Survival*. Odense University Press, Odense, Denmark.

Kaplan, E. L., and P. Meier. 1958. Nonparametric estimation from incomplete observations. *Journal of the American Statistical Association* **53**: 457–481.

Kaplan, H. S. 2002a. Evolutionary demography. Pages 329–336 *in* M. Pagel, editor, *Encyclopedia of Evolution*. Oxford University Press, Oxford, UK.

Kaplan, H. S. 2002b. Life history theory: Human life history. Pages 627–631 *in* M. Pagel, editor, *Encyclopedia of Evolution*. Oxford University Press, Oxford, UK.

Katz, S., L. G. Branch, M. H. Branson, J. A. Papsidero, J. C. Beck, and D. S. Greer. 1983. Active life expectancy. *New England Journal of Medicine* **309**: 1218–1224.

Kawachi, I., and S. V. Subramanian. 2005. Health demography. Pages 787–808 *in* D. Poston and M. Micklin, editors, *Handbook of Population*. Springer, New York.

Kawata, K. 2012. Exorcising of a cage: A review of American zoo exhibits. Part III. *Der Zoologische Garten* **81**: 132–146.

Kelker, G. H. 1940. Estimating deer populations by a different hunting loss in the sexes. *Proceedings of the Utah Academy of Science, Arts and Letters* **17**: 6–69.

Key, C. A., L. C. Aiello, and T. Molleson. 1994. Cranial suture closure and its implications for age estimation. *International Journal of Oseoarchaeology* **4**: 193–207.

Keyfitz, N. 1971. On the momentum of population growth. *Demography* **8**: 71–80.

Keyfitz, N. 1977. *Introduction to the Mathematics of Population with Revisions*. Addison-Wesley, Reading, PA.

Keyfitz, N. 1984a. Introduction: Biology and demography. Pages 1–7 *in* N. Keyfitz, editor, *Population and Biology*. Ordina Editions, Liege, Belgium.

Keyfitz, N., editor. 1984b. *Population and Biology*. Ordina Editions, Liege, Belgium.

Keyfitz, N. 1985. *Applied Mathematical Demography*. 2nd ed. Springer-Verlag, New York.

Keyfitz, N., and J. A. Beekman, editors. 1984. *Demography through Problems*. Springer-Verlag, New York.

Keyfitz, N., and H. Caswell. 2010. *Applied Mathematical Demography*. Springer, New York.

Keyfitz, N., D. Nagnur, and D. Sharma. 1967. On the interpretation of age distributions. *American Statistical Association Journal* **62**: 862–874.

Kientz, J. L., M. E. Barnes, and D. Durben. 2017. Concentration of stocked trout catch and harvest by small number of recreational angles. *Journal of Fisheries Sciences* **11**: 69–76.

Kim, Y. J. 1986. Examination of the generalized age distribution. *Demography* **23**: 451–461.

Kim, Y. J., and J. L. Aron. 1989. On the equality of average age and average expectation of remaining life in a stationary population. *SIAM Review* **31**: 110–113.

Kim, Y. J., R. Schoen, and P. S. Sarma. 1991. Momentum and the growth-free segment of a population. *Demography* **28**: 159–173.

King, R. 2012. A review of Bayesian state-space modelling of capture-recapture-recovery data. Interface Focus. http://rsfs.royalsocietypublishing.org/content/royfocus/early/2012/0[illegible]/24/rsfs.2011.0078.full.pdf.

Kintner, H. J. 2004. The life table. Pages 301–340 *in* J. S. Siegel and D. A. Swanson, editors, *The Methods and Materials of Demography*. Elsevier/Academic Press, Amsterdam.

Kirkland, J. L., and C. Peterson. 2009. Healthspan, translation, and new outcomes for animal studies of aging. *Journals of Gerontology Series A: Biological Sciences and Medical Sciences* **64A**: 209–212.

Kleinbaum, D. G., and M. Klein. 2012. *Survival Analysis: A Self-Learning Text*. Springer, New York.

Klevezal, G. A. 1996. *Recording Structures of Mammals: Determination of Age and Reconstruction of Life History*. A. S. Balkema, Rotterdam.

Knaflic, C. N. 2015. *Story Telling with Data: A Data Visualization Guide for Business Professionals*. John Wiley & Sons, New York.

Knobil, E., and J. D. Neil, editors. 1998. *Encyclopedia of Reproduction*. Academic Press, San Diego.

Koons, D. N., M. Gamelon, J.-M. Gaillard, L. M. Aubry, R. F. Rockwell, F. Klein, R. Choquet, and O. Gimenez. 2014. Methods for studying cause-specific senescence in the wild. *Methods in Ecology and Evolution* **5**: 924–933.

Kosara, R., and J. Mackinlay. 2013. Storytelling: The next step for visualization. *Computer* **46**: 44–50.

Kouloussis, N. A., N. T. Papadopoulos, B. I. Katsoyannos, H.-G. Müller, J.-L. Wang, Y.-R. Su, F. Molleman, and J. R. Carey. 2011. Seasonal trends in *Ceratitis capitata* reproductive potential derived from live-caught adult females in Greece. *Entomologia Experimentalis et Applicata* **140**: 181–188.

Kouloussis, N. A., N. T. Papadopoulos, H.-G. Müller, J.-L. Wang, M. Mao, B. I. Katsoyannos, P.-F. Duyck, and J. R. Carey. 2009. Life table assay for assessing relative age bias in Medfly capture methods. *Entomologia Experimentalis et Applicata* **132**: 172–181.

Krafsur, E. S., R. D. Moon, and Y. Kim. 1995. Age structure and reproductive composition of summer *Musca autumnalis* (Diptera: Muscidae) populations estimated by pterin concentrations. *Journal of Medical Entomology* **32**: 685–696.

Kramer, K. L. 2010. Cooperative breeding and its significance to the demographic success of humans. *Annual Review of Anthropology* **39**: 417–436.

Kramer, K. L. 2011. The evolution of human parental care and recruitment of juvenile help. *Trends in Ecology and Evolution* **28**: 533–540.

Kramer, K. L. 2014. Why what juveniles do matters in the evolution of cooperative breeding. *Human Nature* **25**: 49–65.

Krebs, C. J. 1999. *Ecological Methodology*. 2nd ed. Benjamin Cummings, Menlo Park, CA.

Kreitlow, K. L. T. 2010. Insect succession in a natural environment. Pages 251–269 *in* J. H. Byrd and J. L. Castner, editors, *Forensic Entomology: The Utility of Arthropods in Legal Investigations*. CRC Press, Boca Raton, FL.

Krzywinski, M. 2013a. Axes, ticks and grids. *Nature Methods* **10**: 275.

Krzywinski, M. 2013b. Elements of visual style. *Nature Methods* **10**: 371.

Krzywinski, M. 2013c. Labels to callouts. *Nature Methods* **10**: 275.

Krzywinski, M., and A. Cairo. 2013. Storytelling. *Nature Methods* **10**: 687.

Krzywinski, M., and E. Savig. 2013. Multidimensional data. *Nature Methods* **10**: 595.

Krzywinski, M., and B. Wong. 2013. Plotting symbols. *Nature Methods* **10**: 451.

Lamb, V. L., and J. S. Siegel. 2004. Health demography. Pages 341–370 *in* J. S. Siegel and D. A. Swanson, editors, *The Methods and Materials of Demography*. Elsevier/Academic Press, Amsterdam.

Land, K. C., and A. Rogers, editors. 1982. *Multidimensional Mathematical Demography*. Academic Press, New York.

Land, K. C., Y. Yang, and Z. Yi. 2005. Mathematical demography. Pages 659–717 *in* D. Poston and M. Micklin, editors, *Handbook of Population*. Springer, New York.

LeBourg, E., B. Thon, J. Legare, B. Desjardins, and H. Charbonneau. 1993. Reproductive life of French-Canadians in the 17–18th centuries: A search for a trade-off between early fecundity and longevity. *Experimental Gerontology* **28**: 217–232.

Lebreton, J.-D., K. P. Burnham, J. Clobert, and D. R. Anderson. 1992. Modeling survival and testing biological hypotheses using marked animals: A unified approach with case studies. *Ecological Monographs* **62**: 67–118.

Lebreton, J.-D., and J.-M. Gaillard. 2016. Wildlife demography: Population processes, analytical tools and management applications. Pages 29–54 *in* R. Mateo, B. Arroyo, and J. T. Garcia, editors, *Current Trends in Wildlife Research*. Springer, Cham, Switzerland..

Lebreton, J. D., J. D. Nichols, R. J. Barker, R. Pradel, and J. A. Spendelow. 2009. Chapter 3: Modeling individual animal histories with multistate capture-recapture models. *Advances in Ecological Research* **41**: 87–173.

Ledent, J., and Y. Zeng. 2010. Multistate demography. Pages 137–163 *in* E. Z. Yi, *Encyclopedia of Life Support Systems*. United Nations, Singapore.

Lee, E. T. 1992. *Statistical Methods for Survival Data*. 2nd ed. Wiley-Interscience, New York.

Lefkovitch, L. P. 1965. The study of population growth in organisms grouped by stages. *Biometrics* **21**: 1–18.

Lehane, M. J. 1985. Determining the age of an insect. *Parasitology Today* **1**: 81–85.

Lenart, A., and J. W. Vaupel. 2017. Questionable evidence for a limit to human lifespan. *Nature* **546**: E13–E14.

Lenner, P. 1990. The excess mortality rate: A useful concept in cancer epidemiology. *Acta Oncologica* **29**: 573–576.

Lennox, J. G. 1991. Darwinian thought experiments: A function for just-so stories. Pages 223–246 *in* T. Horowitz and G. J. Massey, editors, *Thought Experiments in Science and Philosophy*. Rowman and Littlefield, Savage, MD.

Leridon, H. 1984. Selective effects of sterility and fertility. Pages 83–98 *in* N. Keyfitz, editor, *Population and Biology*. Ordina Editions, Liege, Belgium.

Leridon, H. 2004. The demography of a learned society. *Population-E* **59**: 81–114.

Leslie, P. H. 1945. On the use of matrices in certain population mathematics. *Biometrika* **33**: 183–217.

Leslie, P. H., and R. M. Ransom. 1940. The mortality, fertility and rate of natural increase of the vole (*Microtus agrestis*) as observed in the laboratory. *Journal of Animal Ecology* **9**: 27–52.

Lester, L. A., H. W. Avery, A. S. Harrison, and E. A. Standora. 2013. Recreational boats and turtles: Behavioral mismatches result in high rates of injury. *PLoS ONE*. doi: 10.1371/journal.pone.0082370.

Levins, R. 1969. Some demographic and genetic consequences of environmental heterogeneity for biological control. *Bulletin of Entomological Society of America* **15**: 237–240.

Levins, R. 1970. Extinction. Pages 77–107 *in* M. Gerstenhaber, editor, *Some Mathematical Problems in Biology*. American Mathematical Society, Providence, RI.

Lewontin, R. C. 1965. Selection for colonizing ability. Pages 77–94 *in* H. G. Baker and G. L. Stebbins, editors, *The Genetics of Colonizing Species*. Academic Press, New York.

Lewontin, R. C. 1984. Laws of biology and laws in social science. Pages 19–28 *in* N. Keyfitz, editor, *Population and Biology*. Ordina Editions, Liege, Belgium.

Lex, A., and N. Gehlenborg. 2014. Sets and intersections. *Nature Methods* **11**: 779.

Lidal, E. M., M. Natali, D. Patel, H. Hauser, and I. Viola. 2013. Geological storytelling. *Computers & Graphics* **37**: 445–459.

Limburg, K. E., T. A. Hayden, W. E. Pine III, M. D. Yard, R. Kozdon, and J. W. Valley. 2013. Of travertine and time: Otolith chemistry and microstructure detect provenance and demography of endangered humpback chub in Grand Canyon, USA. *PLoS ONE* **8**: e84235.

Lincoln, F. C. 1930. Calculating waterfowl abundance on the basis of banding returns. *USDA Circular* **118**: 1–4.

Lindsey, P. A., G. A. Balme, V. R. Booth, and N. Midlane. 2012. The significance of African lions for the financial viability of trophy hunting and the maintenance of wild land. *PLoS ONE* **7**: e29332.

Lindsey, P. A., G. A. Balme, P. Funston, P. Henschel, L. Hunter, H. Madzikanda, N. Midlane, and V. Nyirenda. 2013. The trophy hunting of African lions: Scale, current management practices and factors undermining sustainability. *PLoS ONE* **8**: ve73808.

Linklater, W. L., K. Adcock, P. DePreez, R. R. Swaisgood, P. R. Law, M. H. Knight, and G. I. H. Kerley. 2011. Guidelines for herbivore translocation simplified: Black rhinoceros case study. *Journal of Applied Ecology* **48**: 493–502.

Liu, X. 2012. *Survival Analysis*. Wiley, West Sussex, UK.

Livi-Bacci, M. 1984. Introduction: Autoregulating mechanisms in human populations. Pages 109–116 *in* N. Keyfitz, editor, *Population and Biology*. Ordina Editions, Liege, Belgium.

Lopez, A. 1961. *Problems in Stable Population Theory*. Office of Population Research, Princeton, NJ.

Lotka, A. J. 1907. The progeny of a population element. *Science* **26**: 21–22.

Lotka, A. J. 1922. The stability of the normal age distribution. *Proceedings of the National Academy of Sciences* **8**: 339–345.

Lotka, A. J. 1924. *Elements of Physical Biology*. Williams & Wilkins, Baltimore.

Lotka, A. J. 1928. The progeny of a population element. *American Journal of Hygiene* **8**: 875–901.

Lotka, A. J. 1934. Part I. Principes. *Theorie analytique des Associations Biologiques*. Hermann et Cie, Paris.

Lundquist, J. H., D. L. Anderton, and B. Yaukey. 2015. *Demography: The Study of Human Population*. Waveland Press, Long Grove, IL.

Lynn, J., and D. M. Adamson. 2003.Living well at the end of life. White Paper. RAND Health, Santa Monica, CA.

Lyons, E. D., M. A. Schroeder, and L. A. Robb. 2012. Criteria for determining sex and age of birds and mammals. Pages 207–229 *in* N. J. Silvy, editor, *The Wildlife Techniques Manual: Research*. Johns Hopkins University Press, Baltimore.

Ma, K.-L., I. Liao, J. Frazier, H. Hauser, and H.-N. Kostis. 2012. Scientific storytelling using visualization. *IEEE Computer Graphics and Applications* **32**: 12–19.

MacArthur, R. H., and E. O. Wilson. 1967. *The Theory of Island Biogeography*. Princeton University Press, Princeton, NJ.

MacDonald, G. 1952. The analysis of the sporozoite rate. *Tropical Disease Bulletin* **49**: 569–586.

MacDonald, G. 1957. *The Epidemiology and Control of Malaria*. Oxford University Press, Oxford, UK.

Maeda, J. 2006. *The Laws of Simplicity: Design, Technology, Business, Life*. MIT Press, Cambridge, MA.

Makeham, W. 1860. On the law of mortality and the construction of annuity tables. *Assurance Magazine and Journal of the Institute of Actuaries* **8**: 301–310.

Makeham, W. M. 1867. On the law of mortality. *Journal of the Institute of Actuaries* **13**: 325–367.

Malthus, T. R. 1798. *Population: The First Essay*. Reprinted 1959 by University of Michigan Press, Ann Arbor.

Manton, K. G., and E. Stallard. 1984. *Recent Trends in Mortality Analysis*. Academic Press, Orlando, FL.

Manton, K. G., and E. Stallard. 1991. Cross-sectional estimates of active life expectancy for the U.S. elderly and oldest-old populations. *Journal of Gerontology* **46**: S170–S182.

Markowska, A. L., and S. J. Breckler. 1999. Behavioral biomarkers of aging: Illustration of a multivariate approach for detecting age-related behavioral changes. *Journal of Gerontology: Biological Sciences* **12**: B549–B566.

Marzolin, G. 1988. Polyginie du Cincle plongeur (*Cinclus cinclus*) dans les cotes de Lorrain. *L'oiseau et al revue Francaise d'ornithologie* **58**: 277–286.

Mathis, F. H. 1991. A generalized birthday problem. *SIAM Review* **33**: 265–270.
Mazza, R. 2009. *Introduction to Information Visualization*. Springer-Verlag, London.
Mbizah, M. M., G. Steenkamp, and R. J. Groom. 2016. Evaluation of the applicability of different age determination methods for estimating age of the endangered African wild dog (*Lycaon Pictus*). *PLoS ONE* **11**: e0164676.
McCurdy, S. A. 1994. Epidemiology of disaster: The Donner party (1846–1847). *Western Journal of Medicine* **160**: 338–342.
McDermid, V. 2014. *Forensics: What Bugs, Burns, Prints, DNA and More Tell Us about Crime*. Grove Press, New York.
McDonald, T. L., S. C. Amstrup, E. V. Regehr, and B. J. J. Manly. 2005. Examples. Pages 196–265 *in* S. C. Amstrup, T. L. McDonald, and B. J. J. Manly, editors, *Handbook of Capture-Recapture Analysis*. Princeton University Press, Princeton, NJ.
McGraw, J. B., and H. Caswell. 1996. Estimation of individual fitness from life-history data. *American Naturalist* **147**: 47–64.
McGue, M., J. W. Vaupel, N. Holm, and B. Harvald. 1993. Longevity is moderately heritable in a sample of Danish twins born 1870–1880. *Journal of Gerontology* **48**: B237–B244.
McInerny, G., and M. Krzywinski. 2015. Unentangling complex plots. *Nature Methods* **12**: 591.
Medawar, P. B. 1981. *The Uniqueness of the Individual*. 2nd ed. Dover Publications, New York.
Meine, C., M. Soulé, and R. F. Noss. 2006. A Mission-driven discipline: The growth of conservation biology. *Conservation Biology* **20**: 631–651.
Merow, C., J. P. Dahlgren, J. C. E. Metcalf, et al. 2014. Advancing population ecology with integral projection models: A practical guide. *Methods in Ecology and Evolution* **5**: 99–110.
Mesle, F. 2006. Chapter 42: Medical causes of death. Pages 29–44 *in* G. Caselli, J. Vallin, and G. Wunsch, editors, *Demography: Analysis and Synthesis*. Elsevier, Amsterdam.
Mesle, F., J. Vallin, J.-M. Robine, G. Desplanques, and A. Cournil. 2010. Is it possible to measure life expectancy at 110 in France? Pages 231–246 *in* H. Maier, J. Gampe B. Jeune, J.-M. Robine, and J. W. Vaupel, editors, *Supercentenarians*. Springer, Heidelberg, Germany.
Metcalf, C. J. E., and S. Pavard. 2007. Why evolutionary biologists should be demographers. *Trends in Ecology and Evolution* **22**: 205–212.
Mikaberidze, A. 2007. *The Battle of Borodino: Napoleon versus Kutuzov*. Pen & Sword, London.
Miller, R. J. 2014. Big data curation. 20th International Conference on Management of Data (COMAD), Hyderabad, India.
Mills, L. S. 2013. *Conservation of Wildlife Populations: Demography, Genetics and Management*. 2nd ed. Wiley-Blackwell, Oxford, UK.
Missov, T. I., A. Lenart, L. Nemeth, V. Canudas-Romo, and J. W. Vaupel. 2015. The Gompertz force of mortality in terms of the modal age of death. *Demographic Research* **32**: 1031–1048.
Mloszewski, J. J. 1983. *The Behavior and Ecology of the African Buffalo*. Cambridge University Press, Cambridge, UK.
Molla, M. T., D. K. Wagener, and J. H. Madans. 2001. Summary measures of population health: Methods for caluculating healthy life expectancy. Department of Health and Human Services, Washington, DC.
Molleman, F., B. J. Zwaan, P. M. Brakefield, and J. R. Carey. 2007. Extraordinary long life spans in fruit-feeding butterflies can provide window on evolution of life span and aging. *Experimental Gerontology* **42**: 472–482.
Moore, H. E., J. L. Pechal, M. E. Benbow, and F. P. Drijfhout. 2017. The potential use of cuticular hydrocarbons and multivariate analysis to age empty puparial cases of *Calliphora vicina* and *Lucilia sericata*. *Scientific Reports* **7**: 1933.

Morehouse, A. T., and M. S. Boyce. 2016. Grizzly bears without borders: Spatially explicit capture-recapture in southwestern Alberta. *Journal of Wildlife Management* **80**: 1152–1166.

Morgan, S. P., and K. J. Hagewen. 2005. Fertility. Pages 229–249 *in* D. Poston and M. Micklin, editors, *Handbook of Population*. Springer, New York.

Morris, R. F. 1959. Single-factor analysis in population dynamics. *Ecology* **40**: 580–588.

Morris, W. F., and D. F. Doak. 2002. Quantitative conservation biology: Theory and practice of population viability analysis. Sinauer Associates, Sunderland, MA.

Müller, H.-G., J. R. Carey, D. Wu, and J. W. Vaupel. 2001. Reproductive potential determines longevity of female Mediterranean fruit flies. *Proceedings of the Royal Society, London B* **268**: 445–450.

Müller, H.-G., J.-L. Wang, W. B. Capra, P. Liedo, and J. R. Carey. 1997. Early mortality surge in protein-deprived females causes reversal of sex differential of life expectancy in Mediterranean fruit flies. *Proceedings of the National Academy of Sciences* **94**: 2762–2765.

Müller, H.-G., J.-L. Wang, J. R. Carey, E. P. Caswell-Chen, C. Chen, N. Papadopoulos, and F. Yao. 2004. Demographic window to aging in the wild: Constructing life tables and estimating survival functions from marked individuals of unknown age. *Aging Cell* **3**: 125–131.

Müller, H.-G., J.-L. Wang, W. Yu, A. Delaigle, and J. R. Carey. 2007. Survival in the wild via residual demography. *Theoretical Population Biology* **72**: 513–522.

Munroe, R. 2015. *Thing Explainer: Complicated Stuff in Simple Words*. Houghton Mifflin/Harcourt, New York.

Murdock, S. H., and D. R. Ellis. 1991. *Applied Demography: An Introduction to Basic Concepts, Methods, and Data*. Westview Press, Boulder, CO.

Murphy, T. E., L. Han, H. G. Allore, P. N. Peduzzi, T. M. Gill, and H. Lin. 2011. Treatment of death in the analysis of longitudinal studies of gerontological outcomes. *Journal of Gerontology: Medical Sciences* **66A**: 109–114.

Murray, C. J. L., J. Salomon, and C. Mathers. 1999. A critical examination of summary measures of population health. In *WHO Global Programme on Evidence for Health Policy*. World Health Organization, Geneva. https://www.scielosp.org/scielo.php?pid=S0042-96862000000800008&script=sci_arttext&tlng=es.

Namboodiri, K., and C. M. Suchindran. 1987. *Life Table Techniques and Their Applications*. Academic Press, Orlando, FL.

Nenecke, M. 2001. A brief history of forensic entomology. *Forensic Science International* **120**: 2–14.

Neves, R. J., and S. N. Moyer. 1988. Evaluation of techniques for age determination of freshwater mussels (Unionidae). *American Malacological Bulletin* **6**: 179–188.

Nicholls, H. 2017. Darwin's domestic discoveries (review of *Darwin's Backyard*). *Nature* **548**: 389–390.

Norberg, R. 2002. Basic life insurance mathematics. http://www.math.ku.dk/~mogens/lifebook.pdf.

Novoseltsev, V. N., J. R. Carey, J. A. Novoseltseva, N. T. Papapopoulos, S. Blay, and A. I. Yashin. 2004. Systemic mechanisms of individual reproductive life history in female Medflies. *Mechanisms of Ageing and Development* **125**: 77–87.

Novoseltsev, V. N., A. I. Michalski, J. A. Novoseltseva, A. I. Yashin, J. R. Carey, and A. M. Ellis. 2012. An age-structured extension to the vectorial capacity model. *PLoS ONE* **7**: e39479. doi: 39410.31371/journal.pone.0039479.

Nowak, R. M. 1991. *Walker's Mammals of the World*. Johns Hopkins University Press, Baltimore.

Oksuzyan, A., K. Juel, J. W. Vaupel, and K. Christensen. 2008. Men: Good health and high mortality: Sex differences in health and aging. *Aging Clinical and Experimental Research* **20**: 91–102.

Oksuzyan, A., I. Petersen, H. Stovring, P. Bingley, J. W. Vaupel, and K. Christensen. 2009. The male-female health-survival paradox: A survey and register study of the impact of sex-specific selection and information bias. *Annals of Epidemiology* **19**: 504–511.

Olshansky, S. J., B. A. Carnes, and C. Cassel. 1990. In search of Methuselah: Estimating the upper limits to human longevity. *Science* **250**: 634–639.

Olshansky, S. J., B. A. Carnes, and A. Desesquelles. 2001. Prospects for human longevity. *Science* **291**: 1491–1492.

Owen-Smith, N., G. I. H. Kerley, B. Page, R. Slotow, and R. J. vanAarde. 2006. A scientific perspective on the management of elephants in the Kruger National Park and elsewhere. *South African Journal of Science* **102**: 389–394.

Papadopoulos, N., J. R. Carey, C. Ioannou, H. Ji, H.-G. Müller, J.-L. Wang, S. Luckhart, and E. Lewis. 2016. Seasonality of post-capture longevity in a medically-important mosquito (*Culex pipiens*). *Frontiers in Ecology and Evolution* **4**: 63. doi: 10.3389/fevo.20016.00063.

Papadopoulos, N. T., J. R. Carey, B. I. Katsoyannos, N. A. Kouloussis, H.-G. Müller, and X. Liu. 2002. Supine behaviour predicts time-to-death in male Mediterranean fruit flies. *Proceedings of the Royal Society of London: Biological Sciences* **269**: 1633–1637.

Papadopoulos, N., R. Plant, and J. R. Carey. 2013. From trickle to flood: The large-scale, cryptic invasion of California by tropical fruit flies. *Proceedings of the Royal Society of London*. http://dx.soi.org/10.1098/rspb.2013.1466.

Parmenter, R. R., T. L. Yates, D. R. Anderson, K. P. Burnham, et al. 2003. Small-mammal density estimation: A field comparison of grid-based vs. web-based density estimators. *Ecological Monographs* **73**: 1–26.

Partridge, L., and K. Fowler. 1992. Direct and correlated responses to selection on age at reproduction in *Drosophila melanogaster*. *Evolution* **46**: 76–91.

Patronek, G. J., D. J. Waters, and L. T. Glickman. 1997. Comparative longevity of pet dogs and humans: Implications for gerontology research. *Journal of Gerontology* **52A**: B171–B178.

Pearl, R. 1924. *Studies in Human Biology*. Williams & Wilkins, Baltimore.

Pearl, R. 1925. *The Biology of Population Growth*. Alfred A. Knopf, New York.

Pearl, R. 1928. *The Rate of Living*. Knopf, New York.

Pearl, R., and L. J. Reed. 1920. On the rate of growth of the population of the United States since 1790 and its mathematical representation. *Proceedings of the National Academy of Sciences* **6**: 275–288.

Peeples, R., and C. T. Harris. 2015. What is a life worth in North Carolina? A look at wrongful-death awards. *Review of Litigation* **37**: 497–518.

Perks, W. 1932. On some experiments in the graduation of mortality statistics. *Journal of the Institute of Actuaries* **63**:12–27.

Perz, S. G. 2004. Population change. Pages 253–264 *in* J. S. Siegel and D. A. Swanson, editors, *The Methods and Materials of Demography*. Elsevier/Academic Press, Amsterdam.

Petersen, C. G. T. 1896. The yearly immigration of young plaice into the Limfjord from the German Sea. *Report of the Danish Biological Station* **6**: 1–48.

Peterson, M. J., and P. J. Ferro. 2012. Wildife health and disease: Surveillance, investigation, and management. Pages 181–206 *in* N. J. Silvy, editor, *The Wildlife Techniques Manual: Research*. Johns Hopkins University Press, Baltimore.

Peterson, R. K. D., R. S. Davis, L. G. Higley, and O. A. Fernandes. 2009. Mortality risk in insects. *Environmental Entomology* **38**: 1–10.

Phillips, J. 2012. Storytelling in earth sciences: The eight basic plots. *Earth-Science Reviews* **115**: 153–162.

Pianka, E. R. 1978. *Evolutionary Ecology*. 2nd ed. Harper & Row, New York.

Pielou, A. C. 1979. *Mathematical Ecology*. John Wiley & Sons, New York.

Pierce, B. L., R. R. Lopez, and N. J. Silvy. 2012. Estimating animal abundance. Pages 284–310 *in* N. J. Silvy, editor, *The Wildlife Techniques Manual: Research*. Johns Hopkins University Press, Baltimore.

Pol, L. G., and R. K. Thomas. 1992. *The Demography of Health and Health Care*. Kluwer Academic/Plenum Publishers, Dordrecht, Netherlands.

Polanowski, A. M., J. Robbins, D. Chandler, and S. N. Jarman. 2014. Epigenetic estimation of age in humpback whales. *Molecular Ecology Resources* **14**: 976–987.

Pollack, K. H., J. D. Nichols, C. Brownie, and J. E. Hines. 1990. Statistical inference for capture-recapture experiments. *Wildlife Monographs* **107**: 1–97.

Pollak, R. A. 1986. A reformulation of the two-sex problem. *Demography* **23**: 247–259.

Pollak, R. A. 1987. The two-sex problem with persistent unions: A generalization of the birth matrix-mating rule model. *Theoretical Population Biology* **32**:176–187.

Pollard, J. H. 1982. The expectation of life and its relationship to mortality. *Journal of the Institute of Actuaries* **109**: 225–240.

Pontius, J. S., J. E. Noyer, and M. L. Deaton. 1989. Estimation of stage transition time: Application to entomological studies. *Annals Entomological Society of America* **82**: 135–148.

Posamentier, A. S., and I. Lehmann. 2007. *The Fabulous Fibonacci Numbers*. Prometheus Books, New York.

Poston, D. L., and L. F. Bouvier. 2010. *Population and Society: An Introduction to Demography*. Cambridge University Press, Cambridge, UK.

Poston, D. L., and W. P. Frisbie. 2005. Ecological demography. Pages 601–624 *in* D. Poston and M. Micklin, editors, *Handbook of Population*. Springer, New York.

Poston, D., and M. Micklin, editors. 2005. *Handbook of Population*. Springer, New York.

Pressat, R., and C. Wilson. 1987. *Dictionary of Demography*. Blackwell, New York.

Preston, S., and M. Guillot. 1997. Population dynamics in an age of declining fertility synthesis. *Genus* **53**: 15–31.

Preston, S. H., P. Heuveline, and M. Guillot. 2001. *Demography: Measuring and Modeling Population Processes*. Blackwell Publishers, Malden, MA.

Preston, S. H., N. Keyfitz, and R. C. Schoen. 1972. *Causes of Death: Life Tables for National Populations*. Seminar Press, New York.

Promislow, D., M. Tatar, S. Pletcher, and J. R. Carey. 1999. Below-threshold mortality: Implications for studies in evolution, ecology and demography. *Journal of Evolutionary Biology* **12**: 314–328.

Rao, A. R. R. S., and J. R. Carey. 2015. Generalization of Carey's equality and a theorem on stationary population. *Journal of Mathematical Biology* **71**: 583–594.

Rao, A. R. R. S., and J. R. Carey. 2019. On three properties of stationary populations and knotting with non-stationary populations, *Journal of Mathematical Biosciences*, doi.org/10.1007/s11538-019-00652-7.

Rau, R., C. Bohk-Ewald, M. M. Muszynska, and J. W. Vaupel. 2018. Visualizing mortality dynamics in the Lexis diagram. Springer Series on Demographic Methods and Population Analysis. Springer Open, Cham, Switzerland. doi: 10.1007/978-3-319-64820-0.

Rau, R., M. Ebeling, T. Missoy, and J. Cohrn. 2018. How often does the oldest person alive die? A demographic application of queueing theory. Population Association of America annual meeting, April 26, 2018, Denver.

Rees, M., D. Z. Childs, and S. P. Ellner. 2014. Building integral projection models: A user's guide. *Journal of Animal Ecology* **83**: 528–545.

Revkin, A. C. 2012. *New York Times Dot Earth Blog*. Posted January 31, 2012.

Ricketts, T. H., E. Dinerstein, T. Boucher, T. M. Brooks, S. H. M. Butchart, M. Hoffmann, J. F. Lamoreux, et al. 2005. Pinpointing and preventing imminent extinctions. *Proceedings of the National Academy of Sciences* **102**: 18497.

Ricklefs, R. E., and A. Scheuerlein. 2002. Biological implications of the Weibull and Gompertz models of aging. *Journal of Gerontology: Biological Science* **57A**: B69–B76.

Riffe, T., J. Scholey, and F. Villavicencio. 2017. A unified framework of demographic time. *Genus* **73(x)**: 710.1186/s41118-41017-40024-41114.

Rivas, A. E., M. C. Allender, M. Mitchell, and J. K. Whittington. 2014. Morbidity and mortality in reptiles presented to a wildlife care facility in Central Illinois. *Human-Wildlife Interactions* **8**: 78–87.

Rivers, J. P. W. 1982. Women and children last: An essay on sex discrimination in disasters. *Disasters* **6**: 256–267.

Roach, D. A., and J. R. Carey. 2014. Population biology of aging in the wild. *Annual Review of Ecology, Evolution and Systematics* **45**: 421–443.

Roam, D. 2009. *The Back of the Napkin*. Penguin Books, London.

Roam, D. 2014. *Show and Tell: How Everybody Can Make Extraordinary Presentations*. Penguin Books, London.

Robine, J.-M. 2001. Redefining the stages of the epidemiological transition by a study of the dispersion of life spans: The case of France. *Population: An English Selection* **13**: 173–194.

Robinson, J. G., and K. H. Redford. 1991. Sustainable harvest of neotropical forest animals. Pages 415–429 *in* J. G. Robinson and K. H. Redford, editors, *Neotropical Wildlife Use and Conservation*. University of Chicago Press, Chicago.

Roff, D. A. 1992. *The Evolution of Life Histories*. Chapman & Hall, New York.

Roff, D. A. 2002. *Life History Evolution*. Sinauer Associates, Inc., Sunderland, MA.

Rogers, A. 1984. *Introduction to Multiregional Mathematical Demography*. John Wiley & Sons, New York.

Rogers, A. 1995. *Multiregional Demography: Principles, Methods and Extensions*. John Wiley, New York.

Rogers, A., and L. J. Castro. 1981. Model migration schedules. International Institute for Applied Systems Analysis (IIASA) Research Report, Laxenburg, Austria.

Rogers, R. G., R. A. Hummer, and P. M. Krueger. 2005. Adult mortality. Pages 283–309 *in* D. Poston and M. Micklin, editors, *Handbook of Population*. Kluwer Academic/Plenum Publishers, New York.

Rota, J.-C. 1996. Ten lessons I wish I had been taught. http://alumni.media.mit.edu/~cahn/life/gian-carlo-rota-10-lessons.html.

Rowland, D. 2003. *Demographic Methods and Concepts*. Oxford University Press, Oxford, UK.

Royama, T. 1996. A fundamental problem in key factor analysis. *Ecology* **77**: 87–93.

Royle, J. A., R. B. Chandler, R. Sollmann, and B. Gardner. 2014. *Spatial Capture-Recapture*. Elsevier, Amsterdam.

Rozing, M. P., T. B. L. Kirkwood, and R. G. J. Westendorp. 2017. Is there evidence for a limit to human lifespan? *Nature* **546**: E11–E12.

Ruggles, S. 2012. The future of historical family demography. *Annual Review of Sociology* **38**: 423–441.

Ryder, N. B. 1973. Two cheers for ZPG. *Daedalus* **102**: 45–62.

Ryder, N. B. 1975. Notes on stationary populations. *Population Index* **41**: 3–28.

Salinari, G. 2018. Rethinking mortality deceleration. *Biodemography and Social Biology* **64**:127–138.

San Diego Zoo Global Library. 2016. African and Asian Lions (*Panthera leo*) Fact Sheet. Accessed October 26, 2017. http://ielc.libguides.com/sdzg/factsheets/lions.

Sartor, F. 2006. Chapter 50: The environmental factors of mortality. Pages 129–142 *in* G. Caselli, J. Vallin, and G. Wunsch, editors, *Demography: Analysis and Synthesis*. Academic Press, Amsterdam.

Schenk, A. N., and M. J. Souza. 2014. Major anthropogenic causes for and outcomes of wild animal presentation to a wildlife clinic in East Tennessee, USA, 2000–2011. *PLoS ONE* **9**: e93517.

Sear, R. 2015. Evolutionary demography: A Darwinian renaissance in demography. Pages 406–412 *in* J. D. Wright, editor, *International Encyclopedia of the Social & Behavioral Sciences*. Elsevier, Oxford, UK.

Seber, G. A. F. 1965. A note on the multiple-recapture census. *Biometrika* **52**: 249–259.

Seber, G. A. F. 1970. Estimating time-specific survival and reporting rates for adult birds from band returns. *Biometrika* **57**: 313–318.

Sermet, C., and E. Camboi. 2006. Chapter 41: Measuring the state of health. Pages 13–28 *in* G. Caselli, J. Vallin, and G. Wunsch, editors, *Demography: Analysis and Synthesis*. Elsevier, Amsterdam.

Sharpe, F. R., and A. J. Lotka. 1911. A problem in age-distribution. *Philosophical Magazine* **21**: 435–438.

Shoresh, N., and B. Wong. 2012. Data exploration. *Nature Methods* **9**: 5.

Shoumatoff, A. 1985. *The Mountain of Names: A History of the Human Family*. Vintage Books, New York.

Sibly, R. M. 2002. Life history theory: An overview. Pages 623–627 *in* M. Pagel, editor, *Encyclopedia of Evolution*. Oxford University Press, Oxford, UK.

Siegel, J. S., and D. A. Swanson, editors. 2004. *The Methods and Materials of Demography*. 2nd ed. Elsevier/Academic Press, Amsterdam.

Siler, W. 1979. A competing-risk model for animal mortality. *Ecology* **60**: 750–757.

Silvy, N. J., editor. 2012. *The Wildlife Techniques Manual: Research*. Johns Hopkins University Press, Baltimore.

Silvy, N. J., R. R. Lopez, and M. J. Peterson. 2012. Techniques for marking wildlife. Pages 230–257 *in* N. J. Silvy, editor, *The Wildlife Techniques Manual: Research*. Johns Hopkins University Press, Baltimore.

Simberloff, D., and M. Rejmanek. 2011. *Encyclopedia of Biological Invasions*. University of California Press, Berkeley.

Sinclair, A. R. E. 1977. *The African Buffalo: A Study of Resource Limitation of Populations*. University of Chicago Press, Chicago.

Skalski, J., K. Ryding, and J. Millspaugh. 2005. *Wildlife Demography*. Elsevier, Burlington, MA.

Skiadas, C. H., and C. Skiadas, editors. 2018. *Demography and Health Issues*. Springer, Dordrecht, Netherlands.

Slade, B., M. L. Parrott, A. Paproth, M. J. L. Magrath, G. R. Gillespie, and T. S. Jessop. 2014. Assortative mating among animals of captive and wild origin following experimental conservation releases. *Biology Letters* **10(11)**: 20140656. http://dx.doi.org/20140610.20141098/rsbl.20142014.20140656.

Smith, D., and N. Keyfitz. 1977. *Mathematical Demography*. Springer-Verlag, Berlin.

Smith, J. M. 1982. Storming the fortress. *New York Review of Books*, May 1982, 5.

Snell, T. W. 1978. Fecundity, developmental time, and population growth rate. *Oecologia* **32**: 119–125.

Sormani, M. P., M. Tintore, M. Rovaris, A. Rovira, X. Vidal, P. Bruzzi, M. Filippi, and X. Montalban. 2008. Will Rogers phenomenon in multiple sclerosis. *Annals of Neurobiology* **64**: 428–433.

Species360. 2018. Zoological information management system (ZIMS). https://www.species360.org/.

Speer, J. H. 2010. *Fundamentals of Tree-Ring Research*. University of Arizona Press, Tucson.

Spencer, T., and J. Flaws. 2018. Volume II: Female reproduction. *Encyclopedia of Reproduction*. 2nd ed. Academic Press, New York.

Spizman, L. M. 2016. Estimating educational attainment and earning capacity of a minor child. In F. D. Tinary, editor, *Forensic Economics*. Palgrave MacMillan, New York.

Spuhler, J. N. 1959. Physical anthropology and demography. Pages 728–758 *in* P. M. Hauser and O. D. Duncan, editors, *The Study of Population*. University of Chicago Press, Chicago.

Starrs, D., B. C. Ebner, and C. J. Fulton. 2016. All in the ears: Unlocking the early life history biology and spatial ecology of fishes. *Biological Reviews* **91**: 86–105.

Stearns, S. C. 2002. *The Evolution of Life Histories*. Oxford University Press, Oxford, UK.

Stevenson, R. D., and W. A. Woods Jr. 2006. Condition indices for conservation: New uses for evolving tools. *Integrative and Comparative Biology* **46**: 1169–1190.

Streit, M., and N. Gehlenborg. 2015. Temporal data. *Nature Methods* **12**: 97.

Styer, L. M., J. R. Carey, J.-L. Wang, and T. W. Scott. 2007. Mosquitoes do senesce: Departure from the paradigm of constant mortality. *American Journal of Tropical Medicine and Hygiene* **76**: 111–117.

Sullivan, D. F. 1971. A single index of mortality and morbidity. *HSMHA Health Reports* **86**: 347–354.

Swanson, D. A., T. K. Burch, and L. M. Tedrow. 1996. What is applied demography? *Population Research and Policy Review* **15**: 403–418.

Tamborini, C. R., C. Kim, and A. Sakamoto. 2015. Education and lifetime earnings in the United States. *Demography* **52**: 1383–1407.

Tatar, M. 2009. Can we develop genetically tractable models to assess healthspan (rather than life span) in animal models? *Journals of Gerontology Series A: Biological Sciences and Medical Sciences* **64A**: 161–163.

Tatar, M., and J. R. Carey. 1994. Sex mortality differentials in the bean beetle: Reframing the question. *American Naturalist* **144**: 165–175.

Thacker, E. T., R. L. Hamm, J. Hagen, C. A. Davis, and F. Guthery. 2016. Evaluation of the Surrogator® system to increase pheasant and quail abundance. *Wildlife Society Bulletin* **40**: 310–315.

Tomberlin, J. K., R. Mohr, M. E. Benbow, A. M. Tarone, and S. VanLaerhoven. 2011. A roadmap for bridging basic and applied research in forensic entomology. *Annual Review of Entomology* **56**: 401–421.

Tufte, E. R. 2001. *The Visual Display of Quantitative Information*. Graphics Press, Cheshire, CT.

Tuljapurkar, S. 1984. Demography in stochastic environments. I. Exact distributions of age structure. *Journal of Mathematical Biology* **19**: 335–350.

Tuljapurkar, S. 1989. An uncertain life: Demography in random environments. *Theoretical Population Biology* **35**: 227–294.

Tuljapurkar, S., editor. 1990. *Lecture Notes in Biomathematics: Population Dynamics in Variable Environments*. Springer-Verlag, New York.

Tuljapurkar, S. 2003. Renewal theory and the stable population model. Pages 839–843 *in* P. Demeny and G. McNicoll, editors. *Encyclopedia of Population*. Gale Group, New York.

Tuljapurkar, S., and C. C. Horvitz. 2006. From stage to age in variable environments: Life expectancy and survivorship. *Ecology* **87**: 1497–1509.

Tuljapurkar, S. D., and S. H. Orzack. 1980. Population dynamics in variable environments I. Long-run growth rates and extinction. *Theoretical Population Biology* **18**: 314–342.

Tuljapurkar, S., U. K. Steiner, and S. H. Orzack. 2009. Dynamic heterogeneity in life histories. *Ecology Letters* **12**: 93–106.

Tyndale-Biscoe, M. 1984. Age-grading methods in adult insects: A review. *Bulletin of Entomological Research* **74**: 341–377.

Vallin, J. 2006a. Chapter 2: Population: Replacement and change. Pages 9–14 *in* G. Caselli, J. Vallin, and G. Wunsch, editors, *Demography: Analysis and Synthesis*. Academic Press, Amsterdam.

Vallin, J. 2006b. Chapter 53: Mortality, sex and gender. Pages 177–194 *in* G. Caselli, J. Vallin, and G. Wunsch, editors, *Demography: Analysis and Synthesis*. Academic Press, Amsterdam.

Vallin, J., and G. Berlinguer. 2006. Chapter 48: From endogenous mortality to the maximum human life span. Pages 95–116 *in* G. Caselli, J. Vallin, and G. Wunsch, editors, *Demography: Analysis and Synthesis*. Academic Press, Amsterdam.

Vallin, J., and G. Caselli. 2006a. Chapter 11: Cohort life table. Pages 103–129 *in* G. Caselli, J. Vallin, and G. Wunsch, editors, *Demography: Analysis and Synthesis*. Academic Press, Amsterdam.

Vallin, J., and G. Caselli. 2006b. Chapter 14: The hypothetical cohort as a tool for demographic analysis. Pages 163–195 *in* G. Caselli, J. Vallin, and G. Wunsch, editors, *Demography: Analysis and Synthesis*. Academic Press, Amsterdam.

Vallin, J., and G. Caselli. 2006c. Chapter 19: Population replacement. Pages 239–248 *in* G. Caselli, J. Vallin, and G. Wunsch, editors, *Demography: Analysis and Synthesis*. Academic Press, Amsterdam.

Vallin, J., S. D'Souza, and A. Palloni, editors. 1990. *Measurement and Analysis of Mortality: New Approaches*. Clarendon Press, Oxford, UK.

van der Heijden, P. G. M., E. Zwane, and D. Hessen. 2009. Structurally missing data problems in multiple list capture-recapture data. *AstA Advances in Statistical Analysis* **93**: 5–21.

VanLaerhoven, S. L. 2010. Ecological theory and its application in forensic entomology. Pages 493–517 *in* J. H. Byrd and J. L. Castner, editors, *Forensic Entomology: The Utility of Arthropods in Legal Investigations*. CRC Press, Boca Raton, FL.

van Tienderen, P. H. 1995. Life cycle trade-offs in matrix population models. *Ecology* **76**: 2482–2489.

van Wyk, P. 2017. Cape buffalo: At the mercy of lions, drought and disease. *MalaMala Game Reserve Blog*. https://blog.malamala.com/index.php/2016/2001/cape-buffalo/.

Varley, G. C., and G. R. Gradwell. 1960. Key factors in population studies. *Journal of Animal Ecology* **29**: 399–401.

Vaupel, J. W. 1986. How change in age-specific mortality affects life expectancy. *Population Studies* **40**: 147–157.

Vaupel, J. W. 2009. Life lived and left: Carey's equality. *Demographic Research* **20**: 7–10.

Vaupel, J. W. 2010. Biodemography of human ageing. *Nature* **464**: 536–542.

Vaupel, J. W., and J. R. Carey. 1993. Compositional interpretations of Medfly mortality. *Science* **260**: 1666–1667.

Vaupel, J. W., J. R. Carey, K. Christensen, T. E. Johnson, et al. 1998. Biodemographic trajectories of longevity. *Science* **280**: 855–860.

Vaupel, J. W., K. G. Manton, and E. Stallard. 1979. The impact of heterogeneity in individual frailty on the dynamics of mortality. *Demography* **16**: 439–454.

Vaupel, J. W., and F. Villavicencio. 2018. Life lived and left: Estimating age-specific mortality in stable populations with unknown ages. *Demographic Research* (forthcoming).

Vaupel, J. W., Z. Wang, K. Andreev, and A. I. Yashin. 1997. *Population Data at a Glance: Shaded Contour Maps of Demographic Surfaces over Age and Time*. University Press of Southern Denmark, Odense.

Vaupel, J. W., and A. I. Yashin. 1985. Heterogeneity's ruses: Some surprising effects of selection on population dynamics. *American Statistician* **39**: 176–185.

Wachter, K. 2003. Stochastic population theory. Pages 921–924 *in* P. Demeny and G. McNicoll, editors, *Encyclopedia of Population*. Gale Group, New York.

Wachter, K. W. 2014. *Essential Demographic Methods*. Harvard University Press, Cambridge, MA.

Wachter, K. W., and R. A. Bulatao, editors. 2003. *Offspring: Human Fertility Behavior in Biodemographic Perspective*. National Academies Press, Washington, DC.

Wachter, K., and C. Finch, editors. 1997. *Between Zeus and the Salmon: The Biodemography of Longevity*. National Academies Press, Washington, DC.

Wallis, M. 2017. *The Best Land under Heaven: The Donner Party in the Age of Manifest Destiny*. Liveright Publishing, New York.

Wang, J.-L., H.-G. Müller, and W. B. Capra. 1998. Analysis of oldest-old mortality: LIfe tables revisited. *Annals of Statistics* **26**: 126–163.

Watkins, S., J. Menken, and J. Bongaarts. 1987. Demographic foundations of family change *American Sociological Review* **52**: 346–358.

Watson, T. 2018. Prehistoric children toiled at tough tasks. *Nature* **561**: 445–446.

Weibull, W. 1951. A statistical distribution on wide applicability. *Journal of Applied Mechanics* **18**: 293–297.

Weinbaum, K. Z., J. S. Brashares, C. D. Golden, and W. M. Getz. 2013. Searching for sustainability: Are assessments of wildlife harvests behind the times? *Ecological Letters* **16**: 99–111.

Weissgerber, T. L., N. M. Milic, S. J. Winham, and V. D. Garovic. 2015. Beyond Bar and Line Graphs: Time for a New Data Presentation Paradigm. *PLoS Biol* **13**: e1002128.

Wells, J. D., and L. R. Lamotte. 2010. Estimating postmortem interval. Pages 367–388 *in* J. H. Byrd and J. L. Castner, editors, *Forensic Entomology: The Utility of Arthropods in Legal Investigations*. CRC Press, Boca Raton, FL.

White, G. C., and K. P. Burnham. 1999. Program MARK: Survival estimation from populations of marked animals. *Bird Study* **46**: 120–138.

White, M. J., and D. P. Lindstrom. 2005. Internal migration. Pages 311–346 *in* D. Poston and M. Micklin, editors, *Handbook of Population*. Springer, New York.

Whitham, J. C., and N. Wielebnowski. 2013. New directions for zoo animal welfare science. *Applied Animal Behaviour Science* **147**: 247–260.

Whitman, K., A. M. Starfield, H. S. Quadling, and C. Packer. 2004. Sustainable trophy hunting of African lions. *Nature* **428**: 175–178.

WHO. 2001. International classification of functioning, disability and health. World Health Organization, Geneva.

WHO. 2014. WHO methods for life expectancy and healthy life expectancy. World Health Organization, Geneva.

Widdowson, E. M. 1976. The response of the sexes to nutritional stress. *Nutritional Society Proceedings* **35**: 175–180.

Widdowson, E. M., and R. A. McAnce. 1963. The effect of finite periods of undernutrition at different ages on the composition and subsequent development of the rat. *Proceedings of the Royal Society of London* **158**: 329–341.

Willekens, F. 2003. Multistate demography. In P. Demeny and G. McNicoll, editors, *Encyclopedia of Population*. Gale Group, New York.

Willekens, F. 2005. Biographic forecasting: Bridging the micro-macro gap in population forecasting. *New Zealand Population Review* **31**: 77–124.

Willekens, F. 2014. *Multistate Analysis of Life Histories with R*. Springer, Cham, Switzerland.

Wilson, C., editor. 1985. *The Dictionary of Demography*. Basil Blackwell, Paris.

Wilson, D. L. 1994. The analysis of survival (mortality) data: Fitting Gompertz, Weibull, and logistic functions. *Mechanisms of Ageing and Development* **74**: 15–33.

Wilson, E. O. 1971. *The Insect Societies*. Belknap Press, Cambridge, MA.

Wilson, E. O. 1975. *Sociobiology: The New Synthesis*. Belknap Press, Cambridge, MA.

Wilson, E. O. 1984. New approaches to the analysis of social systems. Pages 41–52 *in* N. Keyfitz, editor, *Population and Biology*. Ordina Editions, Liege, Belgium.

Wilson, E. O. 1998. *Consilience: The Unity of Knowledge*. Alfred A. Knopf, New York.

Wilson, E. O. 2012. *The Social Conquest of Earth*. Liveright Publishing Corporation, New York.

Wingard, D. L. 1984. The sex differential in morbidity, mortality, and lifestyle. *Annual Review of Public Health* **5**: 433–458.

Woese, C. R. 2004. A new biology for a new century. *Microbiology and Molecular Biology Reviews* **68**: 173–186.

Wolfe, R. 2014. Data visualisation: A practical guide to producing effective visualisations for research communication. London School of Hygiene & Tropical Medicine, London.

Wong, B. 2010a. Color coding. *Nature Methods* **7**: 573.

Wong, B. 2010b. Design of data figures. *Nature Methods* **7**: 665.

Wong, B. 2010c. Gestalt principles (Part 1). *Nature Methods* **7**: 863.

Wong, B. 2010d. Gestalt principles (Part 2). *Nature Methods* **7**: 941.

Wong, B. 2010e. Layout. *Nature Methods* **8**: 783.

Wong, B. 2010f. Points of view: Color coding. *Nature Methods* **7**: 573.

Wong, B. 2011a. Arrows. *Nature Methods* **8**: 701.

Wong, B. 2011b. The design process. *Nature Methods* **8**: 987.

Wong, B. 2011c. Negative space. *Nature Methods* **8**: 1.

Wong, B. 2011d. The overview figure. *Nature Methods* **8**: 365.

Wong, B. 2011e. Points of review (Part 1). *Nature Methods* **8**: 101.
Wong, B. 2011f. Points of review (Part 2). *Nature Methods* **8**: 189.
Wong, B. 2011g. Salience to relevance. *Nature Methods* **8**: 889.
Wong, B. 2011h. Simplify to clarify. *Nature Methods* **8**: 611.
Wong, B. 2011i. Typography. *Nature Methods* 8: 277.
Wong, B. 2012. Visualizing biological data. *Nature Methods* **9**: 1131.
Wong, B., and R. S. Kjaergaard. 2012. Pencil and paper. *Nature Methods* **9**: 1037.
Wong, D. M. 2010. *The Wall Street Journal Guide to Information Graphics*. W. W. Norton, New York.
Wood, J. W., editor. 1994. *Dynamics of Human Reproduction: Biology, Biometry, Demography*. Aldine De Gruyter, New York.
Wunsch, G. 2006. Chapter 44: Dependence and independence of causes of death. Pages 57–60 *in* G. Caselli, J. Vallin, and G. Wunsch, editors, *Demography: Analysis and Synthesis*. Academic Press, Amsterdam.
Wunsch, G., J. Vallin, and G. Caselli. 2006. Chapter 3: Population increase. Pages 15–22 *in* G. Caselli, J. Vallin, and G. Wunsch, editors, *Demography: Analysis and Synthesis*. Academic Press, Amsterdam.
Yashin, A. I., I. A. Iachine, and A. S. Begun. 2000. Mortality modeling: A review. *Mathematical Population Studies* **8**: 305–332.
Zajitschek, F., C. E. Brassil, R. Bonduriansky, and R. C. Brooks. 2009. Sex effects on life span and senescence in the wild when dates of birth and death are unknown. *Ecology* **90**: 1698–1707.
Zamoyski, A. 2005. *1812: Napoleon's Fatal March on Moscow*. Harper Perennial, London.
Zhao, Z.-H., C. Hui, R. E. Plant, M. Su, T. E. Carpenter, N. T. Papadopoulos, Z. Li, and J. R. Carey. 2019a. Life table invasion models: Spatial progression and species-specific partitioning. *Ecology* e02682.
Zhao, Z.-H., C. Hui, R. E. Plant, N. T. Papadopoulos, T. E. Carpenter, Z. Li, and J. R. Carey. 2019b. The failure of success: Continuous eradication-recurrence cycles of a globally invasive pest, *Ecological Applications* (in press).
Zug, G. R. 1993. *Herpetology: An Introductory Biology of Amphibians and Reptiles*. Academic Press, San Diego.
Zuo, W., S. Jiang, Z. Guo, M. Feldman, and S. Tuljapurkar. 2018. An advancing front of old age human survival. *Proceedings of the National Academy of Sciences*. https://doi.org/10.1073/pnas.1812337115.

索　　引

[人名]

[生物名]

欧 文

あ 行

か　行

さ　行

た　行

な　行

は　行

ま　行

や 行

ら 行

わ　行

訳者略歴

高田壮則（たかだ たけのり）
1986年　京都大学大学院理学研究科博士課程中退
現　在　北海道大学名誉教授
理学博士
https://taktakada.github.io

西村欣也（にしむら きんや）
1988年　筑波大学大学院農学研究科博士課程修了
現　在　北海道大学大学院水産科学研究院准教授
博士（農学）

バイオデモグラフィ
—ヒトと動植物の人口学—

定価はカバーに表示

2025年3月1日　初版第1刷

訳　者　高　田　壮　則
　　　　西　村　欣　也
発行者　朝　倉　誠　造
発行所　株式会社　朝　倉　書　店
東京都新宿区新小川町6-29
郵便番号　162-8707
電　話　03(3260)0141
FAX　03(3260)0180
https://www.asakura.co.jp

〈検印省略〉

中央印刷・渡辺製本

ISBN 978-4-254-17187-7　C 3045　Printed in Japan

マダニの科学 ―知っておきたい感染症媒介者の生物学―

白藤 梨可・八田 岳士・中尾 亮・島野 智之 (編著)

A5 判／228 頁　978-4-254-17194-5 C3045　定価 4,620 円（本体 4,200 円＋税）

マダニの生物学・生理学の側面をしっかり理解したうえで，マダニおよびマダニ媒介感染症対策につなげることができるコンパクトな専門書．初学者にも最適．〔内容〕マダニとは／ Q&A ／分類／形態と生理・生化学／生活史／マダニによる被害／マダニ・媒介性感染症の対策法／マダニ研究の現状／コラム／分類表

ハダニの科学 ―知っておきたい農業害虫の生物学―

佐藤 幸恵・鈴木 丈詞・笠井 敦・伊藤 桂・大井田 寛・日本 典秀・島野 智之 (編著)

A5 判／248 頁　978-4-254-17193-8 C3045　定価 4,950 円（本体 4,500 円＋税）

ハダニ類の生物学的側面に重点をおきつつ，モデル生物としての重要性，近年の害虫ハダニ類の防除手法や外来種問題，実験手法などについても最新の情報をまとめたコンパクトな専門書．〔内容〕ハダニとは／ Q&A ／分類と系統進化／形態／生活史／生理　生化学／行動・生態／遺伝／農業被害と防除／外来種問題／実験法／コラム

発光生物のはなし
―ホタル，きのこ，深海魚……世界は光る生き物でイッパイだ―

大場 裕一 (編)

A5 判／192 頁　978-4-254-17192-1 C3045　定価 3,300 円（本体 3,000 円＋税）

世界のさまざまな発光生物をとりあげ，「生きものが光る」現象の不思議さやおもしろさを解説．身近な発光生物の見つけかたや採取法，スマホでの撮影方法なども紹介する．〔内容〕光る化学／光る役割／光るきのこ／発光ミミズ／ホタル（日本・海外編）／発光クラゲ／ホタルイカ／ウミホタル／光るサメ／光るヒトデ・ナマコ　など

付着生物のはなし ―生態・防除・環境変動・人との関わり―

日本付着生物学会 (編)

A5 判／176 頁　978-4-254-17196-9 C3045　定価 3,300 円（本体 3,000 円＋税）

フジツボや海藻，カキなど，海のいたるところでくっついている「付着生物」と呼ばれる生き物たちについて総合的に解説．付着生物の生態から，その防除，外来種をはじめとする環境問題との関連，付着・固着のしくみの利用までを扱う．コラムでは，水族館の展示など付着生物を身近に感じられる活動も紹介．

土の中の生き物たちのはなし

島野 智之・長谷川 元洋・萩原 康夫 (編)

A5 判／180 頁　978-4-254-17179-2 C3045　定価 3,300 円（本体 3,000 円＋税）

ミミズやヤスデ，ダニなど，実は生態系を下支えし，人間の役にも立っている多彩な土壌動物たちを紹介。〔内容〕土壌動物とは／土壌動物ときのこ／土の中の化学戦争／学校教育への応用／他

人と生態系のダイナミクス 1 農地・草地の歴史と未来

宮下 直・西廣 淳 (著)

A5 判／176 頁　978-4-254-18541-6 C3340　定価 2,970 円（本体 2,700 円＋税）

日本の自然・生態系と人との関わりを農地と草地から見る。歴史的な記述と将来的な課題解決の提言を含む，ナチュラリスト・実務家必携の一冊。〔内容〕日本の自然の成り立ちと変遷／農地生態系の特徴と機能／課題解決へのとりくみ

人と生態系のダイナミクス 2 森林の歴史と未来

鈴木 牧・齋藤 暖生・西廣 淳・宮下 直 (著)

A5 判／192 頁　978-4-254-18542-3 C3340　定価 3,300 円（本体 3,000 円＋税）

森林と人はどのように歩んできたか。生態系と社会の視点から森林の歴史と未来を探る。〔内容〕日本の森林のなりたちと人間活動／森の恵みと人々の営み／循環的な資源利用／現代の森をめぐる諸問題／人と森の生態系の未来／他

人と生態系のダイナミクス 3 都市生態系の歴史と未来

飯田 晶子・曽我 昌史・土屋 一彬 (著)

A5 判／180 頁　978-4-254-18543-0 C3340　定価 3,190 円（本体 2,900 円＋税）

都市の自然と人との関わりを，歴史・生態系・都市づくりの観点から総合的に見る。〔内容〕都市生態史／都市生態系の特徴／都市における人と自然との関わり合い／都市における自然の恵み／自然の恵みと生物多様性を活かした都市づくり

人と生態系のダイナミクス 4 海の歴史と未来

堀 正和・山北 剛久 (著)

A5 判／176 頁　978-4-254-18544-7 C3340　定価 3,190 円（本体 2,900 円＋税）

人と海洋生態系との関わりの歴史，生物多様性の特徴を踏まえ，現在の課題と将来への取り組みを解説する。〔内容〕日本の海の利用と変遷：本州を中心に／生物多様性の特徴／現状の課題／人と海辺の生態系の未来：課題解決への取り組み

人と生態系のダイナミクス 5 河川の歴史と未来

西廣 淳・瀧 健太郎・原田 守啓・宮崎 佑介・河口 洋一・宮下 直 (著)

A5 判／152 頁　978-4-254-18545-4 C3340　定価 2,970 円（本体 2,700 円＋税）

河川と人の関わりの歴史と現在，課題解決を解説。生態系から治水・防災まで幅広い知識を提供する。〔内容〕生態系と生物多様性の特徴（魚類／植物／他）／河川と人の関係史（古代の治水と農地管理／湖沼の変化／他）／課題解決への取組み